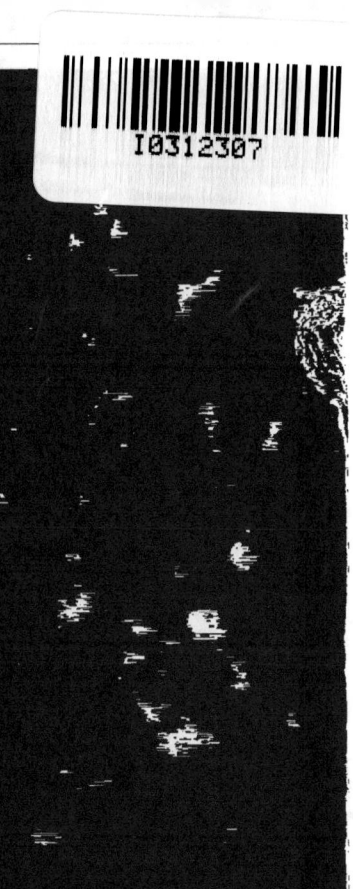

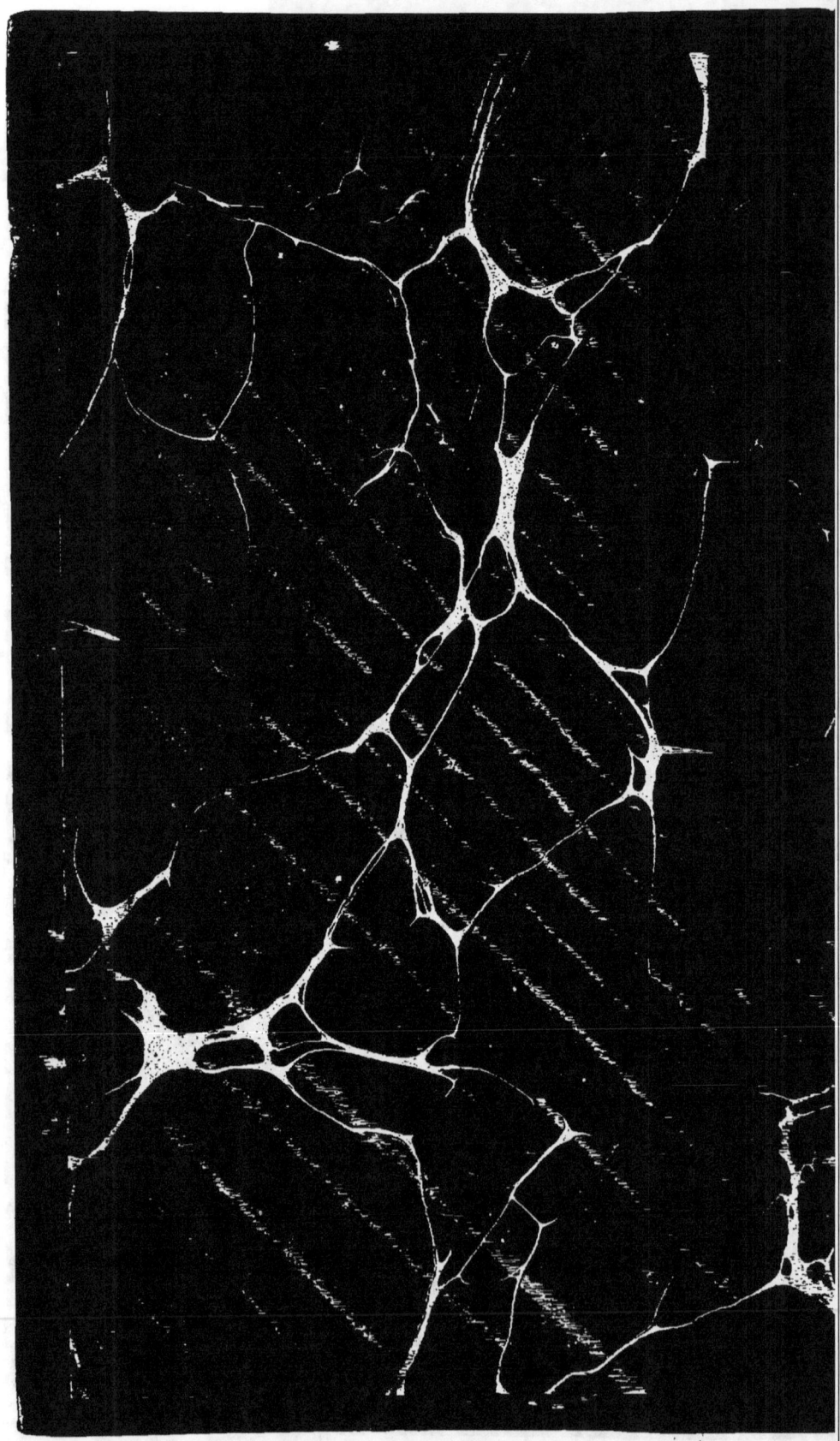

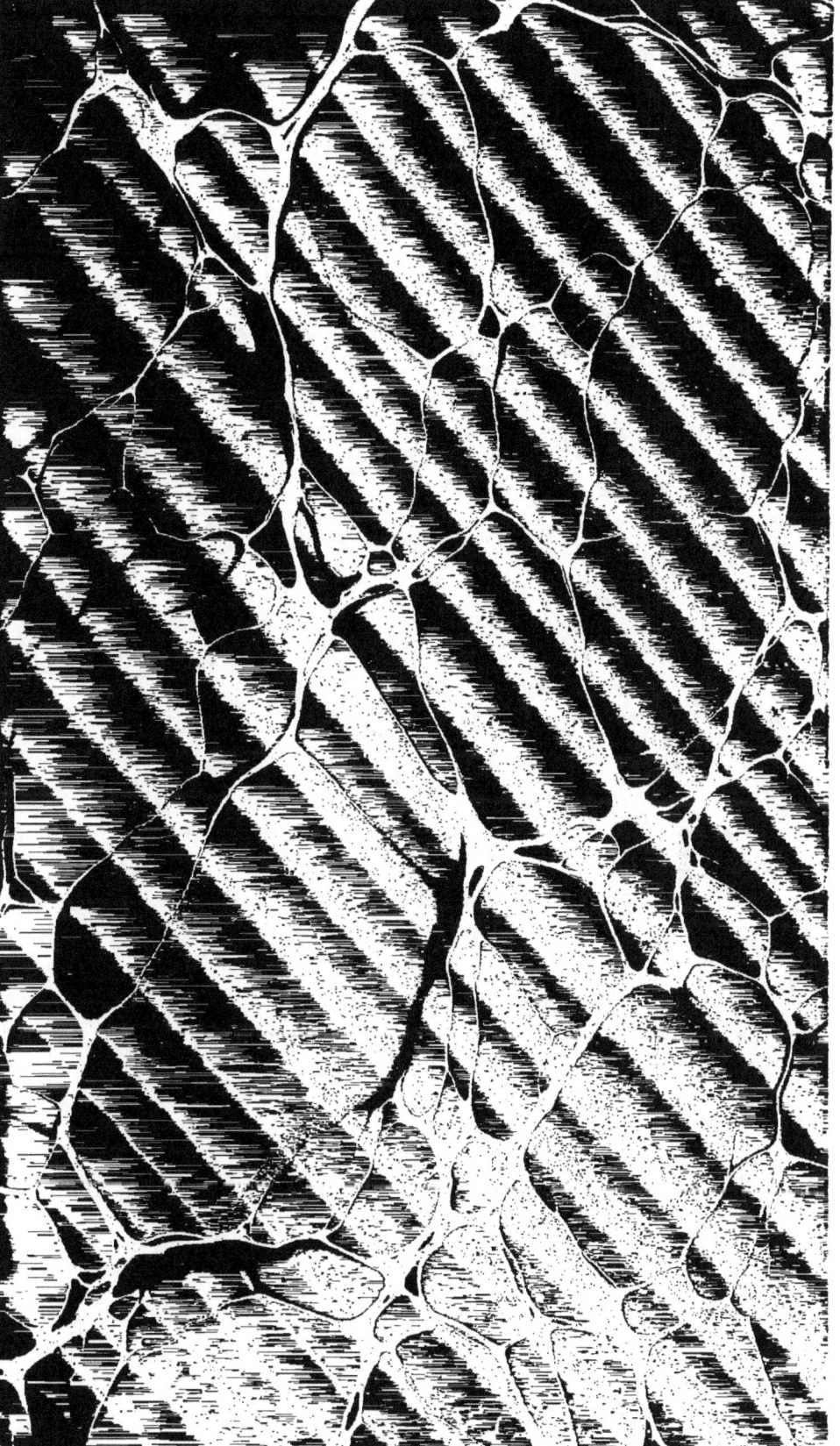

DESCRIPTION
GÉOLOGIQUE ET MINÉRALOGIQUE

DU DÉPARTEMENT

DU BAS-RHIN.

DESCRIPTION
GÉOLOGIQUE ET MINÉRALOGIQUE

DU DÉPARTEMENT

DU BAS-RHIN,

PAR

M. A. DAUBRÉE,

INGÉNIEUR AU CORPS DES MINES, DOYEN DE LA FACULTÉ DES SCIENCES DE STRASBOURG, CHEVALIER DE LA LÉGION D'HONNEUR.

Publiée par décision du Conseil général du département.

STRASBOURG,
A LA LITHOGRAPHIE DE E. SIMON, RUE DU DOME, 8.
1852.

STRASBOURG, IMPRIMERIE DE G. SILBERMANN.

AVANT-PROPOS.

La connaissance géologique du sol d'une contrée n'a pas seulement un intérêt théorique ; en raison des nombreuses substances que l'homme retire de l'écorce terrestre, cette connaissance se lie intimement au développement industriel et agricole. Aussi depuis longtemps déjà l'administration générale des ponts et chaussées et des mines a-t-elle signalé l'importance d'une carte géologique de la France. Ce travail, commencé en 1823 et confié aux soins de MM. Brochant de Villiers, inspecteur général des mines, Élie de Beaumont et Dufrénoy, alors ingénieurs ordinaires des mines, a été terminé en 1840. La carte, qui est à l'échelle de $\frac{1}{500,000}$, est accompagnée d'un texte descriptif qui n'est pas encore complétement publié.

La carte géologique de la France constitue un magnifique monument scientifique, en même temps qu'elle est une source féconde de renseignements utiles ; mais ce travail, exécuté dans des vues d'ensemble, ne fait connaître que les grandes divisions des terrains. Dans les explorations qu'ont dû faire les ingénieurs qui en étaient chargés, il était impossible de visiter en détail tous les cantons, toutes les localités dont se compose le territoire du pays. Cette opération eût été beaucoup trop longue; et d'ailleurs il n'aurait pas été possible d'en retracer les résultats sur la carte générale d'une manière suffisamment distincte. Les recherches de détail auraient en outre détourné l'attention de l'objet principal, qui consistait à juger les masses avec exactitude, et surtout de bien caractériser les terrains, c'est-à-dire de discuter et d'établir avec soin leur étage. En un mot, il s'agissait de faire en quelque sorte une grande *triangulation* géologique avec la précision rigoureuse qui peut résulter d'une étude approfondie de la science, et d'arrêter exactement les traits généraux de la constitution du pays.

Pour compléter la description de la France, il devenait nécessaire de rattacher à la grande carte, dans chaque localité, des relèvements de détails, et d'obtenir pour chaque département des cartes *géologiques topographiques* qui fissent connaître les limites des subdivisions des divers terrains, leurs contours, leurs accidents locaux et les variations principales que présentent sur ces divers points les roches qui s'y trouvent; enfin l'étendue et la position de tous les gîtes de substances minérales utilement exploitables.

Comme ces cartes devaient avoir une utilité locale, M. Legrand, directeur général des ponts et chaussées et des mines, adressa le 30 août 1835 à MM. les préfets une circulaire, pour les inviter à provoquer la coopération des conseils généraux. Le conseil général du département du Bas-Rhin répondit immédiatement à l'appel de M. le directeur général, en votant des fonds pour cet objet[1]. Nul ne pouvait mieux s'acquitter de cette mission que M. Voltz, alors ingénieur en chef des mines à Strasbourg, qui avait depuis longtemps recueilli de nombreuses observations sur les diverses parties de l'Alsace.

M. Voltz, devenu inspecteur général, fut, au commencement de 1840, enlevé d'une manière prématurée au corps des mines qui ressentit vivement cette perte. M. le directeur général voulut bien me charger de continuer son travail. Malheureusement, et par suite de circonstances inexplicables, aucun des journaux de tournée, au-

---

[1] Déjà, vers 1821, M. le docteur Reisseissen avait essayé de faire pour le département une carte minéralogique qui est restée à l'état manuscrit.

cune des notes nombreuses de M. Voltz, ne furent trouvés dans ses papiers; c'est par hasard que fut découverte chez un bouquiniste une minute de la main de M. Voltz, sur laquelle étaient rapportés les résultats de quelques-unes de ses dernières tournées. Cette pièce, sur laquelle se trouvaient indiquées les limites des terrains des environs de Bouxwiller et de Hochfelden, mais sans aucune note explicative, présente donc le seul fragment du travail de M. Voltz qui ait pu servir à son successeur[1].

Le travail d'exploration que je commençai en 1840, après avoir été interrompu successivement par des voyages minéralogiques entrepris à l'étranger et par d'autres devoirs, fut terminé en 1848. La carte-minute fut expédiée à la fin de cette dernière année à Paris, à l'Imprimerie nationale, où, conformément à la décision du conseil général, elle devait être publiée sur le canevas du dépôt de la guerre, c'est-à-dire à l'échelle de $\frac{1}{80,000}$; l'impresion n'en a été terminée qu'au mois d'avril 1851. L'intelligence de cette carte exige un texte explicatif; en le rédigeant d'après le résultat de mes explorations, j'ai eu particulièrement en vue l'utilité dont il pouvait être aux habitants du département; et, afin que les personnes peu versées dans la géologie puissent en suivre avec quelque fruit les descriptions, j'ai cru devoir le faire précéder, sous le titre d'*introduction*, de notions succinctes sur la constitution du globe.

Ce travail a été divisé en quatre parties. La première est consacrée à la constitution physique du département; la seconde, qui est de beaucoup la plus développée, en fait connaître la constitution géologique, c'est-à-dire la disposition relative des divers terrains, les débris organiques qui y sont enfouis et les substances utiles qui s'y

---

[1] M. de Billy, ingénieur en chef des mines, a bien voulu aussi me communiquer quelques observations de tracé; je m'empresse de lui en témoigner ici ma gratitude.

rencontrent; la troisième partie est une sorte de statistique des minéraux qui ont été rencontrés dans le Bas-Rhin; la quatrième contient des notions sur l'exploitation des substances utiles et quelques documents statistiques.

Comme la carte à l'échelle de $\frac{1}{80,000}$ n'a pas été tirée à un grand nombre d'exemplaires, et que d'ailleurs il eût été incommode, en raison de sa grande dimension, d'y suivre les descriptions géologiques, j'ai joint au texte explicatif une réduction de la carte originale à l'échelle de $\frac{1}{200,000}$, ainsi que des coupes et croquis.

Malgré les soins que j'ai apportés au tracé de la carte, je ne me dissimule pas qu'elle renferme quelques inexactitudes; car, sur un sol recouvert de terre végétale et souvent de forêts épaisses, il n'est pas toujours possible de déterminer avec rigueur la limite des terrains sous-jacents.

Août 1852.

A. D.

INTRODUCTION.

Aperçu sur la géologie et son utilité.

L'étude de la composition de la croûte terrestre forme le but principal de la géologie. Cette science examine les grandes masses minérales qui forment les parties constituantes de l'écorce de notre globe ; elle recherche les relations qui existent entre les *roches*[1] et les lois suivant lesquelles ces masses sont disposées.

On reconnaît bientôt que ces roches n'ont pas été formées d'un seul jet, mais successivement, et même que le dépôt de certaines d'entre elles correspond à des laps de temps extrêmement considérables, qui ont précédé l'apparition de l'homme sur la terre, de sorte que chaque masse minérale constitue comme un monument qui sert à retracer, souvent avec de grandes probabilités et quelquefois avec certitude, les principales circonstances qui ont présidé à sa formation. Pour le géologue, l'écorce terrestre ressemble à un registre dans lequel se trouvent consignées les empreintes de nombreux changements. C'est ainsi que du domaine descriptif, la géologie s'élève par induction à des considérations théoriques sur l'histoire des révolutions que la terre a dû traverser avant d'arriver à son état actuel.

A l'aide de ces monuments qui, au lieu d'être dus au caprice, comme les monuments élevés par la main des hommes, sont le produit de lois immuables, la géologie, depuis qu'elle est entrée dans une voie positive, a déjà pu conquérir beaucoup de résultats importants.

---

[1] On nomme *roches* des masses minérales, de nature variée, situées au-dessous de la pellicule de terre végétale qui recouvre la plus grande portion des continents.

Dans cette étude rétrospective, l'histoire des nombreuses espèces d'animaux et de végétaux aujourd'hui éteintes ou *fossiles* occupe une place importante. C'est ainsi que les recherches géologiques se lient de près aux sciences naturelles, ainsi qu'aux sciences physiques.

Les applications de la géologie sont variées autant que multiples. Cette science fournit des données instructives pour la recherche et la découverte des substances minérales utilisées, non-seulement dans la métallurgie, mais dans beaucoup d'autres industries, et dans les constructions. Il faut comprendre, parmi ces substances, l'eau qui est renfermée dans l'intérieur du sol et s'en épanche sous forme de nombreuses sources ; la recherche rationnelle de celles-ci n'est en effet qu'une conséquence de l'étude du relief et de la structure du sol. Enfin la nature de la terre végétale ayant une grande connexité avec celle du sous-sol, la géologie peut fournir à l'agriculteur des indications précieuses et lui faire reconnaître le gisement des amendements minéraux adaptés à ses besoins.

Roches.

Il est des roches, comme le calcaire ou chaux carbonatée, qui ne se composent que d'un seul minéral. D'autres roches sont formées par l'association constante de deux ou de trois minéraux ; tel est le granite qui est composé de feldspath, de mica et de quartz, et qui se retrouve avec cette constitution dans des lieux très-distants les uns des autres. Ces deux sortes de roches se distinguent par les dénominations de *roches simples* et de *roches composées*.

De la stratification et des roches stratifiées.

Dans un très-grand nombre de lieux, les roches se présentent avec une disposition d'une régularité tout à fait frappante ; « elles forment de grandes plaques à faces équidistantes, posées successivement les unes sur les autres ; ces espèces de grands feuillets sont nommées *couches* (*strata*) [1]. » Ces roches sont alors dites *stratifiées*, et leur disposition porte le nom de *stratification*. Les grandes carrières de Soultz-les-Bains, dans lesquelles on exploite depuis longtemps les pierres employées dans les constructions de Strasbourg, donnent une idée nette des terrains stratifiés ; on voit des couches de nature différente, dont l'épaisseur varie de quelques centimètres à plusieurs mètres, se prolonger dans

[1] Élie de Beaumont, *Leçons de géologie pratique*, t. I, p. 55.

toute l'étendue des excavations, c'est-à-dire sur plus de 300 mètres de longueur.

Les roches stratifiées en général, et en particulier celles des carrières de Soultz-les-Bains que nous venons de citer, contiennent des galets, des masses de sable agglutiné, des coquilles et d'autres débris d'animaux fossiles, pour la plupart aquatiques, ainsi que des restes de plantes. Cette réunion de matériaux de transport et de corps organisés montre avec évidence que les couches ont été formées sous l'eau ; la régularité avec laquelle elles se succèdent apprend qu'elles s'y sont successivement déposées par voie de *sédiment*. Les roches stratifiées ont été déposées dans l'eau.

Les couches forment certains groupes naturels qui se poursuivent sur de grandes distances. Ainsi, des couches de même nature minéralogique, contenant les mêmes débris organiques et se succédant dans le même ordre, se rencontrent à des distances de quelques dizaines de myriamètres et bien souvent davantage. Les couches, liées ensemble par une telle régularité de succession sur de grandes étendues, constituent ce que l'on appelle un *terrain*. On peut citer celles de grès de Soultz-les-Bains, que l'on retrouve à Niederbronn, puis, sur l'autre versant des Vosges, en Lorraine et aussi dans le Wurtemberg, et qui appartiennent au terrain désigné sous le nom de *trias* : elles en forment l'*étage* inférieur, désigné spécialement sous le nom d'étage de *grès bigarré*. D'après ce qui précède, on voit que l'expression de terrain implique une idée d'ensemble qui forme un certain groupe géologique, tandis que le nom de roches s'applique seulement à la matière de chaque couche considérée isolément. Régularité avec laquelle certains groupes de couches semblables se retrouvent sur de grandes distances.

Le mot *formation*, en général, a une acception moins étendue que celui de *terrain* ; cependant on prend quelquefois ces deux mots l'un pour l'autre ; le mot *étage* est employé pour désigner les subdivisions des terrains.

Les terrains stratifiés portent aussi les noms de *terrains de sédiment* ou *neptuniens*, qui rappellent leur mode de formation. Terrains stratifiés sédimentaires ou neptuniens.

La position d'une couche est importante à signaler dans une foule de cas ; cette position se définit par la *direction* et par l'*inclinaison*. Direction et inclinaison d'une couche.

La direction de la couche est celle d'une ligne horizontale menée dans le plan de la couche ; en d'autres termes, c'est l'intersection du plan de la couche avec un plan de niveau.

Pour définir cette direction, on la rapporte aux points cardinaux. Si, par exemple, la direction est comprise entre le nord et l'est, à 25° du point nord, on dit qu'elle est N. 25°. E — S. 45°. O. Si la ligne regardait le point de l'horizon placé à 45° par rapport au nord et à l'est, on pourrait la définir par N. 45°. E — S. 45°. O.; mais, dans ce cas, on abrége ordinairement en écrivant: N. E — S. O.; de même, une direction comprise entre le nord et le nord-est et à égale distance de ces points, s'écrit souvent par abréviation N. N. E — S. S. O.

L'inclinaison est l'angle que fait la couche avec l'horizon; cette pente s'exprime ordinairement en degrés.

La direction est fournie rapidement à l'aide de la boussole à pendule qui fournit très-facilement aussi les inclinaisons.

Terrains massifs ou terrains non stratifiés. Il existe des masses de roches souvent immenses qui ne sont pas disposées par couches et qui en outre ne contiennent pas de débris d'êtres organisés fossiles. Ces roches ou terrains, qui surgissent à travers les terrains stratifiés, sont composés de minéraux cristallins, principalement de silicates et de quartz. Tout paraît prouver que ces roches ont été fondues et qu'elles se sont solidifiées par un refroidissement lent, pendant lequel les éléments chimiques, se groupant suivant leurs affinités réciproques, ont formé des cristaux disséminés en tous sens. Les terrains *massifs* ou terrains non *stratifiés* dont il s'agit portent aussi le nom de *roches éruptives*.

Leur distinction en terrains plutoniques et en terrains volcaniques. On distingue souvent les terrains massifs en terrains *plutoniques* et en terrains *volcaniques*. Ces derniers, bien que formés antérieurement à la période actuelle, se lient de très-près aux produits que les éruptions actuelles des volcans apportent à la surface du globe, tandis que les terrains plutoniques proprement dits en diffèrent par plusieurs caractères importants.

Relation des terrains stratifiés et des terrains non stratifiés. « Les *roches stratifiées*, disposées par couches successives, « couvrent la plus grande partie de la surface du globe; les « *masses non stratifiées*, configurées comme des espèces de « colonnes irrégulières, s'élèvent d'une profondeur incon- « nue, de l'intérieur du globe jusqu'à la surface, et com- « posent les sommets des plus hautes montagnes. La croûte « extérieure du globe est formée de la combinaison de ces

« deux espèces de masses. C'est en quelque sorte un *tissu*
« dont les premières représentent la *chaîne* et les secondes la
« *trame*[1]. »

Il existe en outre dans beaucoup de lieux des dépôts superficiels de gravier, de sable et de limon, qui paraissent avoir été formés par les eaux courantes, à la manière des alluvions que les fleuves forment encore aujourd'hui, mais sur une plus grande échelle; ils diffèrent donc par leur origine des terrains de sédiment qui ont été déposés pour la plupart dans des masses d'eau permanentes, des mers ou des lacs. Tels sont les dépôts de limon qui forment les collines d'une partie de la plaine d'Alsace jusqu'aux portes de Strasbourg. Les dépôts dont il s'agit ont reçu le nom de *terrains d'alluvion* ou de *transport*. Les terrains d'alluvion anciens ou modernes ne présentent qu'une stratification grossière; ils sont rarement agglutinés par un ciment quelconque et sont en général *meubles*. Terrains d'alluvion ou de transport.

Les deux principales classes de terrains qui ont été citées plus haut, les terrains stratifiés et les terrains non stratifiés, résultent en général de deux ordres de phénomènes indépendants l'un de l'autre. Cependant il existe des terrains ambigus, à la fois stratifiés et cristallins, qui se lient en même temps aux dépôts les plus évidemment sédimentaires et aux masses cristallines d'origine éruptive. Ce sont des roches qui paraissent avoir été primitivement formées dans l'eau, mais qui, par l'influence de la chaleur et d'agents chimiques, ont pris un état cristallin et ont même changé de composition ; de là le nom de *roches métamorphiques*; tels sont les schistes micacés des environs d'Andlau. Cette altération s'est produite dans tous les âges, mais particulièrement dans les terrains stratifiés les plus anciens, lorsque la couche de matières solides était encore très-mince. La position ordinaire de ces roches les a fait désigner sous le nom de *roches primitives*, et par suite les terrains qui les renferment ont été nommés *primitifs* ou primordiaux. Depuis que l'on sait que des roches de cette catégorie ne se sont pas seulement produites dans les époques les plus reculées, on paraît s'accorder à donner aux terrains qui en sont composés le nom de *terrains cristallisés*.

[1] Élie de Beaumont, *Leçons de géologie pratique*, t. I, p. 59.

INTRODUCTION.

Phénomènes actuels de deux ordres. — Les deux principales subdivisions des terrains, les terrains stratifiés et les terrains massifs, correspondent aux deux ordres de phénomènes qui modifient aujourd'hui la surface du globe.

Résultats des actions superficielles. — Les roches sont en général altérées à leur surface par le contact de l'atmosphère dont l'action est à la fois mécanique et chimique ; l'oxygène, l'acide carbonique de l'air, la vapeur d'eau qui y est toujours mélangée, l'acide nitrique qui s'y développe et certains acides d'origine végétale concourent à décomposer les roches. A cette influence chimique se joignent les variations d'humidité et de température de l'air et l'action mécanique de la gelée dans nos climats. En résumé, les roches se désagrègent, et leurs débris, devenus incohérents, sont emportés par les eaux météoriques qui, de temps à autre, balaient la surface du sol. L'eau des ruisseaux, des rivières et des fleuves entraîne, dans le mouvement dont elle est animée, des dépouilles enlevées à la croûte terrestre et les dépose sur des points où sa vitesse diminue ; aussi est-elle un instrument continuel d'érosion sur certaines régions et de dépôt dans d'autres. Les atterrissements sont particulièrement sensibles à l'embouchure des fleuves qui forment des *deltas*. Des érosions ont également lieu dans le bassin des mers, et, comme aucune particule n'est perdue dans le monde inorganique, ce qui est emporté sur un point va se déposer ailleurs. C'est ainsi que se forment sous nos yeux dans le sein de l'océan, ainsi que dans les lacs, des atterrissements formés de limon, de sable et de coquilles. Il se produit aussi en beaucoup de lieux de véritables dépôts chimiques dont les plus abondants consistent en carbonate de chaux et en peroxyde de fer. Les récifs madréporiques de la mer, les dépôts tourbeux, les accumulations d'infusoires, bien que se développant sous l'influence de l'eau, sont dus à des actions plutôt physiologiques que mécaniques ou chimiques.

Résultats des actions volcaniques. — Il existe en outre dans l'intérieur du globe une cause d'activité qui se manifeste principalement à nous par des éruptions volcaniques et des tremblements de terre violents. De la bouche des volcans sortent des déjections gazeuses qui sont en général accompagnées de projections de matières pulvérulentes et de coulées de roches en fusion ou laves. A la suite des secousses qui agitent l'écorce terrestre, le relief du sol est quelquefois modifié d'une manière durable, soit par l'apparition d'un dôme volcanique, tel que le Monte-Novo en Italie ou le Jorullo au Mexique, soit par un exhaussement ou un affaissement permanent, comme on en a des exemples dans les environs de Naples et sur une plus grande échelle au Chili.

L'écorce terrestre subit encore des mouvements d'élévation et d'abaissement d'une lenteur séculaire, tels que celui dont la Suède fournit un exemple, et qui, par la déformation qu'ils produisent, amènent un changement dans la ligne de démarcation des continents et des mers.

Les divers terrains sont quelquefois profondément coupés par des fractures à peu près verticales, auxquelles on donne le nom de *failles*. Les failles laissent peu d'intervalle entre les deux parois et se décèlent, surtout dans les terrains stratifiés, par le changement de niveau relatif ou *rejet* qu'elles ont fait éprouver aux couches encaissantes. La chaîne des Vosges présente, à sa limite orientale, de beaux exemples de failles. {Failles.}

Il y a des failles qui ont été remplies par l'arrivée de diverses substances émanant des profondeurs, et qui contiennent en général des combinaisons métalliques, parmi lesquelles les sulfures simples et multiples sont les plus nombreux; c'est ce qu'on nomme *filons métallifères*. Les minéraux métalliques des filons sont associés à des matières pierreuses ou *gangues* qui consistent ordinairement en quartz, chaux carbonatée, baryte sulfatée ou spath fluor. {Filons métallifères.}

Les terrains stratifiés sont ordinairement à peu près horizontaux dans les pays de plaines; mais souvent leurs couches sont très-inclinées, contournées et quelquefois même verticales; ce dernier cas est surtout fréquent dans les régions de montagnes. Les couches que nous voyons aujourd'hui fortement inclinées doivent avoir été déposées dans des positions très-voisines de l'horizontalité; leur inclinaison résulte d'une dislocation postérieure à leur dépôt. {Discordances de stratification.}

« Une des circonstances les plus remarquables qui se présentent dans l'étude de la *stratigraphie* est la superposition de deux systèmes de couches l'un sur l'autre en *stratification discordante*. Ce phénomène, qui souvent frappe les yeux les moins exercés, se manifeste le plus habituellement par un défaut de parallélisme ou, au moins, de continuité entre

« les plans de deux systèmes de couches en contact. C'est un « des plus féconds en conséquences que nous offre l'étendue « de l'écorce terrestre[1]. »

La discordance de stratification de deux terrains stratifiés qui sont superposés l'un à l'autre, montre en effet que, entre leur dépôt, il s'est opéré à la surface du globe des changements qui en ont notablement modifié le relief.

Systèmes de soulèvement. — La direction des couches n'est autre chose que celle de la ligne de faîte produite par leur bombement, ou de la crête qui résulte de leur rupture. Cette direction, ainsi que celle des différentes chaînes de montagne, présente le plus grand intérêt. En effet, une même époque de soulèvement a généralement, ainsi que l'a découvert M. Élie de Beaumont, produit des chaînes de montagne et des lignes de dislocation parallèles sur une bande plus ou moins large du sphéroïde terrestre. L'ensemble des directions parallèles forme ce qu'on nomme un *système de soulèvement*. On désigne les différents systèmes, en empruntant les dénominations aux lieux où chacun d'eux se trouve particulièrement développé.

Divisions des terrains stratifiés. — La succession des espèces animales et végétales qui ont été enfouies dans les terrains, à mesure de leur formation, éprouve, à la limite de certains groupes de couches, des changements fréquents et souvent très-tranchés ; ces changements importants de la nature des animaux servent, ainsi que les discordances de stratification, de base pour la démarcation des terrains.

Classification des terrains stratifiés. — Certaines analogies ont fait depuis longtemps partager les terrains stratifiés dans les groupes suivants : 1° *Terrains de transition* ou *intermédiaires*; 2° *terrains secondaires*; 3° *terrains tertiaires*; 4° *terrains d'alluvion*.

Une étude approfondie de ces terrains y a déterminé des divisions plus nombreuses. Dans le tableau suivant, où l'on a commencé par les plus modernes, on indique les soulèvements qui ont marqué la limite des différents groupes[2].

---

[1] Élie de Beaumont, *Leçons de géologie pratique*, p. 58.
[2] Ce tableau est emprunté à l'*Explication de la carte géologique de France* (t. I, p. 58); on y a seulement introduit pour les terrains de transition les modifications signalées par M. Élie de Beaumont, *Bulletin de la Société géologique de France*, 2ᵉ série, t. IV, p. 864.

ORDRE.	SOUS-GROUPE DES FORMATIONS.	NOMS DES FORMATIONS.
ALLUVIONS.	L'homme existe sur la surface du globe . . .	*Terrains d'alluvion.* Volcans modernes éteints et brûlants. Les grands volcans des Andes ont été soulevés pendant cette période.
TERRAINS TERTIAIRES.	Les mammifères existent déjà au commencement de ce groupe et deviennent très-abondants vers son milieu	SYSTÈME DE LA CHAÎNE PRINCIPALE DES ALPES, *direction* E. 16° N.—O. 16° S. *Terrains tertiaires supérieurs* (période pliocène). Terrains subapennins, sable des Landes, alluvions anciennes de l'Auvergne, tuf à ossements de l'Auvergne. Les éruptions de trachyte et de basalte correspondent en grande partie à cette époque. SYSTÈME DES ALPES OCCIDENTALES, *direction* N. 26°. E.— S. 26°. O. *Terrains tertiaires moyens* (période miocène). Faluns de la Touraine. Calcaire d'eau douce avec les meulières; il contient beaucoup de lignites dans le midi de la France et en Allemagne. Grès de Fontainebleau. SYSTÈME DES ÎLES DE CORSE ET DE SARDAIGNE, *direction* N. — S. *Terrains tertiaires inférieurs* (période miocène). Marnes avec gypse, ossements de mammifères. — Calcaire grossier, pierre de taille de Paris. — Argile plastique, lignites du Soissonnais.
TERRAINS SECONDAIRES.	*Terrains cretacés.*	SYSTÈME DE LA CHAÎNE DES PYRÉNÉES ET DE CELLE DES APENNINS, *direction* E. 18°. S. — O. 18°. N. *Craie supérieure.* Couches avec silex, couches sans silex. SYSTÈME DU MONT-VISO, *direction* N. N. O.— S. S. E. *Craie inférieure.* Craie tuffeau. — Grès vert. — Grès et sables ferrugineux, terrain néocomien, formation wealdienne.

ORDRE.	SOUS-GROUPE DES FORMATIONS.	NOMS DES FORMATIONS.
TERRAINS SECONDAIRES.	*Terrains jurassiques* (abondance considérable de sauriens.)	**SYSTÈME DE LA CÔTE-D'OR**, *direction* E. 40°. N. — O. 40°. S. *Étage supérieur.* { Calcaire de Portland. Argile de Kinmeridge, argile de Honfleur. *Étage moyen.* { Oolithe d'Oxford. Coral rag. Argile d'Oxford, argile de Dives. *Étage inférieur.* { Cornbrash et forest-marble (calcaire à polypiers). — Grande oolithe (calcaire de Caen). Fullesearth (banc bleu de Caen), oolithe inférieure. Marnes et calcaires à belemnites, marnes supérieures du lias, lignites dans les départements du Tarn et de la Lozère. *Lias ou calcaire à gryphées.* { Calcaire à gryphées arquées. Grès du lias ou infraliasique, dolomies.
	Trias.	**SYSTÈME DU THURINGERWALD**, *direction* O. 40°. N. — E. 40°. S. Les serpentines du centre de la France appartiennent à ce système. { *Marnes irisées* avec amas de gypse et de sel. Exploitation de lignites en Lorraine et dans la Haute-Saône. *Muschelkalk.* *Grès bigarré.*
		SYSTÈME DU RHIN, DIRECTION N. 21°. E. — S. 21°. O. { Grès des Vosges.
	Terrain pénéen.	**SYSTÈME DES PAYS-BAS ET DU SUD DU PAYS DE GALLES**, DIRECTION E. 5°. S. — O. 5°. N. *Zechstein* (calcaire magnésien des Anglais). Schistes à poissons du Mansfeld, riches en cuivre. *Grès rouge* contient des masses de porphyre et des rognons d'agate.

INTRODUCTION. XV

ORDRE.	SOUS-GROUPE DES FORMATIONS.	NOMS DES FORMATIONS.
TERRAINS DE TRANSITION.	Ce groupe est caractérisé par la grande abondance des cryptogames vasculaires, et par l'absence presque complète des plantes dicotylédones ; les animaux vertébrés n'y sont représentés que par des empreintes de poissons . . .	SYSTÈME DU NORD DE L'ANGLETERRE, *direction* s. 5°. E. — N. 5°. O. *Terrain houiller.* Grès et schistes avec couches de houille et de fer carbonaté. — Calcaire carbonifère. SYSTÈME DES BALLONS (Vosges) ET DES COLLINES DU BOCAGE, DE LA NORMANDIE, *direction* E. 15°. S — O. 15°. N. Terrain dévonien proprement dit, *vieux grès rouge des Anglais.* SYSTÈME DU WESTMORELAND ET DU HUNDSRUCK, *direction* (au Bingerloch) O. 31°. S — E. 31°. N. Terrain silurien proprement dit, *tilestone fossilifère.* SYSTÈME DU MORBIHAN, *direction* (à Vannes) O. 38°. N — E. 38°. S. *Série fossilifère du calcaire de Bala.* SYSTÈME DU LONGMYND, *direction* (au Bingerloch) N. 31°. E. — S. 31°. O. *Terrain des ardoises vertes du Pays de Galles et des feldstones.* SYSTÈME DU FINISTÈRE, *direction* (à Brest) O. 21°. S — E. 21°. N. *Schistes cumbriens de la Bretagne.* SYSTÈME DE LA VENDÉE, *direction* N. N. O — S. S. E. *Schistes verts de Belle-Isle.*
TERRAINS GRANITIQUES.	*Terrains granitiques*	GRANITE formant la base principale de la croûte terrestre.

Par suite des dislocations que l'écorce terrestre a subies, des terrains de nature variée, les plus anciens comme les plus modernes, *affleurent* à la surface du sol. Comme d'ordinaire, — Indication d'une carte géologique.

la carte géologique du Bas-Rhin représente seulement la nature des différents terrains qui supportent immédiatement la terre végétale. Les coupes géologiques représentent la structure du sol dans la profondeur, suivant des directions déterminées. Ces coupes sont établies, au moins d'une manière très-probable, d'après les données que fournissent les observations faites à la surface.

STATISTIQUE

MINÉRALOGIQUE ET GÉOLOGIQUE

DU DÉPARTEMENT DU BAS-RHIN.

PREMIÈRE PARTIE.

CONSTITUTION PHYSIQUE.

Situation. — Le département du Bas-Rhin est situé entre le 48e degré 8 minutes (53e grade, 47) et le 49e degré 11 minutes (54e grade, 65) de latitude septentrionale, et entre le 4e degré 37 minutes (5e grade, 13) et le 5e degré 55 minutes (6e grade, 56) de longitude à l'est du méridien de l'Observatoire de Paris.

Ses limites sont : au nord, le département de la Moselle et la Bavière rhénane ; à l'est, le Rhin qui le sépare du grand-duché de Bade ; au sud, le département du Haut-Rhin ; à l'ouest, les départements des Vosges, de la Meurthe et de la Moselle.

Étendue. — La plus grande étendue du département du Bas-Rhin, du nord au sud, entre Wissembourg et l'extrémité méridionale du canton de Marckolsheim, est de 110 kilomètres. La plus grande largeur, de l'est à l'ouest, entre le Rhin près de Seltz et Altwiller, est de 86 kilomètres ; entre le Ban-de-la-Roche (Vosges) et le Rhin, ce département n'a que 35 kilomètres de largeur.

La superficie totale du Bas-Rhin est de 455,034 hectares, ou de 45 myriamètres carrés et 50 kilomètres carrés.

PREMIÈRE PARTIE.

Cette superficie est répartie entre les quatre arrondissements de la manière suivante :

	Hectares.
Arrondissement de Saverne. . . .	114,022, 57
Arrondissement de Schléstadt . . .	116,116, 99
Arrondissement de Strasbourg . . .	144,476, 08
Arrondissement de Wissembourg . .	80,418, 80
Total	455,034, 44

§ 1ᵉʳ. CONFIGURATION DU SOL.

Aspect général du sol. — Le relief du sol du département du Bas-Rhin présente une configuration variée ; on peut y distinguer :

1° Une région montagneuse qui est formée par une partie de la chaîne des Vosges ;

2° Une région de collines qui s'étendent, sur une largeur variable, à l'est ainsi qu'à l'ouest de la chaîne montagneuse ;

3° Enfin une plaine unie dans laquelle coule le Rhin.

a) Région montagneuse. — Le département du Bas-Rhin comprend dans ses contours seulement une assez faible fraction de la chaîne des Vosges qui constitue aussi une portion plus ou moins étendue des départements du Haut-Rhin, de la Haute-Saône, des Vosges, de la Meurthe et de la Moselle ; en outre, cette chaîne se prolonge, vers le nord, dans la Bavière rhénane jusqu'au massif du mont Tonnerre ; mais il ne doit être question ici que de la région montagneuse qui est contenue dans le Bas-Rhin.

Limite orientale de la chaîne. — Vers l'est, la chaîne des Vosges est terminée par une ligne de proéminences très-nette, dont la saillie contraste avec la région de collines qui en borde le pied, d'une manière tout aussi prononcée qu'une longue falaise se dessine le long du littoral de la mer.

Ses inflexions principales. — Cette limite orientale de la chaîne, quoique remarquablement rectiligne dans plusieurs de ses parties, présente de fortes inflexions dans l'étendue du département du Bas-Rhin. Ainsi de Saint-Hippolyte à Barr, sur une longueur de 20 kilomètres, l'escarpement terminal se dirige de sud-12°-ouest à nord-12°-est [1]. De Truttenhausen à Wangenbourg la limite

---

[1] Dans tout le cours de l'ouvrage on a adopté la division de la circonférence en 360 degrés.

s'infléchit vers l'ouest et forme une ligne brisée qui se dirige moyennement suivant sud-22°-est à nord-22°-ouest. Dans la partie de la chaîne dont il s'agit, la démarcation des montagnes est moins prononcée que partout ailleurs, parce que celles-ci sont bordées de collines élevées qui paraissent s'y rattacher. Entre Wangenbourg et Weinbourg le bourrelet montagneux se dirige de sud-18°-ouest à nord-18°-est sur 28 kilomètres de longueur ; puis, près de cette dernière localité, il s'infléchit brusquement vers Wingen, dans la vallée de Lembach, suivant ouest-22°-sud à est-12°-nord. La vallée de Lembach est entaillée dans la chaîne sous la forme d'un golfe profond. La crête du Liebfrauenberg, qui limite cette vallée, forme, entre Liebfrauenberg et Wissembourg, un promontoire très-allongé dont la direction moyenne est, de même que la précédente, ouest-22°-sud à est-22°-nord. Enfin, au nord de Wissembourg, dans la Bavière rhénane, la chaîne reprend à peu près sa direction habituelle, qui est sud-18° à 23°-ouest vers nord-18° à 23°-est.

La limite occidentale des Vosges est beaucoup moins nette que leur limite orientale : par leur relief, les plateaux et les collines élevées de la Lorraine forment ordinairement comme la continuation des montagnes, tant dans le département du Bas-Rhin que dans celui de la Moselle et de la Meurthe. *Limite occidentale des Vosges.*

Ainsi que l'observe M. Élie de Beaumont [1], le fond des vallées de la pente occidentale des Vosges est plus élevé au-dessus de la mer que celui des vallées correspondantes de la pente alsacienne.

La Forêt-Noire, qui est parallèle aux Vosges et dont la structure géologique a tant de ressemblance avec celle de cette dernière, présente un relief symétriquement disposé par rapport à celui des Vosges : le versant occidental en est toujours beaucoup mieux dessiné que le versant oriental. La Lorraine d'une part, et de l'autre la partie du Wurtemberg comprise entre la Forêt-Noire et le pied de l'Alpe, offrent dans leur relief, et plus encore dans leur constitution géologique, une grande analogie. *Ressemblance avec la disposition de la Forêt-Noire.*

La largeur de la chaîne des Vosges est très-variable : sous le parallèle de Saverne, en même temps qu'elle se déprime, elle offre un rétrécissement anormal ; car cette largeur n'est *Largeur minima de la chaîne des Vosges.*

---

[1] *Explication de la carte géologique de France*, t. Ier, p. 280.

ici que de 6 à 8 kilomètres. Vers le nord, sous le parallèle de Bitche, la chaîne dépasse en largeur 40 kilomètres ; cette largeur atteint même 70 kilomètres sous le parallèle de Remiremont.

Élévations principales de la chaîne. — Après cet aperçu sur la configuration de la chaîne considérée dans sa projection horizontale, ou à vol d'oiseau, nous avons encore à jeter un coup d'œil sur l'élévation de ses principales aspérités.

La portion du massif, interceptée dans le département du Bas-Rhin, est partagée par des vallées transversales en plusieurs grands segments naturels qui sont les suivants :

Au sud de la vallée de Sainte-Marie, le Haut-Kœnigsbourg forme la continuation des montagnes des environs de Thannenkirch, dans le Haut-Rhin.

Entre la vallée de Sainte-Marie et celle de Villé, les montagnes, dont le château de Frankenbourg occupe une ramification, s'élèvent à une hauteur de 880 mètres.

Le Climont, remarquable tant par son isolement que par son profil trapézoïdal, a une hauteur de 974 mètres.

Le massif du Champ-du-Feu, qui constitue la principale proéminence du département, est compris entre la vallée de Villé et celle de la Bruche. Le centre du massif consiste en une cime aplatie qui, sur 7 kilomètres de longueur, a une élévation supérieure à 1000 mètres, et qui atteint 1095 mètres à son point culminant. De cette cime centrale rayonnent diverses ramifications qui s'arrêtent vers l'est à la plaine d'Alsace, vers le sud au val de Villé, vers le nord et l'ouest à la vallée de la Bruche ; au contre-fort occidental appartient la petite contrée autrefois connue sous le nom de Ban-de-la-Roche.

A 12 ou 15 kilomètres au nord de la vallée de la Bruche se trouvent le Schneeberg, qui s'élève à 963 mètres, et les montagnes des environs de Lutzelhausen, dont la hauteur atteint 1007 mètres.

Aucun des sommets que l'on rencontre en avançant de ce dernier massif vers le nord jusqu'à la Bavière rhénane ne dépasse 580 mètres. Voici l'indication de quelques hauteurs : la montagne située à 4 kilomètres au nord-ouest de Saverne, 428 mètres ; l'Altenbourg, dont la sommité est couronnée par le fort de la Petite-Pierre, 395 mètres ; le fort de Lichtenberg, 399 mètres ; le Wasenberg, près de Niederbronn, 528 mètres ; le Pigeonnier (die Scherhol), près de Wissembourg, 507 mètres.

CONSTITUTION PHYSIQUE.

Considérées sur tout leur développement, les Vosges, de même que la Forêt-Noire, vont en s'abaissant graduellement du sud vers le nord. C'est dans la partie méridionale de chacune des deux chaînes que l'on trouve les principaux sommets, dont l'altitude maxima par rapport à la mer est de 1426 mètres dans la première, et de 1496 mètres dans la Forêt-Noire.

Hauteurs décroissantes du sud vers le nord.

Dans la région septentrionale des Vosges, qui s'étend à partir du Schneeberg et des environs de Wangenbourg, région à laquelle on a quelquefois donné le nom de *Basses-Vosges*, la chaîne présente une physionomie remarquablement uniforme sur plus de 120 kilomètres de longueur. Les cimes aplaties de ces montagnes contrastent avec les formes accidentées de la partie méridionale. Toute la région septentrionale de la chaîne est comme un long plateau, d'une altitude de 300 à 500 mètres, dans lequel sont entaillés les vallées et de nombreux vallons.

Physionomie uniforme de la région septentrionale de la chaîne.

Les forêts qui couvrent presque sans discontinuité toute cette étendue, ne s'interrompent que vers le fond des vallées où se trouvent des pâturages; là aussi sont concentrées toutes les populations; si l'on excepte quelques habitations isolées, ce qui dépasse le niveau des cours d'eau est inhabité.

Sur presque toute sa longueur, la chaîne est séparée de la plaine proprement dite par une bordure plus ou moins large de collines. Entre Orschwiller et Barr les collines sont très-peu développées, mais dans la partie moyenne et septentrionale du département, entre le parallèle de Strasbourg et celui de Lauterbourg, les collines forment une bande de 20 à 38 kilomètres de largeur.

b) Région des collines. Collines situées à l'est de la chaîne.

L'élévation de la plupart des collines dont il s'agit ne dépasse pas 280 mètres au-dessus de la mer, ou 140 mètres au-dessus du cours du Rhin dans le voisinage. Dans quelques parties, comme entre le Kochersberg, Strasbourg et Hœrdt, les collines forment un ensemble si peu accidenté qu'on leur donne quelquefois le nom de plaine; effectivement, vues du sommet de la cathédrale de Strasbourg, ou mieux d'une des montagnes voisines, la plus grande partie de ces collines apparaissent à l'observateur comme une vaste surface dont de faibles ondulations troublent à peine l'horizontalité. Cependant il convient de les distinguer de la *basse plaine* dont il sera question plus loin.

Leur altitude moyenne.

Principaux groupes de collines. — Au milieu de cette uniformité générale, plusieurs groupes de collines se distinguent par leur élévation, et mieux encore par leur constitution géologique. Nous pouvons signaler ici les suivants.

Le Bischenberg, près d'Obernai, dont la hauteur atteint 363 mètres.

Les collines situées aux environs de Mutzig, sur les deux rives de la Bruche, qui atteignent 390 mètres; elles font continuité avec les proéminences entre lesquelles sort la source minérale de Soultz-les-Bains.

Près de Wasselonne est un groupe de collines dans le centre duquel est situé le vallon du Kronthal. Ces collines s'étendent d'une part au nord-est de ce vallon jusqu'au Kochersberg, tandis que vers le sud-ouest elles se rattachent aux collines élevées des environs de Westhoffen et d'Oberhaslach. Le Gœftberg a une hauteur de 398 mètres, et la forêt de Westhoffen s'élève jusqu'à 457 mètres.

Enfin le Bastberg, près de Bouxwiller, qui domine toutes les collines voisines, a une hauteur de 332 mètres.

Collines situées à l'ouest de la chaîne. — Beaucoup des collines de la Lorraine allemande, situées à l'ouest des Vosges, atteignent 360 et 380 mètres de hauteur. Ces groupes se prolongent sans discontinuité vers Metz et Nancy, jusqu'à la vallée de la Moselle.

c) Région de plaine. — Le Rhin coule dans une plaine d'une uniformité frappante, qui, entre Schléstadt et Strasbourg, a une section transversale d'environ 30 kilomètres, et qui plus bas a rarement moins de 14 à 18 kilomètres. Sur aucun point cette plaine, à laquelle on donne vulgairement le nom de *Rieth*, ne dépasse notablement le niveau que les plus hautes eaux du Rhin ont pu atteindre dans son voisinage depuis les temps historiques. C'est dans la même plaine que coule l'Ill. Considérée seulement sur la rive gauche du fleuve, cette basse plaine occupe, entre Benfeld et Bischwiller, une largeur de 6 à 10 kilomètres. Malgré le peu d'élévation du sol au-dessus des eaux d'inondation, il s'y trouve des villes et de nombreux villages.

§ 2. HYDROGRAPHIE.

On sait que l'eau qui tombe de l'atmosphère se partage bientôt en plusieurs parties: 1° Une partie se réunit à la surface du sol, sous forme de petits filets d'eau, et va alimenter les ruisseaux et les rivières; 2° une autre partie pénètre dans l'intérieur du sol et va entretenir les réservoirs souterrains qui s'épanchent à la surface des continents sous forme de sources; cependant une certaine quantité de cette eau souterraine se rend directement dans le bassin des mers sans reparaître à la surface de la terre-ferme; 3° une autre fraction est destinée à l'alimentation de la vie organique et particulièrement de la vie végétale à la surface du sol; 4° enfin, une quantité considérable retourne à l'atmosphère par évaporation.

La disposition des eaux souterraines et des sources étant une conséquence de la structure de la contrée, il ne peut en être question qu'à la suite de la description géognostique : nous n'avons ici qu'à mentionner succinctement les principaux cours d'eau superficiels, c'est-à-dire les rivières.

Le département du Bas-Rhin est riche en rivières et en ruisseaux.

Le Rhin qui baigne la partie orientale du département est en partie français, puisque d'après le traité conclu entre la France et le grand-duché de Bade, le 5 avril 1840, le thalweg du fleuve forme la démarcation des deux États. Ce fleuve, dont les sources se trouvent dans les glaciers du canton des Grisons, après avoir traversé le lac de Constance, se dirige vers l'ouest jusqu'à Bâle, puis de là vers le nord; il va se jeter à la mer par plusieurs embouchures, en partie dans le Zuydersée, en partie dans la mer d'Allemagne. *Rhin.*

La longueur du cours du Rhin, qui borde le département, mesurée suivant le thalweg, varie d'une année à l'autre; cette longueur, qui en 1838 était de 147,610 mètres, n'est plus aujourd'hui, d'après la reconnaissance officielle faite en octobre 1850, que de 128,590 mètres par suite des rectifications déjà faites; dans le cours tout à fait rectifié du fleuve, elle sera seulement d'environ 116 kilomètres. *Sa longueur et sa largeur dans le département.*

Dans son état naturel, le Rhin, comme toutes les rivières à fond mobile, a une tendance à se partager en de nombreux bras qui serpentent au milieu d'anciens bancs de gravier; aussi la largeur du fleuve est-elle très-variable. Dans les lieux où les eaux sont à peu près concentrées en un seul lit, sa largeur se réduit quelquefois à 350 mètres. Mais en général de nombreuses îles en divisent le cours, ce qui étend la largeur de son domaine souvent à 1500, 2000 et quelquefois même à 3050 mètres. Dans les travaux de rectification commencés en 1842, on a adopté pour *lit normal*, à partir de Plobsheim jusqu'à la frontière bavaroise et au-dessous, une largeur qui est seulement de 250 mètres.

Pente.

Le fleuve entre dans le département à la cote 180 mètres[1], et en sort à la cote 104 mètres lors des eaux moyennes; la pente de son lit est moyennement de $0^m,00079$ par mètre en amont de Strasbourg, et de $0^m,00044$ en aval de cette ville.

Oscillations de niveau.

Le Rhin subit des crues qui reviennent chaque année avec assez de régularité à deux époques principales; l'une au printemps, qui correspond à la fonte des neiges de la partie moyenne du bassin, l'autre au mois de juillet, qui coïncide avec la fusion des glaciers et des neiges des Alpes par les chaleurs d'été. Cette dernière crue, quelquefois très-forte, se remarque aussi dans les autres fleuves, tels que le Rhône, qui prennent leurs sources dans les hautes régions des Alpes[2].

Des règles verticales et graduées, placées dans le fleuve au pont de Kehl et à Lauterbourg, servent à suivre toutes les oscillations de niveau; les hauteurs y sont observées trois fois par jour. En 1810, époque à laquelle on a placé ces échelles ou rhénomètres, on avait marqué zéro au niveau le plus bas observé les années précédentes, mais depuis lors le Rhin s'est abaissé au-dessous du zéro de ces deux échelles, savoir:

	Pont de Kehl.	Pont de Lauterbourg.
	Mètres.	Mètres.
En janvier 1833...	— 0,24	— 0,15
En février 1845...	— 0,30	— 0,13
En janvier 1848...	— 0,58	— 0,24 [3]

[1] La cote d'un point est l'élévation de ce point au-dessus du niveau de la mer.

[2] Dans un mémoire *sur les alluvions anciennes et modernes du Rhin*, j'ai fait ressortir la relation habituelle du volume du Rhin avec la température de l'air (*Mémoires de la Société du muséum d'histoire naturelle de Strasbourg*, t. IV).

[3] Le Rhin s'étant alors congelé à Lauterbourg, la baisse a été arrêtée au moment où le rhénomètre de Kehl ne marquait encore que — $0^m,10$.

Ces derniers chiffres correspondent donc aux plus basses eaux observées depuis le commencement du siècle.

Quant aux plus hautes eaux observées aux mêmes rhénomètres, elles ont marqué, depuis quarante ans, les cotes suivantes au-dessus du zéro.

	Pont de Kehl.	Pont de Lauterbourg.
	Mètres.	Mètres.
Juillet 1813......	3,67	
Juillet 1817......	3,72	
Décembre 1819...	3,79	
Août 1821......	3,57	
Novembre 1824...	3,99	5,32
Septembre 1831..	3,46	4,43
Août 1844......	3,60	4,02
Septembre 1846...	3,60	3,82

Ainsi les eaux du mois de novembre 1824, les plus hautes qui aient été observées à Kehl depuis quarante ans, s'élèvent de $4^m,57$ au-dessus des plus basses eaux constatées en ce point pendant le même laps de temps. Ces oscillations, quelque grandes qu'elles puissent paraître aux habitants riverains, sont faibles en raison de celles qui auraient lieu s'il n'existait pas un puissant régulateur du fleuve dans le lac de Constance.

Le volume approximatif débité par le fleuve en une seconde est, d'après M. Desfontaines :

Volume.

	A Kehl.	A Lauterbourg.
	Mètres cubes.	Mètres cubes.
Lors des plus basses eaux...	350	465
Lors des eaux moyennes....	956	1106
Lors des plus grandes crues[1]..	4685	5010

[1] Le 20 juin 1849, lorsque les eaux s'élevaient à $3^m,50$ au-dessus de l'étiage à l'échelle de Kehl, le volume des eaux était, d'après un jaugeage de M. Baumgarten, ingénieur en chef des ponts et chaussées :

    Grand-Rhin............... 2711
    Petit-Rhin............... 367
        Total......... 3078

Les volumes d'eau débités par le fleuve à Kehl dans ces trois états principaux sont comme les nombres 1 : 2,7 : 13,3. Les vitesses du fleuve à Kehl par seconde sont à peu près :

lors des basses eaux 1m,50
lors des eaux moyennes 2m,13
lors des hautes eaux 2m,85

L'Ill. — En dehors du Rhin, la principale rivière du département est l'Ill, qui prend sa source dans le Haut-Rhin, au pied du Jura, près de Winckel. L'Ill, qui devient navigable non loin de Colmar, entre, au-dessous du village d'Illhæuseren, dans le département du Bas-Rhin où elle parcourt un espace de 62 kilomètres. Près d'Erstein cette rivière se partage en deux ramifications, dont l'une conserve le nom d'Ill, et l'autre prend le nom de Krafft.

L'Ill proprement dite coule à peu près parallèlement au Rhin, dont elle n'est distante que d'environ 5 kilomètres; puis, après s'être divisée en plusieurs bras qui se réunissent un peu plus bas, elle se jette dans le fleuve, sous un angle très-aigu, près du village de la Wantzenau.

La Krafft traverse le canal du Rhône-au-Rhin qu'elle alimente à partir de l'écluse n° 80, puis se divise en plusieurs bras secondaires dont les uns se jettent dans le Rhin, et dont les autres, après avoir alimenté le moulin de Plobsheim, forment ce que l'on nomme le Rhin-Tortu (*krumme Rhein.*) Le Rhin-Tortu emprunte en outre au Rhin, dans l'anse d'Altenheim, une certaine quantité d'eau, au moyen d'une écluse placée dans la digue d'inondation, qui a été construite en 1833 aux frais de la ville de Strasbourg. Le Rhin-Tortu se jette dans l'Ill très-près de Strasbourg, un peu en aval de l'embouchure du canal du Rhône-au-Rhin, à part toutefois une branche dite *Ziegelwasser*, qui se sépare de ce cours d'eau à Meynau et se verse dans le petit canal de l'Ill-au-Rhin, auquel elle sert de rigole alimentaire. Par ses nombreux bras et par les sinuosités qu'il forme depuis la Krafft jusqu'à Strasbourg, le Rhin-Tortu a converti cette partie du département, sur 30 kilomètres, en une sorte d'archipel qui est soumis à des débordements périodiques.

La pente moyenne de l'Ill est de 0m,0008 par mètre.

Son volume à l'étiage est ordinairement de 7 à 8 mètres

par seconde dans l'intérieur de Strasbourg; cependant ce volume descend accidentellement à 4 mètres cubes seulement[1]. Lors des plus hautes eaux du 29 février 1844, le débit était au-dessous de Strasbourg, d'après un jaugeage de M. Legrom, de 273 mètres cubes, dont 145 s'écoulaient par le canal des Faux-Remparts, 123 par la rivière et 5 par le petit canal du Rhin. Le débordement de la rivière commence lorsque le débit est, en amont d'Erstein, d'environ 80 mètres cubes, dont 60 forment le bras principal, et 20 s'écoulent par la Krafft.

Plusieurs petites rivières qui prennent leur source dans l'alluvion même du Rhin, arrosent la partie méridionale de la plaine; parmi ces cours d'eau qui résultent d'infiltrations peu profondes, on peut citer l'Ichert ou Ischer, qui se rend dans le Rhin près de Rhinau; la Zembs, qui prend naissance dans le département même et se verse dans la Krafft près du hameau de ce dernier nom; la Blind, qui rencontre l'Ill près du hameau d'Ehenweyer. Aux environs de Schléstadt, la plaine est en outre sillonnée par de nombreux ruisseaux, tels que le Riethgraben, le Brunnwasser, le Rennweg, le Schifweg, le Dorfgraben, le Frieschgraben, la Loutter. *Rivières qui prennent leur source dans la plaine du Rhin.*

Tous ces ruisseaux qui naissent dans la plaine doivent leur origine à des épanchements de la nappe d'eau d'infiltration dont le gravier est imbibé, nappe qui est en communication avec l'Ill et le Rhin. Quelques-uns des ruisseaux dont il s'agit reçoivent aussi des infiltrations du canal du Rhône-au-Rhin; car l'un d'eux s'est complétement désséché dans l'été de 1849, lorsque le canal était lui-même à sec.

Les cours d'eau qui descendent de la chaîne des Vosges peuvent être partagés en trois groupes.

1° Les rivières du versant oriental qui, recueillies par l'Ill, arrivent, réunies à cette dernière, en un seul volume dans le Rhin, à la Wantzenau; ce sont les suivantes: *Rivières qui descendent de la chaîne des Vosges et se réunissent à l'Ill.*

Le Giessen résulte principalement de la réunion de deux cours d'eau qui ont leur source au pied du Climont, l'un au-dessus d'Urbeis, l'autre au-dessus de Steige; c'est au premier que l'on réserve spécialement le nom de Giessen.

---

[1] Les jaugeages des principales rivières du département manquent encore; mais dans peu de temps l'on possèdera sur ce sujet des documents que M. Baumgarten s'occupe à recueillir.

Du point de vue hydrographique, la protubérance isolée du Climont est remarquable comme donnant en outre naissance vers sa base à la Bruche et à la Fave, l'un des principaux affluents de la Meurthe. Après avoir reçu les ruisseaux de Charbes, de Breitenbach, d'Erlenbach, de Saint-Pierre-aux-Bois, et au-dessus de Châtenois la petite rivière de la Lièpvrette, le Giessen va se rendre dans l'Ill. Du Giessen partent deux dérivations qui méritent d'être signalées : 1° Le canal dit de Châtenois, qui amène les eaux basses vers Schléstadt et sert tant pour les irrigations et les besoins de la ville que pour y faire marcher cinq moulins ; 2° le canal dit de Scherwiller, qui se divise lui-même en deux branches ; celle dite Blumenbæchel se verse dans la Scheer, l'autre, dite Mühlbach, va se réunir à l'Ill non loin d'Ebersmünster. Dans les montagnes, la pente du Giessen est supérieure à $0^m,0043$ par mètre : c'est un véritable torrent.

La Scheer, qui a sa source dans les montagnes granitiques des environs de Dambach, reçoit une partie des eaux du Giessen par le Blumenbæchel ; à l'ouest de Benfeld elle se partage en deux bras dont l'un se jette dans l'Ill au-dessus de Fegersheim, et dont l'autre se verse dans l'Andlau sous le nom de Scheer-Neuve.

L'Andlau descend du Champ-du-Feu, passe au bourg d'Andlau et, après avoir reçu la Kirneck qui sort de la vallée de Barr, et le Dachsbach qui descend du pied de la montagne de Sainte-Odile, va se jeter dans l'Ill. Le débit moyen de cette rivière dans la ville d'Andlau est de $1^{m.\,cub.},20$ par seconde.

L'Altbach est le nom porté près de son embouchure par le cours d'eau auquel on donne plus haut les noms de Schiffbach, d'Ergers et d'Ehn. Cette rivière prend son origine dans le massif du Champ-du-Feu, au pied de la ferme dite la Soulte ; elle descend par le Klingenthal à Obernai, Niedernai, Blæsheim, et se jette dans l'Ill un peu au-dessous de Geispolsheim ; elle reçoit près d'Innenheim le ruisseau de Rosenmeer qui passe à Rosheim et qui n'est autre chose qu'une dérivation de la Magel.

L'Ostwaldbach n'est qu'un ruisseau sans importance.

La Bruche a sa source non loin du village de ce nom, vers la base du Climont. A 5 kilomètres au-dessus de Gresswiller elle reçoit la Magel, qui naît dans le haut du vallon de Grendelbruch et passe près de Mollkirch. La Magel alimente en outre en grande partie le Rosenmeer, qui s'en sépare au-dessus de Mollkirch, au lieu dit Fischhütte; ce dernier canal, qui paraît avoir été creusé à mains d'hommes, avait sans doute pour but d'alimenter en eau la ville de Rosheim. La Bruche se divise au-dessous de Mutzig en deux bras, dont l'un à droite, appelé bras d'Altdorf, paraît avoir été autrefois le principal; le second bras, qui est aujourd'hui le plus volumineux, se dirige vers Avolsheim, village près duquel il reçoit la Mossig; au-dessous de Molsheim ce second bras forme lui-même une dérivation qui est le ruisseau de Dachstein, et, plus bas, il contribue à alimenter le canal qui porte son nom. Les deux bras principaux de la Bruche se réunissent au-dessous de Hangenbieten et la rivière va se verser dans l'Ill près de Strasbourg. Elle jette une branche qui fait tourner le moulin militaire des Huit-Tournants, traverse les ouvrages défensifs de la place et se verse, en aval du Contades, dans une dérivation de l'Ill. La Mossig, qui est le principal tributaire de la Bruche, descend du Schneeberg, passe à Wasselonne et se rend dans la Bruche près de Soultz-les-Bains. Cette rivière alimente le canal dit de la Bruche qui a été exécuté par Vauban pour le transport des matériaux des environs de Soultz-les-Bains vers Strasbourg.

Le canal du Rhône-au-Rhin aboutit à l'Ill à peu près à la même hauteur que la Bruche.

La Souffel, grossie par différents autres ruisseaux qui descendent des collines situées à l'est de Wasselonne, va se rendre à l'Ill à 4 kilomètres au-dessus de la Wantzenau. Son débit en été, à peu près le même sur tout son cours, est de 25 litres par seconde.

Strasbourg, placé vers les points de convergence de la Bruche, de l'Ill et du Rhin, se trouve dans une sorte de centre hydrographique. L'affluence de ces rivières entre les collines auxquelles Strasbourg est adossé et le Rhin, donne à cette position un caractère unique dans la plaine d'Alsace du point de vue de fortification; la position de Strasbourg comme place forte destinée à défendre la France, était d'autant mieux indiquée par la nature que c'est précisément vis-à-vis de cette ville que la chaîne des Vosges s'abaisse assez pour donner passage à des voies de communication faciles se dirigeant vers l'intérieur.

Caractère topographique de Strasbourg.

PREMIÈRE PARTIE.

Rivières qui se rendent directement dans le Rhin

2° Les cours d'eau du versant oriental qui débouchent directement dans le Rhin en aval de la Wantzenau sont les suivants :

La Moder sort des montagnes des Vosges, au nord de la Petite-Pierre; elle passe à Pfaffenhoffen, à Haguenau, et après avoir reçu le Meisenbach près d'Ingwiller, le Rothbach à Pfaffenhoffen, la Zinsel à Schweighausen, et la Zorn près de Rohrwiller, elle va se jeter dans le Rhin non loin de Drusenheim. La Zorn a sa source dans le département de la Meurthe; elle traverse Saverne et reçoit le Bærenbach, le Mosselbach, la Zinsel savernoise, le Rohrbach et quelques autres ruisseaux. Elle se dirige vers l'est jusqu'au-dessous de Weyersheim; au delà de ce village son cours s'infléchit et devient presque parallèle au Rhin. La Zinsel vient d'une partie des Vosges comprise dans le département de la Moselle; elle reçoit le Schwartzbach et le Falkenstein près d'Uttenhoffen, et se rend à la Moder à peu de distance de Schweighausen.

Le Sauerbach ou Surbach prend sa source dans les montagnes de la Bavière rhénane, il descend la vallée de Lembach où il reçoit le Steinbach; il reçoit en outre le Soultzbach près de Wœrth, l'Eberbach au-dessous de la forêt de Haguenau, et se jette dans le Rhin près de Beinheim.

Des ruisseaux, au nombre de huit, prennent naissance dans la base du chaînon de Liebfrauenberg, sur une largeur qui ne dépasse pas 12 kilomètres; ils convergent de manière à former le Seltzbach, rivière dans laquelle toutes leurs eaux sont réunies près de Leiterswiller, à 10 kilomètres environ de leur point de départ. L'ensemble des tributaires du Seltzbach présente ainsi une disposition assez remarquable en forme de patte d'oie. Le Seltzbach passe à Soultz-sous-Forêts et se verse dans le Rhin près de Seltz.

La Lauter descend de la partie des Vosges comprise dans la Bavière rhénane; elle passe à Wissembourg et se jette dans le Rhin non loin de Neubourg; sur une partie de son cours elle forme la limite de la Bavière rhénane.

Cours d'eau du bassin de la Sarre.

3° Les cours d'eau de la région occidentale du département qui appartiennent au bassin de la Sarre, sont les suivants :

La Sarre ou Saar naît sur le versant occidental des Vosges, au pied de l'ancien château de Salm; elle entre dans le département à Diedendorf, passe à Saar-Union et à Herbitzheim, et va se jeter dans la Moselle près de Trèves. La Sarre reçoit sur la droite, comme affluents principaux compris dans le département, l'Eichel et l'Ischbach. L'Eichel sort de la partie des Vosges voisine de la Petite-Pierre et reçoit différents affluents: le ruisseau de Frohmühle, le Spiegelbach, les ruisseaux de Bütten, de Berg et de Rexingen; après avoir passé à Diemeringen, il se réunit à la Sarre à 3 kilomètres au-dessous d'Herbitzheim; il forme la délimitation du département à partir d'Œrmingen. L'Ischbach, qui descend des environs de Lohr, se rend dans la Sarre près de Bærendorf.

La Rose, qui est un des affluents de la gauche de la Sarre, forme la limite entre le Bas-Rhin, la Meurthe et la Moselle, aux environs d'Altwiller, sur une longueur de 5 kilomètres.

La Sarre débitait à l'étiage, le 31 septembre 1846, 3^m,50 par seconde au pont de Keskastel.

Une partie de la force motrice des cours d'eau autres que le Rhin est utilisée pour diverses industries.

<small>Nombre des usines mues par les cours d'eau du département.</small>

Les ruisseaux et rivières du département mettent en mouvement 655 usines, telles que moulins à farine et à garance, scieries, usines à fer, tissages, huileries, foulons et établissements de différente nature, dont 74 sont dans le bassin de la Moder, 65 dans celui de la Zorn, 36 sur le Sauerbach, 29 sur l'Ill, 108 dans le bassin de la Bruche, 24 sur la Sarre, 71 tant sur la Kirneck que sur l'Andlau, son principal affluent, 59 sur l'Ehn, 29 sur le Seltzbach; les 190 autres usines sont réparties sur des cours d'eau moins importants.

Voici les pentes des principaux cours d'eau du département par rapport à un plan horizontal :

<small>Pentes de quelques-unes des rivières du département.</small>

	Chute par kilomètre.	Angle avec l'horizon.
	mètres.	deg. min. sec.
Pente du Rhin à sa sortie du territoire français, près de l'embouchure de la Lauter; c'est le long de France la partie où cette pente est la plus faible.	0,372	0 01 21
Pente de la Moder, dans sa partie inférieure, entre Bischwiller et Drusenheim.	0,4	0 01 23
Pente moyenne du Rhin, le long du territoire français	0,6	0 02 03

	Chute par kilomètre.	Angle avec l'horizon.
	mètres.	deg. min. sec.
Pente moyenne de l'Ill, depuis son entrée dans le département jusqu'à son embouchure............	0,8	0 02 45
Pente de la Zorn, entre Saverne et Brumath.................	1,2	0 04 07
Pente la Bruche, d'Ergersheim à son embouchure.............	1,3	0 04 28
Pente de la Moder, de Haguenau à Zintzwiller.................	1,5	0 05 12
Pente du Seltzbach, du moulin d'Oberrœdern à Seltz...........	1,6	0 05 30
Pente du bras méridional de la Bruche, dit d'Altdorf, de Mutzig à Lingolsheim.	1,8	0 06 11
Pente de la Zinsel savernoise, d'Oberhoff au confluent de la Zorn....	1,9	0 06 41
Pente moyenne de la Souffel, depuis sa source jusqu'à son embouchure...	2,4	0 07 01
Pente moyenne de la Lauter dans le territoire de France........	2,1	0 07 13
Pente de la Zinsel, entre le moulin de Gumbrechtshoffen et Uttenhoffen..	2,1	0 07 13
Pente moyenne de la Moder, de l'entrée dans la plaine jusqu'à Haguenau.	2,3	0 07 54
Pente de la Zinsel, depuis Hangwiller (limite du Bas-Rhin) jusqu'à Oberhoffen..................	2,3	0 07 54
Pente de la Zorn, depuis la limite du Bas-Rhin jusqu'à Saverne.....	2,66	0 09 09
Pente de la Zorn, depuis Saverne jusqu'au confluent de la Zinsel.....	3,0	0 10 19
Pente du Giessen, depuis le confluent de la Lièpvrette jusqu'à son embouchure.................	3,0	0 10 19
Pente du Schwartzbach jusqu'à Reichshoffen.................	3,3	0 11 21
Pente du Falkenstein, depuis les limites du Bas-Rhin jusqu'à son embouchure dans le Schwartzbach à Reichshoffen.............	3,5	0 12 20
Pente moyenne du Giessen dans les communes de Scherwiller et de Châtenois.................	4,3	0 14 47
Pente du Giessen entre Villé et le confluent de la Lièpvrette.......	5,0	0 17 10
Pente de la Bruche, de Schirmeck à Mutzig.................	5,3	0 18 13

Ainsi la plus forte pente des rivières qui coulent sur un fond mobile ou facile à délayer est de $2^m,3$ par kilomètre; la pente minima, qui est cependant celle du plus rapide de ces cours d'eau, du Rhin, n'est que de $0^m,39$ par kilomètre.

Dans les vallées où le fond est rocheux, la pente des cours d'eau acquiert des valeurs bien supérieures à celles qui viennent d'être signalées. Ces pentes n'ont en réalité pas d'autre limite que 90 degrés, c'est-à-dire la verticale.

DEUXIEME PARTIE.

CONSTITUTION GÉOLOGIQUE.

Aperçu sur la constitution géologique du département.
La chaîne des Vosges, depuis son extrémité méridionale jusqu'à quelques kilomètres au nord de la vallée de la Bruche, est formée principalement de granite et de quelques autres roches cristallines qui surgissent au milieu de terrains stratifiés. Les terrains de cette dernière catégorie, qui entrent dans la constitution de la chaîne, sont antérieurs au trias : ce sont des terrains de transition, du terrain houiller, du grès rouge et du grès des Vosges. Le grès des Vosges constitue à lui seul toute la région septentrionale de la chaîne, jusque dans le Palatinat. La continuité de ce dépôt arénacé n'est interrompue, dans les limites du département, que sur deux points, au Jægerthal et à Weiler, où des lambeaux de terrains plus anciens forment des pointements très-restreints [1].

Les collines qui s'étendent le long des deux versants du groupe montagneux dont il vient d'être question sont constituées par les terrains jurassique, triasique et tertiaire. Les couches de ces divers terrains sont partiellement recouvertes par le diluvium et par les alluvions modernes. Ce n'est qu'en un petit nombre de points isolés que le grès des Vosges a été poussé jusqu'au jour, au milieu des terrains plus récents. Enfin le basalte affleure près de Gundershoffen.

Quant à la plaine, elle est formée par des alluvions.

Plan suivi dans la description.
Je passerai d'abord en revue les *terrains non stratifiés*, en y comprenant le gneiss; puis j'examinerai les différents terrains *stratifiés* ou *sédimentaires* dans lesquels seront compris les *terrains métamorphiques*. A la suite des terrains stratifiés je ferai connaître les *alluvions* anciennes et modernes et les dépôts de l'époque actuelle.

---

[1] Un troisième accident de même nature se trouve dans la Bavière rhénane, près d'Albertsweiler.

CHAPITRE PREMIER.

TERRAINS NON STRATIFIÉS.

Les principales roches non stratifiées du département sont :
Le gneiss ;
Le granite ;
La syénite, roche à laquelle se lient le porphyre syénitique, le porphyre brun et le diorite ;
L'eurite micacée ou *minette* de M. Voltz, qui ne forme que des filons très-restreints ;
Le porphyre feldspathique, qui se présente dans deux gisements distincts ;
Le basalte, qui forme un lambeau unique aux environs de Gundershoffen.

Nous allons passer successivement en revue les caractères de ces roches.

Gneiss.

Étendue.

Le gneiss s'étend depuis les environs d'Urbeis jusqu'à Sainte-Marie-aux-Mines, dans le Haut-Rhin ; deux petits lambeaux du même terrain se rencontrent en outre près d'Orschwiller et de Kintzheim. La superficie occupée par ce terrain dans le département n'est que d'environ 14 kilomètres carrés.

Composition de cette roche.

Le gneiss se compose de feldspath, de quartz et de mica ; ce dernier minéral est en paillettes qui sont alignées parallèlement, de sorte que la roche a la structure schisteuse. Les feuillets du gneiss sont souvent très-contournés, comme on l'observe près d'Urbeis.

Pegmatite avec tourmaline dans le gneiss d'Urbeis. Phtanite avec graphite.

Aux environs d'Urbeis et de Lalaye, les feuillets de gneiss sont très-nettement coupés par de nombreuses veines de pegmatite à mica d'un blanc d'argent, dans lesquelles abonde la tourmaline noire. Les cristaux de cette dernière substance sont souvent en fragments que le quartz a réagglutinés, ce qui montre que le quartz était encore pâteux lorsque la tourmaline était déjà solidifiée. Du micaschiste très-quartzeux et du phtanite (Kieselschiefer) noirâtre, qui contient des paillettes de graphite avec de la pyrite de fer, sont subordonnés au gneiss.

Veines formées de pyroxène, d'oligoclase et de sphène.

J'y ai aussi rencontré, mais seulement à l'état de galet, une roche formée de pyroxène sahlite et d'un feldspath du sixième système qui paraît être de l'oligoclase, dans laquelle sont disséminés de nombreux cristaux de sphène brun. Cette dernière roche est par conséquent identique à celle qui se trouve dans le gneiss de Sainte-Marie-aux-Mines, au toit du calcaire de Saint-Philippe. Du fer titané existe aussi en petite quantité dans le sable des ruisseaux qui prennent naissance dans le gneiss d'Urbeis.

Au sud d'Urbeis, dans le département du Haut-Rhin, le gneiss est interrompu par une masse de granite syénitique. Vers le nord le gneiss est séparé du schiste de transition qui le recouvre, suivant une ligne peu infléchie dont la direction moyenne est E. 15°. N—O. 15°. S.

Gneiss de Kintzheim et d'Orschwiller avec nombreux filons de granite. Veines de quartz laiteux. — Dans la colline sur laquelle repose le vieux château de Kintzheim, le gneiss est traversé par de nombreux filons de granite; près d'Orschwiller des fragments de gneiss se rencontrent aussi dans le granite.

A la base du Kœnigsbourg, sur le revers oriental, le gneiss renferme de grosses veines de quartz laiteux dont les débris épars à la surface du sol atteignent 50 centimètres en tous sens. A l'ouest d'Orschwiller le gneiss passe à un micaschiste dont le mica est noir.

De même qu'à Urbeis, les feuillets du gneiss de Kintzheim sont très-contournés. Ainsi à l'ouest de ce dernier village, leur direction est N. E—S. O.; à 2 kilomètres à l'ouest d'Orschwiller, cette direction est E. 15°. N — O. 15°. S., tandis qu'au nord-est du même village, les feuillets se dirigent suivant O. 20°. N—E. 20°. S. Cependant les directions se rapprochent en général de N. E—S. O.

Idées théoriques sur le gneiss. — Nous verrons plus loin que le schiste de transition, par suite de l'action métamorphique que lui a fait éprouver le granite, passe au micaschiste et à des schistes cristallins. Il paraît que le gneiss de certaines contrées, et en particulier celui des Vosges, est une roche d'origine neptunienne à laquelle le métamorphisme a fait perdre à peu près complétement la trace de son origine sédimentaire. Ainsi que l'a montré M. Élie de Beaumont[1], un des faits qui viennent à l'appui de cette manière de voir, c'est la présence de veinules d'anthracite qui se rencontrent dans le gneiss aux environs de Sainte-Marie-aux-Mines et du Bonhomme, dans le Haut-Rhin, et au Val-d'Ajol, dans le département des

---

[1] *Explication de la carte géologique de France*, t. Ier, p. 327.

Vosges. C'est encore dans des roches voisines du gneiss, dans la Forêt-Noire, près de Zundsweyer, que l'on exploite des couches d'anthracite. Le graphite renfermé dans le même terrain aux environs d'Urbeis et de Sainte-Marie, est probablement aussi d'origine organique. Néanmoins nous avons cru devoir, dans cette description, placer le gneiss près du granite à cause de la ressemblance minéralogique des deux terrains.

Certaines variétés du phtanite des environs d'Urbeis pourraient probablement être employées comme pierre de touche. Substances utiles.

C'est dans le gneiss que sont encaissés la plus grande partie des filons de plomb, cuivre et argent, qui ont été autrefois exploités aux environs d'Urbeis.

Granite.

Le granite constitue une partie du massif du Champ-du-Feu et de ses ramifications, parmi lesquelles il faut compter le chaînon qui s'étend jusqu'à Barr et Andlau. La même roche forme en outre la crête montagneuse sur laquelle repose la forêt de Dambach, crête à laquelle se relie un petit lambeau situé près de Saint-Maurice, ainsi qu'une partie des montagnes des environs de Châtenois qui forment le piédestal du Haut-Kœnigsbourg. Étendue du terrain granitique.

Les trois éléments dont se compose essentiellement le granite, le feldspath, le mica et le quartz, peuvent varier dans leur nature, dans la grosseur de leur grain ou dans leur abondance relative; de là d'assez nombreuses variétés d'aspect dans les roches granitiques. D'ailleurs la plupart des granites du département renferment au moins deux espèces de feldspath. Composition de cette roche.

Les deux espèces de feldspath que contient le granite sont ordinairement bien distinctes. Elle renferme ordinairement deux espèces de feldspath.

L'un des feldspaths est blanc ou d'une teinte rosée, quelquefois aussi d'un rouge violacé; il est en cristaux très-lamelleux, dont les deux clivages à angle droit caractérisent le feldspath orthose.

La couleur de l'autre feldspath varie du blanc de cire au vert clair; accidentellement il est rouge de brique; cette dernière couleur est due à ce que le minéral a subi un commencement de décomposition, à la suite de laquelle le protoxyde de fer s'est isolé en passant à l'état de peroxyde. Ce qui distingue ce second feldspath du feldspath orthose, ce sont les stries fines et rapprochées qui s'observent sur certaines cassures, et qui indiquent un groupement formé d'après le mode habituel de l'albite; les stries fines, ou plutôt les angles plans, alternativement rentrants et saillants, qui les produisent, apprennent que le feldspath en question appartient au sixième système cristallin, tandis que le feldspath orthose appartient au cinquième système. Ce second feldspath s'altère avec beaucoup plus de facilité que le feldspath orthose. Quand il est à l'état terreux, on ne peut plus y reconnaître les stries, mais son état friable et la teinte blanche qu'il possède ordinairement alors suffisent pour le distinguer de l'orthose.

Le feldspath du sixième système, si abondant dans les granites des Vosges, n'est pas ordinairement de l'albite, comme on l'a cru pendant longtemps. En général, ce feldspath est de l'oligoclase: cependant quelquefois il a la composition de l'andésine, ainsi qu'il résulte des analyses faites par M. Delesse, sur la syénite des Ballons qui a de grands rapports avec le granite qui nous occupe. Ces trois dernières sortes de feldspath du sixième système cristallin, l'albite, l'oligoclase et l'andésine, ont entre elles une grande ressemblance, et ne peuvent être distinguées l'une de l'autre que par des analyses chimiques. Mais, pour un œil un peu exercé, elles se distinguent assez facilement du feldspath orthose par les stries fines qui résultent de leur groupement et en général aussi par leur teinte et par leur éclat.

Parmi les variétés de granite du département, on doit distinguer les suivantes:

Granite porphyroïde. — Le *granite porphyroïde* contient les deux espèces de feldspath; le feldspath orthose y forme de grands cristaux, dont la longueur est souvent de plusieurs centimètres, tandis que les cristaux de feldspath du sixième système y sont incomparablement moindres; de là l'aspect porphyroïde de la roche. Les deux espèces de feldspath se distinguent d'ailleurs l'une de l'autre par les caractères qui viennent d'être indiqués. Il est à ajouter que le feldspath du sixième système a des clivages beaucoup moins nets que l'orthose.

Le mica du granite porphyroïde est presque toujours en

lamelles hexagonales, noires ou d'un brun foncé; ces paillettes ont ordinairement un vif éclat; cependant dans certaines parties du Champ-du-Feu, entre autres près de l'Aschenhutte, elles sont verdâtres et ternes, ce qui paraît tenir à un commencement d'altération.

Le quartz y forme des grains dont les contours ne présentent pas de faces cristallines nettes; au lieu d'avoir la couleur grisâtre qui lui est habituelle, il est quelquefois d'un rouge-grenat, comme au château de Spessbourg, près d'Andlau, et à la base du Windstein, près du Jægerthal. Cette coloration paraît se lier à la présence dans la même roche de petits grains de fer oxydulé titanifère.

Le granite porphyroïde est fréquent dans les Vosges du Bas-Rhin; on l'observe, par exemple, aux environs de Barr, d'Andlau, d'Orschwiller, de Châtenois. Dans cette dernière localité, les cristaux de feldspath orthose atteignent une longueur de 8 centimètres. Localités où il se rencontre.

Il est assez fréquent que le granite porphyroïde soit à un état complet de désagrégation, ce qui résulte de ce que le feldspath y est passé à l'état terreux. Cette modification de la roche paraît avoir eu lieu principalement vers le contact de la roche granitique avec un autre terrain, ainsi que M. Fournet l'a déjà remarqué. La partie méridionale de la forêt de Kintzheim jusqu'à Châtenois, les environs de la ville et du château d'Andlau, la vallée de la Kirneck, la base du Mœnkalb près de Barr, la partie de la base de la montagne de Sainte-Odile qui avoisine Truttenhausen, offrent des exemples de granite à l'état désagrégé. Dans plusieurs de ces localités, la roche forme un véritable sable qui est exploité comme tel pour les constructions. État désagrégé de ce granite dans quelques lieux.

Le feldspath devient terreux en perdant une partie de son alcali; c'est par conséquent un commencement de passage à l'état de kaolin. Il est facile de voir sur les surfaces exposées depuis longtemps aux agents atmosphériques que le feldspath du sixième système se décompose beaucoup plus facilement que l'orthose. Comme on l'a observé plus haut, cette dernière substance a conservé sa dureté et son éclat, tandis que la première est tout à fait terreuse.

De l'amphibole est fréquemment disséminé dans le granite qui alors, en raison de son rapprochement avec la syénite, peut être qualifié sous le nom de *granite syénitique*. Granite syénitique où prédomine l'oligoclase.

En même temps que l'amphibole prend la place du mica, la proportion de feldspath du sixième système augmente ordinairement par rapport à l'orthose, au point de prendre une place tout à fait prédominante dans la roche : la roche passe alors au diorite.

Le granite des environs de Hohwald présente un exemple de ce fait ; son feldspath, qui est d'un blanc de lait, est presqu'entièrement en cristaux maclés à angles rentrants, et a tous les caractères de l'oligoclase. Le mica en est noir et de forme hexagonale ; le quartz y est peu abondant, de petites mouches d'épidote y sont fréquentes. Sur quelques points, ce granite prend une teinte rose qui est due à un commencement d'altération de son feldspath.

Granite à grains fins, ou granulite. — Il existe un granite à grains très-fins, qui se distingue des deux variétés précédentes aussi bien par son aspect que par son gisement ; c'est le *granite à grains fins* que l'on nomme aussi *granulite*.

Le feldspath y est en très-petits grains cristallins ; il en est de même du quartz et du mica. La couleur rouge de chair est habituelle au feldspath et, par suite, à l'ensemble de la roche. Cette variété du granite contient souvent des géodes où les trois éléments sont nettement cristallisés.

Il forme des filons dans le granite porphyroïde. — Le granite à grains fins forme des filons, ordinairement peu épais, qui sont intercalés dans le granite porphyroïde (fig. 4). On en trouve au château d'Andlau, dans la vallée de Barr, à la base du château de Landsberg, près du Mœnkalb, à la montée de la vallée de l'Ehn vers la Soulte, etc.

Fait semblable dans l'Odenwald. — Cette variété de granite est incomparablement moins abondante que le granite à gros grains. Le même granite à grains fins se retrouve dans beaucoup d'autres contrées, entre autres dans l'Odenwald, où il forme aussi des filons peu épais dans les roches syénitiques [1].

Granite pegmatite. — Le *granite pegmatite* diffère du granite ordinaire par l'inégalité de la dissémination du mica ; il est des parties où cette dernière substance manque presqu'entièrement. Il renferme beaucoup de géodes où les trois éléments de la roche ont cristallisé. Du fer oligiste s'y rencontre fréquemment.

Cette variété de granite peut être observée, par exemple, dans la partie supérieure du Klingenthal (au Brandsteinkopf

---

[1] G. Leonhard, *Geognostische Skizze des Grossherzogthums Baden.*

et à la Nouvelle-Scierie), dans le haut de la vallée de la Kirneck et aux environs d'Urbeis.

Parmi les substances accidentellement disséminées dans le granite, on doit citer, outre l'amphibole qui est la plus fréquente, la tourmaline qui se rencontre près de Thanvillé, dans la forêt de Dambach, dans la vallée d'Urbeis, etc. L'épidote est fréquent dans le granite syénitique, particulièrement dans les fissures de la roche, ainsi qu'on l'observe au Champ-du-Feu. Le fer oxydulé titanifère y est habituellement disséminé en petite quantité, sous la forme de l'octaèdre régulier.

Substances disséminées dans le granite. Amphibole, tourmaline, épidote, fer titané.

Il n'est cependant pas rare que ce dernier minéral y soit assez abondant pour qu'on puisse le reconnaître immédiatement dans les sables qui résultent de la désagrégation de la roche. Si, par exemple, on passe après quelques jours de pluies près du château d'Andlau, on peut remarquer que le sable accumulé dans les ornières par les eaux superficielles a fréquemment une teinte d'un gris foncé ; cette teinte est due à l'abondance du fer oxydulé titanifère qui s'y est concentré sur quelques points. Les habitants de Mittelbergheim recueillent même quelquefois ce sable dans leurs environs, et, après l'avoir lavé, s'en servent pour mettre sur l'écriture.

En examinant au microscope le résidu, que l'on obtient en lavant le sable granitique dont il s'agit, j'y ai rencontré des zircons en petits cristaux incolores et transparents, qui se distinguent nettement du quartz par leur forme. Cette forme est celle d'un prisme carré terminé par un octaèdre à base carrée, dont les faces reposent sur les angles du prisme. Quelques cristaux ont une forme plus compliquée et présentent à leurs extrémités un dioctaèdre que termine un octaèdre carré plus obtus. Il se trouve aussi des zircons rougeâtres, mais ils sont plus rares que les zircons incolores. Le zircon se rencontre également dans la syénite d'autres localités des environs de Barr.

Zircons.

Les zircons microscopiques du granite des Vosges ont une grande ressemblance avec ceux que M. Dufrénoy a signalés dans les sables aurifères de la Californie et de la Nouvelle-Grenade [1].

---

[1] *Annales des Mines*, 4ᵉ série, t. XVI, p. 111.

De petits cristaux de sphène se rencontrent quelquefois dans le granite syénitique.

<small>Abondance des quartz vers le contour de la masse granitique.</small>

Les variétés du granite du Champ-du-Feu les plus riches en quartz se rencontrent, en général, vers la limite extérieure du massif, sur quelques centaines de mètres de largeur. Cette disposition se montre dans la région du Hohwald qui avoisine le village de Breitenbach.

<small>Filons de quartz.</small>

En outre, des filons de quartz traversent le granite dans quelques lieux, ainsi qu'on en a un exemple à 3 kilomètres au sud de la ferme du Gros-Magel, au-dessus de Grendelbruch. Le quartz, qui est opaque et d'un blanc laiteux, a cristallisé dans les cavités de la masse. Il empâte des fragments de granite dont le feldspath est entièrement amené à l'état de kaolin.

<small>Fissures qui divisent le granite en parallélipipèdes. Mers de rochers.</small>

Des systèmes de fissures respectivement parallèles, à plusieurs directions principales, traversent le granite et le partagent en blocs polyédriques, comme on peut l'observer à peu près partout où les roches granitiques se montrent à nu.

Ainsi, dans la crête de rochers situés entre le château de Landsperg et le Mœnkalb, les fissures de retrait sont planes et orientées par rapport à trois directions, de manière à déterminer par leur intersection des parallélipipèdes à peu près rectangulaires. Comme une partie de ces parallélipipèdes s'est écroulée et a disparu, ceux qui restent empilés les uns sur les autres sont dans une position isolée qui étonne. Dans le lieu dont il s'agit, les fissures principales, c'est-à-dire celles qui se prolongent avec le plus de régularité, se dirigent N. 30°. O—S. 30°. E.

Les fissures dont il s'agit paraissent dues au retrait que le granite, de même que d'autres plutoniques, a subi en se solidifiant ; puis les dénudations postérieures, favorisées par des mouvements du sol, telles que celles dont on retrouve partout des vestiges, ont laissé les lambeaux que nous observons aujourd'hui. Telle est aussi l'origine de ces blocs de toute grosseur, soit anguleux, soit à contours arrondis, qui sont souvent amassés dans diverses contrées sur le sommet des montagnes, et à la réunion desquels on a donné le nom de *mers de rochers* (Felsenmeer).

<small>Ramification du granite dans le terrain de transition.</small>

Si l'on suit la ligne de contact du terrain de transition et du terrain granitique, on reconnaît que le granite forme de petits filons ou des ramifications de forme variée dans le terrain schisteux dont il empâte des fragments et quelquefois même des lambeaux étendus. Le granite qui présente cette disposition doit avoir été à l'état mou lorsqu'il a été poussé dans le schiste de transition.

On trouve des exemples de cette intrusion quand on remonte la vallée d'Andlau, de manière à suivre la limite des deux terrains (fig. 3). *Exemples dans la vallée d'Andlau.*

A un kilomètre environ au sud de la limite du granite du Hohwald, dans la direction de Breitenbach, au milieu du schiste, s'élèvent des lambeaux de granite blanchâtre à grains très-fins. L'un de ces pointements a 30 mètres sur 15 à son affleurement; un autre affleure sur environ 150 mètres en tous sens. *Idem, à la descente du Hohwald sur Breitenbach.*

Des veines de granite appartenant à la même variété sont aussi intercalées dans le schiste, à 1200 mètres à l'ouest de la base du Ungersberg. *Idem, à la base du Ungersberg.*

Dans la colline sur laquelle sont situées les ruines du château de Kintzheim, la disposition du granite montre plus clairement encore que cette roche a été poussée à l'état pâteux, lorsque le gneiss était déjà consolidé. *Granite injecté dans le gneiss au château de Kintzheim.*

Un grand nombre de veines granitiques pénètrent dans le gneiss; de plus, beaucoup de fragments et de lambeaux de gneiss, à contours tout à fait anguleux, sont empâtés dans le granite; il n'est pas rare de voir sur une surface d'un mètre carré une dizaine de ces fragments, parmi lesquels il en est qui atteignent plusieurs décimètres de ce côté. Ainsi le gneiss forme ici une véritable brèche qui est cimentée par du granite. Le granite qui constitue la base de la montagne de Châtenois est généralement porphyroïde, comme celui d'Andlau et de Barr; mais dans le voisinage du gneiss, le granite est à grains très-fins et se rapproche un peu de certaines eurites quartzifères. L'exemple dont il vient d'être question rappelle tout à fait la localité classique de Geyer en Saxe.

Dans les points que nous avons signalés, le schiste a été en général modifié par le voisinage du granite; il est devenu micacé. *Modification du schiste dans le voisinage du granite.*

Il existe sur le revers occidental de la chaîne, dans le département des Vosges, un granite à grains moyens, qui est associé au leptinite et au gneiss; ce granite paraît avoir été consolidé plus anciennement que le granite porphyroïde de la chaîne centrale, qui a même été poussé à l'état pâteux dans le schiste de transition, ainsi que nous venons de le *Les granites de la chaîne des Vosges appartiennent au moins à trois époques.*

voir. Comme d'ailleurs ce dernier granite est traversé par des filons de granulite, on voit que la chaîne des Vosges contient des granites qui appartiennent au moins à trois époques distinctes.

Fragments anguleux de roche micacée, fréquemment empâtés dans le granite; leur origine probable.

Le granite du Champ-du-Feu contient dans beaucoup de lieux, surtout à proximité du terrain schisteux, une multitude de taches d'une teinte foncée, à contours souvent tout à fait anguleux, mais quelquefois aussi arrondis, qui ont l'apparence de fragments empâtés dans la roche granitique. Ces fragments se composent de feldspath, de beaucoup de mica noir, d'un peu de quartz; il y a fréquemment aussi de l'amphibole qui contribue avec le mica à la teinte noirâtre de ces taches. Bien que très-intimement soudés au granite voisin, ces fragments s'en distinguent par un grain plus fin et une couleur plus foncée.

Ces taches fragmentaires se rencontrent près des châteaux d'Andlau et de Landsberg, au Mœnkalb, près de Barr, non loin du village de Breitenbach, au Ban-de-la-Roche, etc. Dans le haut de la vallée de la Kirneck, à 6 ou 8 kilomètres à l'ouest de Barr, le granite porphyroïde contient des lambeaux de roche micacée de toute dimension, depuis la grosseur d'une noix jusqu'à celle de plusieurs mètres cubes; les lambeaux ont des contours tout à fait irréguliers et ordinairement anguleux.

Malgré leur liaison à la masse granitique, les fragments anguleux dont il s'agit paraissent n'être autre chose que des fragments qui ont été détachés d'un terrain que le surgissement du granite a brisé, et dont la composition minéralogique a été ensuite modifiée par leur séjour dans la masse granitique, sans toutefois que ces débris aient perdu leurs contours évidemment fragmentaires.

Fait semblable dans les granites de la Forêt-Noire et d'autres contrées.

On trouve fréquemment aussi dans la Forêt-Noire de semblables fragments anguleux noirâtres qui sont empâtés dans le granite; le granite de la base du monument de Turenne à Sasbach, qui a été tiré du Kapplerthal, en présente un exemple facile à observer. C'est encore le même fait que l'on rencontre presqu'à chaque pas dans le granite de Bretagne, dont on se sert à Paris pour la construction des trottoirs.

Syénite, porphyre syénitique et porphyre brun, diorite.

La syénite et les roches qui y sont associées, c'est-à-dire

le porphyre syénitique, le porphyre brun et le diorite, sont particulièrement développées dans le massif du Champ-du-Feu. La syénite se retrouve encore au Jægerthal, près de Niederbronn, et le porphyre brun à Weiler, près de Wissembourg.

Dans le granite du groupe montagneux du Champ-du-Feu, l'amphibole s'ajoute fréquemment au mica, de telle sorte que la roche se compose de feldspath, de quartz, de mica noir et d'amphibole ; le granite passe alors à la syénite. *Syénite ; sa composition.*

De même que le granite, la syénite renferme en général deux espèces de feldspath, l'orthose et un feldspath du sixième système qui est l'oligoclase ou l'andésine. C'est même ce dernier feldspath, caractérisé par les macles à angles rentrants, qui domine sur quelques points, presqu'à l'exclusion de l'orthose. Rarement le mica manque dans la syénite du Champ-du-Feu ; il est en lames hexagonales noires. Quant au quartz, il est souvent en très-faible proportion.

Les rochers du Neunerstein, qui forment un escarpement si imposant au milieu des belles forêts qui l'entourent, se composent d'une syénite bien cristalline où l'amphibole abonde ; cette roche passe au diorite. La même variété se retrouve dans une partie du Ban-de-la-Roche.

De la pyrite de fer et du fer oxydulé titanifère sont disséminés en très-petits grains dans la syénite ; cette roche renferme aussi de petits cristaux de sphène et, en outre, de l'épidote, soit à l'état de dissémination, soit dans les fissures de la roche. *Minéraux disséminés. Fer titané, sphène, épidote, pyrite de fer.*

Dans le fer oxydulé titanifère de la syénite du Hohwald, j'ai rencontré aussi des zircons incolores semblables à ceux qui ont été signalés plus haut (p. 24) dans le granite. *Zircons.*

Le passage de la syénite au granite porphyroïde peut être observé dans beaucoup de lieux, par exemple dans le haut de la vallée de la Kirneck. Près de Belmont, ainsi que l'a déjà remarqué M. Élie de Beaumont [1], le granite prend des aiguilles d'amphibole et passe à la syénite. Le même fait se montre clairement aussi aux environs de Solbach et à l'ouest de Bellefosse. *Passage de la syénite au granite dans le Champ-du-Feu.*

Dans le petit lambeau granitique du Jægerthal, le passage du granite porphyroïde à la syénite est tout aussi évident. Cette dernière roche renferme du sphène. *Même transition au Jægerthal.*

[1] *Explication de la carte géologique de France*, t. Ier, p. 340.

DEUXIÈME PARTIE.

La transition de la syénite au granite est encore observable dans d'autres régions des Vosges, entre autres près de Sainte-Marie-aux-Mines et au Ballon de Giromagny (Haut-Rhin), près de Saales et de Senones (Vosges).

M. Fournet a annoncé que la syénite des Vosges forme de vastes filons dans le granite[1] ; mais l'opinion de ce géologue distingué ne me paraît pas fondée pour le massif du Champ-du-Feu, non plus que pour les Vosges méridionales. Ici, comme dans beaucoup d'autres contrées, par exemple aux environs de Meissen en Saxe, près de Christiania en Norvége[2], le granite et la syénite appartiennent à la même masse ; le mica noir magnésien et à un axe s'est formé dans certaines parties de la masse, l'amphibole dans d'autres.

Porphyre syénitique. — Le porphyre syénitique renferme les mêmes éléments que la syénite, mais en partie à l'état amorphe. Il consiste en une pâte compacte, où sont disséminés des cristaux des deux espèces de feldspath déjà signalées dans la syénite, en même temps que de l'amphibole et du mica noir ; rarement on y aperçoit des grains de quartz ; les cristaux feldspathiques sont blancs ou rougeâtres. La couleur de la pâte varie du brun au rouge et au gris foncé ; elle est quelquefois aussi compacte que le pétrosilex. De même que dans la syénite, l'épidote est fréquent dans le porphyre, soit disséminé, soit tapissant des fissures.

La roche dont il est question se rencontre aux environs de Solbach, de Bellefosse, de Belmont, de Grendelbruch et dans le haut de la vallée de la Kirneck.

Le porphyre syénitique ne diffère de la syénite que par le degré de cristallisation. — Partout elle est associée à la syénite à laquelle elle passe par degrés. Cette transition se montre, par exemple, à 1 kilomètre au nord-ouest du village de Solbach, en différents points des environs de Grendelbruch et de la vallée de Barr. Le porphyre syénitique ne paraît donc être que de la syénite imparfaitement cristallisée ; aussi existe-t-il toute espèce de nuance intermédiaire entre la syénite la plus cristalline et les porphyres à pâte tout à fait pétrosiliceuse.

Porphyre brun. — M. Élie de Beaumont a donné le nom de *porphyre brun*[3] à

---

[1] *Bulletin de la Société géologique de France*, 2ᵉ série, t. IV, p. 222.
[2] *Mémoire sur les dépôts métallifères de la Suède et de la Norvége. Annales des mines*, 4ᵉ série, t. IV, p. 204.
[3] *Explication de la carte géologique de France*, t. Iᵉʳ, p. 349.

une roche porphyroïde fréquente dans les Vosges méridionales, qui diffère du porphyre rouge par une teinte plus sombre et par ses caractères géognostiques. J'emploierai la même dénomination pour une roche du massif du Champ-du-Feu, qui ressemble à celle du Haut-Rhin et qui a été quelquefois désignée sous le nom d'eurite porphyroïde [1].

Le porphyre brun se rapproche beaucoup du porphyre syénitique et n'en diffère essentiellement que par l'absence habituelle de l'amphibole. Dans une pâte brune ou grise, souvent pétrosiliceuse, sont disséminés des cristaux de feldspath orthose et d'un feldspath avec les macles à angles rentrants qui caractérisent le sixième système. En différents lieux, ce dernier feldspath prédomine beaucoup. La pâte contient en outre souvent du mica noir. Par suite de l'action de l'atmosphère, cette pâte devient d'un rose clair. *Ses caractères minéralogiques.*

Quand le porphyre brun, au lieu de mica, renferme de l'amphibole, il passe au porphyre syénitique. Cette transition est observable partout où l'on a signalé plus haut le porphyre syénitique. L'une et l'autre roche se rencontrent vers les limites extérieures de la syénite, dont elles paraissent n'être qu'une dégénérescence. *Son passage au porphyre syénitique.*

Quand, par exemple, on monte de Muhlbach vers Grendelbruch, on trouve au nord du premier village du porphyre brun au milieu du terrain de transition modifié.

La colline à pentes abruptes qui s'élève dans la vallée de la Lauter, près de Weiler, renferme un filon de porphyre brun intercalé dans le terrain de transition. Dans la pâte brune sont disséminés des cristaux de feldspath du sixième système, des cristaux de feldspath orthose, comme aussi des lamelles de mica et de l'amphibole. On n'y distingue point de quartz libre. Le filon (fig. 5) a 2 mètres d'épaisseur dans la carrière où on l'exploite, et se ramifie à peu de distance de là. Il est partagé en prismes par un système de fissures de retrait normales à ses deux parois. Le schiste voisin, qui est d'un gris verdâtre, est devenu extrêmement compacte ; il a pris aussi la structure polyédrique. Une brèche de schiste imparfaitement cimentée, qui est située à peu de distance du filon, a, sans doute, été formée lors de l'intrusion de la roche éruptive. *Porphyre brun de Weiler ; roche micacée qui y est associée.*

[1] Hogard, *Système des Vosges.*

Sur quelques points, le porphyre dont il vient d'être question passe à une roche cristalline, à grains très-fins, et riche en mica. Cette roche micacée forme elle-même, à 200 mètres du filon qui vient d'être signalé, un second filon rectiligne, d'un mètre d'épaisseur, qui se dirige E. 30°. N—O. 30°. S.

Roche semblable aux environs de Senones et de Schirmeck (Vosges).
Dans les montagnes granitiques qui avoisinent Senones (Vosges), le porphyre brun se retrouve avec les mêmes caractères qu'au Champ-du-Feu. C'est encore à la même variété de porphyre que l'on peut rapporter la roche qui forme un filon dans la carrière de calcaire de transition à Schirmeck ; ici le feldspath du sixième système est de l'oligoclase.

Diorite.
La syénite passe quelquefois à une roche pauvre en quartz dans laquelle il n'y a que du feldspath appartenant au système cristallin, de l'albite avec de l'amphibole et un peu de mica ; c'est la roche à laquelle on donne le nom de *diorite*. Il est d'autres points où le diorite forme des filons et des veines dans la syénite.

Accumulation de rochers.
De même que le granite, la syénite et le porphyre syénitique se partagent naturellement en grands blocs qui hérissent la surface de plusieurs régions de la roche. Ces mers de rochers sont fréquentes, par exemple aux environs de Solbach et au-dessus de Bellefosse, près de l'ancien château de la Roche qui, sans doute, leur doit son nom. La même roche constitue les rochers de Rathsamhausen.

Filons de quartz.
Des filons de quartz traversent le terrain syénitique aux environs de Solbach.

Roches porphyriques à la séparation de la syénite et des terrains de transition.
Dans le massif du Champ-du-Feu et dans les Vosges méridionales, je n'ai jamais rencontré la syénite bien cristallisée en contact immédiat avec le terrain de transition au milieu duquel elle surgit ; le porphyre syénitique ou le porphyre brun se montrent à la limite commune des deux terrains. Ainsi qu'on l'a vu plus haut, le porphyre syénitique et le porphyre brun ne paraissent être que de la syénite imparfaitement cristallisée ; peut-être aussi la pâte de ces roches a-t-elle été modifiée sous l'influence du terrain de transition voisin. Cette dernière sorte de modification, à laquelle M. Fournet a donné le nom d'*endomorphisme* [1], est analogue à ce qui arrive lorsque le fondant introduit dans un creuset

---

[1] *Bulletin de la Société géologique de France*, 2ᵉ série, t. IV, p. 240.

pour la matière duquel ce fondant a de l'affinité, dénature le creuset, tout en se dénaturant lui-même.

Sur la paroi gauche de la vallée de la Bruche, entre Rothau et Fouday (Vosges), l'entaille pratiquée pour une route sur les confins du terrain cristallin et du terrain de transition, a mis en évidence les ramifications nombreuses que la syénite a poussées dans le schiste. La roche des filons consiste ordinairement en un porphyre brun qui, au premier abord, paraît différer de la syénite, mais qui passe graduellement à cette dernière roche. *Filons de syénite dans le terrain de transition.*

Non loin de leur contact avec le terrain de transition, la syénite et le granite syénitique renferment beaucoup de fragments anguleux de syénite à grains fins ou de diorite micacé, dans lesquels l'amphibole est d'ordinaire sous forme de longues aiguilles. Tantôt les fragments anguleux ont quelques centimètres de côté, tantôt ils atteignent la dimension de plusieurs mètres cubes; quelquefois ils sont assez rapprochés pour que leur ensemble constitue comme une brèche dans laquelle la roche syénitique enveloppante forme de nombreuses ramifications. L'accident dont il s'agit se rencontre dans une partie du Ban-de-la-Roche, c'est-à-dire dans les banlieues de Blancherupt, Solbach, Waldersbach et Wildersbach, et aussi au-dessus de Grendelbruch. *Taches anguleuses de syénite à grains fins dans la syénite ordinaire.*

En voyant, d'une part, la forme anguleuse de ces taches, de l'autre, les veines de syénite qui y pénètrent, on ne peut guère douter que ces fragments n'aient appartenu à une roche qui a été brisée et dont les parties auront été saisies par la syénite lorsque celle-ci était encore pâteuse.

Comme on le voit, ce phénomène est tout à fait semblable à celui qui a été signalé plus haut (p. 28) pour le granite ordinaire, avec cette différence, qu'au lieu de fragments de granite à grains fins et très-chargé de mica, ce sont des fragments de syénite à grains fins que renferment la syénite ordinaire et le granite syénitique. Dans l'un et l'autre cas, on trouve un exemple remarquable de la force d'assimilation ou de métamorphisme des roches granitoïdes à l'égard des débris empâtés, surtout lorsque la masse plutonique est considérable par rapport à la masse englobée. *Métamorphisme profond opéré par les roches granitoïdes.*

D'après les faits signalés plus haut, la syénite et les roches porphyriques qui s'y rattachent sont postérieures aux schistes de transition des vallées d'Andlau et de la Bruche dans les- *Age des roches syénitiques.*

quels ces roches forment des filons. D'un autre côté, le conglomérat du grès rouge renfermant des fragments de syénite et de porphyre brun, par exemple entre Belval et Le Mont (Vosges), ces mêmes roches sont évidemment antérieures au terrain du grès rouge. Ainsi l'époque de la sortie de la syénite est comprise entre deux limites assez rapprochées.

D'ailleurs M. Élie de Beaumont a observé[1] que le porphyre brun du Haut-Rhin paraît avoir fait éruption au commencement du dépôt du terrain de transition supérieur. Entre Saint-Nabor et Niedermunster, on rencontre un passage de la grauwacke au porphyre brun, qui rappelle tellement certaines roches du Haut-Rhin, que l'on est conduit à rapporter aussi les porphyres bruns du nord de la chaîne au commencement du terrain dévonien.

Eurite micacée (minette de M. Voltz).

Caractères minéralogiques.   Dans plusieurs parties des Vosges il existe une roche riche en mica à laquelle les mineurs de Framont ont depuis longtemps donné le nom de *minette*, que M. Voltz leur a conservé.

Cette roche, qui peut aussi être désignée sous le nom d'eurite micacée, est surtout caractérisée par l'abondance du mica qui est disséminé dans une pâte de couleur brune. Le mica en est tantôt noir, tantôt d'un brun foncé, plus rarement de couleur bronze; il est quelquefois accompagné de cristaux mal formés de feldspath. Le mica de la minette du Mœnkalb, chauffé dans un tube fermé, s'exfolie et abandonne de l'eau dont l'action sur le verre indique la présence de l'acide hydrofluorique; puis il se fond en un émail brun. D'après M. Delesse, cette roche renferme de la lithine.

La minette constitue ordinairement des filons peu puissants qui traversent le granite et quelquefois aussi le terrain de transition.

Filons de la vallée de la Kirneck.   Comme exemple on peut citer les filons de la vallée de la Kirneck, près de Barr, qui coupent le granite. L'un de ces filons, de 1m,50 d'épaisseur, situé non loin du château d'Andlau, longe un filon de granite à grains fins auquel il est parallèle et qui en est distant de 2 mètres. La direction de ces filons est E. 25°. S. à O. 25°. N.

---

[1] *Explication de la carte géologique de France*, t. 1er, p. 365.

A la base du Mœnkalb on observe un groupe de filons qui sont probablement le prolongement de ceux que l'on observe dans la vallée de la Kirneck. Sur moins de 200 mètres de distance, on peut en compter onze. Leur disposition est représentée par la fig. 7. La direction de ces filons est comprise entre O. 20°. N—E. 20°. S. et N. 20°. O—S. 20°. E. Leur épaisseur varie de 0^m,40 à 3 mètres. La forme ramifiée de quelques-uns d'entre eux (fig. 8) rappelle clairement l'injection d'une masse fluide. Dans quelques-uns des filons du Mœnkalb les paillettes de mica atteignent 4 millimètres de diamètre. La roche contient quelquefois aussi des grains de quartz, de petits cristaux de feldspath et des grains d'une matière verte comme la chlorite. *Leur prolongement à la base du Mœnkalb.*

Des filons de minette pénètrent aussi dans le terrain de transition, à proximité du massif de roches ignées du Champ-du-Feu, par exemple, à une centaine de mètres du hameau de Netzenbach, près de Wische, à 500 mètres à l'ouest de Lutzelhausen, et à 1200 mètres à l'ouest de la base du Ungersberg. *Filons dans le schiste de transition.*

La minette est quelquefois traversée par de nombreuses fissures respectivement parallèles à trois directions, de telle sorte que la roche se partage en parallélipipèdes. Le système de fissures le plus prononcé est ordinairement parallèle à la direction du filon. On a un exemple de ce fait à la base du Mœnkalb. *Division de la roche en parallélipipèdes.*

Il est aussi quelques filons de la vallée de la Kirneck qui se partagent très-nettement en boules à couches concentriques, ainsi que le représente la fig. 9. La partie de la roche comprise entre les sphéroïdes est à l'état terreux par suite d'une décomposition très-avancée. Les sphéroïdes, bien que de dimensions très-différentes, sont alignés de telle sorte qu'il existe des plans à la fois tangents à toute une file de ces sphéroïdes. Les plans tangents simultanés dont il s'agit ne sont évidemment autres que les plans des fissures suivant lesquelles le retrait a d'abord eu lieu. La régularité de cet alignement, aussi bien que les couches concentriques qui divisent chaque boule, montrent que ces boules n'ont pas été arrondies par le frottement, ainsi qu'il est arrivé dans certains conglomérats. La structure des filons de minette qui vient d'être signalée rappelle tout à fait celle de la roche pyroxénique de Bertrich, dans la Prusse rhénane. On ob- *Sa division en sphéroïdes à couches concentriques.*

serve quelquefois aussi la structure sphéroïdale dans le *kersanton* de la Bretagne, roche composée en majeure partie de feuillets de mica, qui paraît avoir beaucoup d'analogie avec l'eurite micacée des Vosges.

Décomposition du granite près de la minette. — Le granite qui encaisse la minette est souvent réduit à l'état terreux sur une distance de quelques mètres de chaque côté du filon, ainsi qu'on l'observe à la base du Mœnkalb ; les fissures de la roche décomposée renferment de la stéatite et de l'oxyde de fer.

Lien de parenté probable entre la minette et les roches amphiboliques. — Comme les filons de minette sont en général peu distants des massifs de roches amphiboliques, on doit supposer qu'ils tiennent à ces dernières roches par quelque lien de parenté. D'ailleurs, à Weiler, on voit le passage d'une eurite micacée au porphyre brun ; le remplacement du mica magnésien par de l'amphibole est analogue à ce que l'on observe dans les granites qui passent à la syénite. D'après M. Durocher[1], les diorites de Bretagne se transforment dans la rade de Brest en la roche micacée, à laquelle on donne le nom de kersanton. C'est encore un fait semblable à celui qui vient d'être signalé.

Porphyre feldspathique.

Deux groupes distincts formés par le porphyre feldspathique. — Le porphyre feldspathique constitue deux groupes qui se distinguent l'un de l'autre tant par le gisement que par les caractères minéralogiques : ce sont le groupe du massif du Champ-du-Feu et celui de la rive gauche de la Bruche.

Groupe porphyrique du Champ-du-Feu. — Plusieurs masses porphyriques, à contours irréguliers, sont intercalées dans le granite et la syénite du massif du Champ-du-Feu ; on observe, par exemple, aux environs du Rothefels et du Rosskopf une de ces masses qui s'étend jusque dans la vallée d'Andlau ; d'autres masses existent à l'ouest du hameau de Hohwald, au Steinhübel, entre la ferme du Gros-Magel et la maison forestière de la Rothlach, etc. ; en outre, un certain nombre de filons peu puissants de porphyre qui se rencontrent dans beaucoup de points, particulièrement au Ban-de-la-Roche et jusque dans la vallée de la Bruche, paraissent n'être autre chose que des ramifications des masses centrales.

[1] *Bulletin de la Société géologique de France.* 2ᵉ édition, t. IV, p. 410.

Ce porphyre consiste en une pâte feldspathique, ordinairement rose ou rouge, plus rarement verdâtre, dans laquelle sont disséminés des cristaux de feldspath blanc ou de nuance très-claire; quelquefois les cristaux appartiennent au sixième système cristallin. Souvent, en outre, il y a des grains de quartz; il n'est pas rare que cette dernière substance soit en doubles pyramides fort nettes, comme au Rothefels et au Rosskopf. Des paillettes de mica brun sont quelquefois disséminées dans la pâte. Des parties vertes, voisines de la stéatite, se rencontrent dans le porphyre voisin du Hohwald. Dans le porphyre du Rosskopf on trouve des cavités nombreuses, tapissées d'un enduit brun, qui résultent, sans doute, de la disparition d'une substance. *Nature minéralogique de ce porphyre.*

Le quartz n'affecte pas seulement la forme du dodécaèdre; il s'est souvent séparé en petits grains sphéroïdaux autour desquels la pâte forme des zones concentriques de diverses nuances; la roche a alors une structure globuliforme ou variolithique, ainsi qu'on peut l'observer dans le Hasselthal. *Structure variolithique de cette roche.*

Quand les cristaux de feldspath ne se sont pas développés, le porphyre passe à l'eurite rose; cette dernière roche forme des filons dans le granite de la vallée de la Kirneck, à environ 3 kilomètres de Barr. *Son passage à l'eurite rose.*

Ailleurs, au contraire, la pâte du porphyre est elle-même devenue cristalline; elle contient de petites paillettes de mica, et la roche passe graduellement au granite à grains fins; c'est ce que l'on peut observer près des rochers du Wolfsfels ou au Steinhübel. Le granite à grains fins, auquel se lie visiblement le porphyre, ne peut pas se distinguer du granite à grains fins signalé plus haut, comme formant des filons dans le granite à gros grains. *Son passage au granite à grains fins.*

Il existe dans d'autres parties des Vosges des passages évidents du porphyre feldspathique quartzifère au granite, passages qui ont été signalés par M. Élie de Beaumont [1]. *Fait analogue dans d'autres localités.*

Le porphyre et le granite à grains fins renferment sur différents points des veines de quartz cristallin et de fer oligiste écailleux, par exemple entre les rochers du Steinhübel et la maison forestière de la Rothlach. *Veines de quartz et de fer oligiste.*

Quelquefois des fissures respectivement parallèles entre *Division prismatique du porphyre.*

[1] *Explication de la carte géologique de France*, t. Ier, p. 335 et 336.

elles partagent assez régulièrement le porphyre en parallélipipèdes ou en prismes. Au Steinhübel les principales fissures se dirigent de N. 30°. O. à S. 30°. E.

Son âge. — Le porphyre a formé des épanchements irréguliers dans le terrain de transition de la vallée d'Andlau ; le même fait se retrouve encore au Pont-des-Bas, entre Rothau et Fouday. Ainsi le porphyre feldspathique du Champ-du-Feu, comme les autres roches cristallines du même massif, est postérieur au schiste de transition ; il est plus moderne que le granite porphyroïde et que la syénite, dans lesquels il a pénétré.

Porphyre de la rive gauche de la Bruche. — Du terrain de transition de la rive gauche de la Bruche, depuis Oberhaslach jusqu'au delà de Vische qui est situé à la limite occidentale du département du Bas-Rhin, il s'élève un groupe de collines boisées, à pentes abruptes, qui appartiennent au terrain porphyrique. Ces collines, dont la hauteur au-dessus de la mer atteint 600 mètres, sont dominées par les montagnes du groupe du Kohlberg et du Katzenberg, qui sont formées de grès des Vosges. Dans toute l'étendue du terrain porphyrique, étendue qui, pour le département seul, est d'environ 28 kilomètres carrés, il n'existe pas un seul hameau ; seulement quelques maisons forestières sont disséminées dans les épaisses forêts qui le recouvrent.

La roche est un argilophyre. — Si l'on excepte la petite protubérance porphyrique du Stiftwald et quelques accidents restreints, le porphyre de la gauche de la vallée de la Bruche appartient à la variété terreuse que les minéralogistes allemands ont désignée sous le nom de *Thonporphyr*, et que M. Brongniart a appelée argilophyre. La couleur de la pâte varie du rouge brique, qui est sa teinte naturelle, au rouge violacé et au rose ; plus rarement elle est blanche ou verdâtre.

Des cristaux blancs qui ont la forme du feldspath sont disséminés dans la pâte ; mais, au lieu d'avoir la dureté du feldspath, ces cristaux sont assez tendres pour se laisser entailler par un canif avec la plus grande facilité ; ils ont d'ailleurs l'aspect terreux. Les cristaux dont il s'agit consistent en feldspath décomposé ; la décomposition en kaolin n'est pas complète, car certains cristaux désagrégés sont néanmoins encore fusibles. Un échantillon d'argilophyre terreux bien desséché à 100° a perdu 2,8 p. 100 par la calcination au rouge.

Le quartz est assez rarement disséminé dans la pâte de

l'argilophyre ; il y est en grains bipyramidaux. Beaucoup de paillettes de mica sont disséminées dans la pâte. Le mica aussi est ordinairement altéré; sa poussière est rouge-brique.

Au porphyre massif est associé un conglomérat porphyrique. Cette dernière roche, à laquelle on a aussi donné le nom de *mimophyre*, à cause de sa ressemblance avec le porphyre vierge, est formée par l'agglomération de détritus arrondis, soit grossiers, soit ténus. Pour distinguer le conglomérat de la roche massive, il est quelquefois nécessaire d'examiner avec soin la structure de la roche, particulièrement sur les faces qui sont corrodées et comme disséquées par les agents atmosphériques. Conglomérat porphyrique.

Quand les débris de porphyre, au lieu d'être arrondis, sont anguleux, la roche prend le nom de *brèche porphyrique*. Le vallon et la cascade de Niedeck présentent un bel exemple de cette dernière roche. Les fragments consistent, soit en porphyre à pâte dure, soit en eurite ; les uns et les autres sont parsemés de nombreux grains de quartz hyalin incolore. Tous ces fragments sont solidement agglutinés par une pâte de même nature qui est susceptible de faire feu au briquet. La partie inférieure de la brèche du Niedeck est plus dure et plus siliceuse que les masses supérieures du même terrain. Brèche porphyrique du Niedeck.

Dans la brèche de Niedeck, on remarque beaucoup de petites cavités, de forme polyédrique, qui résultent vraisemblablement de la disparition de cristaux ; certaines de ces cavités sont remplies d'une argile brune. Cavités résultant de la disparition de cristaux.

Enfin le même terrain renferme une roche qui a tous les caractères de la pâte du porphyre, avec cette différence qu'il n'y a pas de cristaux de feldspath. Cette roche, à laquelle on donne le nom d'*argilolithe*, paraît résulter de la décomposition d'une pâte euritique. Les argilolithes sont ordinairement rouges, quelquefois blanchâtres ; les argilolithes rouges sont souvent parsemées de taches blanches de forme sphéroïdale, comme on l'observe, par exemple, près de Lutzelhausen. Les argilolithes contiennent des paillettes de mica décomposé et des grains de quartz. En outre, de nombreux fragments de porphyre compacte y sont disséminés. Argilolithes du même terrain.

Il n'est pas rare que les argilolithes soient boursoufflées à la manière des laves, de sorte que la roche devient quelquefois légère comme le trass des bords du Rhin. En général, les boursoufflures sont allongées dans le sens vertical. État boursoufflé de ces roches.

Argilolithes de Lultzelhausen.

Près de Lutzelhausen, par exemple, on trouve, au milieu d'argilolithes rouges, une argilolithe blanche, criblée de nombreuses cavités dont le diamètre n'excède pas un centimètre. L'intérieur de ces cavités est recouvert d'une substance terreuse, à surface mamelonnée, et souvent aussi de cristaux de quartz. Quelques géologues, frappés de cette blancheur qui contraste avec la teinte ordinaire de la roche, ont considéré le point dont il s'agit comme l'emplacement d'une ancienne solfatare sous-marine.

Fragments de schiste empâtés dans le conglomérat.

Des fragments anguleux de schiste de transition sont empâtés dans le conglomérat porphyrique et dans l'argilolithe, surtout vers les limites du terrain, par exemple près de la maison forestière de Sperel, à la colline de Clinz, à Lutzelhausen, etc. Autour de chacun des fragments schisteux qui sont habituellement verts, la pâte porphyrique, au lieu d'être rouge, est, en général, décolorée, au moins sur un millimètre de distance, comme si chacun de ces fragments avait déterminé la dissolution de l'oxyde de fer dans son voisinage. Dans le conglomérat on trouve aussi des morceaux de quartz blanc, tel que celui qui forme des veines dans le schiste de transition; plus rarement on y rencontre des fragments de granite altéré.

Origine des brèches et des conglomérats.

Les conglomérats et les brèches qui accompagnent le porphyre, de même que les masses fragmentaires qui accompagnent d'autres roches ignées, paraissent avoir été en partie formés lorsque ces masses ont été poussées à travers les fissures des roches préexistantes. Les débris qui se sont formés dans ce mouvement ont été arrondis par le frottement, puis empâtés, soit dans des détritus plus ténus, soit dans la partie de la roche qui était encore à l'état fluide. Ainsi que l'a observé M. Élie de Beaumont, les conglomérats ont avec les masses porphyriques des rapports analogues à ceux que les tufs trachytiques stratifiés, tels que ceux du Mont-Dore, de la Hongrie, des Champs-Phlégréens, etc., présentent eux-mêmes avec les masses trachytiques [1].

Dans le terrain porphyrique de la vallée de la Bruche, les roches fragmentaires sont plus développées que le porphyre massif lui-même.

---

[1] *Explication de la carte géologique de France*, par MM. Élie de Beaumont et Dufrénoy, t. Ier, p. 83 et p. 388.

Le porphyre et les roches qui y sont associées se partagent sur beaucoup de points en prismes parallèles. La structure prismatique est très-remarquable au fond du vallon du Niedeck, où se précipite une cascade fréquemment visitée (fig. 10). Les prismes y forment une colonnade imposante de plus de 30 mètres de hauteur; quelques-uns de ces prismes ont moins de 5 centimètres de diamètre. Dans le haut du vallon, les fissures, au lieu d'être verticales comme plus bas, sont horizontales, de sorte que le terrain a une apparence de stratification.

<small>Structure en prismes du terrain porphyrique.</small>

Plusieurs des collines dont le sommet est dégarni de terre végétale laissent aussi apercevoir des colonnades prismatiques, comme on en voit des exemples dans le vallon de Soultzbach et près de Lutzelhausen; dans cette dernière localité, les prismes de retrait sont à peu près parallèles à la pente de la colline.

Il n'est pas rare de trouver des galets de porphyre qui ont été coupés en deux par la fissure de retrait. Cette circonstance se rencontre fréquemment aussi près de Bade, dans le conglomérat qui domine le Vieux-Château.

<small>Galets coupés par la fissure de retrait.</small>

Des veines et des rognons de quartz calcédoine se rencontrent au milieu des argilophyres de la vallée de la Bruche, par exemple à la colline de Clinz. Ce quartz est ordinairement d'un blanc laiteux, mais quelquefois il est coloré en nuances vives sous forme de couches concentriques et constitue une variété d'agate. Ces veines renferment souvent vers leur milieu des géodes tapissées de cristaux de quartz hyalin. Quoique n'ayant que 1 à 2 centimètres d'épaisseur, les veines dont il est question se poursuivent quelquefois sur 3 à 4 mètres de longueur.

<small>Veines et rognons d'agate.</small>

Dans le voisinage des veines d'agate, la pâte du porphyre devient souvent très-compacte et comme pétrosiliceuse.

L'argilophyre renferme aussi de la calcédoine en petits grains oolithiques, à couches concentriques, dont la disposition rappelle la structure du porphyre du Champ-du-Feu.

<small>Calcédoine oolithique.</small>

En outre, des cristaux de quartz hyalin, fort nets, quoique très-petits, tapissent les parois de beaucoup de cavités dont les argilolithes et les conglomérats porphyriques sont fréquemment criblés. Les fissures de retrait qui traversent ces mêmes roches sont aussi enduites de quartz hyalin cristallisé, ce qui montre que cette substance s'est déposée posté-

<small>Quartz cristallisé dans les géodes et dans les fissures.</small>

rieurement à la consolidation du porphyre. Dans les fissures de la brèche de Niedeck, le quartz s'est fixé de préférence sur les fragments de porphyre, plutôt que sur la pâte qui cimente les fragments. La ligne de démarcation est même fort nette.

Le porphyre s'est étendu sur des couches de grès rouge.

Dans la colline de Clinz qui se termine vers l'est par un escarpement d'environ 60 mètres de hauteur, on observe la disposition suivante : sur le terrain de transition reposent des couches de grès rouge $g\ r$ (fig. 11), qui ne renferment pas de galets de porphyre. L'argilophyre p recouvre les couches inférieures du grès rouge. Près du contact de l'argilophyre avec le grès sous-jacent, on trouve une argilolithe parsemée de cavités irrégulières qui paraissent être l'effet d'un boursoufflement, et qui sont enduites de petits cristaux de quartz hyalin.

Recouvrement du porphyre par d'autres couches de grès.

La masse porphyrique est elle-même recouverte par des couches de grès de couleur rouge $g'\ v'$ (fig. 11), qui se distinguent des couches inférieures en ce que ces couches supérieures sont riches en débris de la roche éruptive.

Ainsi, par exemple, la colline conique sur laquelle s'élèvent les ruines du vieux château d'Ostwald, vis-à-vis de la première scierie de la vallée de Haslach (fig. 12), est formée d'argilophyre qui est recouverte par quelques couches de grès avec débris de porphyre $g'\ v'$, puis par le grès des Vosges ordinaire $g\ v$.

Relation avec le grès des Vosges.

A 2 kilomètres au nord-ouest du château d'Ostwald, sur le chemin de Niedeck, on rencontre encore des couches qui contiennent un grand nombre de débris porphyriques, pour la plupart anguleux. Ce grès passe graduellement, à sa partie supérieure, à un grès exclusivement formé de débris quartzeux, qui est le grès des Vosges bien caractérisé. La maison du garde forestier de Niedeck est à la limite de ces deux sortes de grès.

Dans la vallée de Vische, le grès des Vosges est superposé sans intermédiaire au terrain porphyrique, ainsi que le représente la fig. 13.

Le porphyre de la Bruche a fait éruption pendant le dépôt du grès rouge.

D'après les faits qui viennent d'être signalés, on voit clairement que le porphyre de la vallée de la Bruche et ses conglomérats se sont étendus sur des couches appartenant au grès rouge; puis le grès des Vosges s'est déposé sur le porphyre. Ainsi le porphyre s'est épanché dans la mer où se formait le grès rouge, sans toutefois y arrêter la sédimentation qui plus tard a produit le grès des Vosges.

Certaines couches riches en débris de porphyre et en argilolithe, qui recouvrent le porphyre, ressemblent au grès rouge par leurs caractères minéralogiques. Cependant il est plus rationnel de ne pas les réunir aux couches inférieures, puisqu'elles sont séparées de celles-ci par la sortie du porphyre, et de rapporter au grès des Vosges toutes les couches qui sont superposées au porphyre, quels que soient leurs caractères minéralogiques. Les couches dont il s'agit n'ont d'ailleurs que quelques mètres d'épaisseur, et, dans une partie du terrain, elles manquent tout à fait. En résumé, l'épanchement du porphyre paraît avoir clos, dans la contrée qui nous occupe, le dépôt du grès rouge et commencé la période du grès des Vosges. *La sortie du porphyre sépare la période du grès rouge de celle du grès des Vosges.*

En voyant la grande élévation qu'atteint le grès des Vosges dans les montagnes du Donon et du Schneeberg, certains géologues ont cru y trouver le résultat d'un soulèvement dû au porphyre, et ont avancé que le porphyre feldspathique de cette région est plus récent que le grès des Vosges. Les faits qui viennent d'être exposés montrent que cette supposition n'est pas fondée. Je puis ajouter que nulle part je n'ai trouvé le grès des Vosges modifié par le voisinage du porphyre, lors même que ces deux roches sont en contact, comme il arrive aux environs de Wische.

La grande coulée porphyrique, qui primitivement était sans doute continue, est aujourd'hui découpée en nombreuses collines à cimes aplaties, dont tous les sommets sont à peu près situés dans un même plan très-faiblement incliné à l'horizon (fig. 14). Les parois des vallons qui séparent ces collines sont très-abruptes ; leurs pentes atteignent souvent 25 et dépassent même 30 degrés, ainsi qu'on l'observe dans le vallon de Niedeck, au-dessus et au-dessous de la cascade. *Relief du terrain porphyrique.*

Les pentes abruptes des vallons qui divisent le terrain de porphyre, aussi bien que les imposants rochers dont ces talus sont garnis, rappellent d'une manière frappante un déchirement qui serait survenu dans une masse déjà consolidée. Ce déchirement a probablement coïncidé avec le soulèvement du grès des Vosges qui forme le couronnement du porphyre, et qui s'étend à plus de 1000 mètres au-dessus du niveau de la mer.

Les couches arénacées qui sont associées au porphyre plongent, en général, vers le nord de 3 à 10 degrés.

Épaisseur de la masse porphyrique au pied du Schneeberg.

Entre la scierie située à l'entrée du vallon de Niedeck et la partie supérieure de la nappe porphyrique, près de la maison forestière placée au-dessus de la cascade, la nappe porphyrique est entaillée sur une épaisseur qui, mesurée verticalement, a plus de 70 mètres. Dans la vallée de Wische, où le terrain de porphyre, le conglomérat compris, s'élève jusqu'à une altitude de 611 mètres, la puissance de ce terrain atteint de 150 à 180 mètres.

Porphyre semblable aux environs de Bade et d'Oppenau.

Il existe dans le nord de la Forêt-Noire, aux environs de Bade et non loin d'Oppenau, des épanchements porphyriques qui ont la plus grande analogie avec le porphyre de la vallée de la Bruche.

Le terrain porphyrique de Bade s'étend particulièrement au sud de la vallée d'Oos jusqu'à celle de Steinbach ; il forme les montagnes de Iberg, Iwerst, Leisenberg, Geisenberg et Cœcilienberg. Les conglomérats puissants qui accompagnent ce porphyre sont assez régulièrement stratifiés et se lient, vers leur partie supérieure, à des couches qui ont les caractères du grès rouge, et qui, elles-mêmes, supportent le grès des Vosges, par exemple à la montagne de Mercure et au Laufenberg. Le porphyre de Bade correspond donc par son âge au porphyre de la Bruche. Il en est de même du porphyre de la vallée de Lierbach, près d'Oppenau, qui constitue les Hauskœpfe.

Autre porphyre antérieur au terrain houiller.

Cependant le terrain houiller de cette dernière localité contient des couches de grès dans lesquelles on rencontre, outre des débris de granite et de gneiss, des galets d'un porphyre à pâte grise et à cristaux de feldspath blanc, dont les caractères minéralogiques sont, par conséquent, différents de ceux du porphyre du voisinage. D'un autre côté, les mêmes couches houillères ne renferment aucun galet de l'argilophyre qui lui est superposé. Il y a donc eu dans cette région de la Forêt-Noire des épanchements de porphyre au moins à deux époques bien distinctes, l'une antérieure au terrain houiller, l'autre postérieure à une partie au moins du grès rouge.

Basalte.

Basalte de la banlieue de Gundershoffen.

Un lambeau de basalte est intercalé dans les couches du lias, dans la banlieue de Gundershoffen, au canton dit Schirlenhof. Aucune proéminence ne fait reconnaître la présence de la roche volcanique. Une couche de limon diluvien la recouvre, ainsi que le terrain encaissant (fig. 16), de sorte que les détails du gisement de cette roche ne peuvent être reconnus.

Ce basalte est parfaitement caractérisé ; sa pâte noire et très-lourde renferme de nombreux cristaux de pyroxène angite et quelquefois des grains de péridot. Sa structure prismatique est bien prononcée. La roche s'altère facilement sous l'influence des agents atmosphériques et prend une teinte d'un gris clair ; elle devient en même temps friable et poreuse.

<small>Caractères minéralogiques.</small>

A proximité de l'éruption basaltique proprement dite, on rencontre à la surface du sol, en débris épars, une roche grise, boursoufflée comme une lave, dont l'origine se lie sans doute à celle du basalte. Cette roche fond au chalumeau en un émail noir ; elle est difficilement attaquable par les acides. Un certain nombre des cavités que l'on y rencontre, au lieu d'être arrondies, ont la forme de parallélipipèdes, et paraissent résulter de la disparition de cristaux.

<small>Roche boursoufflée associée au basalte.</small>

Résumé sur l'ensemble des terrains non stratifiés.

Les roches cristallines de nature variée que nous venons de passer en revue, appartiennent évidemment à plusieurs époques.

<small>Age relatif des roches cristallines du département.</small>

Le granite porphyroïde, la syénite, le diorite et les porphyres auxquels passent ces roches par une dégradation de leur état cristallin, forment, ainsi que nous l'avons vu plus haut, des filons dans une partie des schistes de transition ; les roches dont il s'agit sont, par conséquent, postérieures à ces schistes. D'un autre côté, des galets de granite et de syénite se rencontrant dans les conglomérats du grès rouge, on trouve dans le dernier terrain une limite supérieure de l'âge des roches granitoïdes.

Dans les couches supérieures des terrains de transition, on trouve même déjà de nombreux galets de granite du Champ-du-Feu. La sortie de ce granite qui est antérieur aux dernières couches des terrains de transition, paraît donc appartenir à l'époque du *système du Finistère*, ainsi que je l'ai montré ailleurs [1].

[1] *Comptes-rendus des séances de l'Académie des sciences*, t. XXIX, p. 14.

Le porphyre feldspathique quartzifère de la vallée de la Bruche s'est épanché pendant la période du grès rouge qu'il paraît avoir close; car le grès des Vosges lui est immédiatement superposé.

Enfin le basalte de Gundershoffen est postérieur au terrain jurassique qu'il traverse; il appartient probablement à l'époque tertiaire, de même que les basaltes de l'Alpe du Wurtemberg.

Ressemblance entre la syénite du Champ-du-Feu et celle des Ballons. — Dans le massif des Ballons d'Alsace, on retrouve la syénite et les porphyres qui se lient à cette roche, avec les mêmes nuances qu'au Champ-du-Feu, de sorte que la région cristalline des Vosges est terminée à ses deux extrémités septentrionale et méridionale par des roches semblables dans leur nature et dans leur disposition; cependant les porphyres pyroxéniques ne se rencontrent pas dans le nord de la chaîne.

Comparaison avec la Forêt-Noire et l'Odenwald. — La Forêt-Noire renferme les roches syénitiques en masses beaucoup moins considérables que les Vosges. La syénite ne se rencontre dans cette chaîne qu'en filons peu développés qui, pour la plupart, sont intercalés dans le gneiss.

Mais dans l'Odenwald qui forme comme un appendice de la Forêt-Noire, on retrouve des massifs de syénite et de diorite tout à fait comparables à ceux des Vosges. La syénite des environs de Weinheim passe par les mêmes variétés d'état cristallin et d'aspect que celle du Champ-du-Feu. Les masses de porphyre feldspathique qui s'y trouvent intercalées, par exemple près de Schriesheim, et les filons de granite à grains fins qui traversent la syénite dans la vallée de Birkenau et ailleurs, complètent la ressemblance des deux contrées.

Étendue des roches non stratifiées. — L'ensemble des roches non stratifiées occupe dans le Bas-Rhin une surface horizontale d'environ 185 kilomètres carrés, c'est-à-dire à peu près la vingt-cinquième partie de l'étendue du département.

Substances utiles des terrains non stratifiés. — Les roches cristallines ne fournissent pas beaucoup de matériaux utiles.

Le granite et la syénite servent comme moellons dans les villages qui sont construits sur ces terrains. On emploie peu ces roches pour l'entretien des routes. Le sable résultant de la décomposition du granite sert dans la fabrication du mortier. Certaines variétés de syénite et de granite seraient susceptibles de prendre un bel aspect par le poli, et d'être utilisées comme pierre d'ornement, de même que les roches semblables des environs de Giromagny.

Le conglomérat porphyrique est exploité comme pierre de construction à Lutzelhausen. Cette dernière variété de conglomérat qui rappelle l'aspect de certains pouzzolanes, serait peut-être susceptible d'être employée comme telle.

Le porphyre brun de Weiler sert pour le pavage à Wissembourg. Une roche semblable est exploitée à Saint-Nabor pour le pavage et pour l'entretien des routes. Le basalte est depuis quelque temps fort utilisé pour ce dernier usage; il a aussi été employé sous forme de pavés.

Le gneiss renferme des filons de plomb, de cuivre et d'argent à Urbeis. La syénite et le granite du Ban-de-la-Roche contiennent des filons de fer et de galène argentifère.

TERRAINS STRATIFIÉS.

CHAPITRE II.

TERRAINS DE TRANSITION.

Généralités.   Les terrains stratifiés qui sont antérieurs au terrain houiller, ont reçu autrefois le nom de *terrains de transition*. Plus tard on a reconnu que ce groupe puissant doit être lui-même subdivisé en trois systèmes ou terrains, auxquels on a donné le nom de *terrain de transition inférieur* ou *cumbrien*, *terrain de transition moyen* ou *silurien*, *terrain de transition supérieur* ou *dévonien*. Mais, comme dans les Vosges, et en particulier dans le département du Bas-Rhin, ces terrains ne forment que des lambeaux peu étendus et que les fossiles y sont très-rares, il est difficile de caractériser avec certitude les systèmes auxquels appartiennent les terrains de transition du département. Aussi je conserverai ici à ces terrains leur dénomination générale.

Outre le gneiss, il existe des terrains métamorphiques qui paraissent résulter de l'altération des terrains de transition, et qui seront signalés dans ce chapitre.

Étendue.   Les terrains de transition constituent la partie supérieure du val de Villé et une partie de la vallée d'Andlau; ils s'étendent depuis le pied du Climont jusqu'à Andlau, dans les banlieues d'Urbeis, de Lalaye, de Steige, de Meissengott, de Saint-Maurice, de Breitenbach, d'Erlenbach, d'Andlau et de Mittelbergheim. On trouve aussi des couches de transition dans la vallée de la Bruche, à Lutzelhausen, à Mühlbach, à Urmatt et à Oberhaslach. Le second groupe, qui paraît séparé du premier, tant qu'on n'examine que la région comprise dans le Bas-Rhin, s'y rattache cependant vers l'ouest dans le département des Vosges. Enfin, près de Weiler, au bas de la vallée de la Lauter, un lambeau très-peu étendu de terrain de transition vient affleurer au milieu du grès des Vosges.

La superficie occupée dans le département par les terrains de transition est d'environ 97,80 kilomètres carrés, y compris les roches métamorphiques qui s'y rattachent et qui représentent environ 7 kilomètres carrés.

Les principales roches qui constituent les terrains de transition sont des schistes argileux, des grès, plus rarement des poudingues; le calcaire n'y est qu'accidentel.

Composition.

Les schistes sont caractérisés par une fissilité plus ou moins facile; leur couleur varie du gris clair au verdâtre et au brun foncé; souvent ils ont un reflet satiné.

Ils sont fréquemment traversés par des veines de quartz blanc, de quelques centimètres d'épaisseur, dans le milieu desquelles se trouvent des géodes tapissées de cristaux de quartz. Quelquefois aussi les veines de quartz, au lieu de couper nettement les feuillets de roche, leur sont parallèles, ainsi qu'on l'observe dans le haut des vallées d'Andlau et d'Urbeis. L'épaisseur de ces dernières veines, qui est souvent de moins d'un millimètre, atteint parfois plusieurs centimètres.

Schistes avec veines de quartz.

Dans les veines qui traversent le schiste de Breitenbach non loin du granite, on rencontre accidentellement du feldspath rose et lamelleux disséminé au milieu du quartz.

Feldspath accidentel.

Outre le système de fissures parallèles qui partagent le schiste en feuillets plus ou moins épais, on rencontre souvent aussi de nombreuses fentes orientées pour la plupart parallèlement à deux autres directions, de telle sorte que la roche se divise en parallélipipèdes à peu près réguliers. Cette structure que l'on désigne sous l'épithète de *pseudo-régulière*, peut être observée, par exemple, à la scierie de Niedeck, à Oberhaslach et à Weiler.

Structure pseudo-régulière.

Au schiste argileux satiné est subordonné un quartz schisteux ou quartzite qui est coloré en noir par du graphite. Cette dernière substance est disposée en très-petites écailles ou forme des enduits extrêmement minces entre les feuillets de la roche qui sont quelquefois fort contournés.

Quartz schisteux avec graphite.

Le quartz graphitique dont il s'agit se montre particulièrement dans la montagne de Landzol, au-dessus du château d'Urbeis, et à 1 kilomètre à l'ouest d'Urbeis, sur la route de Lubine; il paraît former une bande de 6 à 8 mètres d'épaisseur.

Cette roche a beaucoup d'analogie avec le quartz graphitique subordonné au gneiss, près de Sainte-Marie-aux-Mines.

Près du schiste graphitique on rencontre des nids d'une argile plastique, colorée en noir par un peu de matière

Argile graphitique.

4

CONSTITUTION GÉOLOGIQUE.

charbonneuse. Tel est l'amas situé sur le chemin d'Urbeis à Lubine, au lieu dit Faîte.

Pyrite disséminée. — Dans cette dernière localité l'argile est imprégnée de pyrite de fer qui forme de petits cristaux isolés, de forme cubique et de quelques millimètres de côté. Le gîte pyriteux dont il s'agit a donné lieu à quelques travaux de recherche en 1844.

Grès ou grauwackes. — Les roches arénacées des terrains de transition sont formées de quartz, de feldspath, de mica, c'est-à-dire des détritus du granite, et, en outre, de fragments de schiste noir et de porphyre à pâte pétrosiliceuse. Les grès sont tantôt à grains grossiers, tantôt à grains fins; dans ce dernier cas, les grains sont quelquefois si fortement cimentés, que l'origine arénacée de la roche est difficile à reconnaître sur de petits échantillons. Ces diverses variétés de grès de transition sont souvent désignées sous le nom de *grauwackes*. Les grauwackes à grains fins passent par degrés insensibles aux schistes.

Poudingues. — Aux grès sont accidentellement associés des poudingues grossiers à pâte noire, qui contiennent de nombreux galets de granite; mais ces poudingues sont surtout développés dans la partie du département des Vosges adjacente à celui du Bas-Rhin, près de Russ.

Calcaire. — Il en est de même du calcaire qui est rare dans le Bas-Rhin. Aux environs de Russ, de Schirmeck, de Wackembach (Vosges), cette roche forme des amas lenticulaires peu étendus enclavés dans les schistes et la grauwacke. Ce calcaire dont la pâte est grise est quelquefois presqu'entièrement formé de débris d'encrines et de polypiers; on l'exploite pour marbre.

Schistes de transition des vallées de Villé et d'Andlau. — *Schistes de transition des vallées de Villé et d'Andlau.* Dans le val de Villé, le terrain de transition constitue des proéminences séparées par des vallées et des vallons dont les pentes abruptes atteignent une inclinaison de 25 à 30 degrés, par rapport à l'horizon.

Il est ici presqu'entièrement formé de schistes qui appartiennent aux variétés décrites plus haut. Ces schistes sont redressés le long du granite du Champ-du-Feu, vers le Hohwald, jusqu'à une altitude de 860 mètres; ils sont coupés en plusieurs endroits par des ramifications de la roche granitique. Cette bande de terrain se poursuit dans la vallée d'Andlau.

Contournements des feuillets. — Les feuillets schisteux présentent souvent des contournements qui, tantôt sont à grande courbure, tantôt sont très-brusques, au point que sur deux décimètres de longueur, on peut compter 4 ou 5 plis anguleux parfaitement prononcés (fig. 16). Quelque irréguliers que paraissent au premier abord les contournements, leur forme appartient toujours visiblement à la classe désignée en géométrie sous le nom de *surfaces développables*, ainsi que M. Élie de Beaumont l'a reconnu, en général, pour les accidents des terrains stratifiés. Il est donc évident que les feuillets schisteux ont éprouvé des mouvements depuis leur formation.

La direction du schiste des environs de Villé et d'Andlau varie comme l'indiquent les exemples suivants : *Direction.*

Dans la partie nord-est de la ville d'Andlau.	E. 20°. N — O. 20°. S.
Entre Andlau et le Ungersberg la direction est presque constamment	E. 25°. N — O. 25°. S.
Entre Bernardswiller et Andlau la direction prédominante est . .	E. 10°. N — O. 10°. S.
Aux environs d'Erlenbach et dans le Truttenthal, qui est situé à l'ouest de ce village, la direction ordinaire est	E. 30°. N — O. 30°. S.
Entre Erlenbach et la mine de houille, on observe aussi la direction	N. 20°. E — S. 20°. O.
Entre Villé et Honcourt la direction est presque partout. . . . (Le plongement est ici de 45° vers E. 30°. S.)	N. 30°. E — S. 30°. O.
Au Honil, dans toute la partie moyenne de la montagne, le schiste qui est vertical se dirige. . .	E. 30°. N — O. 30°. S.
A un kilomètre, au nord du hameau de Charbes, près du filon d'antimoine. . . . . (Il plonge de 25° vers O. 30°. N.)	N. 30°. E — S. 30°. O.
Au hameau de Charbes. . . .	E. 30°. N — O. 30°. S.
La crête de schiste quartzeux qui passe près du château d'Urbeis et fait une saillie rectiligne de plus de 2 kil. de longueur, a pour direction	E. 15°. N — O. 15°. S.

A l'ouest d'Urbeis, on trouve sur

4.

un kilomètre des directions qui varient de . . . . E. 22°. N — O. 22°. S.
à . . . . E. 28°. N — O. 28°. S.
A 1200 mètres à l'ouest de ce village, près du gîte du pyrite du Faîte, la direction qui s'est infléchie est . . . . N. 27°. E — S. 27°. O.
Près de Ranrupt (Vosges). . . N. E — S. O.
Dans le haut de la vallée d'Andlau N. E — S. O.

Au milieu des variations que je viens de signaler, je n'ai pas vu la direction du schiste s'éloigner de plus de 35° de la ligne E. 35° N—O. 35° S., direction qui forme une moyenne des mesures que j'ai prises, et que M. Élie de Beaumont a déjà donnée pour le massif central des Vosges [1].

La limite du granite et du schiste, sur le revers méridional du Champ-du-Feu, est une ligne peu infléchie qui se dirige E. 15°. N — O. 15°. S. Cette dernière direction qui diffère de la position moyenne des feuillets schisteux, est identique à celle de la longue crête schisteuse qui se dessine très-nettement près du voisinage du château d'Urbeis.

Modification du schiste au contact du granite.
Au contact avec le granite, le schiste présente des caractères particuliers. Il se distingue surtout du schiste ordinaire en ce qu'il est habituellement parsemé de petites paillettes de mica.

Exemple à Andlau.
Ainsi, à l'extrémité nord-est d'Andlau jusqu'à quelques dizaines de mètres du granite, le schiste est très-chargé de mica noir; il est en outre traversé par de nombreuses veinules de quartz, de sorte qu'il est transformé en un véritable micaschiste semblable à celui qui est subordonné au gneiss. Ce schiste micacé d'Andlau renferme de l'amphibole. Sur quelques points on y observe aussi de petites veines de feldspath rose. A mesure que l'on s'avance d'Andlau vers le Ungersberg, c'est-à-dire à mesure que l'on s'éloigne du granite, on voit le schiste perdre graduellement son état cristallin et revenir au type ordinaire.

Bordure de schiste micacé le long du granite du Champ-du-Feu.
Tout le long de la limite méridionale du granite du Champ-du-Feu, le schiste est chargé de paillettes très-fines de mica, et passe accidentellement, comme à Andlau, à un micaschiste

[1] *Note sur les systèmes de montagnes les plus anciens de l'Europe. Bulletin de la Société géologique de France*, 2ᵉ série, t. IV, p. 922.

de couleur brune ou rougeâtre. Le schiste micacé plus ou moins modifié occupe une largeur de 300 à 400 mètres, à partir de l'affleurement du granite. Entre le schiste micacé et le schiste ordinaire, on trouve habituellement aussi des variétés de schiste noirâtres et rouges qui diffèrent du schiste commun. Ces diverses influences modificatives du granite sur le schiste sont à observer, par exemple, à la descente du Hohwald sur Brëitenbach.

Au contact même du granite la roche est quelquefois chargée de mica sans cependant être schisteuse.

Dans une partie du val de Villé et dans le haut de la vallée d'Andlau, le schiste modifié contient souvent, outre le mica, des cristaux d'un brun verdâtre, à contours arrondis, qui paraissent appartenir au système prismatique et n'être qu'une variété de staurotide ou de macle à l'état rudimentaire. *Macles dans le même terrain.*

Enfin, comme exemple d'une modification particulière, je citerai encore le fait suivant. Dans la vallée d'Andlau, à 100 mètres au-dessus de la scierie située à l'amont de l'auberge, au contact du schiste et du granite, on trouve une roche amphibolique à grains fins, à peine schisteuse, qui est parsemée de petits grains de quartz et de pyrite de fer. *Roche amphibolique.*

Sur une partie de la lisière du massif du Champ-du-Feu, la délimitation du terrain de transition et du granite est généralement indiquée dans le profil du terrain par un angle rentrant, ainsi qu'on l'observe distinctement, par exemple, au signal du Hohwald. *Dépression à la limite du schiste et du granite.*

Roches métamorphiques situées au nord de la vallée d'Andlau. Au nord de la vallée d'Andlau et de la bande de schiste de transition qui vient d'être indiquée, il existe des roches cristallines à caractères ambigus, qui paraissent résulter d'un métamorphisme du terrain de transition. Les roches dont il s'agit forment la base du plateau dont le Kielmberg, le Mennelstein et la montagne de Sainte-Odile forment les sommités les plus connues. *Roches métamorphiques situées au nord de la vallée d'Andlau.*

Quand on suit le grand chemin de Barr au Champ-du-Feu, on rencontre, à 2 kilomètres et demi à l'ouest du château d'Andlau, une roche quartzeuse compacte qui est parsemée de nombreuses paillettes de mica d'un blanc d'argent. Cette roche, dont la teinte varie du gris verdâtre au brun foncé, est traversée par des veines de quartz incolore ou rouge brun, qui s'étendent parallèlement les unes aux *Haut de la vallée de Barr.*

autres; elle renferme quelquefois de l'amphibole, de l'épidote et de la pyrite de fer.

La roche micacée dont il s'agit se lie à une roche quartzeuse, de teinte sombre, qui est surtout développée sur la gauche de la vallée de Barr, à la base du Kielmberg, d'où elle s'étend d'une manière à peu près continue jusqu'à 800 mètres au sud-ouest du château de Landsperg. Cette roche, qui est une sorte de *hornstein micacé*, présente quelquefois des enduits de mica dans ses fissures.

Sur les points où la schistosité est reconnaissable, la direction se rapproche de N. 20°. E — S. 20°. O.

Liaison au schiste de transition ordinaire. En suivant vers le sud les roches quartzeuses et micacées qui viennent d'être citées, on voit leur état cristallin se dégrader peu à peu; elles passent au schiste micacé de la vallée d'Andlau et finalement au schiste ordinaire. Elles sont donc réellement d'origine métamorphique.

Cause probable de l'altération profonde de ces roches. Si la nature minéralogique du terrain de transition est ici plus profondément modifiée que dans les vallées de Villé et d'Andlau, cela résulte probablement de ce qu'au lieu de longer le granite, les roches du haut de la vallée de Barr forment une large bande encastrée dans les masses éruptives.

Lambeaux enclavés dans le porphyre. Les roches qui viennent d'être décrites forment deux lambeaux irréguliers qui sont enclavés dans le massif porphyrique du Rosskopf, comme l'indique la carte. Ce sont deux débris qui paraissent avoir été détachés du terrain voisin par l'arrivée du porphyre, comme avec un emporte-pièce.

Schiste avec mica de la base du Mennelstein. La roche que l'on rencontre au sud-ouest du Mennelstein, en montant du château de Landsperg au plateau de Sainte-Odile, est un schiste argileux qui est parsemé de paillettes très-fines et très-nombreuses de mica à éclat nacré. Ce schiste est beaucoup moins modifié que les roches du haut de la vallée de Barr. Il se dirige moyennement suivant O. 20°. N — E. 20°. S., et plonge de 80° vers N. 20°. E.

Schiste modifié de Truttenhausen. Sur le chemin qui conduit de Truttenhausen à Sainte-Odile, on trouve une roche verte, à cassure compacte, qui ne paraît être qu'un schiste modifié.

Porphyre brun de Saint-Nabor. A ce schiste métamorphique est subordonnée, près de Saint-Nabor et dans la vallée d'Ottrott, une roche à pâte pétrosiliceuse, ordinairement d'un gris foncé, dans laquelle sont disséminés des cristaux de feldspath, les uns verdâtres, les autres passant au rose par suite d'un commencement d'altération. Quelques-uns de ces cristaux présentent les angles alternativement rentrants et saillants qui caractérisent les feldspaths du sixième système cristallin ; ils se rapprochent d'ailleurs beaucoup de l'oligoclase par leur cassure cireuse. La pyrite de fer y est disséminée sous forme de petits grains avec une abondance remarquable, et contribue à donner une forte densité à la roche. Cette même roche contient en outre des mouches vertes d'épidote, un peu de mica et d'amphibole, et çà et là des traces de cuivre pyriteux. D'après ces caractères, la roche de Saint-Nabor est une variété de porphyre brun ; la liaison aux schistes métamorphiques d'une roche d'apparence éruptive, comme le porphyre brun, s'explique, ainsi que nous l'avons vu plus haut (p. 31 et 32). Un filon bien caractérisé de porphyre se montre près de la cascade de Saint-Nabor. Une partie des roches des environs d'Ottrott et de Saint-Nabor est à l'état brèchiforme.

Dans plusieurs parties du massif du Champ-du-Feu il existe encore des roches d'un vert sombre ou d'un brun foncé, ayant une structure cristalline, qui sont à rapprocher du porphyre brun de Saint-Nabor et d'Ottrott. Telles sont les roches porphyroïdes et les aphanites qui forment une partie du plateau sur lequel reposent la Soulte et la maison forestière de Rothlach. Ces mêmes variétés de roches se trouvent aussi entre Grendelbruch et Mühlbach, où elles sont traversées de petites veines d'épidote. *Roche semblable au Champ-du-Feu.*

Dans d'autres parties de la chaîne des Vosges, par exemple aux environs de Framont, de Rothau, de Senones (Vosges), dans les vallées de Saint-Amarin, de Massevaux, de Giromagny (Haut-Rhin), on trouve des roches tout à fait semblables à celles des environs de Saint-Nabor et du haut de la vallée de Barr dont il vient d'être question. Il paraît que le terrain de transition du Forez présente également des accidents de cette nature qui sont intermédiaires entre le porphyre et le schiste [1]. Certaines roches des environs d'Arvieu (Tarn) ressemblent aussi beaucoup à celles du haut de la vallée de Barr. *Roches analogues dans d'autres localités.*

---

[1] *Explication de la carte géologique de France*, t. Ier, p. 137.

CONSTITUTION GÉOLOGIQUE.

Terrain de transition de la vallée de la Bruche.

Terrain de transition de la vallée de la Bruche. Dans la vallée de la Bruche, le terrain de transition est représenté par des schistes, des grauwackes et des poudingues.

Schiste.

De petits filons de minette traversent le schiste près de Lutzelhausen et de Wische. Dans la vallée de Haslach, on trouve un schiste noir.

Grauwacke de Mühlbach.

La grauwacke forme aux environs de Mühlbach et de Netzenbach des couches épaisses que l'on exploite depuis peu d'années pour le pavage de la ville de Strasbourg. Elle se compose de quartz, de feldspath et de paillettes de mica très-clairsemées. Ces substances, qui ne sont autres que les éléments du granite, sont très-intimement soudées, de sorte que si l'on n'y prenait garde, la roche pourrait être prise pour une roche granitoïde très-riche en quartz. La même variété de roche se retrouve près d'Urmatt, sur les deux côtés de la vallée. Aux environs de Wische la grauwacke contient des fragments de schiste corné noir qui proviennent sans doute d'un étage inférieur.

Poudingue.

Un poudingue formé principalement de galets bien arrondis de granite est développé aux environs de Russ, dans la partie du département des Vosges adjacente au Bas-Rhin.

Fossiles.

Des vestiges indéterminables de madrépores ont été quelquefois rencontrés dans les roches arénacées de Lutzelhausen et de Wische.

Direction des feuillets schisteux.

Voici la direction des feuillets schisteux dans quelques points de la vallée de la Bruche :

A 2 kilomètres au nord de Mühlbach . . . . E. 20°. N — O. 20°. S.
Près de Wische . . . . . E. 30°. N — O. 30°. S.
A la scierie du vallon de Haslach E. 30°. N — O. 30°. S.
Chemin de Lutzelhausen aux carrières . . . . E — O.

La direction moyenne se rapproche donc beaucoup de celle des schistes du val de Villé, qui est E. 35°. N — O. 35°. S.

Terrain de transition de Weiler.

Terrain de transition de Weiler. Au milieu du grès des Vosges qui forme la partie septentrionale de la chaîne s'élève un petit lambeau de terrain de transition que traversent deux filons de porphyre brun. Le terrain de transition consiste ici en schiste brun ou verdâtre, auquel est associé un grès formé de débris feldspathiques. Dans cette dernière roche j'ai rencontré quelques empreintes mal conservées de fossiles, parmi lesquelles se trouvait celle d'un polypier appartenant au genre *cyatophyllum*.

Observations sur les terrains de transition du département. Age relatif des terrains de transition du département. Il est un fait qui prouve que les terrains de transition qui entourent le massif granitique du Champ-du-Feu appartiennent à deux systèmes différents, ainsi que je l'ai montré ailleurs [1].

Parmi les roches arénacées qui composent le terrain de transition du nord du massif du Champ-du-Feu ou de la vallée de la Bruche, on trouve, entre Russ et Schirmeck, un poudingue grossier formé de fragments d'un granite semblable à celui du Champ-du-Feu. Ces fragments, dont le diamètre atteint 5 à 6 centimètres, sont parfaitement arrondis sous forme de galets. Une pâte noire et dure comme l'aphanite les cimente; dans les interstices des cailloux se trouvent aussi de petits nids calcaires qui portent des empreintes de polypiers des genres *cyatophyllum* et *calomopora;* les mêmes espèces de fossiles se trouvent en grand nombre dans les amas calcaires du voisinage.

Au revers méridional du massif du Champ-du-Feu sont adossés des schistes gris et lustrés souvent traversés par des veines de quartz. Ils ne contiennent pas d'amas calcaires, et jamais on n'y a rencontré de fossiles. Ces schistes diffèrent donc tout à fait par leur composition minéralogique du terrain de transition de la vallée de la Bruche; mais ils s'en distinguent surtout dans leur relation avec le terrain granitique. En effet, près du granite autour duquel il a été redressé, le schiste du val de Villé est traversé par de petits filons de granite, ainsi que nous l'avons déjà dit (p. 27). Le schiste du val de Villé est donc antérieur au soulèvement du granite du Champ-du-Feu. Or, le granite qui forme des filons dans le schiste appartient précisément à la même variété que celui que l'on trouve en cailloux dans le poudingue de Russ.

Les couches de transition du département appartiennent donc à deux systèmes distincts dont l'un est antérieur, l'autre postérieur au soulèvement du granite du Champ-du-Feu.

En raison de leur composition, de leur liaison avec le

---

[1] *Comptes-rendus des séances de l'Académie des sciences*, t. XXIX, p. 14.

gneiss et de la direction de leur plissement, les schistes du val de Villé sont rapprochés des schistes cumbriens de la Bretagne par M. Élie de Beaumont, qui rapporte les couches fossilifères de la vallée de la Bruche aux couches inférieures du terrain dévonien.

Substances utiles. — On a cherché à exploiter pour ardoises le schiste de transition de la vallée d'Andlau; mais on n'en a pas rencontré de variétés assez fissiles pour obtenir des plaques minces d'une dimension suffisante.

Certaines grauwackes, comme celle de Netzenbach, fournissent de bons pavés. On pourrait sans doute aussi y exploiter des pierres à aiguiser, comme près de Senones (Vosges).

On n'a pas rencontré dans le terrain de transition du Bas-Rhin des couches de calcaire, telles que celles que l'on exploite comme marbre dans les parties adjacentes du département des Vosges, ni des couches d'anthracite, comme celles qui ont donné lieu à des recherches dans le Haut-Rhin.

Depuis quelques années le schiste argileux est employé dans le val de Villé comme amendement du sol qui sert à la culture de la vigne. Des débris grossiers de cette roche sont répandus sur le sol de manière à former une épaisseur de 4 à 5 centimètres. On assure que la végétation de la vigne se trouve favorisée par cette disposition qui conserve au sol dans lequel se trouve la racine une température plus uniforme et aussi plus d'humidité.

Fer oligiste. — La roche micacée du haut de la vallée de Barr renferme quelquefois de petites veinules de fer oligiste. A 2 1/2 kilomètres du château d'Andlau, près de la jonction du schiste métamorphique et du granite, il y a des excavations qui proviennent, dit-on, d'anciennes recherches de minerai de fer. Le minerai qui a donné lieu à ces recherches paraît donc constituer un gîte de contact. La position de ce gîte rappelle celle d'un petit amas de fer oligiste situé à l'extrémité sud-ouest du Salbert (Haut-Rhin), près du hameau de la Forêt.

Filons d'antimoine et d'autres métaux. — Les filons d'antimoine de Charbes et quelques-uns des filons de plomb, cuivre et argent des environs d'Urbeis et de Lalaye traversent le terrain de transition.

CHAPITRE III.

TERRAIN HOUILLER.

Le terrain houiller forme dans le département du Bas-Rhin plusieurs lambeaux séparés, auxquels on donne le nom de *bassins*, bien que leur forme ne réponde pas toujours à cette désignation. Ces divers bassins sont situés dans un espace triangulaire, dont Andlau, Orschwiller et Lubine (Vosges) formeraient les sommets. *Étendue occupée par les divers bassins.*

La superficie totale sur laquelle affleure le terrain houiller est d'environ 7 kilomètres carrés.

Le terrain houiller se compose principalement de poudingues, de grès et d'argiles schisteuses; on y trouve aussi des couches de calcaire et de dolomie; la houille n'y forme que des couches peu puissantes. *Sa composition.*

Les poudingues sont toujours formés des débris des roches sous-jacentes. Ainsi on y trouve à l'état de galets du schiste de transition et du quartz laiteux qui forme des veines dans ce schiste, du gneiss, et enfin du granite, selon que les bassins dans lesquels le terrain houiller s'est déposé, sont formés de l'une ou de l'autre de ces trois roches. Les poudingues, dont les fragments sont souvent très-grossiers, se trouvent habituellement à la partie inférieure du terrain houiller. *Poudingues.*

Dans le grès houiller on trouve les mêmes éléments que dans le poudingue, mais à un état de division plus avancé. On y distingue ordinairement de petits grains de quartz, des débris de feldspath, tantôt lamelleux, tantôt altéré, de l'argile blanche ou grise qui paraît résulter de la décomposition du feldspath, enfin du mica. Aux environs d'Orschwiller, de Blienschwiller, de Nothalten, le grès houiller se compose de menus fragments de granite; il prend alors le nom de *granite recomposé* ou d'*arkose*. *Grès.*

La roche, à laquelle on donne ordinairement le nom de *schiste houiller*, se compose d'une argile schisteuse, à laquelle sont souvent mélangés les autres éléments contenus dans les grès, c'est-à-dire du quartz et du feldspath en petits grains, ainsi que des paillettes de mica. Le grès houiller passe par des gradations insensibles à des schistes plus ou *Schiste.*

moins bitumineux ; une partie de ceux-ci ne sont autres que des roches arénacées à grain extrêmement fin.

Calcaire et dolomie. — Le calcaire et la dolomie ne se rencontrent pas dans tous les bassins houillers du département, et lorsqu'ils s'y trouvent ils n'y forment que des couches comparativement peu épaisses. Ces roches sont ordinairement d'un gris plus ou moins foncé.

Bien que la composition générale des terrains houillers présente des analogies, l'ordre de succession des couches et leur épaisseur ne sont pas identiques dans toute l'étendue d'un même bassin, et à plus forte raison diffèrent d'un bassin à l'autre. Aussi convient-il de passer successivement en revue les divers bassins reconnus dans le département.

Bassin de Villé. — *Bassin de Villé.* Le bassin de Villé, le principal de la vallée par son étendue, affleure depuis Saint-Maurice jusqu'à 800 mètres à l'ouest de Villé, et depuis Neuve-Église jusqu'au haut du vallon d'Erlenbach.

Sa composition — Ce bassin se compose, sur presque toute son épaisseur, de schiste et de grès dont les couches alternent ensemble d'une manière variée. Le poudingue qui n'y forme que des couches peu puissantes, est formé de fragments arrondis de schiste de transition et de quartz. Dans la partie supérieure du terrain sont des couches d'un calcaire bitumineux gris et fétide à cassure compacte, auquel est associée de la dolomie cristalline.

Couche de houille. — La houille a été rencontrée dans le vallon d'Erlenbach, à la Gæntzlach, près Villé, c'est-à-dire à 2 kilomètres au sud-ouest de l'affleurement d'Erlenbach, et près de Triembach, qui est à plus de 1,5 kilomètre des deux premiers points.

Dans ces diverses localités la couche de houille se présente avec les mêmes caractères, et dans la même position par rapport à des couches calcaires qui sont situées à une douzaine de mètres plus haut, de sorte que les lambeaux dont il s'agit paraissent appartenir à une couche unique.

La couche se compose de lits alternatifs et très-minces de houille et de schiste noir. Ces feuillets ont souvent moins d'un demi-millimètre d'épaisseur. Ce mélange de houille et de matière pierreuse est donc trop intime pour que l'on puisse en opérer un triage complet. L'épaisseur moyenne de la couche est de $0^m,60$ à Erlenbach et de $0^m,35$ à la Gæntzlach ; là-dessus il y a un lit de $0^m,12$ d'épaisseur qui est moins impur que le reste de la couche et que dans l'exploitation on met à part comme houille de première qualité. Des veinules de chaux carbonatée coupent les feuillets de la couche.

Les lits les plus brillants de la couche dont il s'agit, séparés soigneusement des lits contigus de schiste, ne donnent pas moins de 29 p. 0/0 de cendres. Mais il serait impossible d'effectuer cette séparation en grand; les morceaux que l'on obtient après un triage grossier fait au sortir de la mine sont très-impurs; ils laissent en effet après la combustion de 50 à 65 p. 0/0 de résidu et quelquefois davantage encore. C'est donc un combustible de qualité très-médiocre qui est incapable de produire une forte chaleur. Il brûle avec flamme; par la calcination en vases clos il produit des huiles et du goudron, et en se carbonisant il colle et se boursoufle. Un échantillon de houille d'Erlenbach triée avec soin au milieu des feuillets schisteux, m'a fourni le résultat suivant : *Nature du combustible.*

$$\begin{array}{ll} \text{Charbon} & 52 \\ \text{Cendres (d'un rouge pâle)} & 27 \\ \text{Matières volatiles} & \underline{21} \\ & 100 \end{array}$$

Le combustible d'Erlenbach est donc une houille grasse plus ou moins mélangée de schiste.

A la partie supérieure du terrain houiller, et à une douzaine de mètres au-dessus de la houille, sont quelques couches de calcaire gris ou noir, séparées par des lits minces de marne schisteuse; on exploite ce calcaire pour en faire de la chaux hydraulique. De la dolomie lui est souvent associée. *Calcaire et dolomie.*

A Erlenbach, où la couche principale a $1^m,40$ d'épaisseur, le calcaire est d'un gris clair, à cassure très-compacte; cependant on y distingue beaucoup de petits grains brillants qui sont de la chaux carbonatée cristalline, et quelques veines de dolomie. Par le choc du marteau, ce calcaire exhale une odeur fétide et alliacée qui rappelle celle de l'arsenic. Quelques lits minces de calcaire et de dolomie cristalline se trouvent au-dessous de cette couche principale et alternent avec des argiles; l'une des couches de dolomie a $0^m,30$ d'épaisseur. *Carrière d'Erlenbach.*

Dans la carrière située près de Villé, au-dessus de la mine de houille, on distingue trois couches de calcaire dont la *Carrière de Villé. Silex noir.*

principale a 1ᵐ,60 d'épaisseur. Le calcaire est mélangé de nombreux rognons tuberculeux de silex noir qui ressemblent à ceux de la craie.

Dans une autre carrière de chaux que l'on exploitait, il y a peu d'années, à 600 mètres au nord de Villé, on a rencontré, comme à Erlenbach, une couche de dolomie cristalline au-dessous du calcaire.

Carrière du Scheibenberg. — Le calcaire se retrouve aussi près du sommet du Scheibenberg ; mais il n'y est pas exploité.

Composition de la dolomie. — Un échantillon de la dolomie de Villé a été analysé par M. Berthier, qui lui a trouvé la composition suivante [1] :

Carbonate de chaux	44,86
Carbonate de magnésie . . .	34,92
Carbonate de manganèse . .	3,42
Carbonate de fer	1,32
Argile	14,60
	99,12

Elle contient donc un équivalent de carbonate de chaux combiné à un équivalent des trois autres carbonates.

Lits de rognons calcaires. — Les couches calcaires que l'on exploite dans les différents lieux qui viennent d'être cités sont recouvertes par des argiles schisteuses et des argilolithes qui renferment plusieurs lits de rognons calcaires. Ce dernier groupe de couches, qui a plus de 15 mètres d'épaisseur, est surmonté par le grès rouge.

Analogie avec d'autres contrées. — Il rappelle les masses d'argiles schisteuses et les couches calcaires qu'on remarque à la partie supérieure du terrain houiller à Saint-Gervais, à Littry, sur les bords de la Glane, à Coal-Brook-Dale, etc. Ces argilolithes, avec lits de rognons calcaires, rappellent également les couches d'argiles schisteuses peu fissiles qui, en Angleterre, renferment le minerai de fer carbonaté lithoïde [2]. Comme analogie, je dois encore ajouter que dans le terrain houiller de la Silésie, par exemple à Otterdorf, on trouve un calcaire gris siliceux d'un aspect identique à celui de Villé.

Absence de fossiles dans les couches calcaires. — Il est à remarquer que jamais dans les couches calcaires du terrain houiller de Villé, non plus que dans les autres

---

[1] *Annales des mines*, 3ᵉ série, t. V, p. 548.
[2] Dufrénoy et Élie de Beaumont, *Explication de la carte géologique de France*, t. Iᵉʳ, p. 694.

couches du même terrain, on n'a pû rencontrer le moindre vestige de fossiles animaux. Quelques empreintes végétales se trouvent dans les argiles schisteuses qui avoisinent le calcaire.

Dans le vallon de Triembach, à 260 mètres au nord du clocher du village, on a fait, de 1818 à 1820, des travaux de recherche qui ont rencontré les couches déjà reconnues par les recherches d'Erlenbach. Les couches calcaires se trouvent ici à 10 mètres au-dessus de la houille; elles sont entremêlées de silex. Les sondages faits au sol de la couche de houille ont rencontré le grès houiller ayant 33 mètres d'épaisseur. *Houille et calcaire à Triembach.*

Les couches avec calcaire dont il vient d'être question sont ici recouvertes par le grès rouge; mais dans quelques autres points de ce canton, on aperçoit encore, au-dessous du grès rouge, d'autres argilolithes qui paraissent être supérieures aux argilolithes à rognons calcaires, quoique faisant encore partie du terrain houiller [1]. *Aspect des argilolithes dans les parties supérieures.*

Plusieurs sondages ont été faits autour de Villé, afin de savoir si, dans la profondeur, le terrain houiller ne renferme pas de couche de houille exploitable autre que celle déjà connue. *Sondages faits à Villé.*

Un sondage pratiqué à la maison de poste de Villé, en 1820, a rencontré, à une profondeur de 28^m,62, une couche de houille de 0^m,70 d'épaisseur; mais cette houille était tellement entremêlée de schiste qu'elle ne pouvait être d'aucun usage. Il est à présumer qu'elle est le prolongement de la couche déjà reconnue, non loin de là, à la Gæntzlach ainsi qu'à Erlenbach et à Triembach. Ce sondage qui avait été mal conduit a été abandonné à la suite d'un accident, lorsqu'il n'avait atteint que 37^m,06 de profondeur. On y a rencontré :

	Mètres.
Terre végétale et cailloux.	2,00
Schiste argileux alternant avec le grès houiller.	8,28
Calcaire avec argile schisteuse	0,49
Schiste houiller.	17,85
Houille très-mélangée de schiste argileux.	0,70
Grès houiller.	4,39
Schiste bitumineux.	1,40
Grès houiller.	1,95
	37,06

[1] Dufrénoy et Élie de Beaumont, ouvrage précédemment cité, t. Ier, p. 695.

Un second sondage fait à 500 mètres au sud-est du précédent, à la tuilerie, a rencontré à 76ᵐ,45 une couche de schiste bitumineux entremêlé de veinules de houille, qui n'est probablement aussi que le prolongement de la couche rencontrée déjà sur d'autres points du bassin.

Plus tard, en 1829, un troisième sondage a été entrepris par la Société des recherches de houille du Haut-Rhin, près de Villé, sur la rive gauche du Giessen et vis-à-vis de la tuilerie, au lieu dit Galgenrein. Après avoir traversé une faible épaisseur de grès rouge, on est entré dans un groupe de couches de schiste et de grès houiller dans lesquelles on a rencontré plusieurs lits très-minces de houille. A la profondeur de 110 mètres, on a atteint un schiste brun-rouge qui paraît être le schiste de transition, sans avoir trouvé d'indices de houille de nature à encourager la poursuite de l'exploration. Voici les terrains traversés par le sondage dont il s'agit :

	Mètres.
Argile schisteuse.	13,00
Grès houiller	0,80
Argile schisteuse.	13,60
Grès houiller	8,78
Argile schisteuse et grès houiller dont les couches ont ordinairement une épaisseur de 1 mètre à 1ᵐ,15; ces deux roches alternent ensemble et renferment quelques lits très-minces de houille; l'épaisseur totale est de . .	68,20
	103,78

A 103ᵐ,78 on est entré dans le schiste de transition où l'on a pénétré jusqu'à 106 mètres.

Il est encore à observer qu'à environ 300 mètres au nord-ouest de Villé et à l'extrémité sud-est de la colline de la Schantze, il affleure du schiste houiller dans lequel on a fait aussi des recherches sans rencontrer autre chose que quelques veines irrégulières de houille.

Terrain houiller à Hohwarth. Les couches de terrain houiller qui ont été reconnues à Hohwarth et dans lesquelles on a même trouvé un peu de houille, se rattachent, sans doute, aux couches de Villé et de Triembach, sous le grès rouge qui les recouvre en partie.

La stratification du bassin houiller de Villé n'est pas uniforme dans toute son étendue. Dans les recherches de la montagne d'Erlenbach, les couches se dirigent moyennement suivant E. 20°. N — O. 20°. S. et plongent de 6 à 8° vers S. 20°. E. Dans la mine de la Gæntzlach la direction est E. 25°. N — O. 25°. S.; l'inclinaison qui est dans le même sens qu'à Erlenbach, est moyennement de 4°. Mais dans la carrière de calcaire située à peu de distance de cette mine, le plongement est de 20° vers S. O. D'ailleurs, à en juger par l'affleurement de la couche de houille qui à Erlenbach est à plus de 150 mètres au-dessus du niveau qu'elle occupe à Villé et à Triembach, le terrain houiller doit avoir, en dehors des lieux qui viennent d'être cités, une inclinaison générale vers S. O. Stratification du bassin de Villé.

A Triembach où les couches sont ondulées, elles se dirigent moyennement suivant E — O. et plongent de 25° vers sud.

Quelques failles traversent le terrain houiller; trois de ces accidents qui ont été rencontrés dans la mine d'Erlenbach rejettent chacun le terrain de 0^m,15; il y en a aussi dans la mine de la Gæntzlach.

Dans le haut du village de Saint-Maurice, on voit le granite intercalé dans le terrain houiller; près de la roche cristalline le grès houiller est fortement redressé. Granite intercalé dans le terrain houiller.

Les travaux de recherches ont été entrepris à Erlenbach et à Villé dès 1808; ces travaux ont même donné lieu à une concession qui date de 1819. Comme on ne savait comment employer un combustible aussi impur que la houille reconnue, l'exploitation fut abandonnée. Plus tard, de 1839 à 1845, on a essayé de reprendre les travaux, et on a obtenu une concession; mais depuis six ans, les mines sont tout à fait abandonnées tant à Erlenbach qu'à Villé. Exploitation à Villé et à Erlenbach.

Partout où l'on voit le terrain de transition supporter le terrain houiller, comme dans la montagne d'Erlenbach, on observe une discordance de stratification très-prononcée entre les deux systèmes. La position des couches houillères est indépendante des ploiements irréguliers du schiste qui les supporte. Il en est de même à Lalaye. Discordance du terrain houiller et du terrain de transition.

Bassin de Lalaye. Le bassin houiller de Lalaye, quoique moins étendu que celui de Villé, a été incomparablement plus productif en combustible que ce dernier. Ce bassin Bassin de Lalaye.

appartient à la partie orientale de la montagne qui sépare les vallons de Lalaye et de Charbes.

Sa composition. — Il renferme des couches alternantes de schiste argileux, de grès et d'un poudingue formé de débris de schiste de transition et de quartz. Cette dernière roche est principalement développée à la partie inférieure du terrain.

Cinq couches de houille. — Cinq couches de houille ont été reconnues et exploitées à Lalaye. Ces cinq couches, qui étaient interstratifiées avec les roches qui viennent d'être citées, étaient, d'après d'anciens documents, disposées de la manière suivante, en commençant par le bas :

1° La couche dite des *petites-veines*, ainsi nommée parce qu'elle se composait de trois couches minces que séparaient des lits de schiste. L'épaisseur totale des trois couches de houille variait de $0^m,20$ à $0^m,25$, et le schiste subordonné atteignait la même épaisseur.

2° Au-dessus, la couche nommée *Schramm-Kohle* était séparée de la précédente par $0^m,70$ de grès noirâtre. La Schramm-Kohle se composait de deux veines qui étaient aussi séparées par un lit mince de schiste ; l'épaisseur totale du combustible était de $0^m,15$ à $0^m,20$. Dans cette couche, comme dans la précédente, la partie supérieure était souvent assez impure pour que les anciens mineurs l'aient négligée.

3° La couche dite du *haut-travail*, la plus épaisse du bassin, n'était séparée de la précédente que par $0^m,60$ de grès ; elle avait $0^m,70$ à $0^m,80$ d'épaisseur ; vers son milieu elle était partagée par un lit mince de schiste noir de $0^m,02$ d'épaisseur ; la houille qu'elle fournissait était d'excellente qualité.

4° La couche du *bas-travail* qui était séparée de la couche précédente par $2^m,50$ de grès ; l'épaisseur de cette dernière était de $0^m,20$ à $0^m,30$.

5° Au-dessus de cette couche le grès et le poudingue occupaient une épaisseur de $1^m,30$; puis on trouvait la *veine-du-dessus* qui avait environ $0^m,25$ d'épaisseur.

Ces cinq couches de houille étaient disposées à la partie inférieure du terrain, sur une épaisseur qui ne dépassait pas $7^m,20$. L'épaisseur totale du combustible était moyennement de $1^m,60$. La partie supérieure du terrain houiller s'est montrée complétement dépourvue de houille.

De nombreuses empreintes de plantes se rencontrent à Lalaye, particulièrement au toit de la veine-du-dessus.

La houille de Lalaye est sèche, c'est-à-dire que son char- *Nature de la*
bon n'est pas boursouflé. Elle diffère donc très-notablement *houille.*
de la houille d'Erlenbach. Un échantillon de houille de première qualité m'a donné :

   Charbon. 76
   Cendres (blanches) . 10
   Matières volatiles . . 14
         ―――
         100

La houille de deuxième qualité renferme jusqu'à 20 p. 0/0 de cendres. La houille de Lalaye ne contient pas ordinairement de pyrite de fer.

La base de la montagne de Lalaye consiste en schiste de *Disposition du*
transition. Les couches du terrain houiller sont ployées, *terrain.*
comme l'indique la figure 17, en forme de bateau ou de bassin. Les deux parois plongent de 8 à 10 degrés vers le thalweg du bassin souterrain. Cette ligne du thalweg présente elle-même une pente de 5 à 7 degrés vers l'est, comme l'exprime la coupe de la figure 18.

Vers les limites du champ d'exploitation, la configuration du terrain houiller présente d'assez grandes irrégularités. Ainsi près du village de Lalaye, le poudingue houiller se dirige E. 15°. N — O. 15°. S., et plonge de 30 à 35 degrés vers S. 15°. E.; à 300 mètres à l'ouest du point précédent, les couches présentent une direction perpendiculaire à celle-ci, et plongent de 20 à 25 degrés vers E. 16°. N.

Des failles dirigées suivant N. 20°. E — S. 20°. O., c'est- *Failles.*
à-dire parallèlement à l'axe de la chaîne, coupent le terrain. La plus occidentale forme la limite du bassin (fig. 18); les autres opèrent chacune dans le terrain un rejet qui est moyennement de 2 mètres. D'après M. Voltz, il existe encore à l'est des anciens travaux une série de failles très-rapprochées, qui sont parallèles aux premières et qui plongent vers E. 20°. S. Les nombreux ressauts produits par ces failles, en même temps que le plongement général du terrain, font descendre les couches de houille depuis le sommet de la montagne de Lalaye jusqu'au fond du vallon.

En voyant de quelle manière le bassin houiller plonge *Recherches.*
vers l'est, on avait cru qu'en faisant des recherches de ce dernier côté, on rencontrerait dans la profondeur les couches

déjà exploitées à Lalaye; on espérait même trouver les couches plus épaisses encore que près de leur affleurement.

Puits de Lalaye. — Un premier puits entrepris sur la limite même de la montagne de Lalaye, a rencontré les couches du terrain houiller; mais ces couches, après avoir été rejetées par une série de failles, plongent de plus en plus, et c'est dans une partie où elles sont verticales que le puits les a atteintes à 70 mètres de profondeur.

Sondage de Fouchy. — Il était dès lors possible qu'au sud-est du puits dont il vient d'être question, on retrouvât le terrain houiller dans une position plus régulière et avec une inclinaison moindre. Un sondage fut donc entrepris près du village de Fouchy par la Société des recherches du Haut-Rhin. Ce sondage, commencé dans le grès rouge en avril 1829, atteignit le 28 octobre 1831 le terrain primitif à une profondeur de 188^m,30, sans avoir rencontré autre chose que du grès rouge[1]. Cette dernière recherche, en faisant présumer que les couches exploitées à Lalaye se perdent complètement dans la profondeur, a enlevé tout espoir pour cette région.

Exploitation de Lalaye. — L'exploitation du bassin de Lalaye qui remonte aux dernières années du dix-septième siècle, est abandonnée depuis la fin de 1848. Les travaux des trente dernières années se sont bornés à grapiller dans les anciens travaux afin d'extraire les portions de couches que les premiers exploitants avaient abandonnées comme trop impures ou trop minces. Le bassin de Lalaye paraît aujourd'hui à peu près épuisé.

Lambeaux des environs de Lalaye. — Un très-petit lambeau de terrain houiller repose sur les roches schisteuses, à 500 mètres au nord de Lalaye, au lieu dit les Hauts-Champs; on y a trouvé un peu de houille.

Un autre petit bassin, de moins d'un hectare de superficie, repose sur le gneiss près de la ferme de Rouyeux, à 800 mètres au sud du bassin de Lalaye.

Autres lambeaux houillers près de Villé. — *Lambeaux houillers de Bassemberg et de la forêt de Honcourt.* Entre le bassin houiller de Lalaye et celui de Villé, il existe dans la montagne de Honcourt une zone discontinue de terrain houiller qui est comme le prolongement du bassin de Lalaye. Voici les principaux affleurements qui ont donné lieu à quelques recherches.

[1] Ce sondage a coûté 13,645 fr.

TERRAIN HOUILLER.

1° Dans un petit vallon latéral situé à 1500 mètres à l'ouest de Bassemberg, on voit des couches houillères redressées entre le terrain de transition et le grès rouge.

Bassemberg.

Une galerie faite, il y a une dizaine d'années, a rencontré une couche de schiste noir mélangé de houille qui était inexploitable. Cette couche se dirige N. E — S. O. et plonge fortement vers S. E.

2° A 1 kilomètre environ au sud-est du château de Honcourt, au lieu dit Wolfsloch, dans la forêt de Honcourt, on a foré en 1844 un puits qui a traversé d'abord le grès rouge, puis le grès et le schiste houiller; on a atteint le terrain de transition sans avoir rencontré aucun indice favorable.

Forêt communale de Honcourt.

Le terrain houiller, épais de plus de 100 mètres près de Villé et d'Erlenbach, se réduit sur cette lisière à 3 mètres, et finalement il disparaît.

3° La montagne sur laquelle repose la forêt nationale de Honcourt est terminée vers le nord, c'est-à-dire vis-à-vis de Saint-Martin, par une pente abrupte sur laquelle on voit affleurer des schistes houillers très-riches en empreintes de fougères et de calamites. Ces schistes alternent avec quelques lits minces de houille et sont associés au grès houiller qui s'étend jusqu'au ruisseau.

Forêt nationale de Honcourt.

Au lieu dit Teufelsbrunnen, on a fait, il y a quarante-cinq ans, des recherches sur cet affleurement. Un sondage entrepris sur le même point en 1834, a atteint le schiste de transition à la profondeur de 44 mètres, sans avoir rencontré de couche de combustible. D'autres fouilles ont été faites dans le même lieu en 1845 par la Société du Ren sans plus de succès.

Dans le lieu dont il s'agit, les couches houillères se dirigent E — O. et plongent de 15 à 20° vers S. A 20 mètres du jour, elles sont coupées par une faille qui est parallèle à celle de Lalaye.

Terrain houiller d'Urbeis. Il existe aussi un bassin houiller au sud du Climont, non loin du chemin d'Urbeis à Lubine, à la limite du département du Bas-Rhin. Des recherches sont faites depuis 1850 dans la forêt communale d'Urbeis, au canton dit Revers-du-Faîte ou Bois-du-Feu. Ce terrain houiller est superposé au schiste de transition; il est recouvert par le grès rouge.

Bassin houiller d'Urbeis.

Bassins près de Blienschwiller et de Nothalten. *Lambeaux houillers des environs de Blienschwiller et de Nothalten.* Le granite qui forme la partie septentrionale du massif montagneux de Dambach supporte plusieurs petits bassins ou lambeaux houillers dont les principaux sont placés près de Blienschwiller, de Nothalten, des fermes de Bimstein et de Neumatt. Ces petits bassins, depuis le commencement de ce siècle, ont provoqué diverses recherches qui ont été sans résultats.

Neumatt. A 200 mètres au sud-ouest de la ferme de Neumatt, on trouve un affleurement de terrain houiller qui repose sur le granite; en procédant de bas en haut, on y observe la disposition suivante:

a. Schiste vert, très-fissuré et fort dur, semblable à celui qui est associé au calcaire de Villé.

b. Dolomie cristalline brune d'une forte densité; épaisseur . . . . 0^m,30

c. Schiste noirâtre à la partie supérieure duquel on trouve un lit mince de houille terreuse; épaisseur . . . 0^m,30

d. Argilolithes blanchâtres qui paraissent appartenir au grès rouge.

Une galerie longue de 50 mètres, percée près de ce point en 1805, n'a rencontré que de faibles indices de houille.

Bruderhausmatt. A 250 mètres environ à l'est du point qui vient d'être signalé, au lieu dit Bruderhausmatt, il existe un second affleurement houiller. Au-dessus du granite se trouvent des couches de grès qui ne renferment que les éléments du granite remanié et que l'on pourrait prendre pour un granite désagrégé par les agents atmosphériques. A ces couches d'arkoses sont superposés des schistes verts et noirâtres qui renferment une couche de dolomie brune semblable à celle de Neumatt. Ces couches, dont quelques-unes sont riches en empreintes végétales, plongent de 10 à 12 degrés vers l'ouest.

Deux couches minces de combustible ont été rencontrées en ce lieu lors des recherches faites en 1809.

Les deux affleurements houillers dont il vient d'être question sont recouverts par le grès rouge qui en cache la continuité.

Bimstein. A un kilomètre au sud de la ferme de Bimstein, sur le versant septentrional de la colline granitique, paraît un autre lambeau de terrain houiller; la limite de ce terrain et du granite qui le supporte est nettement indiquée, même de loin, par la ligne de séparation des terres cultivées et des bruyères qui couvrent presque totalement cette dernière roche. La dolomie associée au schiste noirâtre est ici très-développée, à en juger par les morceaux de cette roche qui sont de toutes parts accumulés le long des champs; on y trouve aussi le calcaire noir avec silex, de même qu'à Villé et à Erlenbach. Les argilolithes du grès rouge recouvrent ce terrain, vers le nord dans le fond du vallon.

On a fait en 1805 dans ce terrain houiller deux sondages, chacun d'une cinquantaine de mètres, qui n'ont rencontré que des schistes et du grès, sans couche de houille. Des recherches peu étendues y ont été aussi pratiquées par des galeries en 1810.

Un autre affleurement existe sur le Scheibenberg, à 1500 mètres environ au nord-ouest de Blienschwiller; il n'a pas 100 mètres de diamètre et renferme la même dolomie cristalline que les deux premières localités. *Scheibenberg.*

Tout près de Blienschwiller, dans le canton de vignes dit Bergweg, se trouve aussi un petit lambeau houiller qui ne paraît pas avoir plus de quelques ares d'étendue. *Blienschwiller.*

La ville de Strasbourg a fait, en 1783, des recherches de houille aux environs de Blienschwiller, sans qu'elles aient eu du succès; MM. Cuny les ont poursuivies jusqu'en 1800, et les ont encore reprises en 1836.

A 800 mètres à l'ouest de Nothalten est un lambeau de terrain houiller où l'on a fait aussi des recherches; c'est là que jaillit la source qui alimente la fontaine du village. *Nothalten.*

Il paraît en outre exister de petits lambeaux houillers aux environs de Zell et d'Itterswiller et près de Blienschwiller, dans le canton dit Waldgenossen. *Itterswiller et Zell.*

Tous ces lambeaux sont la plupart si peu étendus, que lorsqu'ils sont recouverts de culture, il est difficile d'en reconnaître l'existence sans le secours des habitants qui ont pris part aux explorations.

Il paraît qu'on a recherché de la houille vers 1812 dans la forêt communale de Dambach. Ces recherches ont probablement été faites sur un petit lambeau houiller voisin de ceux des environs de Blienschwiller, à moins qu'elles n'aient été pratiquées sur les schistes bitumineux du lias qui affleurent au nord de Dambach. *Recherches dans la forêt de Dambach.*

Continuité du calcaire et de la dolomie.

Les couches de calcaire gris compacte qui, à Villé, à Erlenbach et à Triembach, sont situées à une douzaine de mètres au-dessus de la couche de houille, ont été rencontrées, avec les mêmes caractères, vers l'ouest jusqu'aux environs de Bassemberg, et vers l'est jusque dans l'affleurement de Bimstein, c'est-à-dire sur des points distants de 10 kilomètres.

D'un autre côté, les couches de dolomie cristalline qui sont associées à ce calcaire près de Villé et d'Erlenbach se retrouvent aussi près de Triembach, dans les petits bassins houillers des environs de Blienschwiller et à Nothalten.

L'uniformité du dépôt de calcaire et de dolomie dans tous les petits bassins houillers compris entre Villé et Nothalten doit faire croire que, bien qu'aujourd'hui en partie séparés, ces bassins ont été déposés, soit dans la même nappe d'eau, soit au moins dans des circonstances identiques.

Lambeaux d'Orschwiller et de Kintzheim.

Lambeaux houillers d'Orschwiller et de Kintzheim. Il existe dans la forêt communale d'Orschwiller, à la base de la montagne du Haut-Kœnigsbourg du côté du nord-ouest, un terrain houiller qui repose sur le granite et le gneiss et qui est partiellement recouvert par le grès rouge. On voit affleurer ce terrain à l'ouest des ruines du château, aux deux tiers de la hauteur de la montagne que recouvre la forêt d'Orschwiller et peu au-dessous du chemin qui conduit de Saint-Hippolyte à Lièpvre; d'autres affleurements se montrent dans le canton dit Saarbach et dans le bois l'Abbesse. On y a rencontré de la houille alternant avec des grès et des poudingues souvent noirâtres, à éléments granitiques. Ces grès et poudingues, formés par la désagrégation du granite sous-jacent, ont la plus grande ressemblance avec les roches du bassin de Saint-Hippolyte (Haut-Rhin), qui en est distant de 2 1/2 kilomètres. La houille qui, d'après une note de M. l'ingénieur Calmelet, formait quatre à cinq couches épaisses de 10 à 15 centimètres, était collante et pouvait servir dans les forges de maréchaux. Toute la stratification se dirige E. N. E — O. S. O. et plonge fortement vers N. N. E.

Recherches entreprises.

Ce terrain houiller qui a attiré l'attention vers 1770 avait, en 1783, donné lieu à des recherches qui paraissaient devoir être productives, d'après de Dietrich [1]. Ces recherches

---

[1] De Dietrich, *Gîtes de minerai*, p. 148.

furent continuées vers 1798 par MM. Commart, et de 1812 à 1828 par M. Cuny; M. Calmelet les considérait encore en 1812 comme offrant de l'avenir.

A 2 kilomètres à l'ouest d'Orschwiller, dans le fond de la vallée, sur la montée du village au Hohkœnigsbourg et au sud-ouest de Kintzheim, il existe aussi de petits lambeaux houillers dans lesquels on a fait des fouilles.

Bassins voisins situés dans le Haut-Rhin. — Dans cette partie des Vosges, au pied des sommités de grès vosgien dont la montagne de Kœnigsbourg forme l'extrémité orientale, on trouve dans le département du Haut-Rhin d'autres petits bassins houillers qui font partie du même groupe que ceux d'Orschwiller et qui présentent la même disposition. Tels sont ceux du Schœntzel, commune de Saint-Hippolyte, de Tannenkirch, celui situé près de l'ancienne verrerie de Ribeauvillé, enfin ceux du Hury, commune de Sainte-Croix-aux-Mines, et des banlieues de Saint-Hippolyte et Rodern; ces deux derniers étaient les plus importants de ce groupe.

Faibles indices de houille près du Jægerthal. Dans les environs du Jægerthal, au canton dit Mühlberg, vers le bas d'un coteau qui borde la rive gauche du ruisseau, il y a une ancienne galerie qui remonte à une époque inconnue. Il paraît qu'un particulier de Brumath, en faisant des recherches dans cette galerie en 1812, a trouvé des indices de houille. *Indices cités au Jægerthal.*

Ces indices de combustible qui paraissent peu importants se trouvent associés à un grès formé d'éléments du granite, qui ressemble à un granite désagrégé; ils sont dans une position semblable à celle des petits bassins houillers des environs d'Orschwiller, de Blienschwiller et de Nothalten dont il vient d'être question.

Observations diverses sur le terrain houiller. A Triembach, on a rencontré dans le terrain houiller du cuivre gris argentifère, du cuivre pyriteux, de la galène, du fer spathique et des carbonates de cuivre bleu et vert. A 3 kilomètres du village, sur le revers méridional du Ungersberg, il y a un lieu nommé *Mine d'argent*, où l'on trouve encore aujourd'hui des fragments de grès houiller imprégnés de galène et de cuivre carbonaté. Les travaux de cette ancienne mine remontent à une époque inconnue. *Minéraux métalliques dans le terrain houiller.*

Dans le grès houiller de Lalaye on trouve quelquefois, outre la pyrite de fer, un peu de pyrite de cuivre; mais les filons métalliques de cette dernière localité sont encaissés dans le schiste de transition.

Pyrite arsenicale disséminée dans le calcaire houiller.
Dans le calcaire de la couche supérieure de la carrière de Villé, j'ai observé un grand nombre de petits grains cristallins, d'un blanc d'argent, très-durs, qui ne sont autre chose que du fer arsenical ou mispickel. Souvent ces grains ont la forme de prismes à base rhombe.

Le fer arsenical si habituellement associé aux filons d'étain et à des silicates, se trouve ici dans un calcaire sédimentaire, loin de toute roche métamorphique, ayant au-dessous de lui des roches non altérées; en un mot, dans une position où ce minéral ne peut avoir été précipité que par voie humide. C'est un exemple à ajouter à celui de la pyrite de fer et de diverses autres substances, qui apprend que le fer arsenical a pu cristalliser dans des gisements très-différents.

Dans le calcaire de Villé on a aussi rencontré quelques mouches de galène.

Sulfure dans la dolomie.
Quand on traite la dolomie par l'acide chlorhydrique, il se produit un dégagement très-notable d'hydrogène sulfuré, ce qui indique probablement la présence d'un sulfure qui y est mélangé en très-faible proportion. D'ailleurs, le résidu insoluble dans l'acide chlorhydrique étant attaqué par l'acide nitrique concentré, on ne trouve pas d'acide sulfurique dans la dissolution, d'où l'on conclut que la roche ne contient pas de pyrite de fer.

Matière charbonneuse.
Dans le même traitement on voit surnager une faible quantité de bitume. Le résidu inattaquable dans l'acide, qui forme 4 p. 0/0 du poids de la roche, est noirci par une matière charbonneuse, en partie soluble dans l'eau bouillante.

Arsenic renfermé dans la houille de Villé.
En découvrant une quantité aussi notable d'arsenic dans le calcaire, j'ai été amené à rechercher si la couche de houille qui se trouve à 12 mètres plus bas est arsenifère aussi; c'est ce qui a lieu effectivement. Dans les deux variétés de houille de Villé que j'ai examinées, j'ai trouvé par kilogramme $0^{gr},169$ et $0^{gr},415$ d'arsenic [1], c'est-à-dire des quantités respectivement égales aux 0,000169 et 0,000415 du poids total.

Antimoine et cuivre.
Dans le même combustible j'ai, en outre, reconnu la pré-

[1] *Recherches sur la présence de l'arsenic et de l'antimoine dans les combustibles minéraux, dans diverses roches et dans l'eau de la mer. Comptes-rendus des travaux de l'Académie des sciences*, t. XXXIII, p. 827, et *Annales des mines*, 4ᵉ série, t. XIX, p. 669.

sence de l'antimoine en quantité très-notable et des traces de cuivre.

La quantité moyenne d'arsenic renfermée dans la houille de Villé doit être évaluée au moins à la demi-somme des teneurs trouvées plus haut pour les deux variétés principales, c'est-à-dire à 0^{gr},292 par kilogramme, ou aux 0,000292 de son poids. Le mètre cube qui pèse environ 1600 kilogrammes contient donc 467^{gr},2, ou en nombres ronds, il y a 1,4 kilogramme dans 3 mètres cubes.

Quantité d'arsenic renfermée dans le bassin houiller.

La couche de houille dont il s'agit affleure à Villé, à Erlenbach et à Triembach; l'étendue qu'elle occupe peut être évaluée à environ 2 kilomètres carrés. En comptant son épaisseur à 0^m,50 seulement, cela ferait 4763 quintaux métriques pour la quantité d'arsenic renfermée dans la seule couche de houille de Villé. Mais il faut ajouter que d'autres couches du même terrain, et en particulier la couche de calcaire, renferment aussi de l'arsenic.

Dans toutes les parties du terrain houiller on trouve des impressions végétales qui sont particulièrement nombreuses aux environs de Lalaye. Ce sont surtout des empreintes de feuilles de fougères représentées par de nombreuses espèces appartenant aux genres *Sphenopteris*, *Pecopteris*, *Nevropteris*, ainsi que d'autres espèces des genres *Annularia*, *Asterophyllum*, *Sphenophyllum*, *Sigillaria*, *Stigmaria* et *Calamites*. Dans les empreintes de feuilles, de tiges et d'écorce, la matière ligneuse primitive est changée en houille.

Fossiles.

Du bois silicifié a, en outre, été rencontré dans le grès houiller d'Erlenbach et de Lalaye [1].

Aucun vestige du règne animal n'a été trouvé dans le terrain houiller du département.

Il n'y a nul doute que la houille est d'origine végétale et qu'elle résulte d'une altération de végétaux dont on y trouve les vestiges en abondance. Les écorces et les feuilles qui se sont transformées en houille, sans perdre leur forme, offrent des preuves évidentes de cette origine.

Considérations théoriques sur la formation de la houille.

La flore de l'époque du terrain houiller est essentiellement différente de celle de nos jours; elle en diffère surtout par l'absence des phanérogames dicotylédones qui forment plus de trois cinquièmes des espèces végétales d'aujourd'hui,

[1] Voltz, *Géognosie des deux départements du Rhin*, p. 57.

tandis que les cryptogames vasculaires qui ne constituent pas en espèces le trentième de la végétation actuelle, avaient lors de l'époque houillère une énorme prédominance, quant au nombre des espèces et quant au nombre des individus.

Les végétaux du terrain houiller, comparés à ceux qui aujourd'hui s'en rapprochent le plus, se distinguent aussi par des dimensions beaucoup plus grandes ; ce qui a fait supposer depuis longtemps que la température dont jouissaient alors les régions du globe que nous habitons était beaucoup plus douce qu'aujourd'hui, probablement plus humide, et que peut-être aussi l'air était chargé d'une plus forte proportion d'acide carbonique que de nos jours.

On est conduit à admettre que dans la plupart des cas, les houilles ont été formées sur place par l'enfouissement, sous des dépôts sédimentaires, des végétaux qui couvraient le sol houiller et qui se sont succédé suivant les phénomènes naturels de la vie, de même qu'on l'observe dans les tourbières [1].

A Lalaye comme à Orschwiller, et aux environs de Blienschwiller et de Nothalten, les roches arénacées ne renferment que des matériaux venus d'une faible distance. Dans la première localité prédominent les débris du terrain schisteux sous-jacent; dans les autres bassins qui reposent sur le granite, les roches arénacées se composent principalement de quartz, de feldspath, soit terreux, soit non altéré, et de mica, c'est-à-dire qu'elles résultent de la décomposition presqu'immédiate du granite qui les supporte. Ce fait montre que les matériaux du terrain houiller, au lieu d'avoir été amenés par un long transport, proviennent de la localité où ils se trouvent encore [2].

Substances utiles. Houille.

D'après ce qui a été exposé plus haut, on connaît dans le département du Bas-Rhin de nombreux bassins ou lambeaux de terrain houiller. Malheureusement ce terrain, malgré les recherches qui y ont été faites, n'a présenté nulle part des couches exploitables, si ce n'est dans le bassin de Lalaye et dans celui de Villé et d'Erlenbach. Le bassin de Lalaye peut être considéré comme épuisé. La houille n'est donc plus connue maintenant en quantité exploitable que dans le bas-

---

[1] *Explication de la carte géologique de France*, t. Ier, p. 511.
[2] *Explication de la carte géologique de France*, t. Ier, p. 688.

sin de Villé et d'Erlenbach. Là elle forme une couche fort régulière, mais elle y est très-mélangée de schiste.

L'impureté de la houille de Villé et d'Erlenbach a empêché jusqu'à présent d'en tirer parti ; elle ne renferme pas moins de moitié de son poids de schiste. Quelque pierreuse que soit cette houille, il est très-probable que l'on parviendra à l'utiliser, si ce n'est en grand, au moins dans une industrie de dimension modeste.

Comme combustible, elle a, sous l'unité de poids, trop peu de valeur pour subir un transport; c'est donc seulement dans la vallée que l'on pourrait peut-être l'employer pour les usages domestiques ; encore faudrait-il choisir pour cela la houille la plus pure que l'on séparerait par triage.

La manière la plus directe de se servir de la houille de Villé consisterait à s'en servir pour la cuisson de la chaux.

En effet, il existe, comme nous l'avons vu, au-dessus de la houille des couches de calcaire. Par suite de cette association des deux matières premières, on obtiendrait à bas prix de la chaux, soit à Villé, soit surtout à Erlenbach.

Pierre à chaux.

Certaines variétés du calcaire houiller donnent de la chaux hydraulique de bonne qualité. Quand on a essayé cette fabrication en 1844, le quintal de chaux se vendait 1 fr. 40 cent. à Erlenbach, et 1 fr. 60 cent. à Villé pris sur place. On a transporté de cette chaux jusqu'à Colmar et au delà.

C'est surtout comme amendement du sol que la chaux serait probablement susceptible d'acquérir de l'importance dans le val de Villé. Le sol formé par le schiste de transition en éprouverait, sans doute, une influence bienfaisante. La chaux serait probablement aussi un amendement utile pour les terres froides du voisinage qui reposent sur les argilolithes du grès rouge. Le chaulage qui, depuis le commencement de ce siècle, se fait sur une grande échelle dans le Maine, l'Anjou, la Vendée, dans une partie de la Normandie et de la Bretagne, et qui a pris un développement très-considérable dans ces dernières années, a porté au double et souvent même au triple la production du sol en froment ; or, ces contrées sont pour la plus grande étendue formées de terrains de transition semblables à ceux du val de Villé et de la vallée de la Bruche. Dans la région N. E. du département de la Mayenne et dans la région occidentale de la Sarthe, on fabrique annuellement 300,000 mètres cubes de chaux, dont les cinq sixièmes sont consacrés à l'amendement des terres. Cette fabrication ne s'élève pas à moins de 130,000 mètres cubes dans la partie de la basse Loire comprise entre Châlonnes et Ancenis. La chaufournerie est l'unique débouché des mines de combustible fossile de ces contrées [1].

Distillation de la houille. En outre, les produits que la houille de Villé fournit par la distillation seront peut-être dans la suite susceptibles d'emploi. On pourrait alors tirer parti de cette houillère par une opération semblable à celle que l'on fait à Autun (Saône-et-Loire) avec les schistes houillers, et à Lobsann (Bas-Rhin) au moyen du calcaire bitumineux du terrain tertiaire. Cette distillation se ferait sur place sans employer d'autre combustible que la houille elle-même. D'après un essai que j'ai fait sur un demi-kilogramme, cette houille fournit 5 p. 0/0 de produits liquides qui consistent principalement en un goudron très-visqueux, en huiles et en eau contenant du carbonate d'ammoniaque.

[1] Durocher, *Bulletin de la Société géologique de France*, 2e série, t. VI, p. 413.

CHAPITRE IV.

TERRAIN DU GRÈS ROUGE.

De même que les terrains de transition et le terrain houiller, le terrain du grès rouge ne se rencontre que dans l'intérieur de la chaîne des Vosges. Il est particulièrement développé dans le val de Villé d'où il s'étend jusqu'à la base du Climont ; on le retrouve dans la vallée de la Bruche où il est associé au porphyre feldspathique ; un lambeau du même terrain affleure au Jægerthal. Son étendue superficielle dans le département est d'environ 43 kilomètres carrés. *Étendue dans le département.*

Le terrain dont il s'agit est constitué par des couches de grès auxquelles sont associées quelques couches de poudingue et des dépôts puissants d'argilolithes. *Composition.*

Les grès se composent de grains ou de menus galets de quartz hyalin, de feldspath, de mica, de granite, de porphyre, de schiste argileux, de quartz lydien ; ces débris divers, qui proviennent du granite, du gneiss, du porphyre et plus rarement des terrains de transition, sont agglutinés par un ciment argileux coloré habituellement en rouge par le peroxyde de fer. Cependant, pour que le nom de cette roche n'induise pas en erreur, il faut observer d'une part que la couleur rouge n'est pas constante dans le grès qui nous occupe, d'autre part que cette couleur est au moins aussi générale dans le grès des Vosges, et qu'elle est fréquente dans le grès bigarré. Le nom de grès rouge est une dénomination géologique plutôt que minéralogique, par laquelle la partie représente le tout, et qui correspond à celle de *rothes Todtliegendes* employée en Allemagne. Les principales variétés du grès rouge sont également appelées *arkoses*, nom qui a été donné aux grès composés d'éléments de feldspath et de quartz, quel que soit leur âge. *Grès.*

Dans les poudingues on trouve de gros galets de gneiss, de micaschiste et de granite, agglutinés avec les éléments ordinaires des grès du même terrain. *Poudingues.*

Comme l'indique leur nom, les argilolithes ont l'aspect *Argilolithes.*

d'argiles durcies. Leur couleur est tantôt rouge lie de vin ou brun, tantôt gris verdâtre. Ces couleurs forment souvent des bariolures l'une sur l'autre. Quelquefois aussi les argilolithes sont vertes et maculées de blanc, comme on l'observe à la ferme de Bimstein près de Nothalten. De petits cristaux terreux que, d'après leur forme, on reconnaît être du feldspath décomposé, sont fréquemment disséminés dans la pâte amorphe des argilolithes, qui alors passent à l'argilophyre, dont il a été question plus haut (p. 38).

Dolomies. Des couches minces de dolomie se rencontrent à la partie supérieure du terrain, comme aux environs d'Orschwiller et au Jægerthal. Mais cette roche n'est qu'accidentelle dans le Bas-Rhin; elle est plus régulière dans le département des Vosges, de sorte qu'on l'a considérée comme l'équivalent des calcaires magnésiens (zechstein) de l'Allemagne.

Val de Villé et environs. Dans le val de Villé le grès et les argilolithes sont l'un et l'autre fort développés.

Versant méridional du Ungersberg. Au pied du Ungersberg, du côté méridional, on trouve sur un assez court espace les principales variétés de roches, depuis les argilolithes compactes jusqu'aux conglomérats grossiers à fragments de granite, de gneiss, de micaschiste, de porphyre et de quartz; les fragments atteignent un décimètre de diamètre. Des mouches d'oxyde noir de manganèse sont disséminées dans le grès qui est peu cohérent. Près de Hohwarth les argilolithes présentent des boursouflures. A 1800 mètres, au sud de Bernardswiller, où cette même roche affleure avec une stratification très-régulière sur 25 mètres d'épaisseur, le vert et le rouge brique y forment des bigarrures irrégulières à teintes très-vives. Non loin du même village, on trouve aussi une argilolithe brune, à cassure conchoïde, que l'on pourrait, au premier abord, prendre comme appartenant aux terrains de transition. Près du hameau de Bimstein, l'argilolithe est assez dure pour qu'elle ait pu servir dans ces dernières années à l'entretien des routes; elle est recouverte par des couches de grès d'une épaisseur d'environ 40 mètres.

Pied du Frankenbourg. Sur le versant oriental de Frankenbourg où le grès renferme de nombreux fragments de gneiss, on le voit très-nettement stratifié à Neufbois et à Dieffenbach.

Base du Haut-Kœnigsbourg. Dans le grès qui forme le piédestal du Haut-Kœnigsbourg, les galets de gneiss et de micaschiste sont très-nombreux;

ceux de granite y sont moins communs. Les galets et les blocs roulés des roches primitives forment, au haut de la vallée d'Orschwiller, un conglomérat très-grossier, dont la structure rappelle celle du nagelfluhe tertiaire. Ce conglomérat alterne avec des couches de grès.

La base du Climont, comme celles du Ungersberg, du Frankenbourg et du Haut-Kœnigsbourg, est formée par le terrain du grès rouge qui repose en partie sur le schiste de transition, en partie sur un petit bassin houiller. L'arkose alterne avec des argilolithes bariolées de vert et de rouge. Sur le revers oriental de la montagne l'épaisseur totale du terrain ne dépasse pas 25 mètres. *Base du Climont.*

La montagne escarpée à laquelle est adossé Châtenois est couronnée par du grès qui est superposé au granite porphyroïde. Ce grès se compose de débris granitiques à peine altérés, mélangés de fragments anguleux de gneiss; mais il diffère du grès qui est superposé au terrain schisteux par une très-grande compacité, qualité qu'il doit sans doute à son contact avec le granite porphyroïde. Cette dernière roche a fait éprouver au grès rouge une modification semblable à celle qu'a subie le grès vosgien des environs de Plombières; ce dernier aussi est fortement durci à proximité du granite. *Compacité du grès près du granite à Châtenois.*

Dans le val de Villé et ses environs la stratification du grès rouge est en général faiblement inclinée, tantôt dans un sens, tantôt dans un autre. Entre Bassemberg et Lalaye, il se dirige E. 15°. N — O. 15°. S., et plonge de 15° vers N. 15°. O. Près de Bimstein, il plonge vers N. O., et à la base de Frankenbourg vers E. *Stratification.*

Vallée de la Bruche. Dans la vallée de la Bruche les couches inférieures du grès rouge se composent, comme celles du val de Villé, d'arkose et d'argilolithes; mais ce terrain se lie intimement par sa partie supérieure au porphyre feldspathique et au conglomérat porphyrique, dont il a été question plus haut, de sorte qu'il n'est pas possible d'établir une démarcation distincte entre les deux formations. *Vallée de la Bruche. Liaison du grès rouge au terrain porphyrique.*

Le grès rouge est traversé par des veines blanches qui, partant de la surface, s'enfoncent dans des positions voisines de la verticalité; ces bariolures blanches, comparables à celles que l'on observe souvent dans les sables et les limons diluviens, paraissent résulter d'une action réductrice et dis- *Bariolures blanches dans le grès.*

solvante qui a eu lieu suivant les fissures. C'est un fait que l'on observe, par exemple, près de Lutzelhausen.

Stratification. A la colline de Clinz, les couches de grès se dirigent N. 30°. E — S. 30°. O., et plongent de 4 à 5° vers O. 30°. N. Au-dessus de Wische, près de la seconde scierie, la direction est N. E—S. O., et plonge de 10° vers N. O.; dans le vallon de l'Eimerbæchel, le plongement est de 12° vers N.; enfin les couches qui forment la base du Schneeberg plongent de 4° vers N. O. Le terrain plonge donc habituellement vers N. O.

Relation du porphrye au grès rouge. Ainsi que nous l'avons vu précédemment (p. 42), le porphyre paraît s'être épanché dans le bassin de mer où le grès rouge s'était déposé; puis la sédimentation qui a continué à s'opérer dans la même nappe d'eau a produit le grès des Vosges.

Jægerthal. Jægerthal. Au pied de la montagne du Windstein, dans le Jægerthal, on rencontre des couches qui font sans doute partie du grès rouge. Ces couches, que l'on observe facilement sur le chemin qui conduit du moulin au nouveau château de Windstein, au sud-ouest du château et près de la fontaine, sont immédiatement superposées au granite. Les plus basses sont des arkoses; plus haut deux couches de dolomie cristalline alternent avec des argilolithes rouges maculées de blanc; enfin un grès à ciment dolomitique supporte le grès des Vosges qui constitue le Windstein. Ces couches de grès, d'argilolithes et de dolomie représentent le grès rouge réduit à peu près à sa plus simple expression; car son épaisseur au Jægerthal n'excède pas 10 mètres.

La dolomie du Jægerthal renferme, d'après une analyse de M. Berthier :

Carbonate de chaux . . .	51,4
id. de magnésie . .	44,6
id. de fer	0,2
id. de manganèse .	traces
Gangue.	3,8
Total. . . .	100,0

Épaisseur du terrain du grès rouge. L'épaisseur du terrain de grès rouge est très-variable; car tandis qu'elle ne dépasse pas 10 mètres au Jægerthal et 25 mètres sur le versant oriental du Climont, le sondage pratiqué à Fouchy pour la recherche de la houille a traversé 119 mètres de ce terrain; son épaisseur au pied du Ungersberg et du Climont dépasse 150 mètres.

Aucun fossile animal n'a été rencontré dans le grès rouge. Les végétaux y sont seulement représentés par des troncs d'arbres silicifiés que l'on trouve surtout aux environs de Triembach et de Hohwarth, comme dans le grès rouge de l'Allemagne. L'absence de débris de plantes à l'état charbonneux révèle une différence importante dans les circonstances qui ont présidé à la formation du terrain houiller et à celle du grès rouge. *Bois silicifiés.*

Le grès rouge ne fait pas en effet continuité dans les Vosges avec le terrain houiller. Il recouvre ce dernier à stratification discordante, ainsi que l'a fait observer M. Élie de Beaumont; ce qui prouve que le terrain houiller avait été disloqué une première fois avant son dépôt. Il paraît en outre qu'avant la formation du grès rouge, le dépôt du terrain houiller avait été suspendu à des époques diverses selon les lieux, ou plutôt que la surface avait été irrégulièrement dégradée; car le grès rouge est loin de s'appuyer toujours sur les mêmes couches du terrain houiller [1]. *Discordance de stratification avec le terrain houiller.*

A part l'argilolithe dont on employait les variétés les plus dures pour l'entretien des routes, le grès rouge ne renferme pas dans le Bas-Rhin de substance exploitée. *Substances utiles.*

[1] Dufrénoy et Élie de Beaumont, *Explication de la carte géologique de France*, t. Ier, p. 410.

CHAPITRE V.

TERRAIN DU GRÈS DES VOSGES.

Situation du grès des Vosges.

Le *grès des Vosges* ou *grès vosgien*, ainsi nommé parce que ce terrain est particulièrement caractérisé dans la chaîne des Vosges, constitue la région septentrionale de ces montagnes, à partir de la vallée de la Bruche jusqu'à leur limite aux environs de Kaiserslautern [1]. Au sud de la vallée de la Bruche et dans le département du Bas-Rhin, le même grès constitue encore des montagnes isolées, telles que le Heidenkopf, la Bloss et le Mennelstein, le Ungersberg, le Climont, le Haut-Kœnigsbourg. En dehors du département qui nous occupe, le grès des Vosges s'étend en outre, sous forme d'une bordure discontinue, vers la lisière du massif central de la chaîne, tant à l'est qu'à l'ouest et au sud.

Dans les collines et dans la plaine qui bordent la chaîne proprement dite vers l'est, on ne voit pas ordinairement affleurer le grès des Vosges, parce qu'il est recouvert par des terrains stratifiés plus récents. Ce n'est qu'accidentellement qu'il apparaît dans trois localités du département, au Krouthal près de Marlenheim, aux environs de Mutzig et près du Klingenthal.

Son étendue.

L'étendue occupée par le grès des Vosges dans le Bas-Rhin est d'environ 617 kilomètres carrés ; ainsi ce grès constitue près du septième de la superficie totale du département.

Sur toute cette étendue, les caractères du grès des Vosges sont assez uniformes. Je ne puis mieux les signaler qu'en faisant des emprunts à M. Élie de Beaumont, qui a le premier séparé le grès vosgien du grès bigarré [2].

---

[1] Les montagnes du Palatinat qui portent le nom de *Hardt* ne sont autres que le prolongement de la chaîne des Vosges. Aussi nous avons conservé ici à la chaîne le nom unique de Vosges.

[2] *Observations géologiques sur les différentes formations qui, dans le système des Vosges, séparent la formation houillère de celle du lias. Annales des mines*, 2ᵉ série, t. Iᵉʳ, p. 393, et t. IV, p. 3. — *Explication de la carte géologique de France*, t. Iᵉʳ, p. 286 et 373.

TERRAIN DU GRÈS DES VOSGES.

Composition de cette roche.

Le grès des Vosges est essentiellement formé de grains de quartz dont la grosseur varie depuis celle d'un petit grain de millet jusqu'à celle d'un grain de chenevis. Leur surface extérieure présente fréquemment des facettes cristallines et réfléchit vivement les rayons du soleil. En général, ces grains sont incolores et même translucides ; mais ils sont généralement recouverts par un très-léger enduit coloré, soit en rouge par le peroxyde de fer anhydre, soit en jaune par le peroxyde hydraté. L'enduit ferrugineux contribue sans doute à faire adhérer les grains les uns aux autres. L'adhérence est le plus souvent assez faible, d'où il résulte que la roche s'égrène facilement et mérite bien le nom de *Sandstein* (*pierre de sable*) par laquelle on la désigne vulgairement.

Au milieu des grains quartzeux on observe d'autres grains beaucoup moins nombreux, d'un blanc mat, non translucides, plus anguleux et moins solides, qui paraissent être des fragments de feldspath en décomposition. Dans quelques variétés, on distingue en outre, entre les grains de quartz, de très-petites masses d'argile blanche qui probablement résultent aussi de la décomposition des grains feldspathiques. Le mica est assez rare dans ce grès.

La couleur du grès, résultat de l'enduit qui cimente les grains, est habituellement rouge de brique pâle ; cette couleur varie d'ailleurs du rouge violacé au jaune brun, au blanc jaunâtre et au blanc. Souvent plusieurs de ces couleurs forment des bandes parallèles ou des taches. Il est aisé de s'assurer que la couleur des grains n'est que superficielle ; car l'action de l'acide hydrochlorique les décolore rapidement.

Les échantillons de grès de la composition la plus habituelle renferment au moins 95 pour 100 de silice.

Fréquence de cailloux roulés.

De nombreux galets, presque toujours quartzeux, sont habituellement disséminés dans le grès des Vosges et le font passer fréquemment à un véritable poudingue.

Beaucoup de ces galets sont formés d'un quartz gris, brun ou rougeâtre, dont la cassure est souvent un peu schisteuse. D'autres galets aussi très-communs sont formés de quartz blanc, à éclat gras et presque opaque. Plus rarement on en trouve qui sont formés de quartz noir ; ainsi le grès de la montagne de Katzenberg, près de Lutzelhausen, renferme des fragments de hornstein identique avec celui qui est en place derrière le village, dans le terrain de transition. Les galets de granite et de gneiss sont remarquablement rares dans le grès des Vosges. Le diamètre des cailloux atteint quelquefois un décimètre, par exemple près de Hermolsheim.

Poudingue. — Des couches de poudingue se rencontrent dans toutes les parties des Vosges. Il en existe très-ordinairement à la partie supérieure du terrain, comme on l'observe au Kronthal, près de Mutzig, au Klingenthal et au Schneeberg.

Origine probable de ces cailloux roulés. — Les galets quartzeux gris ou rougeâtres du grès des Vosges sont le plus ordinairement un peu grenus et présentent tous les passages depuis le quartz compacte, à éclat gras, jusqu'à un conglomérat quartzeux incontestable. Il est donc très-probable que les cailloux dont il s'agit proviennent de la destruction de roches plus anciennes qui contenaient en outre, soit en couches, soit en veines ou en rognons, du quartz blanc et du kieselschiefer. Les mêmes variétés de roches se retrouvent en place dans le terrain de transition du Hundsrücke. Dans le grès du Jægerthal, on a trouvé un galet de quartzite renfermant dans son intérieur une empreinte parfaitement nette de *spirifère*, fossile qui appartient aux terrains de transition.

Surface cristalline de ces cailloux. — La surface des galets, quoique plus ou moins arrondie, n'est pas unie. De petites facettes cristallines très-brillantes recouvrent la surface d'un grand nombre d'entre eux, soit en totalité, soit seulement en partie.

Strates micacées. — Les strates chargées de mica sont assez rares dans le grès des Vosges; cependant il en existe quelquefois dans la partie moyenne et dans la partie inférieure, comme on l'observe près de la Petite-Pierre et dans la vallée de la Zintzel savernoise.

Veines ferrugineuses. — Dans le même grès, le fer hydroxydé est souvent concentré sous forme de veines que l'on voit, en raison de leur plus grande solidité, se dessiner à la surface des blocs exposés à l'action destructive de l'atmosphère.

Concrétions sphéroïdales. — On observe quelquefois dans des blocs de grès des Vosges des parties où le ciment a produit des concrétions sphéroïdales, de quelques millimètres de diamètre. Quand ces parties ont cédé plus aisément que la masse avoisinante à l'action de l'atmosphère, elles ont laissé à la surface des blocs des cavités hémisphériques. Ainsi le grès du Windstein renferme beaucoup de petites cellules arrondies, tapissées d'un enduit terreux noirci par de l'oxyde de manganèse. Ces cavités sont plus nombreuses vers le bas que vers le haut. Des cavités semblables sont très-fréquentes aussi dans la Forêt-Noire, par exemple dans le grès du Kniebis. Plus rarement les concrétions sphéroïdales, étant plus résistantes que la roche, restent en saillie.

Les couches successives diffèrent les unes des autres par leur teinte, par la grosseur de leur grain, par leur cohésion ou le degré de résistance aux intempéries de l'air, par l'abondance plus ou moins grande de galets de quartz. L'épaisseur de ces couches varie habituellement de 0^m,50 à 2 mètres. {Stratification du grès des Vosges.}

Très-souvent dans le grès des Vosges une succession de feuillets obliques par rapport aux plans de séparation des couches se dessine en présentant de petites variations de nuance et de grains qui se répètent périodiquement dans les feuillets successifs. C'est suivant les plans de ces espèces de feuillets que la roche se divise le plus aisément. On a des exemples de ce fait, dont la figure 20 donne une idée, dans une foule de localités, par exemple sur les escarpements situés à l'entrée du Klingenthal, à l'orifice de la vallée de la Moder, dans la vallée de la Zorn, dans le vallon sauvage qui s'étend entre Fuchsloch et Freudeneck, aux environs de Mutzig, etc. Les strates obliques sont surtout fréquentes sur les points où le grès est mélangé de cailloux nombreux et dans les couches de poudingue, c'est-à-dire sur les points où le dépôt paraît s'être fait dans une eau agitée. Cette disposition n'est pas particulière au grès des Vosges ; on la retrouve dans beaucoup d'autres grès et jusque dans les attérissements qui bordent les rivières ou dans les deltas qui terminent leurs cours. Elle paraît être une conséquence nécessaire de la manière suivant laquelle les cours d'eau stratifient les dépôts arénacés. {Feuillets obliques à la stratification.}

L'épaisseur du grès des Vosges n'est pas uniforme. Assez faible dans le sud et le sud-est de la chaîne, elle est ailleurs très-considérable. Ainsi le grès du Heidenkopf, non loin de Bœrsch, forme un escarpement de plus de 300 mètres d'épaisseur depuis le sommet de cette montagne jusqu'au niveau de la Magel. Le Katzenberg et la Grande-Côte, dans la vallée de la Bruche, forment un promontoire dans lequel le {Épaisseur du grès des Vosges.}

grès des Vosges se montre sur une épaisseur qui atteint 400 mètres.

Extrême rareté des débris organiques. — Les débris organiques sont extrêmement rares dans le grès des Vosges. Une empreinte problématique, vraisemblablement d'origine animale, a été rencontrée au Liebfrauenberg dans les couches supérieures du terrain, qui se lient au grès bigarré. Quelques empreintes végétales ont été rencontrées dans le département des Vosges, enfouies dans une roche arénacée qui a été rapportée au grès vosgien. Quant aux empreintes de coquilles que l'on a trouvées dans le même terrain, elles sont contemporaines du quartzite, et, par conséquent, comme cette dernière roche, appartenaient originairement aux terrains de transition.

L'extrême rareté des fossiles dans le grès des Vosges est d'autant plus remarquable que le grès bigarré qui s'est déposé après lui en renferme fréquemment.

Stratification habituellement horizontale. — Généralement les couches de grès des Vosges sont à très-peu près horizontales ; de là résulte l'horizontalité de nombreuses cimes dans la région arénacée de la chaîne.

Cependant il est des localités où les couches sont sensiblement inclinées.

Son inclinaison au Climont. — Ainsi, quand on se place à 10 ou 15 kilomètres de distance du Climont, du côté de l'est, on reconnaît que les couches de grès vosgien qui constituent cette montagne, ainsi que la base elle-même qui les supporte, plongent de 3 à 4 degrés vers le nord (fig. 21).

Idem **au Ungersberg.** — Le Ungersberg a une ressemblance frappante avec le Climont. Comme cette dernière montagne, comme le Haut-Kœnigsbourg, le Donon, le Hohenack et plusieurs autres, il consiste en un lambeau isolé du grès des Vosges dont la stratification est à peine inclinée. Or, si l'on observe le Ungersberg, soit de la plaine des environs de Saint-Pierre, soit de la montagne de Lalaye, on voit très-clairement que les couches plongent d'environ 6 degrés vers le nord.

Idem **au Haut-Kœnigsbourg.** — De même, quand, placé sur les hauteurs qui dominent Kinzheim, on observe l'imposante pyramide du Haut-Kœnigsbourg, on reconnaît que la base de la montagne s'incline vers le sud d'environ 10 degrés. Les entailles faites dans les flancs de la montagne montrent que le grès a exactement la même inclinaison; elle est en sens inverse de celle du Ungersberg qui, placé en regard du Haut-Kœnigsbourg, en forme comme la contrepartie symétrique.

Dans le groupe de montagnes, dont l'une supporte la ruine de Frankenbourg, le grès plonge vers l'ouest.

Idem à la montagne de Frankenbourg.

Les couches de la forêt de Guirbaden plongent vers le nord d'environ 10 degrés, et celles du Heidenkopf vers le nord-est de 7 degrés. Ainsi la stratification est très-sensiblement redressée autour du massif granitique du Champ-du-Feu.

Redressement autour du Champ-du-Feu.

La crête de la montagne de Neuwiller, au lieu d'être aplatie, présente vers son milieu une concavité très-prononcée. Depuis que des coupes de forêts ont mis à nu une partie de cette montagne, il est facile de reconnaître, du côté de l'est, que les couches sont infléchies parallèlement à la crête, ainsi que le représente la figure 22. Sur une longueur de 3 kilomètres, la flèche peut être évaluée à 25 mètres. Cette double pente, de moins d'un degré, est très-sensible à l'œil.

Inflexion à la montagne de Neuwiller.

Il en est de même pour les couches placées à l'entrée de la vallée de Rothbach, qui se redressent vers la vallée, comme l'indique la figure 23. Cette dernière pente, surtout très-apparente à une distance de 1 à 2 kilomètres, est d'environ 3 degrés.

Fait semblable près de Rothbach.

Parmi les autres localités où le grès des Vosges n'est plus horizontal, on peut citer le Heiligenberg et le Wissemberg, dans la vallée de la Bruche, l'entrée de la vallée de la Zorn, etc.

Autres localités.

L'enduit de quartz cristallisé qui a été signalé plus haut sur la surface des cailloux n'existe pas en général dans les poudingues des autres terrains, non plus que dans le gravier des alluvions anciennes et modernes. Cette circonstance mérite d'autant plus de fixer un instant l'attention, qu'elle n'a pas été encore expliquée.

Observation sur l'état cristallisé du quartz dans le grès des Vosges.

La cristallisation superficielle dont il s'agit n'est pas confuse; si on l'examine à la loupe ou au microscope, on y reconnaît une multitude de petits pointements, en forme de pyramide hexagonale, qui caractérisent le quartz; on y voit souvent aussi les faces du prisme avec les stries habituelles parallèles à la base de la double pyramide. Je n'y ai jamais observé les faces plagièdres. Souvent de nombreux cristaux sont groupés parallèlement entre eux à la surface du galet.

Ces cristaux sont ordinairement blancs, quelquefois transparents et incolores.

Les divers galets quartzeux qui constituent le grès des Vosges, tant ceux de quartz blanc que ceux de quartzite, peuvent se rencontrer avec des surfaces cristallisées. Il est aussi beaucoup de ces galets dont la surface est unie. Quelquefois encore une moitié du galet présente des cristaux, le reste de la surface étant lisse. Mais le fait important à constater, c'est que les galets à surface cristallisée se rencontrent en grand nombre dans toute l'épaisseur du grès des Vosges et sur toute l'étendue de ce terrain.

Si l'on examine à la loupe ou au microscope les menus grains de sable quartzeux qui forment la majeure partie de cette roche, on reconnaît que la plupart d'entre eux sont, comme les gros galets, couverts de faces cristallines, et cela bien plus habituellement encore que ceux-ci. Quoique leur grosseur soit ordinairement inférieure à celle d'un grain de chenevis, leur surface est hérissée de petites pyramides hexagonales très-nettes. Çà et là on rencontre parmi ces grains des cristaux de quartz complets, dont la forme rappelle tout à fait celle des cristaux d'Espagne connus sous le nom de *hyacinthes de Compostelle*. Certains de ces cristaux, quoique n'ayant pas plus de 1/5 millimètre de longueur, sont fort nets.

Les cailloux quartzeux qui sont disséminés dans les poudingues des autres terrains ou dans les alluvions anciennes et modernes, ne présentent pas cette surface éminemment cristalline que nous trouvons dans le grès des Vosges. Lorsque la surface du caillou n'est pas très-bien polie, ce qui est le cas habituel, elle présente de petites rugosités tout à fait irrégulières. Les fragments de cristal de roche eux-mêmes n'ont à cet égard aucun privilége. Leur surface, en s'arrondissant, a tout à fait perdu par le frottement ses arêtes et ses faces cristallines, ainsi qu'on peut s'en convaincre sur les échantillons que l'on trouve souvent dans le Rhin [1], dans le Mississipi, le long de l'Oural et dans beaucoup d'autres contrées.

Les petits grains quartzeux qui constituent les grès ne présentent pas non plus en général de surface cristalline,

---

[1] Sous le nom de *caillou du Rhin*.

lors même qu'ils sont formés de quartz hyalin. C'est ce dont je me suis convaincu par l'examen, avec un grossissement convenable, de grès de terrains variés, tels que ceux de la grauwacke, du keuper, du lias, de la molasse ; ils consistent en petits grains de quartz, dont la surface est ordinairement anguleuse, mais fragmentaire, et sans faces cristallines conservées.

La *surface cristallisée* des grains de toute grosseur, sable et galets, qui constituent le grès des Vosges, contraste donc d'une manière remarquable avec ce que l'on observe en général dans les grès, les sables, les poudingues, le gravier. Quelle peut être l'origine de cette cristallisation ?

On sait que l'étain, déposé à la surface d'une feuille de fer-blanc avec une surface parfaitement lisse, manifeste son état cristallin quand on dissout la croûte superficielle par un acide ; c'est ainsi qu'on obtient le *moiré métallique*. Afin de voir si l'état cristallin de la surface de certains cailloux du grès des Vosges n'a pas pu résulter d'une action de même nature qui en aurait mis à nu la structure cristalline, j'ai traité de ces cailloux par de l'acide hydrofluorique étendu d'eau à divers degrés ; ils ont été plus ou moins corrodés à partir de la surface, mais sans montrer le moindre indice de cristaux.

Puisque l'enduit cristallisé des galets n'est pas un effet de leur structure, il faut nécessairement conclure que cet enduit est le produit d'un dépôt siliceux qui s'est précipité et fixé en cristallisant sur la surface des cailloux et des grains de sable, tout en abandonnant çà et là des cristaux isolés de quartz.

<small>Le quartz est le produit d'un dépôt cristallin.</small>

Quelque singulière que puisse paraître au premier abord cette conclusion, c'est la seule à laquelle conduise l'examen attentif des faits. D'ailleurs la précipitation du quartz hyalin cristallisé par voie humide, que M. de Sénarmont a très-ingénieusement produite, et la présence du quartz cristallisé dans différents terrains stratifiés où la température n'était pas très-élevée, par exemple dans les silex de la craie, montrent que la conclusion est loin d'être en opposition avec les faits.

Il est d'ailleurs à ajouter que, quand la précipitation du quartz a eu lieu, les galets étaient arrondis et avaient déjà leur forme actuelle. Car, s'il en eût été autrement, les arêtes et les pointements des cristaux, particulièrement de ceux qui recouvrent les cailloux, se seraient détériorés, au lieu de conserver une netteté parfaite, ainsi qu'on l'observe ordinairement.

Les enduits de quartz cristallisé sur les cailloux et surtout sur les grains de sable du grès des Vosges, sont loin d'être un fait accidentel ; car ce terrain, dont la puissance atteint 400 mètres, dont l'étendue dépasse 25 myriamètres du sud vers le nord, et 14 myriamètres des Vosges à la Forêt-Noire, présente ce caractère d'une manière plus ou moins prononcée dans toutes ses parties, et particulièrement dans ses couches supérieures, comme on l'observe par exemple au Schneeberg. Il faut cependant se rappeler, comme nous l'avons vu plus haut, que dans certaines portions de couches les cailloux ont conservé leur surface exempte de cristaux.

La *précipitation du quartz hyalin*, pendant toute la période du grès des Vosges, constitue donc un des caractères intéressants de ce terrain. Peut-être est-ce à l'influence chimique à laquelle ce fait est dû qu'il faut attribuer l'absence de tout débris organique dans ce puissant dépôt.

Le phénomène dont il s'agit, quoique rare, n'est pas restreint au grès des Vosges ; j'ai reconnu des surfaces cristallisées semblables dans le grès rouge de la Thuringe et dans du grès de Dumfries, en Écosse.

Vallées qui découpent le grès des Vosges. — Le grand plateau de grès qui constitue la partie septentrionale des Vosges est découpé par des vallées étroites et profondes. Ces vallées, remarquablement pittoresques, sont souvent flanquées, sur une partie de leur hauteur, de pentes abruptes. Les courants d'eau attaquant aisément le grès vosgien, le creusement des vallées a pu atteindre une limite telle que leur fond est très-peu incliné. Les eaux du ruisseau y glissent sans bruit sur un sable assez fin qui résulte de la désagrégation du grès [1].

Escarpements qu'elles présentent. — A travers les forêts qui descendent habituellement des plateaux sur une partie des flancs des vallées, des escarpements presque verticaux laissent souvent apercevoir les couches de grès. La couche la plus élevée est fréquemment plus saillante que les autres et semble avoir protégé celles-ci

[1] *Explication de la carte géologique de France*, t. 1er, p. 286.

par sa solidité. Cette espèce de corniche est en général un poudingue.

Lorsqu'une vallée présente des escarpements sur les deux flancs, on remarque presque toujours que les couches qui s'y dessinent par leur plus ou moins de saillie se correspondent à peu près pour la hauteur. On ne peut douter qu'elles n'aient formé continuité autrefois; l'ouverture de la vallée les a séparées. Très-souvent, à côté des escarpements, on voit des rochers minces, semblables à des colonnes grossièrement taillées, qu'on dirait avoir été laissés comme des témoins de l'ancienne étendue des couches de la montagne.

A la base des flancs de la vallée se trouve ordinairement un talus à pente plus douce que les escarpements supérieurs, qui est formé de sables et de fragments de grès [1].

Le sommet de la montagne est souvent tout à fait arrondi. D'autres fois il est couvert de blocs amoncelés formés des parties les plus solides du grès, qui atteignait primitivement un niveau supérieur, et dont les parties les moins solidement agglutinées ont été entraînées par les eaux. C'est, par exemple, ce que l'on observe à chaque pas sur le plateau de Sainte-Odile.

Blocs épars sur les sommets.

Très-souvent aussi les agents destructeurs, en arrondissant et en abaissant le sommet, y ont laissé, comme un témoin de sa première hauteur, un rocher stable et taillé à pic, qui peut être comparé à ceux qui s'élèvent le long des escarpements. Les formes carrées de ces rochers, les lignes horizontales qui s'y dessinent leur donnent un aspect de ruines qui s'allie assez heureusement avec celui des restes de vieux châteaux, dont plusieurs de ces rochers sont en effet couronnés [2].

Formes de quelques rochers de grès.

Leur position dominante et leurs flancs taillés à pic les rendaient faciles à fortifier. Aussi, dans toute la partie alsacienne des Vosges, de tels rochers ont fourni les fondements et, pour ainsi dire, l'esquisse de tous les châteaux qu'on a taillés en grande partie dans leur masse. Le grès des Vosges est si durable que ces monuments des siècles de la chevalerie sont souvent très-bien conservés. On les aperçoit surtout,

Vieux châteaux qui les couronnent.

[1] *Explication de la carte géologique de France*, t. Ier, p. 286.
[2] Même ouvrage, t. Ier, p. 287 et 288.

en grand nombre, sur les promontoires escarpés que forment les montagnes de grès tout le long de la plaine du Rhin. Plus récemment, ces rochers ont été utilisés lors de la construction des forts de Lichtenberg et de la Petite-Pierre.

Exemples de quelques-uns de ces rochers. — Il n'est pas une vallée du grès des Vosges qui ne présente des rochers caractéristiques de la nature de ceux qui viennent d'être décrits. On peut en voir des exemples dans la vallée de Graufthal, sur les bords de la Mossig, près de Freudeneck (le Bruderfels), au-dessus de Sainte-Odile, près de la Petite-Pierre (le rocher de la Grenouille), à la grotte de Saint-Vit, au Markfelsen et au Saut du prince Charles, près de Saverne. Comme rochers couronnés par des ruines, je citerai seulement ceux du Haut-Barr, de Greifenstein, de l'Ochsenstein et de Lützelbourg, aux environs de Saverne ; ceux du nouveau et du vieux Windstein, du Fleckenstein, de Schœneck, de Arnsberg, non loin de Niederbronn et de Lembach. Les figures 24 et 25 représentent des exemples du type de rochers dont il s'agit.

Nulle part les rochers du grès des Vosges, aux formes bizarres, ne sont plus nombreux qu'entre Annweiler et Dahn, dans la Bavière rhénane.

A la suite des caractères généraux du grès des Vosges qui viennent d'être exposés, il convient de citer comme exemples quelques particularités du terrain qui nous occupe.

Caractères du grès dans le nord du département. — Le grès que l'on exploite au nord de Lembach est de teinte claire ; son grain est de grosseur uniforme. Il est exempt de cailloux, de même qu'il l'est en général dans la vallée de Lembach. Par ses caractères minéralogiques, il diffère donc notablement du grès de la partie moyenne de la chaîne, et se rapproche du grès du Palatinat.

Failles nombreuses près de Lembach. — Dans la carrière dont il vient d'être question, de nombreuses failles dont les parois sont émaillées et fortement striées coupent le grès.

Friabilité du grès à Lobsann. — Dans la carrière exploitée au-dessus de Lobsann, le grès est blanc ou bariolé, ordinairement à grains fins, sans mélange de cailloux. Sur les 20 mètres suivant lesquels il est entaillé, il n'y a que les 4 mètres inférieurs qui soient exploitables, la partie supérieure est tout à fait friable.

Même fait dans la vallée de la Moder. — Aux environs de Rosteig et de la verrerie de Hochberg, dans la vallée de la Moder, le grès est aussi tellement friable qu'on pourrait le prendre pour un dépôt sableux diluvien ou moderne, si sa situation au-dessous de couches solides n'excluait cette supposition.

Certaines couches du grès des Vosges sont assez fissiles pour être exploitées sous forme de grandes dalles, comme cela a lieu au Kronthal. Les lits n'ont souvent que 1 à 2 millimètres d'épaisseur. L'état schisteux est dû à l'interposition de feuillets argileux ou micacés très-minces. Fissilité de certaines couches.

Certains de ces lits minces du Kronthal sont remarquables par les belles surfaces ridées qu'ils présentent à leur séparation avec le lit voisin. Ces surfaces (fig. 20) sont identiques avec celles que l'on voit journellement se produire sous des eaux peu rapides et peu profondes que plisse le souffle du vent. Surfaces ridées.

Le grès fissile exploité pour dalles, près de Mutzig, sur la gauche de la Bruche, présente les mêmes surfaces ridées (fig. 27). Il en est de même du grès de Lampertsloch et de plusieurs autres localités.

D'autres lits voisins de ces derniers présentent des bourrelets rectilignes disposés suivant un grand nombre de directions, et qui, par leur intersection, forment un réseau de polygones. La figure 27 donne une idée de ces aspérités. Leur relief varie ordinairement de quelques millimètres à un décimètre. En général, la surface qui présente ces accidents est tournée vers le centre de la terre et repose sur un lit mince d'argile. Bourrelets polygonaux.

Lorsqu'un sol vaseux se dessèche, on le voit très-fréquemment se gercer par l'effet du retrait suivant des fissures qui sont disposées en polygones d'apparence à peu près régulière. Les bourrelets polygonaux dont il vient d'être question ont exactement la même disposition et ne sont très-vraisemblablement autre chose que la contre-empreinte de gerçures opérées par le retrait dans l'argile sous-jacente, et dans lesquelles s'est moulé le dépôt arénacé.

On est donc amené à conclure comme très-probable que les couches qui présentent de tels bourrelets polygonaux ont été déposées sous une faible profondeur d'eau. De temps à autre, la plage pouvait être à sec, et si elle était de nature argileuse, elle se gerçait de manière à donner lieu, par l'effet d'un moulage, à la configuration que l'on retrouve aujourd'hui. Anciennes plages de la mer vosgienne.

Les couches inférieures de grès des Vosges du Kronthal

nous représentent par conséquent une partie de la plage de l'ancien littoral de la mer vosgienne, ou au moins un ancien bas-fond. Dans d'autres lieux, par exemple aux environs de Mutzig, de Niederbronn, de Lampertsloch, et dans le Haut-Rhin à Osenbach, on rencontre des couches avec le même caractère, qui par conséquent conduisent à une conclusion semblable. C'est, du reste, un accident identique avec celui que l'on observe sur les couches bien connues de grès avec empreintes de pattes de Hildburghausen.

Affaissement du grès des Vosges pendant la période même du dépôt.

Or, les couches gercées et ridées des diverses localités du département, qui viennent d'être citées, sont recouvertes par d'autres couches du même terrain ; au Kronthal, ces dernières ont une épaisseur au moins de 16 mètres. Les dépôts primitivement si peu profonds dont il s'agit se sont donc affaissés pendant la période même du grès des Vosges, indépendamment de l'abaissement que ces mêmes dépôts ont subi plus tard en dehors de la chaîne ; car elles ont été recouvertes par le grès bigarré, le muschelkalk et les marnes irisées, et ce n'est que par l'effet d'une dislocation postérieure qu'elles viennent affleurer. Nous trouvons donc, pour l'époque du grès des Vosges, une preuve de la mobilité de l'écorce terrestre comparable à celle offerte par les environs de Pouzzoles pour l'époque actuelle.

Inégalités comme celles modelées par la pluie sur un sol arénacé.

Dans les lits minces du Kronthal et des autres localités qui présentent les rides et les bourrelets polygonaux, on observe souvent un troisième caractère. C'est la présence d'un grand nombre de petites aspérités à peu près circulaires, en nombre tel que la surface en est comme grossièrement *chagrinée*. Ces aspérités du grès correspondent à de petites cavités circulaires sur la surface de l'argile sous-jacente. Cet accident se retrouve aussi dans le grès à empreintes de pattes de Hildburghausen.

Quand un sol sablonneux, mais un peu plastique, reçoit une pluie qui n'est pas assez forte pour le délayer, on peut remarquer que chaque goutte de pluie creuse autour d'elle une sorte de capsule ; toute la surface du sol prend alors une grande ressemblance avec les lits arénacés du Kronthal. Si donc ces lits ont fait partie d'une ancienne plage qui était quelquefois à sec, comme nous venons de le voir, les aspérités dont il s'agit pourraient bien n'être autre chose que les traces de gouttes de pluie ou de la *pluie fossile*.

Remarquons à ce sujet que le limon avec empreintes de gouttes de pluie de la baie de Fundy, dans la Nouvelle-Écosse, dont M. Lyell a rapporté des échantillons, ressemble tout à fait par ses inégalités au grès des Vosges [1].

Il est encore à observer que certaines couches de grès empâtent beaucoup de noyaux d'une argilolithe grasse au toucher et légèrement feuilletée. Le diamètre de ces noyaux va jusqu'à 15 centimètres. Ces noyaux sont rouge lie de vin ou d'un gris verdâtre, selon que le grès qui les entoure a l'une ou l'autre de ces couleurs; la première couleur est la plus fréquente. Nodules d'argilolithe empâtés par le grès.

Les couches dans lesquelles les noyaux d'argilolithe sont particulièrement nombreux, sont précisément celles qui présentent les caractères d'un ancien littoral, comme les couches du Kronthal et de Lampertsloch, où l'on trouve des lits argileux plus ou moins gercés.

Enfin, comme fait de détail qu'il convient de signaler ici, je citerai encore le suivant. Le sommet du Schneeberg présente de grands rochers entièrement formés d'un poudingue très-grossier, à cailloux de quartz blanc; ces rochers sont terminés par des escarpements verticaux. Un grand nombre des cailloux qui se trouvent placés dans la direction de la fente du rocher sont coupés par leur milieu, ce qui montre que, lorsque l'ouverture de la fente s'est faite, le grès avait déjà une grande cohésion, sans quoi les cailloux se seraient détachés de la pâte, au lieu d'être ainsi brisés. Le brisement d'une centaine de cailloux arrondis, sur une hauteur de 3 mètres, suppose d'ailleurs l'intervention d'une grande force. Cailloux brisés le long de fissures au Schneeberg.

Un fait semblable a été observé dans le poudingue du lias de la Moselle par M. V. Simon [2].

Dans plusieurs localités, par exemple au Jægerthal, on peut observer que les couches inférieures du grès des Vosges se lient par des intermédiaires à celles du grès rouge. Liaison du grès des Vosges au grès rouge.

Ces deux terrains, comparés dans leur ensemble, présentent cependant une différence assez importante. Le grès rouge ne contient dans les Vosges que des débris de roches du voisi- Ces deux dépôts se sont formés dans des conditions différentes.

---

[1] Sir Lyell, *On fossil rain marks. Quarterly Journal of geological Society*, t. VII, p. 238.
[2] *Mémoires de la Société d'histoire naturelle de Metz*, 3ᵉ cahier.

nage, qui varient d'une localité à l'autre, tandis que le grès des Vosges se compose de matériaux de nature uniforme et arrivés de très-loin. Il est étendu sur une beaucoup plus grande surface que le grès rouge, et a été produit par une cause agissant beaucoup plus en grand. Il dépasse considérablement les bords des bassins où se sont formés le terrain houiller et le grès rouge, et lui-même s'appuie le plus souvent sur des terrains anciens. Le diagramme (fig. 26) figuré par M. Élie de Beaumont fait comprendre cette disposition [1].

Altération du grès près du granite.

A la base du Mœnkalb, près de Barr, où le granite supporte le grès des Vosges, cette dernière roche, à quelques mètres de distance de la roche cristalline, est brèchiforme. Les nombreux fragments qui sont résultés du brisement du grès ont été en partie réagglutinés. En outre, ce grès a perdu son grain arénacé ordinaire pour prendre une cassure vitreuse comparable à celle que prend la même roche quand elle a servi pendant quelque temps comme paroi de creuset de haut-fourneau. Des veines d'hématite brune cimentent çà et là les fragments. D'un autre côté, le granite, en contact avec le grès, est devenu friable; il est aussi traversé en tous sens par des veines ferrugineuses.

Aux environs de Kintzheim, le grès des Vosges est également modifié près du granite.

Ces altérations rappellent celles que la même roche a éprouvées aux environs de Plombières, aussi au contact du granite.

Absence d'altération près du porphyre.

En examinant le grès des Vosges vers sa base, dans le voisinage du porphyre, aux environs de Lützelhausen, je n'ai pu y trouver aucune modification, ce qui indique sans doute qu'il est postérieur à l'épanchement porphyrique, ainsi que nous l'avons vu plus haut (p. 43).

Emploi du grès des Vosges. Pierre de construction.

Le grès des Vosges est exploité pour les constructions comme moellon et comme pierre de taille dans les localités où l'on ne peut se procurer aussi facilement le grès bigarré. On choisit pour cela les variétés de cette roche dont le grain est le moins grossier. Cette pierre était beaucoup employée autrefois dans des localités de la plaine où le grès bigarré la

---

[1] *Explication de la carte géologique de France*, t. Ier, p. 412.

remplace aujourd'hui[1]; ainsi les deux anciennes églises de Schlestadt sont en grès des Vosges.

La cathédrale de Strasbourg elle-même a été commencée avec la même pierre; car la crypte et la partie byzantine de l'aile septentrionale en sont évidemment formées. Mais les parties moins anciennes, c'est-à-dire la nef, la façade et la tour, ont été construites avec le grès bigarré. Dans l'intérieur même de l'église, le grès des Vosges contraste par la grossièreté de son grain et sa friabilité avec le grès bigarré qui a pu se revêtir de toutes les délicatesses de la sculpture. La pierre que les premiers architectes de ce bel édifice avaient choisie pouvait suffire à la simplicité du style roman ; mais les richesses de sculpture que l'on admire dans les parties ogivales de l'édifice et dans le portail exigeaient nécessairement l'emploi du grès bigarré. D'après la tradition, c'est au Kronthal que l'on a extrait le grès des Vosges qui a servi à l'édification de la cathédrale. Le grès bigarré qui a été employé plus tard pour le même édifice a sans doute été exploité aussi aux environs de Wasselonne[2].

Avec le grès des Vosges on fait des dalles de trottoir et des pavés ; les plus minces servent pour former des clôtures.

Une variété de grès très-cohérente et à grain très-grossier sert à fabriquer des meules de moulin. On l'exploite depuis longtemps pour cet usage dans un vallon voisin de Cosswiller, qui a reçu à cause de cette circonstance le nom de Muhlsteinthal. Ces meules sont principalement employées en Alsace. Les ouvriers disent qu'ils reconnaissent qu'un grès est propre à être taillé en meules, en essayant si une écaille de cette pierre est assez poreuse pour laisser traverser le souffle. *Meules de moulin.*

On commence à exploiter le grès des Vosges pour meules à aiguiser. Jusque dans ces derniers temps le grès bigarré seul servait à cet usage. La carrière, située dans la com- *Meules à aiguiser.*

---

[1] Les sculptures romaines déposées à la bibliothèque de Strasbourg sont aussi en grès des Vosges.

[2] C'est dans cette dernière localité en effet qu'il était le plus facile de se procurer de la bonne pierre de taille, tant à cause de la proximité que de la grande route qui la reliait à Strasbourg. A cette époque le canal de la Bruche n'était pas creusé. L'une des carrières qui avoisine la papeterie de Wasselonne porte encore le nom de *Liebfrauengrube* (carrière de Notre-Dame).

mune de Saint-Jean-des-Choux, fournit des meules à aiguiser, de très-bonne qualité, qui atteignent 3 mètres de diamètre.

Construction des hauts-fourneaux. — Le pouvoir réfractaire du grès des Vosges est utilisé dans la construction de hauts-fourneaux à fer. Le sable qui provient de la désagrégation de cette roche est assez plastique pour pouvoir être moulé en briques, qui servent ainsi à construire l'ouvrage de ces hauts-fourneaux.

Sable de moulage. — Le sable résultant de la désagrégation du grès des Vosges a été aussi utilisé pour le moulage, mélangé à une autre espèce de sable moins maigre.

Baryte sulfatée. — De nombreuses veines de baryte sulfatée cristalline traversent le grès des Vosges au Kronthal, non loin de Wangenberg et au nord de Lampertsloch. Mais ces veines sont trop micacées pour être exploitables.

Filons de fer et de plomb. — De grands filons de fer et de plomb traversent en outre le grès des Vosges, principalement aux environs de Lembach et de Wissembourg. Il en sera question plus loin dans le chapitre des gîtes métallifères.

CHAPITRE VI.

TERRAIN DU TRIAS.

Le terrain du trias a été ainsi nommé parce que, dans la région de l'Europe que nous occupons, en Alsace, en Lorraine et en Wurtemberg, il se compose de trois étages qui sont bien distincts par leur composition, mais qui cependant appartiennent à un même système. Ces trois étages ont reçu depuis longtemps les noms de *grès bigarré*, de *muschelkalk* et de *marnes irisées* ou *keuper*. {Généralités.}

Nous avons vu que la chaîne des Vosges est constituée par des terrains antérieurs au trias; ces mêmes terrains n'affleurent qu'accidentellement dans les collines qui bordent la chaîne. Quant au trias, au contraire, il ne se rencontre pas dans l'intérieur de la chaîne proprement dite; mais il est très-développé sur les deux versants. Cette position, dans laquelle se trouvent aussi les terrains postérieurs au trias, résulte de mouvements importants qui ont eu lieu immédiatement après le dépôt du grès des Vosges, ainsi que nous le verrons plus loin. {Le trias ne se rencontre qu'en dehors de la chaîne.}

La surface occupée dans le département par le trias est de 584 kilomètres carrés, dont 194 par le grès bigarré, 305 par le muschelkalk, 85 par le keuper. {Étendue de ce terrain.}

Nous allons nous occuper successivement de ces trois étages.

GRÈS BIGARRÉ.

A la partie inférieure de l'étage du grès bigarré, c'est-à-dire au-dessus des portions de couches de grès des Vosges qui sont restées à un niveau peu élevé, on trouve des couches épaisses de grès qui sont séparées par des lits d'argile schisteuse. {Caractères généraux de l'étage du grès bigarré.}

Ce grès se compose généralement de grains quartzeux très-fins qui sont réunis par un ciment argileux. Il contient en outre très-fréquemment des paillettes de mica argentin. L'abondance de ces paillettes donne à certaines assises la structure schisteuse. La couleur du grès varie du rouge lie de vin au jaune brun et au gris verdâtre. Les deux premières couleurs sont dues à la présence, soit de l'oxyde rouge de fer, soit de l'hydroxyde du même métal. Le grès de nuance pâle est très-fréquemment traversé par de nombreuses veines ferrugineuses jaunes ou brunes, ainsi qu'on peut le remarquer dans une multitude de pierres de taille de Strasbourg; de là le nom de *grès bigarré* (et en allemand de *bunter sandstein*), qui depuis longtemps a été donné à cette roche; par extension, ce nom a été appliqué à tout l'étage dont elle fait partie. Des noyaux argileux rouges ou verdâtres sont souvent disséminés dans le grès.

Au-dessus des couches épaisses de grès bigarré, la même roche forme des couches plus minces, qui n'ont souvent que quelques centimètres d'épaisseur, et qui alternent avec des argiles schisteuses en général mélangées de sable. Le grès bigarré des couches supérieures est ordinairement plus argileux et, par suite, moins cohérent que celui des couches massives. Vers le haut, les couches argileuses alternent avec des lits peu épais de dolomie qui forment la transition du grès bigarré au muschelkalk.

Carrière de Soultz-les-Bains. — Nulle part on ne peut mieux étudier le grès bigarré que dans les grandes carrières de Soultz-les-Bains, sur lesquelles M. Voltz a publié une notice[1]. Dans la colline dont il s'agit les couches sont entaillées sur une hauteur de 30 mètres et sur une longueur de plusieurs centaines de mètres. La figure 27 en représente la disposition.

Liaison du grès bigarré au grès des Vosges. — Au fond de l'une des carrières qui est située à un niveau plus bas que la carrière principale, on trouve un grès grossier, de couleur rouge, dans lequel sont disséminés des cailloux de quartzite. Ce grès ne renferme que très-peu d'argile. Par ses caractères minéralogiques comme par sa position, il forme un passage entre le grès des Vosges et le grès bigarré.

Grès bigarré inférieur. — Les couches de grès qui sont exploitées un peu plus haut ont une épaisseur de $0^m,50$ à $2^m,50$ et sont séparées les unes des autres par des lits minces de grès schisteux et d'argile feuilletée. Elles occupent une épaisseur totale de 12 mètres.

[1] *Mémoires de la Société du Muséum d'histoire naturelle de Strasbourg*, t. II. Dans cette notice le grès des Vosges est désigné sous le nom de *grès bigarré inférieur*.

Ce grès est à grains fins, un peu argileux. Il contient des paillettes de mica qui sont assez abondantes pour lui communiquer une structure schisteuse. La teinte du grès tire sur le jaune ou sur le fauve; des veines d'hydroxyde de fer et d'oxyde de manganèse y forment de nombreuses bigarrures. La teinte claire du grès bigarré proprement dit contraste avec la couleur rouge des couches inférieures qui se lient au grès des Vosges. Des fissures à peu près perpendiculaires à la stratification traversent ces bancs.

Au-dessus des couches exploitées, de nombreuses couches de grès argileux, à grains très-fins, alternent avec des couches d'argile schisteuse et de dolomie. Les bancs argileux ont 0^m,20 à 0^m,50 d'épaisseur; les lits de grès et ceux de dolomie n'ont que 0^m,10 à 0^m,20. Cette dernière roche est grenue, d'un gris jaunâtre ou fauve; elle est mélangée de sable fin et d'argile. Cet ensemble de couches occupe une épaisseur de 16 mètres. *Grès bigarré supérieur.*

Des couches de dolomie cristalline qui sont à la partie supérieure de la carrière forment la liaison du grès bigarré au muschelkalk. *Liaison du grès bigarré au muschelkalk.*

Dans la figure 26, *v* représente le grès bigarré qui se lie au grès des Vosges, *g* le grès bigarré ordinaire, *a* l'argile, *d* la dolomie.

Une des couches supérieures est remarquable par sa structure; elle se compose de grands ellipsoïdes contigus, dont le petit axe est placé verticalement (fig. 28); leur diamètre varie de 1^m,50 à 2 mètres. Ces grosses boules présentent des veines d'hydroxyde de fer et des fissures de retrait qui, les unes et les autres, sont concentriques à leur surface. Elles paraissent être formées par des concentrations analogues à celles qui ont présidé à la formation des rognons de minérai de fer dans le terrain houiller et dans le lias, ou à celle des silex de la craie. *Grès sous forme de grands ellipsoïdes.*

Parmi les couches minces de grès qui sont superposées aux bancs épais, il en est qui sont partagées, par des fissures perpendiculaires à la stratification, en prismes verticaux très-aplatis. La disposition de ces plaques polygonales, dont quelques-unes ont la forme d'hexagones et de pentagones sensiblement réguliers, rappelle tout à fait celle d'un carrelage (fig. 29). Cette division en prismes résulte d'un retrait qui était dû sans doute à la dessiccation de la masse. *Grès partagé en plaques polygonales.*

Les formes des prismes sont à peu près les mêmes que celles qui ont été produites dans les basaltes et dans les laves à la suite du refroidissement.

Veines avec oxyde de fer, oxyde de manganèse et chaux carbonatée.

Chaque plaque est encadrée par une bordure d'hydroxyde de fer qui a pénétré le grès sur quelques millimètres de profondeur à partir de la surface. De la chaux carbonatée magnésifère et de l'acerdèse cristallisée (hydroxyde de manganèse) recouvrent quelquefois aussi les faces verticales des prismes. Les croûtes ferrugineuses et calcaires qui enveloppent chaque prisme ont été probablement déposées par des eaux qui ont traversé le terrain quand celui-ci avait déjà pris son retrait.

Dendrites.

De très-nombreuses dendrites manganésiennes ont pénétré, à partir des fissures, entre les feuillets de ce grès qui est schisteux.

En résumé, l'hydroxyde de fer ne forme pas seulement des veines irrégulières dans le grès bigarré, comme c'est le cas le plus ordinaire; il y constitue des veines de disposition globulaire, et, dans certaines couches, il forme des enduits dans les fissures de retrait du grès.

Argiles associées au grès.

Les couches argileuses auxquelles le grès bigarré est associé sur toute la hauteur de l'étage sont gris verdâtre, rouges ou jaunâtres, c'est-à-dire qu'elles participent aux mêmes nuances que le grès bigarré lui-même; quelquefois aussi elles sont bleuâtres. Elles ne sont pas ordinairement plastiques, mais assez dures. De même que le grès, elles sont quelquefois entremêlées de mica.

Gypse.

Entre leurs feuillets on distingue quelquefois des lamelles blanches très-minces, de forme circulaire, qui ne sont autres que du gypse.

Faille de la carrière de Soultz-les-Bains.

A la partie orientale de la carrière de Soultz-les-Bains, on observe une faille très-nette qui amène le muschelkalk au même niveau que les couches supérieures du grès bigarré, ainsi que l'indique la figure 30 (d dolomies supérieures du grès bigarré, m muschelkalk). Le rejet est d'environ 15 mètres.

Uniformité des caractères du grès bigarré dans le département.

Le grès bigarré se rencontre dans beaucoup d'autres localités du département. Il présente les mêmes caractères qu'à Soultz-les-Bains, à de faibles différences près dans les épaisseurs des couches.

Exemples près de Wasselonne.

Comme autre exemple je citerai les carrières situées à un kilomètre à l'ouest de Wasselonne, près de la Mossig, d'où l'on extrait de fort belles pierres de taille. Les carrières ouvertes au nord de la Papeterie montrent le grès bigarré entaillé sur une longueur de près de 300 mètres. La figure 31 en représente la disposition.

1° A la base est un massif de grès g, qui n'est partagé que par quelques lits minces d'argile a; la disposition de ces lits, de même que la partie supérieure de la couche de grès, est très-irrégulière; épaisseur . . . . 8 mètres.

2° Au-dessus sont des couches d'argile a, qui alternent avec des lits minces de grès très-argileux g; quelques-uns de ces lits, dont l'un a un mètre d'épaisseur, ont la forme de lentilles obliques ou contournées, comme l'indique ce dessin. Entre les feuillets de l'argile schisteuse on observe souvent des lames minces de gypse. Au-dessus des couches argileuses est un banc formé entièrement de grands sphéroïdes, de $1^m,50$ à 2 mètres de diamètre, qui sont juxta-posés l'un à l'autre, exactement comme à Soultz-les-Bains. Cette couche est donc la prolongation de celle signalée dans cette dernière localité; épaisseur totale. . . . . . . 13 mètres.

3° A la partie supérieure sont des couches dolomitiques d, qui forment le passage du grès bigarré au muschelkalk.

Au sud de la Papeterie, on exploite aussi le grès bigarré.

Sur le revers occidental des Vosges, le grès bigarré présente les mêmes caractères que celui de l'Alsace, ainsi qu'on peut en juger par les exemples suivants :

A l'est de Diemeringen, dans le chemin voisin de la tuilerie, on reconnaît la disposition suivante en commençant par le bas : *Colline à l'est de Diemeringen.*

1° Grès bigarré rouge, en couches qui alternent avec des argiles rouges ou blanchâtres . . 15 mètres à 18 mètres.

2° Alternances d'argiles verdâtres et de grès à ciment argileux et dolomitique; ce grès est riche en empreintes de coquilles . . . . 10 mètres.

3° Alternances d'argiles vertes et de grès très-argileux à ciment dolomitique . . . . 5 mètres.

4° Au-dessus de ces couches viennent des dolomies très-cristallines appartenant au muschelkalk, qui sont recouvertes par le limon diluvien; leur épaisseur est de 3 mètres.

Les carrières de Mackwiller rappellent tout à fait celles de Soultz-les-Bains, qui sont situées du côté oriental de la chaîne, tant par la disposition des couches de grès et d'argile que par leur richesse en empreintes végétales et en coquilles. *Carrières de Mackwiller.*

Ce qui rend la ressemblance encore plus frappante, c'est que, dans chacune de ces localités, au pied des carrières, il jaillit une source d'eau saline.

En général, les couches de grès bigarré les plus épaisses, par conséquent celles que l'on exploite de préférence, se trouvent à la partie inférieure de l'étage.

Coloration particulière du grès. — Dans les couches supérieures du grès bigarré, aux environs de Niederbronn, on observe une coloration un peu différente de celle de Soultz-les-Bains. Chaque parallélipède, formé par les fissures naturelles, est coloré en bandes à peu près sphéroïdales et concentriques, les unes jaunes, les autres noirâtres; souvent la croûte extérieure est décolorée jusqu'à quelques millimètres de profondeur. Ces colorations, qui sont peut-être le produit de la décomposition des carbonates de fer et de manganèse, ont dû se produire lorsque le grès était déjà partagé en parallélipipèdes.

Argiles bariolées de la partie supérieure. — A la partie supérieure du grès bigarré, on observe dans plusieurs localités, par exemple entre Niederbronn et le Jægerthal, des argiles grises bariolées de rouge, qui ressemblent beaucoup à certaines couches de l'étage du keuper; c'est l'équivalent des *bunten Schieferletten* signalés par M. d'Alberti en Wurtemberg, comme faisant le passage du grès au muschelkalk.

Gypse et sel gemme vers le même niveau. — Ces argiles sont mieux développées encore du côté de la Lorraine. C'est à ce niveau intermédiaire entre le grès bigarré et le muschelkalk que se trouvent aussi les gîtes de sel des environs de Sarralbe dont il sera question à l'article du muschelkalk.

Forme lenticulaire des couches du grès bigarré. — Les couches du grès bigarré, considérées individuellement, n'ont pas à beaucoup près la continuité de celles de certains autres terrains; une même masse de grès ne forme souvent qu'une lentille de 10 à 50 mètres en tous sens; une autre lentille succède à celle-ci vers le même niveau. C'est ce que l'on peut facilement observer près de Gresswiller, dans la colline Dreyspitze, où des carrières presque contiguës ne présentent pas la même disposition des couches. Il en est de même près de Wasselonne, dans la vallée de Lembach, près de Petit-Wingen, etc. L'ensemble des couches du grès bigarré offre donc en général la disposition lenticulaire représentée par la figure 31, où les épaisseurs sont fort exagérées par rapport aux distances horizontales.

Le grès rouge, le grès des Vosges et le grès bigarré ne diffèrent pas seulement l'un de l'autre par leur position géologique et par leur âge. Il est ordinairement facile de les distinguer d'après des échantillons détachés, c'est-à-dire en n'ayant égard qu'à leurs caractères minéralogiques.

Différences minéralogiques entre le grès bigarré, le grès des Vosges et le grès rouge.

Les grains du grès des Vosges sont en général beaucoup plus grossiers que ceux du grès bigarré; ils sont d'ailleurs souvent recouverts de facettes cristallines très-miroitantes. En outre, le grès des Vosges est presque exclusivement quartzeux, tandis que dans le grès bigarré les petits grains de quartz sont agglutinés par un ciment argileux plus ou moins abondant. Enfin les paillettes de mica, qui sont très-fréquentes dans le grès bigarré, se rencontrent beaucoup plus rarement dans le grès des Vosges.

C'est aussi par sa nature essentiellement quartzeuse que le grès des Vosges se distingue du grès rouge; car il est rare que ce dernier ne renferme pas de débris de feldspath altéré ou de grains argileux, au moins en faible proportion.

Quant au grès bigarré comparé au grès rouge, ils diffèrent en ce que le premier a ordinairement un grain plus fin et plus régulier que le second.

Toutefois ces distinctions ne sont pas tout à fait constantes; ainsi il existe sur différents points des intermédiaires entre les types du grès bigarré et du grès des Vosges. Le caractère géognostique vient alors compléter la notion minéralogique.

Plus rarement on trouve du grès bigarré contenant du feldspath décomposé qui se rapproche du grès rouge, comme on l'observe près de Gresswiller.

Le grès des Vosges étant habituellement rouge, et le grès bigarré ayant fréquemment cette couleur, on pourrait les confondre avec ce que l'on a désigné sous le nom de *grès rouge*, si l'on ne se rappelait que ce dernier nom, ayant une signification géologique, ne doit pas être pris dans un sens littéral.

Les couches supérieures du grès des Vosges, qui forment les principales sommités de la région arénacée de la chaîne, ont des caractères minéralogiques bien tranchés; elles ne ressemblent pas au grès bigarré, bien qu'elles s'en rapprochent beaucoup par leur âge.

Passages dans les localités où le grès des Vosges est recouvert par le grès bigarré.

C'est sur les points situés en dehors de la chaîne, où le

grès bigarré s'est superposé au grès des Vosges que l'on trouve de nombreux exemples de passages minéralogiques de l'un à l'autre.

<small>Exemples en Alsace.</small> C'est ainsi que, près de Mutzig, le grès est à grains moins fins que le grès bigarré ordinaire, et il se rapproche par sa grossièreté du grès des Vosges. Ce grès est aussi très-quartzeux et exempt de mica. Mais comme il ne contient pas de cailloux et qu'il alterne avec des couches d'argile, il doit être considéré comme appartenant au grès bigarré. Le grès qui, de l'autre côté de la Bruche, forme la partie inférieure de la colline dite Dreyspitze, près d'Hermolsheim, présente les mêmes caractères intermédiaires.

Cette ambiguïté de caractères, vers la limite des deux terrains, se montre aussi près de Wangenbourg et particulièrement au nord-est de Birkenwald, puis à un kilomètre à l'ouest de Niederbronn, et près de l'habitation du Liebfrauenberg, etc.

<small>Id. sur le versant occidental des Vosges.</small> Sur le revers occidental des Vosges on observe encore le même fait.

Ainsi, quand on monte de Rosteig, qui est dans la vallée de la Moder, vers le plateau qui représente ici la chaîne des Vosges (fig. 33), on rencontre d'abord du grès des Vosges bien caractérisé, puis à environ 25 mètres au-dessous du plateau un grès rouge ou jaunâtre, dont les grains ont la grosseur de la poudre de munition. Ce grès est micacé, plus argileux que le grès des Vosges ; il ne renferme d'ailleurs aucun caillou. Il forme une véritable transition au grès bigarré dont il ne diffère que par la grosseur du grain. A 10 ou 12 mètres au-dessous de la partie culminante, on entre dans le grès bigarré bien caractérisé qui forme tout le plateau. Les couches ambiguës dont il s'agit n'ont donc au plus que 12 à 15 mètres d'épaisseur.

Les mêmes variétés de grès intermédiaire peuvent être observées dans les nombreuses vallées des environs de Tieffenbach, de Frohmühle, de Ratzwiller, de Petersbach, etc., dont le fond est entaillé dans le grès des Vosges et la partie supérieure dans le grès bigarré, comme le montre la fig. 34.

<small>Lits de rognons de dolomie à la base du grès bigarré.</small> Cependant, à la limite du grès des Vosges et du grès bigarré, on trouve, sur beaucoup de points de la Lorraine, un horizon qui sépare très-nettement le grès des Vosges du

grès bigarré, et qui a été signalé par M. Élie de Beaumont[1]; ce sont des lits de rognons de dolomie cristalline et géodésique. Au-dessus de ces rognons on ne trouve plus de cailloux dans le grès qui devient au contraire micacé et prend tous les caractères du grès bigarré proprement dit.

Au Klingenthal, il n'y a pas de transition entre les deux terrains; au-dessus des poudingues grossiers si caractéristiques du grès des Vosges, on trouve un grès à grains fins et micacé qui représente le type du grès bigarré. *Absence de transition au Klingenthal.*

La manière dont le grès des Vosges se lie au grès bigarré, de chaque côté de la chaîne des Vosges, ne s'oppose aucunement à établir une démarcation entre ces deux terrains; nous verrons en effet plus loin que le grès des Vosges a été partiellement soulevé avant le dépôt du grès bigarré, ainsi que M. Élie de Beaumont l'a le premier fait voir, et que par conséquent les deux dépôts ont été séparés par un changement dans la configuration des mers. Il n'est nullement étonnant que les régions du grès des Vosges, situées en dehors de la partie soulevée et qui sont restées immergées, se lient intimement au dépôt du grès bigarré lequel leur a été immédiatement superposé, et, peut-être, a été en partie formé de leurs débris. Des passages du même genre existent en beaucoup de lieux entre des terrains qui, comme le keuper et le lias, sont évidemment distincts. *Observation sur la relation du grès bigarré au grès des Vosges.*

Le grès bigarré qui est immédiatement juxta-posé à la falaise terminale du grès des Vosges se distingue en général du grès bigarré ordinaire par un grain plus grossier et par une teinte rouge de brique, caractères qui le rapprochent du grès des Vosges. Ce fait est à remarquer, par exemple, entre le Jægerthal et Mattstal, et près du Liebfrauenberg. *Caractères particuliers du grès bigarré près de la falaise de grès des Vosges.*

A Soultz-les-Bains, les couches inférieures du grès bigarré sont d'un rouge assez foncé, tandis que les couches plus élevées, qui sont celles que l'on exploite principalement, sont de nuance claire et bariolées de veines jaunes. Cette différence est bien connue des ouvriers. J'ai toujours observé le même contraste dans les vallées nombreuses de la Lorraine allemande, dont il a été question plus haut, p. 108, où la superposition du grès bigarré au grès des Vosges est mise à nu. *Coloration du grès bigarré plus intense vers le bas que vers le haut.*

Le grès bigarré contient fréquemment des débris orga- *Débris fossiles du grès bigarré.*

[1] *Explication de la carte géologique de France*, t. II, p. 15.

niques végétaux et animaux ; c'est un des caractères par lesquels il diffère du grès des Vosges.

Impressions de végétaux. Calamites.
Parmi les impressions de végétaux les plus communes, il faut citer des tiges qui appartiennent aux genres *calamites* et *equisetites*.

Fougères.
Les frondes de *fougères* sont assez communes dans diverses localités; celles de l'une des espèces les plus remarquables par leur beauté et leur grandeur, l'*anomopteris Mougeotii*, atteignent jusqu'à 3 mètres de longueur [1]. Quelques restes de tiges de trois ou quatre espèces de fougères arborescentes prouvent que ces végétaux, limités aujourd'hui aux tropiques, faisaient partie de la végétation de nos contrées à l'époque triasique.

Conifères.
Les débris de plantes de la famille des *conifères* y abondent aussi. Ce sont particulièrement des fragments de bois et des rameaux. Les organes de la floraison et de la fructification s'y présentent isolés, fortement déprimés et quelquefois encore réunis aux branches qui les ont portés primitivement. Les fruits ou cônes d'un genre que M. Adolphe Brongniart a nommés *voltzia*, en l'honneur de M. Voltz, sont les mieux conservés. Beaucoup d'écailles et de graines provenant de ces cônes sont dispersées dans les assises marneuses et arénacées. Les restes d'un autre genre de conifères appelé *albertia*, en l'honneur de M. d'Alberti, le savant monographe du trias, sont moins abondants. Aucun de ces genres n'est identique à ceux établis pour les conifères de l'époque actuelle. Si le port extérieur du premier le rapproche des *araucaria*, et celui du dernier des *cunninghamia* et des *agathis*, les fruits les en éloignent assez pour justifier une séparation générique [2].

Des fragments de bois fossile qui ont la structure caractéristique des conifères se trouvent en abondance à peu près partout où le grès bigarré forme des masses compactes à grains fins. On y voit des morceaux qui atteignent 0^m,60 de longueur et 0^m,10 de diamètre. Ils sont entièrement dépourvus de leur écorce.

État d'altération des végétaux.
En général, la matière ligneuse a complétement disparu

[1] Voltz, mémoire cité plus haut, p. 40.
[2] W. P. Schimper et A. Mougeot, *Monographie des plantes fossiles du grès bigarré de la chaîne des Vosges*, 1844, p. 13.

dans les vestiges végétaux du grès bigarré, et a été remplacée par des substances minérales ; ce n'est que rarement que l'on trouve encore des indices charbonneux qui forment alors une sorte de houille.

Les plantes fossiles se présentent dans un état de conservation qui varie suivant les localités et la consistance de la roche. La substance végétale est ordinairement remplacée par une argile mélangée d'hydroxyde de fer qui les colore en brun. Cependant, quand la pâte de la roche est tendre et onctueuse, comme c'est le cas pour les argiles verdâtres, la matière végétale est à l'état charbonneux, et les empreintes ont conservé parfaitement l'organisation des débris qui les ont produites ; dans les argiles rouges les plantes n'ont laissé que des empreintes pâles verdâtres, et la couleur rouge de la pâte a souvent disparu tout autour de l'empreinte [1].

L'intérieur de la tige des calamites est en général remplacé par du grès ; l'écorce seule est ferrugineuse.

Les bois dont il a été question plus haut, dans lesquels la matière végétale est remplacée par de l'hydroxyde de fer mélangé d'argile, ont tout à fait l'aspect d'un bois bruni par la putréfaction ; car la structure du bois y est parfaitement conservée. Souvent les carbonates de cuivre bleu et vert sont mélangés à la substance ferrugineuse. J'ai reconnu très-fréquemment aussi, dans l'intérieur même du tissu, de petites lamelles rectangulaires qui ne sont autres que de la baryte sulfatée. Enfin le résidu de l'attaque par un acide laisse souvent apercevoir des cylindres siliceux qui occupent les intervalles entre les faisceaux de fibres.

Substances remplaçant le bois.

L'analyse de l'un de ces bois m'a fourni le résultat suivant :

Peroxyde de fer avec un peu d'oxyde de manganèse .	48,0
Oxyde de cuivre	0,5
Argile mélangée de baryte sulfatée et de silice. . .	38,0
Perte au feu (eau et acide carbonique)	13,5
	100,0

Dans quelques-uns de ces bois l'hydroxyde de fer est mélangé d'un peu de substance organique ; car, lorsqu'on les chauffe, ils passent à l'incandescence et leur poussière de-

[1] W. P. Schimper et A. Mougeot, ouvrage cité plus haut, p. 10.

vient faiblement magnétique. Chez d'autres, la matière végétale a été remplacée par un mélange de cette substance charbonneuse et de pyrite de fer. La pyrite de fer y forme, de même que la silice, des espèces de baguettes alongées parallèlement les unes aux autres, suivant la direction de la tige; elle paraît avoir rempli les vides laissés par la décomposition du tissu cellulaire.

Dans ces bois fossiles on remarque quelquefois encore des cellules remplies d'une substance résineuse qui a de l'analogie avec le succin.

Localités particulièrement riches en végétaux. — Les couches inférieures du grès bigarré de Soultz-les-Bains renferment de nombreux débris de plantes fossiles qui ont rendu cette localité célèbre. On peut encore citer parmi les lieux du département où jusqu'à présent on a rencontré des fossiles végétaux en abondance les carrières de Gresswiller, Niederhaslach, Wasselonne, Allenwiller, et surtout celles de Mackwiller, Petersbach et Hambach.

Classes, genres et espèces auxquels ils se rapportent. — Les plantes fossiles du grès bigarré ont été recueillies et examinées d'abord par M. le docteur Mougeot père et par M. Voltz. Les communications de M. Voltz ont permis à M. Adolphe Brongniart, dès l'année 1828, d'établir une flore du grès bigarré dans laquelle ce savant botaniste a fait connaître vingt espèces de plantes jusqu'alors inconnues. Plus tard, M. W. P. Schimper, connu par son important ouvrage sur la bryologie d'Europe, et M. A. Mougeot fils, qui avaient de nouveaux matériaux à leur disposition, ont publié la monographie des plantes fossiles du grès bigarré des Vosges [1].

D'après ce dernier travail, les plantes fossiles sont représentées comme il suit. Toutes ces espèces ont été rencontrées à Soultz-les-Bains, sauf quatre qui n'ont encore été trouvées qu'aux environs d'Épinal et de Baccarat.

CONIFÈRES.

Albertia latifolia. Sch. et M.
— *elliptica.* Sch. et M.
— *Braunii.* Sch. et M.
— *speciosa.* Sch. et M.
Voltzia heterophylla. Sch. et M.
— *acutifolia.* Ad. Brong.
Strobilites laricoïdes. Sch. et M. (fruit de conifère).

[1] Ouvrage cité plus haut, p. 10.

Bois fossiles de conifères (on ne peut en saisir les différences spécifiques).

CYCADÉES.

Zamites vogesiacus. Sch. et M.
Nilsonia Hogardi (trouvée près d'Épinal). Sch. et M.
Æthophyllum speciosum. Sch. et M.
— *stipulare*. Ad. Brong.

MONOCOTYLÉDONÉES.

Yuccites vogesiacus. Sch. et M.
Antholithes et *carpolithes* de plusieurs espèces.
Echinostachys oblonga. Ad. Brong.
— *cylindrica*. Ad. Brong.
Palœoxyris regularis. Brong.
Schizoneura paradoxa. Sch.

ÉQUISÉTACÉES.

Equisetum Brongniarti.
Calamites arenaceus. Jæg. (très-commun dans presque toutes les localités).
Calamites Mougeotii. Ad. Brong.

FOUGÈRES.

Caulopteris tessellata. Sch. et M. (trouvée aux environs d'Épinal).
— *Voltzii*. Sch. et M. (Gottenhausen).
— *micropeltis*. Sch. et M. (trouvée près d'Épinal).
— *Lesanga*. Sch. et M. (Baccarat).
Cottaea Mougeotii. Sch. et M.
Anomopteris Mougeotii. Sch. et M. (de toutes les empreintes de fronde, les plus répandues dans une foule de localités, tant du Bas-Rhin que des contrées voisines, particulièrement à Soultz-les-Bains, Wasselonne, Petersbach, etc.).
Crematopteris typica. Sch. et M.
Nevropteris grandifolia. Sch. et M.
— *imbricata*. Sch. et M.
— *Voltzii*. Ad. Brong.
— *intermedia*. Sch. et M.
— *elegans*. Ad. Brong.
Pecopteris Sulziana. Ad. Brong.

Aucune trace de dicotylédonée proprement dite n'a été observée jusqu'ici dans le grès bigarré, non plus que dans les deux autres étages du trias.

Dans le grès bigarré on trouve aussi beaucoup de débris d'animaux. Ce sont surtout des empreintes de coquilles bivalves et univalves et des ossements de sauriens. On y rencontre en outre des crustacés et des dents de poisson. *Animaux fossiles du grès bigarré.*

Leur état de conservation. Le test de tous les mollusques, à part ceux des individus qui appartiennent aux genres *lingule* et *terebratule*, a complétement disparu ; il n'en reste que les empreintes intérieure ou extérieure. Dans les bivalves, les deux valves sont presque toujours séparées. Toutes les formes sont ordinairement altérées par l'effet de la pression que la coquille a supportée. Cet état déformé et l'absence du test en rendent la détermination spécifique très-difficile ou impossible. Aussi le catalogue suivant présente-t-il un certain nombre d'espèces fort douteuses.

On n'y remarque plus de matière animale. Seulement il existe à la surface de quelques bivalves des parties noires, d'origine organique, qui paraissent provenir de l'épiderme de la coquille [1].

Genres et espèces. Voici la liste des fossiles animaux qui ont été signalés dans le grès bigarré ; à la liste publiée par M. Voltz en 1837, on a ajouté les découvertes faites depuis lors :

RADIAIRES.

Encrinites liliiformis (quelques articulations de la tige qui pourraient provenir des assises inférieures du muschelkalk).

MOLLUSQUES.

Ammonites (Ceratites) Schimperi. De Buch, Musée de Strasbourg.
Natica Gaillardoti. Lefroy.
Turritella extincta. Goldfuss.
Rostellaria scalata. Goldf.
— *antiqua*. Goldf.
— *detrita*. Goldf.
— *Hehlii*. Goldf.
— *obsoleta*. Goldf.
Pecten discites. Hehl.
— *lævigatus*. Bronn.
— *Sultzensis*. Schimper, Musée de Strasbourg.
Lima striata (Plagiostoma). Bronn.
— *lævidorsata* Schimper, Musée de Strasbourg.
— *Voltzii*. Schimper, id.
— *Albertii*. Voltz.
— *intermedia*. Voltz.
— *radiata*. Goldf.
— *elongata*. Voltz.

[1] Voltz, mémoire cité plus haut.

Lima planisulcata. Voltz.
— *affinis*. Voltz.
Spondylus comtus. Goldf.
Avicula socialis. Brown.
— *dubia*. Voltz.
— *acuta*. Goldf.
Arca? Indéterminable.
Mytilus arenarius. Zenker.
Modiola recta. Voltz.
Myophoria vulgaris. Voltz.
— *laticosta*. Schimper, Musée de Strasbourg.
Venus nuda? Goldfuss.
Mya ventricosa. Schl.
Myacites Albertii. Voltz.
— *Walchneri*. Voltz.
Pleuromya æquis. Agass.
— *costulata*. Agass.
— *gracilis*. Schimper, Musée de Strasbourg.
Arcomya varians. Agass.
Lingula tenuissima. Bronn.
Terebratula vulgaris. Schlot.
Posidonia minuta. Alberti.
Trigonella rostrata.

CRUSTACÉS.

Branchipus? Soultz-les-Bains.
Apus antiquus, Schimper, Musée de Strasbourg. Soultz-les-Bains.
Gebia? obscura. H. de Meyer. Soultz-les-Bains.
Limulus Bronnii. Schimper, Musée de Strasbourg (trouvé récemment à Wasselonne).
Galathea? andax. H. de Meyer. Soultz-les-Bains. (Et plusieurs espèces dont les échantillons n'existent plus au Musée de Strasbourg.)

POISSONS.

Acrodus Braunii. Agass. (dent du palais).
Deux espèces indéterminées trouvées à Soultz-les-Bains.

REPTILES.

Menodon plicatus. H. de Meyer.
Odontosaurus Voltzii. H. de Meyer (mâchoire).
Mastodontosaurus Waslenensis. H. de Meyer (plusieurs grands fragments du crâne trouvés à Wasselonne[1]).

---

[1] *Jahrbuch fur Mineralogie*. 1847, p. 455. Ce fossile a été donné au Musée par M. F. Schweighæuser.

Nothosaurus Schimperi. H. de Meyer (de Wasselonne).
Divers fragments d'os indéterminés.

Une empreinte de patte de *tortue* trouvée à Nechwiller (Musée de Strasbourg).

Répartition des débris végétaux et animaux. — Les débris organiques ne sont pas indistinctement renfermés dans toutes les assises du grès bigarré. Dans la carrière de Soultz-les-Bains qui a été la plus productive, les couches superposées aux bancs exploités contiennent fort peu de végétaux, mais en revanche elles renferment en abondance des coquilles marines et des restes de sauriens. En procédant du haut en bas, la couche supérieure du grès exploité contient des débris de bois fossile et des calamites. La couche argileuse qui lui succède renferme quelques empreintes de fougères et de conifères. C'est dans les couches argileuses qui recouvrent le banc inférieur ou le troisième que l'on rencontre les empreintes de plantes les plus nombreuses et les mieux conservées. Dans les argiles, les parties les plus délicates des plantes sont encore d'une netteté admirable.

Une de ces couches argileuses inférieures est, pour ainsi dire, couverte de *posidonia minuta*; une autre conserve les empreintes de deux crustacés qui se rapportent aux genres *branchipus* et *apus*[1].

A Mackwiller, Diemeringen et dans les autres localités riches en débris organiques, ceux-ci sont répartis dans la série des couches de la même manière qu'à Soultz-les-Bains.

Épaisseur du grès bigarré. — L'épaisseur du grès bigarré en Alsace est moyennement de 25 à 30 mètres. Il est donc beaucoup moins puissant que le grès des Vosges. De l'autre côté des Vosges, cette épaisseur va moyennement à 50 mètres, c'est-à-dire au double.

Disposition topographique du grès bigarré dans le Bas-Rhin. — Sur le versant oriental des Vosges, le grès bigarré forme plusieurs grands affleurements depuis le fond de la vallée de Lembach jusqu'aux environs de Niederbronn. Entre cette dernière localité et Ottersthal près Saverne, il est recouvert par le muschelkalk et par le keuper, et n'apparaît que sous forme d'un faible lambeau près de Weinbourg.

A partir de Saverne et de Gottenhausen, il forme une bande à peu près continue jusqu'à Ottrott-le-Bas. Des lambeaux du même grès affleurent en outre aux environs de Soultz-les-Bains et du Kronthal.

---

[1] W. P. Schimper et Mougeot, ouvrage cité, p. 5.

Sur le revers occidental de la chaîne, depuis Ratzwiller et Volksberg jusqu'à Büst, le grès bigarré forme un plateau continu qui, vers le nord, se prolonge dans la Moselle et jusqu'au delà de Bliescastel et de Deux-Ponts ; vers le sud, il s'étend dans le département de la Meurthe et des Vosges.

En général, le grès bigarré occupe un niveau inférieur au grès des Vosges de la chaîne. Cependant il n'en est pas ainsi au Mittelberg, près de Petersbach. Grès bigarré reposant à la partie culminante de la chaîne au Mittelberg.

Cette montagne se compose vers sa base d'abord de grès vosgien avec cailloux ; plus haut, près de la ferme de Moderfeld, est un grès de couleur rouge qui forme l'intermédiaire entre le grès des Vosges et le grès bigarré ; puis enfin le grès bigarré blanchâtre bien caractérisé forme toute la partie culminante de la montagne, comme l'indique la figure 35.

Comme substances accidentellement disséminées dans le grès bigarré, on peut citer, outre celles qui ont été signalées plus haut, les carbonates de cuivre bleu et vert. La première espèce est quelquefois disséminée, sous forme de petits noyaux arrondis, dans le grès ou dans les argiles. Substances accidentelles.

De la baryte sulfatée se rencontre aussi quelquefois dans les fissures du grès avec l'oxyde de manganèse et la chaux carbonatée.

L'ensemble des coquilles du grès bigarré indique une mer tout à fait littorale ; cela résulte plus clairement encore du grand nombre des végétaux terrestres que l'on rencontre dans les couches inférieures. Les végétaux dont il s'agit ont probablement vécu sur l'île ou sur les îles que formait alors la chaîne des Vosges. Caractère littoral du grès bigarré.

Le dépôt du grès bigarré paraît s'être fait lentement et avec une certaine tranquillité. On le voit par la régularité de sa stratification qui devient de plus en plus nette à mesure que les couches s'élèvent. Mode de dépôt de ce terrain.

On en a une autre preuve dans la manière d'être des débris organiques que l'on y observe. Aux environs de Still et en plusieurs autres points, une des couches supérieures est pétrie de moules de coquilles bivalves parfaitement conservées et ne paraissant pas avoir été roulées ; elles ont vécu et ont été recouvertes à peu près à la place qu'elles occupent aujourd'hui. Les rameaux et les tiges des *conifères*, des *fougères* et des *équisétacées*, provenant de terres alors à sec, ont été déposés dans le fond de l'eau où ils n'ont certainement pas été roulés avec force, puisqu'ils présentent, malgré le grain assez grossier de la roche, toutes les nervures, même les plus ténues [1].

MUSCHELKALK (calcaire conchylien).

Généralités. — L'étage dit du *muschelkalk* se compose principalement de calcaire, de dolomies et de marnes. En outre, sur un petit nombre de points, il contient du gypse, de l'anhydrite et du sel gemme.

Il affleure dans le département suivant deux bandes principales qui sont situées de chaque côté de la chaîne des Vosges. La bande juxta-posée au versant oriental est fort irrégulière. Elle se montre aux environs de Wissembourg et pénètre dans la vallée de Lembach. Entre Oberbronn et Steinbourg, ce n'est plus qu'une lisière étroite et discontinue qui borde les Vosges. Le muschelkalk reparaît au nord de Saverne ; il est surtout développé aux environs de Wasselonne, de Soultz-les-Bains, de Mutzig et de Rosheim. Au sud de Bœrsch, il n'est plus qu'en lambeaux isolés. Sur le versant occidental, par exemple entre Drulingen et Saar-Union, le muschelkalk forme une bande qui est superposée au grès bigarré et qui occupe une largeur de 5 à 10 kilomètres.

Indiquons d'abord les caractères de cet étage en Alsace, où il est plus simple que sur le revers occidental des Vosges.

Composition en Alsace. Dolomies inférieures. — Vers la base sont des dolomies bien cristallines qui se lient si intimement à celles qui se trouvent à la partie supérieure du grès bigarré qu'il est impossible d'établir une démarcation nette entre ces deux étages. Elles alternent avec des couches marneuses mélangées de dolomie. Près de Lembach, les dolomies ont 20 mètres d'épaisseur.

Couches calcaires. — A ces dolomies succèdent des couches de calcaire qui forment la masse principale de l'étage. Ce calcaire est ordinairement compacte, à cassure souvent conchoïde, inégale ou même terreuse; sa couleur est habituellement le gris de fumée uni ou marbré de jaune. Quelquefois le calcaire est presque entièrement formé de débris de fossiles. C'est d'après cette dernière circonstance que Werner lui a autrefois donné

---

[1] *Explication de la carte géologique de France*, t. II, p. 33.

le nom de *muschelkalk*, c'est-à-dire *calcaire coquillier*. Ce nom, dont l'usage est passé dans la langue française, est impropre; car, d'une part, dans certaines couches du muschelkalk, on n'aperçoit pas de fossiles; d'autre part, dans divers autres terrains, il existe des calcaires au moins aussi riches en coquilles que les couches du muschelkalk où elles abondent le plus.

Le calcaire du muschelkalk contient ordinairement, outre le bitume qui le colore, du carbonate de magnésie, une faible quantité de carbonate de fer et de manganèse. L'argile y est en proportions variées.

Il est des points où le calcaire paraît avoir une structure cristalline. Il doit cette apparence à la présence d'une multitude de débris d'animaux rayonnés, connus sous le nom d'*encrines*, qui jouissent du triple clivage de la chaux carbonatée. En outre, des veines de chaux carbonatée spathique le traversent accidentellement.

Les couches calcaires ont quelquefois plus de 1 mètre d'épaisseur; elles alternent avec des lits marneux.

Au-dessus des couches calcaires sont des couches de dolomies qui alternent avec des marnes et qui se lient au keuper. Ces dolomies supérieures sont ordinairement compactes et à cassure terreuse. — Dolomies supérieures.

Les marnes qui se présentent à diverses hauteurs sont grises, brunes, d'un jaune verdâtre et quelquefois noires, tendres ou solides; elles contiennent des noyaux calcaires. — Marnes.

Les dolomies de la base du muschelkalk sont tantôt cristallines, tantôt compactes; souvent aussi elles sont criblées de petites cavités géodiques. Il en est qui se partagent en feuillets de 1 à 5 centimètres d'épaisseur, dont la surface de séparation est ondulée et rappelle les plis d'une eau faiblement ridée par le vent; d'où vient le nom de *wellenkalk* qui a été donné à des couches identiques que l'on rencontre en Wurtemberg. — Caractères de la dolomie inférieure.

Quelquefois ces dolomies inférieures du muschelkalk sont mélangées de mica, comme on l'observe aux environs de Salenthal et de Lembach. Ailleurs elles sont mélangées de sable et constituent alors une sorte de grès à ciment dolomitique, comme on le voit dans les mêmes localités. Accidentellement ces dolomies sont mouchetées en noir par l'oxyde de manganèse (près de Salenthal).

Exemple de quelques localités.

Dans beaucoup de localités on peut observer facilement la composition de l'étage du muschelkalk.

Les couches inférieures se montrent, par exemple, près de Niederbronn, dans le grand chemin qui va de cette ville au Jægerthal, aux environs de Neehwiller, de Wingen, de Lembach, de Salenthal, d'Allenwiller, etc.

Les couches calcaires de la partie moyenne se montrent sur de plus grandes étendues que l'examen de la carte fait connaître.

Quant aux couches supérieures, on peut les voir, par exemple, dans le chemin des vignes situé au-dessous d'Oberbronn.

Composition sur le revers occidental des Vosges.

Le muschelkalk qui succède au grès bigarré sur le revers occidental des Vosges présente tout à fait les mêmes caractères que le muschelkalk de l'Alsace dans la partie moyenne et supérieure. Il en diffère, à sa région inférieure, en ce qu'au-dessous des dolomies il renferme un groupe souvent assez puissant d'argiles rouges et vertes, de consistance plastique, dans lesquelles on trouve du gypse et du sel gemme [1].

Gypse, anhydrite et sel gemme à la partie inférieure.

C'est en effet ce qu'ont appris les forages faits à la saline de Saltzbronn, près de Sarralbe, à la limite des départements de la Moselle et du Bas-Rhin. Voici la coupe du trou de sonde n° 5.

	Mètres.
Terre végétale	1,50
Sable et gravier d'alluvion	3,00
Marnes irisées avec gypse	69,18
Calcaire coquiller (muschelkalk) alternant avec des couches de marne. Il contient du gypse à sa partie supérieure et surtout à sa partie inférieure; on y a rencontré des rognons de silex; épaisseur .	115,84
Gypse et argile salée	14,83
Anhydrite	7,24
Argile fétide et bitumineuse avec gypse . . .	7,90
Argile rouge et verte avec nids de sel orangé fibreux	2,08
Sel gemme en cinq bancs séparés par de minces lits d'argile et de gypse	19,40
Gypse	2,03
Total . . .	243,00

[1] Ces argiles rouges et vertes sont aussi représentées en Alsace, par exemple près de Niederbronn, où elles renferment un peu de gypse, mais elles y sont peu développées.

Il résulte de cette coupe et d'autres observations faites par M. Levallois, ingénieur en chef des mines [1], que le dépôt salifère de Saltzbronn est au-dessous du groupe calcaire du muschelkalk, et qu'il occupe la même position que les riches gîtes de sel gemme de la Souabe.

À 10 kilomètres des affleurements les plus rapprochés du keuper, il existe près de Diemeringen deux sources salées sortant des couches qui font la liaison du muschelkalk au grès bigarré. *Sources salées dans la même position à Diemeringen.*

Près de Mackwiller, et à 2 kilomètres au sud de Diemeringen, une source salée jaillit exactement des mêmes couches. *Id. à Mackwiller.*

Les couches dont ces trois sources tirent leur salure occupent donc, selon toute vraisemblance, la même position que les dépôts salifères des environs de Sarralbe.

Remarquons encore qu'à 300 mètres au nord-ouest des sources de Diemeringen, il existe des rognons gypseux que l'on a cherché à exploiter. *Gypse, anhydrite et argiles bigarrées dans le voisinage.*

Des argiles bariolées en rouge foncé qui affleurent à 1 kilomètre au sud de la source salée de Mackwiller appartiennent probablement aussi au groupe salifère. À 200 mètres à l'ouest du village de Mackwiller et près du moulin de Froschmühle, dans la même commune, on voit reparaître ces mêmes argiles bariolées que supportent des dolomies cristallines; j'y ai trouvé des nids d'anhydrite.

Près de Bütten, les dolomies inférieures du muschelkalk renferment des cristaux de gypse qui sont comme les représentants des dépôts gypseux plus volumineux qui existent à ce niveau dans le département de la Moselle.

Parmi les couches dolomitiques inférieures de la Lorraine, on trouve les variétés schisteuses et ondulées, signalées plus haut en Alsace, par exemple aux environs de Bütten et de Ratzwiller. *Dolomies schisteuses et ondulées.*

La succession des couches supérieures du muschelkalk est bien visible au nord de Herbitzheim. Voici la coupe des carrières situées à 500 mètres du village, sur la rive gauche de la Sarre, prise de bas en haut : *Liaison du muschelkalk au keuper.*

---

[1] *Mémoire sur le gisement du sel gemme dans le département de la Moselle et sur la composition générale du muschelkalk en Lorraine. Annales des mines,* 4e série, t. XI, p. 3.

1° Calcaire gris compacte, exploité pour faire de la chaux grasse . . . . , 1,30

Mètres.

2° Marne schistoïde 1,50

3° Calcaire compacte semblable à celui de la couche 0,50

4° Marnes grises, schistoïdes et dures 0,40

5° Dolomie d'un gris clair, à cassure terreuse, que l'on exploite pour faire de la chaux hydraulique . . 0,30

6° Argiles d'un gris verdâtre renfermant des lits minces et ondulés de dolomie 1,90

Total . . . 5,90

Un peu au-dessus on aperçoit le grès avec empreintes de plantes qui fait partie du keuper.

Rognons de silex. En Alsace ainsi qu'en Lorraine, des rognons de silex gris ou noir, semblables à ceux de la craie, se rencontrent, à divers niveaux, dans l'étage du muschelkalk. Les dolomies inférieures en renferment près de Niederbronn, de Langensoultzbach et de la ferme du Bildhauerhof, près de Mollkirch, entre Mutzig et Molsheim, entre Bütten et Œrmingen, etc. A Gœrsdorf et à Lembach, des rognons semblables sont disséminés dans le calcaire moyen. Le calcaire qui avoisine ces rognons est parfois assez imprégné de silice pour faire feu au briquet. Les dolomies supérieures contiennent aussi du silex.

Des masses caverneuses de quartz blanc et opaque, à texture saccharoïde, se rencontrent aussi dans le muschelkalk aux environs de Niederbronn. Ces masses renferment quelquefois des géodes de cristaux.

Structure oolithique de certaines couches. Certaines couches calcaires du muschelkalk possèdent une structure oolithique bien prononcée. Ce sont particulièrement les couches où abondent les stylolithes dont il sera question plus loin. Il y a de ces grains qui sont creux.

Calcaire celluleux. En beaucoup de points, le muschelkalk renferme à sa partie supérieure des couches où le calcaire présente la forme de cloisons qui le coupent en tous sens en laissant des interstices vides. La marne qui remplissait ces cavités ayant disparu, la roche est devenue celluleuse.

Poches avec chaux carbonatée cristallisée. Le calcaire du muschelkalk renferme souvent, dans les fissures qui le traversent ou dans des géodes, des cristaux de chaux carbonatée. Ces cristaux affectent constamment une même forme, qui est celle du scalénoèdre métastatique, ou suivant la dénomination vulgaire, celle de *dent de cochon*. Ce scalénoèdre porte souvent comme troncatures, à ses deux extrémités, les faces d'un rhomboèdre aigu. Quelquefois la surface des cristaux est recouverte d'un enduit de fer hydroxydé.

Les cavités à cristaux dont il s'agit sont surtout fréquentes à proximité des failles, par exemple près de Rothbach, de Rauschenbourg, de Weiterswiller, de Climbach, de Molsheim, de Dangolsheim, d'Imstett et de Dahlenheim. Dans les carrières de cette dernière localité, on voit de grandes masses de calcaire à structure brèchiforme, dont tous les fragments sont réagglutinés par la chaux carbonatée cristallisée. Ces accidents sont surtout fréquents le long des failles.

Dans les dolomies supérieures du muschelkalk qui alternent avec les marnes vertes à Diedendorf, j'ai trouvé de l'arragonite en masses fibreuses. Arragonite.

Outre le bitume qui est mélangé en faible proportion au calcaire du muschelkalk, cette substance se rencontre aussi isolée sur quelques points. Ainsi du bitume solide se trouve dans les fissures de la roche ou entre les couches, à Rothbach, à Weiterswiller, à Rauschenbourg. Bitume.

Du bitume liquide a été trouvé dans le muschelkalk à Molsheim. Au mois de juillet 1849, les ouvriers employés à l'élargissement du chemin de Mutzig à Brumath ont entaillé près de la ville un calcaire tellement imprégné de bitume liquide que cette substance en a découlé assez abondamment. En outre, le calcaire de la même localité contient quelquefois du bitume dans des géodes.

Il est à remarquer que les localités où le bitume est ainsi isolé sont en général placées à proximité de failles.

Des dépôts de minerai de fer sont superposés au muschelkalk dans la vallée de Lembach et sur le versant occidental des Vosges. Il en sera question au chapitre des gîtes métallifères. Minerai de fer superposé au muschelkalk.

De la baryte sulfatée, mélangée de quartz compacte, imprègne le muschelkalk, à Saint-Nabor, près d'un croisement de failles. Dans une carrière du même terrain située à l'ouest de Marlenheim, on trouve aussi de la baryte sulfatée. Quartz et baryte sulfatée.

Le muschelkalk qui est adossé au porphyre, à 1800 mètres au sud-ouest d'Ottrott-le-Haut, présente des caractères particuliers. A proximité de la jonction avec les roches cristallines le calcaire est compact, veiné de jaune et de rouge; Altération du muschelkalk près du porphyre à Saint-Nabor.

il est traversé par des fissures, dont beaucoup sont remplies par de la chaux carbonatée cristalline et par des dendrites manganésifères. Cette modification doit être attribuée au voisinage de la roche amphibolique, bien que celle-ci soit très-probablement sortie antérieurement au trias.

Fossiles. Parmi les débris de fossiles que le muschelkalk renferme le plus abondamment, on doit citer comme *radiaires*, des articulations d'*encrines*; comme coquilles, des *terebratules*, des *myophores*, des *plagiostomes*, des *ammonites*. On y rencontre aussi des crustacés, des restes de sauriens et de poissons.

Voici l'énumération des fossiles qui ont été trouvés jusqu'à présent dans le département; on n'y a pas encore rencontré de débris de végétaux bien caractérisés. Je dois cette énumération à l'obligeance de M. F. Engelhardt, directeur des forges de Niederbronn.

RADIAIRES.

Encrinites liliiformis. Schlot. (Niederbronn, Oberbronn, Gœrsdorf, Wissembourg, etc.).
Cidarites grandœvus. Goldf. (Niederbronn).

MOLLUSQUES.

Terebratula vulgaris. Goldf.
Plagiostoma lineatum. Bronn.
— *striatum.* Bronn.
— *Schlotheimii.* Voltz, Musée de Strasbourg.
Gervilia (avicula Bronn*) socialis.* Schlot.
— *subcostata.* Alberti.
Ostrea cristadifformis. Schlot.
— *compta.* Goldf.
Pecten discites. Bronn.
— *lœvigatus.* Bronn.
— *Albertii.* Goldf.
Mya (pleuromya. Agass.*) mactroïdes.* Hœn. (Asswiller et Drulingen.)
— *ventricosa.* Hœn.
— *elongata.* Voltz. (*pl. muscoloïdes.* Agass.)
Calyptraea discoïdes. Goldf. (Dürstel).
Trigonia (myophoria) vulgaris. Voltz.
— *orbicularis.* Alberti.
— *Goldfussi.* Alberti.
— *cardissoïdes.* Goldf.
— *curvirostris.* Voltz.

Mytilus eduliformis. Bronn.
Melania Schlotheimii. Quenst.
Turritella (Rostellaria) scalata. Goldf.
Fusus Hehlii. Ziet.
Ammonites nodosus. De Haan.
— *cinctus.* Goldf.
— *semipartitus.* Munst.
Nautilus bidorsatus. Schlot.
Rhyncolites hirundo. Faure-Biguet.
— *Gaillardoti.* D'Orb.
Dentalium lœve. Schlot.

ANNELIDES.

Serpula valvata. Goldf.
Autre espèce encore indéterminée.

CRUSTACÉS.

Pemphix sueurii. H. de Meyer.
— *spinosus.* H. de Meyer.

POISSONS.

Dents et écailles de poissons qui paraissent appartenir aux espèces suivantes :
Gyrolepis maximus. Agass.
— *tenuistriatus.* Agass.
— *Albertii.* Agass.
Acrodus Gaillardoti. Agass.
Strophodus angustissimus. Agass.
Psammodus reticulatus. Agass.
Hybodus plicatilis. Agass.
— *longiconus.* Agass.
— *rugosus.* Agass.
Placodus gigas. Agass (Niederbronn, Oberbronn, Dahlenheim).
Saurichthys. Agass.

REPTILES.

Ossements et dents de *nothosaurus.* H. de Meyer (Ingwiller, Oberbronn).
Un *labyrinthodon?* (H. de Meyer) trouvé à Œrmingen.

Les fossiles appartenant aux radiaires, aux mollusques et aux crustacés se trouvent principalement dans les couches calcaires. Certaines couches et certaines localités, telles que Herbitzheim et Schœpperten, sont remarquablement riches en coquilles. C'est dans les dolomies supérieures que l'on trouve surtout les dents, écailles et coprolithes de poissons.

Ordinairement les tests des coquilles bivalves renfermées dans ces mêmes dolomies supérieures ont disparu ; il n'en reste plus que les moules (environs de Weiterswiller, Salenthal). Les marnes dolomitiques des environs d'Oberbronn renferment des bivalves à peine reconnaissables et des végétaux que l'on ne peut non plus déterminer.

Il existe en outre dans le muschelkalk des formes qui paraissent avoir une origine organique, mais dont on n'a encore pu préciser la nature.

Formes serpentantes problématiques. — Ainsi, à la partie supérieure de certaines couches calcaires, on rencontre fréquemment des calcaires gris dont les formes serpentantes rappellent tout à fait les formes de certains reptiles [1]. Leur diamètre atteint quelquefois 2 centimètres. Le calcaire qui affecte ces formes est identique avec le calcaire voisin dont il se sépare cependant très-nettement. La surface de ces formes serpentantes ne présente non plus rien de particulier.

Plusieurs explications ont été proposées pour l'origine de ces formes, mais elles sont peu satisfaisantes. Elles me paraissent avoir les plus grands rapports avec les canaux sinueux que certaines coquilles percent dans la vase. Les formes dont il s'agit pourraient donc n'être que de ces anciens canaux remplis ultérieurement par le calcaire qui se déposait au fond de la mer.

Stylolithes. — Il se trouve aussi très-souvent du calcaire dont la cassure présente une série de fibres parallèles [2], de manière à rappeler les fibres du bois. Ces dernières formes, qui ont reçu le nom de *stylolithes* (pierre colonnaire), se rencontrent, par exemple, près de Rothbach et à l'entrée du Jægerthal.

Épaisseur du muschelkalk. — Aux environs de Wasselonne et de Singrist, l'épaisseur du muschelkalk est au moins de 100 mètres. Il est plus puissant encore dans la Lorraine où, d'après le sondage de Sarralbe cité plus haut, il atteint 118 mètres, déduction faite du groupe salifère, et 145 mètres sur ce dernier étage.

MARNES IRISÉES OU KEUPER

Caractères généraux. — Aux couches du muschelkalk dont il vient d'être question sont superposées des couches d'une autre nature dont l'en-

---

[1] D'Alberti ; ouvrage cité, p. 74.
[2] D'Alberti, ouvrage cité, p. 72. Quenstedt, *Flötzgebirge Wurtembergs*, p. 126.

semble a reçu le nom de *marnes irisées;* leur dénomination allemande de *keuper* est aussi employée dans la langue française.

Les marnes irisées forment de chaque côté des Vosges une bande qui est superposée au muschelkalk.

Dans cet étage se trouvent des marnes et des argiles de couleur variée; elles sont rouges lie de vin, violettes, grises ou vertes; très-souvent elles sont bigarrées de rouge foncé et de vert ou de violet. Le nom de *marnes irisées* qu'elles ont reçu, en raison de ces accidents de couleur, a été étendu à tout l'étage dont elles font partie. *Roches qui appartiennent à l'étage.*

Aux marnes irisées sont associées des couches de dolomies, soit cristallines, soit terreuses. On y trouve fréquemment du gypse sous forme de couches, de veines et de rognons; c'est le gisement ordinaire de cette substance en Alsace. On y trouve aussi des couches de grès, des indices de combustibles charbonneux et de l'anhydrite.

Au-dessus des dolomies du muschelkalk on trouve aux environs d'Oberbronn la disposition suivante, de bas en haut : *Environs d'Oberbronn.*

1°. Grès jaunâtre, micacé et dolomies renfermant des empreintes de coquilles bivalves indéterminables. Il est souvent tacheté de noir et renferme de petits rognons marneux.

2° Marnes rouges et grises avec des dolomies, les unes cristallines, les autres terreuses. A ces marnes sont subordonnées des couches de grès quartzeux.

3° Marnes noirâtres et schistes micacés de même couleur, dans lesquels on trouve de nombreux débris de plantes à l'état charbonneux. Ces roches rappellent tout à fait par leur aspect celles du terrain houiller. Leur épaisseur est de 4 à 5 mètres.

4° Couches alternantes de marnes et de dolomies sur une épaisseur d'environ 4 mètres, parmi lesquelles se trouve une marne dolomitique qui contient des empreintes de coquilles bivalves (*posidonia minuta* et *lingula tenuissima*).

A quelques mètres au-dessus on voit un grès renfermant des dents de reptiles et de poissons qui forment le commencement du lias.

Près de Reichshoffen et d'Elsashausen, on voit, immédiatement au-dessous du grès du lias, des marnes irisées avec dolomies. Ces dernières couches forment par conséquent la limite supérieure du keuper.

Les dolomies ne forment quelquefois que des lits très-minces, de 1 à 2 millimètres, qui se succèdent au milieu des argiles bigarrées.

Disposition du gypse au Kochersberg. Au milieu des marnes irisées avec couches de dolomie qui constituent la contrée du Kochersberg, on exploite de nombreuses carrières de gypse dans plusieurs communes.

Voici la composition de l'une des carrières de Wintzenheim, prise de bas en haut (fig. 37) :

Mètres.

1° Gypse massif, presque pur, qui n'est traversé que par quelques veines de marne. C'est la couche que l'on exploite; son épaisseur atteint 2,00

2° Marne noirâtre assez dure, qui n'est traversée que par un petit nombre de veinules massives . . 1,50

3° Marnes entremêlées d'une multitude de veines très-minces de gypse. La plupart de ces veines sont parallèles à la stratification ; mais il en est aussi d'obliques. Leur épaisseur, qui est souvent moindre qu'un millimètre, atteint 1 à 2 centimètres et va jusqu'à 1 décimètre. Toutes ces veines sont fibreuses et renferment dans leur intérieur des fragments d'argile. 6,00

4° Marnes peu riches en gypse 4,00

Total. . . 13,50

Alignement des dépôts gypseux. Diverses carrières de gypse, ouvertes dans les banlieues de Küttolsheim, de Wintzenheim et de Willgotheim, sont situées à très-peu près sur une même ligne droite dirigée suivant N. O — S. E., c'est-à-dire parallèlement à la stratification du terrain.

Gypse à Avenheim et Kienheim. On exploite aussi du gypse à Avenheim, à Kienheim, Neugartheim et Fessenheim.

Gypse de Flexbourg. Dans les carrières de Flexbourg (fig. 38), le gypse massif à peu près pur occupe aussi la partie inférieure. Au-dessus sont des marnes feuilletées dans lesquelles se succèdent un grand nombre de lits très-minces de gypse, et où cette dernière substance se trouve aussi sous forme de veines fibreuses et en rognons tuberculeux. Dans l'une des carrières, la couche principale de gypse avait 2 mètres d'épaisseur et était recouverte, sur une épaisseur de plus de 15 mètres, de marnes gypseuses.

Un puissant dépôt gypseux se trouve encore dans la colline qui forme comme la contrepartie du Kochersberg et à laquelle est adossé le village de Wintzenheim. Voici la coupe mise à nu par les vastes carrières de Waltenheim, prise de bas en haut (fig. 39) :

Gypse de Waltenheim.

	Mètres.
1° Marnes verdâtres avec rognons de gypse.	
2° Massif de gypse gris, tacheté de rouge ; il est peu cristallin.	9,60
3° Marnes rouges bariolées de vert et traversées par de nombreuses veines de gypse, les unes parallèles, les autres obliques à la stratification . .	14,00
4° Gypse blanc	1,00
5° Marnes rouges et vertes avec gypse, à la partie inférieure desquelles sont des couches de dolomie .	10,00
Total . . .	34,60

Les couches gypseuses de Waltenheim, sans cesser d'être bien parallèles entre elles, présentent un ploiement prononcé que l'on observe très-bien quand on se place à 1 ou 2 kilomètres au nord des carrières ; c'est ce que représente la figure 40. Les couches plongent de 3 à 4 degrés de chaque côté de cette espèce de selle.

Ploiement des couches gypseuses à Waltenheim.

On voit que tous les dépôts gypseux dont il vient d'être question consistent en une masse principale qui est recouverte par des marnes auxquelles le gypse n'est que mélangé. C'est à Waltenheim que les couches gypseuses ont le plus d'épaisseur. Le gypse exploité en Alsace dans le keuper appartient à la partie supérieure de cet étage.

Ressemblance des différents dépôts gypseux.

Des forages et des galeries ont été faits aux environs de Balbronn, particulièrement au Hungerberg et au canton Amweg, pour explorer une couche de combustible qui y affleure. Ces travaux ont fait connaître la composition du terrain au-dessous du gypse de Flexbourg. Voici la coupe du terrain prise de haut en bas, d'après des renseignements consignés dans un rapport de M. Voltz.

Gîte de combustible de Balbronn.

1° Marnes bigarrées auxquelles sont subordonnées des couches de grès fin et de dolomie compacte mélangée d'argile ; environ . . . . 20 mètres.

Ces marnes affleurent dans le bassin keupérien dont Balbronn occupe à peu près le centre ; c'est probablement à ce niveau qu'appartiennent les dépôts gypseux de Flexbourg.

2° Couches de dolomie compacte alternant avec quelques lits de marnes grises et bigarrées. Vers le bas sont des marnes noircies par une matière charbonneuse, auxquelles les mineurs donnent le nom de *mulm*. Ces marnes, riches en empreintes de végétaux et de coquilles, sont entremêlées de lits de houille . . . . 10 à 15 mètres.

3° Marnes bigarrées et grès avec quelques couches de dolomie quelquefois celluleuse . . . . 30 à 35 mètres.

Épaisseur totale . . . . 60 à 70 mètres.

Couches inférieures avec gypse et anhydrite. — Au-dessous de ces marnes un sondage fait en 1825 a pénétré dans des argiles avec gypse et anhydrite.

D'après M. Voltz [1], ces dernières couches paraissent tout à fait identiques avec le terrain salifère de Dieuze; elles occupent d'ailleurs le même niveau que les gîtes du sel de la Lorraine et de la Haute-Saône. Il est probable qu'elles renferment aussi du sel gemme; mais comme la recherche avait pour but la houille, on n'a pas foré plus profondément dans ces dernières couches.

Au Hungerberg, à 1 kilomètre à l'ouest de Balbronn, où l'on a fait des recherches de 1824 à 1842, les couches du terrain montrent l'inflexion représentée par la figure 41.

Couches semblables dans d'autres localités. — Dans d'autres contrées, le keuper renferme de la houille de qualité médiocre, plus ou moins pyriteuse, qui est exploitable. C'est ce qui a lieu dans plusieurs localités de la Moselle, des Vosges, de la Haute-Saône et en Wurtemberg, où on lui a donné le nom de *lettenkohle*.

Double niveau du gypse. — Il résulte de ce qui précède que, dans le bassin de Balbronn, le keuper renferme des dépôts de gypse au moins à deux niveaux bien distincts qui sont séparés par la *lettenkohle*.

Rappelons que les amas de gypse, bien que fréquents dans le keuper, n'y sont qu'accidentels.

Keuper à l'ouest des Vosges. — Dans la partie du département située à l'ouest des Vosges, le keuper ressemble à celui de l'Alsace.

Couches avec empreintes charbonneuses à la base du terrain. — Aux environs de Saar-Union, à Schœpperten, à Herbitzheim, où l'on voit affleurer les couches inférieures du keuper, on y observe aussi le groupe de la *lettenkohle*. Voici leur disposition dans cette dernière localité; elles sont situées à quelques mètres au-dessus des dolomies du muschelkalk supérieur, et sont comptées de bas en haut.

---

[1] *Géognosie de l'Alsace*, p. 26.

TERRAIN DU TRIAS.

	Mètres.
1° Dolomies compactes.	0,60
2° Argiles d'un vert foncé	0,60
3° Dolomies gris de fumée et compactes . . .	0,70
4° Grès gris schisteux et très-micacé, en lits minces qui alternent avec des marnes ; il contient beaucoup de débris charbonneux. Les fissures de ce grès sont recouvertes d'un enduit brun qui paraît provenir de la décomposition des pyrites. De petites lentilles de dolomie compacte, de 2 à 5 mètres de longueur, sont subordonnées au grès	1,40
5° Dolomie grise très-compacte	0,30
6° Marnes grises avec lits minces de dolomie . .	0,35
Total	3,65

Cette coupe ressemble à celle qui a été observée par M. Levallois, aux environs de Saint-Avold [1].

En Alsace comme aux environs de Saar-Union, le groupe de la *lettenkohle* se trouve donc à la base du keuper, sur la lisière du muschelkalk. Or, les couches de houille qui ont été l'objet de recherches à Balbronn sont au-dessus du groupe avec gypse et anhydrite. Il y a donc en Alsace des couches charbonneuses à deux niveaux dans le keuper, ainsi que M. Levallois l'a déjà signalé pour le keuper de la Lorraine [2]. *Couches charbonneuses aussi à deux niveaux.*

Les marnes du keuper se composent d'argile mélangée intimément de dolomie. En outre, il s'y trouve souvent du peroxyde de fer anhydre qui y forme des bigarrures rouges de forme irrégulière. *Composition des marnes irisées.*

Outre les dolomies et le gypse qui y forment fréquemment des lits subordonnés, on y observe quelquefois des veines de quartz hyalin, par exemple aux environs de Reichshoffen, de Griesbach et au moulin dit Ackermühle près d'Altwiller. *Quartz.*

A Weinbourg, j'ai trouvé aussi du silex, ainsi que des cristaux isolés de pyrite de fer dans le gypse. *Pyrite de fer dans le gypse.*

Sur le plateau à l'ouest d'Altwiller, on remarque deux cavités de forme circulaire; cette forme paraît annoncer qu'elles sont le résultat d'un effondrement ; leur diamètre atteint 10 mètres. Le fond de ces entonnoirs est occupé par de l'eau *Cavités circulaires.*

---
[1] *Mémoire sur le gisement du sel gemme*, etc., cité plus haut, p. 4.
[2] *Aperçu de la constitution géologique du département de la Meurthe. Annales des mines*, 4e série, t XIX, p. 648.

stagnante qui ne tarit pas, dit-on, pendant les plus grandes sécheresses de l'année.

Fossiles. Le keuper est assez pauvre en fossiles.

Dans les marnes schisteuses de la *lettenkohle*, on trouve des impressions végétales dont une partie appartient à *l'equisetum arenaceum*, plante caractéristique du trias.

En outre, les couches inférieures de l'étage renferment des empreintes de *posidonia minuta* (Alberti) et de *lingula tenuissima* (Bronn), ainsi qu'on l'a vu plus haut.

Épaisseur. L'épaisseur du keuper est fort variable. Aux environs de Niederbronn, elle ne paraît pas dépasser 45 mètres, tandis qu'à Balbronn elle atteint 70 mètres, non compris le groupe inférieur avec anhydrite que le forage n'a pas traversé. Du côté de la Lorraine, la puissance du keuper est plus considérable. A Sarralbe, où cependant manque la partie supérieure du terrain, les sondages ont traversé 70 mètres des couches keupériennes.

OBSERVATIONS SUR L'ENSEMBLE DU TRIAS.

Stratification du trias. Plongement du trias à l'ouest des Vosges. *Stratification du trias.* Les couches du trias qui s'appuient sur le grès des Vosges, du côté de la Lorraine, plongent généralement vers l'ouest; mais leur inclinaison est ordinairement trop faible pour être sensible à l'œil dans les carrières.

Les couches du grès bigarré plongent, sous le muschelkalk qui les recouvre, d'environ 150 mètres pour 9,6 kilomètres ou de $0^m,0156$ par mètre, c'est-à-dire de 53 minutes 36 secondes.

Entre Drulingen et la Sarre, l'inclinaison du muschelkalk est de 60 mètres pour 7,8 kilomètres ou de $0^m,0076$ par mètre, ou enfin de 26 minutes 7 secondes.

Çà et là, il y a en outre, mais exceptionnellement, des inclinaisons plus fortes. Par exemple, à Diemeringen, le grès bigarré plonge de 10 degrés vers le nord.

Sa stratification est peu régulière en Alsace. Mais en Alsace, la stratification du trias est beaucoup moins régulière qu'à l'ouest des Vosges. Comme l'examen de la position des couches sert à donner une idée des dislocations que la contrée a éprouvées depuis la formation de la chaîne des Vosges, il n'est pas inutile de donner ici quelques détails sur ce sujet.

Redressement le long de la chaîne. Le long de la faille qui termine la chaîne des Vosges, le trias est en général redressé sous des angles qui dépassent

30 degrés. C'est, par exemple, ce qu'on observe sur le muschelkalk aux environs de Neuwiller (fig. 42). Mais déjà, à 1 kilomètre de la chaîne, près de Dossenheim, il n'est plus que très-faiblement incliné; sa pente est seulement de 4 degrés.

Telle est aussi à peu près la disposition du muschelkalk au pied du Liebfrauenberg, près de Gœrsdorf (fig. 43).

A Weiterswiller, le muschelkalk plonge de 50° vers E. 22°. S. A Rauschenbourg, l'inclinaison est de 40° vers E. 30. S.

Entre Niederbronn et Oberbronn, le muschelkalk placé à 20 mètres de la faille qui le sépare du grès des Vosges plonge de 50° vers E. 40°. S. Sa direction est celle de la faille limite de la chaîne, considérée entre le point dont il s'agit et le Jœgerthal.

Près de Saverne il est un point où le muschelkalk est redressé sous un angle de 60 degrés; il plonge vers N. O.

A quelque distance de la chaîne, le trias présente des ploiements qui sont souvent peu réguliers. Il est en outre çà et là coupé par des failles.

Ploiements et autres accidents observables à quelque distance de la chaîne.

Les carrières qui sont entaillées aux environs de Niederbronn mettent à nu les dérangements que les couches du muschelkalk ont subis jusqu'à 3 kilomètres de la chaîne. Ces couches très-contournées sont en outre coupées par des failles nombreuses. Un lambeau de grès bigarré, d'une centaine de mètres de longueur, vient pointer au milieu du muschelkalk supérieur, de sorte que les couches des deux étages se trouvent au même niveau (fig. 44). Ce segment de grès bigarré qui a été intercalé dans le muschelkalk à la manière d'un coin est coupé par le vallon de Niederbronn. Sur la paroi droite du vallon, les couches du grès bigarré sont elles-mêmes fortement redressées.

Quand on va de Niederbronn au Jœgerthal, par le chemin de voitures le plus direct, on voit encore des ondulations qui se rattachent à celle dont il vient d'être question (fig. 45). Les dolomies inférieures (*wellenkalk*), qui d'abord se dirigent N. E — S. O. et plongent de 75° vers S. 30°. E., à quelques pas plus loin, s'approchent de l'horizontalité. A Rauschendwasser, le grès bigarré plonge de 4° vers S. E. Dans les carrières qui sont situées à 800 mètres à l'ouest de Niederbronn et à plus de 2 kilomètres de la chaîne, on reconnaît aussi que le terrain est irrégulièrement ployé sous des angles qui atteignent 25 degrés.

Soulèvement cunéiforme près d'Oberbronn.

La colline de Bühl, près d'Oberbronn, dont le sommet consiste en muschelkalk, est entourée de toutes parts à son pied des couches supérieures du keuper. Le muschelkalk a donc été poussé en forme de coin à travers les couches keupériennes. C'est une relation semblable à celle que l'on observe à 2 kilomètres de là vers le nord-est, dans la vallée même de Niederbronn, entre le grès bigarré et le muschelkalk, ainsi qu'il vient d'être dit.

Des pointements du même genre se montrent encore dans d'autres régions du littoral de la chaîne, surtout dans les collines de la vallée de la Bruche.

Contournements au pied du Liebfrauenberg.

Tout autour du promontoire du Liebfrauenberg, la stratification du muschelkalk est fortement accidentée, ainsi que l'indiquent les observations suivantes :

A la limite septentrionale de Gœrsdorf, l'inclinaison est de 30° vers E. 20°. S. A 200 mètres, au nord de l'église du village, les couches s'inclinent de 20° vers S. 20°. E. A 300 mètres au nord de la même église, et à 80 mètres de la carrière de grès, les dolomies inférieures du muschelkalk sont redressées verticalement suivant N. 15°. E — S. 15°. O. A 500 mètres à l'ouest du même village, l'inclinaison est de 30° vers O. 25°. S. Enfin, près de l'habitation du Liebfrauenthal, la stratification plonge de 30° vers S. 15°. O.

Ainsi le muschelkalk prend des directions très-variées en se redressant autour du grès des Vosges.

Cependant le grès bigarré qui succède au grès des Vosges, à 150 mètres au sud de l'habitation du Liebfrauenberg, n'est que faiblement incliné. Dans deux des carrières où on l'exploite, il plonge de 3 à 4° vers S. O.

Flexibilité du grès bigarré moindre que celle du muschelkalk.

C'est contre ces couches de grès bigarré que le muschelkalk est fortement redressé, comme nous venons de le voir. Ce contraste de stratification entre le grès bigarré et le muschelkalk, semblable à celui qui a été signalé à Niederbronn, montre que les deux lambeaux de terrain sont séparés par une faille, comme l'indique la figure 43.

Dans les dislocations des couches triasiques si fréquentes en Alsace, le grès bigarré n'est jamais contourné comme il arrive si souvent aux couches voisines du muschelkalk, bien que celles-ci soient plus éloignées de la cause de la dislocation. Partout le grès bigarré s'est comporté comme étant beaucoup moins flexible que le muschelkalk.

Le grès bigarré et le muschelkalk qui occupent le fond de la vallée de Lembach ont une inclinaison de 3 à 4° vers S. O. (fig. 46). Considérées dans une même section transversale à la vallée, ces couches présentent des ploiements comme si elles avaient été pressées latéralement avec une grande force. C'est ce que montrent les exemples suivants :

Vallée de Lembach.

Près de Climbach, le grès bigarré plonge de 8° vers S. O. Les dolomies inférieures du muschelkalk, près de la tuilerie de Lembach, présentent des inclinaisons d'environ 10° vers N. O. et O. 15°. N. Dans la colline isolée située au sud de Lembach, le muschelkalk plonge de 15° vers S. A 1 kilomètre à l'est du même village, leur inclinaison est de 25° vers S. 35°. O.

Les couches de grès bigarré de la paroi septentrionale du vallon de Soultz-les-Bains plongent vers N. E. d'environ 6 degrés. Dans les carrières de Dahlenheim, le muschelkalk présente des contournements irréguliers et des inclinaisons qui vont à 25 degrés. Des failles traversent le terrain ; elles présentent de belles surfaces de glissement et sont en partie tapissées de cristaux de chaux carbonatée.

Environs de Soultz-les-Bains.

A l'entrée de Molsheim, le muschelkalk est coupé par des failles qui se dirigent du nord au sud, et le long desquelles les couches sont infléchies et rejetées (fig. 47). Ces failles sont sur le prolongement de celle de la carrière de Soultz-les-Bains.

Molsheim.

A 2 kilomètres de Mutzig, sur la route de Molsheim, le muschelkalk présente des contournements variés ; il plonge, tantôt dans un sens, tantôt dans un autre, sous des inclinaisons qui dépassent 30 degrés.

Mutzig et vallée de la Bruche.

A Niederhaslach, dans la carrière située au nord du village, les couches du muschelkalk s'inclinent de 15° vers N. E. Non loin de là, à 1 kilomètre à l'est du Ringelsberg, les mêmes couches plongent de 20° vers S. 20°. E. De même qu'à Niederhaslach, la stratification présente des variations notables à Dinsheim ; car, tandis qu'à 700 mètres à l'ouest de ce village, le grès bigarré plonge de 8° vers N. 20°. O., le même grès et le muschelkalk, observés à peu de distance de là, montrent une inclinaison de 15° vers N. 30°. E.

Il en est de même près du Kronthal ; le redressement général du trias autour de cette vallée est représenté par la figure 48. Entre Rangen et Wasselonne, le muschelkalk plonge de 8° vers N. O.

Wasselonne.

A Birkenwald, à Allenwiller, à Cosswiller, le grès bigarré plonge vers N. ou N. E. de 4 à 5°. Il en est de même à la papeterie de Wasselonne. A 1800 mètres au nord de Westhoffen, le plongement est de 15° vers N. 15°. E. ; on observe quelques inflexions dans le voisinage.

Autres localités. Voici encore la position des couches du trias dans quelques autres localités de l'Alsace.

Entre Eberbach et Frœschwiller, le plongement du muschelkalk est de 8° vers S. O.

A Griesbach (canton de Bouxwiller), les couches du keuper plongent de 10° vers E. Entre ce dernier village et Bouxwiller, au nord du Bastberg, elles plongent de 12° vers S. E.

Altitude du trias des deux côtés des Vosges. Sur le revers occidental des Vosges, le grès bigarré et le muschelkalk forment des plateaux dont le niveau atteint 435 mètres au-dessus de la mer pour le premier groupe, et 360 pour le second. Le keuper qui était plus facile à dénuder forme des collines moins élevées dont la hauteur ne dépasse pas 260 mètres.

En Alsace, les principales altitudes du grès bigarré sont représentées par les chiffres suivants : 361 mètres près de Climbach; 325 mètres près de Langensoultzbach; 355 mètres à l'ouest de Rosheim; au Wangenberg, près du Kronthal, près de 400 mètres. Enfin dans le bois de Westhoffen et non loin d'Obersteigen, 457 mètres.

Les collines les plus élevées du muschelkalk ont les cotes suivantes : 364 mètres près de Climbach ; 240 mètres près Langensoultzbach; 270 mètres aux environs de Niederbronn ; 353 mètres au signal de Singrist ; 398 mètres au Gœftberg qui est le point culminant, près Hohengœft ; 364 mètres au Finkenberg ; 378 mètres à la colline dite Dreyspitze.

Enfin on observe pour le keuper les altitudes suivantes : 239 mètres aux environs de Mühlhausen ; 262 mètres près d'Uttwiller; 270 mètres non loin de Westhausen; 302 mètres au Kochersberg qui est le point culminant ; 281 mètres aux environs de Balbronn.

Ainsi les trois étages du trias atteignent presque les mêmes altitudes maximas en Alsace et en Lorraine ; cependant le niveau moyen de ces terrains, considérés en dehors des principales aspérités, telles que les collines du Kronthal, est un peu moins élevé en Alsace qu'à l'ouest des Vosges.

Substances utiles du trias. Le grès bigarré fournit une très-bonne pierre de taille. Ce sont les couches massives inférieures que l'on exploite pour cet emploi dans de nombreuses carrières à Soultz-les-Bains, Wasselonne, Dinsheim, Niederhaslach, Gresswiller, Westhoffen, Saverne, Petersbach, etc. Les bancs exploitables atteignent quelquefois 9 mètres d'épaisseur. Le grès bigarré se travaille facilement, comme une foule de statues et la chaire de la cathédrale de Strasbourg en donnent des exemples. En outre, il conserve les délicatesses de la sculpture pendant des siècles, lors même qu'il est exposé à l'air libre. Substances utiles. Pierre de taille.

Le même grès est exploité comme moellons. Moellons de grès.

Les couches supérieures qui peuvent se diviser en dalles, comme le grès des Vosges, servent aussi, suivant leurs dimensions, à paver des trottoirs, à faire de petites clôtures, ou même à couvrir des baraques. Dalles.

On s'est servi aussi quelquefois pour le pavage des rues peu fréquentées d'un grès intermédiaire entre le grès bigarré et le grès des Vosges, ainsi que du muschelkalk. Pavage.

Parmi les bancs de pierre de taille exploités à l'ouest de Wasselonne, dans les couches inférieures du grès bigarré, il en est un qui fournit de bonnes meules à aiguiser et à polir. Il affleure dans la carrière située auprès de la papeterie. Les 200 à 250 meules qu'on y exploite annuellement sont pour la plupart employées en Alsace dans les fabriques de quincaillerie. On en expédie aussi dans la Franche-Comté, dans le midi de la France et dans le grand-duché de Bade. La pierre, sans avoir un grain très-dur, est fort homogène et exempte de fissures, de sorte qu'on en taille des meules d'un diamètre de 2 mètres à $2^m,50$. Au Liebfrauenberg, près de Gœrsdorf, on exploite aussi des meules à aiguiser. Meules à aiguiser et à polir.

Le calcaire du muschelkalk fournit un des matériaux les plus employés dans le département pour l'entretien des routes ; il est pour cela d'un meilleur usage que les calcaires de la plupart des autres terrains. Entretien des routes.

La même pierre fournit aussi des moellons qui ne sont pas gélifs, mais dont les dimensions sont faibles. La compacité de cette roche empêche de s'en servir comme pierre de taille. Moellons de calcaire.

Elle est exploitée comme pierre à chaux et donne de la chaux grasse. Pierre à chaux grasse.

Pierre à chaux hydraulique.	Certaines dolomies inférieures du muschelkalk fournissent de la chaux hydraulique; on l'exploite pour cet emploi à Lembach et aux environs de Durstel. Près de Herbitzheim et de Griesbach, on extrait pour le même emploi de la dolomie compacte du keuper.
Ciment.	Les marnes dolomitiques de la base du muschelkalk sont aptes à donner, par la calcination, du ciment; on s'en est servi de cette manière dans le département de la Meurthe et en Allemagne.
Castine.	La dolomie de Wingen a été utilisée pendant quelque temps comme castine pour le haut-fourneau de Schœnau; mais on a trouvé préférable d'y substituer le calcaire pur du muschelkalk qui sert pour le même usage dans les hauts-fourneaux du Bas-Rhin.
Fabrication de billes.	C'est encore avec le même calcaire que l'on fabrique des billes connues sous le nom de chiques et destinées aux jeux des enfants. Les deux seules fabriques de ce genre qui existent en France ont été établies dans le département du Bas-Rhin, après que l'auteur de cet ouvrage y eut signalé une variété de calcaire identique avec celui employé en Allemagne; ces fabriques emploient presque exclusivement du calcaire du muschelkalk.
Pierre lithographique.	On vient de découvrir, à la fin de 1851, dans le muschelkalk, des couches de calcaire compacte et exempt de fissures qui paraît pouvoir être exploité comme pierre lithographique. Cette variété utile de calcaire se trouve à Weyer, près Drulingen, et non loin de là, à Weckerswiller (Meurthe).
Silex.	Le silex qui se trouve en rognons dans le muschelkalk serait assez abondant en quelques localités pour pouvoir être utilisé.
Argile pour poterie.	Certaines argiles plastiques du grès bigarré et des marnes du muschelkalk sont exploitées dans la Meurthe pour les faïenceries, où l'on s'en sert comme terre demi-fine. Les mêmes substances se trouvent dans les couches triasiques du Bas-Rhin.
Gypse.	Le gypse des marnes irisées se rencontre particulièrement dans les communes de Flexbourg, Willgotheim, Küttolsheim, Wintzenheim, Kienheim, Avenheim, Neugartheim, Fessenheim, Waltenheim, Hochfelden, Schwindratzheim. On l'exploite dans toutes ces communes. Lorsqu'il est très-mélangé d'argile, il est utilisé comme amendement pour l'agriculture.

Le gypse exploité à Ottwiller et à Berg paraît appartenir à la partie inférieure du muschelkalk.

Le sel gemme qui a été rencontré à la base du muschelkalk à Saltzbronn, sur la limite même de la Moselle et du Bas-Rhin, se prolonge sans doute dans l'intérieur de ce dernier département. Les sources salées de Diemeringen et de Mackwiller qui occupent le même gisement en sont un indice. Le sondage de Balbronn, dont il a été question plus haut, a rendu probable aussi l'existence du sel sur cet autre point. Enfin les sources salines de Soultz-les-Bains, de Niederbronn et de Reichshoffen sortent du trias. *Sel gemme.*

Le combustible que l'on exploite dans les marnes irisées de différentes localités de la Moselle, des Vosges, de la Haute-Saône, n'a pas été rencontré dans le Bas-Rhin en couches assez régulières et assez puissantes pour être exploitables. Des couches charbonneuses riches en empreintes végétales sont connues à Balbronn, Bergbieten, Wasselonne[1], Hohengœft, Crastatt, Saar-Union; mais les recherches auxquelles ces indications ont donné lieu à plusieurs reprises depuis le commencement du siècle n'ont pas eu de succès. On a aussi fait quelques fouilles à Œrmingen et à Mattstall[2]. *Combustible.*

Du minerai de fer est superposé au muschelkalk sur les bords de la Sarre; d'autres amas du même minerai sont subordonnés au muschelkalk aux environs du Liebfrauenberg. Il sera question de ces dépôts dans le chapitre des gîtes métallifères. *Minerai de fer.*

---

[1] Les indices de lignite de cette localité ont déjà été cités par de Dietrich, ouvrage cité, p. 263.
[2] A Œrmingen, les recherches ont été faites, en 1824, dans des schistes gris foncé situés à la base du muschelkalk. C'est à ce même niveau que des fouilles ont été pratiquées à Mattstall, en 1821.

CHAPITRE VII.

TERRAIN JURASSIQUE.

Généralités.   Le terrain jurassique, qui a reçu son nom parce qu'il constitue presque entièrement la chaîne du Jura, s'étend dans beaucoup d'autres contrées. En Alsace comme dans le nord de la France, il se subdivise naturellement en quatre étages principaux : les groupes du lias, de l'oolithe inférieure, moyenne et supérieure. Mais dans le département du Bas-Rhin, de même que dans la région septentrionale de la vallée du Rhin, les étages oolithiques moyen et supérieur manquent.

Le terrain jurassique n'y est par conséquent représenté que par le lias et le groupe de l'oolithe inférieure.

Étendue.   Dans le département qui nous occupe, le terrain jurassique se rencontre seulement dans les collines situées à l'est de la chaîne. Le lias et l'oolithe affleurent sur une étendue de 77 kilomètres carrés, dont environ 48 appartiennent au premier étage. En réalité, le terrain jurassique est plus développé près de la surface du sol que ne le fait supposer l'aspect de la carte, parce qu'il est en partie masqué par les alluvions anciennes.

LIAS.

Les couches de l'étage inférieur diffèrent entre elles par leur nature et par les fossiles qu'elles renferment. Je vais les suivre de bas en haut, en me servant tant de mes observations que de celles faites par M. F. Engelhardt[1].

a) Grès infralia-sique.   *a) Grès infraliasique.* Des couches minces de grès qui sont séparées par des marnes grises peuvent être observées en beaucoup de lieux à la partie supérieure des marnes irisées, par exemple aux environs d'Oberbronn, de Zinswiller, de Frœschwiller, d'Eberbach, de Reichshoffen, de Weinbourg, de Hochfelden, de Mutzenhausen, etc. Ces couches inférieures du lias ont reçu le nom de *grès infraliasique.*

---

[1] *Congrès scientifique de France*, t. Ier, p. 183.

TERRAIN JURASSIQUE.

Le grès dont il s'agit est composé de grains très-fins qui sont agglutinés par un ciment argileux. Sa couleur varie ordinairement du gris clair au gris jaunâtre; ces nuances y sont quelquefois disposées par veines, de manière à y former des bigarrures. Dans le même grès sont souvent disséminés de petits galets de silex gris ou noir, qui rappellent les silex du muschelkalk.

Parmi ces couches de grès, il en est dans lesquelles abondent des dents et des ossements de poissons et de sauriens, comme il est facile de l'observer à 600 mètres au sud d'Obérbronn, le long de la route de Zinswiller. Les débris de vertébrés y sont accumulés en lits minces situés à la partie moyenne de chacune des deux couches [1]. *Grand nombre de dents.*

Dans une carrière située entre Eberbach et Gunstett, près de la ferme de Landsberg, où l'on exploite le grès du lias comme pierre à moellons, ce grès est recouvert sur un mètre d'épaisseur par des argiles rouges bariolées. Ces argiles qui, par leur couleur, paraîtraient devoir appartenir au keuper, se trouvent cependant dans le lias. On observe le même fait à l'est de Reichshoffen. Une disposition semblable a déjà été signalée par MM. Dufrénoy et Élie de Beaumont dans les Vosges [2] et par M. Levallois dans la Meurthe [3]. *Argiles bariolées au-dessus de ce grès.*

Le grès infraliasique n'a dans le département qu'une faible épaisseur. Il ne dépasse pas 5 mètres; près des montagnes il se réduit même au point de disparaître. *Faible épaisseur.*

b) Calcaire à gryphées arquées. Immédiatement au-dessus du grès infraliasique se trouve une série de couches d'un calcaire gris bleuâtre qui alterne avec des marnes de même couleur. Ce groupe est caractérisé par différents fossiles et surtout par la présence des *gryphées arquées* qui y abondent; c'est de là qu'est venu au calcaire qui en fait partie le nom de *calcaire à gryphées arquées* ou de *calcaire à gryphites*. Le nom de *lias* qui a été donné depuis longtemps en Angleterre au calcaire dont il s'agit par les ouvriers qui l'exploitent, a passé aussi dans le langage scientifique. Il a même *b) Calcaire à gryphées arquées.*

---

[1] Les couches semblables à celle-ci que l'on trouve dans le Wurtemberg ont été rapportées au keuper par quelques géologues.

[2] *Explication de la carte géologique de France*, t. II, p. 312.

[3] *Aperçu de la constitution géologique du département de la Meurthe. Annales des mines*, 4ᵉ série, t. XIX, p. 650.

été étendu à tout l'ensemble du groupe inférieur du terrain jurassique, suivant l'usage introduit dans les dénominations géologiques.

Son emploi pour chaux hydraulique. Le calcaire à gryphées est ordinairement mélangé d'une certaine proportion d'argile qui le rend éminemment propre à faire de la chaux hydraulique. Il est exploité pour cet usage dans de nombreuses carrières où il est facile de l'étudier, par exemple à Reichshoffen, Wœrth, Obernai, Rosheim, Ottrott, etc.

Matière bitumineuse. Il est coloré en gris, de même que les marnes voisines, par une substance bitumineuse qui exhale sous le choc une odeur particulière. Quelquefois cette matière bitumineuse est assez abondante pour que les marnes puissent brûler avec une faible flamme.

Alternance du calcaire et de la marne. Les bancs de calcaire à gryphées ont ordinairement une épaisseur qui varie de 0^m,10 à 0^m,50. Les marnes schisteuses qui alternent avec lui sont en général un peu plus développées. On peut compter souvent 8 à 10 alternances de ces deux roches.

Comme exemple, je citerai la succession que l'on observe dans l'une des carrières de Rosheim ; c'est en commençant par le haut :

		Mètres.
1°	Terre végétale	0,10
2°	Marne	2,00
3°	Calcaire	0,10
4°	Marne	0,25
5°	Calcaire	0,10
6°	Marne	0,60
7°	Calcaire	0,20
8°	Marne	0,50
9°	Calcaire	0,35
10°	Marne renfermant des lits minces de calcaire	0,60
11°	Calcaire	0,10
12°	Marne	0,20
13°	Calcaire	0,12
14°	Marne	0,50
15°	Calcaire	0,20
	Total	5,92

dont 1^m,17 seulement de calcaire.

Les couches de calcaire, quoique continues, se partagent souvent en masses arrondies qui ressemblent, quant à leur forme, à des parallélépipèdes dont les angles auraient été émoussés. Vues en place, de telles couches offrent l'aspect d'un pavé.

Divisions perpendiculaires à la stratification.

Parmi les fossiles les plus communs dans ces couches, outre la *gryphæa arcuata*, il faut citer le *plagiostoma giganteum*, le *plagiostoma Hermanni*. On y trouve aussi des *ammonites* de la famille des *ariétides*. Les couches marneuses renferment beaucoup d'avicules, surtout l'*avicula inæquivalvis*.

Fossiles.

c) *Couches avec gryphæa cymbium.* A la partie supérieure du calcaire à gryphées arquées sont d'autres couches calcaires et marneuses qui se distinguent des premières par la présence de plusieurs fossiles, particulièrement de la *gryphæa cymbium*, du *pecten æquivalvis*, de beaucoup de *pecten* à surface lisse, des *terebratula acuta ter. numismalis*, *ammonites costatus* et *amm. amaltheus*. Les *belemnites* commencent à abonder dans ces couches qui renferment souvent de la chaux carbonatée cristalline et de la pyrite de fer [1].

c) Couches avec gryphæa cymbium.

Près d'Uhrwiller, où les couches dont il vient d'être question peuvent être observées, elles sont recouvertes par des marnes bitumineuses et feuilletées dans lesquelles les fossiles sont fortement déformés; elles contiennent surtout des écailles et d'autres débris de poissons. Ces marnes, qui sont l'équivalent des *schistes à posidonies* de Boll, en Wurtemberg, ont à peine 2 mètres d'épaisseur.

Marnes feuilletées.

d) *Marnes à ovoïdes.* D'autres couches marneuses qui succèdent aux marnes feuilletées, et qui sont beaucoup plus développées que celles-ci, sont remarquables par les rognons calcaires ou *ovoïdes* qu'elles renferment. On y trouve aussi

d) Marnes à ovoïdes.

Rognons ferrugineux.

---

[1] Les couches réunies ici, comme on le fait ordinairement, sous le nom de groupe à *gryphæa cymbium*, ont été subdivisées dans le Wurtemberg de la manière suivante, en commençant par le bas :
1º *Couches à ammonites Turneri*. Argiles grises caractérisées par les *ammonites Turneri* et l'*a. planicosta*. Une argile renfermant les mêmes fossiles a été mise à nu dans le département, à Wilwisheim, par le creusement du canal de la Marne-au-Rhin.
2º *Couches à terebratula numismalis et ammonites amaltheus.* Ce sont plus spécialement celles signalées sous le nom de couches à *gryphæa cymbium*.

beaucoup de rognons argilo-ferrugineux[1]. Ces rognons ou *œtites* sont ordinairement arrondis ; quelquefois aussi ils sont terminés par des surfaces tout à fait planes. Leur cassure présente une série de couches concentriques ; il en est qui sont creux dans leur intérieur. Les rognons dont il s'agit consistent en fer carbonaté terreux qui est à un état de décomposition plus ou moins avancé. Ils renferment toujours de l'acide phosphorique : les plus gros sont en général les plus phosphoreux.

Les rognons ferrugineux sont abondants dans diverses localités, par exemple à la partie septentrionale du Niederwald, non loin de Reichshoffen et le long de la route de Bouxwiller à Hochfelden, près de Kirrwiller et de Lixhausen. Le lavage des rognons ferrugineux du lias par les agents naturels a produit le minerai que l'on exploite, aux environs d'Uhrwiller, de Zinswiller et d'Offwiller, sous le nom de *mine plate*.

e) Marnes supérieures. Les marnes supérieures du lias sont particulièrement développées dans le ravin de Gundershoffen, localité où elles abondent en coquilles bien conservées, parmi lesquelles la *trigonia navis* est caractéristique ; cependant les couches supérieures de ces marnes sont dépourvues de fossiles. Le calcaire ne s'y trouve que sous forme de boules.

Les marnes dont il est question atteignent 10 mètres d'épaisseur à Gundershoffen ; mais à Uhrwiller, où elles se présentent avec les mêmes fossiles, elles ne dépassent pas 2 mètres. On peut encore les observer à Offwiller, Kindwiller et à Heiligenstein.

Épaisseur du lias. En résumé, le lias, considéré dans son ensemble, se compose, suivant l'ordre ascendant, de couches minces de grès auxquelles sont superposées des couches de calcaire gris, riches en *gryphées arquée*, que l'on exploite particulièrement pour chaux hydraulique. Des marnes grises forment la partie supérieure de l'étage.

L'épaisseur moyenne du lias en Alsace peut être évaluée à 35 mètres. Cet étage est donc ici beaucoup moins puissant qu'en Lorraine.

---

[1] Les *marnes à ovoïdes* sont l'équivalent des marnes désignées en Wurtemberg sous le nom de *marnes à ammonites jurensis*.

Dans toute la série des couches calcaires et marneuses du lias, de la pyrite de fer est disséminée en grains isolés, en rognons, dans l'intérieur des coquilles, et souvent en particules indiscernables à l'œil. Quand elle est en cristaux, elle affecte ordinairement la forme du cubo-octaèdre. *Pyrite de fer.*

On trouve quelquefois dans les mêmes couches du gypse cristallisé et de la strontiane sulfatée. Cette dernière substance a été rencontrée en lames cristallines entre les cloisons d'une ammonite, où elle était accompagnée de chaux carbonatée cristallisée en métastatique. De la baryte sulfatée a été trouvée au Eiterberg, entre Uhrwiller et Kindwiller, et à Gundershoffen, dans les marnes supérieures. *Gypse. Strontiane sulfatée. Baryte sulfatée.*

Dans un ravin situé à 1800 mètres au sud-ouest d'Obermodern, j'ai observé à la surface de l'eau d'un ruisseau une pellicule irisée, ayant l'odeur du pétrole. Ce bitume est probablement enlevé aux marnes bitumineuses du lias par l'eau qui les traverse. *Bitume.*

On sait que dans quelques localités les marnes liasiques sont assez bitumineuses pour pouvoir être exploitées, en les soumettant à une distillation.

Dans le lias on rencontre assez fréquemment des rognons de lignite brun entourés de chaux carbonatée très-fibreuse, qui paraît s'être substituée à la partie extérieure d'un tronc d'arbre; une pellicule de pyrite enveloppe quelquefois le tout. On a trouvé de ces débris végétaux à Mutzenhausen et dans les couches qu'entaille la route de Kirrwiller à Bouxwiller. *Lignite et débris de végétaux.*

GROUPE DE L'OOLITHE INFÉRIEURE.

f) Grès supraliasique. Les marnes supérieures du lias des environs de Gundershoffen sont recouvertes par des marnes sableuses et micacées, auxquelles est associé un grès jaunâtre aussi micacé. Dans les marnes, de même que dans le grès, l'hydroxyde de fer abonde sous forme de veines et de rognons. Ce groupe a reçu le nom de *grès supraliasique;* c'est le *marly-sandstone* des Anglais[1]. On peut facilement l'observer aux environs de Gumbrechtshoffen, de Mietesheim, d'Engwiller, de Griesbach, au sud de Grassendorf, près de Kienheim, entre Andlau et Barr, etc. *f) Grès supraliasique.*

Ces couches sont assez riches en fossiles.

Quand les marnes jaunes de cet étage avoisinent la surface

[1] Quelques géologues les ont rapportées à la partie supérieure du lias.

du sol, elles sont souvent bariolées de blanc par suite de l'action décolorante des racines de plantes.

Minerai de fer oolithique.

C'est à ce niveau que j'ai reconnu, aux environs de Barr, de Heiligenstein, de Mittelbergheim et de Bernardswiller, une couche d'hydroxyde de fer à structure oolithique. Cette couche correspond à celle que l'on exploite dans différentes contrées, entre autres dans la vallée de la Moselle. A Mittelbergheim, la couche ferrugineuse atteint 2 mètres d'épaisseur; mais l'oxyde de fer y est très-mélangé de calcaire [1].

L'épaisseur du grès supraliasique est d'environ 15 mètres dans le ravin de Gundershoffen; il est souvent moins puissant.

g) Oolithe inférieure proprement dite.

g) *Oolithe inférieure proprement dite.* Des couches de calcaire gris ou jaunâtre recouvrent le grès supraliasique. Ce calcaire est souvent riche en fossiles. Quand beaucoup de débris d'encrines y sont disséminés, ces débris, qui sont clivables, lui donnent une fausse apparence de calcaire lamellaire. Il alterne avec des couches marneuses. On l'exploite dans beaucoup de localités comme pierre à moellons, par exemple près de Mietesheim, d'Uttenhoffen, de Gumbrechtshoffen, de Griesbach, de Bouxwiller et de Mittelbergheim. Dans une des carrières de Mietesheim, on peut compter, sur une épaisseur de 3 mètres, huit alternances de couches calcaires avec autant de couches marneuses. Le calcaire dont il s'agit est souvent parsemé de petits grains oolithiques d'hydroxyde de fer. Une couche argileuse qui est superposée à ce calcaire, à Uttwiller, paraît correspondre au *fullers-earth* des Anglais.

h) Grande oolithe

h) *Grande oolithe.* Le calcaire de la grande oolithe se distingue du calcaire sous-jacent parce qu'il est ordinairement blanchâtre; il a en général la structure oolithique. On le rencontre à Pfaffenhoffen, à Bouxwiller, à Wolxheim, à Scharachbergheim, au Kirrberg près de Barr.

Ces deux derniers groupes de l'étage inférieur correspondent à l'*inferior oolithe* et à la *great oolithe.*

Argile de Bradford.

A Bouxwiller, le calcaire de la grande oolithe est recouvert par des marnes grises, où sont disséminés de nombreux fossiles, et dans lesquelles on a rencontré de petits lits de lignite. Ces marnes grises, qui supportent le terrain ter-

---

[1] La même couche affleure à Bergheim, dans le Haut-Rhin, d'après M. Voltz.

tiaire à lignite, ont été reconnues par M. Voltz comme appartenant au *Bradford-clay*[1]. On a rencontré ces couches dans des fouilles faites près de la fabrique d'alun, ainsi que sur le revers oriental des deux Bastberg. D'après le sondage qui a été fait, en 1849, à travers le sol de la couche de lignite, les couches d'argile dont il s'agit atteignent 30 mètres d'épaisseur.

Non loin de son contact avec le granite, le calcaire oolithique, situé au nord de Barr, présente des caractères particuliers; il est très-compacte et il est en outre coloré en rouge suivant des veines irrégulières. *Altération du calcaire oolithique près du granite.*

OBSERVATIONS SUR LE TERRAIN JURASSIQUE.

Stratification du terrain jurassique. La stratification du terrain jurassique est souvent inclinée. Entre Bouxwiller et Niederbronn, elle est le plus ordinairement redressée parallèlement à la partie voisine de la chaîne, et plonge vers le S. E. Les exemples suivants donnent une idée des mouvements des couches jurassiques.

Dans les carrières de lias situées à l'est de Zinswiller, au bord de la Zinsel, les couches se dirigent N. E — S. O. et plongent de 15° vers S. E. Une faille se trouve sans doute près de là, car le calcaire à gryphées est à 15 mètres plus bas que le grès infraliasique qui lui est juxtaposé. Aux environs de Reichshoffen et d'Eberbach, la stratification est la même qu'à Zinswiller. A 2 kilomètres au N. N. E. de Morsbronn, le lias plonge de 6 à 8° vers E. 30°. S. L'oolithe exploitée près de Mietesheim a la même position que les couches de Morsbronn. A Kindwiller, le calcaire plonge de 7° vers S. 35°. E. Près de Griesbach, les couches s'inclinent vers S. E. de 5°. A 3 kilomètres au sud de Pfaffenhoffen, le calcaire plonge de 10° vers S. E. Comme anomalie dans l'ensemble des positions précédentes, je citerai celle du grès infraliasique, à 600 mètres au sud d'Oberbronn, qui plonge de 45° vers O. 20°. S., et celle du même grès dans le haut du vallon de Griesbach, qui plonge aussi de 15° vers S. O. *Région entre Niederbronn et Pfaffenhoffen.*

Aux environs de Bouxwiller, les couches jurassiques sont *Environs de Bouxwiller.*

---

[1] *Notice sur le Bradford-clay de Bouxwiller et de Bavilliers. Mémoires de la Société du muséum d'histoire naturelle de Strasbourg*, t. I, 2ᵉ livraison.

ployées en forme de bassin ; car, tandis qu'à un kilomètre au N. O. de la ville, le lias et l'oolithe plongent de 8° vers S. O., les couches de ce dernier étage, considérées à la limite méridionale de la ville, s'inclinent au contraire vers E. 35°. N. de 18°. Ce ploiement a d'ailleurs affecté le terrain tertiaire où l'on exploite le lignite.

Environs de Hochfelden. — Près de Minversheim, le calcaire s'incline de 15° vers N. 30°. O. Au-dessous des carrières de gypse de Waltenheim, le grès liasique est redressé à 45°.

La coupe 49 montre comment le terrain jurassique plonge sous le terrain tertiaire aux environs de Haguenau.

Environs de Soultz-les-Bains. — Le calcaire oolithique du Horn, près de Wolxheim, est redressé suivant la direction N. 15°. O — S. 15°. E., c'est-à-dire à peu près parallèlement au vallon de Soultz-les-Bains ; il plonge de 12° vers E. 15° N. Les couches sont coupées par des failles nombreuses qui présentent de beaux miroirs de glissement ; sans sortir des carrières on peut en compter dix. La plupart de ces failles ont la direction des couches et plongent vers l'ouest, de manière à leur être à peu près perpendiculaires. Dans la carrière de calcaire située à 2 kilomètres au nord de Soultz-les-Bains, les couches plongent de 25° vers E. ; au Scharachberg, l'inclinaison est de 15° vers E. 20°. S. La stratification est donc ici très-irrégulière.

Bischenberg près Rosheim. — A la base du Bischenberg, près de Rosheim, le lias et le calcaire oolithique plongent de 35° vers E. 25°. S. ; la direction, qui est N. 25°. E — S. 25°. O., est parallèle à l'escarpement occidental de la colline. A la butte isolée du Bruderberg, qui est formé par un redressement de la grande oolithe, les couches ont à peu près la même direction qu'au Bischenberg ; leur inclinaison est seulement de 18°. Près d'Ottrott-le-Bas, qui n'est cependant situé qu'à 2 kilomètres de la colline du Bischenberg où le terrain est fortement redressé, le lias est sensiblement horizontal.

Barr. — Le lambeau de calcaire situé au nord de Barr plonge de 25° vers E. 18° S., tandis qu'à 1^k,5 de là, sur le chemin de Mittelbergheim, l'inclinaison est de 10 à 15° vers N. 22°. O.

Altitude du terrain jurassique. — Les points les plus élevés qu'atteigne le calcaire jurassique sont : au Bastberg, près de Bouxwiller, 332 mètres au-dessus de la mer ; aux environs de Grassendorf, déduction faite de 8 mètres pour l'épaisseur du lœss qui le recouvre, 295 mètres; au Bischenberg, près d'Obernai, environ 330 mètres; dans la colline comprise entre Barr et Heiligenstein, 337 mètres; enfin, au nord de Barr, près de la Gloriette, 375 mètres.

Le lias occupe toujours un niveau moins élevé que le calcaire oolithique qui le recouvre; cela résulte moins de ce qu'il supporte l'étage oolithique que de la facilité avec laquelle il a dû céder aux agents de dénudation. Les points les plus élevés du lias sont : aux environs d'Ottrott-le-Bas, où il s'élève à 250 mètres; près du Bastberg, où il est à 266 mètres, et non loin de Durningen, où il atteint 269 mètres.

Substances utiles. Le calcaire du lias, connu sous le nom de *calcaire à gryphées*, donne une excellente chaux hydraulique, ainsi qu'il a été dit précédemment. Les différents bancs calcaires de ce groupe sont mélangés d'argile en proportion variée, de sorte que l'on peut en obtenir des chaux plus ou moins hydrauliques. On l'exploite pour cet usage dans les diverses contrées où il affleure. Dans le Bas-Rhin, des carrières de calcaire du lias sont ouvertes à Reichshoffen, Wœrth, Morsbronn, Eberbach, Zinswiller, Mertzwiller, Bouxwiller, Hochfelden, Mutzenhausen, Obernai, Rosheim, Ottrott, etc. Pierre à chaux hydraulique.

Quoique très-bonnes, les chaux hydrauliques du lias, selon M. Léger[1], donnent des résultats moins satisfaisants que les chaux obtenues avec certaines dolomies inférieures du muschelkalk, tant sous le rapport de l'économie que sous celui de la qualité du mortier.

De même que les couches de calcaire, les marnes du lias présentent des mélanges d'argile et de carbonate de chaux dans des proportions variées. Aussi on peut fabriquer par leur calcination de très-bons plâtres-ciments. C'est dans les marnes supérieures du lias que l'on exploite la pierre à ciment de Vassy (Haute-Marne) et de Pouilly-en-Auxois (Côte-d'Or). Ciment.

Avec les bancs calcaires de l'oolithe inférieure et de la grande oolithe, on fabrique de la chaux grasse dans beaucoup de communes. On les préfère pour cet emploi au cal- Chaux grasse.

---

[1] *Note sur les chaux hydrauliques du Bas-Rhin*, par M. Léger. *Mémoires de la Société du muséum d'histoire naturelle de Strasbourg*, t. I, 2e livraison.

caire du muschelkalk qui, en raison de sa compacité, se cuit moins facilement.

Moellons. — On se sert comme moellons du calcaire du lias. Il est exploité pour cet usage, non-seulement dans les localités qui viennent d'être signalées comme fournissant de la pierre à chaux hydraulique, mais aussi dans diverses autres communes, telles que Zutzendorf, Wilwisheim, Dettwiller, Wilgotheim, etc. Le calcaire du lias est une pierre gélive ; cette propriété résulte de ce qu'il est toujours mélangé d'argile. Le grès du lias n'étant que très-faiblement développé, n'est exploité que sur un petit nombre de points.

Ce sont les couches calcaires de l'oolithe inférieure qui sont surtout utilisées comme moellons. On les exploite dans la plupart des communes où elles se montrent, par exemple à Pfaffenhoffen, Morschwiller, Bitschhoffen, Wolxheim, Dahlenheim, Obernai, Barr, Mittelbergheim, etc.

Quoique le même étage puisse aussi donner une très-bonne pierre de taille, on n'exploite point le calcaire jurassique pour cet usage dans le Bas-Rhin ; on y préfère pour la taille le grès bigarré et le grès des Vosges.

Entretien des routes. — Le calcaire jurassique sert pour l'entretien des routes. La pierre que l'on exploite au Bastberg pour cet emploi est, il est vrai, du calcaire de l'oolithe inférieure, mais à l'état de gros cailloux dont le dépôt appartient à l'époque tertiaire.

Marbre. — Près de Dambach, on a cherché, mais sans succès, à polir comme marbre un calcaire du lias de teinte foncée qui est traversé par des veines blanches de calcaire spathique, mais la pierre est trop tendre pour cet usage.

Sable de moulage. — Le sable qui provient de la désagrégation du grès du lias est excellent pour le moulage des petits objets, soit en fonte, soit en laiton. Entre Oberbronn et Zinswiller, il est exploité pour l'usine de cette dernière localité, où il sert à la confection des moules de vaisselle et de petits objets connus sous le nom de fonte de Berlin. La fonderie de canons de Strasbourg l'emploie aussi ; il ressemble au sable de Fontenay-aux-Roses, près Paris, qui est aussi en grand usage.

Les sables du grès supraliasique pourraient, au besoin, servir au même emploi, ainsi que cela a lieu dans les Ardennes.

Rognons ferrugineux du lias. — Les ovoïdes ferrugineux du lias sont trop disséminés dans les marnes pour pouvoir être exploités *sur place* ; mais les débris de ces rognons qui sont subordonnés aux alluvions anciennes et qui ont été enrichis par un lavage naturel, servent de minerai aux environs de Zinswiller, comme il a été dit plus haut (p. 144).

La couche de minerai de fer oolithique située à la base de l'oolithe inférieure n'est pas exploitée dans le département. *Minerai de fer supraliasique.*

Aux environs de Gumbrechtshoffen, on a cherché à exploiter le minerai de fer subordonné au grès supraliasique.

Le minerai de fer pisolithique qui est superposé au calcaire jurassique a été rapporté souvent, soit à ce dernier terrain, soit au terrain tertiaire. Ce gisement de minerai de fer sera décrit dans le chapitre consacré aux dépôts métallifères.

Les lits de lignite qui sont accidentellement subordonnés aux marnes du lias ont donné lieu, en 1838, à des recherches de combustible dans la forêt dite Urlesenholtz, non loin de Truttenhausen. Après avoir traversé le lias sur 10 mètres de profondeur, on a rencontré, dans les marnes, des veines de lignite compacte ayant l'aspect du jayet. Il était traversé de veines de chaux carbonatée cristalline et très-mélangé de pyrite de fer. M. Voltz avait désigné, en 1817, le moulin dit Steinfurtmühle comme le point le plus favorable à une exploration. Les recherches de combustible, citées par de Dietrich dans la colline de Bühl, près d'Obernai[1], ont probablement aussi été faites dans le lias. Enfin de Dietrich a fait, vers 1785, des recherches de houille à la partie septentrionale du Niederwald, près de Reichshoffen. *Lignite.*

Le lias du Yorkshire fournit du combustible ; mais c'est là un fait exceptionnel ; généralement le combustible ne forme dans ce terrain que des veines peu épaisses et discontinues.

Comme terre à foulon on exploite des argiles dans l'oolithe inférieure et dans le lias supérieur à Uttwiller, à Mittelbergheim et près d'Obernai. *Terre à foulon.*

Les couches argileuses du lias supérieur sont aussi utilisées pour la confection de poteries communes, par exemple à Bouxwiller, Hochfelden, Weiterswiller, Zutzendorf, Obernai. On extrait pour le même usage à Mittelbergheim de *Argile à potier.*

---

[1] Ouvrage cité, p. 247. On y a fait une galerie de 140 mètres.

l'argile qui appartient à l'oolithe inférieure et vraisemblablement au groupe du *Bradford-clay.*

Argiles à briques. Des couches appartenant aux deux mêmes groupes, c'est-à-dire au lias supérieur et au *Bradford-clay,* donnent des argiles employées pour la fabrication des briques. Le premier gisement est utilisé à Wœrth, Frœschwiller, Eberbach, Weiterswiller; le second, à Bouxwiller et à Mittelbergheim.

Marnes pour l'agriculture. A la partie supérieure du lias, il y a des marnes qui peuvent être employées pour l'amendement des terres après une calcination préalable. On fait un grand usage de ces marnes liasiques dans diverses contrées, et en particulier dans le département des Ardennes, sur les prairies artificielles[1]. La calcination a pour but de rendre la matière plus friable; répandue sur les terres, elle se délite promptement et agit bien plus efficacement que si on employait la marne brute qui est moins divisée. Après une combustion lente, on obtient une matière rougeâtre, feuilletée, très-légère et très-hygrométrique. C'est ce résidu que l'on étend sur les terres dans la proportion de 20 à 25 hectolitres par hectare. La marne brute renferme un mélange d'argile, de carbonate de chaux, de pyrite de fer et quelquefois de sulfate de chaux. Après calcination, la pyrite de fer se transforme elle-même en grande partie en sulfate de chaux. C'est effectivement comme un mélange de marne et de plâtre que l'amendement dont il s'agit paraît agir.

FOSSILES DU TERRAIN JURASSIQUE.

Voici l'énumération des fossiles rencontrés jusqu'à présent dans les principaux groupes de couches jurassiques du Bas-Rhin. Je dois cette énumération à l'obligeance de M. F. Engelhardt.

Calcaire à gryphées arquées.

PLANTES.

Zamites Mandelslohi. Kurr.

[1] Sauvage et Buvignier, *Statistique minéralogique du département des Ardennes,* p. 258. Pour opérer la calcination, on place la marne en tas sur quelques fagots de menu bois auxquels on met le feu. La combustion se propage dans la masse qui brûle ensuite d'elle-même à la faveur des pyrites et des matières bitumineuses qu'elle contient.

TERRAIN JURASSIQUE.

RADIAIRES.

Pentacrinites crassus. D'Orb.
— *basaltiformis.* Miller.
Pointes de *cidarites.*

MOLLUSQUES.

Terebratula lagenalis. Schlot.
Spirifer Walcotii. Sow.
— *octoplicatus.* Sow.
— *rostratus.* Schlot.
— *verrucosus.* De Buch?
Gryphæa arcuata. Lam.
— *Suilla.* Schlot.
— *obliqua.* Voltz. (*Macculochii.* Sow.)
Plicatula.
Ostrea irregularis. Goldf.
Pecten glaber. Hehl.
— *priscus.* Schlot.
Monotis (Avicula) inæquivalvis. Sow.
Plagiostoma giganteum. Sow.
— *Hermanni.* Voltz.
— *pectinoides.* Ziet.
Pinna Hartmanni. Ziet.
Pleuromya unioides. Agass. (*Unio liasinus.* Ziet.)
— (*Pholadomya*) *rostrata.* Agass.
— *striatula.* Agass.
— *glabra.* Agass.
— *galathea.* Agass.
— *crassa.* Agass.
Cardinia quadrata. Agass.
Pholadomya ambigua. Sow.
Mactromya liasina. Agass. (*Corbula.*)
Inoceramus dubius. Ziet.
Astarte complanata. Rœm.
Trochus anglicus. Sow. [1]
Helicina polita. Sow.
Ammonites psilonotus. Quenst. (*A. torus* et *tortilis.* D'Orb.)
— *liasicus.* D'Orb.
— *angustatus.* Schlot.
— *Bucklandi.* Sow.
— *Conybeari.* Sow.
— *Turneri.* Sow.
— *planicosta.* Sow.

---

[1] Et d'autres espèces de *trochus*.

Nautilus aratus. Schlot.
— *latidorsatus.* Schl.
Belemnites brevis. Bl. (*B. acutus.* Miller.)

CRUSTACÉS.

Glyphœa grandis. H. de Meyer

VERTÉBRÉS.

Ichthyodorulithes.
Grand plastron du *Dapedius granulatus.* Agass. Trouvé à Mertzwiller.
Dents et écailles de poissons.
Des ossements d'un saurien qui devait être de très-grande dimension ont été rencontrés près de Mutzenhausen, en 1844, dans une excavation faite pour les études du chemin de fer. On a souvent trouvé aussi des ossements de reptiles à Zutzendorf, et des vertèbres de grands sauriens à Zinswiller.

Couches supérieures avec gryphœa cymbium [1].

VÉGÉTAUX.

Bois fossiles (*cycadées*). *Zamioxylon liasinum.* Schimper, Musée de Strasbourg.

RADIAIRES.

Pentacrinites basaltiformis. Miller.

MOLLUSQUES.

Terebratula numismalis. Sow.
— *rimosa.* De Buch.
— *variabilis.* Schlot.
— *furcillata.* De Buch.
— *tetraëdra.* Sow.
— *acuta.* Phill. (nombreuse et très-belle).
— *intermedia.* Phill.
— *triplicata.*
Spirifer verrucosus. De Buch.
Gryphæa cymbium. Lam.
Ostrea.
Plicatula spinosa. Lam.
— *nodulosa.* Rœm.
Pecten priscus. Schlot.
— *æquivalvis.* Sow. (*acuticostatus.* Lam.)

---

[1] La plupart de ces espèces se rencontrent à Uhrwiller.

Pecten velatus. Goldf. (*papyraceus.* Ziet.)
— espèces lisses non déterminées.
Monotis (*Avicula*) *inæquivalvis.* Sow.
Avicula cygnipes. Phill.
Plagiostoma Hermanni. Voltz.
— *semilunare* (variété de *P. giganteum*).
— *duplicatum.* Sow. *pectinoides.* Ziet.
Pholadomya glabra. Agass.
Homomya ventricosa. Agass. (*Pholadomya.* Quenst.)
— *alsatica.* Agass.
Pleuromya unioides. Agass.
— *rostrata.* Agass.
— *glabra.* Agass.
Mactromya globosa. Agass. (*Corbula.* Voltz.), avec son test.
Hippopodium ponderosum. Sow.
Cucullæa Munsteri. Ziet. (avec le test).
Cardium truncatum. Phill.
— *cucullatum.* Goldf.
Trochus anglicus. Sow.
Pleurotomaria tuberculata.
Turritella Zieteni.
Helicina expansa. Sow. (*Pleurotomaria.*)
— *solaioides.* Sow.
Ammonites amaltheus. Schlot. *nudus.* Quenst.
— — *gibbosus.* Ziet.
— — *giganteus* (*Engelhardti.*
— *costatus.* Rein. *spinatus.* D'Orb. [D'Orb.)
Nautilus aratus. Schlot.
Belemnites clavatus. Blainv. (*pistilliformis*).
— *umbilicatus.* Blainv. (*ventroplanus.* Voltz.)
— *paxillosus.* Schl. (*Bruguerianus.* D'Orb.)
— *elongatus.* Miller.
— *tripartitus.* Quenst.
— *breviformis* (*amaltheus.* Quenst.).
— *rostriformis.* Voltz.
— *digitalis.* Blainv.

CRUSTACÉS.

Fragments d'écrevisses.

REPTILES.

Dents *d'Ichthiosaurus.*

Marnes à ovoïdes.

RADIAIRES.

Pentacrinites subangularis. Goldf.

Pentacrinites basaltiformis. Miller.

ANNELIDES.

Serpula.

MOLLUSQUES.

Terebratula bidens. Sow.
— *lagenalis.* Sow.
Spirifer octoplicatus. Sow.
Pecten dentatus. Sow. (*textorius.* Munst.)
— *vimineus.* Sow.
— *tumidus.* Ziet. *Spondylus velatus.* Goldf.
Spondylus tuberculosus. Goldf.
Plagiostoma pectinoides. Ziet.
Cardium truncatum. Phill.
Inoceramus gryphoides. Goldf. (*dubius.* Ziet.)
Pleurotomaria.
Ammonites jurensis. Ziet.
— *Davœi.* Sow.
— *Henleii* et *Bechei.* Sow.
— *complanatus.* Brug. } *capellinus.* Quenst.
— *discoides.* Ziet.
— *radians depressus.* Quenst.
— — *compressus.* Quenst. (*normanianus.* D'Orb.)
— — *quadratus.* Quenst. (*thoarsensis.* D'Orb.)
— — *costula.* Ziet.
— — *complus.* Schlot.
— — *lineatus.* Ziet.
— — *solaris.* Phill. (*Levesquei.* D'Orb.)
— — *gigas.* Quenst.
— *concavus.* D'Orb.
— *Loscombi.* D'Orb. (*heterophyllus?*)
— *Germainii.* D'Orb. (*lineatus.* Quenst.)
— *fimbriatus.* Sow.
— *insignis.* Schub.
— *planicosta.* Sow.
Nautilus aratus jurensis. Quenst.
Belemnites acuarius tubularis. Quenst.
— — *ventricosus.* Quenst.
— — *longisulcatus.* Quenst.
— *macroconus.* Kurr[1].

Marnes supérieures.

La couche inférieure qui, à Uhrwiller, recouvre immédiate-

[1] C'est, d'après M. Quenstedt, l'alvéole du *belemnites clavatus.*

ment les marnes à ovoïdes et forme l'équivalent des marnes à *ammonites torulosus* de M. Quenstedt, a été ordinairement confondue avec les marnes à ovoïdes ; elle renferme :

Cyatophyllum mactra. Goldf.
— *tintinabulum.* Goldf.
Astarte lurida. Quenst. (*Astarte Voltzii.*)
Cucullæa inæquivalvis. Goldf.
Inoceramus.
Nucula Hammeri. Goldf. (*ovalis.* Goldf. est la jeune.)
— *claviformis.*
Goniomya Engelhardti. Agass.
Pholadomya compta. Agass.
Cardium truncatum. Phill.
— *striatulum.* Phill.
Trigonia pulchella. Agass.
Trochus duplicatus. Bronn.
Turbo capitaneus. Quenst.
— *subangulatus.* Quenst.
Cerithium tuberculatum. Marc. de S.
Dentalium.

La partie supérieure de ces marnes, que M. Quenstedt a désignée dans le Wurtemberg sous le nom de couche à *ammonites opalinus* et à *trigonia navis*, renferme à Gundershoffen :

VÉGÉTAUX.

Fucoïdes ressemblant au *fucoides granulosus.* Brong.
Bois fossiles de *cycadées* et de *palmiers.*

ANNELIDES,

Serpula.

MOLLUSQUES.

Ostrea.
Anomya. Voltz. (*Placuna.* Bronn et Quenst.)
Gryphæa calceola. Quenst.
Pecten demissus. Phill. et autres espèces lisses.
— *contrarius.* De Buch.
Monotis substriata. Munst.
— *inæquivalvis.* Sow.
Plagiostoma duplicatum. Sow.
Pholadomya reticulata. Agass.
— *compta.* Agass.
— *Voltzia.* Agass.
Arcomya. Agass.
Pleuromya unioides. Agass.
— *æquistriata.* Agass.

Goniomya Knorrii. Agass.
— *Voltzii.* Agass.
Gresslya major. Agass.
— *pinguis.* Agass.
Cucullæa inæquivalvis. Goldf.
— *elongata.* Phill.
Nucula Hammeri. Goldf.
— *Palmæ.* Sow.
Cardium striatulum. Quenst.
Gervillia pecten. Desl. *aviculoides.* Sow. et Voltz.
Inoceramus (espèce nouvelle).
Astarte Voltzii. Hœn.
Orbicula papyracea. Munst.
Trigonia navis. Lam.
— *costata.* Park. (*similis.* Agass.)
— *tuberculata.* Agass. (*pulchella* adulte ?)
Tellina guidia. Voltz.
— *truncata.* Agass.
Modiola scalprum. Voltz.
— *hillana.*
— *gregaria.* Goldf.
Cerithium tuberculatum. Marc. de S. (*Turritella ; Chemnitzia.* D'Orb.)
Helicina expansa. (*Pleurotomaria?*)
Pleurotomaria tuberculata.
Turbo.
Trochus.
Euomphalus minutus. Ziet.
Dentalium.
Ammonites ammonius. Schlot. *a*) var. *opalinus.* Rein.
— — *b*) var. *Aalensis.* D'Orb. (*Murchisonæ.* Sow.
— — *acutus.* Quenst.
— — *obtusus.* Quenst.
— *radians solaris.* Phill. (*Levesquei.* D'Orb.
— — *Aalensis.* Quenst.
Ammonites Acteon. D'Orb. (var. de l'*A. radians*).
A. torulosus. Schubl.
A. cornu-copiæ. D'Orb. (n'est qu'un *A. torulosus* jeune).
Nautilus latidorsatus. D'Orb.
— *truncatus.* D'Orb.
Belemnites irregularis. (*digitalis.* Blainv.)
— *compressus.* Voltz.
— *subdepressus.* Voltz.
— *compressus paxillosus.* Quenst.

Belemnites compressus conicus. Quenst.
— *clavatus.* Blainv.
— *subclavatus.* Voltz.
— *acutus.* Sow.
— *breviformis.* Voltz.

CRUSTACÉS.

Écussons d'écrevisses.

VERTÉBRÉS.

Dents et écailles de poissons.
Dents de sauroïdes.

Outre les espèces précédentes, on a trouvé à Mulhausen, dans le diluvium qui est formé des débris des couches liasiques, les espèces suivantes, sans que l'on sache exactement à laquelle des couches précédentes il convient de les rapporter :

Ammonites Natrix. Quenst.
— *Hollandrei.* D'Orb.
— *Dudressieri.* D'Orb.
— *Taylori.* Sow. (*proboscideus.* Ziet.)
— *planicosta.* Sow.
Trochus princeps. Koch.
Turritella (Chemnitzia. D'Orb.) *undulosa.* Ziet.
— *tristriata.* Ziet.
Panopæa (espèce nouvelle)?
Plicatula nodulosa. Bronn.
Fragments d'*ophiura.*
Clythia Mandelslohi. H. de Meyer.
Écailles de *lepidotus.*

Marnes et grès supraliasiques.

Trigonia costata. Park. (*similis.* Agass.)
Pecten personatus. Goldf.
— *demissus.* Phill.
Inoceramus.
Pholadomya foliacea. Agass.
— *arenacea.* Agass.
— *triquetra.* Agass.
Trigonia similis. Agass.
Modiola plicata. Voltz.
Pinna mitis. Phill.
— *cuneata.* Phill.
Chenopus subpunctatus. Goldf.
Ammonites Murchisonæ.

Belemnites.
Écussons d'écrevisses.
Empreintes de dents de sauroïdes.

Oolithe inférieure [1].

On y a trouvé jusqu'à présent :

ZOOPHYTES.
Aulopora dichotoma. Goldf.

RADIAIRES.
Cidarites maximus. Goldf.

ANNELIDES.
Serpula socialis. Goldf.
— *gordialis.* Goldf.
— *limax.* Goldf.
— *grandis.* Goldf.
— *tricarinata.* Goldf.

MOLLUSQUES.
Terebratula resupinata. Sow.
— *perovalis.* Sow.
— *ornithocephala.* Sow.
— *biplicata.* Sow.
— *spinosa.* Sow.
— *variabilis.* Sow.
Lingula Beanii. Phill.
Gryphæa calceola. Quenst.
Ostrea calceola. Goldf.
— *crista-galli.* Sow.
— *eduliformis.* Schot.
Pecten personatus. Goldf.
— *demissus.* Phill.
— *lens.* Sow.
Cucullæa oblonga.
Trigonia clavellata. Sow.
— *costata.* Sow.
Avicula elegans. Quenst. (*Monotis.*)

[1] Cette liste et la suivante, qui donnent les noms de fossiles appartenant aux deux principales subdivisions de l'étage oolithique, sont certainement incomplètes ; car les fossiles de cet étage n'ont pas encore été recherchés avec soin dans le Bas-Rhin.

TERRAIN JURASSIQUE.   161

Plagiostoma tenuistriatum. Goldf.
— duplicatum. Sow.
Lima proboscidea. Sow.
Pholadomya Murchisoni. Sow.
— *fidicula.* Sow.
— *Heraulti.* Agass.
— *costellata.* Agass.
Pleuromya Alduini. Agass.
— (espèces nouvelles). Agass.
Corimya glaber. Agass.
— *alter.* Agass.
Arcomya calceiformis. Agass.
Gresslya pinguis. Agass.
— *lotior.* Agass.
— *tumida.* Agass.
Goniomya angulifera. Agass.
Astarte trigonalis. Sowesb.
Modiola gregaria. Goldf.
— *gibbosa.* Sow.
Perna mytiloides. Lam. (*quadrata.* Sow.)
Gervillia tortuosa. Phill.
Inoceramus. (*Tellina.*)
Ammonites Humphrisianus Sow.
— *Murchisonæ acutus.* Quenst.
— — *obtusus.* Quenst.
— *Eduardianus.* D'Orb.
— *Sowerbii.* D'Orb.
— *Gervillii.* D'Orb.
— *Parkinsoni.* Sow.
— *subradiatus.* Sow.
Nautilus lineatus. Sow.
— *latidorsatus.* D'Orb.

Grande oolithe y compris le *Bradford clay.*

Voici les fossiles qui y ont été indiqués par M. Voltz. On en a ajouté quelques autres déterminés plus récemment :

ZOOPHYTES.

[1] Achilleum truncatum. Goldf.
Tragos pisiforme. Goldf.
**Cellepora orbiculata.* Goldf.
**Ceriopora orbiculata.* Voltz.

[1] Les fossiles les plus communs sont ici marqués d'un astérique.

Cyatophyllum decipiens. Goldf.
Aulopora compressa. Goldf.
— *dichotoma.* Goldf.

RADIAIRS.

Galerites depressus. Lam.
Clypeaster clunicularis. Schlot.
Nucleolithes scutatus. Lam.

ANNELIDES.

Serpula vertebralis. Goldf.
— *quadrilatera.* Goldf.
— *conformis.* Goldf.
— *convoluta.* Goldf.
— *tricarinata.* Goldf.
— *quinquangularis.* Goldf.
— *gordialis.* Goldf.
— *filaria.* Goldf.

MOLLUSQUES.

Terebratula globata. Sow.
— *ornithocephala.* Sow.
— *obesa.* Sow.
— *Mantellina.* Sow.
— *varians.* Schl.
Ostrea obsoleta. Sow.
— *costata.* Sow.
— *patella.* Münst.
Gryphæa nana? Sow.
Pecten lens. Sow.
— *arcuatus.* Sow.
— *vagans.* Sow.
— *rigidus.* Sow.
— *fibrosus.* Sow.
Plagiostoma elongatum. Sow.
Avicula inæquivalvis. Sow.
Perna mytiloides. Desh.
Modiola pulchra. Phill.
— *plicata.* Sow.
— *cuneata.* Sow.
Trigonia costata. Sow.
— *clavellata.* Sow.
Nucula pectinata. Sow.
Cucullæa, indéterminée.
Isocardia minima. Sow.

Cardium incertum. Phill.
Mya angulifera. Sow.
Pholadomya Murchisoni. Sow.
Goniomya pro'ensa. Agass.
Homomya gibbosa. Agass.
Cercomya Schimperi. Agass.
Mactromya littoralis. Agass.
Gresslya striata. Agass.
— *abducta.* Agass.
Pleuromya striatula. Agass.
Belemnites canaliculatus. (Ziet., Schl.)
Ammonites colubratus. Ziet.
— *Parkinsoni.* Sow.
— *communis.* Sow.
— *decipiens.* Sow.
Nautilus giganteus. D'Orb.

CRUSTACÉS.

Palinurus.

CHAPITRE VIII.

TERRAINS TERTIAIRES.

Le terrain crétacé qui a été déposé à la suite du terrain jurassique, et qui s'étend sur une partie considérable de l'Europe, manque dans le département du Bas-Rhin, de même que les étages jurassiques supérieurs. Il paraît que le relief du sol ne permettait pas à la mer crétacée de pénétrer dans cette partie de la vallée du Rhin. Mais plus tard, pendant la période tertiaire, la nappe d'eau qui couvrait la Basse-Suisse et une partie des contrées voisines a pu s'étendre entre les Vosges et la Forêt-Noire, ainsi que l'attestent les dépôts tertiaires dont nous allons nous occuper.

En général, les terrains tertiaires du département sont superposés à l'un des étages du terrain jurassique. Sur une grande partie de leur étendue, ils sont recouverts par les alluvions anciennes et modernes. Ce n'est, pour ainsi dire, qu'accidentellement, sur les lieux où des dénudations ont enlevé le dépôt qui les masque, qu'on les voit affleurer. Aussi la coordination de certaines parties de ce terrain n'est-elle pas toujours facile à établir, surtout parce que la composition des couches contemporaines ne présente plus, sur de grandes étendues, l'uniformité que nous avons reconnue dans les terrains stratifiés plus anciens.

Les terrains tertiaires n'affleurent dans le département que sur 36 kilomètres carrés, c'est-à-dire qu'ils y occupent moins de superficie qu'aucun des autres terrains stratifiés; mais il existe des espaces assez étendus où les dépôts tertiaires ne sont recouverts par les alluvions que sur quelques mètres d'épaisseur, par exemple aux environs de Haguenau.

Nous allons passer en revue les régions du Bas-Rhin où les terrains tertiaires se présentent avec les caractères les plus prononcés; nous terminerons par quelques généralités sur ces terrains, en cherchant à faire ressortir leur âge relatif.

Couches de Bechelbronn, leur prolongement à Soultz-sous-Forêts et à Schwabwiller[1].

On rencontre des dépôts tertiaires au fond de beaucoup de vallées et de vallons, depuis les environs de Wissembourg jusqu'à Forstheim, sur une longueur de 25 kilomètres, et depuis la chaîne du Liebfrauenberg jusqu'au delà de Soultz-sous-Forêts, c'est-à-dire sur une largeur d'environ 7 kilomètres.

Composition de l'ensemble des couches de Bechelbronn. — Les couches dans lesquelles sont ouvertes les mines de Bechelbronn sont principalement formées de marnes grises ou verdâtres, quelquefois sableuses, auxquelles sont subordonnés des lits de sable. Le sable, qui est rarement exempt d'argile, est souvent agglutiné par un ciment calcaire sous forme d'un grès assez cohérent ; accidentellement ce grès passe au poudingue. Les marnes sont quelquefois plastiques, lorsqu'elles ne contiennent que peu de carbonate de chaux ; le plus souvent elles sont schisteuses et micacées ; au moment où elles viennent d'être extraites, elles exhalent fréquemment une odeur qui a quelque ressemblance avec celle de la térébenthine. Certaines couches marneuses d'un rouge brun vif rappellent, par leur coloration, les marnes du keuper.

Détail des couches traversées par le puits Madeleine. — La succession suivante de couches a été rencontrée, du haut en bas, dans le puits Madeleine qui a été foré en 1839 :

	Mètres.
1° Terre végétale.	1,30
2° Argile et marne	9,08
A reporter	10,38

---

[1] Il a déjà été publié sur le terrain des environs de Bechelbronn et de Lobsann plusieurs notices :

Calmelet, *Description de la mine de lignite de Lobsann. Journal des mines.* 1813, t. XXXII, p. 369.

De Laizer, *Leonhard's Taschenbuch für Mineralogie.* 1822, t. XVI, p. 612.

Voltz, même collection. 1825, t. XXI, p. 355. *Topographie des deux départements du Rhin.* 1828, p. 32 et 62.

Héricart de Thury, *Notice sur les mines de Lobsann.* 1838.

Daubrée, *Notice sur le gisement du bitume, du lignite et du sel dans le terrain tertiaire des environs de Bechelbronn et de Lobsann. Annales des mines*, 4ᵉ série, t. XVI, p. 287, et *Bulletin de la Société géologique de France*, 2ᵉ série, t. VII, p. 444.

CONSTITUTION GÉOLOGIQUE.

	Mètres.
Report . .	10,38
3° Sable bitumineux.	0,16
4° Marne bleuâtre	3,89
5° Grès.	0,48
6° Marne bleuâtre	3,89
7° Grès.	0,16
8° Marne	1,78
9° Marne sableuse et sable noir . .	1,62
10° Marne bleuâtre	2,27
11° Argile rouge	0,65
12° Sable bitumineux	0,10
13° Marne sableuse	1,19
14° Argile rouge	0,81
15° Marne bleuâtre entremêlée de sable noir	6,33
16° Argile rouge	0,78
17° Grès.	0,67
18° Argile rouge	0,97
19° Marne grise	0,97
20° Grès.	0,24
21° Argile rouge	1,24
22° Grès.	0,08
23° Argile rouge	0,73
24° Marne bleue	1,02
25° Sable bitumineux.	0,32
26° Marne grise	1,08
27° Grès.	0,40
28° Marne grise	0,51
29° Sable bitumineux.	0,43
30° Marne bleue	0,32
31° Sable bitumineux.	0,32
32° Marnes bleuâtres et noires. . .	10,36
33° Grès.	0,32
34° Marne grise	1,95
35° Sable bitumineux.	0,32
36° Marnes bleuâtres et noires entremêlées de sable bitumineux. .	5,66
37° Sable bitumineux.	1,78
38° Marne mélangée de grès . . .	0,97
A reporter . .	68,71

	Mètres.
Report . .	68,71
39° Sable bitumineux.	1,30
40° Grès.	0,81
41° Marnes grises et noires. . . .	2,10
42° Grès.	0,32
43° Marnes bleuâtres et rouges renfermant des lits de sable bitumineux	4,21
Épaisseur totale . . .	77,45

Ainsi ce puits a rencontré, à différentes profondeurs, huit couches de sable bitumineux dont l'épaisseur totale est de $4^m,73$; on voit que les argiles et les marnes y prédominent beaucoup par rapport au grès.

Le sable bitumineux, objet de l'exploitation, qui consiste en sable mélangé de bitume, forme, au milieu des sables et des grès stériles, des amas aplatis parallèlement à la stratification. Ces amas stratiformes sont fort allongés par rapport à leur largeur, de sorte que, considérés en projection horizontale, ils présentent la forme de longs boyaux (fig. 50). {Le sable et le grès bitumineux sont en amas stratiformes.}

L'épaisseur des amas bitumineux varie ordinairement de $0^m,80$ à 2 mètres, et s'élève tout à fait exceptionnellement jusqu'à 4 mètres; vers les bords, leur épaisseur diminue jusqu'à s'annuler complétement, de sorte que la section transversale de ces amas est lenticulaire. Il en est qui ont été suivis sur une longueur de 800 mètres, avec une largeur moyenne de 30 mètres, qui accidentellement allait jusqu'à 60 mètres. Pour abréger, nous donnerons à ces amas stratiformes le nom de *veines*, qui convient d'ailleurs mieux à leur forme allongée que celui de couches, par lequel les désignent les mineurs. Au lieu de se terminer tout à fait, une veine se réduit souvent à un lit mince de sable peu riche en bitume; cette traînée de sable forme comme une trace qui, poursuivie, fait quelquefois découvrir d'autres veines situées au même niveau. {Formes et dimensions de ces amas bitumineux.}

Dans les travaux de Bechelbronn, les couches, abstraction faite de faibles ondulations, se dirigent N. 33°. E. à S. 33°. O.; elles plongent vers E. 33°. S. de $0^m,043$ par mètre, c'est-à-dire de 2° 27'. Cette direction est parallèle à celle d'une partie des failles qui limitent le grès des Vosges dans le voisinage. {Direction de la stratification et des veines bitumineuses.}

Un coup d'œil jeté sur la figure 50 montre la disposition des différentes veines bitumineuses ; elles s'étendent longitudinalement, suivant une direction assez prononcée qui varie entre N. 22° à 58°. E — S. 22° à 58°. O., c'est-à-dire que ces veines sont moyennement allongées parallèlement à la stratification du terrain.

Nature du minerai bitumineux.
Le bitume de Bechelbronn est visqueux et d'un brun foncé. Le bitume vierge, qui est apporté par l'eau d'une source située près de la fabrique, est plus fluide que celui que l'on extrait par l'ébullition ; son odeur est aromatique.

M. Boussingault a fait connaître la composition et les caractères chimiques de ces bitumes[1].

1° *Bitume obtenu du sable par le traitement à l'eau bouillante.* En soumettant ce bitume à une distillation ménagée à 230 degrés, on obtient une huile jaune qui présente toutes les propriétés du pétrolène. M. Boussingault y a trouvé :

Carbone . . . 88,2 à 88,6
Hydrogène . . . 12,7 à 12,3

Il contient en outre une petite quantité d'oxygène.

2° *Bitume vierge.* Ce bitume est celui qui surgit avec une source d'eau dans une prairie près de l'usine. Son odeur est aromatique ; il est brun. Sa consistance est beaucoup moins ferme que celle du bitume provenant du traitement du sable. M. Boussingault y a trouvé :

Carbone . . . 88,3
Hydrogène . . . 11,1
Azote . . . 1,1
—————
100,5

Comme ce bitume renferme très-probablement une certaine quantité d'oxygène, le gain fait dans l'analyse s'élève au-dessus de 0,5 p. 100.

Le sable contient rarement au delà de 4 p. 100 de bitume, et sa teneur moyenne ne dépasse pas 2 p. 100.

Argile qui y est mélangée.
De l'argile est ordinairement mélangée au sable bitumineux, soit sous forme de petits fragments irréguliers, soit en lits parallèles à la stratification. Cette argile est un obstacle à l'extraction du bitume qu'elle retient avec force.

[1] *Annales des mines*, 3ᵉ série, t. XI, p. 448, et t. XIX, p. 609. *Annales de chimie et de physique*, t. XXIII, p. 442.

La pyrite de fer, que l'on rencontre dans les différentes couches du terrain, est surtout abondante dans les veines bitumineuses et à proximité des débris de végétaux que contiennent ces veines. Lorsqu'elle y est en particules invisibles à l'œil nu, ainsi qu'il arrive ordinairement, la pyrite est reconnaissable sur les haldes des mines par l'apparition de beaucoup d'efflorescences blanches et terreuses de gypse, qui se produisent au bout de quelques semaines par l'action de l'air sur le sulfure de fer. La pyrite se trouve aussi en rognons de quelques centimètres de diamètre et en plaquettes; quelquefois elle forme des tubes creux de plusieurs décimètres de longueur, parce qu'elle s'est incrustée autour d'un morceau de bois qui a disparu par la décomposition. A Bechelbronn, comme dans la plupart des terrains, on reconnaît donc clairement l'influence que la matière végétale ou réductrice a exercée sur la fixation de la pyrite. *Pyrite de fer.*

Les eaux qui découlent des tailles d'exploitation charrient une grande quantité de bitume, ainsi qu'on peut le voir dans les travaux qui dépendent du puits Salomé. Il serait donc possible que les eaux souterraines eussent opéré un déplacement notable de bitume, depuis que cette dernière substance est enfouie dans le terrain. *A part la présence du bitume, le grès bitumineux ne diffère en rien du grès stérile.*

Les couches de Bechelbronn sont connues, par les différents travaux qui y ont été ouverts, sur 110 mètres d'épaisseur[1], sans qu'on en ait encore atteint la limite inférieure. *Épaisseur du terrain exploré.*

Les veines bitumineuses exploitables dont on a conservé le souvenir, occupent dans ce terrain différents niveaux qui sont compris dans une épaisseur totale de 80 mètres. La figure 54 montre la disposition des veines qui ont été rencontrées pendant ces quinze dernières années.

Certaines veines de sable, particulièrement celles qui sont riches en bitume, exhalent de l'hydrogène protocarboné avec une abondance telle qu'il s'est produit à plusieurs reprises des inflammations dans les travaux. Une détonation de cette nature, survenue le 16 juin 1845 dans la veine Madeleine, et plus violente que toutes celles qui ont eu lieu depuis un siècle, a causé la mort à cinq mineurs. On évite le *Du gaz inflammable s'exhale du sable bitumineux.*

---

[1] Depuis l'orifice du puits Madeleine jusqu'au fond du puits Joseph.

retour de pareils accidents en ne pénétrant plus dans les travaux qu'avec la lampe de Davy, et en suspendant l'exploitation pendant l'été, époque à laquelle l'aérage est peu actif.

<small>Violence de ce dégagement dans quelques cas.</small> On a pu juger de la violence avec laquelle l'hydrogène carboné se dégage quelquefois des couches de Bechelbronn, lorsqu'on a foncé le puits Joseph, au mois d'avril 1849. A une profondeur de 19^m,50, on rencontra un premier dégagement très-fort de *grisou*, qui néanmoins n'arrêta pas le travail ; ce dégagement résultait de ce que l'on se trouvait sur le toit d'une couche de sable bitumineux de 0^m,60 d'épaisseur, dont l'existence était inconnue. Quand on arriva à la profondeur de 32 mètres, le gaz s'échappa du fond du puits plus violent que jamais, avec accompagnement d'une veine d'eau d'un volume de 13 litres par minute, qui était projetée à 2 mètres en distance horizontale. Le jaillissement du gaz faisait alors entendre un bruit que les mineurs ne peuvent mieux comparer, pour l'acuité et la force, qu'aux cris de plusieurs porcs sous le couteau du boucher : ce bruit était tel qu'il couvrait totalement la voix des ouvriers. Le sol argileux, par les interstices duquel s'échappait le grisou, quoique ayant un mètre d'épaisseur, bouillonna pendant deux jours comme la surface d'une chaudière de raffinage de pétrole en pleine ébullition.

En présence d'un tel dégagement de gaz, et malgré la légèreté spécifique de l'hydrogène protocarboné qui le favorisait, le tissu métallique de la lampe de Davy devenait immédiatement incandescent ; il fut donc impossible aux mineurs de pousser le foncement du puits, tant que la roche ne fût pas éventée sur ce point. La couche qui provoquait le dégagement de gaz dont il vient d'être question, n'avait que 0^m,16 d'épaisseur ; son odeur aromatique très-pénétrante rappelait celle du bitume de Schwabwiller, d'où il se dégage aussi de l'hydrogène carboné en abondance.

<small>Analogie avec d'autres contrées.</small> On sait que, dans beaucoup d'autres localités, du gaz inflammable se dégage aussi des gîtes de pétrole et de bitume. Telle est l'origine des feux naturels si connus dans les Apennins, à la Pietra-Mala, aux environs de Modène, à Velleia, dans le Placentin : ces dégagements de gaz sont à proximité de pétrole ou de bitume et d'eau salée. Près des sources bitumineuses des Karpathes, comme dans les vastes

gîtes de bitume en Albanie (à Condessi), en Crimée, dans le Kourdistan, sur les bords de la mer Caspienne, du gaz inflammable est exhalé du sol à peu près dans les mêmes conditions qu'en Toscane et en Alsace. Mais le gaz inflammable ne consiste pas partout en hydrogène protocarboné; dans les contrées où le bitume est plus ou moins mélangé de naphte, il se dégage aussi de l'hydrogène bicarboné. Ainsi le gaz recueilli à l'un des petits volcans boueux de la presqu'île de Taman, en Crimée, contient, d'après l'analyse de M. Gœbel [1], sur 100 parties : 79 d'hydrogène bicarboné, 13,7 seulement d'hydrogène proto-carboné et, en outre, 5 d'oxyde de carbone. A Backou et dans l'île de Tscheleken, les mineurs qui creusent les puits dans lesquels doit suinter le naphte, sont quelquefois asphyxiés par l'hydrogène protocarboné qui paraît y être mélangé de vapeur de naphte [2].

Empreintes de végétaux et lits minces de lignite. — Des indices de végétaux sont disséminés dans le terrain, particulièrement dans le grès à grain grossier, où il se rencontre de nombreuses tiges, et dans de petites couches de marne noirâtre; mais ces débris sont généralement peu reconnaissables. En outre, des lits très-minces de lignite alternent avec le sable bitumineux, et l'on peut quelquefois compter une dizaine de ces plaquettes de lignite dans un décimètre d'épaisseur. C'est à la limite du sable bitumineux et du terrain stérile que les feuillets de lignite sont surtout nombreux; aussi présagent-ils au mineur le terme de la veine exploitable.

Débris de coquilles terrestres et d'eau douce. — Dans les grès riches en empreintes végétales, on rencontre des coquilles qui sont en général friables, déformées et dans un si mauvais état de conservation qu'elles sont difficilement reconnaissables. Elles paraissent appartenir aux genres *bulime*, *cyclostome*, *hélice*, *lymnée*, *maillot* [3] et *pupa*.

On a trouvé, en 1851, d'autres coquilles dont le test est parfaitement conservé et paraît même avoir encore une partie de ses couleurs primitives. Elles étaient enfouies dans une couche marneuse, de 0^m,10 d'épaisseur, située au sol

---

[1] Fr. Gœbel, *Reise in die Steppen des südlichen Russlands*, II, 138.
[2] Hess, *Composition des feux sacrés de Backou* (*Annales des mines*, 3ᵉ série, t. XV, p. 559). — *Annales des mines de Russie*, 1838, p. 158.
[3] C'est sur les haldes du puits Salomé et du puits Joseph que j'ai trouvé le plus de ces coquilles.

de la couche Madeleine[1]. Ces coquilles appartiennent au genre *anodonta*, qui est fort rare à l'état fossile. M. Schimper leur a donné le nom de *anodonta Daubreana*. Elles sont accompagnées d'une *paludine* voisine de la *p. lenta*.

On voit que toutes ces coquilles sont d'eau douce ou terrestres.

Historique de l'exploitation du bitume.

Une source dont l'eau est chargée de bitume, et qui jaillit dans une prairie près de l'habitation de Bechelbronn, a été l'origine de l'exploitation actuelle; c'est de l'ancien nom de Pechelbronn (*source de poix*) que dérive par corruption celui de Bechelbronn. On se bornait autrefois à recueillir le bitume qui surnageait dans le bassin de cette source. Wimpheling, qui écrivait en 1498, dit que depuis longtemps on se sert du bitume de Bechelbronn; dans le seizième siècle, l'eau fournissait spontanément de l'huile minérale en si grande quantité que les paysans des environs s'en servaient pour alimenter leurs lampes et pour graisser leurs voitures[2]. A 150 mètres de la source, un affleurement de sable bitumineux fut découvert, en 1735, par un médecin grec, nommé Eryn d'Erynnis, qui habitait les environs, et, en 1742, M. de la Sablonnière, qui avait déjà exploité des mines de cette nature dans le canton de Neufchâtel, ouvrit une exploitation souterraine, qui depuis lors n'a pas été interrompue.

Gîte bitumineux de Soultz-sous-Forêts.

Des argiles verdâtres, semblables à celles des environs de Bechelbronn, se rencontrent près de Soultz-sous-Forêts. Entre cette dernière localité et Retschwiller, on voit ces argiles alterner avec des couches de grès jaunâtre, à ciment calcaire, qui contiennent de petits débris de coquilles.

Une veine de sable bitumineux, semblable à celle de Bechelbronn, fut découverte, en 1771, dans ce terrain et à 4 kilomètres au sud-est de la première localité. Le gîte, situé à 17 mètres de profondeur, fut exploité par des travaux qui partaient de la rive droite de la Seltzbach et s'étendaient jusqu'à proximité de l'église. Une usine de douze chaudières, établie à Soultz pour traiter cette substance, produisait annuellement, vers 1792, jusqu'à 500 quintaux métriques de bitume[3]. Une faille qui traverse la vallée coupe tout à fait la

---

[1] Dans la galerie *C*.
[2] *Tabernæ Montani Wasserschatz*, 1584.
[3] Graffenauer, *Minéralogie économico-technique*, p. 126.

couche vers l'ouest, tandis que le sable devient très-pauvre vers l'est, et la mine fut abandonnée. Les sondages, faits depuis lors par M. Le Bel autour de Soultz-sous-Forêts, n'ont abouti à aucun résultat.

A 200 mètres à l'ouest d'Oberkutzenhausen, on voit affleurer dans un ravin du grès bitumineux semblable à celui de Bechelbronn. Il est accompagné d'argiles verdâtres et de grès à ciment calcaire, comme à Soultz-sous-Forêts. Dans le vallon dit Kinderloch, entre Preuschdorf et Gunstett, il y a aussi des marnes et des grès identiques avec ceux de Bechelbronn. *Autres lieux où l'on trouve des couches semblables à celles de Bechelbronn.*

Des couches de marnes d'un gris bleuâtre, semblables à celles de Bechelbronn, ont encore été rencontrées à Schwabwiller, village situé à 6 kilomètres au sud-est de Bechelbronn. Ces marnes sont souvent sableuses et alternent avec des sables, qui sont quelquefois agglutinés par du carbonate de chaux. *Gîte bitumineux de Schwabwiller.*

Des sondages ont été faits aux environs de Schwabwiller, en 1838 et 1839, pour la recherche du pétrole. Voici la coupe du terrain traversé par l'un des sondages (le n° 1) : *Coupe du terrain.*

	Mètres
1° Terre végétale et sol remanié . .	1,40
2° Sable jaune	2,00
3° Argile sablonneuse grise. . . .	1,20
4° Argile grise dans laquelle on a rencontré du pétrole	21,40
5° Argile bleuâtre.	4,25
6° Argile sablonneuse grise. . . .	2,40
7° Sable gris	1,70
8° Argile gris bleuâtre	40,65
9° Argile sablonneuse	0,30
Total. . .	75,30

Deux des sondages faits le long du Freischgraben ont donné de l'eau qui s'est élevée jusqu'au niveau du sol en apportant du pétrole. *Exploitation du bitume par l'eau.*

L'une des veines de sable bitumineux dont il s'agit a été exploitée pendant une dizaine d'années de la manière suivante : l'eau qui, en traversant cette couche, entraînait mécaniquement du pétrole était aspirée hors d'un puits tubé en tôle au moyen d'une pompe. L'huile minérale se séparait ensuite elle-même de l'eau comme étant plus légère ; il suffisait donc de décanter. La production annuelle du puits dont il s'agit n'a jamais dépassé 45 hectolitres de pétrole.

Autres recherches sans résultats. — Dans le but de chercher à exploiter par travaux souterrains le gîte d'où provenait le pétrole, on fit, en 1845, des sondages tout autour du puits d'exploitation, et seulement à quelques mètres de distance de ce puits. Contrairement à ce que l'on espérait, d'après la disposition horizontale habituelle aux veines bitumineuses, ces sondages dépassèrent la profondeur du premier puits sans rencontrer du bitume ; ce résultat négatif provient sans doute de ce que la couche avait été lavée et épuisée, au moins dans le voisinage du puits, par l'eau qui en avait été aspirée depuis plusieurs années. A partir de 1849, le gîte paraît être épuisé, car les eaux n'en ramènent plus que des traces de pétrole.

Composition du bitume de Schwabwiller. — Le bitume de Schwabwiller est très-fluide, d'un brun assez foncé. Son odeur qui est agréable rappelle celle du pétrolène. Il contient, d'après M. Boussingault [1] :

$$\begin{array}{ll} \text{Carbone} & 88{,}7 \\ \text{Hydrogène} & 12{,}6 \\ \text{Azote} & 0{,}4 \\ \hline & 101{,}7 \end{array}$$

Gaz inflammable. — Du gaz inflammable se dégageait aussi du puits à pétrole de Schwabwiller, ainsi que des marnes voisines ; celles-ci, lorsqu'elles viennent d'être extraites, exhalent une odeur de même nature que celle du pétrole lui-même.

Emploi. — En raison de sa fluidité, le pétrole de Schwabwiller, ainsi que celui de Bechelbronn, ne pouvait servir comme graisse. On l'a utilisé pour l'éclairage ; puis on en a extrait par distillation des huiles et du bitume.

Couches des environs de Lobsann ; leur relation avec celles de Bechelbronn.

Trois groupes de couches. — Les couches tertiaires connues aux environs de Lobsann,

---

[1] *Analyse de quelques bitumes. Annales des mines*, 3ᵉ série, t. XIX, p. 609. *Annales de chimie et de physique*, t. LXXIII, p. 442. — Dans ce travail le bitume de Schwabwiller est désigné comme provenant de Hatten.

soit par les travaux des mines, soit dans les ravins, peuvent être subdivisées, pour la description, en trois groupes, qui sont, en commençant par le bas : *a*) marnes avec sable bitumineux; *b*) calcaire d'eau douce avec lignite; *c*) marnes à coquilles marines.

a) L'étage le plus bas connu à Lobsann consiste en une série de couches de marnes et de grès, dans lesquelles on a exploité deux couches de sable bitumineux, à quelques mètres au-dessous des couches de calcaire avec lignite dont il va être question. Ces marnes sont grises, brunes, verdâtres ou quelquefois rougeâtres; quelques couches minces de calcaire leur sont subordonnées; le grès à ciment calcaire est quelquefois en masses très-dures qu'il faut faire sauter à la poudre. Cet ensemble de couches a été reconnu par des sondages sur une épaisseur qui dépasse 60 mètres. *a*) Marnes et sable ou grès bitumineux.

Le sable bitumineux que l'on exploitait à Lobsann renfermait rarement au delà de 4. p. 100 de bitume, et en général seulement de 1,5 à 2,5 p. 100. Ce bitume s'éloigne beaucoup plus de l'état fluide que celui de Bechelbronn, et appartient à la variété de bitume que l'on a désignée sous le nom de *malthe*. Richesse du sable bitumineux.

Dans les couches dont il est question on rencontre quelquefois des débris de coquilles terrestres, entre autres des *hélices*. Le grès renferme aussi de nombreux débris de végétaux, autour desquels s'est concentrée de la pyrite de fer. Dans le sable bitumineux se trouvent de petits lits de lignite, et quelquefois de gros morceaux de bois de conifère dont la structure est bien conservée. Débris organiques.

Les couches inférieures dont il s'agit sont sans doute le prolongement des couches de Bechelbronn, dans lesquelles on exploite aussi le sable bitumineux.

b) Au-dessus de cet étage marneux sont plusieurs bancs de calcaire d'eau douce, auxquels sont subordonnées des couches minces de lignite : cet ensemble occupe une épaisseur totale de 5 à 9 mètres. *b*) Calcaire d'eau douce avec lignite.

Le calcaire bitumineux ou asphaltique, qui est l'objet principal de l'exploitation, forme des couches dont l'épaisseur varie de 1 mètre à 2^m,50; il alterne avec du calcaire gris clair, qui est ordinairement tendre et même friable. Ce dernier calcaire répand par le choc la même odeur aromatique que le calcaire bitumineux proprement dit. Du reste, les deux variétés principales de calcaire ne sont pas régulièrement séparées; le calcaire bitumineux forme souvent des veines ou des taches dans le calcaire ordinaire.

Comme exemple de la disposition relative du calcaire bitumineux et du calcaire ordinaire, je citerai la coupe suivante (de bas en haut) dans la galerie dite 126 :

		Mètres.
1° Calcaire bitumineux.		1,40
2° Calcaire blanc alternant avec des lits de lignite		0,50
3° Calcaire bitumineux riche.		2,40
4° Calcaire bitumineux maigre, c'est-à-dire peu riche.		1,00
5° Calcaire blanc		0,90
6° Calcaire bitumineux maigre		0,80
7° Calcaire blanc avec lignite.		0,10
8° Calcaire bitumineux riche.		2,50
Total.		9,60

Poudingue.   Cette dernière couche est recouverte par de l'argile. Le lignite forme des lits subordonnés à tous ces bancs calcaires. Dans le calcaire compacte, on rencontre çà et là des couches d'un poudingue très-grossier, dont tous les galets proviennent du muschelkalk, et sont parfaitement arrondis. L'une de ces couches, située dans la galerie 110 *bis*, a 0^m,30 d'épaisseur.

Pyrite de fer et gypse.   De la pyrite de fer est quelquefois disséminée dans le calcaire. J'ai observé aussi une faible quantité de sulfate de chaux, même dans les variétés les plus compactes, où cette substance ne paraît pas provenir d'une décomposition journalière de la pyrite. M. Berthier a déjà reconnu le sulfate de chaux dans le calcaire bitumineux de Seyssel [1].

Le bitume est plus abondamment et plus fortement fixé dans le calcaire que dans le sable.   La proportion de bitume mélangé au calcaire de Lobsann s'élève à 10, 12 et même jusqu'à 18 p. 100 ; le calcaire est donc beaucoup plus riche en bitume que le sable. La même relation de richesse entre le sable et le calcaire bitumineux se retrouve à Seyssel, dans l'Ain.

Il y a une autre différence entre ces deux roches, considérées comme minerai bitumineux ; tandis que les grès de

---

[1] *Annales des mines*, 3e série, t. XIII, p. 609.

Lobsann et de Bechelbronn abandonnent à l'eau bouillante à peu près tout leur bitume, le calcaire bitumineux du même terrain, quoique cinq ou six fois plus riche que le grès, ne cède rien à l'eau dans les mêmes conditions ; cette dernière circonstance apporte une complication fâcheuse dans l'exploitation du bitume.

Une expérience facile peut servir à expliquer la différence considérable de richesse du calcaire et du grès. Si l'on place dans du bitume naturel de Bechelbronn des fragments de ces deux dernières espèces de roches, qui n'appartiennent pas à des variétés compactes, ils s'imprègnent bientôt d'huile minérale jusqu'à leur centre, quoique à froid ce bitume soit très-visqueux ; l'absorption est facilitée si l'on opère à une douce chaleur. C'est ainsi qu'on peut imiter artificiellement, avec une grande ressemblance, les deux espèces de minerai bitumineux de Lobsann. Mais des fragments des deux roches, de même poids et à peu près de même forme, absorbent des proportions très-différentes de bitume. La craie, dont le calcaire friable de Lobsann se rapproche beaucoup par la consistance, fixe ainsi de 17 à 24 p. 100 de son poids de bitume, tandis que le grès tertiaire grossier dont je me suis servi ne prend à chaud que 8 1/2 p. 100 de la même substance.

Expérience qui peut servir à expliquer ce fait.

Il n'est pas à supposer que, dans ces couches de calcaire et de grès, qui sont si voisines et souvent même contiguës, chaque lit de la première roche ait reçu primitivement une variété de bitume distinct par son degré de consistance et sa nature de celui qui a imprégné le grès. La différence entre les deux minerais bitumineux que nous observons aujourd'hui résulte probablement de ce que, par suite d'une action mécanique de capillarité, et peut-être aussi par une influence chimique ultérieure, le calcaire a plus abondamment et plus fortement fixé le bitume que ne l'ont fait les roches arénacées.

Il s'agit ici du bitume tel qu'il est en général fixé au calcaire, et non de celui que l'on voit accidentellement découler des entailles de la roche sur quelques points ; ce dernier ne tarde pas à s'épaissir à l'air.

Bitume découlant du calcaire.

Un fait remarquable et qui peut jeter du jour sur le mode d'arrivée du bitume, c'est que le calcaire bitumineux de Lobsann est souvent saccharoïde ou lamellaire, comme le

Le calcaire bitumineux a souvent la structure lamellaire.

calcaire des terrains cristallisés ; il contient en outre de petites cavités tapissées de cristaux rhomboédriques de chaux carbonatée. Cette structure cristalline, bien rare dans les terrains tertiaires qui sont éloignés de toute roche éruptive, contraste avec la cassure compacte habituelle au calcaire d'eau douce.

Lits de lignite. — Les couches calcaires sont en partie subdivisées par des lits de lignite très-minces et très-rapprochés. Ces lits, dont l'épaisseur n'est ordinairement que de quelques millimètres, sont eux-mêmes distants les uns des autres de cette même quantité, ou au plus de quelques centimètres ; en sorte que tout l'ensemble se compose d'une alternance de feuillets de calcaire et de lignite faiblement ondulés et parallèles : dans une épaisseur d'un mètre, on peut compter plus de 40 de ces lits à disposition rubannée. Quelques couches de lignite, qui sont assez épaisses pour être exploitées, atteignent $0^m,30$ et même $0^m,60$ d'épaisseur.

Composition du lignite. — Le lignite de Lobsann a une cassure terne et compacte. Quoiqu'elle y soit toujours invisible à l'œil nu, la pyrite de fer s'y décèle par les efflorescences de sulfate de fer qui apparaissent sur les parois des anciennes tailles, et par la forte odeur sulfureuse qui s'en dégage lors de la combustion. Il brûle très-facilement et avec une longue flamme. Un échantillon choisi et desséché à 150° a laissé 58 p. 100 de coke et 16 p. 100 de cendres. Ces cendres sont mélangées d'oxyde rouge de fer et d'un peu de sulfate de chaux.

Abondance des matières siliceuses. — Des masses siliceuses grises ou rosées, sonores et fort dures, se rencontrent abondamment dans le calcaire bitumineux, et moins souvent dans le calcaire ordinaire. Dans le lignite lui-même, on rencontre çà et là des masses quartzeuses, hérissées de petits cristaux très-brillants qui ne sont autre chose que du quartz enfumé ; ce quartz est entremêlé de lignite.

Débris de végétaux renfermés dans ces couches. Chara. — De nombreux vestiges végétaux sont renfermés dans les couches de calcaire, et surtout dans celles de lignite. Le calcaire est riche en graines et en empreintes de tiges de *chara*. Les graines sont ordinairement silicifiées et dans un état parfait de conservation : les tiges n'ont laissé que leur enveloppe, soit dans le calcaire, soit dans le silex, et la cavité contient quelquefois un enduit de bitume. Souvent l'empreinte intérieure de la graine est transformée en charbon, tandis que l'enveloppe extérieure en spirale est remplacée par du spath calcaire. On trouve à Lobsann le *chara Voltzii* (Al. Braun).

Parmi les empreintes végétales, la plupart à forme peu distincte, que renferme quelquefois le calcaire dans le voisinage du lignite, on peut citer des feuilles de dicotylédones, des prêles de grande dimension et de très-belles feuilles de palmiers qui, d'après M. Schimper, appartiennent à l'espèce de Chamærops, désignée par M. Unger sous le nom de *Flabellaria maxima*. *Feuilles de palmier.*

On a depuis longtemps remarqué dans le combustible de Lobsann du lignite en fibres bacillaires, ou plutôt en longues aiguilles, auxquelles on a donné le nom de *nadelkohle* ou de *lignite bacillaire*. Ces masses ne sont autre chose que des débris de troncs de palmiers dans lesquels, le tissu cellulaire ayant disparu par la décomposition, les faisceaux fibreux se sont trouvés mis à nu ; cependant, en général, les faisceaux adhèrent encore faiblement l'un à l'autre. Le diamètre de ces aiguilles de palmier est d'environ 0,4 de millimètre ; la longueur de leurs fragments dépasse souvent 2 décimètres. Elles sont élastiques, et leur cassure est brillante comme de la poix. *Lignite en aiguilles. Une partie du lignite se compose d'anciens troncs de palmiers.*

Le lignite en aiguilles est loin d'être une rareté ; certaines couches de lignite en sont quelquefois exclusivement formées sur de grandes étendues : les aiguilles sont alors étendues parallèlement à la stratification. Ainsi une grande partie du lignite de Lobsann résulte de la décomposition de troncs de palmiers qui sont couchés horizontalement.

La grande abondance des palmiers suffirait, à défaut d'autres considérations, pour faire rapporter le terrain de Lobsann à l'étage tertiaire moyen ou miocène, que M. Ad. Brongniart a caractérisé comme éminemment riche en débris de cet arbre [1]. *Age du lignite de Lobsann.*

Outre cette variété de lignite, on trouve fréquemment aussi à Lobsann des masses à fibres très-fines, à contours fragmentaires, qui se distinguent facilement du lignite en aiguilles par la ténuité de leurs fibres. Par son aspect, ce lignite à fibres fines ressemble beaucoup au charbon de bois obtenu par l'action de la chaleur, et il se rapporte à la variété de houille connue sous le nom de *charbon de bois mi-* *Bois de conifères à tissu bien conservé.*

---

[1] *Mémoire sur les végétaux fossiles. L'Institut* du 7 novembre 1849.

néral. Un instrument tranchant en détache facilement de petits copeaux, ce qui montre qu'il n'a pas l'aigreur du charbon de bois ordinaire ; en ceci il se rapproche plutôt du charbon de bois imparfaitement carbonisé. Chauffé dans une cornue, il exhale une forte odeur empyreumatique et produit de l'huile : il perd 34 p. 100 de son poids, c'est-à-dire presque autant que le lignite ordinaire. Il laisse 3,4 p. 100 de cendres, dont la couleur est rouge, parce que ce charbon est imprégné de pyrite de fer.

Les fibres charbonneuses dont il s'agit, observées au microscope, présentent de la manière la plus nette la ponctuation caractéristique des conifères ; les conifères concouraient donc avec les palmiers à former les forêts aujourd'hui enfouies dans le lignite de Lobsann.

Succin ; sa fréquence dans certaines couches. — Le succin, loin d'être une rareté à Lobsann, comme on l'a cru, forme, dans certaines couches de lignite, de petits grains extrêmement fréquents. La grosseur de ces grains, qui sont arrondis, excède rarement celle d'un pois, et n'est souvent que de la dimension d'une tête d'épingle ; ils sont jaunes et ordinairement transparents. Dans un morceau d'un décimètre cube, j'ai pu compter jusqu'à 40 gouttelettes de succin.

C'est dans les lits qui renferment du charbon de bois de conifère que l'on trouve le plus abondamment des grains de succin. Cette association, rapprochée de la propriété habituelle aux conifères de sécréter abondamment de la résine, nous amène à reconnaître clairement l'origine du succin de Lobsann. Comme confirmation, on peut ajouter que, lorsqu'on examine au microscope les fibres de ces conifères, avant qu'elles aient été calcinées, leur ponctuation est d'un jaune de miel ; ce qui montre qu'elles sont encore imprégnées de substance résineuse. Du succin est venu quelquefois aussi envelopper les faisceaux fibreux des palmiers.

Nombreux vestiges de coquilles d'eau douce. — Dans les couches de calcaire qui avoisinent le lignite, et dans le lignite lui-même, on trouve beaucoup de débris de coquilles d'eau douce. Ces coquilles sont, tantôt à l'état friable, tantôt elles n'ont laissé que leurs empreintes, de sorte qu'elles ne peuvent être déterminées avec précision. Les *planorbes* y sont très-communes, particulièrement au toit des lits de lignite, où l'on rencontre aussi beaucoup de *bulimes* et de *paludines*. Dans les coquilles appartenant à ces deux derniers genres, on distingue, d'après M. Alexandre Braun, les espèces *bulimus gregarius* et *paludina acuta*.

Au milieu du lignite même on a rencontré une dent de rhinocéros. *Mammifères.*

C'est dans les marnes superposées au calcaire d'eau douce, et à leur contact avec cette dernière roche, qu'une mâchoire de l'*anthracotherium alsaticum* a été découverte, en 1821, par M. Boussingault.

Plusieurs indices font connaître que le lignite de Lobsann est le produit d'un dépôt qui s'est opéré avec lenteur. *Les couches de lignite de Lobsann se sont déposées avec lenteur.*

Ce lignite a toujours la structure schisteuse; les feuillets, qui sont alternativement brillants et terreux, ont souvent moins d'un tiers de millimètre d'épaisseur. Les feuillets mats sont ordinairement mélangés de calcaire et de pyrite qui leur donne une teinte vert-olive. Par l'exposition à l'air, la pyrite s'effleurit, et la structure feuilletée, d'abord peu sensible, se prononce davantage. En fendant avec un couteau le lignite parallèlement à sa schistosité, on rencontre entre les feuillets beaucoup de vestiges de *bulimes* et de *planorbes*.

La structure feuilletée du lignite, les alternances de lits minces de lignite et de calcaire, enfin les séries de générations de *planorbes* et de *bulimes* qui ont laissé leur dépouilles dans une partie des feuillets, sont autant de caractères qui nous apprennent que les couches épaisses, aussi bien que les couches minces du lignite de Lobsann, se sont formées avec lenteur, sur le littoral de la nappe d'eau qui baignait les Vosges à l'époque tertiaire.

Il importe d'ailleurs d'ajouter que tous les troncs d'arbres sont couchés parallèlement à la stratification; aucun d'eux n'a été rencontré debout.

Dans beaucoup d'autres localités, le lignite présente aussi les caractères d'un dépôt lent. Ainsi à Hæring, en Tyrol, le lignite schisteux (*schieferkohle*) renferme, comme à Lobsann, entre ses feuillets de petits lits de coquilles bivalves. Certains lignites de la Vétéravie consistent en une accumulation de lits de feuilles dont on peut constater la succession régulière et souvent répétée, en clivant le combustible parallèlement à la stratification.

Le sable bitumineux, qui est en général à un niveau inférieur au calcaire asphaltique, ainsi qu'on l'a vu plus haut, *Sable bitumineux accidentel dans le calcaire.*

a été cependant rencontré subordonné à cette dernière roche, dans la galerie n° 121, où il forme une couche de 0^m,60 d'épaisseur.

<small>Le bitume a pénétré dans certaines roches de Lobsann postérieurement à leur consolidation.</small>

Les masses siliceuses rosées ou grises que contient le calcaire bitumineux ne sont pas plus imprégnées de bitume qu'il n'arrive aux silex des autres terrains; les fissures qui traversent ce silex contiennent seules des enduits de bitume. Il en est de même des gros blocs de grès calcarifère qui sont enveloppés de sable bitumineux : ce grès est blanc, mais les fentes qui s'y trouvent sont enduites d'une pellicule de bitume. Les cavités que la disparition des tiges de *chara* ont laissées dans les silex ou dans le calcaire lui-même, sont aussi remplies de bitume visqueux. Enfin les fissures du lignite qui avoisinent le calcaire bitumineux contiennent fréquemment du bitume mou, que l'on n'est aucunement autorisé à regarder comme une sécrétion du lignite, mais bien plutôt comme une infiltration partie de la roche bitumineuse voisine.

Ces faits montrent que le bitume ne s'est fixé dans certaines roches du terrain dont il s'agit qu'après que ces roches étaient consolidées, c'est-à-dire que le bitume, depuis qu'il a été enfoui dans les couches de Lobsann, s'est déplacé sur quelques points. La facilité avec laquelle le bitume liquide et les huiles pyrogénées s'infiltrent partout est si grande qu'il n'est pas étonnant que l'huile minérale se soit insinuée après coup, soit d'elle-même, soit avec l'aide de l'eau, dans des roches qui, comme le calcaire, ne sont pas tout à fait imperméables, ou bien dans des roches fissurées.

<small>Prolongement du calcaire d'eau douce à Lampertsloch.</small>

A Lampertsloch, à 3 kilomètres à l'ouest de Lobsann, on retrouve le calcaire d'eau douce formant des couches subordonnées aux marnes, comme dans cette dernière localité. La couche inférieure de calcaire est quelquefois tachetée de brun par du bitume qui y pénètre irrégulièrement, et, en outre, parsemée de chaux carbonatée en masses cristallines très-limpides. Le calcaire gris clair répand une odeur pénétrante qui ressemble beaucoup à celle du naphte. Dans ce calcaire, on observe de nombreuses cavités de forme tubulaire, comme celles que l'on rencontre souvent dans le calcaire asphaltique; on y voit aussi des empreintes brunes qui paraissent provenir de conferves. Plus haut, des lits minces de calcaire d'eau douce, d'une odeur bitumineuse, alternent avec des marnes verdâtres et des couches de grès à ciment calcaire. Enfin, à la partie supérieure du dépôt sont des couches siliceuses d'aspect varié. Le calcaire et le silex sont riches en coquilles d'eau douce, particulièrement en *bulimes* et en *paludines*. Le silex renferme, en outre, des tiges de *chara* et de petits débris de bois silicifié. L'affleurement d'une couche mince de lignite se fait remarquer au milieu des marnes.

c) Au-dessus du calcaire et du lignite se trouvent des argiles et des marnes en général gris bleuâtre et plus ou moins endurcies. Aux marnes dont il s'agit sont subordonnées des couches de grès et d'un poudingue très-grossier ou *nagelfluhe*, qui est presque entièrement formé de débris de muschelkalk. *c) Poudingues et marnes supérieures avec fossiles marins.*

Les marnes contiennent beaucoup de rognons de pyrite de fer, à structure radiée, et des nids de gypse bien cristallisé, minéraux que l'on trouve associés d'une manière analogue dans les marnes oxfordiennes du terrain jurassique. Les cristaux de pyrite de fer qui hérissent la surface des rognons appartiennent au système du prisme rhomboïdal droit; ils présentent le groupement habituel formé de cinq individus dont les plans de réunion sont inclinés de 72 degrés[1]. Pyrite de fer et gypse dans les marnes.

La série des couches qui ont été rencontrées à Lobsann, lorsqu'on a foncé le puits Daudrez, en 1816, est indiquée ci-après de haut en bas, d'après le registre-journal de la mine : Détail des couches traversées par un puits.

	Mètres.
1° Glaise jaune avec sable	0,65
2° Argile grisâtre avec fer testacé, gypse et filaments de plantes	2,59
3° Argile brune avec gypse, un peu de pyrite, et quelques petites coquilles . .	2,10
4° Marne grise bariolée de jaune	0,97
5° Marne d'un brun foncé avec des parties calcaires, en forme d'ellipsoïdes ou de cônes alongés; dans leur cassure on re-	
A reporter. . .	6,31

[1] C'est le groupement représenté dans le *Traité de minéralogie*, de M. Dufrénoy, pl. 64, fig. 72.

                                                                Mètres.
                                            Report . . .   6,31
    marque quelquefois un creux suivant
      leur axe   0,92
6° Marne grise.   2,00
7° Marne d'un brun foncé avec coquilles en-
    core nacrées; elle contient les ellipsoïdes
    ou cônes signalés dans la couche n° 5 .   2,39
8° Marne grise.   1,14
9° Argile gris foncé avec coquilles encore
    nacrées   1,14
10° Argile gris foncé renfermant aussi des co-
    quilles.   2,59
11° Argile gris clair avec pyrite de fer. . .   0,48
12° Argile gris foncé renfermant de la pyrite
    de fer et des coquilles   3,80
13° Calcaire marneux dur que l'on a dû faire
    sauter à la poudre et qui renferme des
    vestiges de coquilles   0,30
14° Marne verdâtre renfermant de la pyrite de
    fer et quelques coquilles   0,43
15° Marne grise avec des rognons de pyrite .   3,80
16° Marne gris clair endurcie, avec pyrite de
    fer.   3,75
17° Marne gris clair avec pyrite de fer. . .   1,00
18° Calcaire entremêlé de lits de lignite . .   9,68
19° Grès calcarifère et marne auxquels sont
    subordonnés des feuillets de lignite .   3,24
                                            Total 42,97

Détail des cou- J'ajouterai à cette coupe les résultats obtenus dans un
ches traversées des sondages fait près de Lobsann, en 1838 et en 1839, par
par un sondage. M. Degousée. C'est le sondage n° 2 qui a pénétré jusqu'à la
profondeur de 90 mètres :

                                                Mètres.
        1° Terre végétale   1,00
        2° Argile jaune   1,33
        3° Marne sablonneuse   2,83
        4° Argiles noires et grises . . . 7,66
                    A reporter 12,82

TERRAINS TERTIAIRES.

Mètres.

Report . .	12,82
5° Marnes entremêlées de lits de lignite.	4,16
6° Argiles grises . . . . , . .	1,66
7° Marne entremêlée de lits de lignite et de pyrite de fer . .	4,49
8° Argile grise.	5,00
9° Sable noir	1,00
10° Marne avec pyrite de fer. . .	3,00
11° Calcaire mélangé de pyrite de fer.	0,83
12° Argile gris bleuâtre	14,17
13° Calcaire brun	1,52
14° Argile brune	7,00
15° Lignite	0,83
16° Calcaire.	0,66
17° Lignite	1,38
18° Argile grise.	24,00
19° Calcaire bitumineux	0,66
20° Argile marbrée.	2,83
21° Calcaire bitumineux	1,50
22° Argile verte.	3,52
Total . . .	90,03

Épaisseur du terrain tertiaire de Bechelbronn et de Lobsann.

L'épaisseur des couches des environs de Lobsann dépasse 90 mètres ; les couches des environs de Bechelbronn, qui paraissent antérieures à la plus grande partie du terrain de Lobsann, sont connues sur une épaisseur de 110 mètres. L'ensemble du terrain tertiaire des environs de Bechelbronn et de Lobsann atteint donc près de 200 mètres. Il est à remarquer que cette puissance considérable se rencontre sur le littoral même, à moins de 2 kilomètres de la falaise de grès des Vosges qui termine le terrain.

Plongement des couches de Bechelbronn et de Lobsann.

Abstraction faite des inflexions que présentent les couches de Lobsann considérées dans leurs détails, l'ensemble du terrain plonge faiblement vers le sud-est, comme les couches de Bechelbronn.

Ces couches sont en outre traversées par de nombreuses failles, dont dix ont été reconnues dans les seuls travaux du calcaire asphaltique (fig. 52 et 53). Toutes ces failles sont parallèles entre elles et dirigées du nord-est au sud-ouest, comme la crête rectiligne du grès des Vosges, à laquelle le terrain est adossé. Le rejet opéré par ces failles va jusqu'à 6 mètres pour l'une d'elles, et l'abaissement est constamment du côté de l'angle obtus.

Autres affleurements des couches bitumineuses de Lobsann.

En dehors des localités qui ont été signalées plus haut comme renfermant des couches de sable bitumineux semblables à celles de Bechelbronn, on voit affleurer des couches bitumineuses qui paraissent être le prolongement de celles exploitées à Lobsann : au sortir du village de ce nom, sur le chemin de la mine ; au lieu dit Kœpfel, dans la forêt communale de Soultz et à un kilomètre au nord-est des mines ; aux environs du moulin des Sept-Fontaines, particulièrement à 300 mètres au sud de ce point [1] ; près de la Walkmühle ; à Birlenbach, où il existe aussi une couche de lignite [2] ; à Drachenbronn ; enfin près de la Lochmühle [3], non loin de Cléebourg, qui est située à 4 kilomètres au nord-est de Lobsann. Du grès bitumineux a été aussi trouvé à Gœrsdorf, au-dessous du minerai de fer, mais seulement en morceaux isolés.

En résumé, les points des environs de Soultz-sous-Forêts où les couches tertiaires sont imprégnées de bitume, tant liquide que visqueux ou solide, sont compris dans une surface dont les dimensions principales ont 10 et 12 kilomètres.

Des couches de sable bitumineux se retrouvent encore dans le Haut-Rhin, près de Hirtzbach, dans le terrain tertiaire ; une source, qui, en sortant de ce terrain, entraîne du bitume, rappelle tout à fait celle de Bechelbronn.

Débris siliceux épars à la surface du sol.

A la surface du sol des environs de Bechelbronn, de Lobsann, de Drachenbronn et de quelques autres localités voisines, on trouve de nombreux fragments de quartz gris qui paraissent provenir de la destruction des couches tertiaires ; car, dans quelques-uns de ces fragments, j'ai trouvé des empreintes de *bulimes*. Le quartz des environs de Drachenbronn, qui avoisine un des amas de minerai de fer dont il

---

[1] Le forage a atteint ici 60 mètres.
[2] Le forage de Birlenbach a été poussé jusqu'à 70 mètres, et a atteint une nappe d'eau jaillissante à la profondeur de 30 mètres.
[3] Jusqu'à la profondeur de 20 mètres, on n'a rencontré que du sable maigre alternant avec de l'argile.

sera question plus loin, a souvent la structure oolithique; j'y ai trouvé des empreintes de coquilles appartenant aux genres *pectunculus* et *cerithium*.

Les assises inférieures des marnes qui, à Lobsann, sont superposées au calcaire d'eau douce contiennent beaucoup de coquilles qui sont en général mal conservées, mais qu'il est cependant facile de reconnaître comme étant essentiellement marines. Parmi ces coquilles, on en distingue qui appartiennent aux genres *spatangus*, *cerithium* (plusieurs espèces indéterminées), *pecten*, *nucula* (deux espèces indéterminées), et *venericardia*. {Fossiles des marnes supérieures au calcaire.}

Ainsi des couches épaisses qui sont exclusivement de formation d'eau douce, comme le calcaire bitumineux et le lignite, sont recouvertes par des couches tout à fait marines, comme M. Voltz l'a déjà parfaitement reconnu. {Superposition de dépôts marins aux dépôts d'eau douce.}

Aux environs de Gœrsdorf, à la limite des terrains tertiaires, on trouve fréquemment dans le calcaire du muschelkalk des cavités cylindroïdes très-régulières, qui sont évidemment dues à l'action de coquilles lithophages. Ces taraudages datent probablement de l'époque où la mer tertiaire baignait les collines dont il s'agit. {Traces de coquilles litophages dans le muschelkalk.}

La Flore de Lobsann paraît se rapprocher beaucoup de celle de Hæring, en Tyrol; mais il existe encore plusieurs autres points de ressemblance entre les couches tertiaires de ces deux contrées. {Ressemblance du terrain de Lobsann avec celui de Hæring.}

A Hæring, un calcaire gris siliceux, identique avec celui de Lobsann, est subordonné au lignite. Ce calcaire, auquel on a donné le nom de *stinkstein* (calcaire fétide), exhale par le choc une odeur aromatique qui n'est pas désagréable, et qui est tout à fait la même que celle du calcaire bitumineux de Lobsann. Une partie du calcaire de Hæring est imprégnée de bitume.

En outre, à Hæring de même qu'à Lobsann, les couches du niveau du lignite abondent en *hélices* et en *planorbes*[1]; ces couches à coquilles palustres sont recouvertes par des couches qui contiennent des coquilles marines, telles que *peignes*, *huîtres*, *fuseaux*, *rostellaires*, *balanes*, et qui sont

---

[1] Reuss, *Geognostische Beobachtungen gesammelt auf einer Reise nach Tyrol. Neues Jahrbuch für Mineralogie*, 1840, p. 163. — Alex. Petzholdt, *Beiträge zur Geognosie des Tyrol's*, p. 351.

dépourvues de débris de végétaux. Comme à Lobsann, des couches de conglomérat calcaire y sont subordonnées aux couches marines.

Enfin, il est encore à remarquer que la molasse avec lignite, qui, à Lobsann, est juxtaposée à un escarpement de grès des Vosges, est adossée à Hæring à une semblable falaise de calcaire alpin qui constitue le Pessenberg, ainsi que l'exprime un croquis du docteur Reuss [1]. D'ailleurs des failles traversent les couches tertiaires des deux localités.

Grès bitumineux des Basses-Alpes. Une couche de grès bitumineux, que l'on exploite déjà sur quelques points, est connue, dans le département des Basses-Alpes, entre Manosque et Dauphin; cette couche est aussi renfermée dans le terrain de la molasse qui est riche en lignite, et qui présente des alternances de calcaire lacustre et de dépôts marins [2].

Historique de l'exploitation à Lobsann. Le besoin du combustible pour l'évaporation de l'eau salée de Soultz-sous-Forêts détermina, en 1788, l'ouverture des premiers travaux d'exploitation dans le terrain de Lobsann;

Lignite. le lignite seul y fut d'abord exploité. Vers 1815, on tenta, mais sans succès, d'utiliser le combustible comme minerai de vitriol et d'alun. Ce n'est qu'en 1818 que l'on commença des travaux pour extraire la roche bitumineuse que l'on avait découverte, vers 1756, au lieu dit *Saupferch*, et qui depuis lors est devenue le principal produit des mines; car aujourd'hui le lignite n'est plus qu'accessoirement extrait pour l'élaboration du calcaire bitumineux.

Emploi du calcaire bitumineux pour mastic. Ce calcaire est exploité pour fabriquer le mastic qui sert à daller les trottoirs; pour cela il doit être pulvérisé, quand cela est possible; puis il est mélangé à du bitume. Selon sa consistance, on le pulvérise, soit en le triturant sous des meules, soit en le chauffant en vases clos; lorsqu'il est très-riche, et qu'il ne peut être pulvérisé en raison de sa mollesse, on le lamine entre deux cylindres sous forme de galettes minces.

Sa distillation. Depuis quelques années on cherche à utiliser en outre le calcaire bitumineux en le distillant; on en extrait ainsi des huiles pyrogénées qui sont susceptibles d'emploi, soit pour

---

[1] Mémoire cité plus haut, fig. 6 et 7.
[2] Scipion Gras, *Statistique minéralogique des Basses-Alpes*, p. 149 et 189.

l'éclairage, soit comme dissolvants. Le calcaire est calciné dans des cornues contenant 300 kilogrammes; l'opération dure vingt-quatre heures. Il produit en moyenne 4 1/2 p. 100 d'huiles, 2 1/2 p. 100 de goudron et de l'eau. Les huiles obtenues dans la première distillation doivent être rectifiées.

Le calcaire bitumineux présente des ressources considérables ; les seuls travaux d'exploitation ouverts jusqu'en 1851 ont fait reconnaître un massif de plus de 9000 mètres cubes, dont l'extraction n'est limitée que par les débouchés des produits. *Ressources en calcaire bitumineux.*

Les couches de sable bitumineux que l'on connaissait à Lobsann sont épuisées ; cette roche n'y est donc plus exploitée. *Sable bitumineux.*

D'après des documents renfermés dans les archives départementales, les mines de Lobsann ne sont pas les plus anciennes du pays ; le lignite et le bitume étaient exploités antérieurement dans des localités aujourd'hui improductives. *Anciennes mines de Cléebourg, de Drachenbronn et de Birlenbach.*

Dès 1740 on accorda la permission d'extraire du lignite à Cléebourg.

En 1758, l'asphalte était exploité à Drachenbronn, où le grès bitumineux formait trois lits d'une épaisseur totale de $0^m,60$ à $1^m,60$; on l'extrayait par l'eau bouillante, et, après avoir été délayé, il servait, ainsi que le bitume de Bechelbronn, comme graisse.

En 1786, on exploitait à Birlenbach du lignite et du grès bitumineux.

Couches tertiaires d'autres localités du département offrant de l'analogie avec les précédentes.

Dans d'autres parties du département, il existe des couches qui, sans renfermer des gîtes bitumineux, ont assez de ressemblance avec les terrains des environs de Bechelbronn et de Lobsann pour devoir être rapportées au même étage.

Près de Wissembourg, dans la colline dite Wormberg, les couches tertiaires sont adossées au muschelkalk qui supporte le château de Saint-Paul. Ces couches, prises de bas en haut, ont la composition suivante : *Nature des couches à Wissembourg.*

1° Argile d'un gris bleuâtre foncé, exhalant une odeur bitumineuse et ayant tous les caractères des argiles de Bechelbronn. Cette argile est associée à des marnes verdâtres[1], très-tenaces, dans lesquelles sont disséminés des rognons de chaux carbonatée terreuse. Quelques couches minces de grès sont subordonnées à ces couches argileuses et marneuses ; leur épaisseur est de 30 mètres.

2° Poudingue formé de galets de muschelkalk, qui, dans sa partie inférieure, passe au grès. Il a une épaisseur de 4 mètres.

3° Calcaire marneux friable.

4° Lœss qui recouvre le tout.

L'une des couches argileuses inférieures a été exploitée comme terre à foulon ; cette argile renferme de petites lamelles de gypse.

Id. à Gunstett. Dans la colline de Gunstett, on trouve vers le bas des argiles vertes alternant avec du grès schisteux. Au-dessus sont des couches de poudingue ou nagelfluhe à fragments de muschelkalk fortement agglutinés, qui alternent avec du grès grossier formé des mêmes éléments, dans lesquelles on remarque aussi des fragments de silex et beaucoup de petits débris de fer oxydé rouge compacte, semblable au minerai du gîte de Lampertsloch ; elles contiennent en outre des coquilles brisées dont on ne peut reconnaître les formes. Plus haut reparaissent des alternances d'argile et de grès. C'est sur ces dernières couches que reposent les cailloux incohérents dont il sera question un peu plus loin.

Un poudingue, semblable à celui dont il vient d'être question, se trouve aussi à moitié chemin entre Mitschdorf et Gœrsdorf, et au-dessus du minerai de fer de Lampertsloch.

A la base de la colline de Gunstett, le grès paraît plonger de 4 degrés vers le nord.

Id. à Haguenau. Aux environs de Haguenau et de Schweighausen, on trouve des argiles grises un peu marneuses et des grès micacés semblables à ceux des localités qui viennent d'être citées.

Sa puissance considérable. Un sondage, qui a été fait à Haguenau, en 1841 et 1842, pour la recherche d'eau potable, a traversé le terrain tertiaire sur 290 mètres d'épaisseur, sans en trouver la limite inférieure. Le puits a été foré dans des marnes vertes ou

---

[1] Ces marnes verdâtres sont identiques à celles que l'on observe près de Soultz-sous-Forêts, près de Birlenbach, à 800 mètres à l'est de Preuschdorf, à Morsbronn, etc.

bleues qui alternent avec des grès. Voici la coupe du terrain qu'il a traversé, en la prenant de haut en bas :

	Mètres.
1° Sables	6,30
2° Argiles marneuses	17,33
3° Marnes	66,00
4° Marnes bleuâtres	74,33
5° Marnes alternant avec des couches de grès quartzeux à ciment calcaire.	73,68
6° Grès quartzeux à ciment calcaire avec argiles	45,35
7° Grès micacés, sables fins, marnes d'où a suinté de l'eau salée	6,00
8° Marnes sablonneuses	1,30
Total	290,29

Ainsi le terrain tertiaire atteint une grande épaisseur vers le milieu de la vallée du Rhin.

Le sondage dont il s'agit a rencontré, à une profondeur de 265 mètres, un suintement d'eau salée qui renfermait une quantité notable de brômures. On n'a pas cherché à tirer parti de cette eau.

Eau salée.

Sur le revers méridional de la colline de Kolbsheim, qui est baigné par la Bruche, le terrain tertiaire présente la succession de couches suivante, à partir du bas :

Couches de Kolbsheim.

1° Argile marneuse brun verdâtre que l'on emploie quelquefois comme terre à foulon.

2° Marnes jaunes et calcaire marneux qui alternent en couches minces et un peu contournées [1] . . . 1 mètre.

3° Sable quartzeux, en partie cimenté par de la chaux carbonatée en un grès peu cohérent. Ce grès, qui contient des rognons marneux, renferme des coquilles marines. 4 mètres.

4° Argiles verdâtres et bleuâtres alternant avec du calcaire et des marnes . . . . 10 mètres.

5° Alluvion ancienne, connue sous le nom de lœss, qui forme toute la partie supérieure de la colline, et qui recouvre le terrain tertiaire avec une épaisseur variable.

Les couches paraissent ployées près de Kolbsheim ; car une partie plonge vers le nord, une partie vers le sud.

---

[1] Un puits foncé dans la partie inférieure de la colline a traversé ces marnes sur 13 mètres d'épaisseur.

Fossiles marins de cette localité. Certaines couches argileuses de Kolbsheim sont riches en coquilles marines ; ces coquilles sont souvent trop mal conservées pour que l'on puisse en déterminer l'espèce. Voici les noms de celles que j'ai recueillies à 22 mètres de profondeur [1], dans une couche d'argile bleuâtre de 0^m,50 d'épaisseur qui repose sur le sable. Elles ont été déterminées par M. le professeur Alexandre Braun :

Cerithium margaritaceum. Al. Brong.
— *incrustatum*. Schlot.
— *plicatum*. Lam.
— *abreviatum*. A. Braun.
Ostrea flabellata. Lam.
Potamides Lamarckii. Al. Brong.

Il y a en outre des coquilles appartenant aux genres *cardium*, *panopœa*, *lucina*, *cypris*, *litorinella* et *tellina*. M. Voltz a encore trouvé à Kolbsheim des polypiers, des annélides et des cirrhipèdes qui se rapportent aux genres *cellepora* (plusieurs espèces), *serpulithes* et *balanus*. Les fossiles de ces trois derniers genres adhèrent à des huîtres. Parmi les débris d'animaux, les *cérites* prédominent en nombre.

Plusieurs des coquilles qui viennent d'être citées sont identiques, d'après M. Braun, avec celles que l'on trouve à Hochheim, près de Mayence, dans les marnes bleues du terrain tertiaire.

Indices de végétaux. Dans la même argile, on trouve de nombreux vestiges de végétaux terrestres qui sont passés à l'état de lignite, et dont les formes sont à peine discernables. Des feuillets de lignite de quelques millimètres d'épaisseur se rencontrent en outre dans l'argile. Une autre couche marneuse renferme des feuilles et tiges de bois qui sont remplacées par du fer hydroxydé terreux ; les tiges possèdent la structure du bois des conifères. La même marne jaune est en outre traversée par de nombreuses ramifications de fer oxydé brun, dont la section circulaire est fort régulière et a ordinairement moins d'un millimètre de diamètre.

Affleurement à Hangenbieten. A 400 mètres au sud-ouest de Hangenbieten, on voit affleurer, au-dessous du lœss, des couches de sable et de marne semblables à celles de Kolbsheim.

Id. à Truchtersheim. A 300 mètres au sud de Truchtersheim, on rencontre

---

[1] Lors du foncement du puits du sieur Philippe Bauer, en 1846.

aussi des couches de sable, de grès et de marnes tertiaires, dans lesquelles M. Voltz a rencontré des cérites.

A en juger par les indications des fontainiers, le terrain tertiaire se trouve encore à une faible profondeur au-dessous du lœss à Schnersheim et à Lampertheim.

Au-dessous du lœss qui constitue la partie supérieure du Glœckelsberg, près de Blæsheim, il existe des couches de grès assez dur et de sable incohérent identiques avec celles de Kolbsheim, de Hangenbieten et de Truchtersheim. Ces couches sont associées à une argile verdâtre que l'on exploite pour faire de la poterie commune ; plus bas se trouve une argile gris-bleu. Cette dernière s'étend à une faible distance du sol des vastes prairies qui bordent l'Ehn jusqu'à Meistratzheim et Krautergersheim. *Id. à Blæsheim.*

Des marnes verdâtres, semblables à celles des environs de Soultz-sous-Forêts et de Wissembourg, affleurent dans le village même d'Eichhoffen ; elles sont recouvertes par du grès et par un poudingue principalement formé de débris du muschelkalk. Une argile jaunâtre, d'apparence tertiaire, se trouve aussi au bas des collines d'Epfig et d'Ittersviller. *Id. à Eichhoffen et environs.*

Au nord de Dambach, sur le chemin de Blienschwiller, on voit des couches minces de marne verdâtre, contenant des rognons de calcaire blanc, pulvérulent, comme de la farine, et qui alternent avec des couches de sable et de grès. *Id. à Dambach.*

Une argile qui sert à la fabrication de poterie est exploitée à Niederbetschdorf. Les carrières sont situées à 800 mètres au sud du village, près du moulin nommé Steinmühle, au canton Hoffen. Elles présentent la disposition suivante, de haut en bas : *Argile de Niederbetschdorf.*

1° Sable et cailloux quartzeux appartenant aux alluvions anciennes ;

2° Sable blanc souvent bariolé de jaune et exempt de cailloux ;

3° Argile plastique, d'un gris foncé, qui fait l'objet de l'exploitation ; son épaisseur, qui atteint 3 mètres dans l'une des carrières, se réduit à $0^m,60$ dans les carrières voisines.

L'argile inférieure est trop maigre pour être exploitée.

La pyrite est disséminée dans l'argile plastique de Betschdorf, soit en petits grains, soit en rognons ; plus rarement elle affecte la forme de bois. Quelquefois les grains pyriteux sont assez abondants pour que l'argile cesse d'être exploitable. La présence de la pyrite de fer dans cette argile porte à la ranger dans le terrain tertiaire plutôt que dans les alluvions anciennes.

<small>Son emploi pour la fabrication de poterie de grès.</small>
L'argile de Niederbetschdorf est précieuse par la propriété qu'elle a de fournir les pâtes cuites au grand feu, connues sous le nom de *grès*. L'argile de Niederbetschdorf doit être mélangée ou *dégraissée* avec de l'argile sableuse de Riedseltz, quelquefois aussi avec de l'argile de Soufflenheim ; quand il s'agit de certaines fabrications très-délicates, on y ajoute de la terre de Coblence. Le grès de Betschdorf ne supporte pas le feu ; mais il est très-compact et d'une grande solidité à la température ordinaire. On peut en outre le vernir de telle sorte qu'il résiste parfaitement à l'action des acides ; aussi est-il employé dans les fabriques de produits chimiques et dans les laboratoires. Près de trente fabriques existent dans le seul village de Betschdorf ; leurs produits sont vendus dans une partie de la France, jusqu'au delà de Paris, de Lyon, et jusqu'en Saxe. L'argile brute de cette localité est elle-même exportée dans le grand-duché de Bade.

<small>Argile de Hatten et de Surbourg.</small>
De l'argile qui a de l'analogie avec celle de Niederbetschdorf se rencontre aussi dans la banlieue de Hatten, près de Surbourg, à l'est et au nord de ce dernier village.

<small>Autres argiles à poterie.</small>
Outre les localités qui viennent d'être citées, les couches tertiaires fournissent encore de l'argile à poterie assez estimée que l'on exploite particulièrement à Wissembourg et à Blæsheim.

<small>Terre à foulon.</small>
De la terre à foulon en est extraite à Wissembourg, à Kolbsheim et à Surbourg.

<small>Pierre à bâtir.</small>
Le grès tertiaire sert à Gunstett de pierre à moellons et de pierre de taille ; comme il est schisteux, il se débite aussi sous forme de grandes dalles, ainsi qu'à Kolbsheim.

Terrain tertiaire palustre de Bouxwiller et de quelques autres localités.

Le terrain qui contient le lignite exploité à Bouxwiller est superposé à l'étage de l'oolithe inférieure.

<small>Composition du terrain de Bouxwiller.</small>
Voici de quelle manière se succèdent les couches de ce terrain, prises de bas en haut :

1° Argile dure et sablonneuse, ordinairement blanchâtre

et tachetée de rouge ; elle est recouverte par une autre couche d'argile brune, imperméable à l'eau, qui a 0^m,30 d'épaisseur. Ces assises argileuses reposent sur les couches du *Bradford-clay* qui appartiennent à l'étage de l'oolithe inférieure . . . . 1^m,50

2° Couche de lignite pyriteux qui forme l'objet de l'exploitation ; son épaisseur varie en général de . 1^m,50 à 2^m,00

3° Argile brune connue des mineurs sous le nom de *mulm* . . . . 0^m,30

4° Argile marneuse verte renfermant des *planorbes* parfaitement conservées et d'autres coquilles palustres ; à leur partie supérieure est une marne blanchâtre, sans fossiles. Ces argiles, auxquelles sont subordonnées quelques couches minces de calcaire, ont une épaisseur qui varie de 6 à 24 mètres, et qui est en moyenne de. . . . . . 12^m,00

4° Calcaire extrêmement riche en coquilles palustres et terrestres, et qui forme le type du calcaire palustre ; son épaisseur est de 5 à 20 mètres, et en moyenne de. 18^m,00

5° Marne jaune, moyennement . . . . . . 3^m,00

6° Terre végétale. . . . . 0^m,20

L'épaisseur totale, qui atteint quelquefois 54 mètres, est moyennement de . . . . 40^m,00

Un dépôt de gros cailloux roulés recouvre le terrain palustre. Ce dépôt de galets est d'autant plus remarquable qu'il constitue la proéminence isolée, connue sous le nom de Grand-Bastberg (fig. 54), qui domine tout le pays.

Le lignite de Bouxwiller est compacte, d'une couleur chocolat clair et mat ; il appartient par conséquent à la sous-espèce des lignites *terreux*. Au sortir de la mine, il renferme environ 10 p. 100 d'eau hygrométrique qu'il abandonne au bout de quelque temps à l'air sec. *Aspect du lignite.*

La couche de lignite n'a, vers son affleurement septentrional, qu'une épaisseur de 0^m,30 ; mais cette épaisseur augmente plus loin du jour ; elle varie en général de 0^m,50 à 2 mètres, et atteint exceptionnellement 2^m,20. *Son épaisseur.*

De la pyrite de fer est mélangée au lignite, soit en particules très-fines et non discernables à l'œil nu, soit en rognons et en veines qui atteignent souvent plusieurs décimètres suivant leur plus grande dimension. Ces rognons sont entremêlés de lignite qui a quelquefois conservé la structure fibreuse du bois ; souvent aussi cette structure *Pyrite de fer disséminée dans le lignite.*

ligneuse est reconnaissable à la surface des échantillons pyriteux.

La pyrite est principalement concentrée dans la partie supérieure de la couche, sur une épaisseur qui va jusqu'à 0m,50. Le lignite que l'on trie comme minerai d'alun et de vitriol renferme moyennement 12 à 13 p. 100 de pyrite de fer.

Elle appartient au système cubique. — Çà et là on observe des géodes tapissées de petits cristaux dans lesquels j'ai toujours reconnu le système cubique ; ils ont en effet la forme de cubes tronqués sur les angles par les faces de l'octaèdre régulier. Ainsi, quoique d'une efflorescence facile, la pyrite de Bouxwiller, qui est en cristaux, appartient à l'espèce connue sous le nom de *pyrite ordinaire*, *pyrite jaune* ou *fer sulfuré jaune*, tandis que les cristaux rencontrés dans les marnes supérieures de Lobsann se rapportent, ainsi qu'on l'a vu plus haut, par leur système cristallin, à la deuxième espèce de pyrite, à laquelle on a donné le nom de *pyrite blanche*, de *fer sulfuré blanc*.

Gypse cristallisé. — Des cristaux de gypse se rencontrent dans les fissures qui traversent le lignite. Leur formation, qui est probablement récente, résulte sans doute de la décomposition spontanée de la pyrite de fer et de la réaction de la chaux sur le sulfate de fer ainsi formé.

On a remarqué depuis longtemps que le lignite voisin des affleurements ne s'effleurit pas. Cela est dû sans doute à ce que la pyrite qu'il renfermait a été décomposée ; une partie du soufre y est resté fixé à l'état de gypse.

Proportion d'argile mélangée. — De l'argile est mélangée en forte proportion au lignite ; aussi après la combustion il laisse de 24 à 44 p. 100 de cendres plus ou moins colorées en rouge de brique par le peroxyde de fer qui résulte de la combustion de la pyrite. La proportion moyenne des cendres du lignite trié qui sert comme combustible est de 33 p. 100. Dans ces cendres, la quantité d'alumine est presque égale à la quantité de silice.

Composition du lignite pyriteux. — Par calcination en vases clos le lignite de Bouxwiller devient noir sans changer de forme. Un échantillon représentant la qualité moyenne du lignite employé comme minerai de vitriol et d'alun, et analysé par M. Berthier [1], a donné, par la calcination en vases clos, un résidu de 55,5 p. 100 qui contenait :

---

[1] Berthier, *Traité des essais par la voie sèche*, t. I, p. 315

Carbone	10,0
Protosulfure de fer	9,0
Silicate d'alumine ne renfermant pas de chaux	36,5
Total	55,5

La composition du lignite dont il s'agit est :

Matières combustibles et volatiles	44
Argile dépourvue de chaux	44
Pyrite de fer	12
Total	100

Il résulte d'essais comparatifs faits en grand avec le lignite de Bouxwiller le moins pyriteux, que l'on emploie pour le chauffage, et avec la houille de Sarrebruck, que les pouvoirs calorifiques de ces deux combustibles, quand on les emploie pour l'évaporation, sont à peu près comme 1 : 3,5. *Pouvoir calorifique du lignite le moins pyriteux.*

Le lignite s'effleurit rapidement de lui-même quand il est exposé à l'air. Lorsqu'une galerie est ouverte depuis trois semaines seulement, ses parois se recouvrent déjà de sulfates en quantité notable. *Efflorescence spontanée.*

Le calcaire qui forme des couches au-dessus du lignite est d'un gris clair ou jaunâtre, à cassure compacte; par le choc il exhale une odeur fétide. Exposé pendant quelque temps à l'air et à l'humidité, il se délite. Il est divisé par beaucoup de fentes perpendiculaires à la stratification, ainsi que par de petites veinules de chaux carbonatée cristalline. *Calcaire d'eau douce.*

De très-nombreux vestiges de coquilles sont disséminés dans le calcaire. Toutes ces coquilles sont exclusivement palustres ou terrestres, comme l'indique l'énumération faite plus bas; les planorbes et les paludines y prédominent particulièrement. Le nombre des individus que l'on peut compter dans un décimètre cube dépasse souvent 80 ou 100 ; il est par conséquent de 8000 à 10000 dans un mètre cube de calcaire qui serait composé de la même manière. *Nombreux débris de coquilles palustres et terrestres.*

Le test a ordinairement disparu, de sorte qu'il ne reste plus que les moules interne et externe de la coquille.

On a trouvé à Bouxwiller les fossiles animaux suivants : *Énumération des coquilles.*

MOLLUSQUES.

Planorbis pseudo-ammonius. Voltz. Cette espèce se rencontre très-abondamment dans le calcaire et dans les marnes vertes. Dans cette dernière roche, le test est parfaitement conservé, mais il est comprimé. La même espèce se trouve à Mayence et à Æsch près Bâle.

Planorbis lens. Sowerby.
Lymneus Polyphœmus. A. Braun.

Deux ou trois autres espèces de lymnées plus petites qui sont moins communes que la première espèce.

Helix Ramondi. Al. Brong. est l'espèce la plus commune.
— *rotundoides.* Voltz.
— *lucida antiqua.* Voltz.
— *hispida antiqua.*
Paludina viviparoides.
— *lenta.* Desh.

Plusieurs autres espèces du même genre.

Strophostoma striatum. Desh. est une espèce fort remarquable, mais très-rare.

Cyclostoma,
Bulimus,
Succinea, } espèces indéterminées.
Clausilia,

MAMMIFÈRES.

Mammifères. *Lophiodon tapiroides.* Cuvier.
— *Buxovillianum.* Cuvier [1].

Le premier dépassait d'un quart le tapir des Indes; le second avait à peu près la taille de ce dernier.

Portion de mâchoire inférieure d'un petit pachyderme supposé du genre *sus* [2].

REPTILES.

Reptiles. On a trouvé en outre dans les marnes vertes une dent qui paraît appartenir à un saurien.

Disposition du terrain en forme de bassin. Nous avons déjà fait observer (p. 147) que les couches jurassiques qui supportent le terrain tertiaire présentent, dans les carrières voisines de la mine, suivant une coupe dirigée du N. O. au S. E., la configuration d'un bassin. Les travaux exécutés pour l'exploitation du lignite ont appris en outre que les couches tertiaires sont comme moulées dans ce

---

[1] Cuvier, *Recherches sur les ossements fossiles.*
[2] Duvernoy, *Mémoire de la Société du muséum d'histoire naturelle,* t. II, 3ᵉ livraison.

bassin; car la galerie principale, qui n'a qu'une très-faible pente, présente la configuration d'une portion d'ellipse dont le grand axe serait dirigé E. 45°. N — O. 45°. S. (fig. 53). La couche plonge de toutes parts vers le centre de ce bassin, avec une inclinaison qui varie en général de 6 à 9 degrés, et qui, sur quelques points, atteint 16 degrés. Dans l'ancienne carrière de calcaire d'eau douce, située à 500 mètres au S. O. de la ville, les couches plongent d'environ 7 degrés vers S. E.

Beaucoup de fissures perpendiculaires à la stratification partagent la couche de lignite en polyèdres alongés voisins de la forme prismatique.

Sur d'autres fissures obliques à la stratification et aussi très-nombreuses, on observe des surfaces striées qui paraissent dues à un frottement des deux parois de la fissure l'une contre l'autre; cependant, le long de ces fissures, il ne s'est pas produit de rejet comme il est arrivé en général près des failles. Les stries sont ordinairement dirigées suivant la ligne de plus grande pente de la surface à laquelle elles appartiennent. La direction de ces fissures n'est pas uniforme. Dans l'une des galeries où elles sont parallèles et distantes de quelques centimètres seulement, elles se dirigent N. 32°. E — S. 30°. O. et plongent de 50° vers N. O.

J'ajouterai ici les résultats de deux sondages faits sur le Bastberg, en novembre 1844, pour déterminer l'emplacement d'un puits; l'un d'eux présente, de haut en bas, la succession suivante : *Exemple de deux sondages.*

	Mètres.
1° Terre végétale	0,25
2° Marne jaune	3,25
3° Calcaire d'eau douce	4,50
4° Marne blanchâtre au-dessous de laquelle est la marne verte avec *planorbes* bien conservées, puis l'argile brune qui forme toujours le toit du lignite	6,00
5° Lignite	1,00
Total . . .	15,00

Le second forage a rencontré :

	Mètres.
1° Terre végétale	0,15
2° Marne jaune	1,85
3° Calcaire d'eau douce .	16,70
4° Argile blanche graveleuse	3,15
5° Calcaire	1,15
6° Argile	4,32
7° Calcaire	0,16
8° Marnes vertes et autres	13,69
9° Argile brune du toit .	0,16
10° Lignite	1,50
Total . . .	42,83

La comparaison de ces deux sondages montre combien l'épaisseur du calcaire d'eau douce et des autres couches varie entre deux points qui ne sont pas éloignés l'un de l'autre de plus de 200 mètres.

D'autres sondages faits, en 1848, dans la partie méridionale du bassin, non loin de la route d'Imbsheim, ont appris que la couche de lignite ne s'étend pas aussi loin que le calcaire d'eau douce. L'un de ces sondages (le n° 3), fait à 60 mètres de la route, a donné :

	Mètres.
1° Terre végétale	0,15
2° Calcaire d'eau douce . .	16,15
3° Argile marneuse . . .	9,00
4° Calcaire d'eau douce alternant avec de la marne verte	10,00
5° Argile blanche	3,30
6° Argile rouge	1,65
Total . . .	40,25

Couches palustres de Dauendorf avec lignite. — Des couches ayant de la ressemblance avec celles de Bouxwiller se retrouvent à 14 kilomètres de celles-ci, à Dauendorf. Dans cette dernière localité, il y a une couche de calcaire compacte riche en coquilles palustres et terrestres. Comme le calcaire de Lobsann, il contient des silex avec des tiges et des graines de *chara*. Au-dessous du calcaire est une couche de lignite que l'on a cherché à exploiter dans le siècle dernier[1] et au commencement de celui-ci. Ce lignite est à cassure brillante et se rapproche du jayet. La pyrite de fer y est disséminée sous forme de petits grains. Des marnes brunes et des argiles verdâtres sont associées au lignite. D'après M. Voltz, on y a trouvé des *paludines*, une espèce de *cypris*, une dent canine d'une espèce d'*anthracotherium*, et une dent molaire d'un *lophiodon* qui a beaucoup d'analogie avec celles du *lophiodon tapiroides* de Bouxwiller.

Au-dessous de ce terrain d'eau douce se trouve du minerai de fer pisolithique.

A Neubourg, lieu situé aussi dans la commune de Dauendorf, mais à 1 kilomètre environ de l'affleurement du lignite, on exploite également un riche dépôt de minerai de fer pisolithique, qui est recouvert par des couches d'argile et de calcaire gris foncé. Ce dernier, dont l'épaisseur est d'environ 1 mètre, est extrêmement riche en coquilles qui ont une grande analogie avec celles de Bouxwiller : on y distingue des *lymnées*, des *planorbes*, des *bulimes* et des *cyclostomes*; j'y ai encore trouvé des ossements et le bord d'une carapace de tortue.

<small>Calcaire palustre recouvrant le minerai de fer pisolithique à Neubourg.</small>

Les argiles qui avoisinent le lignite sont noires et renferment des indices de lignite. Tout l'ensemble de ce terrain rappelle donc tout à fait celui de Bouxwiller.

<small>Argile charbonneuse.</small>

A l'ancienne mine du Buhlingerberg, commune de Bitschhoffen, qui est située à 4 kilomètres au N. O. de la mine de Neubourg, le minerai de fer pisolithique est également recouvert d'un calcaire gris qui alterne avec des lits d'argile. Le calcaire, qui ici a 8 mètres d'épaisseur, renferme un très-grand nombre de *planorbes*, de *lymnées* et de *cyclostomes*. Ces derniers appartiennent à une espèce trouvée à Neubourg et à Bouxwiller. Les coquilles de Bitschhoffen sont parfaitement conservées. Voici la coupe rencontrée dans un puits, en commençant par en haut :

<small>Calcaire recouvrant le minerai de Bitschhoffen.</small>

	Mètres
Argile	5,30
Calcaire palustre alternant avec quelques lits d'argile.	8,00
Argile à minerai; elle atteint	2,60
	15,90

Au-dessous se trouve le calcaire jurassique.

[1] De Dietrich, ouvrage cité, p. 288.

Argile avec indices de lignite à Mietesheim.

Une argile bleuâtre, renfermant de petits feuillets de lignite et beaucoup de grains de pyrite, recouvre le minerai de fer pisolithique de Mietesheim. Cette argile appartient sans doute aussi au terrain tertiaire palustre. On y a fait, en 1810, des recherches pour trouver du lignite, non loin du village.

Terrain d'eau douce du Bischenberg.

Au Bischenberg, près d'Obernai, j'ai rencontré aussi des couches d'un calcaire jaune clair, tantôt terreux, tantôt compacte, qui contient des empreintes de coquilles d'eau douce, entre autres le *bulimus gregarius* et des *lymnées*.

Grès et cailloux qui le recouvrent.

Le calcaire d'eau douce est recouvert par des couches de grès et de poudingue qui sont dépourvues de fossiles. Ces dernières roches arénacées sont exclusivement formées des débris du calcaire jurassique sur lequel le terrain tertiaire s'est déposé.

Voici la coupe que présente l'une des carrières du sommet de la colline où l'on exploite le grès pour moellons ; on y trouve en commençant par le bas :

		Mètres.
1°	Grès formé de débris de calcaire jurassique, dont la grosseur moyenne est celle d'une petite tête d'épingle	1,00
2°	Marne grise bariolée de jaune	0,25
3°	Grès semblable à celui de la couche n° 1 ; il renferme en outre quelques galets de calcaire jurassique de la grosseur d'une noix	1,10
4°	Marne grise bariolée de jaune, identique avec celle de la couche n° 2	0,30
5°	Cailloux de calcaire jurassique, bien arrondis, en partie incohérents, en partie agglutinés entre eux, et passant à un grès grossier. Il est de ces cailloux dont la grosseur atteint celle de la tête d'un homme	0,60
6°	Marne et grès alternant irrégulièrement	0,30
7°	Grès très-solide	0,30
	Total	3,85

Le tout est recouvert par des cailloux incohérents de calcaire jurassique.

Ces couches ne s'étendent pas au loin et ne forment que des lentilles d'assez petite dimension ; car, dans une carrière située dans leur prolongement et à 50 mètres de distance seulement, on ne retrouve plus vers le bas que du grès peu solide sur une épaisseur de 4 mètres, et au-dessus des alternances de marnes et de grès sur 3 mètres d'épaisseur.

L'alternance des couches de cailloux et de grès doit faire supposer que les deux dépôts se lient l'un à l'autre; mais ils paraissent constituer un groupe distinct du calcaire d'eau douce inférieur.

Les couches qui forment la partie supérieure du Bischenberg se dirigent N. 5°. E — S. 5°. O., et plongent de 15 degrés vers O. 5°. S.

Le lignite de Bouxwiller est recouvert d'une couche de marne riche en planorbes qui sont parfaitement conservées. Ce fait apprend que le dépôt de végétaux qui a donné lieu à la formation de ce lignite a été enfoui dans une flaque d'eau marécageuse. Il est remarquable qu'aucune empreinte de végétaux de forme déterminable ne se rencontre dans ce terrain. *Considération théorique sur le lignite de Bouxwiller.*

Quant à la pyrite de fer qui imprègne le combustible, elle résulte sans doute ici, comme dans beaucoup d'autres cas, de la réduction de sulfates solubles.

Déjà antérieurement à ce siècle, on avait tenté plusieurs fois d'employer le lignite de Bouxwiller. Dès 1743, le droit d'exploitation fut concédé à un nommé Chrétien Schrœder, qui en avait fait la découverte; mais la grande impureté de ce combustible le faisait rejeter de la plupart des usages. Ce n'est que vers 1805 que l'on a commencé à l'exploiter comme minerai d'alun et de vitriol. En le décomposant dans des conditions convenables, une partie du soufre de la pyrite passe à l'état d'acide sulfurique, et cet acide se combine en partie à l'oxyde de fer qui se forme en même temps, en partie à l'alumine que renferme le lignite, de sorte que les sulfates de ces deux bases peuvent s'extraire par le lessivage. Le lignite le moins chargé de pyrite sert en outre comme combustible. *Emplois du lignite comme minerai d'alun et de vitriol et comme combustible.*

Le résidu du lessivage du lignite effleuri n'est pas complétement privé de sulfates. Il paraît pouvoir servir comme amendement agricole, principalement sur les terres grasses, froides et humides. Les cendres lessivées de lignite sont ainsi employées dans d'autres contrées de la France, particulièrement dans le département de l'Aisne. *Id. comme amendement agricole.*

Dépôt de galets calcaires.

Des collines couronnées par un dépôt de gros débris calcaires tout à fait arrondis, existent dans plusieurs parties du département. Ces dépôts, ainsi qu'on le reconnaîtra plus loin, bien que présentant quelque ressemblance avec le gravier des alluvions anciennes, doivent être rapportés aux terrains tertiaires.

Dépôt de galets jurassiques du Grand-Bastberg. — Le mont Bastberg, près de Bouxwiller, est terminé par un cône isolé formé de gros cailloux de calcaire jurassique. L'ensemble de ces cailloux repose sur le terrain tertiaire palustre dont il vient d'être question ; sa disposition est représentée par la figure 54. Le Petit-Bastberg est formé en grande partie de calcaire jurassique semblable à celui qui est à l'état roulé au Grand-Bastberg.

Les carrières qui sont entaillées au milieu de ces cailloux montrent combien ils sont irrégulièrement disposés ; la principale entre elles, prise de bas en haut, présente la succession suivante :

1° Gros cailloux accumulés sans indices de stratification ; ils sont entremêlés de très-peu de menus débris.

	Mètres.
2° Marne grise bariolée de jaune et entremêlée de menus débris de calcaire jurassique	0,30
3° Gros cailloux sans stratification, semblables à ceux de la couche inférieure	3,00
4° Marne grise bariolée de jaune	0,80
5° Détritus calcaire faiblement cimenté en une sorte de grès	0,35
6° Cailloux calcaires	1,50
7° Terre végétale	0,18
Total . . .	6,13

La marne ne forme que des veines peu étendues au milieu des cailloux.

Cailloux polis. — Les cailloux dont il s'agit sont complétement arrondis ; leur surface est souvent tout à fait lisse et même polie. Leur forme se rapproche de celle d'ellipsoïdes aplatis dont les diamètres ont habituellement de $0^m,10$ à $0^m,25$; on en trouve qui atteignent $0^m,40$ sur $0^m,35$ et $0^m,25$. Leur surface est souvent recouverte d'un enduit de calcaire blanc pulvérulent, de la variété connue sous le nom de *farine fossile*.

Ce calcaire paraît avoir été déposé par les eaux d'infiltration.

De même que le Grand-Bastberg, la colline de calcaire jurassique du Horn, près de Wolxheim, est terminée par une protubérance consistant en cailloux roulés (fig. 56). Ces cailloux consistent surtout en fragments arrondis du calcaire oolithique et du muschelkalk ; un certain nombre d'entre eux sont formés de grès des Vosges ; on en trouve, mais rarement, de nature granitique. Les plus gros galets appartiennent au calcaire jurassique, c'est-à-dire à la roche sous-jacente ; leur diamètre atteint $0^m,40$; ceux de muschelkalk sont beaucoup moindres. Les cailloux dont il s'agit sont tantôt incohérents, tantôt cimentés par du carbonate de chaux et plus rarement par de l'hydroxyde de fer. *Cailloux roulés du Horn, près de Wolxheim.*

Le Scharachberg, dont la hauteur de 316 mètres domine toutes les collines voisines, consiste, comme le Horn, en une calotte de cailloux roulés et en poudingues grossiers qui reposent sur le calcaire oolithique (fig. 57). *Id. au Scharachberg.*

Une composition semblable se retrouve dans la colline d'Odratzheim. Les cailloux recouvrent un grès grossier, formé de grains de quartz et de menus débris calcaires, qui ressemble beaucoup au grès de Kolbsheim. *Id. à la colline d'Odratzheim.*

La colline de calcaire jurassique située au nord de Barr est entièrement formée, à sa partie supérieure, de cailloux et de poudingue, ainsi que le représente la figure 58. Déjà à 600 mètres au nord de la ville, près de la Gloriette, on trouve des cailloux de calcaire jurassique dont beaucoup ont $0^m,20$ et $0^m,30$ de diamètre ; il en est qui atteignent $0^m,60$ sur $0^m,40$ et $0^m,30$. A ce dépôt de cailloux épars est subordonné un poudingue formé par l'agglutination de petits cailloux ; à la partie inférieure on observe aussi de la marne verdâtre. *Cailloux de la colline de Barr.*

Comme au Bastberg, la surface des cailloux de la colline de Barr est non-seulement usée, mais souvent très-bien polie. Presque tous consistent en calcaire jurassique ; quelques-uns en grès ferrugineux. *Surface polie.*

Des dépôts semblables de cailloux jurassiques couronnent les sommets de quelques autres collines de cette région du département.

Tels sont les cailloux qui ont été signalés plus haut, dans la colline du Bischenberg, comme recouvrant le calcaire d'eau douce (p. 202). *Dépôt semblable au Bischenberg.*

Id. à Bernards-viller.

La colline de Bernardswiller, dont la partie inférieure est formée de calcaire jurassique, se compose, à sa partie supérieure, de galets du calcaire sous-jacent. Comme d'ordinaire ces cailloux sont bien arrondis; ils sont cimentés en un poudingue. Leur diamètre moyen est d'un décimètre; quelques-uns atteignent 0^m,75. On ne reconnaît dans le dépôt aucune trace de stratification.

Id. sur les collines de Blienschwiller et d'Itterswiller.

Des galets jurassiques se retrouvent aussi sur la colline de Blienschwiller et sur la colline située au sud-ouest d'Itterswiller.

Dans les cailloux tertiaires de quelques-unes des localités qui viennent d'être signalées, j'ai observé des particularités dont il convient de parler.

Surfaces d'arrachement des cailloux.

Sur certains cailloux de la colline de Barr, on remarque des stries parallèles qui paraissent n'être autres que des traces d'*arrachement* ou d'*étirement*, produites lorsque la surface du galet était ramollie. Cet accident, qui se rencontre aussi dans les cailloux du Scharachberg et du Horn, a déjà été signalé dans les gîtes de minerai de fer pisolithique.

Cavités taraudées par d'autres cailloux.

La surface d'un grand nombre des cailloux de la colline de Barr et du Bastberg présente des cavités qui ont été évidemment taraudées par d'autres cailloux (fig. 59). Sur l'un d'entre eux, on a pu compter plus d'une douzaine de ces trous, dont quelques-uns sont encore remplis de cailloux serrés les uns contre les autres.

Cavités probablement dues à l'action de *teredo*.

Les cavités que l'on remarque sur les cailloux ne paraissent pas toutes avoir été produites de cette manière. Il en est de tortueuses ayant plusieurs centimètres de profondeur, et dont le diamètre est uniforme sur toute leur étendue. Ces derniers trous, dont le diamètre varie de quelques millimètres à 2 centimètres, sont probablement l'œuvre des coquilles lithophages connues sous le nom de *teredo*; ils sont à observer dans les collines de Barr et de Blienschwiller.

Cavités irrégulières différant des précédentes.

Il ne faut pas confondre avec les deux sortes de trous dont il vient d'être question des cavités très-irrégulières, à parois rugueuses, qui paraissent dues à un défaut d'homogénéité de la roche.

Dépôt de cailloux du muschelkalk.

Les collines de muschelkalk, de keuper, de lias et de terrain tertiaire des environs de Wœrth, qui s'étendent de Gœrsdorf à Gunstett et jusqu'au delà de Morsbronn, sur les deux rives de la Sauer, avec une altitude moyenne de 240 mètres, sont recouvertes d'un dépôt de cailloux roulés.

Les cailloux de cette région ne sont pas formés de calcaire jurassique. Presque tous consistent en calcaire du muschelkalk; ils sont entremêlés de dolomie terreuse et de silex qui proviennent du même terrain. Beaucoup ont la grosseur d'une bombe; on en trouve qui atteignent 0^m,50 sur 0^m,30 et 0^m,20; ils sont tout à fait arrondis, surtout les moins gros. Ordinairement ils sont incohérents et disséminés au milieu du sable argileux ou du limon; ce n'est qu'accidentellement qu'ils sont cimentés en un poudingue. Quelques fragments de grès des Vosges ont aussi été rencontrés dans la colline de Gunstett. A Gœrsdorf, où ce dépôt de cailloux repose sur le lias, il est entremêlé de fragments de grès liasique et de fossiles de ce dernier terrain, tels que l'*ammonites radians*, des *pentacrinites*, des *belemnites*.

A Forstheim, les cailloux reposent sur une marne verdâtre semblable à celle déjà citée dans les couches inférieures du terrain tertiaire des environs de Soultz-sous-Forêts et de Wissembourg. *Couches tertiaires qui les supportent.*

A la partie supérieure de la colline de grès tertiaire qui sépare Gunstett de Spachbach, les cailloux du muschelkalk sont entremêlés de fragments de grès quartzeux noirâtre et bitumineux, qui a tous les caractères du grès sous-jacent. Ce grès, dont les fragments sont quelquefois très-gros, n'est pas arrondi comme le calcaire qui provient de plus loin. *Fragments de grès tertiaire disséminés.*

Plusieurs des faits qui viennent d'être cités montrent que le dépôt de cailloux incohérents des environs de Wœrth est à distinguer des couches tertiaires de grès et de marnes sur lesquelles il repose, et dont il renferme des fragments. Quand ces mêmes cailloux sont supportés par le poudingue, comme il arrive près d'Eberbach et de Spachbach (fig. 60), ils se distinguent des cailloux de cette dernière roche, non-seulement par une plus forte dimension, mais parce qu'ils sont presque toujours incohérents; au contraire, les cailloux du poudingue inférieur sont cimentés si durement que, dans quelques carrières, on est obligé d'employer la poudre. *Ces cailloux sont distincts des couches tertiaires inférieures.*

Les cailloux dont il s'agit sont donc à distinguer des couches tertiaires qui les supportent. Cependant, quoique formés à des époques distinctes, les galets calcaires des deux étages ont probablement été charriés dans des conditions qui n'étaient pas très-différentes.

Ils se distinguent aussi du diluvium. D'un autre côté, leur élévation et leur isolement sur le sommet des collines apprennent qu'ils ont participé aux dislocations les plus récentes de la contrée; par conséquent ils sont distincts des dépôts diluviens dont il sera question dans le chapitre suivant. Toutefois, vers leur limite orientale, ces cailloux se lient au lœss, lors du dépôt duquel ils ont été peut-être remaniés.

Les mêmes raisonnements s'appliquent aux débris de calcaire jurassique des environs de Bouxwiller, de Barr et d'Obernai.

Épaisseur du dépôt. L'épaisseur des cailloux incohérents du plateau des environs de Wœrth varie habituellement de 3^m,50 à 5 mètres.

Exploitation pour l'entretien des routes. Les cailloux dont il vient d'être question servent à l'entretien des routes. Ceux des environs de Wœrth, qui, pour la plupart, proviennent du muschelkalk, sont exploités dans les communes de Wœrth, Gœrsdorf, Mitschdorf, Preuschdorf, Dieffenbach, Spachbach, Oberdorf, Gunstett, Eberbach, Hegeney et Morsbronn. Les cailloux jurassiques du sommet du Bastberg sont aussi exploités activement pour cet usage. Ces cailloux sont préférables, pour l'entretien des routes, aux calcaires ordinaires du muschelkalk et du terrain jurassique dont ils proviennent. On comprend en effet que, par cela même que ces débris ont résisté aux frottements qui les ont arrondis, ceux qui ont subi l'épreuve représentent les parties les plus dures du terrain; le reste a disparu à l'état de sable ou de limon.

Observations sur les terrains tertiaires du département.

Source salée de Soultz-sous-Forêts. *Sources salées sortant du terrain tertiaire.* La présence de l'eau salée dans le terrain tertiaire de la Basse-Alsace mérite d'être examinée ici avec quelques détails.

De l'eau salée, à laquelle le bourg de Soultz-sous-Forêts doit son nom, sort des couches mêmes qui contiennent le sable bitumineux; c'est en faisant des recherches souterraines sur la source salée que l'on a découvert, en 1771, et à la profondeur de 17 mètres, le sable bitumineux qui a été lui-même exploité.

Historique. L'antiquité du nom du bourg de Soultz-sous-Forêts indique assez que la source dont il s'agit est connue depuis un temps immémorial. D'après de Dietrich [1], elle était utilisée il y a trois siècles et peut-être bien plus anciennement. Après avoir donné lieu à des travaux souterrains qui prirent de l'extension en 1787, sous la direction de M. Rosentritt, elle a cessé d'être exploitée en 1834. *Historique.*

En 1790, la saline avait deux puits distants de quelques centaines de mètres l'un de l'autre; celui qui était situé sur la gauche du ruisseau, près du moulin dit Mattenmühle, avait $19^m,30$ de profondeur, et fournissait des eaux salées marquant 4 1/2 degrés à l'aréomètre. Mais, en 1792, ce dernier fut abandonné à la suite de travaux de recherches qui firent disparaître les eaux salées. *Travaux d'exploitation.*

Le puits unique que l'on exploita depuis lors avait une profondeur de $26^m,80$, dont 2 mètres de puisard. A la profondeur de $23^m,30$, il en partait une galerie boisée, d'une longueur de 108 mètres, dirigée vers S. E., puis vers S. C'est dans un petit puits pratiqué à l'extrémité de cette dernière galerie que jaillissait l'eau salée. Cette galerie était boisée jusqu'à 62 mètres du puits principal; mais, à partir de là, elle pénétrait dans un grès très-solide et n'avait plus besoin de boisage. Les galeries de recherches que l'on a poussées jusqu'à 50 mètres de cette galerie étaient dans le même grès; elles n'ont abouti à aucun résultat [2].

Les eaux n'avaient pas de force ascensionnelle; elles étaient versées par une pompe à bras dans la galerie d'où elles s'écoulaient au puits principal, à l'orifice duquel les élevait ensuite une machine hydraulique dont le ruisseau de Lobsann était le moteur. Elles étaient ensuite amenées à la hauteur de 25 mètres au-dessus du sol, et se répandaient dans les bâtiments de graduation. D'après de Dietrich, en 1724, les fascines et fagots furent substitués à la paille dans les hangars de graduation de la saline de Soultz-sous-Forêts, et cet exemple fut bientôt imité en Allemagne dans les établissements du même genre.

La salure de l'eau atteignait 4 1/2 degrés à l'aréomètre *Salure de l'eau.*

---

[1] *Description des gîtes de minerai de la Haute et Basse-Alsace*, p. 315 et suivantes.

[2] Les détails sur les travaux souterrains de Soultz-sous-Forêts sont extraits d'un rapport manuscrit de M. Voltz.

dans le puits que l'on a abandonné en 1792; mais l'eau que l'on a exploitée depuis lors n'avait ordinairement pas une salure supérieure à 2 1/2 degrés. Il existait aussi une source de 1/2 degré seulement que l'on n'utilisait pas.

Composition du sel obtenu. — L'eau salée, en s'évaporant, ne déposait pas de sulfate de chaux dans les bâtiments de graduation; elle ne formait pas non plus dans les chaudières le dépôt connu sous le nom de *schlot*. Le sel qu'on en extrayait était fort estimé : on le payait plus cher que celui de Dieuze, parce qu'on prétendait qu'il salait davantage. Effectivement ce sel était presque pur; les seules substances étrangères que l'on y rencontrait sont, d'après une analyse de M. Berthier [1], du chlorure de calcium et du chlorure de magnesium, dont la proportion était :

Chlorure de magnesium . .	0,0050
Chlorure de calcium . . .	0,0012
	0,0068

Production. — La production de la saline de Soultz-sous-Forêts n'a jamais été très-considérable. Vers 1760, on obtenait environ 600 quintaux métriques de sel; en 1785, plusieurs des sources dont on se servait pour faire jouer les pompes ayant été détournées ou taries, l'extraction se réduisit à 260 quintaux métriques. Cependant, de 1792 jusqu'à 1804, l'extraction annuelle s'éleva à 1200 et jusqu'à 1500 quintaux métriques; depuis lors, elle a diminué et a ordinairement varié entre 300 et 600 quintaux jusqu'en 1834, époque à laquelle on a tout à fait abandonné l'exploitation.

Composition de l'eau-mère de la saline. — L'eau-mère, qui restait dans les chaudières après la cristallisation du sel, était visqueuse et jaunâtre; sa saveur était amère et âcre. Sa densité était de 1,2884. M. Berthier y a trouvé :

Magnésie.	0,0681
Chaux	0,0315
Soude.	0,0581
Potasse	0,0128
Acide hydrochlorique.	0,1777
Brôme	0,0050
	0,3532

---

[1] *Analyse du sel et de l'eau-mère de la saline de Soultz-sous-Forêts. Annales des mines*, 3ᵉ série, t. V, p. 535.

Ou, en supposant toutes les combinaisons anhydres :

Chlorure de magnesium	0,1584
Chlorure de calcium	0,0619
Chlorure de sodium	0,1094
Chlorure de potassium	0,0208
Brômure de sodium	0,0050
	0,3555

Les chlorures de magnesium et de calcium prenant ensemble 0,2061 d'eau de cristallisation, on voit que l'eau-mère renfermait 56 p. 100 de sels cristallins qui ne contenaient que le cinquième de leur poids de chlorure de sodium.

M. Berthier remarque que cette eau étant très-riche en brôme, on pourrait en extraire cette substance, comme on le fait à la saline de Kreutznach, avec laquelle l'eau salée de Soultz-sous-Forêts a d'ailleurs de grands rapports [1].

Sa richesse en brôme.

Une analyse de l'eau qui afflue maintenant à Soultz-sous-Forêts, dans un ancien trou de sonde, a été faite récemment par M. Reinsch [2]. Cette eau marque un demi-degré à l'aréomètre. Dans toutes les saisons elle est également abondante ; elle est toujours recouverte d'une pellicule mince de bitume. Sa température est d'environ 10 degrés centigrades. Dans son état actuel, la source donne 10 litres par heure, mais pourrait probablement en fournir davantage.

Composition de l'eau salée qui afflue actuellement.

Cette eau ne mousse pas quand on la verse dans un verre. Sa pesanteur spécifique est 1,049 à 18,5 degrés centigrades. Elle laisse 4^{gr},97 de résidu salin par kilogramme d'eau. Quand on redissout ce sel, il reste une partie insoluble dans l'eau du poids de 0^{gr},297.

Ce dernier résidu se compose sur 1000 parties de :

	Grammes.
Sulfate de chaux	traces.
Alumine	0,024
Silice	0,043
A reporter	0,067

---

[1] M. Émile Hecht a extrait, dès 1827, du brôme des eaux-mères de la saline de Soultz-sous-Forêts, et y a découvert la présence de l'iode (*Journal des sciences, agriculture et arts du département du Bas-Rhin*, t. IV, p. 120).

[2] *Note sur l'eau minérale de Soultz-sous-Forêts. Gazette médicale de Strasbourg*, 1851, p. 189.

	Grammes
Report . . .	0,067
Carbonate de magnésie. . . .	0,034
— de chaux.	0,860
Peroxyde de fer	0,022
Chlore	0,012
	1,000

Ces nombres ajoutés à ceux obtenus des sels solubles donnent, par kilogramme d'eau minérale, les résultats suivants :

	Grammes.
Chlorure de sodium . . .	4,752687
Brômure de sodium . . .	0,000031
Iodure de sodium	0,000008
Carbonate de soude . . .	0,000167
Chlorure de potassium. . .	0,012790
— de calcium . . .	0,052815
Carbonate de chaux . . .	0,051251
Chlorure de magnesium . .	0,009457
— d'aluminium. . .	0,009457
— ferreux	0,002986
Silice	0,000321
Sulfate de chaux	traces
Matière bitumineuse . . .	traces
	4.970000
Acide carbonique libre . .	0,092000

L'iode accompagne le brôme. Il résulte de cette analyse que cette eau est assez riche en brôme et en iode, et qu'elle est susceptible d'être employée en médecine.

Autre source salée près de Soultz-sous-Forêts. Un faible suintement d'eau salée est connu aussi à 600 mètres à l'ouest de Soultz-sous-Forêts, au lieu nommé *Taubenloch*, parce qu'il est recherché par les pigeons sauvages.

Les couches auxquelles ces eaux empruntent leur salure paraissent être tertiaires. Le sel gemme n'ayant jamais été rencontré aux environs de Soultz-sous-Forêts, on ne peut rien préciser sur les couches auxquelles l'eau emprunte ici sa salure.

Quoique le keuper ne se montre nulle part dans la contrée, et que ses affleurements les plus voisins soient distants de 7 kilomètres, on est tout d'abord porté, par analogie avec ce qui s'observe en Lorraine et en Franche-Comté, à rechercher si ce n'est pas au voisinage des marnes irisées que les eaux de Soultz-sous-Forêts doivent leur sel ; car, jusqu'à présent, dans la région de l'Europe à laquelle appartient le bassin du Rhin, le sel gemme n'a pas été signalé dans des terrains plus modernes que le trias.

Si, à peu de profondeur au-dessous du terrain tertiaire, il existait des couches salifères appartenant au keuper, il n'y aurait pas impossibilité à ce que des eaux, qui auraient acquis leur salure dans ce dernier terrain, revinssent à la surface en passant par les marnes tertiaires. Cependant plusieurs faits portent à repousser cette supposition, et à admettre que c'est le terrain tertiaire lui-même qui est ici salifère.

Remarquons d'abord qu'à moins d'une dénudation exceptionnelle, le keuper doit être recouvert par le lias, ainsi qu'on l'observe non loin de là aux environs de Wœrth ; le lias séparerait donc le trias du terrain tertiaire. En outre, les marnes tertiaires sont peu perméables, et, lors même qu'elles seraient traversées par une faille, l'eau venant de la profondeur ne pourrait probablement pas les traverser.

Observons de plus que l'eau salée de Soultz-sous-Forêts se distingue des sources ordinaires du trias par sa richesse en brôme ; aussi est-elle expédiée depuis quelque temps en bouteilles à Strasbourg, où elle est en concurrence avec l'eau de Kreutznach. On lui a enlevé préalablement, par décantation, la petite quantité de bitume qui surnage quand elle sort du puits [1].

Ce qui éloigne encore la supposition que les eaux salées de Soultz-sous-Forêts n'auraient pas leur réservoir dans les couches tertiaires, c'est qu'elles ne forment pas un accident unique. Non-seulement elles sont connues aux environs de Soultz-sous-Forêts sur plusieurs points, dont les extrêmes sont distants l'un de l'autre d'un kilomètre ; mais, comme il a été dit plus haut, de l'eau salée a été rencontrée par un forage à Haguenau, qui est à 16 kilomètres au sud de Soultz ; elle renfermait, comme l'eau de Soultz, une quantité notable

---

[1] Il est à regretter que l'on manque, à titre de renseignement sur ce sujet, de la température que possédaient les eaux salées de Soultz, lorsqu'elles affluaient en abondance. Les faibles suintements qui se font aujourd'hui ne peuvent donner une indication approximative de la profondeur dont peut provenir cette eau.

de brômure. Or, dans cette dernière ville, le point d'affluence étant séparé du terrain sous-jacent par plus de 50 mètres de marnes imperméables, il est peu probable aussi que cette eau salée provînt du terrain triasique.

Il faut enfin remarquer que, dans toute l'Alsace, le trias ne renferme pas de sel gemme. Les salines de Schweizerhalle, près de Bâle, dont Soultz-sous-Forêts est distant de 19 myriamètres vers le nord, paraissent alimentées, comme celles de Saltzbronn, dans la Lorraine, et celles du Wurtemberg, par des couches de sel placées à la partie inférieure du muschelkalk. Cette dernière circonstance, en abaissant au-dessous du keuper et du muschelkalk le niveau du sel dans la région la plus rapprochée, atténue encore la probabilité que l'eau salée du terrain tertiaire de Soultz-sous-Forêts proviendrait du trias.

D'après ce qui précède, il est bien plus vraisemblable que l'eau salée des environs de Soultz-sous-Forêts tire ses principes des couches tertiaires. Cet accident, si rare dans le terrain tertiaire du nord-ouest de l'Europe [1], se lie probablement, quant à son origine, à l'arrivée du bitume et du pétrole que renferme le même terrain. Il y a déjà longtemps que de Dietrich [2] a signalé la fréquence de l'association du bitume et des sources salées en France et en Italie. Cette association, quoique n'étant pas constante, se retrouve dans des lieux très-distants les uns des autres, notamment sur les bords de la mer Caspienne, dans la chaîne des Karpathes, les Apennins, aux environs de Dax et dans l'Amérique du Nord, au Kentucky et sur les bords du lac Salé. Les couches tertiaires de Soultz-sous-Forêts, avec leur bitume et leur eau salée, fournissent un exemple de cette relation, qui n'est pas encore expliquée d'une manière satisfaisante.

Si des considérations économiques ne s'opposaient pas à l'établissement d'une nouvelle saline, à proximité des grands centres de production de la Lorraine, on aurait beaucoup

---

[1] Le terrain tertiaire du bassin de l'Ebre, aux environs de Tudela, renferme aussi du sel, d'après M. Esquerra del Bayo (*Leonhard's Jahrbuch für Mineralogie*, 1835, p. 283). Il en est de même des terrains tertiaires d'Anana, près de Pancorbo et de Briviesca, non loin de Burgos (Dufrénoy, *Traité de minéralogie*, t. II, p. 151).

[2] *Description des gîtes de minerai de l'Alsace*, p. 303.

de chances de rencontrer par des sondages à Soultz-sous-Forêts, soit le sel gemme, soit au moins des eaux plus fortement salées. Les travaux d'exploitation de cette localité ne dépassent pas la profondeur de 27 mètres; un sondage fait en 1839 a pénétré jusqu'à 42 mètres.

Les terrains tertiaires du département se rapportent au moins à deux étages. D'après les faits qui ont été exposés plus haut, les couches des environs de Lobsann et de Bechelbronn paraissent devoir être rapportées, comme la *molasse* suisse avec laquelle elles présentent des analogies, à *l'étage tertiaire moyen* que l'on a aussi désigné sous le nom de *miocène*. Ce groupe, formé à sa partie inférieure de couches d'eau douce, est recouvert par des dépôts riches en coquilles exclusivement marines. Couches appartenant à l'étage moyen.

Il existe en outre à Bouxwiller, à Bitschhoffen, à Dauendorf, un dépôt essentiellement palustre qui, par la présence des ossements de *lophiodon*, ne peut être supposé plus moderne que l'étage moyen. Peut-être même appartient-il à l'étage inférieur[1]. Ce terrain palustre recouvre plusieurs gîtes de minerai pisolithique.

Quant aux cailloux roulés qui couronnent le Bastberg, près de Bouxwiller, les collines de Wolxheim et d'Obernai, celles des environs de Wœrth, nous avons aussi reconnu plus haut qu'ils appartiennent très-vraisemblablement à l'étage tertiaire supérieur ou *pliocène*, quoiqu'on n'y trouve pas de fossiles. Il est par conséquent contemporain des dépôts de gravier du Sundgau (Haut-Rhin), dont j'ai donné ailleurs les caractères[2]. La colline du Schœnberg, située non loin de Fribourg en Brisgau, est formée aussi de gros débris roulés provenant pour la plupart du terrain jurassique[3]. L'ensemble de ce dépôt rappelle tout à fait, par sa nature et par son isolement, celui du Bastberg. Dépôts de l'étage supérieur.

Le calcaire du muschelkalk est traversé en tous sens, aux environs de Gœrsdorf, par des cavités cylindroïdes qui sont Trous percés par les coquilles lithophages.

[1] M. Gervais rapporte les lophiodons à l'étage tertiaire inférieur (*Comptes-rendus de l'Académie des sciences*, t. XXVIII, p. 546).

[2] *Notice sur les terrains tertiaires du Sundgau (Haut-Rhin) et sur la transformation en kaolin des galets feldspathiques de ce dépôt. Bulletin de la Société géologique de France*, 2ᵉ série, t. V, p. 165.

[3] Fromherz, *Geognostische Beschreibung des Schœnbergs bei Freiburg in Breisgau*. 1837.

dues, selon toute vraisemblance, à l'action des coquilles lithophages. Le diamètre de ces cavités varie d'un millimètre à un centimètre ; dans ce dernier cas, leur longueur dépasse souvent un décimètre. Ces trous datent sans doute de l'époque tertiaire, lorsque la mer baignait ces collines.

Dislocation des couches tertiaires. Des dislocations ont affecté les terrains tertiaires de l'Alsace, même les plus modernes ; car ils présentent des contournements et des failles dont nous avons vu précédemment des exemples. C'est à ces mouvements du sol et à des dénudations qui ont suivi, que les collines, comme celles du Bastberg, du Scharachberg, du Bischenberg, doivent leur isolement actuel.

Altitudes. Les principales altitudes du terrain tertiaire dans le département sont : aux environs de Wœrth, 250 mètres ; au Scharachberg, 316 mètres ; au Bastberg, 329 mètres, et au Bischenberg, 363 mètres.

CHAPITRE IX.

ALLUVIONS ANCIENNES OU DILUVIUM; DÉPÔTS ERRATIQUES.

Des matériaux de transport ont été amenés en abondance dans toute l'étendue de la vallée du Rhin, comme dans beaucoup d'autres régions des continents, postérieurement à la formation des terrains tertiaires. Ces matériaux de transport consistent en général en gravier, en sable et en limon. L'examen de la nature des cailloux apprend bientôt que les matériaux qui se rencontrent dans la partie du bassin du Rhin comprise dans le département proviennent principalement des Vosges et des Alpes, et, pour une moindre fraction, du Jura et de la Forêt-Noire ; ces matériaux ont donc été apportés des groupes montagneux qui forment les limites du bassin du Rhin. *Généralités.*

Une partie des matériaux dont il s'agit constitue de grandes plaines dans lesquelles serpentent le Rhin et ses affluents. Ces plaines sont susceptibles d'être submergées par les cours d'eau lors de leurs crues, ou du moins elles seraient quelquefois inondées, si la main de l'homme n'y avait mis obstacle au moyen de digues. Les dépôts qui sont ainsi submersibles de temps à autre appartiennent au domaine des *alluvions modernes*. *Alluvions modernes.*

Mais des dépôts comparables à ceux que roulent les cours d'eau s'élèvent à un niveau bien plus élevé que les rivières actuelles ; ils recouvrent partiellement les couches triasiques, jurassiques et tertiaires qui bordent les Vosges, ce qui montre d'ailleurs qu'ils sont plus modernes que ces dernières couches. Les dépôts dont il est question appartiennent aux terrains de transport connus depuis longtemps sous le nom d'*alluvions anciennes*, de *diluvium* ou de *dépôts diluviens*. *Alluvions anciennes.*

Les alluvions anciennes ne doivent d'ailleurs pas être confondues avec les terrains stratifiés proprement dits, qui constituent des couches régulières et qui ont été produits par une sédimentation successive dans les eaux de la mer *Elles diffèrent des terrains stratifiés.*

ou d'anciens lacs. Les traînées de matériaux dont se composent les alluvions anciennes paraissent être généralement le produit d'eaux courantes qui ont fonctionné lorsque les continents actuels étaient déjà émergés et avaient à peu près leur relief actuel.

Aux alluvions anciennes se lient les *dépôts erratiques*.

Leur étendue dans le département. — Les alluvions anciennes occupent dans le département 1488 kilomètres carrés, c'est-à-dire environ le tiers de sa superficie.

En raison des différences que présentent les dépôts d'alluvion, lors même qu'ils ont été formés simultanément, et aussi par suite de la difficulté de distinguer l'âge relatif de certains de ces dépôts, nous ne pouvons suivre, pour les décrire, la marche employée plus haut pour les terrains stratifiés. Nous nous occuperons d'abord du lœss qui est le plus développé de ces dépôts.

Lœss.

Sa disposition générale. — Dans la vallée du Rhin on a donné vulgairement le nom de *lœss* ou de *lehmen* à un dépôt marneux d'un gris jaunâtre qui se retrouve, par lambeaux discontinus et souvent fort épais, entre Bâle et Mayence. Il forme la partie supérieure des dépôts diluviens dont nous avons à nous occuper; il correspond par conséquent à la période qui a immédiatement précédé l'époque actuelle.

Le lœss forme le long des montagnes une bordure interrompue par les sillons que les cours d'eau y ont creusés, et par les alluvions anciennes charriées des Vosges qui bordent les rivières. Entre Schlestadt et Obernai, le lœss n'occupe qu'une largeur de 4 à 5 kilomètres. Mais entre la Bruche et la Zorn, comme entre le Sauerbach et la Lauter, le même dépôt, mesuré de l'ouest à l'est, a une largeur de 25 kilomètres.

Composition. — En général, le lœss est formé d'un mélange, en proportions variables, de sable très-fin, d'argile et de carbonate de chaux. De l'hydrate de peroxyde de fer, qui s'y trouve habituellement dans la proportion de 4 à 6 p. 100, lui donne une teinte jaune blond et quelquefois y forme des bigarrures. Le lœss contient en outre une petite quantité de potasse (1 à 2 p. 100), et de carbonate de magnésie qui est associé au carbonate de chaux. La proportion du carbonate de chaux du lœss varie ordinairement de 15 à 30 p. 100.

Des rognons calcaires, dont les formes sont arrondies et très-irrégulières, sont disséminés en grand nombre dans le lœss. Leur dimension varie depuis celle d'une noisette jusqu'à celle d'un gros boulet. L'intérieur de ces rognons est ordinairement creux et présente des gerçures dues très-probablement au retrait que la substance a éprouvé en se desséchant. Ces cavités sont quelquefois tapissées de chaux carbonatée cristallisée sous forme de petits rhomboèdres aigus. Les rognons dont il s'agit ont reçu le nom vulgaire de *kupstein*[1], et le terrain qui les renferme celui de *kupsteinboden*. Rognons calcaires ou *kupstein*.

Le lœss est souvent à peu près homogène et dépourvu de tout indice de stratification sur une épaisseur de plus de 15 mètres, ainsi qu'on peut le voir dans les vastes carrières où on l'exploite, à Hangenbieten et à Achenheim. Absence de stratification dans le lœss.

Des coquilles y sont très-abondamment disséminées, d'où est venu aussi à ce terrain la dénomination de *Schneckenhœuselboden* (sol à escargots). Dans un seul décimètre cube de lœss pris à Schiltigheim, j'en ai compté plus de 100 individus. Ces coquilles ont été très-bien étudiées par MM. les professeurs Alexandre Braun et Walchner. Coquilles.

Quoique les individus soient prodigieusement nombreux sur certaines places, ils appartiennent à un petit nombre d'espèces qui jusqu'à présent ne dépassent pas 22. Ces espèces sont presque exclusivement terrestres et vivent encore aujourd'hui. Elles sont rangées suivant leur abondance relative dans la liste suivante[2] :

1° *Succinea oblonga*. Drap.
— var. *elongata*. A. Braun.
2°. *Helix hispida*. Linn. Quelquefois de dimension plus petite que les plus petits individus de la même espèce vivant aujourd'hui.
3° *Pupa muscorum*. Drap. Généralement plus gros que les individus de même espèce vivant aujourd'hui.
4° *Helix arbustorum*. Linn. Tantôt grande, tantôt aussi petite que la variété de la même espèce qui vit maintenant dans la haute région des Alpes.

---

[1] Quelquefois aussi on les désigne sous le nom de *Lœssmænnchen* (petits hommes du lœss).
[2] Walchner, *Handbuch der Geognosie*, 2ᵉ édition, p. 686.

5° *Clausilia parvula.* Studer.
6° *Pupa columella.* Benz. *Pupa edentula.* Drap.
7° *Helix cristallina.* Muller.
8° *Clausilia gracilis.* Pfeiffer.
9° *Helix pulchella.* Muller (var. *costata*).
10° *Helix montana.* Studer (elle se sépare à peine de la *helix hispida*).
11° *Pupa dolium.* Drap. (var. *plagiostoma*).
12° *Clausilia dubia.* Drap. (cl. *roscida.* Studer). Elle s'éloigne un peu de la variété vivante.
13° *Pupa pygmæa* (*vertigo pygmæa.* Muller). Un peu plus épaisse que la variété vivante.
14° *Bulimus lubricus.* Brugn.
15° *Pupa secale.* Drap.

A ces 15 espèces, qui sont les plus fréquentes et qui sont caractéristiques du lœss, il faut ajouter les suivantes qui sont très-rares :

16° *Helix pygmæa.* Drap.
17° — *fulva.* Drap.
18° *Limneus minutus.* Drap.
19° *Helix bidentula.* Drap. Elle se rencontre plus fréquemment dans le diluvium ancien.
20° *Succinea amphibia.* Drap.
21° *Vitrina elongata.* Drap.
22° *Limax.*

Observation sur la nature de ces coquilles.

Toutes ces coquilles sont terrestres, à l'exception d'une seule espèce qui est d'eau douce. Cette dernière, la *lymneus minutus*, est si rare que parmi 200,000 individus du lœss qui ont été recueillis par MM. Braun et Walchner, l'espèce dont il s'agit ne figure que pour 28 individus.

La plupart des espèces de coquilles du lœss sont tout à fait identiques avec celles qui vivent aujourd'hui ; les autres s'en éloignent si peu qu'elles ne peuvent être considérées que comme des variétés ou au plus des sous-espèces de celles qui sont contemporaines.

Il est aussi à remarquer que presque toutes ces espèces vivent aujourd'hui dans des régions froides et humides, et quelques-unes même dans les Alpes jusqu'à la limite des neiges perpétuelles. Les espèces qui, à l'époque actuelle, habitent les collines et les plaines chaudes de la vallée du Rhin manquent dans le lœss.

Le test des coquilles du lœss est blanc, très-friable et

comme calciné; quelquefois il est recouvert d'un enduit d'oxyde de fer ou d'oxyde de manganèse.

On a trouvé aussi dans le lœss des ossements de mammifères, principalement d'éléphant (*elephas primigenius*), de rhinocéros, de bœuf, de cheval, de cerf. En général, les ossements se trouvent à la partie inférieure du dépôt où il repose sur des couches sableuses ou sur le gravier. *Ossements de mammifères.*

Une matière brune qui ne paraît être que du ligneux en décomposition se rencontre souvent aussi dans le même dépôt. *Indices de végétaux.*

De nombreux canaux cylindroïdes, d'un diamètre de $0^{mill},2$ à 2 ou 3 millimètres, traversent fréquemment la masse du lœss en tous sens, en se ramifiant les uns dans les autres ; ils sont en partie creux ; d'autres sont tapissés d'un enduit de chaux carbonatée terreuse. Tous ces tubes se dirigent de la surface vers le bas, suivant des positions voisines de la verticale; leur disposition ramifiée annonce qu'ils ont été ouverts par des racines de plantes qui se sont décomposées et ont pour la plupart disparu. Sur quelques points, comme à Ernolsheim, ces canaux sont si nombreux qu'il n'y a pas un décimètre cube du terrain qui n'en soit traversé. *Canaux capillaires formés par les racines de plantes.*

Le lœss type, tel qu'il vient d'être décrit, subit quelquefois des modifications en rapport avec la nature des terrains qu'il avoisine. A proximité des montagnes, il passe ordinairement à un dépôt de transport formé de matériaux provenant de la partie adjacente de la chaîne, et qui occupe une largeur de 2 à 3 kilomètres. Ainsi, le long du grès des Vosges, entre Wissembourg et Gœrsdorf, le lœss passe au sable quartzeux des Vosges. Au Bischenberg, il est mélangé de galets de calcaire jurassique. Entre Eichhoffen et Itterswiller, le dépôt consiste en de nombreux débris des veines quartzeuses qui traversent le schiste de transition, ainsi qu'en fragments de schiste et de grès des Vosges. Entre Nothalten et Dambach, le dépôt littoral est un sable granitique. Enfin, près de Kintzheim, le lœss est remplacé par un limon jaune d'ocre dans lequel sont disséminés de nombreux galets de granite et de gneiss. *Modification du lœss le long des montagnes.*

Les alluvions anciennes, qui bordent les rivières et dont il sera question plus loin, se lient aussi au lœss.

Le dépôt qui nous occupe forme une série de collines que séparent des vallées et des vallons. Les pentes de ces col- *Relief du lœss.*

lines sont en général douces et inférieures à 6 ou 7 degrés, si ce n'est sur les points où elles ont été corrodées par les cours d'eau actuels. Dans les collines de lœss on rencontre souvent des chemins creux, à parois verticales, dont la hauteur atteint quelquefois une dizaine de mètres. Des infiltrations d'eau pluviale dans les fissures voisines de ces parois y déterminent de temps à autre des éboulements.

Le modelé du lœss, tel que nous le voyons aujourd'hui, est en grande partie l'œuvre des cours d'eau qui ont coulé à sa surface ou dans son voisinage lors de sa formation, plutôt que celle des cours d'eau actuels. Loin de ceux-ci et le long des montagnes, le relief du dépôt est quelquefois terminé par une surface faiblement inclinée vers le thalweg de la vallée du Rhin, dont la pente est à peu près uniforme sur plus de 2 kilomètres de longueur, puis elle se rattache au fond de la vallée par une courbure très-douce. Cette configuration, que l'on observe près d'Orschwiller, d'Andlau, de Dorlisheim, de Wissembourg, est peut-être à peu près celle que le limon affectait vers les bords du vaste lit dans lequel il a été déposé.

Le terrain dont il s'agit étant facile à creuser et les parois se soutenant facilement d'elles-mêmes, tout en étant imperméables, on y pratique fréquemment des caves.

Altitude. — Dans les collines situées à l'ouest de Strasbourg et au nord de la Bruche, le lœss atteint l'altitude de 210 mètres, c'est-à-dire qu'il s'élève à environ 70 mètres au-dessus du niveau du Rhin considéré dans la même section transversale de la vallée. Au sud de Pfaffenhoffen, son altitude est de 300 mètres ; il dépasse donc d'environ 170 mètres le niveau correspondant du Rhin.

Épaisseur. — L'épaisseur du lœss atteint sur quelques points 60 à 80 mètres.

Sable et gravier provenant de la destruction du grès des Vosges. Limon jaune.

Sable et gravier du grès des Vosges. — Du sable et du gravier de nature quartzeuse résultant de la désagrégation du grès des Vosges constituent une partie assez étendue des dépôts diluviens du département. Ce sable, ainsi que les cailloux qui y sont souvent mélangés, appartient aux variétés de quartz qui ont été décrites plus haut comme faisant partie du grès lui-même. Quelquefois le sable est coloré en rouge par le peroxyde anhydre; le plus souvent il a la teinte jaune due au peroxyde hydraté, ou bien encore il est en partie décoloré. Pour abréger, nous désignerons le grès des Vosges dont il s'agit sous le nom de *sable* ou de *gravier du grès des Vosges*.

A ces matériaux est associé un dépôt de limon, de couleur jaune d'ocre, qui diffère surtout du lœss proprement dit par une teinte plus foncée et parce qu'il ne renferme jamais du carbonate de chaux qu'en très-faible quantité, lorsque toutefois il en contient; très-souvent ce limon est traversé de bariolures blanches. Nous lui donnerons ici le nom de *limon jaune*. Dans un échantillon ordinaire de limon jaune des environs de Niederbronn, j'ai trouvé 4,33 p. 100 de peroxyde de fer. {Limon jaune.}

Le sable et le gravier du grès des Vosges bordent en général les rivières qui descendent de la région arénacée de la chaîne. Nous allons examiner la disposition de ces matériaux, y compris le limon jaune, d'abord sur le versant occidental des Vosges où ils sont plus faciles à observer que dans la plaine d'Alsace.

La Sarre est avoisinée par des dépôts de transport dont la composition n'est pas uniforme, lors même qu'on les considère seulement dans le département du Bas-Rhin, c'est-à-dire sur une longueur d'une vingtaine de kilomètres. {*a*) *Diluvium de la Sarre*.}

A l'amont de Saar-Union, cette rivière est resserrée entre des collines de muschelkalk et de keuper. Les collines de la rive gauche sont couvertes d'un dépôt de limon jaune qui s'élève de 60 à 80 mètres au-dessus de la rivière [1] et jusqu'à une distance de plus de 10 kilomètres de son cours. Quoique existant aussi sur la rive droite, le dépôt y est moins continu. En beaucoup de points, l'épaisseur du limon jaune ne dépasse pas 2 mètres; il est entaillé le long des ruisseaux, comme on le voit près du Naubach. {Limon jaune.}

Les collines de muschelkalk que ne recouvre pas le limon portent cependant une trace de diluvium dans les cailloux de quartzite des Vosges qui y sont éparpillés çà et là jusqu'à des hauteurs de plus de 80 mètres au-dessus de la mer. {Cailloux épars.}

[1] La hauteur de ces dépôts au-dessus de la mer est de 280 à 300 mètres.

Leur liaison au limon. — Ces cailloux épars passent graduellement au limon ; celui-ci ne s'est fixé que sur le sommet des collines, tandis que les cailloux sont dispersés sur les pentes. La figure 61 représente la disposition du diluvium à un kilomètre au nord de Wolfskirch (a' limon ; a'' cailloux).

Gravier et sable. — A la hauteur de Saar-Union, la vallée de la Sarre s'infléchit brusquement à angle droit, en même temps qu'elle s'élargit beaucoup. A ce changement de relief correspond une modification dans le dépôt diluvien. Des accumulations de cailloux et de sable très-irrégulièrement stratifiés bordent la vallée au-dessous de cette ville (fig. 62). La bordure qui a au plus quelques centaines de mètres sur la rive gauche, près de Viller, est plus large sur la rive droite ; à une plus grande distance de la Sarre, on ne voit plus que le limon jaune.

Leur passage au limon.

Nature du gravier. — Le gravier des bords de la Sarre se compose principalement des débris qui proviennent de la désagrégation du grès des Vosges ; quelques-uns de ses cailloux atteignent un décimètre de diamètre ; il renferme accidentellement des débris de roche de l'un des étages du trias et fort rarement des galets de granite. Le gravier ne s'élève guère à plus de 20 mètres au-dessus de la rivière.

Absence de recouvrement dans les anses. — A l'autre inflexion à angle droit de la vallée de la Sarre, près de Bisert, le keuper se montre à nu sur la rive gauche de la rivière, au fond de l'anse que venait heurter et probablement corroder le cours d'eau, tandis que sur la berge convexe placée vis-à-vis, le même courant déposait des atterrissements épais (fig. 63). On observe un fait analogue à l'inflexion de Saar-Union.

Diluvium au-dessous de Keskastel. — Plus bas encore, de Keskastel aux environs de Sarralbe, la paroi droite de la vallée de la Sarre est bordée par du gravier qui, à un niveau plus élevé, passe au limon, comme nous venons de l'observer.

A partir d'Herbitzheim jusqu'à la limite du département, le diluvium des bords de la Sarre ne consiste plus qu'en un dépôt de limon, de 2 à 3 mètres d'épaisseur, qui s'étend sur les plateaux. Beaucoup de menus fragments de grès à grains fins et traversés de veines ferro-manganésifères y sont disséminés. A une hauteur moindre au-dessus de la rivière sont des cailloux épars et des traînées de sable.

Les modifications que j'ai signalées dans le diluvium de la Sarre, selon la configuration de la vallée, sont faciles à expliquer si on se reporte à ce qui se passe aujourd'hui le long d'un cours d'eau de forme sinueuse. Dans les parties où l'ancien courant était resserré entre des collines, comme entre Wolfskirch et Saar-Union, il devait charrier des matériaux grossiers qu'il abandonnait nécessairement sur les points où la vallée s'élargit. Il est facile aussi de comprendre pourquoi le gros gravier est en général plus rapproché du thalweg de la vallée que le sable, et celui-ci plus que le limon qui s'étend sur les plateaux. Enfin la plus grande partie du gravier s'est déposée sur les parois convexes de la vallée, c'est-à-dire du côté dont s'éloignaient sans doute les filets d'eau de plus grande vitesse, tandis qu'il n'y a que de faibles atterrissements dans les anses. *Relation entre le régime du diluvium et les formes de la vallée.*

Sur le versant occidental des Vosges, le limon jaune se trouve encore superposé au grès bigarré et au muschelkalk dans d'autres localités plus éloignées de la Sarre. Quand son épaisseur est inférieure à un mètre, comme il arrive entre Drulingen et Büst, on en fait abstraction sur la carte. *Autres localités où il se trouve du limon.*

Du côté oriental des Vosges, il existe aussi des dépôts de gravier et de sable le long de diverses rivières qui se rendent au Rhin. Pour préciser, nous allons en citer quelques exemples. *Diluvium des rivières du côté de l'Alsace.*

La colline keupérienne située à l'ouest d'Ingwiller, à l'endroit où la Moder sort des montagnes, est entièrement couverte de gravier du grès des Vosges ; or, elle s'élève à 33 mètres au-dessus de la rivière. D'autres atterrissements de même nature se rencontrent sur la rive gauche de la Moder, près de la ferme de Rauschenbourg, et tout le long de la rivière jusqu'à Bischwiller. *b) Diluvium de la Moder.*

Souvent ces atterrissements ont la forme de collines très-surbaissées et à pentes très-douces. La figure 64, qui représente la coupe transversale de la vallée de la Moder, à un kilomètre à l'aval d'Obermodern, en offre un exemple ; sur ce point le sable est mélangé de cailloux peu nombreux qui forment au plus 1/20 de son volume. La figure 64 (*bis*) exprime une disposition semblable près de Pfaffenhoffen. *Forme de collines surbaissées.*

Ailleurs le dépôt sablonneux est découpé suivant des talus assez rapides, surtout dans les anses, de sorte que le dépôt diluvien forme le long de la rivière des terrasses auxquelles *Atterrissements en forme de terrasses.*

15

on donne quelquefois aussi le nom de *rideaux*. Entre Neubourg et Haguenau, le dépôt diluvien est ordinairement découpé en deux terrasses (fig. 65). La terrasse inférieure, qui s'élève de 4 à 5 mètres au-dessus des alluvions modernes, atteint 2 kilomètres de largeur; elle est surmontée par une seconde terrasse moins régulière. L'argile tertiaire se rencontre à une faible profondeur.

A la hauteur de Haguenau, les terrasses des deux rives de la Moder ne sont pas symétriques entre elles; celle de la rive gauche présente un talus doux, tandis que la terrasse de la rive droite est terminée par un talus rapide qui a été utilisé pour l'établissement des fortifications de la ville.

Affluents de la Moder. Les affluents de la Moder sont bordés de dépôts semblables à ceux qui viennent d'être décrits. Ainsi les terrasses de la Zinsel, près de Mertzwiller, rappellent celles de Haguenau. Le village de Gumbrechtshoffen est adossé à une terrasse sablonneuse, d'une largeur d'environ 500 mètres, qui s'élève à une quinzaine de mètres au-dessus de la rivière (fig. 66).

Élargissement du diluvium de l'amont vers l'aval. La largeur du dépôt diluvien de la Moder augmente surtout à partir de l'endroit où la rivière quitte les collines triasiques et jurassiques pour couler sur les faibles inégalités du terrain tertiaire. Le dépôt de sable qui supporte la forêt de Haguenau s'élargit de l'amont vers l'aval en forme de *delta*. Vers sa limite orientale, le delta a une largeur de 25 kilomètres; la hauteur de l'atterrissement au-dessus de la Moder et du Rhin varie ici de 10 à 15 mètres.

Promontoires sablonneux. A la rencontre de la Moder et de plusieurs affluents, il s'est formé des promontoires sablonneux assez remarquables par l'identité de leur forme et de leur disposition. L'un d'eux, de 3 kilomètres de longueur, a son sommet au confluent même de la Moder et de la Zinsel. Sa hauteur est de 20 mètres au-dessus du cours de ces deux rivières. Un autre, dont la pointe est à un kilomètre à l'ouest de Pfaffenhoffen, est compris entre la Moder et le ruisseau de Wobach. Un troisième existe entre la Moder et le ruisseau de Bitschhoffen. Considérés en projection horizontale, ces promontoires font des angles aigus qui sont inférieurs à 35 degrés.

c) Diluvium de la Zorn aux environs de Saverne. Le long de la Zorn s'élèvent aux environs de Saverne des collines couronnées de gravier, semblables à celles d'Ingwiller. Ce terrain de transport est surtout bien développé à quelques centaines de mètres au sud de Saverne, sur le chemin de Gottenhausen. Dans l'une des carrières qui a 7 mètres de profondeur, on ne voit que des cailloux irrégulièrement disséminés dans du sable. Les cailloux consistent en quartzite brun ou blanc; ils sont parfaitement arrondis et atteignent 15 à 18 centimètres suivant leur plus grand diamètre; ils sont donc moyennement plus gros que ceux qui ont été charriés plus loin des montagnes. Les fragments de grès vosgien non désagrégé qu'on y rencontre quelquefois, mais rarement, sont tout à fait polis par le frottement. A ces cailloux sont subordonnés quelques lits de limon jaune et d'argile blanche semblable à celle de Riedseltz. Les dépôts de cailloux dont il s'agit s'élèvent au moins à 45 mètres au-dessus des eaux courantes du voisinage.

Entre Saverne et Hochfelden, les collines de muschelkalk, *Id.* à Hochfelden. de keuper et de lias qui longent la Zorn sont couvertes de gravier et de sable du grès des Vosges et de limon jaune, comme le représente la figure 67 pour les environs de Monswiller. A Hochfelden (fig. 68), les couches de lias, sur lesquelles repose le gravier diluvien, sont très-irrégulièrement ravinées; ce dépôt s'élève à plus de 15 mètres au-dessus de la Zorn.

Le sol sur lequel s'étend la forêt de Brumath consiste, *Id.* à Brumath. de même que celui de la forêt de Haguenau, en sable et en gravier diluviens, et ce dépôt est entaillé à 500 mètres au nord-ouest de Brumath jusqu'à la profondeur de 4 mètres pour l'entretien des routes. Les cailloux sont très-irrégulièrement mélangés de sable qui s'est en outre çà et là isolé sous forme de petites veines; le diamètre des cailloux ne dépasse pas 7 à 8 centimètres.

Les terrasses diluviennes qui, semblables à celles de la *d*) *Terrasses de* Moder et de la Zorn, bordent la rive droite de la Lauter ont *la Lauter.* servi, par un remaniement facile, à l'établissement des fortifications connues sous le nom de *lignes de Wissembourg*; peut-être même sont-ce ces remparts naturels qui en ont donné la première idée.

Au pied du Liebfrauenberg et à plus de 25 mètres au-dessus du Sauerbach, sur la rive gauche de cette rivière, le Bords du Sauerbach près du Liebfrauenberg. muschelkalk est aussi recouvert par un dépôt de gravier formé des débris du grès des Vosges (fig. 59).

15.

Débris de terrains autres que le grès des Vosges.

Déjà en indiquant les modifications que le lœss subit le long des montagnes, nous avons dit que des dépôts diluviens, formés de débris de granite et de roches de transition, se trouvent à proximité des régions de la chaîne formées par ces mêmes terrains, par exemple aux environs de Dambach et d'Eichhoffen.

Veines d'hydroxyde de fer dans le gravier diluvien.

Des veines et des concrétions d'hydroxyde de fer cimentent très-souvent le gravier et le sable qui proviennent de la destruction du grès des Vosges, par exemple aux environs de Neubourg, de Haguenau, de Weyersheim, de Saverne, de Brumath et sur les bords de la Sarre, notamment au Steinerwald, près Saar-Union, et près de Viller. La forme de ces veines est très-irrégulière (fig. 70); leur épaisseur ne dépasse pas ordinairement un centimètre; cependant, sur les bords de la Sarre, j'ai remarqué des veines qui atteignent un décimètre d'épaisseur. Dans le voisinage des veines, le sable est bariolé par des bandes jaunes de nuance variée, comparables à celles qu'on observe dans le grès bigarré et dans le grès des Vosges, surtout à proximité des filons qui traversent ce dernier terrain.

Minerai de fer en plaquettes.

Des débris assez nombreux de minerai de fer, qui proviennent du remaniement des rognons du lias, se rencontrent dans le limon jaune et dans le sable des Vosges, en quelques points du département. Il sera question de ces dépôts dans le chapitre des gîtes métallifères.

Pisolithes ferrugineux particuliers au limon jaune.

En outre, des pisolithes ferrugineux, de consistance friable, sont très-fréquemment disséminés dans le limon jaune. L'analyse de l'un de ces pisolithes pris aux environs de Niederbronn a donné:

Argile et sable fin	81,58
Peroxyde de fer avec un peu d'oxyde de manganèse et de chaux . . .	11,34
Eau et matière organique	7,08
	100,00

Leur analogie avec le minerai des marnes.

Ces pisolithes que l'on observe dans le limon de beaucoup de localités, tant du Bas-Rhin, par exemple près de Niederbronn, Bitschhoffen, Lembach, Saar-Union, que du Haut-Rhin (notamment aux environs de Dannemarie) et de la Lorraine, diffèrent du minerai de fer pisolithique ordinaire par leur friabilité et la faible proportion d'oxyde de fer qu'ils contiennent, proportion qui généralement n'excède pas 12 p. 100. Comme ils ont la teinte noire, due à la présence de l'oxyde de manganèse, les mineurs leur ont donné le nom de *brand*. Au lieu d'appartenir à l'époque tertiaire comme ce dernier minerai, ils ont été formés à l'époque diluvienne ou à l'époque actuelle. Ils sont analogues aux veines ferrugineuses que renferment les sables et le gravier diluvien des Vosges. La précipitation de l'oxyde de fer dans les dépôts diluviens, sous ces formes variées, s'est très-probablement faite par les réactions qui déterminent journellement encore la formation du minerai de fer des marais et des lacs. A ce dernier phénomène se lient aussi les veines blanches qui sont si fréquentes dans le limon jaune, et qui résultent de l'action dissolvante de racines de végétaux qui ont pénétré dans le limon.

On peut encore citer comme faisant partie du diluvium des Vosges, aux environs de Niederbronn, de Neehwiller, et vers l'entrée de la vallée de Lembach, un grand nombre de fragments de quartz blanc grenu et cristallin, accidentellement mélangé de veines d'hématite. Ce quartz, tout à fait semblable à celui qui forme la gangue des filons de fer des Vosges méridionales et du minerai de Pfaffenbronn et de Kuhbrücke, dans la vallée de Lembach, provient sans doute de la dénudation de ces derniers amas ou d'autres du même genre qui les avoisinent. *Débris de quartz cristallin.*

C'est surtout dans la sinuosité que présente la chaîne des Vosges entre Wissembourg et Saverne que le limon jaune couvre de grandes étendues, particulièrement dans la vallée de Lembach et dans le quadrilatère compris entre Niederbronn, Frœschwiller, Ingwiller et Mietesheim; on le retrouve aux environs de Barr, de Still, et, comme nous l'avons déjà dit, sur les bords de la Sarre. *Étendue du limon jaune.*

Lors même qu'il couvre de grandes étendues, le limon jaune est en général peu épais; sa puissance, qui n'est quelquefois que de quelques décimètres, dépasse rarement 2 à 3 mètres; il forme donc une nappe très-mince par rapport à son étendue. Lorsqu'il recouvre le lias, on pourrait croire qu'il résulte simplement de la désagrégation de ce terrain, s'il n'était pas mélangé çà et là de sable et de cailloux des Vosges qui le caractérisent comme dépôt de transport. *Sa faible épaisseur.*

Il est quelquefois superposé au sable des Vosges.

Nous avons dit que le limon passe quelquefois au sable du grès des Vosges; cependant, dans quelques localités, on le voit superposé à ce dernier dépôt, comme près de la forge de Rauschendwasser, ainsi qu'à 100 mètres au nord d'Obersoultzbach et près de Zinswiller.

Altitude du diluvium des Vosges.

La hauteur à laquelle le sable et le gravier du grès des Vosges s'élève au-dessus des cours d'eau est variable, comme nous venons de le voir. Ainsi, cette différence de niveau est de 25 mètres près de Wasselonne, de 45 mètres à Saverne, de 53 mètres à Gunstett, de 80 mètres près de Gœrsdorf.

Dépôt sableux inférieur au lœss et au sable rouge des Vosges.

Au-dessous du lœss bien caractérisé on observe, dans différentes régions du département, des dépôts de sable et de marne dont nous allons nous occuper; ces mêmes couches sont souvent aussi recouvertes par le *sable rouge* qui résulte de la désagrégation du grès des Vosges. Ainsi à Hangenbieten, au-dessous du lœss, on voit des bancs de sable et de marne qui alternent entre eux et renferment des coquilles

Dépôts inférieurs au lœss avec coquilles palustres.

terrestres et palustres. La présence de ces dernières coquilles, parmi lesquelles il faut citer des *planorbes*, des *paludines*, des *cyclades*, constitue une différence entre les couches inférieures et le lœss proprement dit, dans lequel on ne trouve que des coquilles terrestres.

C'est dans la région comprise entre Haguenau, Bischwiller, Lauterbourg et Wissembourg, que ces dépôts inférieurs au lœss sont particulièrement observables.

Coupe à Kaltenhausen.

A 1500 mètres à l'est de Kaltenhausen, la terrasse qui borde la Moder vers le sud présente la disposition suivante :

1° Sable mélangé de cailloux résultant de la désagrégation du grès des Vosges; ce sable a conservé la couleur rouge . . . . 1^m,50

2° Argile gris verdâtre, alternant avec des sables fins où sont disséminés des cailloux; les sables qui paraissent résulter aussi de la désagrégation du grès des Vosges ont tout à fait perdu leur couleur primitive; ils sont d'un blanc pur et présentent des bigarrures jaunes . . . . . 4 mètres.

Les cailloux sont souvent disséminés dans le sable sous forme de strates obliques aux bancs, comme dans le grès des Vosges lui-même.

Une disposition semblable à celle de Kaltenhausen se voit à la limite méridionale du village d'Oberhoffen, dans la terrasse de la rive droite de la Moder et dans la terrasse haute de 5 à 6 mètres qui borde la plaine du Rhin entre Oberhoffen et Schirrhoffen. Les couches inférieures de cette dernière localité fournissent une argile verdâtre propre à la fabrication de la poterie de grès. *Même disposition entre Oberhoffen et Schirrhoffen.*

Le fer hydroxydé forme aussi à Schirrhoffen dans la couche de sable inférieure des veines qui en cimentent solidement les grains, et des rognons qui ont la plus grande ressemblance avec le minerai que l'on a exploité pendant plusieurs années dans les sables tertiaires à Courtavon (Haut-Rhin). *Fer hydroxydé en rognons.*

Dans une couche d'argile brune située à la partie inférieure du dépôt dans la même localité, on trouve, comme à Hangenbieten, des coquilles terrestres et palustres qui ne paraissent pas différer de celles qui vivent aujourd'hui dans la contrée [1]. *Coquilles palustres et terrestres.*

Les argiles de Soufflenheim, célèbres par leur qualité réfractaire, sont également exploitées sous le sable du grès des Vosges. Voici la coupe de la carrière principale située au sud du village : *Argile réfractaire de Soufflenheim.*

Mètres.
1° Sable rouge et jaune du grès des Vosges entremêlé de cailloux de quartzite. 5,00
2° Argile sablonneuse gris foncé, quelquefois aussi veinée de jaune et de rouge, que l'on exploite pour la fabrication des briques réfractaires. Elle est mélangée, à sa partie supérieure, de quelques débris charbonneux qui paraissent provenir de bois semblable à celui de nos forêts 6,30

Épaisseur totale . . . 11,30

Au-dessous de cette argile est du sable sur une épaisseur inconnue.

A Riedseltz, au-dessous du lœss et du sable du grès des Vosges, il existe également des sables blancs et des argiles dont la couleur varie du blanc au gris brun foncé; cette dernière teinte est due à la présence d'une matière orga- *Argile et sable de Riedseltz.*

---

[1] Voltz, *Géognosie de l'Alsace*, p. 41.

nique. Le sable et l'argile sableuse passent graduellement l'un à l'autre. Une des carrières présente la coupe suivante de haut en bas :

	Mètres.
1° Lœss souvent entremêlé de sable rouge des Vosges	3,00
2° Sable blanc, jaunâtre ou rouge.	1,00
3° Argile grise ou blanche	0,40
4° Sable blanc	0,60
Total	5,00

Terrasse entre Lauterbourg et Seltz. — Un dépôt d'argile et de sables semblable à celui dont il vient d'être question peut aussi être observé, entre Lauterbourg et Seltz, dans la terrasse qui borde le Rhin. Entre Münchhausen et Seltz et près de Lauterbourg, les dépôts diluviens forment deux étages, ainsi que l'indique la carte du dépôt de la guerre. La terrasse inférieure est haute de 8 à 12 mètres au-dessus des eaux moyennes du Rhin; mais à un kilomètre au nord-ouest de Motheren, les deux étages sont réunis en une terrasse unique dont la hauteur est de 18 mètres.

Superposition du lœss au sable rouge des Vosges. — Les dépôts d'argile et de sable blanc sont ici en partie recouverts par le sable rouge qui résulte de la désagrégation du grès des Vosges et par le lœss proprement dit. Ce dernier est superposé au sable rouge des Vosges, comme le montre la figure 71. A 2 kilomètres au sud-ouest de Lauterbourg, le sable rouge disparaît, et le lœss repose immédiatement sur les argiles.

Coupes entre Lauterbourg et Munchhausen. — La composition détaillée de la terrasse de Lauterbourg, prise de haut en bas, est la suivante :

	Mètres.
1° Lœss ordinaire entremêlé de quelques cailloux .	0,80
2° Sable rouge entremêlé de cailloux de quartzite et formé évidemment de détritus du grès des Vosges.	0,90
3° Sable blanc mélangé d'argile et de mica ; il ressemble par sa composition au grès tertiaire	7,00
	8,70

Entre Motheren et Seltz on voit toujours le sable blanc au-dessous du lœss. Ce dernier a 7 mètres d'épaisseur près de Motheren. De gros rognons calcaires sont quelquefois disséminés dans le sable.

Dans le bas du village de Münchhausen, on observe (fig. 72) une coupe semblable à celle de Lauterbourg :

	Mètres.
1° Lœss	1,50
2° Sable rouge avec cailloux alternant avec du sable blanc	1,00
3° Sable blanc	3,00
	5,50

La berge dite Rothchamm, qui s'étend aux environs de Seltz, est coupée au vif par le Rhin ; aussi est-elle facile à examiner quand on la cotoie dans une nacelle. Voici sa composition, à 1500 mètres au nord de Seltz, à partir de la surface du sol : *Id. à Seltz.*

	Mètres.
1° Limon semblable au lœss.	0,60
2° Sable blanc avec cailloux, bariolé de veines ferrugineuses jaunes et noires qui sont surtout nombreuses vers le bas	1,50
3° Marnes grises ou noires, très-grasses, avec des empreintes de plantes peu distinctes ; cette couche qui affleure sur une longueur de 500 mètres se termine en lentille	1,50
4° Sable blanc veiné de jaune dans lequel on observe de petits rognons de calcaire blanc et friable comme la craie ; il s'élève au-dessus de l'étiage du Rhin d'une hauteur de	5,00
Total	8,60

Le sable blanc contient de veines de sable noir riche en fer titané comme le sable du Rhin. Une multitude de nids d'hirondelle sont creusés dans le lœss des environs de Seltz.

La marne grise et le sable renferment de nombreux rognons de calcaire de forme tuberculeuse. La chaux carbonatée se trouve aussi dans le sable sous forme de plaques minces et très-rapprochées. Comme le sable intermédiaire est tout à fait friable, les escarpements naturels montrent la disposition des plaques dont il s'agit ; vues en plan, elles sont dentelées très-profondément et parallèlement à une même direction (fig. 73). *Calcaire en rognons et en plaquettes.*

A 1 1/2 kilomètre de Seltz, les couches marneuses renferment beaucoup de rognons ferrugineux, de même qu'à *Rognons de minerai de fer.*

Schirrhoffen. Au centre de chaque rognon est un noyau calcaire autour duquel sont des couches concentriques d'oxyde de fer mélangé d'oxyde de manganèse (fig. 74). La surface du noyau calcaire paraît avoir été corrodée ; elle est recouverte d'une pellicule d'argile qui est probablement le résidu de la corrosion. L'épaisseur de la croûte ferrugineuse varie de quelques millimètres à un centimètre.

Bigarrures ferrugineuses des marnes. — Des bariolures jaunes, semblables à celles du grès bigarré et d'autres dépôts arénacés, se rencontrent aussi dans les marnes. Ces veines sont très-fines et très-rapprochées ; car, sur un centimètre d'épaisseur, on en compte souvent une quinzaine. Elles diffèrent de celles du sable et du grès par plus de délicatesse, ce qui résulte sans doute de la moindre perméabilité de l'argile.

Coquilles dans ces rognons. — Dans les rognons calcaires de Seltz j'ai rencontré de petites coquilles terrestres du genre *succinée*.

Coupe à Kurtzenhausen. — Au sud de Bischwiller, à Kurtzenhausen et dans diverses parties de la forêt de Brumath, le lœss est aussi superposé avec une épaisseur de 5 à 6 mètres au sable argileux gris, qui est traversé par des veines noires manganésifères. Du sable rouge des Vosges forme des veines subordonnées au lœss.

Argile et sables d'Epfig. — Le dépôt qui forme la base de la colline d'Epfig, non loin de Schlestadt, et dans lequel on exploite aussi de l'argile réfractaire, doit être rapproché des terrains de Riedseltz et de Soufflenheim. Au-dessous d'une accumulation de gros blocs de grès des Vosges et de granite décomposé sont des bancs d'argile grise, de sable et de gravier fort irrégulièrement stratifiés. Ce dépôt paraît former presque toute la colline d'Epfig et s'étendre vers Dambach.

Observation sur l'étage sableux inférieur. — D'après les divers exemples qui viennent d'être cités, au-dessous du lœss et du sable rouge des Vosges s'étend un dépôt formé en partie de sable provenant aussi des détritus du grès des Vosges, mais qui est en général blanchâtre. Quelle que soit l'action chimique qui a dissous le fer du sable inférieur et qui l'a ainsi décoloré, cette différence de couleur indique une différence dans les circonstances où se sont déposées les couches inférieures qui consistent en sable blanchâtre et les couches supérieures qui sont formées de sable rouge. La présence dans les sables blancs de rognons ferrugineux, tels que ceux que l'on observe à Schirrhoffen et à Seltz, se lie aussi sans doute à la dissolution partielle de l'oxyde de fer.

Bien que ces sables et ces marnes soient rapportés ici au diluvium inférieur, l'absence de fossiles suffisamment caractéristiques empêche de les distinguer avec certitude des terrains tertiaires supérieurs qui, dans le Sundgau (Haut-Rhin), se composent aussi de matériaux de transport.

Gravier ancien de la Bruche, de l'Ill et du Rhin.

Les plaines arrosées par la Bruche, par l'Ill et par le Rhin sont représentées sur la carte géologique comme alluvions modernes, parce que ces plaines sont submersibles par les cours d'eau actuels, ou le seraient si la main de l'homme n'y avait mis obstacle. Quoique la surface appartienne au domaine actuel du fleuve, le gravier (*Kiesboden*) qui forme le sous-sol appartient aussi pour la plus grande partie aux alluvions anciennes, ainsi que l'apprennent les observations suivantes :

Le gravier de la Bruche, formé principalement de débris de granite, de porphyre du terrain de transition, de grès des Vosges, c'est-à-dire des roches qui se rencontrent dans la haute vallée de cette rivière, forme non-seulement la plaine qu'elle arrose, mais aussi il est partiellement recouvert par le lœss. Chaque jour, les puits foncés à Schiltigheim servent à constater ce fait; ils rencontrent, sous le lœss, à plusieurs mètres de profondeur, le gravier de la Bruche bien caractérisé (fig. 75). C'est dans ce gravier qu'on atteint la nappe d'eau d'infiltration. Voici la coupe offerte par une excavation pratiquée dans ce village, en 1850, pour l'établissement d'une cave. Cette coupe est prise de haut en bas : *Superposition du lœss au gravier de la Bruche.*

	Mètres.
1° Terre végétale consistant en lœss coloré par des matières organiques.	1,10
2° Lœss gris, souvent bariolé de veines ferrugineuses jaunes à la manière du grès bigarré ; les coquilles sont extrêmement nombreuses dans certains lits	5,00
3° Sable rouge formé principalement de sable du grès des Vosges et contenant en outre des blocs de	
A reporter . .	6,10

	Mètres.
Report . .	6,10

ce grès, des fragments de porphyre, etc. Son épaisseur varie de 0m,50 à 1,60

4° Gravier blanchâtre semblable à celui du Rhin qui se sépare distinctement du sable rouge qui le recouvre. C'est dans ce gravier que l'on trouve de l'eau; il n'a été reconnu que sur une profondeur de . . . 2,00

Total . . . 9,70

Dans cette coupe le lœss est séparé nettement du sable de la Bruche; mais, à sa partie inférieure, il est entremêlé de quelques lits ondulés de ce sable qui ont 1 à 4 centimètres d'épaisseur. C'est à cette limite inférieure du lœss, gisement ordinaire des ossements fossiles, que l'on a trouvé à Schiltigheim des débris de vertébrés, entre autres des bois de cerf (*cervus gigas*).

Id. au gravier du grès des Vosges. — Les entailles faites le long de la Zorn, entre Krautwiller et Hochfelden, pour les remblais du chemin de fer, mettent aussi à découvert la superposition du lœss au gravier de la Zorn (fig. 76). Le sable mélangé de cailloux résultant de la désagrégation du grès des Vosges et recouvert par le lœss, s'élève de 10 mètres environ au-dessus de la rivière.

Même fait pour les graviers de l'Ill et du Rhin. — Le long de l'Ill, près de Geispolsheim par exemple, on peut également voir du gravier semblable à celui charrié par cette rivière que recouvre en partie le lœss (fig. 77). Il en est de même du gravier du Rhin.

Nature du gravier du Rhin. — Ce dernier gravier se compose de matériaux de nature très-variée, parmi lesquels prédominent les roches quartzeuses, telles que des quartzites blancs, jaunâtres ou d'un gris clair, souvent entremêlés de mica ou de talc et possédant une structure un peu schisteuse, des grès quartzeux très-durs, du kieselschiefer traversé par des veines de quartz blanc. On y trouve en outre des roches amphiboliques, ordinairement schisteuses, des granites, des porphyres, de la serpentine, du calcaire jurassique. Le quartz hyalin, dont les morceaux arrondis sont depuis longtemps connus sous le nom de *cailloux du Rhin*, y sont rares. Tous ces matériaux proviennent en partie des Vosges et de la Forêt-Noire, mais pour la plus grande quantité, entre autres pour les cailloux de quartzite, ils sont d'origine alpine. Une certaine portion provient du Jura, et une fraction extrêmement faible du massif volcanique du Kaiserstuhl. Ainsi toutes les aspérités montagneuses qui bordent le bassin du fleuve ont fourni leur contingent.

Dimension du gravier. — Ainsi qu'on l'observe en général dans les vallées, la grosseur moyenne du gravier du lit du Rhin décroît de l'amont vers l'aval. Aux environs de Strasbourg, où les cailloux sont moindres qu'à Bâle, on en trouve encore d'assez gros pour s'en servir comme pavés. Près de Mannheim, les cailloux n'excèdent pas en général la grosseur d'une noisette et sont mêlés de sable de la grosseur d'un grain de millet. A Mayence, le gravier est encore de dimension ordinaire.

Terrasses du gravier du Rhin de la partie haute de la vallée. — Dans la partie du cours du Rhin comprise dans le département, le gravier ancien du Rhin ne s'élève pas sensiblement au-dessus des alluvions modernes du fleuve; mais il n'en est pas de même dans la partie haute du fleuve. Ainsi, aux environs de Bâle, le Rhin coule entre des terrasses formées d'un gravier de même nature que celui qu'il roule encore[1]. Ces deux longues terrasses, entre lesquelles le Rhin fait son entrée dans la plaine comprise entre les Vosges et la Forêt-Noire, terrasses qui forment comme la continuation de celles des Grisons, disparaissent sans retour à la hauteur du Kaiserstuhl et de Neuf-Brisach.

Superposition du gravier des Vosges au gravier alpin. — Dans les puits que l'on fait journellement à Schiltigheim, après avoir traversé le lœss, on rencontre souvent une couche de sable et de gravier des Vosges qui est superposée au gravier alpin, comme on a aussi pu le reconnaître d'après la coupe citée plus haut, p. 235; la même relation se montre dans la partie nord-ouest de Strasbourg, dans le quartier Sainte-Marguerite. Ainsi le gravier des Vosges est superposé au gravier alpin. C'est une relation analogue à celle qui a été reconnue pour le gravier de la Forêt-Noire et du Jura comparé au gravier alpin[2].

Coupe des alluvions anciennes à Strasbourg. — Strasbourg repose sur des couches de gravier et de sable qui, à part les portions superficielles, appartiennent par conséquent aux alluvions anciennes. Un sondage opéré dans

---

[1] Des détails sur ces anciennes terrasses sont consignés dans les *Observations sur les alluvions anciennes et modernes d'une partie du bassin du Rhin*, mémoire cité plus haut, p. 126.

[2] Même mémoire, p. 137 et 138.

cette ville, en 1830 et 1831, pour la recherche d'eaux jaillissantes, a traversé les dépôts de transport sur 48ᵐ,75, sans en atteindre la limite [1]. Voici la coupe des terrains successivement traversés :

	Mètres.
1° Terrain rapporté	3,25
2° Marne grise et noirâtre (nᵒˢ *1, 2 , 3* [2])	2,11
3° Marne mélangée de gravier (nᵒ *4*)	0,52
4° Marne grise (nᵒ *5*)	0,20
5° Marne grise renfermant des débris de bois carbonisé (nᵒ *6*)	0,35
6° Marne grise (nᵒ *7*)	2,10
7° Gravier avec sable (nᵒ *8*)	0,68
8° Gravier (nᵒ *9*)	6,08
9° Gravier fin entremêlé de sable (nᵒ *10*)	0,60
10° Sable (nᵒ *11*)	0,50
11° Gravier (comme le nᵒ *9*)	0,70
12° Argile (nᵒ *12*)	0,10
13° Gravier mélangé de marne (nᵒˢ *13* et *14*)	7,24
14° Marne sableuse jaunâtre (nᵒˢ *15* et *16*)	2,34
15° Gravier mélangé de marne (nᵒ *17*)	1,51
16° Marne mélangée de gravier et de sable (nᵒˢ *18* et *19*)	2,54
17° Sable verdâtre très-fin (nᵒ *20*)	1,18
18° Sable argileux avec cailloux (nᵒ *21*)	1,50
19° Sable marneux endurci (nᵒ *22*)	1,50
20° Sable marneux avec cailloux (nᵒ *23*)	2,40
21° Id. moins dur (nᵒ *24*)	6,95
22° Sable avec gravier compacte (nᵒ *25*)	2,80
23° Gravier compacte	1,60
Total	48,75

Fer phosphaté bleu.

Dans l'argile contenant du bois carbonisé prise à 6ᵐ,42 de

[1] Le puits a été commencé le 8 octobre 1830 et arrêté le 9 juillet 1831, après avoir rencontré de grandes difficultés à travers des lits de cailloux fort durs et mouvants. Il est tubé en tôle jusqu'à la profondeur de 34ᵐ,50 sur un diamètre de 0ᵐ,15.

[2] Les numéros placés entre parenthèse à la suite de chaque terrain correspondent à ceux des échantillons recueillis lors du sondage qui sont déposés au Musée d'histoire naturelle de Strasbourg.

profondeur, j'ai observé du fer phosphaté bleu formant des enduits dans l'argile et imprégnant le charbon de bois.

Le sable du sondage est entremêlé de petits grains de fer titané, en partie magnétiques, ainsi qu'il est facile de le reconnaître par un lavage.

Fer titané.

Dépôts erratiques.

Outre les dépôts de gravier, de sable et de limon dont il vient d'être question et qui, selon toute vraisemblance, ont été apportés par des eaux courantes, j'ai reconnu dans le département certaines accumulations restreintes de blocs anguleux et de gros matériaux qui présentent des caractères particuliers et doivent être assimilés aux *dépôts erratiques*. Je vais en citer les principaux exemples.

La haute colline tertiaire à laquelle est adossée la ville d'Obernai présente sur une partie de la surface des blocs nombreux de grès ou de poudingue des Vosges (fig. 76). Ils reposent sur le nagelfluhe tertiaire que supporte lui-même le calcaire jurassique, et ils sont surtout fréquents dans le mamelon qui termine la montagne au sud-est. L'un de ces blocs qui a 0^m,70 sur 0^m,45 et 0^m,40 doit peser au moins 300 kilogrammes. Les blocs dont il s'agit sont donc éparpillés sur une colline tout à fait isolée au milieu de la plaine du Rhin et à 4 kilomètres des montagnes les plus voisines.

Blocs erratiques de la colline d'Obernai.

Une autre accumulation de blocs non moins remarquable se trouve entre Ottrott-le-Bas et Obernai, près du moulin dit Neumühle et à 3 kilomètres vers le sud-ouest de la colline d'Obernai. C'est une colline isolée (fig. 77), à la base de laquelle se montrent les couches du lias; toute la partie supérieure de cette colline consiste en une accumulation de sable, d'argile et de blocs de grès des Vosges. Au sommet même on aperçoit, dans une carrière, des blocs de grès, de 1 mètre à 1^m,50 de diamètre, tout à fait anguleux, qui sont comme jetés au milieu de l'argile; l'un de ces blocs, dont les dimensions principales sont 2 mètres, 3 mètres, 0^m,70, doit peser près de 10,000 kilogrammes. Les fragments de diorite et de granite que l'on trouve, au pied de la colline, en gros cailloux le long du ruisseau de l'Ehn, sont très-rares au milieu des blocs de grès des Vosges. L'argile dans laquelle sont dispersés les blocs erratiques est jaune, bario-

Blocs erratiques d'Ottrott-le-Bas.

lée de blanc; elle renferme des pisolithes ferrugineux friables, et a tous les caractères du limon jaune décrit plus haut; j'y ai trouvé une térébratule roulée.

Ajoutons que le lias qui sépare cette colline isolée des montagnes est entièrement décapé; aucun fragment ne se trouve à sa surface.

Collines de blocs erratiques près de Saint-Nabor. — Une autre colline (fig. 78), entièrement isolée comme la précédente et située à 2 kilomètres des montagnes, est presque exclusivement formée de blocs tout à fait anguleux de poudingue des Vosges mélangés de cailloux et de sable quartzeux. Le long de la montagne, en *b*, le lias est recouvert d'une grande quantité de blocs de diorite qui ont été détachés des montagnes voisines. Il y a donc ici un triage complet des blocs de grès vosgien et de ceux de diorite; le grès qui primitivement était superposé au diorite, et qui occupait le niveau le plus élevé, est aussi la roche qui a été transportée le plus loin. Près de là est une autre colline boisée de la même composition. Ces deux proéminences, situées près du ruisseau Dachsbach, ont la plus grande ressemblance avec la butte erratique de l'Ehn qui vient d'être décrite.

Id. près de Heiligenstein. — A l'est du Mœnkalb, vers Heiligenstein, s'étend un dépôt de transport formé de blocs qui sont disséminés dans du sable et de l'argile sableuse. Parmi ces blocs, il en est de très-volumineux, qui atteignent $3^m,80$ de long sur $1^m,50$ de large et $0^m,80$ de hauteur. Un bloc de cette dernière dimension a été rencontré à 600 mètres du Mœnkalb, sur le terrain tertiaire, près de la limite avec le terrain de transport.

Id. dans la vallée de Barr. — Dans la vallée de la Kirneck, à environ 8 kilomètres au-dessus de Barr, on voit une butte formée de blocs anguleux de diverses roches, parmi lesquelles domine le granite.

Blocs erratiques de la colline d'Epfig. — La colline d'Epfig (fig. 79), qui se distingue de loin, au milieu de l'uniformité de la plaine qui l'entoure, par les pentes assez abruptes qui la terminent du côté de l'ouest et par une élévation d'environ 60 mètres, présente également une accumulation de débris de grès des Vosges, de blocs et de sable. Voici la coupe de l'une des carrières qui sont exploitées dans cette colline.

Immédiatement au-dessous de la terre végétale, des blocs de grès vosgien, entremêlés rarement de blocs d'un granite très-décomposé, sont disséminés dans une argile sableuse et micacée. Les blocs sont surtout nombreux à la partie inférieure du dépôt qui a environ 8 mètres; quelques-uns atteignent 1 mètre à 1m30 de diamètre. Tous ces blocs sont devenus blancs ainsi que le sable qui les renferme.

Au-dessous des blocs se trouvent des bancs d'argile à potier d'un gris pâle, des bancs de sable blanc et plus bas du gravier. Aucune coquille n'a été rencontrée dans les assises dont il vient d'être question.

Le loess avec coquilles terrestres recouvre ce dépôt de blocs sur les versants nord et est de la colline.

Le sable blanc d'Epfig est vendu dans le voisinage pour servir à nettoyer les objets en bois. Le même sable, en raison de sa pureté, a été utilisé à Framont pour la construction de l'ouvrage des hauts-fourneaux ; on trouve aussi à Epfig de la terre à foulon.

Tous les blocs disséminés dans le sable sont ordinairement à angles arrondis, mais comme ils sont de nature friable, cela ne prouve pas qu'ils aient été roulés ; car les agents atmosphériques seuls les amèneraient à cet état au bout d'un temps plus ou moins long.

Au sud de la colline précédente et à 2,5 kilomètres au nord-est de Dambach, il existe une autre colline isolée qui a tout à fait le profil de celle d'Epfig, et qui paraît être composée de la même manière. On y exploite une argile blanche, subordonnée au sable diluvien, qui sert dans la fabrication de la faïence fine de Lunéville et dans celle des poêles de Strasbourg; les carrières sont dans la banlieue de Dambach. *Colline analogue située au nord-est de Dambach.*

Toute la colline sur laquelle est construite Itterswiller est composée, comme celle d'Epfig, d'un grand nombre de blocs de grès des Vosges disséminés dans le sable, ainsi qu'on l'a dit plus haut. *Id. près d'Itterswiller.*

Les trois dernières accumulations dont nous venons de parler, qui sont formées de grands blocs de grès dispersés dans du sable et qui sont situées au milieu de la plaine, sous forme de digues, peuvent difficilement être considérées comme dues à un transport opéré par les eaux. Ces collines paraissent les lambeaux d'une proéminence demi-circulaire qui a été découpée par les eaux des ruisseaux; elles sont distantes de 6 à 8 kilomètres du sommet du Ungersberg, dont la hauteur *Observations sur ces trois derniers dépôts.*

est de 904 mètres, et placées en regard des vallées qui descendent de cette montagne. Elles sont formées presque exclusivement de débris de grès vosgien; il est remarquable d'y trouver peu de blocs de granite et aucun qui provienne du terrain de transition, bien que ces roches entrent aussi dans la composition des cimes voisines. Le triage qui a été opéré entre les débris des montagnes contribue encore à rendre ces collines analogues aux moraines dont elles ont d'ailleurs la forme et la structure.

Dépôt erratique près de Lutzelhausen. — Dans la vallée de la Bruche, il existe, non loin de Lutzelhausen, près du hameau de Heydey, une protubérance qui est moins frappante par son isolement que les collines dont il vient d'être question, mais qui doit cependant leur être assimilée (fig. 80). Elle est formée par du sable quartzeux mélangé de cailloux qui provient de la désagrégation du grès des Vosges. Sur ces limites, le long du vallon dit Eimerbæchel, ce sable passe à une argile très-dure, veinée de blanc et de jaune. D'énormes blocs de poudingue et de grès des Vosges sont jetés au milieu du sable le plus fin; quelques-uns se trouvent jetés dans des positions bizarres analogues à celle de certains blocs erratiques du Jura. Beaucoup de ces blocs ont un volume d'un demi à un mètre cube, et il en est qui atteignent 6, 8 et 12 mètres cubes; les fragments de grès dont le diamètre ne dépasse pas 4 à 5 décimètres sont arrondis, tandis que les autres sont anguleux. On trouve aussi quelques débris arrondis de porphyre, mais en petit nombre. Tout le dépôt repose sur le terrain de transition ou sur le grès rouge.

Le pays est dominé par de hautes cimes de grès des Vosges; les plus rapprochées du dépôt dont il s'agit, celles qui avoisinent le Katzenberg, en sont distantes de 4 à 6 kilomètres. La différence de niveau est de 600 mètres environ; la pente d'une ligne tirée de ces sommets au point en question serait de 0,12 par mètre ou de 6 degrés 50 minutes et 30 secondes. Si ce dépôt n'était que l'effet d'un grand éboulement qui aurait été facilité par les eaux, on ne concevrait pas pourquoi, d'une part, il ne recouvre pas aussi les collines porphyriques qui sont au pied des montagnes, collines qui sont restées tout à fait nues, et, d'autre part, comment les blocs de la roche porphyrique, au pied de laquelle est situé ce dépôt erratique, y manquent totalement.

Sur d'autres collines de grès rouge et de terrain de transition des environs de Lutzelhausen, on rencontre aussi des blocs épars de grès des Vosges.

Au pied de la colline porphyrique qui fait face à celle de Saint-Florent, près d'Oberhaslach, sur la droite du ruisseau, il existe une accumulation considérable de blocs, qui sont pour la plupart anguleux, de grès vosgien et de porphyre. Ces blocs, dont le diamètre atteint 0^{m}50, sont dans un pêle-mêle complet; ils recouvrent le sol inférieur sur une grande épaisseur et sont situés à 30 mètres environ au-dessus du ruisseau. Un autre dépôt semblable, mais beaucoup moins grossier, existe près de Niederhaslach. *Dépôt près d'Oberhaslach.*

La base de la montagne de Frankenbourg, dans le val de Villé, est entourée d'un volumineux dépôt de blocs de grès vosgien et de limon qui recouvre le grès rouge. Ce dépôt est surtout développé sur le versant septentrional, entre Neufbois et Thanvillé. Il est remarquable que les blocs de grès des Vosges soient rares à la base même et jusqu'à plus de 2 kilomètres de la montagne qui a fourni ces débris. Ce n'est que vers le bas de la vallée, à 80 mètres de la rivière, qu'ils deviennent très-nombreux. Les blocs dont il s'agit sont tout à fait anguleux et atteignent des dimensions de 0^m,40 à 0^m,50 en tous sens ; ils sont jetés les uns sur les autres et empâtés dans du sable et du limon jaunâtre comme dans la vallée de la Bruche. Ce limon sableux prédomine exclusivement sur certains points. *Blocs erratiques près de Neufbois.*

Le dépôt de Neufbois, distant au moins de 2 kilomètres des montagnes dont il provient, est tout à fait semblable à celui qui a été signalé dans la vallée de la Bruche, près de Lutzelhausen ; il ressemble d'ailleurs beaucoup à ceux des environs d'Epfig.

Le limon qui accompagne les blocs erratiques de Neufbois est jaune d'ocre ; sa teinte est surtout foncée à sa partie inférieure ; il est bariolé en tous sens par des veines blanches dues à l'action réductrice de racines de végétaux, comme le limon jaune ordinaire. De nombreux filets d'eau ferrugineuse découlent des parties les plus sableuses et les plus perméables. *Dissolution de l'oxyde de fer dans le limon.*

On peut encore citer comme dépôt de blocs erratiques celui qui est situé à l'ouest de Lembach et sur le chemin de Matstall. Une proéminence en forme de digue, formée par *Blocs erratiques entre Lembach et Matstall.*

l'accumulation de blocs de cailloux et de sable, se trouve sur la limite de la forêt.

Id. près Weiler. Des blocs de grès des Vosges sont nombreux aussi dans la vallée de la Lauter, entre Rott et Weiler.

Id. près de Dossenheim. Quand on quitte la Zinsel savernoise, près de Dossenheim, pour remonter le vallon d'Ernolsheim, on trouve une butte, élevée d'environ 20 mètres au-dessus des eaux de la rivière, qui a l'apparence d'une véritable digue; elle se compose de fragments de grès des Vosges jetés en désordre au milieu de gravier et de sable fin. Près de Neuwiller, on observe un dépôt semblable.

Résumé. En résumé, les dépôts erratiques dont nous venons de nous occuper se composent de blocs anguleux qui sont disséminés au milieu de sable et de limon. Ces accumulations ne se rattachent pas par des dépôts intermédiaires aux montagnes dont elles proviennent; elles constituent quelquefois des proéminences en forme de digues. Par leurs principaux caractères, elles se rapprochent des moraines des glaciers. Quelques-unes des montagnes auxquelles elles se rattachent ont une altitude de 400 à 500 mètres.

Dépôts diluviens considérés d'après leur nature. *Observations générales et considérations théoriques.* Considérés d'après la nature des matériaux qui les composent, les dépôts diluviens du département présentent des divisions un peu différentes de celles qui ont été adoptées dans ce chapitre. On aurait à distinguer : 1° le gravier du Rhin et celui de l'Ill, qui se ressemblent et que l'on peut réunir sous le nom de gravier alpin; 2° le gravier de la Bruche; 3° le diluvium du grès des Vosges, tant gravier que sable; 4° le diluvium granitique; 5° le diluvium schisteux ou gravier du val de Villé et du Giessen; 6° le diluvium limoneux ou limon jaune; 7° le lœss ou limon alpin.

Considérations théoriques sur la formation des dépôts diluviens. Relativement à leur formation, les dépôts diluviens du département, ou plus généralement ceux de la vallée du Rhin, se divisent en deux étages distincts.

Dans de nombreuses localités on peut en effet constater [1] que le lœss est superposé au gravier diluvien des Vosges, de la Forêt-Noire, des Alpes, du Jura et du Kaiserstuhl, et,

---

[1] Pour des régions situées en dehors du département, voir le *Mémoire sur les alluvions anciennes et modernes d'une partie du bassin du Rhin*, déjà cité.

de plus, qu'il existe souvent une séparation très-nette entre ce limon et le gravier. La superposition du lœss au gravier ancien n'est d'ailleurs pas limitée au bassin du Rhin. Une relation semblable s'observe dans la vallée de la Seine, ainsi qu'en Belgique[1], et dans le bassin du Danube[2]. Ainsi, déjà antérieurement au dépôt du lœss, des cours d'eau descendant de toutes les chaînes voisines du bassin, après avoir emporté une partie des terrains tertiaires qui comblaient le milieu de la vallée, ont déposé des quantités considérables de cailloux. Les dépôts sableux qui supportent le lœss, particulièrement entre Bischwiller, Lauterbourg et Wissembourg et à Hangenbieten, sont encore à rapporter à l'étage inférieur. Il en est de même des dépôts erratiques que le lœss recouvre à la colline d'Epfig. Le dépôt de ces puissants atterrissements graveleux correspond probablement à une longue période pendant laquelle, par suite de circonstances climatériques différentes, et peut-être aussi parce qu'une végétation bien développée ne protégeait pas encore l'épiderme des continents, les dégradations dues aux agents atmosphériques étaient considérables. Dans beaucoup de petits vallons des Vosges, on trouve des atterrissements qui ne sont probablement autre chose que des lits de déjection de torrents éteints depuis une époque indéterminée; ces petits atterrissements remontent sans doute à la même période que les dépôts de gravier plus étendus. Dans le dépôt diluvien inférieur, on pourrait en outre établir des subdivisions, puisque les graviers diluviens des Vosges, de la Forêt-Noire et du Jura sont en général superposés au gravier alpin.

Le grand charriage auquel le lœss doit son dépôt succéda à ce premier état de choses; les atterrissements antérieurs furent partiellement recouverts par le lœss, qui s'étend moyennement à plus de 60 mètres au-dessus du niveau du gravier. La présence presque exclusive de coquilles terrestres dans le lœss, sa disposition depuis le lac de Constance jusqu'au delà de Coblence, montrent qu'il n'est pas le produit de la sédimentation dans un lac, mais qu'il a

---

[1] D'Archiac, *Histoire des progrès de la géologie*, t. II, p. 143.
[2] De Morlot, *Erläuterungen zur geologischen Karte der nordöstlichen Alpen*. 1847, p. 63.

été déposé par des eaux courantes. La similitude qui existe entre les coquilles du lœss et les coquilles vivantes confirme d'ailleurs l'âge récent de ce grand dépôt. La constitution chimique et la nature minéralogique du lœss portent à le regarder comme résultant de la pulvérisation de diverses roches, les unes calcaires, les autres feldspathiques et quartzeuses. Dans la théorie glacière on est conduit à admettre, ainsi que l'ont exposé M. de Morlot et M. Collomb [1], qu'il n'est autre chose que la boue qui résultait de la trituration des anciens glaciers sur les roches soumises à leur frottement, boue qui a été transportée au loin par les cours d'eau, comme elle l'est aujourd'hui encore par les rivières qui proviennent de la fonte des glaciers actuels. Le limon sableux que le Rhin dépose sur ses bords lors de ses crues, ressemble aussi au lœss.

Plus tard, les rivières dont le lit avait subi, par le charriage du lœss, un exhaussement tout à fait anormal, et le Rhin en particulier, travaillèrent immédiatement à creuser de nouveau le thalweg, en déblayant une partie du limon qui obstruait leur ancien lit. Chaque cours d'eau a laissé des traces évidentes des divagations par lesquelles, après le dépôt du lœss, il a préludé à la formation de son lit actuel. Les gradins qui découpent les terrasses de lœss et celles de gravier, vis-à-vis de presque toutes les vallées des montagnes d'où il sort des rivières, résultent en effet de ces corrosions ultérieures; des cailloux ont été éparpillés sur les terrasses de lœss dont il s'agit pendant cette troisième période, c'est-à-dire lorsque ces terrasses servaient de lit à la rivière. Comme exemples des corrosions successives faites pendant cette dernière période, nous rappellerons : les deux terrasses de lœss qui s'étendent près de Strasbourg, sur la rive gauche de la Bruche (fig. 81); l'une qui domine Oberschæffolsheim, Ober-, Mittel- et Niederhausbergen, ainsi que Mundolsheim; l'autre, moins élevée, qui supporte Wolfisheim, Eckbolsheim, Schiltigheim, Bischheim et Hœn-

---

[1] De Morlot, *Ueber die Gletscher der Vorwelt und ihre Bedeutung*. Bern 1844.

Czizeck, *Erläuterungen zur geognostischen Karte der Umgebungen Wien's*. 1849.

Collomb, mémoire déjà cité.

ALLUVIONS ANCIENNES OU DILUVIUM, ETC.

heim ; celles qui sont sur la rive droite de la Bruche, entre Dorlisheim et Düppigheim ; la terrasse, en général unique, et quelquefois à deux étages, qui borde la plaine du Rhin entre Strasbourg, Bischwiller, Seltz et Lauterbourg ; celles entre lesquelles coule la Zorn, la Moder, la Lauter, etc.

Le lœss, surtout peu de temps après sa formation, devait être facilement rongé par les eaux ; de là la grandeur des échancrures qui y ont été pratiquées, par exemple le long de la Sauer, du Seltzbach, du Frœschwillerbach, etc. ; l'érosion de la vallée de la Bruche atteint 5 kilomètres de largeur. Remarquons que les érosions, au fond desquelles coulent les ruisseaux, sont en général d'autant moindres que ces ruisseaux sont moins volumineux. Le modelé du lœss, sous forme de collines et de mamelons isolés, tel que nous le voyons généralement aujourd'hui, paraît être en partie l'œuvre des cours d'eau qui, depuis l'époque de son dépôt, ont coulé, soit à la surface, soit dans le voisinage de cette ancienne alluvion.

Modelé actuel de la plaine. — C'est à la suite des variations dans le régime des eaux courantes, dont nous venons de signaler les preuves, qu'a été modelée la grande plaine basse dans laquelle coule le Rhin. Il résulte de plusieurs nivellements faits avec soin que l'alluvion, considérée dans l'ensemble de la section transversale, et abstraction faite de légères inégalités, est horizontale sur une largeur qui atteint 40 kilomètres. Une telle horizontalité ne pourrait avoir lieu si cette plaine avait été formée en une seule opération par l'un des grands cours d'eau qui ont précédé le Rhin actuel. Car un cours d'eau, large et rapide, se serait creusé dans ce fond mobile un lit dont la section transversale, pas plus que celles des rivières actuelles, ne pourrait présenter de longues lignes régulièrement horizontales. La belle plaine dont il s'agit, aujourd'hui couverte de villes et de villages populeux, a donc été sillonnée et achevée par les dernières grandes divagations du Rhin, lorsque les allures de ce fleuve étaient déjà très-voisines de celles qu'il a aujourd'hui. Avant de renoncer à son ancien domaine, le fleuve a superposé au gravier pendant ses crues une couche de limon sableux, sans lequel ce sol, ordinairement si productif aujourd'hui, serait presque stérile. Puis finalement, ses nombreux bras ayant été rapprochés et en partie réunis vers le milieu de la plaine, les caux, devenues plus rapides, ont approfondi leur lit de telle sorte, que des régions de la plaine, primitivement submersibles, sont aujourd'hui habituellement à sec pour être couvertes d'une population très-dense.

Pour ce dernier travail, la nature a été fortement secondée par la main des hommes depuis les époques les plus reculées. Les travaux de rectification, faits seulement depuis trente années entre Kehl et Knielingen, près de Carlsruhe, ont produit dans le niveau du fleuve des changements que la mobilité du fond ne permet pas de constater directement, mais que l'on peut apprécier en examinant la série des moyennes annuelles des mesures prises chaque jour aux différentes échelles. A Kehl, l'approfondissement a été dans ces dernières années de 0^m,60 au moins; aussi des puits de Strasbourg, alimentés par des eaux d'infiltration en communication avec le Rhin, qui, de mémoire d'homme, n'avaient jamais cessé de recevoir de l'eau, ont tari complétement en 1848, et cet état se reproduira encore plus d'une fois pour les puits que l'on n'a pas approfondis alors. A Knielingen, on a reconnu qu'à la suite des travaux entretenus dans le voisinage, de 1817 à 1823, le lit s'est approfondi d'environ 1^m,50. Les coupures artificielles qui raccourcissent considérablement le thalweg, et par conséquent en augmentent la pente, déterminent un accroissement de vitesse, et par suite une érosion plus profonde à proximité des travaux d'art; mais dans les parties éloignées des grandes rectifications, par exemple à Mannheim, le niveau du Rhin n'a pas sensiblement varié. On voit donc que les travaux de rectification continuent à dessécher chaque jour la plaine du Rhin qui était jadis très-marécageuse, et à y effacer de plus en plus les vestiges du domaine antérieur du fleuve.

Substances utiles. Les argiles subordonnées au sable et au gravier du diluvium sont exploitées pour la fabrication de tuiles, de briques et de poteries communes dans beaucoup de localités qu'il serait trop long de citer ici; car la plupart des villages établis sur le diluvium, manquant de pierres à proximité, sont construits en briques; aussi trouve-t-on une briqueterie dans la plupart des villages, et l'argile qui y est employée se rencontre ordinairement sur les lieux mêmes.

[marginal note: Argiles pour briques, tuiles, poterie, terre à foulon.]

Parmi les argiles du diluvium, quelques-unes méritent cependant d'être particulièrement citées ici. L'argile de Soufflenheim, précieuse par sa qualité réfractaire, sert à faire des briques destinées à la construction de fourneaux ; elle est aussi employée dans la fabrication de poêles. L'argile grise de Riedseltz est utilisée dans la fabrication du grès-cérame pour être mélangée, comme matière dégraissante, à l'argile d'Oberbetschdorf. A Dambach et à Epfig, on trouve de la terre à potier qui est fort recherchée, tant pour la fabrication des poêles que pour la faïencerie, et en outre de la terre à foulon. La terre glaise exploitée à Haguenau et à Schweighausen pour la fabrication d'une faïence à pâte colorée, servait déjà à cet usage en 1730, dans une manufacture qui était établie dans la première localité. Cette même argile de Schweighausen est employée dans la fabrique de produits chimiques de la Reidt à faire des creusets qui servent pour la préparation du phosphore, et qui résistent très-bien à la chaleur blanche. Une variété d'argile de la même localité, ayant la couleur jaune d'ocre, sert pour la glaçure des poteries.

A Holtzheim, on extrait une autre argile jaune pour fabriquer des poteries rouges, telles que des pots à fleur. Nous pouvons encore citer les argiles de Schirrhoffen et de Kaltenhausen ; cette dernière communique une teinte bleuâtre à la pâte des grès-cérames.

Presque toutes les argiles exploitées dans le diluvium sont inférieures au lœss. Dans le pays de Bade, on exploite aussi de l'argile dans le même gisement, par exemple à Balg et à Steinbach.

Le sable blanc quartzeux est exploité pour la fabrication du verre dans la banlieue de Haguenau et à Wingen, près de La Petite-Pierre, où on l'extrayait déjà pour cet usage en 1790. Le sable d'Epfig a servi à Framont pour la confection de creusets de hauts-fourneaux à fer. Certaines variétés de sable quartzeux, naturellement mélangées d'argile, ont été employées pour le moulage de la fonte à Bouxwiller. Le sable de Riedseltz sert aux potiers comme matière dégraissante. Le sable blanc d'Epfig sert encore à nettoyer les objets en bois ; du sable gris, jaune ou rouge est répandu sur le plancher des appartements dans une partie de l'Alsace, contrairement aux prescriptions de l'hygiène.

Sable pour verrerie et pour divers usages.

Gravier.	Le gravier est employé pour l'entretien des routes dans beaucoup de localités, tant dans la vallée du Rhin qu'aux environs de Saar-Union ; les gros cailloux sont concassés.
Minerai de fer et or.	Le minerai de fer pisolithique a été exploité dans les sables diluviens, particulièrement dans la forêt de Haguenau. Le diluvium est aussi le gisement du minerai de fer en plaquettes et de l'or, ainsi que nous l'exposerons dans le chapitre consacré aux gîtes métallifères.

CHAPITRE X.

DÉPÔTS DE LA PÉRIODE ACTUELLE.

Nous avons maintenant à nous occuper des dépôts de l'époque actuelle. Nous allons passer en revue ces dépôts qui sont de nature variée, en commençant par les alluvions.

Alluvions modernes.

Les dépôts de transport dont le niveau ne dépasse pas sensiblement celui que peuvent atteindre les plus hautes eaux des rivières actuelles, font partie des *alluvions modernes*, c'est-à-dire des dépôts qui, depuis le commencement de la période actuelle et aujourd'hui encore, s'accroissent lors des crues des cours d'eau voisins. *Généralités.*

Si l'on fait abstraction de faibles inégalités que présente le détail des alluvions modernes, leur surface est généralement à peu près plane et ne se raccorde pas par une courbe continue aux pentes des collines voisines ; l'inspection du relief seul indique alors la limite des dépôts modernes. Quelquefois cependant les alluvions modernes passent graduellement aux alluvions anciennes. *Relief.*

Dans le département du Bas-Rhin les alluvions modernes occupent une superficie d'environ 1415 kilomètres carrés ; les dépôts de transport, tant anciens que modernes, s'étendent par conséquent sur environ les 0,64 de la surface du département. *Superficie.*

De même que les dépôts diluviens, les alluvions modernes se composent de gravier, de sable et de limon. Les matériaux que charrie chaque rivière consistent en débris plus ou moins divisés de roches qui se trouvent en place dans les vallées qu'arrosent ces rivières. Ainsi les alluvions de la Bruche ne ressemblent ni à celles du Rhin, ni à celles de la Moder, de la Zorn ou de la Lauter. *Nature des alluvions des diverses rivières.*

Largeur des alluvions modernes. — La largeur des alluvions modernes des rivières qui descendent de la chaîne des Vosges dépasse rarement 2 kilomètres, à part celles de la Bruche qui, à la hauteur de Dachstein et d'Altorf, s'étendent sur une largeur de plus de 4 kilomètres.

Quant au domaine du Rhin et de l'Ill, il est beaucoup plus étendu. La plaine qu'occupent ces deux cours d'eau, mesurée seulement sur la rive gauche du fleuve, à partir du thalweg du Rhin, atteint : à la hauteur de Schlestadt, 17 kilomètres ; à celle de Benfeld, 10 kilomètres ; à celle d'Erstein, 15 kilomètres ; à celle de Strasbourg, 4,5 kilomètres ; aux environs de Bischwiller, 8,5 kilomètres.

Relief de la plaine du Rhin. — A part les rigoles naturelles ou artificielles qui traversent la plaine du Rhin et d'autres faibles inégalités du relief[1], sa surface présente dans son ensemble une assez grande uniformité. Ainsi la plaine comprise entre Benfeld et Stotzheim n'atteint pas 3 mètres au-dessus des hautes eaux actuelles du Rhin ; elle a donc pu être recouverte par des eaux venant d'amont, depuis que le Rhin a son régime actuel. Or, cette localité est l'une des régions où les alluvions modernes s'élèvent comparativement le plus haut au-dessus du fleuve.

Il est des parties comprises dans la zone figurée sur la carte géologique comme alluvions modernes qui ne sont plus aujourd'hui submersibles. Les digues entre lesquelles on a encadré le fleuve, ainsi que les travaux de rectification qui en ont approfondi le lit, ont en effet contribué à amoindrir le domaine des cours d'eau. Ajoutons relativement à Strasbourg, que son sol a été exhaussé dans la série des siècles par les remblais provenant des démolitions qui ont été successivement accumulés dans son enceinte. Cependant, ainsi que l'a observé M. Élie de Beaumont, l'exhaussement de Strasbourg a été moindre que celui du sol d'autres anciennes villes[2] ; cette différence s'explique, si l'on observe que, jusqu'à une époque toute moderne, la plupart des constructions de Strasbourg étant en bois et en briques,

---

[1] Parmi les inégalités, il en est qui sont évidemment artificielles, comme les *tumulus* de la forêt de Soufflenheim.
[2] *Leçons de géologie pratique*, t. I, p. 142.

les produits de leur démolition ne pouvaient servir à exhausser le sol aussi rapidement qu'il est arrivé dans les villes exclusivement bâties en pierre. Dans le tracé de la démarcation des alluvions modernes, on a dû faire abstraction de ces diverses influences artificielles et se reporter à l'époque à laquelle les cours d'eau ont pris leur régime actuel.

Quelque peu élevée que soit la plaine du Rhin au-dessus du niveau du fleuve, beaucoup de villes et de nombreux villages y sont établis.

Dans le profil en travers des alluvions modernes, il n'y a pas en général de pente régulière vers le thalweg. Il est au contraire fréquent de trouver le long du Rhin et de ses affluents un sol plus élevé qu'il ne l'est à une plus grande distance de la rivière. Ainsi, entre la Wantzenau et la terrasse diluvienne de Hœrdt (fig. 84), il existe des prairies qui, dans la partie la plus déprimée, sont de $2^m,50$ au-dessous du sol qui avoisine le Rhin à la Wantzenau.[1], de telle sorte qu'à certaines époques de l'année, les prairies sont plus basses que le fleuve dans leur voisinage. Au reste, le seul aspect de la culture fait pressentir que le sol est plus élevé au bord du Rhin qu'à une certaine distance ; car, aux terres cultivées qui s'étendent à partir de la position actuelle du fleuve sur 1 à 2 kilomètres de largeur, succèdent plus loin des prairies humides et tourbeuses. Les villages de la Wantzenau, Killstett, Gambsheim, Offendorf, Herrlisheim, Drusenheim, sont construits sur cette lisière élevée, comprise entre le Rhin et les prairies basses. On observe un fait semblable le long de la Moder et d'autres rivières du département. Un peu au nord de la région dont il vient d'être question, on remarque encore les prairies des environs de Kurtzenhausen qui sont aussi plus basses qu'une partie de la plaine comprise entre ces prairies et le Rhin.

Ainsi, dans plusieurs parties de son cours, le bord immédiat du Rhin est plus élevé que le reste de la plaine. Ce fait, qui se reproduit encore pour d'autres rivières du département, par exemple le long de la Lauter, a déjà été signalé

Exhaussement du sol qui borde le fleuve.

---

[1] Ces chiffres résultent d'un nivellement que M. Schwilgué, maintenant inspecteur divisionnaire des ponts et chaussées, a bien voulu faire faire sur ma demande.

dans d'autres contrées, et notamment par M. Michel Chevalier, dans le delta du Mississipi [1].

Nature du sous-sol dans la plaine du Rhin.
La partie superficielle du sol de la plaine du Rhin est formée en général, sur une épaisseur de 0^m,10 à 1^m,50, de limon sableux qui a été apporté lors d'anciennes crues du fleuve; c'est le limon qui forme la base de la terre végétale. Il est formé d'un mélange de sable fin, d'argile et de carbonate de chaux, comme le loess. Le gravier que l'on rencontre dans beaucoup de lieux, au-dessous du limon, se compose de cailloux, de même nature que ceux du Rhin, mélangés au tiers ou à moitié de leur volume de sable. La proportion du sable mélangé à ce gravier a de l'influence sur le degré de perméabilité du sol et par suite sur la végétation de la surface. A cette influence se joint celle plus directe de l'épaisseur et de la composition du limon superficiel.

Anciennes divagations du fleuve.
A une époque à laquelle le volume du Rhin se rapprochait déjà beaucoup du volume actuel, le fleuve a divagué dans toute l'étendue de la plaine qui porte son nom. Ainsi, sur la rive gauche, il a été baigner la terrasse basse ou le rideau qui s'étend de Strasbourg à Lauterbourg par Schiltigheim, Bischheim, Hœnheim, Reichstett, Hœrdt, Weyersheim, Kurtzenhausen, Bischwiller, Schirrhein, Schirrhoffen, Soufflenheim, Seltz, Munchhausen et Motheren. C'est dans cette dernière période qu'il a corrodé une partie de la terrasse diluvienne, comme aujourd'hui il le fait encore, sur une moindre échelle, dans ses berges concaves; alors aussi il a éparpillé du gravier, du sable et du limon dans toute la plaine.

Parmi les changements survenus depuis les temps historiques dans le cours du Rhin compris dans le département, on peut citer les suivants:

Au seizième siècle, le Rhin a commencé à envahir la place où était située l'ancienne ville de Rhinau. Déjà, en 1398, un couvent situé sur les bords de ce fleuve avait été englouti [2].

Le récit qu'a fait l'historien Ammien Marcellin de la ba-

---

[1] Michel Chevalier, *Des voies de communication aux États-Unis*, t. I, p. 78.

[2] Ce document m'a été communiqué par M. le professeur Strobel.

taille livrée aux Allemans par l'empereur Julien, aux environs de Strasbourg, n'est bien compréhensible que si le Rhin coulait alors près de Strasbourg, probablement non loin des collines de Schiltigheim, c'est-à-dire à près de 4 kilomètres du thalweg actuel; l'embouchure de l'Ill devait donc être fort rapprochée de Strasbourg et se trouvait probablement en amont de cette ville. Le *Rhin tortu* (*krumme Rhein*) n'est autre chose qu'un des anciens bras du Rhin qui remonte à l'époque à laquelle le fleuve coulait sur l'emplacement actuel de la ville.

Une modification identique avec celle que nous reconnaissons avoir eu lieu, à la hauteur de Strasbourg, pour le Rhin et pour l'Ill, à une époque vaguement connue, s'est faite dans ce siècle même à l'amont de Fort-Louis. Le thalweg du Rhin près de Dahlhunden était, en 1808, à 4000 mètres à l'ouest du thalweg actuel; la Moder débouchait alors dans le fleuve, à peu de distance de Dahlhunden. Mais depuis que le Rhin a reculé son lit vers l'est, la Moder suit, à partir de son embouchure de 1808, l'ancien lit du Rhin que le fleuve lui a abandonné, et elle s'y jette plus bas, après avoir parcouru au delà du confluent du commencement du siècle un trajet qui, en ligne droite, est de 9500 mètres, et qui, suivant les sinuosités du thalweg, forme à peu près le double. Parmi les changements survenus dans le lit du Rhin pendant ce siècle, il n'y en a peut-être pas de plus considérable que celui qui vient d'être signalé.

L'emplacement où était située la ville romaine de *Saletio*, près du Seltz d'aujourd'hui, a été emporté par le fleuve.

Au-dessous de Seltz et de Rastadt, le Rhin a divagué dans une plaine comprise entre deux terrasses parfaitement prononcées; la largeur du bassin, entre le Galgenbuckel, près Seltz, et Rastadt, est de 7,3 kilomètres; un peu en amont de Lauterbourg, ce bassin atteint 9 kilomètres.

Des changements beaucoup plus nombreux que ceux dont les archives ont conservé le souvenir, mais qui cependant ne remontent pas antérieurement à la période actuelle, sont indiqués par le relief et la composition du sol de la plaine. Le gravier, qui constitue cette plaine sur une largeur de 18 à 40 kilomètres, a été remanié, soit antérieurement, soit postérieurement aux temps historiques, lors des divagations du fleuve qui ont précédé la concentration de ses eaux dans le lit qu'elles occupent aujourd'hui. Ce sont ces phénomènes qui, avec ceux de l'époque actuelle, ont contribué pour une forte part à modeler la plaine du Rhin, comme nous l'avons dit plus haut, p. 247.

Toutes les divagations dont il vient d'être question ont eu lieu sans que le niveau général du Rhin ait sensiblement varié ; car le terrain tertiaire, près de Bâle, et les roches de transition, près de Bingen, qui l'un et l'autre se montrent à nu au fond du Rhin, constituent deux repères qui annoncent que le fleuve n'a pas exhaussé son lit entre ces deux points extrêmes. D'un autre côté, si le lit du Rhin avait été creusé, c'est-à-dire si ce lit avait été seulement de 2 mètres plus élevé à ses eaux moyennes pendant la période romaine, les nombreuses villes de la plaine, telles que Seltz, n'auraient pas été habitables. Ainsi le Rhin, depuis qu'il a à peu près fixé la forme de son lit dans le sens vertical, a continué à faire des divagations considérables suivant la projection horizontale, et aujourd'hui encore, ses excursions seraient bien plus grandes si des travaux d'art n'y mettaient obstacle. Telle est d'ailleurs l'histoire générale des cours d'eau.

Non-seulement le gravier de la plaine pris loin du lit actuel du Rhin ne dépasse pas en grosseur celui que le fleuve roule dans le voisinage, mais il est même à remarquer que dans cet ancien gravier les gros cailloux ne sont ni aussi volumineux, ni aussi communs que dans le Rhin [1]. Cette différence tient sans doute à ce que le courant actuel, en raison même de son rétrécissement, est plus rapide que celui qui a présidé à la formation de la plus grande partie de la plaine [2].

Limon de l'Ill et de la Bruche. Le limon qui est charrié par l'Ill est de teinte plus jaune que celui du Rhin ; il paraît plus chargé de matière orga-

---

[1] Dans la plaine comprise entre Strasbourg et Seltz, la grosseur des cailloux peut être évaluée en moyenne à celle d'une forte noix ; rarement elle dépasse 14 centimètres, tandis que le lit actuel du Rhin, de la même région, fournit pour le pavage des cailloux dont la longueur est au moins de 15 centimètres.

[2] Antérieurement aux travaux de concentration, le Rhin était partagé en un si grand nombre de bras, qu'à Drusenheim on ne pouvait encore, vers 1820, trouver aux basses eaux plus de $0^m,75$ de tirant d'eau.

nique ; celui de la Bruche est rougeâtre. Dans l'eau trouble recueillie à Strasbourg, pendant des crues de l'Ill, j'ai trouvé 0^g,145 et 0^g,235 de limon par litre.

Outre les sels que le Rhin tient en dissolution, il charrie aussi presque sans cesse du limon ou du sable fin. La proportion de limon qu'il contient à Kehl varie, par litre, d'après les déterminations que j'ai faites pour toute l'année 1848 et le commencement de 1849, de 0^g,005 à 1 gramme, c'est-à-dire que l'eau renferme de 0,000005 à 0,001 de son poids de limon. {Quantité de limon charriée par le Rhin.}

En connaissant le débit du fleuve correspondant à la hauteur moyenne de chaque jour, ainsi que la proportion journalière de vase qu'il renferme, on peut calculer approximativement la proportion de limon qui est emporté en vingt-quatre heures. De ce calcul, qui a été fait à partir du commencement de l'année 1848, sur des débits du fleuve évalués approximativement par M. Ledru, ingénieur des ponts et chaussées, il résulte que la quantité totale de limon qui a passé à Kehl du 16 janvier 1848 au 16 janvier 1849, est de 1,122,455 mètres cubes, c'est-à-dire égale au volume d'un cube de 104 mètres de côté ; pendant les 15 et 16 janvier 1849 seulement cette quantité a atteint 118,321 mètres cubes par jour, volume d'un cube de 49 mètres de côté.

Ce volume, tout considérable qu'il paraisse, est bien faible, rapporté à la superficie du bassin du fleuve. Le bassin du Rhin et des rivières qui arrivent au Rhin, au-dessus de Kehl, est d'environ 380 myriamètres carrés. Mais le fleuve, ainsi qu'une partie de ses affluents, avant de quitter la Suisse, forment les lacs de Constance, de Zurich, de Lucerne, de Thun ; l'eau sort clarifiée de ces divers bassins, de sorte que le limon qui arrive à Kehl ne peut provenir que de la superficie située à l'aval des lacs, superficie qui est de 176 myriamètres carrés. Le volume annuel de limon, déduit uniformément de la surface dont il peut provenir, formerait donc une pellicule d'environ 0,06 de millimètre : pour un siècle, cette couche serait par conséquent de 6 millimètres ; telle est l'*ablation* annuelle du bassin, dans la région située à l'aval des lacs de la Suisse et à l'amont de Kehl. Mais cette déperdition de matière solide ne se fait pas uniformément sur toute la surface du pays ; les aspérités grandes ou petites et les parties situées dans le haut des {Rapport de ce volume à la superficie du bassin du fleuve.}

vallées sont plus activement dégradées que les plaines. Il est à observer d'ailleurs que les résidus de plantes qui, avec les détritus de la roche sous-jacente, composent la terre végétale, contribuent, mais pour une bien faible part seulement, à compenser la perte des régions élevées des continents.

Atterrissements du fleuve. — Le Rhin, de même que la plupart des cours d'eau d'un volume variable qui coulent entre des matériaux peu cohérents, modifie sans cesse les formes de son lit par des érosions sur certains points et par des atterrissements sur d'autres lieux. Les causes d'où résulte l'instabilité du lit des rivières de cette catégorie ont été exposées dans divers mémoires [1]. J'ai aussi fait connaître ailleurs [2] quelques observations sur la structure des bancs que le fleuve dépose et sur le transport des cailloux, phénomènes qui fournissent un terme de comparaison pour les périodes anciennes ; il n'y a pas lieu de revenir ici sur ce sujet.

Substances utiles des alluvions modernes. — Le sable des alluvions modernes est exploité pour faire du mortier, pour polir ou nettoyer des pierres ou des métaux. On emploie le limon sableux du Rhin dans les briqueteries pour empêcher la brique ou la tuile d'adhérer au moule.

Du lit de diverses rivières, telles que la Bruche et le Giessen, on retire du gravier qui, brut ou préalablement concassé, sert à l'entretien des routes. Du Rhin, on extrait en outre de gros cailloux qui servent comme pavé. C'est aussi dans les alluvions modernes du fleuve que l'on exploite exclusivement l'or, bien que ce métal se rencontre aussi dans une partie des alluvions provenant des Alpes.

Ajoutons que le limon, déposé par la plupart des rivières

---

[1] *Mémoire sur le régime des rivières à fond mobile et sur la défense de leurs rives*, par MM. Legrom et Chaperon. *Annales des ponts et chaussées.* 1838.

Notice sur les rivières de la Lombardie et principalement sur le Pô, par M. Baumgarten. Même recueil. 1838.

Notice sur une portion de la Garonne et sur les travaux qui y ont été exécutés de 1836 à 1847, par M. Baumgarten. Même recueil. 1849.

[2] *Observations sur les alluvions anciennes et modernes d'une partie du bassin du Rhin. Mémoire de la Société d'histoire naturelle de Strasbourg*, t. IV, et *Bulletin de la Société géologique de France*, 2ᵉ série, t. VII, p. 432.

DÉPÔTS DE LA PÉRIODE ACTUELLE.   259

lors de leurs crues, exerce une action fertilisante sur les terres.

Éboulements.

Sur les flancs de beaucoup de collines et de montagnes du département, on remarque des débris de roches confusément amoncelés. Ces accumulations de débris qui se remarquent sur les pentes, et surtout au pied des élévations dont il s'agit, sont en général le produit d'éboulements. *Généralités.*

L'air atmosphérique, en agissant chimiquement sur certaines substances; les eaux de pluie, en s'infiltrant dans diverses roches, en dissolvant, en délayant ou en entraînant quelques-unes de leurs parties; la gelée, en les désagrégeant par la force expansive, altèrent chaque jour la surface minérale des continents. Les fragments, auxquels ces actions réunies donnent lieu, descendent alors le long des escarpements et s'accumulent à leur base, en se disposant suivant le talus qui leur est naturel. Les matières éboulées sont en partie entraînées peu à peu par les eaux jusque dans les rivières.

L'inclinaison du sol et la nature géologique des roches qui le composent ont une grande influence sur le degré de rapidité de ces actions. Les sables, en raison de leur état meuble et incohérent, les argiles, par suite de la propriété qu'elles ont de s'imbiber d'eau et de devenir alors fluides et glissantes, ont principalement contribué à former des éboulements.

Parmi les éboulements que l'on peut observer dans beaucoup de points du département, je citerai ici les excavations de la terrasse du Rhin, entre Lauterbourg et Seltz. Cette terrasse, d'un contour général assez régulier, est déchiquetée vers son bord par de nombreux ravins qui y pénètrent sur une profondeur de 60 à 80 mètres. La forme de ces ravins est caractéristique; ils sont bordés par des effondrements demi-circulaires, en forme d'entonnoirs; çà et là, du fond de ces ravins, s'élèvent de petits cônes très-aigus dont les pentes atteignent 35 degrés. A la suite d'infiltrations d'eau dans les crevasses, qui ont surtout lieu lors de la fonte des neiges, on voit des masses prismatiques de sable et de limon glisser, puis être délayées et entraînées au loin. Si la végétation *Exemples près de Lauterbourg.*

17.

ne s'établit pas sur ces débris, les ravins s'agrandissent par de nouvelles lézardes, et on peut en observer de 30 ou 40 mètres de longueur, qui ont été formés à une époque peu reculée. Le thalweg des ravins dont il s'agit est de forme très-sinueuse, comme celui des cours d'eau qui en ont provoqué la formation ; leur pente est souvent de $0^m,15$ à $0^m,20$ par mètre.

Dépôts de chaux carbonatée.

Tuf.

Il est des sources dont l'eau donne naissance à un précipité chimique de carbonate de chaux ; le dépôt se forme, soit dans le bassin des sources, soit dans les rigoles qui servent à leur écoulement ; il est généralement poreux et reçoit le nom de *tuf*. Parmi les sources du département qui produisent des incrustations de ce genre, on doit citer particulièrement celles situées à Kuttolsheim, à Schnersheim et près de Gundershoffen.

L'eau, à la température ordinaire, dissout à peu près son volume de gaz acide carbonique ; sous une pression plus considérable, elle peut en absorber davantage. Ainsi chargée d'acide carbonique, l'eau acquiert la propriété de dissoudre une certaine quantité de carbonate de chaux qu'elle entraîne avec elle et qu'elle dépose quand, arrivant à la surface du sol, le gaz, sous l'influence d'une pression moins grande, vient à s'en dégager.

Stalactites et stalagmites.

C'est de cette manière que se sont aussi formées les stalactites et stalagmites, non-seulement dans les grottes, mais dans des cavités que présentent assez fréquemment les calcaires du muschelkalk et du terrain jurassique.

Enduits pulvérulents près de la surface du sol.

Dans les carrières entaillées pour l'exploitation de ces mêmes calcaires, par exemple à Wolxheim, on remarque dans les fissures de la roche qui partent de la surface du sol des enduits minces de chaux carbonatée pulvérulente, d'un blanc de neige. Cette chaux carbonatée est aussi le résultat d'un précipité chimique formé par les eaux qui se sont infiltrées dans ces fissures. Seulement, dans ce dernier cas, l'acide carbonique qui sert de dissolvant paraît provenir, non pas de régions plus ou moins profondes, mais de l'air et des décompositions qui s'opèrent dans la terre végétale que l'eau a traversée.

Les petits canaux qui traversent fréquemment le lœss et qui ont été percés par des racines de plantes, sont en partie pénétrés par du carbonate de chaux terreux, de telle sorte que la masse du lœss est traversée en tous sens par des ramifications de chaux carbonatée de forme vermiculaire. En général, le tube s'est incrusté seulement sur ses parois, et le milieu en est resté creux; plus rarement il s'est complétement oblitéré. L'eau, chargée d'acide carbonique qui a pénétré dans la marne diluvienne dont il s'agit, y a dissous de la chaux carbonatée qu'elle a abandonnée un peu plus loin. Le produit de ce moulage naturel du calcaire constitue un cas contemporain de pseudomorphose végétal. *Pseudomorphoses de plantes dans le lœss.*

Dépôts ferrugineux; minerai de fer des prairies et des marais.

Des précipités ferrugineux se forment chaque jour sur beaucoup de points du département. Des eaux, après s'être infiltrées dans des sables ferrugineux, découlent à la surface du sol, en abandonnant un précipité gélatineux de peroxyde de fer hydraté, dont la couleur varie du jaune d'ocre au jaune brun. Ce précipité, amené dans des dépressions du sol, s'y infiltre graduellement; il se réunit à de l'oxyde de fer qui y est précédemment arrivé de la même manière, et, en se durcissant, il contribue à la formation de concrétions ferrugineuses de forme variée qui cimentent le sable et les cailloux. Comme le phénomène produit dans certaines localités des dépôts de minerai de fer exploitable, et que d'ailleurs il est resté longtemps inexpliqué, nous le décrirons avec quelques détails. *Nature des dépôts ferrugineux.*

Les vallons entaillés sur le versant occidental des Vosges, vers la limite du grès des Vosges et du grès bigarré, et notamment ceux compris dans le quadrilatère dont Volksberg, Ratzwiller, Tieffenbach et Puberg formeraient les sommets, présentent dans les prairies qui en occupent le fond des systèmes de rigoles pratiquées pour l'irrigation. Des dépôts ferrugineux s'opèrent dans beaucoup de ces rigoles, près de Hinsbourg, du moulin de Ratzwiller, du Spiegelbach, du ruisseau de Rœsert, etc. Il en est de même dans les prairies marécageuses qui bordent la Sarre, sur 7 kilomètres de *Localités où l'on en observe.*

longueur, entre Saar-Union et Herbitzheim. Le sol de toutes ces localités se compose de sable et de gravier diluviens, provenant de la désagrégation du grès des Vosges, et par conséquent mélangés d'une certaine quantité de peroxyde de fer, soit anhydre, soit hydraté.

Sur le revers oriental des Vosges, on observe des dépôts semblables qui occupent la même position géologique. Ainsi, il se forme un volumineux dépôt ocreux dans le gazon aquatique et les mousses qui recouvrent certaines prairies très-humides du Jægerthal. Nous citerons encore les environs de Mitschdorf, les prairies situées près de Keffenach, les marais qui bordent la Lauter, tant dans le département qu'au nord de la limite de la France, les environs de Mulhausen, de Dossenheim, de Neubourg près de Dauendorf, la vallée de la Bruche, les prairies qui bordent le Giessen près de Thanvillé, etc. Dans le sable granitique et marécageux des environs de Kintzheim, il se fait également des dépôts ferrugineux.

Le limon jaune diluvien donne lieu aussi, mais moins fréquemment que le sable, à des suintements ferrugineux, par exemple près de Diemeringen, dans des fossés creusés de main d'homme, et à Neufbois, où de nombreux filets d'eau découlent des parties les plus sableuses du dépôt. Souvent les fissures qui traversent le limon jaune sont enduits d'une pellicule noirâtre, composée d'oxyde de fer, d'une faible quantité d'oxyde de manganèse et de matière organique, et qui a la même origine que les suintements ferrugineux.

Les eaux doivent leur fer à une réaction superficielle. Il est des sources minérales chargées de bicarbonate de fer, comme celles de Pyrmont ou de la vallée de Brohl, qui sont connues sous le nom de sources ferrugineuses acidules, et qui, en arrivant à la surface du sol, forment un dépôt ocreux plus ou moins abondant. Mais les eaux dont il vient d'être question n'ont pas la même origine que ces sources ; car, c'est en traversant les parties du sol tout à fait superficielles, c'est-à-dire des sables situés à une profondeur de quelques mètres au plus, qu'elles dissolvent le fer dont elles se dépouillent en revenant au jour. C'est, par conséquent, à proximité de la terre végétale qu'il faut chercher la réaction capable de faire dissoudre par les eaux d'infiltration le peroxyde de fer qui est mélangé au sous-sol. J'ai parfois observé, sur quelques mètres de distance seulement, les deux phases principales du phénomène, c'est-à-dire la dissolution souterraine et la précipitation sous l'influence de l'atmosphère.

Or, le limon jaune est souvent bariolé de nombreuses veines blanches (fig. 86), qui, partant de la terre végétale, y serpentent dans une direction voisine de la verticale jusqu'à 2 ou 3 mètres de profondeur. En examinant ces veines blanches, j'ai reconnu qu'elles ont une section circulaire, et que leur centre est occupé par une racine de plante en décomposition (fig. 87); l'argile blanche forme autour de celle-ci une sorte de gaîne qui suit toutes les inflexions des racines et de leurs ramifications les plus déliées. Le fait dont il s'agit se montre dans beaucoup de lieux, par exemple aux environs de Niederbronn, de Lampertsloch, de Wœrth, de Soultz-sous-Forêts, de Wissembourg, et, sur le versant occidental des Vosges, dans la forêt de Bonnefontaine ainsi que dans beaucoup d'autres localités qu'il serait trop long d'énumérer.

Rôle de la matière végétale dans la dissolution.

C'est donc sous l'influence de racines décomposées que l'oxyde de fer hydraté mélangé au limon jaune est dissous; c'est-à-dire que les eaux qui découlent de la surface du sol, le long des racines, se chargent d'un acide capable de dissoudre le peroxyde de fer. La dissolution s'opère jusqu'à une distance de 4 à 5 centimètres; les ramifications principales des racines agissent plus loin que les filaments plus fins.

On sait que l'acide carbonique est le principal produit de la pourriture humide des végétaux. En outre, d'après M. Berzélius, l'acide crénique, découvert par lui dans l'eau de Porla, se forme aussi dans la décomposition des plantes. C'est donc à ces acides qu'il est naturel d'attribuer la dissolution souterraine dont nous venons de constater les résultats. Comme le dépôt récemment recueilli renferme une partie du fer à l'état de protoxyde [1], il est en outre probable que le peroxyde de fer, avant d'être dissous, est ramené au minimum d'oxydation par la matière végétale et les gaz réduc-

---

[1] J'ai consigné des recherches sur ce sujet dans des *Recherches sur la formation journalière du minerai de fer des marais et des lacs;* mémoire auquel la Société hollandaise des sciences de Harlem a décerné une médaille d'or en 1845. *Annales des mines*, 4ᵉ série, t. X, p. 37.

teurs qu'engendre la pourriture. De cette manière, la dissolution dans l'eau se conçoit facilement; car le bicarbonate de protoxyde de fer est soluble, ainsi que le bicarbonate de chaux. Il en est de même du crénate de protoxyde de fer, d'après M. Berzélius; mais, dès que la base de ce dernier se peroxyde, le sel devient insoluble et le crénate de peroxyde de fer se précipite. En outre, il y a dégagement d'acide carbonique, ce qui donne lieu au dépôt de fer qui était dissous à la faveur de cet excès d'acide carbonique.

Origine semblable de veines et de nids ferrugineux. Les réactions qui s'opèrent dans les sables et le gravier provenant de la désagrégation du grès des Vosges et qui y font dissoudre de l'oxyde de fer, paraissent également dues à l'influence de végétaux décomposés, comme celles que nous avons reconnues dans le limon jaune. Telle doit être l'origine des veines et des nids de fer oxydé hydraté que l'on rencontre dans le gravier, soit diluvien, soit moderne. Les pisolithes friables, disséminés si fréquemment dans le limon jaune, ont probablement été produits de la même manière.

Le limon sableux et gris déposé par le Rhin sur ses bords se colore quelquefois, suivant des bariolures jaunes qui sont aussi à assimiler aux veines du gravier ancien. Il en est de même du limon qui recouvre les prairies tourbeuses, et qui renferme aussi de l'hydroxyde de fer, sous forme de petits grains; dans l'eau qui recouvre ces prairies, on peut surprendre la substance en voie de précipitation.

Minerai de fer des prairies et des marais. Les dépôts ferrugineux connus sous le nom de *minerai des prairies* ou *des marais* ne diffèrent des veines et des nids dont il vient d'être question que par un plus grand développement. Il existe de ces dépôts de minerai de fer, de formation contemporaine, sur la rive gauche de la Lauter, au Bienwald, que l'on a exploité pour alimenter le haut-fourneau de Schœnau, dans la Bavière rhénane. Ce minerai était riche, mais phosphoreux, ainsi qu'il arrive en général au minerai des marais, ce qui en a fait abandonner l'exploitation. Un fait qui montre bien, indépendamment de toute autre considération, que le dépôt du Bienwald est géologiquement tout récent, c'est qu'on a trouvé un fer à cheval au milieu d'un bloc de minerai massif.

Des observations plus étendues sur la formation du minerai des *prairies*, des *marais* et des *lacs* se trouvent dans le mémoire cité plus haut. Tous les dépôts contemporains de minerai de fer, formés sous l'influence de la pourriture végétale que l'on rencontre dans beaucoup de contrées, sont à citer comme un des chaînons variés qui lient indirectement aux êtres organisés la formation de grandes masses minérales.

Produits divers.

Parmi les produits de formation contemporaine, on doit encore citer ceux auxquels donne lieu la décomposition spontanée de la pyrite de fer, sous l'influence oxydante de l'air atmosphérique. *Efflorescence de la pyrite de fer.*

La pyrite de fer disséminée dans le lignite, étant exposée à l'air, se transforme au bout de quelque temps en sulfate de protoxyde de fer ou *vitriol vert*, ainsi qu'on peut l'observer dans l'intérieur des mines de Bouxwiller et de Lobsann. L'air des tailles où travaillent les ouvriers et où la température s'élève à 25 ou 30 degrés centigrades étant plus chaud que celui des galeries principales où l'air circule activement, de l'eau se dépose sur les parois de ces dernières excavations en une rosée qui paraît favoriser la transformation des sulfures en sulfates. Sur des galeries de la mine de Bouxwiller, ouvertes depuis trois semaines seulement, j'ai observé des cristaux de sulfate de fer. La réaction pénètre graduellement de la surface dans l'intérieur jusqu'à 1 mètre ou 1^m,50 de profondeur.

Outre le sulfate de fer, il se produit quelquefois du sulfate d'alumine qui est libre ou combiné au sulfate de fer, et constitue dans ce dernier cas l'*alun de plume*, et du sulfate de magnésie. *Sulfates divers.*

Sur les haldes où se trouvent des argiles marneuses mélangées de pyrite de fer, il apparaît aussi au bout de peu de temps un enduit blanc et pulvérulent qui n'est autre que du gypse terreux; il résulte de la réaction du carbonate de chaux sur le sulfate de fer produit dans la décomposition de la pyrite. Ce fait est très-fréquent sur les déblais des mines de bitume de Bechelbronn et des mines de fer de Mietesheim. *Gypse.*

Tourbe.

Il se forme dans certains lieux des dépôts de végétaux dont la décomposition fournit un combustible particulier que l'on nomme *tourbe*, et dont les amas portent le nom de *tour-* *Généralités.*

bières. La présence de l'eau est indispensable à la production de ces dépôts ; mais ils ne se forment ni dans les eaux courantes, ni dans les lacs profonds, ni dans les flaques d'eau passagères qui se dessèchent en certains temps. Il paraît nécessaire pour leur développement que l'eau se renouvelle sans cesse et avec lenteur, et en outre que cette nappe d'eau soit d'une profondeur peu considérable. Les végétaux qui contribuent principalement à la formation de la tourbe consistent en *conferves*, *mousses*, *cypéracées*, *joncées*, *graminées*, *potamées*, *alismacées* et quelques espèces de *dicotylédonées*, comme l'airelle des marais (*vaccinium uliginosum*), la *caneberge* (*oxicoccus palustris*), la *bruyère ordinaire*, etc.

Position des terrains tourbeux du Bas-Rhin.

De nombreux dépôts tourbeux existent dans le département du Bas-Rhin. A part très-peu d'exceptions, telles que la tourbière du plateau du Champ-du-Feu, ils sont situés dans le fond des vallées de divers ruisseaux et rivières qui affluent au Rhin, ainsi que dans la plaine qu'arrose ce fleuve. Ils se groupent naturellement par rapport aux cours d'eau à proximité desquels ils forment une bordure ordinairement discontinue. Voici les vallées et les communes où des tourbières sont connues :

1° Vallée de la Lauter, communes d'Altenstadt et de Lauterbourg.

2° Vallée du Schwarzbach, commune de Dambach (canton de Niederbronn).

3° Vallée de la Zinsel, communes de Mertzwiller, de Griesbach et de Gumbrechtshoffen.

4° Vallée de la Moder, communes d'Ingwiller, de Dauendorf, de Schweighausen, de Haguenau, de Kaltenhausen et d'Oberhoffen.

5° Vallons de quelques ruisseaux affluents de la Moder, commune de Weitbruch.

6° Plaine du Rhin, à l'aval de la Moder, dans les communes d'Oberhoffen, de Schirrhein et de Forstfeld ; à l'amont de la Moder, dans les communes de Weyersheim, de Kurtzenhausen, de Gries, de Bischwiller, de Rohrwiller et de Herrlisheim ; enfin, entre la Zorn et l'Ill, dans les communes de la Wantzenau, de Reichstett, de Vendenheim et de Hœrdt.

7° Vallée de la Zorn, communes de Neuwiller, de Krautwiller et de Brumath.

8° Plaine de l'Ill, dans la banlieue d'Ostwald ; région occidentale, dans les communes de Blæsheim, d'Innenheim, de Krautergersheim, de Meistratzheim et de Limersheim ; région orientale, dans les communes d'Hilsenheim, de Wittersheim, de Muttersholtz, de Schlestadt, d'Ohnenheim, d'Elsenheim, de Mussig, de Heidolsheim et d'Orschwiller.

9° Vallée de la Bruche, commune de Gresswiller.

10° Vallée de la Mossig, commune de Wasselonne.

11° Plateau du Champ-du-Feu, commune de Belmont ; au Hohwald, commune de Breitenbach, on a aussi exploité un peu de tourbe.

Beaucoup de terrains tourbeux sont situés au fond d'anses entaillées dans les terrasses qui bordent les alluvions modernes, ainsi qu'on peut l'observer le long de la Lauter, de la Moder et d'autres rivières. La tourbe est plus épaisse et occupe un niveau plus élevé au pied de la terrasse qu'à une certaine distance (fig. 89) ; son épaisseur diminue graduellement à mesure qu'on s'approche du thalweg de la vallée, et elle devient en même temps plus terreuse ; elle est en général recouverte d'argile et de limon noirâtre sur quelques centimètres d'épaisseur.

Position de la tourbe.

Les tourbières de Kaltenhausen présentent la disposition suivante, à partir du haut :

	Mètres.
1° *Carex* et végétaux semblables à ceux qui se développent encore aujourd'hui à la surface des mêmes prairies.	0,10
2° Tourbe renfermant beaucoup de débris d'arbres, principalement des racines de *pin sylvestre* et de *bouleaux blanc* et *pubescent*.	0,50
3° Tourbe formée principalement de végétaux herbacés, et moins compacte que la partie supérieure du même dépôt	1,00
	1,60

L'écorce de bouleau est du nombre des substances végétales qui ont le mieux conservé leur aspect ; mais les débris d'arbres enfouis dans la terre, aussi bien que les végétaux herbacés, ne renferment plus d'alcali.

Débris d'animaux.

On trouve dans la tourbe des débris d'animaux qui appartiennent en général aux espèces habitant aujourd'hui la contrée; cependant un crâne d'*aurochs* a été rencontré dans une tourbière près de Bischwiller. La partie inférieure de la tourbe renferme de nombreuses coquilles terrestres.

L'étendue des bassins tourbeux est indiquée par la carte. Quant à leur épaisseur, elle va jusqu'à 3^m,30, comme on le voit à Gries.

Proportion de cendres.
La tourbe la plus pure du département est celle du Champ-du-Feu qui ne laisse que 3 à 5 p. 100 de cendres; la plupart des tourbes exploitées donnent à la combustion de 10 à 15 p. 100 de résidu. Les substances terreuses s'élèvent même dans les tourbes de la Wantzenau et de Reichstett jusqu'à 25 et 40 p. 100. 100 parties en poids de tourbe pure, déduction faite des cendres, donnent, par la calcination en vases clos, de 28 à 35 p. 100, soit en moyenne 32 de charbon.

Au moment de son extraction, la tourbe est imbibée d'eau dans une très-forte proportion, car elle perd de 80 à 86 p. 100 de son poids par une exposition prolongée à l'air; il suffit pour cela d'environ six semaines de temps sec et chaud.

Le poids du stère de tourbe sèche varie, selon la compacité et la proportion de matières terreuses, de 250 à 380 kilogrammes; il est en moyenne de 320 kilogrammes.

Sur la tourbe exposée à l'air, on voit parfois apparaître, au bout de quelques semaines, une efflorescence blanche qui est du sulfate de chaux, et qui résulte de la décomposition de sulfures renfermés dans ce combustible.

Le pouvoir calorifique de la tourbe sèche est, à poids égal, à peu près le même que celui du bois brut, et, déduction faite des cendres, l'emporte sur le pouvoir de ce dernier combustible qui est moins riche en carbone. La tourbe, lorsqu'elle ne renferme que peu de cendres, est donc un combustible précieux et trop peu estimé. Elle ne doit être brûlée, comme le bois, qu'à l'état de dessiccation complète.

Emploi de la tourbe.
La tourbe est principalement employée dans le département pour le chauffage domestique; elle sert aussi pour les brasseries, féculeries, séchoirs, tuileries et appareils à vapeur. Pour ne pas perdre la tourbe menue, on a essayé de la mouler sous forme de mottes compactes; cette opération doit être faite aussitôt qu'elle est extraite, car plus tard on ne peut la mouiller complétement. On l'utilise encore pour l'amendement des terres et comme litière pour le bétail. La cendre de la tourbe n'a pas encore été employée dans le

Bas-Rhin, comme on le fait aux environs de Beauvais et ailleurs, pour amender la terre.

L'emploi de ce combustible, à peu près inconnu dans le département en 1825, s'est rapidement développé à partir de 1830; car l'extraction annuelle a atteint en moyenne, de 1838 à 1847, le chiffre de 35,000 stères. Ce chiffre s'est réduit depuis 1848, par suite de l'abaissement du prix du bois.

On peut calculer approximativement que, depuis l'origine de l'exploitation de la tourbe jusqu'à la fin de 1851, on a extrait dans le Bas-Rhin environ 800,000 stères de tourbe qui, à raison de 2 fr. 50 c. le stère, représenteraient une valeur de deux millions de francs. Si on dresse le compte partiel de chaque dépôt tourbeux, aussi approximativement que le permettent les explorations faites jusqu'à présent, on reconnaît en outre que le volume qui, à la même époque, restait à extraire s'élevait à environ 12,200,000 stères de tourbe humide, ou à 5,490,000 stères de tourbe sèche, c'est-à-dire à plus de six fois la quantité qui a déjà été exploitée. Cette tourbe, après son extraction, représenterait une valeur d'environ 14 millions de francs, ou, si l'on déduit de ce dernier chiffre les frais d'extraction et de nivellement, le combustible enfoui dans les bassins tourbeux vaut près de 5 millions de francs.

Quantité à extraire.

A la suite du chapitre consacré à l'exploitation des substances minérales utiles, nous reviendrons sur l'extraction de la tourbe.

Terre végétale.

On donne le nom de terre végétale à cette couche superficielle du sol dans laquelle pénètrent les racines de plantes, et qui forme comme l'épiderme de l'écorce terrestre. Les roches fournissent par leur altération, sous l'influence des agents atmosphériques, des détritus qui forment un des éléments de la terre végétale. A ces débris inorganiques se mélangent les produits de la décomposition des végétaux qui croissent sur le sol et une partie des matières organiques qu'y amènent les engrais; ce second élément, d'origine organique, ordinairement de couleur brune, est connu sous le nom de *humus*. En outre, le vent apporte à certains moments de la

Généralités.

poussière sur un lieu dont, à d'autres instants, il emporte des parcelles ; de là un va et vient presque continuel par l'intermédiaire de l'atmosphère [1]. Un mouvement analogue s'opère par l'action des eaux pluviales et des rivières qui apportent ou entraînent de menus débris. L'importance relative de ces quatre circonstances dans la formation de la terre végétale varie suivant les localités.

Outre l'humus, les bonnes terres végétales contiennent ordinairement de la silice à l'état de sable, de l'argile et du carbonate de chaux, souvent mélangé de carbonates de magnésie et de fer. On y trouve en outre du peroxyde de fer, de très-faibles quantités de chlorures, sulfates, phosphates et nitrates, et de la silice soluble ou à l'état de silicate alcalin.

Parmi les propriétés physiques de la terre qui ont aussi de l'influence sur la végétation qu'elle alimente, on peut citer sa porosité, sa cohésion, l'action absorbante qu'elle exerce sur l'humidité de l'atmosphère, son affinité pour l'eau qu'elle retient plus ou moins longtemps, sa couleur qui lui permet de s'échauffer plus ou moins rapidement. D'autres circonstances importent beaucoup à la végétation ; telles sont l'exposition du sol, son inclinaison, son altitude au-dessus de la mer et la nature du sous-sol. Deux types bien caractérisés, les *terres fortes* et les *terres légères*, diffèrent par la proportion relative de sable et d'argile qu'elles contiennent ; le sable prédomine dans celles-ci, l'élément argileux dans les premières.

Nature de la terre végétale sur différents terrains. Certains contrastes de culture que l'on observe à chaque instant dans la contrée ont leur origine dans des faits géologiques.

Le granite fournit en général un sol formé de grains de quartz et de feldspath plus ou moins altéré ; ce sol léger est assez peu fertile, ainsi qu'on le voit au Ban-de-la-Roche, à moins qu'il n'appartienne à des variétés de granite qui se décomposent facilement. La syénite et les roches amphiboliques sont plus favorables à la culture que le granite. Les roches amphiboliques du massif du Champ-du-Feu sont couvertes de forêts épaisses, dans le sol desquelles on ne trouve plus aucun débris du sous-sol qui ne soit complétement à

---

[1] Élie de Beaumont, *Leçons de géologie pratique*, t. I, p. 136.

l'état terreux [1] ; le feldspath de ces dernières roches, qui appartient pour la plus grande partie au sixième système, se décompose plus rapidement que le feldspath orthose.

Sur le schiste de transition, la terre végétale est médiocre et n'est guère propre qu'à la culture du seigle et des pommes de terre. Ainsi le groupe montagneux du Honil, dans le val de Villé, est habituellement inculte et couvert de genêts ; tous les dix ans seulement on y fait une récolte de seigle. Toutefois, dans les plis du terrain d'où il sort des sources, l'eau a donné naissance à des prairies autour desquelles s'étendent quelques champs qui forment de petits centres de culture.

Le grès houiller vaut mieux à cet égard ; cependant on peut remarquer que d'anciennes haldes des mines de houille de Lalaye, qui remontent au siècle dernier, sont encore tout à fait dépourvues de végétation, circonstance qui tient peut-être à la présence de la pyrite de fer.

De même que le granite, le grès des Vosges donne un sol léger et sableux qui est peu propre à la culture ; aussi est-il presque entièrement couvert de forêts qui en général ne s'étendent pas sur les terrains voisins, de sorte que la limite du sol boisé coïncide sur beaucoup de points avec celles du grès des Vosges lui-même. Le hêtre forme l'essence prédominante des forêts qui végètent sur ce terrain ; le sapin s'y mélange surtout sur les versants exposés au nord, tandis qu'on trouve particulièrement le chêne dans les expositions méridionales.

Le grès bigarré, beaucoup plus argileux que le grès des Vosges, donne un sol ordinairement froid, dont cependant la végétation est plus vigoureuse et plus variée que celle de cette dernière roche ; aussi les forêts ne s'étendent que sur une faible partie de son étendue. Les roches exclusivement calcaires du muschelkalk sont souvent arides et sèches, comme la montagne de Molsheim en fournit un exemple. Les marnes du keuper peuvent donner un bon sol; au Kochersberg, elles sont recherchées pour la culture de la vigne. Ces marnes ne portent pas de forêts, si ce n'est sur

[1] Il est des contrées où on se sert du granite pour l'amendement des terres fortes ; les roches amphiboliques et diorites sont exploitées aux environs de Saint-Brieux pour le même usage.

les parties où leur surface est recouverte par une faible couche de diluvium.

Des terres végétales très-fertiles se rencontrent sur le lias. La sécheresse du muschelkalk se retrouve souvent sur les collines du calcaire jurassique ; aussi les collines formées par ce calcaire, soit massif, soit à l'état de cailloux, comme le Bastberg, près de Bouxwiller, et le Scharachberg, sont souvent incultes. Le calcaire palustre de Bouxwiller se comporte à peu près comme le calcaire jurassique.

Formé d'un mélange d'argile de carbonate de chaux et de sable fin qui lui donne la porosité, le lœss contient en outre une proportion notable de potasse. Il est donc facile de comprendre qu'il soit favorable à la végétation et propre à toute espèce de culture, particulièrement à celle du froment et des plantes oléagineuses. Quoiqu'il exige un travail soutenu, la plaine d'Alsace lui doit en partie sa richesse agricole. On acquiert une idée du caractère de la végétation du lœss, quand on parcourt les collines comprises entre la Bruche et la Zorn ; ce n'est que dans les dépressions qu'arrosent de petits ruisseaux que l'on trouve des prairies et quelques saules ; tout le reste du pays, sur lequel les arbres se rencontrent isolés et en très-petit nombre, est couvert de cultures florissantes.

Un autre dépôt diluvien, le limon jaune, qui déjà précédemment a été distingué du lœss, diffère aussi de ce dernier par la nature de sa végétation. Il est beaucoup moins propre à la culture des céréales ; mais il supporte de belles forêts, telles qu'on en observe dans le canton de Saar-Union et dans les parties adjacentes du département de la Meurthe. Le domaine des forêts s'arrête ordinairement au muschelkalk et au keuper qui avoisinent le limon jaune.

Quant au sable quartzeux diluvien qui provient de la désagrégation du grès des Vosges, sa végétation ressemble à celle de ce dernier. La forêt de Haguenau se compose principalement de *pin* dit *de Haguenau* ou *pin sylvestre*, de chêne, avec des bouleaux et des charmes en faible abondance. Aux environs de cette ville, le sable du grès des Vosges donne souvent de bons produits agricoles, tels que des garances, parce qu'il est supporté par une couche argileuse qui entretient l'humidité dans la partie superficielle, en même temps qu'elle le rend moins meuble[1]. Certaines plantes sont à la fois caractéristiques de ce sable et du grès des Vosges.

A l'aide d'une carte géologique détaillée et d'un texte explicatif, on peut reconnaître quelles sont les régions du département qui se trouvent dans des circonstances identiques, en ce qui concerne la nature du sol et du sous-sol. De cette manière, les résultats obtenus dans une seule localité peuvent être appliqués avec beaucoup de probabilité à des régions plus ou moins étendues, si l'on tient compte de caractères faciles à reconnaître, relatifs à la constitution du sol, au relief et à l'altitude. Par suite de cette facilité de généraliser les résultats de l'expérience, principe de presque toutes les améliorations agricoles, on peut éviter de nombreux tâtonnements de culture pour des contrées dont on a reconnu la constitution du sol. Les cartes géologiques départementales sont appelées à apporter un élément important à la science de l'agriculture.

Utilité d'une carte géologique pour l'agriculture.

Toutefois il faut remarquer que la vue seule de la carte géologique n'est pas un guide suffisant, si on ne recourt pas aux détails de la composition de chaque terrain; car un même étage géologique, qui sur la carte est représenté par une teinte unique, se compose souvent de plusieurs sortes de matériaux bien distinctes. Par exemple, le terrain de grès rouge, sur certains points formé de grès assez perméable, est ailleurs représenté par des argilolithes. Le muschelkalk, principalement composé de calcaire, renferme quelques couches marneuses. Les terrains tertiaires sont quelquefois calcaires, ailleurs argileux, plus rarement arenacés. Le sol coloré comme alluvion moderne présente encore une nature plus variée. D'ailleurs, par suite des additions que les limons des eaux superficielles et la poussière apportée par les vents font subir à la terre végétale, il y a souvent dans celle-ci des éléments qui manquent dans le sous-sol, et enfin il faut tenir compte de la modification que le travail de l'homme contribue encore à y apporter.

---

[1] Cette dernière remarque a déjà été faite en 1784 par M. Girard, médecin, qui ajoute qu'au lieu d'apporter de l'argile sur le sable, il suffirait de labourer profondément pour que les sillons atteignent la couche argileuse, lorsque cela est possible (*Journal de médecine militaire*).

Il est cependant des cultures qui montrent une assez grande indépendance par rapport à la nature de la roche qui les supporte ; telle est la vigne. Elle fournit de bons vins sur le calcaire jurassique de Wolxheim ou sur celui du muschelkalk près de Molsheim, sur le grès des Vosges à Neuwiller, sur le schiste de transition près d'Andlau et enfin sur le granite. Ce qui paraît essentiel à la vigne dans les contrées tempérées dont il s'agit, c'est un sol bien exposé qui s'échauffe facilement et qui se dessèche de même.

TREMBLEMENTS DE TERRE (APPENDICE).

Généralités. La croûte terrestre éprouve de temps à autre des mouvements brusques auxquels on donne le nom de *tremblements de terre*. Ces mouvements agitent quelquefois assez violemment le sol et les constructions qu'il supporte pour les détruire ; de là un des principaux ravages des tremblements de terre. En l'espace de quelques secondes, une cité florissante peut être ainsi transformée en un monceau de ruines.

Les tremblements de terre sont loin d'être uniformément répartis dans toutes les contrées. Il en est, comme le Chili et les Antilles, où ils sont à la fois fréquents et violents ; d'autres, comme l'Europe septentrionale, n'en ressentent qu'assez rarement, et ceux qu'on y éprouve ne sont pas dévastateurs. Quand on habite une de ces contrées à l'abri des ravages des tremblements de terre, on est porté à les considérer comme des phénomènes tout à fait accidentels, presque anormaux ; cependant il résulte des documents recueillis avec beaucoup de soin par M. Alex. Perrey, que, depuis 1834 jusqu'en 1845 inclusivement, l'Europe a éprouvé en moyenne quarante tremblements de terre par an. Comme l'Europe n'occupe environ que les 0,016 de la surface du globe, il y a lieu de croire qu'il se passe rarement deux jours sans qu'une région ou une autre de la terre n'éprouve quelques secousses ; le tremblement de terre est donc un phénomène tout à fait habituel à notre planète.

Tremblements de terre ressentis dans le département. Après les Pyrénées, l'Alsace est peut-être la contrée de la France où les tremblements de terre ont été le plus fréquents dans ces derniers siècles. Voici l'énumération de ceux qui ont été éprouvés depuis le commencement du treizième siècle dans le département du Bas-Rhin, et dont on a conservé le souvenir. Ces renseignements sont pour la plupart extraits des relevés faits par de Hof[1], et plus récemment par M. Perrey[2].

1289. Tremblement de terre sur les bords du Rhin et en Allemagne ; il fut assez violent, d'après la *Chronique de Kœnigshofen*, pour que la partie de la cathédrale qui était déjà édifiée menaçât de s'écrouler.

1356, 18 octobre. Tremblement de terre qui s'étendit de Strasbourg vers Bâle, dans une partie de la chaîne du Jura jusqu'à Yverdun et Lausanne ; la tour de la cathédrale de Berne, ainsi que celle de Bâle, en furent détériorées. C'est, d'après M. le professeur Pierre Mérian, le plus violent tremblement de terre que cette dernière ville ait éprouvé. A Strasbourg, où il fut cependant moins fort, les habitants effrayés se préparaient à quitter la ville et à s'établir sous des tentes, quand le magistrat et l'évêque s'y opposèrent. A partir de ce jour, on établit à Strasbourg une procession commémorative qui se fit annuellement jusqu'en 1524[3].

1357, 14 mai. Entre 7 et 8 heures du matin, on éprouva à Strasbourg et à Bâle une secousse qui fut aussi ressentie en Suisse, en Allemagne et jusqu'en Espagne, à Cordoue et Séville.

1362. Tremblement de terre.

1566, 15 janvier. Même phénomène à Strasbourg.

1570, 6 décembre. Pendant que des tremblements de terre se succédaient en Italie, on ressentit quelques secousses à Strasbourg et à Spire.

1571, 9 février. Tremblement de terre à Strasbourg et à Bâle, précédé d'un autre assez fort qui avait eu lieu en Angleterre deux jours auparavant.

1601. Dans la nuit du 7 au 8 septembre, entre 1 et 2 heures après minuit, tremblement de terre qui se fit ressentir dans une partie de l'Europe, depuis la Hollande et la Suisse jusqu'en Bavière, en Autriche et même, dit-on, jusqu'en Asie ; Strasbourg et les environs y furent compris.

---

[1] Von Hof, *Chronik der Erdbeben*.
[2] Alex. Perrey, *Mémoires sur les tremblements de terre ressentis en France, en Belgique et en Hollande*. Mémoires couronnés publiés par l'Académie royale des sciences de Bruxelles, t. XVIII. 1844 et 1845.
[3] Aufschlager, *L'Alsace*, t. I. p. 207.

1655, vers la fin de mars. Secousse à Strasbourg et dans le Wurtemberg.

1682, 2 mai. Entre 2 et 3 heures du matin, tremblement de terre qui se fit sentir en Alsace, en Lorraine, en Champagne, jusqu'aux environs de Paris, ainsi qu'en Provence, en Savoie, en Suisse et en Thuringe.

1690, 5 décembre. Tremblement de terre qui fut ressenti entre Cologne et la Suisse, dans une grande partie de l'Allemagne, jusqu'à Vienne, Villach et Klagenfurth en Illyrie.

1691, 19 février. Tremblement de terre dans la vallée du Rhin, en Lorraine et jusqu'à Venise et en Transylvanie.

1692, 18 septembre, entre 2 et 3 heures, puis les 20 et 21 du même mois, tremblement de terre qui eut lieu en France, en Allemagne, en Suisse, en Hollande et jusqu'en Angleterre; le département actuel du Bas-Rhin se trouvait vraisemblablement compris dans la même zone.

1728, 3 août. Entre 4 et 5 heures du soir, un fort tremblement de terre, ressenti à Strasbourg, qui s'étendit en Suisse jusqu'à Genève, et vers le nord jusqu'à Francfort et Aschaffenbourg, fit jaillir l'eau hors des réservoirs de précaution placés sur la plate-forme de la cathédrale de Strasbourg jusqu'à un mètre de hauteur. Le lendemain, 4 août, à Strasbourg, il y eut une nouvelle secousse.

1755, 1er novembre. Célèbre tremblement de terre de Lisbonne qui fut ressenti dans presque toute l'Europe, dans l'Afrique septentrionale et jusqu'en Amérique. Les secousses eurent lieu en Portugal, à 9 heures 20 minutes du matin; en Alsace, de 3 à 4 heures du soir; et en Hollande, de 10 à 11 heures.

1774, 10 septembre. A 4 1/2 heures du soir, secousses à Strasbourg, Belfort et en Franche-Comté.

1784, 29 novembre. A 10 heures 10 minutes du soir, tremblement de terre à Strasbourg et dans la partie méridionale de l'Alsace, et qui fut ressenti en Suisse, en Savoie, en Dauphiné et en Allemagne.

1785, 11 décembre, à 2 1/2 heures du matin, et le même jour, encore avant midi, tremblement de terre à Wissembourg[1].

1802, 2 janvier. A 6 heures 45 minutes du matin, tremblement de terre à Strasbourg; le 8 ou le 11 juillet, à 9 heures

---

[1] Bœgner, *Das Erdbeben*, p. 121.

53 minutes du soir, secousse assez violente à Strasbourg. Des secousses y ont en outre été ressenties pendant les mois d'août, de septembre, d'octobre et de novembre [1]; les principales ont eu lieu le 14 septembre et le 8 novembre, à 7 heures du matin; cette dernière s'est étendue jusqu'à Wissembourg.

1808, 27 mars. A 5 heures 15 minutes du matin, violente secousse à Strasbourg.

1822, 28 novembre. A 10 heures 50 minutes du matin, assez forte secousse ressentie à Strasbourg et à Kehl.

1823, 21 novembre. A 9 heures 30 minutes du soir, fortes secousses à Strasbourg, Schlestadt, Brisach, Kentzingen, Fribourg en Brisgau.

1825, 5 janvier. A 9 heures du soir, tremblement de terre ressenti à Preuschdorf près Wœrth et à Lampertsloch.

1825, 23 décembre. A 5 heures du matin, secousses à Strasbourg, Kehl, Sundheim, Neumühl, Kork et Offenbourg, qui s'étendirent jusqu'à Mannheim.

1829, 7 août. A 3 1/2 heures du matin, tremblement de terre à Strasbourg et à Colmar, consistant en deux secousses qui se succédèrent à une seconde d'intervalle. A Lapoutroye et à Belfort, la secousse fut plus forte et accompagnée d'un bruit semblable à celui d'un tonnerre lointain; on l'a également ressentie à Saint-Dié (Vosges) [2].

1843, 15 janvier. Vers 4 heures du matin, deux légères secousses à Strasbourg.

1846, 29 juillet. Entre 9 1/2 heures et 9 heures 45 minutes, tremblement de terre qui se fit sentir dans toute la partie septentrionale du département du Bas-Rhin, à Wissembourg, Haguenau, Strasbourg, sans avoir été observé à Schlestadt ni dans le Haut-Rhin [3]. Il s'étendit jusqu'à Fribourg en Brisgau, et à l'ouest des Vosges jusqu'à Nancy, Metz, Thionville, ainsi qu'au delà d'Aix-la-Chapelle et de Liége; vers le nord, jusqu'à Dusseldorf et Elberfeld, et vers l'est, jusqu'à Stuttgart, Würtzbourg et Kissingen. Les deux

---

[1] Graffenauer, *Topographie médicale de Strasbourg*, p. 54.
[2] Herrenschneider, *Notices météorologiques*.
[3] *Notice sur le tremblement de terre des bords du Rhin, du 29 juillet 1846. Comptes-rendus de l'Académie des sciences*, t. XXIV, p. 453. — Nöggerath, *Das Erdbeben*.

principales dimensions linéaires de la surface ébranlée sont 33 et 27 myriamètres ; sa superficie totale est d'environ 630 myriamètres carrés.

<small>Observation sur les zones vibrantes.</small> Si l'on analyse cette énumération de tremblements de terre qui ont atteint le cours du Rhin, depuis sa source jusqu'à la mer, on reconnaît que la Basse-Alsace en a été plus exempte, d'une part, que les environs de Bâle et une partie de la Suisse ; de l'autre, que les contrées rhénanes voisines de Francfort, de Mayence et de Coblence. Le sol de Strasbourg a quelquefois été secoué avec les contrées septentrionales, tandis que la Haute-Alsace et la Suisse n'éprouvaient aucun mouvement, ainsi que cela a eu lieu le 29 janvier 1846. Le plus ordinairement l'inverse a eu lieu : Strasbourg a vibré à l'unisson avec les contrées méridionales, soit avec la Haute-Alsace et le duché de Bade, comme les 11 novembre 1823, 17 août 1829 et 23 novembre 1830[1], soit avec une partie de la Suisse, du Jura et d'autres régions méridionales, comme les 18 octobre 1356, 14 mai 1357, 10 septembre 1774 et 29 novembre 1784, toutes les régions septentrionales restant immobiles. Cependant, dans le tremblement de terre du 3 août 1728, Strasbourg a vibré à la fois avec les environs de Francfort et de Mayence et avec la Suisse.

---

[1] Le tremblement de terre de 1830 est une répétition de celui de 1823, et ressemble beaucoup à celui de 1829, de même que celui de 1691 ressemble beaucoup à la secousse de 1690.

CHAPITRE XII.

GÎTES MÉTALLIFÈRES.

Les principaux minéraux métalliques constituent çà et là des accumulations auxquelles on a donné le nom de *gîtes* ou de *dépôts métallifères*.

Les *filons métallifères*, les plus réguliers de ces dépôts, sont de grandes plaques formées de minéraux variés qui traversent divers terrains dans des situations généralement voisines de la verticale. Leur étude a fait reconnaître que les filons sont des émanations provenant des régions situées au-dessous de la croûte terrestre et qui ont rempli des fentes préexistantes ; ils sont ordinairement en liaison intime avec les dislocations du sol. Outre les filons de certains métaux, on trouve aussi dans le département des *amas* et des *couches* de minerai de fer, et de l'or en paillettes est disséminé dans le *gravier* du Rhin.

GÎTES EXPLOITÉS POUR FER.

Filons de fer.

Des filons de minerai de fer se rencontrent dans différentes régions de la chaîne des Vosges. Un des groupes principaux existe non loin de Wissembourg, en partie dans le Bas-Rhin, en partie dans la Bavière rhénane. D'autres filons du même métal se trouvent, d'abord dans la région moyenne, aux environs de Framont, de Rothau et de Saales; puis à proximité des vallées de Saint-Amarin et de Massevaux [1] ; enfin, sur le revers méridional, dans le département de la Haute-Saône. Nous n'avons à nous occuper ici que des filons du Bas-Rhin.

Généralités.

[1] Daubrée, *Notice sur les filons de fer de la région méridionale des Vosges et sur la corrélation des gîtes métallifères des Vosges et de la Forêt-Noire. Mémoires de la Société du muséum d'histoire naturelle*, t. IV, p. 159.

Filons des environs de Wissembourg. Leur composition.

Les filons des environs de Lembach et de Wissembourg consistent ordinairement en un assemblage de veines irrégulières de fer hydroxydé qui traversent le grès des Vosges en se ramifiant les unes dans les autres. Dans ces veines, dont l'épaisseur varie en général de 2 à 10 centimètres, sont empâtés beaucoup de débris du grès encaissant, qui souvent aussi sont imprégnés d'hydroxyde de fer. Au milieu des veines de minerai compacte ou terreux, l'oxyde de fer forme aussi des nids, à structure concrétionnée, dont les cavités présentent de beaux échantillons d'hématite brune. L'oxyde de manganèse n'est pas seulement mélangé intimement au minerai de fer; il se trouve aussi en enduits argentins et en masses terreuses, compactes ou cristallines; dans ce dernier cas, il appartient à l'espèce connue sous le nom d'acerdèse. Outre le sable quartzeux qui forme la gangue principale du minerai, on y trouve assez abondamment, surtout au mur du filon, une argile blanche ou rouge, quelquefois plastique, et de la baryte sulfatée cristallisée.

Minerais de plomb et de zinc.

Du plomb carbonaté noir et blanc, de la galène, du plomb phosphaté, du plomb arséniaté, de la calamine et de la blende ont été rencontrés dans les filons de fer qui nous occupent. Ces différents minéraux étaient assez abondants au Katzenthal où l'on a exploité le plomb pendant plusieurs années.

Vanadium.

A Niederschlettenbach (Bavière rhénane), on a récemment découvert, sur le prolongement de l'un des filons autrefois exploités dans le Bas-Rhin, un vanadate de plomb auquel on a donné le nom de déchénite.

Puissance et structure.

Les faisceaux de veines ferrugineuses qui constituent les filons s'étendent sur des épaisseurs fort variables; il est même des parties où les veines occupaient une puissance de 50 à 100 mètres, mais en comprenant entre elles de grandes masses stériles de grès que les ouvriers appelaient *sandkeule*. Le *mur* du gîte est ordinairement bien prononcé et limité par une *salbande* de terre glaise; le *toit* est rarement bien défini. Des surfaces de glissement sont assez fréquentes, surtout vers le mur du filon.

Le minerai exploitable affecte souvent la forme de colonnes verticales qui s'étendent sur 15 à 50 mètres, suivant la direction du gîte.

Richesse du minerai.

Le minerai des filons du grès des Vosges est ordinairement pauvre; le minerai de Rœhrenthal et de Dahlenberg ne rend moyennement que 22 à 23 p. 100. C'est la pauvreté de ce minerai et l'élévation de son prix de revient qui en ont fait abandonner l'exploitation.

Les filons de fer qui nous occupent appartiennent pour la plupart à un même alignement dans lequel on trouve, comme M. Fournet l'a déjà fait observer[1], les mines de Friensbourg, Fleckenstein, Rœhrenthal et Dahlenberg, les recherches du Windstein près du Jægerthal, celles de Trutbrunnen, du Katzenthal, de Strohhutte, du Weyerswald et du Schauffelshalt. C'est sur cette même ligne que sont ouvertes dans la Bavière rhénane les mines de Nothweiler, de Bundenthal et de Schlettenbach. *Alignement de ces gîtes.*

D'après la manière dont ces différents fragments de filons se font suite à peu de distance l'un de l'autre, suivant un alignement régulier, on est amené à les considérer comme étant les parties d'un même grand filon qui se partage en plusieurs branches. Dans la concession de Fleckenstein, les branches, au nombre de trois, occupent un développement transversal de 600 mètres. Au Dahlenberg, le filon se divise en quatre branches qui s'étendent sur une largeur de 350 mètres. *Ils paraissent appartenir à un filon unique.*

Le filon dont il s'agit se poursuit donc depuis les environs de Weidenthal et de Schlettenbach vers Nothweiler, le Dahlenberg et le Katzenthal, sur une longueur de 12 kilomètres. Cette dimension suffirait pour le placer au nombre des filons les plus étendus que l'on connaisse jusqu'ici ; car le Veta-Madre, près de Guanaxuato, au Mexique, signalé par M. de Humboldt, n'est pas plus long. Mais, si l'on tient compte de différents indices, tels que de ceux de Trutbrunnen, du Soultzthal, du Windstein, de l'Ochsenkopf et de Durstbach, qui sont situés dans le prolongement de ce grand filon, vers le sud-ouest, et qui s'y rattachent probablement, on est amené à attribuer au filon de Schlettenbach un développement longitudinal de 20 kilomètres. *Sa longueur est au moins de 12 kilomètres.*

Sur toute cette longueur, la direction du filon n'est pas constante. Dans les mines de Friensbourg, Fleckenstein, Rœhrenthal et Dahlenberg, la direction moyenne est de E. 40°. N. à O. 40°. S. Au Schauffelshalt, il y a une inflexion très-prononcée ; car, au delà de la frontière de France, des *Inflexion du filon principal.*

---

[1] *Études sur les dépôts métallifères*, p. 81.

environs de Nothweiler au Bremelsberg, près Schlettenbach, la direction moyenne est de N. 32°. E — S. 32°. O.

Sa relation avec les failles voisines. — Les deux parties principales du grand filon de Schlettenbach et du Friensbourg sont respectivement parallèles à chacun des deux groupes de failles qui terminent la région de la chaîne à laquelle elles appartiennent, de telle sorte que ces deux systèmes d'accidents constituent deux angles obtus de 160° dont les côtés sont parallèles chacun à chacun. Le point d'inflexion du filon correspond précisément à cet angle prononcé que présente la limite orientale de la chaîne des Vosges, près de Wissembourg. On trouverait difficilement ailleurs une liaison plus caractérisée entre les fractures qui ont accompagné la formation des chaînes des montagnes et les failles qui ont été transformées ultérieurement en filons.

Id. avec des intercalations de roches éruptives. — Dans toute la région septentrionale, c'est-à-dire au nord de Saverne, la chaîne des Vosges se compose de grès vosgien en stratification à peu près horizontale. Au milieu de cette composition uniforme, on observe des affleurements de roches ignées, en trois points seulement, aux environs du Jægerthal, à Weiler près de Wissembourg et, non loin de Landau, dans la vallée de la Queich. Or, les deux principaux de ces accidents, le pointement granitique du Jægerthal et le porphyre de la vallée de la Queich, près de Landau, sont comme deux jalons sur lesquels s'aligne le filon de Friensbourg et de Schlettenbach, ainsi que M. Fournet l'a déjà signalé [1].

Filon de Kleinlangenberg près Weiler. — A proximité du troisième pointement de roche éruptive qui vient d'être signalé, au pied du Kleinlangenberg, près de Weiler, il existe aussi un filon de fer qui a les mêmes caractères que les filons des environs de Lembach. Ce filon se dirige N. 30°. E — S. 30°. O. Il se relie peut-être à l'un des filons des environs de Bergzabern qui sont situés dans la même direction à 8 kilomètres vers le N. E. Aux environs de Roth, le grès vosgien est aussi traversé par de très-nombreuses veines de fer hydroxydé qui forment comme les indices d'un filon.

Filon de La Petite-Pierre. — Dans la vallée de Petersbach, au revers occidental de la montagne d'Altenbourg, sur laquelle est situé le fort de La Petite-Pierre, le grès des Vosges renferme un filon d'hématite brune qui, d'après la tradition de la localité, était au-

---

[1] *Étude sur les gîtes métallifères*, p. 84.

trefois exploité pour alimenter un haut-fourneau qui se trouvait à Frohmühle. L'entrée des galeries d'exploitation et les haldes de ce filon sont encore reconnaissables. Il existait aussi des mines à Tieffenbach et à Frohmühle sur des gîtes de même nature.

Le petit lambeau de grès vosgien du Mœnkalb et le granite qui le supporte sont traversés par des veines d'oxyde de manganèse et d'hydroxyde de fer. La brèche granitique que cimentent une partie de ces veines rappelle le filon de Wintzfelden (Haut-Rhin), qui est également situé à la limite du granite et du grès des Vosges. *Veines ferrugineuses près de Barr.*

Le lambeau de grès des Vosges qui repose sur le granite, à l'est du château d'Andlau, dans une position toute semblable à celle du Mœnkalb, et à 2 kilomètres au sud de cette dernière colline, est traversé aussi par des veines très-compactes d'hématite brune, identiques par leur aspect avec celles des environs de Lembach et de Weiler; on peut y trouver de gros rognons fort riches. *Id. près du château d'Andlau.*

D'après les exemples qui viennent d'être signalés et d'autres semblables que l'on pourrait citer encore, à Wintzfelden et à Framont, les filons ferrugineux qui traversent le grès des Vosges sont en général à proximité du granite ou d'autres roches éruptives. *Relation de ces filons avec des roches éruptives.*

Il existe dans le Ban-de-la-Roche un groupe nombreux de filons de fer dont la plupart appartiennent au département des Vosges, mais dont quelques-uns sont compris dans les banlieues de Solbach et de Belmont, et par conséquent dans le département du Bas-Rhin. Ces filons, déjà exploités au seizième siècle, ont servi à alimenter les hauts-fourneaux de Framont et de Rothau. *Mines de Solbach et de Belmont.*

Les mines de Lumpenmatt étaient établies sur deux filons voisins qui se dirigent suivant N. 10°. E — S. 10°. O. Le filon principal, dont l'épaisseur est d'un mètre, est souvent mélangé d'un grand nombre de fragments de la roche encaissante, au point de former une véritable brèche; le minerai y est associé à du feldspath rougeâtre et à du quartz. Ce filon se sépare mieux de la roche encaissante du côté du mur que du côté du toit. Vis-à-vis de la mine de fer du Bas-Bacpré, des filons de quartz, mélange d'oxyde et de pyrite de fer, traversent le porphyre syénitique.

Dans la montagne dite Chenot de Solbach, on connaît

aussi plusieurs filons qui se dirigent N. 20°. E — S. 20°. O. Leur épaisseur ne dépasse guère 3 mètres, et la masse exploitable y atteint rarement 3 décimètres d'épaisseur. Au mur, le filon est limité par un filon de la roche micacée connue sous le nom de *minette*[1]. Au toit, il a pour salbande une argile mélangée d'oxyde de manganèse terreux, appelée *brand* par les mineurs. Le filon de la mine de Saint-Nicolas, auquel on travaillait encore en 1845, est le même qui a été reconnu dans les banlieues voisines du département des Vosges sous le nom de Chaudronpré, de Remiancôte et de Minquette.

Près de Belmont, on a exploité à la mine dite du Banwald ou du Banbois un filon de 1^m,50 d'épaisseur moyenne, renfermant du fer oxydé rouge et du fer oxydulé magnétique. Cette dernière espèce, déjà citée par de Dietrich[2], est quelquefois magnéti-polaire. Le filon du Banwald, qui est la continuation de l'un des principaux filons du Chenot de Rothau, se dirige vers E. N. E — O. S. O., et plonge d'environ 60° vers N. N. O. Son exploitation est abandonnée depuis 1844.

Autres filons dans le massif du Champ-du-Feu. Dans d'autres régions du massif du Champ-du-Feu, on a aussi reconnu des filons de fer, notamment dans la banlieue de Grendelbruch, où l'on a fait des recherches en 1835, ainsi que dans les forêts communales d'Obernai et de Bœrsch[3]. Le filon de cette dernière localité a, d'après de Dietrich, 1 mètre à 1^m,30 d'épaisseur; il est de couleur bleuâtre et à gangue quartzeuse.

Fer oligiste d'Urbeis et de Lalaye. Aux environs d'Urbeis, dans la montagne dite le Haut, le schiste de transition renferme du fer oxydé rouge très-riche, souvent mélangé de baryte sulfatée lamellaire. Le minerai paraît être abondant, mais il n'a pas encore été l'objet de recherches bien suivies. Près de Lalaye, à la Rancenière, on trouve aussi du fer oligiste accompagné de quartz cristallisé.

Filon de fer des environs de Dambach. La montagne située entre Dambach et Blienschwiller renferme à mi-côte des filons de fer que l'on exploitait encore dans la première partie du siècle dernier, sous le nom de

---

[1] Voir plus haut, p. 34.
[2] Ouvrage déjà cité, p. 231.
[3] De Dietrich, même ouvrage, p. 247 et 254.

mines d'acier. Ces filons[1] avaient 1ᵐ,30 à 1ᵐ,60 de largeur; ils se ramifiaient d'une manière variée. « La mine, d'après Bazin, est couleur d'ardoise et enveloppée d'une terre grasse. » Le minerai rendait 50 p. 100 de fonte que l'on convertissait directement en acier naturel; probablement ces filons renfermaient du fer spathique ordinaire ou décomposé.

Les mêmes filons renfermaient en outre de l'oxyde de manganèse que l'on a également exploité pendant le siècle dernier. Manganèse dans les mêmes filons.

On peut citer encore ici, à cause de leur analogie avec les filons, les failles qui coupent le grès des Vosges dans la vallée de la Zorn et qui contiennent de petites quantités de fer oligiste cristallin. Fer oligiste de la vallée de la Zorn.

Amas de minerai de fer pisolithique.

Le terrain de minerai de fer pisolithique consiste en argiles et en marnes, dans la partie inférieure desquelles sont disséminés de nombreux grains arrondis ou *pisolithes* de fer hydroxydé. Ces pisolithes, dont la grosseur ne dépasse pas ordinairement celle d'un gros pois, sont tantôt formés de couches concentriques, tantôt à cassure compacte. Outre les pisolithes qui constituent l'état ordinaire du minerai, on trouve celui-ci en grains et en rognons de forme irrégulière. Forme du minerai.

Quand les dépôts d'argiles à minerai ont conservé leur position première, ceux situés à l'est des Vosges reposent ordinairement sur l'une des couches calcaires de l'oolithe inférieure, rarement sur le lias, comme à Schwindratzheim. Mais, sur le revers occidental des Vosges, le minerai est superposé aux trois étages du trias, particulièrement au muschelkalk. Le gîte remplit des bassins de forme variée qui sont creusés dans la roche sous-jacente. Roches sur lesquelles il repose.

A l'est des Vosges, les dépôts de minerai de fer pisolithique du département forment deux groupes principaux qui en occupent la région septentrionale. L'un d'eux s'étend aux environs de Soultz-sous-Forêts, Surbourg, Schwabwiller Deux groupes principaux à l'est des Vosges.

---

[1] Bazin, *Traité sur l'acier d'Alsace ou l'art de convertir le fer de fonte en acier.* 1737.

et Kutzenhausen; l'autre groupe, qui est le plus important et qui n'est distant du premier que de 11 kilomètres, comprend les environs de Mietesheim, de Neubourg, de Huttendorf, d'Ohlungen, etc.

Épaisseur de l'argile à minerai. — Le minerai forme une sorte de couche ou d'amas aplati qui est souvent recouvert par des dépôts stériles, et qui en général occupe la partie inférieure du gîte. L'épaisseur de cette couche est ordinairement au-dessous de $2^m,50$; cependant elle va exceptionnellement à 5 mètres à Huttendorf.

Terrain qui la recouvre. — La plupart des gîtes de minerai de fer pisolithique exploités en Alsace sont recouverts par le lœss ou par le limon jaune, tel est le cas à Huttendorf, Morschwiller, Schwindratzheim, Bossendorf, Soultz-sous-Forêts, etc. L'épaisseur de ce dépôt supérieur dépasse quelquefois 12 mètres.

Couches palustres. — Dans plusieurs localités, des couches de terrain tertiaire palustre (p. 200 à 202) sont immédiatement superposées à l'argile à minerai, ainsi qu'on l'observe particulièrement à Bitschhoffen, à Neubourg et à Mietesheim. Comme exemples de la disposition du terrain, nous allons citer les gîtes de ces deux dernières localités qui sont au nombre des plus riches de l'Alsace.

Gîte de Neubourg. — Le gîte de Neubourg repose dans une dépression de l'oolithe supérieure, dont les inégalités offrent des pentes assez rapides. Voici la coupe du terrain observée dans l'un des puits, en commençant par le haut :

	Mètres.
1° Sable du grès des Vosges ; il renferme une forte nappe d'eau qui rend l'exploitation dispendieuse.	2,60
2° Argile grise et très-plastique qui renferme beaucoup de rognons gypseux	10,00
3° Argile noire chargée d'empreintes de plantes qui sont passées à l'état de lignite terreux, et dont les formes sont peu distinctes	1,50
L'épaisseur de cette argile atteint 4 mètres sur d'autres points.	
4° Argile brune	2,60
5° Calcaire marneux gris renfermant un grand nombre de *planorbes*, de *lymnées*, de *paludines*, et dans lequel j'ai trouvé en outre le bord de la carapace	
A reporter	16,70

GÎTES MÉTALLIFÈRES. 287

	Mètres.
Report . . .	16,70
d'une tortue. Le têt des coquilles, qui a ordinairement disparu, est remplacé par de la pyrite de fer. . .	1,10
6° Argile vert bleuâtre très-riche en grains de minerai de fer	2,00
Total . . .	19,80

La couche de minerai repose sur le calcaire jurassique, dont la configuration est très-irrégulière ; l'épaisseur du minerai, qui est variable et se réduit quelquefois à rien, est en moyenne de 1^m,10 et dépasse rarement 2 mètres. En général, elle est plus considérable dans les parties concaves du gîte que dans les inflexions convexes. A la partie inférieure du minerai, on rencontre du calcaire très-compacte en morceaux irréguliers.

La disposition du gîte de Mietesheim ressemble à celle de Neubourg. Voici la nature du terrain traversé par la mine Profonde, en commençant par le haut :

Gîte de Mietesheim.

	Mètres.
1° Lœss renfermant à sa partie inférieure des débris calcaires	2,00
2° Marnes grises se délitant avec facilité. . . .	3,30
3° Marne gris foncé renfermant des vestiges de plantes fossiles et quelquefois de petits lits de lignite, comme on l'a particulièrement observé près du village, à la mine du Jardin	6,50
4° Argile bleu verdâtre très-plastique.	2,00
5° Minerai en grains, de couleur olive, abondamment disséminé dans une argile verdâtre, semblable à celle qui le recouvre ; il s'y rencontre souvent des grains de pyrite de fer et plus rarement de petits cristaux de gypse. La couche de minerai, dont l'épaisseur atteint 2 mètres, a une épaisseur moyenne de .	1,30
6° Calcaire gris noirâtre, très-compacte, à cassure bréchiforme, où il se trouve çà et là des cavités, et dans lequel sont engagés des pisolithes. Ce calcaire est imprégné de pyrite de fer qui s'effleurit rapidement à l'air ; son épaisseur varie de 3 à 5 mètres, et est en moyenne de	4,00
Total . . .	19,10

Au-dessous de cette dernière couche s'étend le calcaire oolithique dont la surface présente des protubérances arrondies, séparées par des cavités profondes.

Substances associées au minerai. — Le minerai du terrain pisolithique consiste principalement en peroxyde de fer hydraté; il est quelquefois mélangé de silico-aluminate de fer qui est magnétique, et d'oxyde de manganèse qui le colore en noir. L'argile, qui est la gangue prédominante, est tantôt verdâtre, tantôt colorée en jaune et en rouge avec des bariolures blanches. Elle contient en outre du carbonate de chaux, comme à Mietesheim, Wittersheim, Minversheim, etc.

Pyrite de fer. — De la pyrite de fer est quelquefois mélangée au minerai en particules indiscernables, comme on l'observe à Neubourg et à Mietesheim; elle s'y décèle en s'effleurissant à la surface des morceaux qui ont été exposés pendant quelque temps à l'air. C'est surtout dans l'argile verdâtre que la pyrite abonde dans les localités dont il s'agit, ainsi qu'à Gundershoffen; elle forme, comme l'oxyde de fer lui-même, de petits grains arrondis à couches concentriques. A la suite de la décomposition de cette pyrite, il apparaît des enduits de sulfate de fer et de gypse terreux. Quoique la pyrite de fer soit assez intimement associée au minerai de Mietesheim et de Neubourg, il est possible, avec du soin, de trier une grande partie de cette substance qui, on le sait, est très-nuisible à la qualité du fer.

Gypse. — Du gypse cristallin a été rencontré à Neubourg et à Gundershoffen dans l'argile qui accompagne le minerai, et accidentellement dans le minerai lui-même à Gundershoffen. L'un des bancs supérieurs à l'argile à minerai contient du gypse en veines fibreuses et en rognons dont le diamètre est souvent de $0^m,30$; ce gypse a été exploité.

Soufre. — Voici les proportions de soufre trouvées dans les échantillons de quelques localités par MM. F. Engelhardt et Alfred de Turckheim :

        Mietesheim (mine Profonde) . 0,0022 à 0,0027
        Neubourg 0,00270
        Mietesheim (mine du Jardin). 0,00490

Le minerai de Schwindratzheim est connu aussi comme étant particulièrement sulfureux.

Phosphore. — Du phosphore qui est à l'état de phosphate se trouve aussi dans le minerai, comme l'indiquent les résultats suivants :

 Mietesheim (mine du Jardin). 0,00047
 —   (mine Profonde). 0,00090

L'arsenic a été trouvé dans quelques minerais par M. Robin dans les proportions suivantes :   *Arsenic.*

 Schwabwiller . . . . . . 0,00100 à 0,0026
 Ohlungen. 0,00130
 Hochberg. 0,00220

Le minerai de Mietesheim présente aussi des indices d'arsenic.

Le minerai pisolithique renferme en outre des traces de chrôme et de titane. Le minerai des environs de Soultz-sous-Forêts, notamment celui de Schwabwiller, provoque la formation de cadmies, ce qui y annonce la présence du zinc, mais en très-faible quantité.   *Autres corps.*

Le jaspe qui accompagne si abondamment le minerai pisolithique dans diverses contrées, telles que les environs de Kandern (Bade) et une partie de la Moselle, est rare dans les dépôts de l'Alsace. Cependant j'ai rencontré dans le sol du gîte de Huttendorf des masses siliceuses renfermant de nombreux moules de coquilles dont l'espèce n'est pas reconnaissable, mais qui sont de physionomie jurassique, entre autres des pointes d'oursins. Ce silex n'est pas en rognons, mais en morceaux anguleux, comme les pierres meulières des terrains tertiaires; il renferme aussi du quartz cristallisé. Dans le gîte de Gundershoffen, on trouve aussi des rognons de jaspe d'un gris verdâtre ou d'un rouge sale.   *Jaspe.*

Le minerai pisolithique lavé et prêt à être fondu rend de 25 à 40 p. 100; la teneur moyenne de celui consommé dans les hauts-fourneaux du Bas-Rhin n'est que de 27. Le minerai de Mietesheim, qui produit de 38 à 40 p. 100, est du nombre des plus riches.   *Richesse.*

L'argile à minerai fournit ordinairement du tiers à la moitié de son volume de minerai lavé; cependant certaines parties de la couche de Neubourg produisent jusqu'aux deux tiers de minerai prêt à être fondu. Ce dernier pèse, par mètre cube, de 1300 à 1600, et moyennement 1500 kilogrammes.   *Rendement de l'argile à minerai.*

Les analyses des minerais de Mietesheim, faites par M. Engelhardt et M. Alfred de Turckheim, ont donné les résultats suivants :   *Analyse.*

	Mine du Jardin.	Mine Profonde.	Même mine.
Peroxyde de fer	54,32	57,95	53,60
Oxyde de manganèse	1,35	2,96	»
Carbonate de chaux	2,00	»	»
Silice et argile	26,70	23,00	32,00
Soufre	0,49	»	0,27
Acide phosphorique	1,05	2,00	»
Arsenic	indices	indices	»
Eau et perte par calcination	12,19	13,50	13,60
	98,10	99,41	99,47

Bois ferrugineux. Quand on examine avec attention le minerai de plusieurs localités, on distingue, au milieu de beaucoup de grains amorphes, de nombreux fragments où la structure fibreuse est parfaitement prononcée [1].

Ces fragments fibreux, à angles ordinairement arrondis, ont une couleur brun jaunâtre, couleur qui est toujours plus foncée près de leur surface que dans leur intérieur. La grosseur des morceaux dépasse rarement celle d'une petite noisette, de sorte que, vus extérieurement, ils ressemblent beaucoup aux pisolithes voisins. Leur cassure, considérée à la loupe, présente une série de fibres fines et arrondies, sensiblement parallèles, qui se brisent avec de petites esquilles, de telle sorte qu'elle rappelle de la manière la plus frappante la structure du bois; mais les fibres de certaines hématites brunes, ou du cuivre carbonaté vert, se rapprochent quelquefois assez, au premier abord, du tissu ligneux, pour que cette ressemblance ne puisse pas être considérée seule comme une preuve de l'origine végétale. L'examen microscopique ne laisse pas le moindre doute sur la nature organique des fragments dont il s'agit. En effet, en les traitant sur le porte-objet par l'acide chlorhydrique concentré, on voit les fibres se démembrer en tubes cylindriques incolores et transparents, évidemment creux, qui sont terminés par des cassures esquilleuses en bec de flûte. Le long de ces cylindres, on distingue nettement, en plan ou par leur profil, les pores circulaires qui caractérisent les vaisseaux des conifères.

Le résidu du traitement par l'acide chlorhydrique concen-

[1] *Comptes-rendus des séances de l'Académie des sciences*, t. XXI, p. 330. 1845.

tré est de l'acide silicique pur. Quant à la partie soluble, elle consiste en oxyde de fer mélangé d'oxyde de manganèse et d'une très-petite quantité d'alumine. La substance fibreuse, soumise à la calcination, dégage une eau ammoniacale et laisse une poussière non magnétique, ce qui montre que toute la matière charbonneuse a disparu.

Ainsi les fragments fibreux disséminés dans le minerai pisolithique sont des débris de bois dont le tissu a été complétement remplacé par des substances étrangères, sans que le tissu ait changé de structure. La silice a pénétré tous les vaisseaux et s'est moulée sur leurs parois en forme de tubes extrêmement minces, en conservant même les orifices circulaires disposés le long de ces tubes, tandis que l'oxyde de fer s'est infiltré moins subtilement, car il encroûte en quelque sorte les tubes siliceux ; il remplit les différents interstices des fibres. Ces bois ferrugineux sont toujours en fragments de petite dimension et à contours arrondis ; on en trouve quelquefois 15 ou 20 morceaux dans un échantillon de minerai d'un décimètre cube. J'ai rencontré fréquemment de ces débris dans les minerais pisolithiques de Mietesheim (mines Profonde et Saxonne), de Soultz-sous-Forêts, de Schwabwiller, de Kutzenhausen, de Morschwiller et d'Altdorf.

Dans la couche de minerai de Gundershoffen, que l'on exploitait par des travaux d'une profondeur de 24 mètres, on a remarqué plusieurs fois, il y a une trentaine d'années, des inflammations de gaz qui étaient trop faibles pour paraître dangereuses. Une inflammation plus considérable, survenue en 1824, a brûlé grièvement plusieurs mineurs. *Dégagement de gaz inflammable.*

Quoique des dégagements de gaz de même nature aient été observés dans la mine de fer pisolithique de Winckel (Haut-Rhin), ainsi que je l'ai signalé ailleurs [1], leur origine n'est pas bien connue. Les marnes supérieures du lias sur lesquelles repose le gîte de Gundershoffen sont grises et souvent assez bitumineuses pour pouvoir brûler avec flamme. Elles sont probablement susceptibles de produire de l'hydrogène carboné, de même que les couches du même terrain des environs de Lickweg, dans la principauté de Schaumbourg, où ce gaz s'est dégagé d'un trou de sonde.

Le minerai de fer en grains a été rencontré et exploité, *Localités où le minerai est exploité.*

[1] *Annales des mines*, 4ᵉ série, t. XIV, p. 33.

dans quarante communes, à l'est des Vosges; mais aujourd'hui on n'en extrait plus que dans une quinzaine d'entre elles. Voici les noms de ces communes [1] :

Soultz-sous-Forêts, Surbourg*, Schwabwiller*, Oberbetschdorf*, Kutzenhausen, Reimerswiller, Hermerswiller, Hohwiller, Memelshoffen, Keffenach, Gundershoffen, Griesbach, Gumbrechtshoffen, Mietesheim*, Bitschhoffen*, Ueberach, Kindwiller, Engwiller, Pfaffenhoffen, Dauendorf* (particulièrement à Neubourg), Uhlwiller* (minières de Lerchenberg, Hochrein et Schlitweg), Ohlungen* (minières de Keffendorf et Hochberg), Wintershausen, Morschwiller, Berstheim*, Huttendorf*, Wittersheim, Hochstett, Minversheim, Alteckendorf, Bossendorf*, Schwindratzheim*, Mommenheim, Hochfelden, Haguenau, Weitbruch, Gries, Langensoultzbach, Neehwiller, Frœschwiller (Elsasshausen) [2].

La circonscription de chaque gîte considéré en projection horizontale est difficile à reconnaître, parce qu'il est recouvert de loess ou d'autres dépôts, et que d'ailleurs de nombreuses explorations faites depuis plus d'un demi-siècle, par puits ou par sondage, n'ont pas été rapportées sur un plan. Cependant il est certain que plusieurs de ces amas, tels que ceux de Mietesheim et de Huttendorf, s'étendent sur une longueur de plus d'un kilomètre.

Minerai du revers occidental des Vosges.

Sur le versant occidental des Vosges, il existe aussi des dépôts de minerai de fer pisolithique; mais ceux-ci n'ont qu'une faible importance. En général, ils reposent sur le calcaire du muschelkalk; tantôt ils sont superficiels, tantôt ils pénètrent dans les fentes de la roche jusqu'à plus de 10 mètres de profondeur. On en a aussi rencontré sur les marnes irisées, dans les communes d'Altwiller et de Zollingen, où ils contiennent des débris du terrain sous-jacent. Ces dépôts sont souvent recouverts par du limon jaune et associés à des cailloux quartzeux qui proviennent du grès des Vosges. Le minerai de cette région du département

---

Les localités marquées d'un astérisque sont celles où le minerai est encore exploité depuis 1845.

L'*Annuaire du département du Bas-Rhin pour l'an VIII*, par Bottin, fournit des indications sur les minières exploitées à cette époque.

[2] D'après de Dietrich, le minerai de ces trois dernières localités colorait en bleu intense les laitiers des hauts-fourneaux.

GÎTES MÉTALLIFÈRES.   293

forme des grains bruns noirâtres ou quelquefois rouges, dans lesquels la structure concentrique est rarement observable; l'argile dans laquelle il est disséminé est souvent jaune avec des bariolures blanches.

On a rencontré du minerai dans les lieux suivants: Wolfs- *Localités.* kirchen, à 800 mètres à l'est du village; Diedendorf, près du Pfarrwald; Burbach, au N. E. et au N. du village; Hirschland, dans le bois communal et sur les deux rives de l'Isch; Rauwiller, à l'E. du village, dans le Kirschwald; Dehlingen, où beaucoup de minerai a été trouvé, à 1 kilomètre au N. O. ainsi qu'au S. du village; Butten, à 100 mètres à l'O. du moulin; Durstel, surtout vers l'E., au Luberg; Asswiller; Rimsdorf, non loin du Buscherhof; Zollingen, au N. E. du village, principalement dans le bois communal; Pistorf, dans le bois communal; Weyer; Eschwiller; Altwiller, dans le bois communal. Les recherches faites dans la forêt de Bonnefontaine, en beaucoup de points, n'ont rencontré que du minerai assez pauvre et peu abondant. Une colline, située près de Volksberg, porte le nom d'Erzberg, probablement parce qu'on y a exploité aussi du minerai de fer.

Aucun des dépôts ferrugineux situés à l'ouest des Vosges *Nature du mine-* n'est plus exploité. Le minerai brut rendait 0,1 à 0,5 de son *rai.* volume de minerai lavé; le poids du mètre cube de ce dernier variait de 1200 à 1350 kilogrammes, à part celui de Wolfskirch qui pesait 1500 kilogrammes. Le minerai du versant occidental des Vosges était généralement moins riche que le minerai pisolithique de la vallée du Rhin.

Des gîtes de minerai de fer pisolithique, superposés au muschelkalk et semblables à ceux dont il vient d'être question, se rencontrent dans la région voisine de la Meurthe et de la Moselle, ainsi que dans le pays de Saarbrück [1].

Amas de contact qui contournent le promontoire du Liebfrauenberg.

Autour du promontoire de grès des Vosges du Liebfrauen- *Situation de ces* berg, qui s'élève au milieu des couches voisines du grès bi- *amas.* garré et du muschelkalk, avec une altitude supérieure de plus de 100 mètres au niveau de celles-ci, il existe des dépôts de minerai de fer peu importants pour l'exploitation,

[1] Dufrénoy et Élie de Beaumont, *Explication de la carte géologique de France*, t. II, p. 35.

mais dont les caractères géognostiques présentent de l'intérêt pour la théorie des gîtes métallifères. Ainsi que le représente la carte géologique, ces dépôts sont groupés autour du Liebfrauenberg comme une ceinture dont la forme se rapproche d'une parabole très-alongée, et qui est à peu près continue sur un développement de 18 kilomètres. Ils sont en partie recouverts par le diluvium (fig. 52) ; aussi n'est-ce que dans un petit nombre d'excavations qu'on peut les étudier.

La composition des dépôts n'est pas uniforme dans toute cette étendue.

Amas de Pfaffenbronn et de Kuhbrucke.

Dans la branche comprise dans la vallée de Lembach, entre la ferme de Pfaffenbronn et Kuhbrucke, sur près de 6 kilomètres de longueur, les dolomies supérieures du muschelkalk supportent une argile jaune ou d'un brun foncé, dans laquelle sont disséminés des rognons de minerai de fer. Ce minerai consiste en fer oxydé brun, habituellement très-celluleux, mélangé de beaucoup de quartz cristallin ; cette dernière substance constitue aussi de gros rognons, à texture grenue, dont toutes les cavités sont tapissées de cristaux. Des enduits verdâtres et très-minces, déposés à la surface de l'hématite brune, paraissent consister en fer phosphaté. Le minerai du vallon de Lembach ressemble beaucoup, par son aspect, à certaines variétés très-siliceuses du minerai de Saint-Pancré et d'Aumetz (Moselle), lequel repose sur l'oolithe jurassique.

Le gîte, aplati parallèlement à la stratification du muschelkalk, s'amincit à mesure qu'il s'éloigne de la faille. Sa longueur n'excède pas 1800 mètres ; l'épaisseur de l'argile à minerai est, à Pfaffenbronn, de $1^m,50$ à 2 mètres. Les dolomies qui supportent cet amas sont elles-mêmes traversées par des veines de quartz hyalin et de chaux carbonatée.

L'exploitation d'une partie de ce dépôt a alimenté, il y a plus d'un siècle, une usine qui était située sur le Schmeltzbæchel, à 300 mètres au-dessous de la tuilerie de Lembach, à l'endroit encore connu sous le nom de *Schmeltze*. La mine principale était dans la forêt de Lembach, à 1 kilomètre au sud de la tuilerie, et a 1500 mètres de la ferme de Pfaffenbronn. Plus tard, on a tenté d'exploiter non loin de là la mine de Kuhbrucke, mais tous les minerais étaient trop

Phosphore et arsenic. phosphoreux pour être fondus ; celui de Kuhbrucke renfermait en outre une quantité très-notable d'arsenic.

GÎTES MÉTALLIFÈRES.

Au pied du Liebfrauenberg, c'est-à-dire au sommet de la ligne parabolique dont il a été question, l'amas métallifère est tout autre que ceux dont il forme la prolongation. C'est un gîte aplati de fer pyriteux mélangé de fer arsenical, que l'on a autrefois exploité pour la fabrication du vitriol et de l'alun. Ces minéraux sont déposés, d'après de Dietrich[1], dans une couche peu étendue de 0^m,30 à 2 mètres d'épaisseur, plongeant vers S. E.; la pyrite s'y rencontre, en masses pesant jusqu'à 6 kilogrammes, au milieu d'une argile vert brunâtre qui, d'après ce que l'on peut encore constater sur les lieux, repose immédiatement sur le muschelkalk; une brèche de fragments de cette dernière roche sert d'intermédiaire entre l'amas et la roche sous-jacente. La mine du Hückrodt, qui a été exploitée dès 1745 et au commencement de ce siècle, avait 70 mètres de profondeur. Sa production annuelle, qui était d'environ 600 quintaux métriques de sulfate de fer, aurait pu être portée au double. On a cherché aussi à exploiter tout près de là de l'argile jaune d'ocre.

Amas pyriteux de Gœrsdorf.

Ocre jaune.

Dans les vignes situées à 200 mètres au nord de Gœrsdorf, la relation du dépôt ferrugineux avec le muschelkalk est mise à nu. Sur les tranches des couches de ce terrain qui plongent vers S. S. E., et qui sont nettement coupées (fig. 94), repose une masse d'hydroxyde de fer associé à de l'argile bariolée de jaune et blanc; de petits cristaux de baryte sulfatée sont mélangés en grand nombre à l'oxyde de fer. Le minerai de fer pénètre dans ce calcaire sous-jacent jusqu'à plus d'un mètre de profondeur, sous forme de veinules très-déliées, qui sont soudées de la manière la plus intime à la roche, de telle sorte qu'il est facile de détacher des échantillons de petite dimension présentant un passage du calcaire ordinaire à l'oxyde de fer pur. Le calcaire du mur contient dans ses fissures et dans ses cavités de nombreux cristaux métastatiques de chaux carbonatée. Des blocs de muschelkalk de diverses grosseurs sont empâtés dans l'argile à minerai.

Amas d'hydroxyde de fer de Gœrsdorf.

La surface du calcaire en contact avec le minerai est échancrée suivant des formes sinueuses dont la vue rappelle immédiatement une corrosion, de même que les parois de beaucoup de cavernes des terrains calcaires. Ce même calcaire du mur du gîte est recouvert, sur 1 à 3 millimètres

Preuve de la corrosion du calcaire par des eaux ferrugineuses.

---

[1] De Dietrich, *Description des gîtes de minerai*, p. 326.

d'épaisseur, par une croûte blanche faisant à peine effervescence avec les acides, composée d'argile, de sable fin et d'un peu de carbonate de chaux, qui est semblable au résidu que l'on obtient en traitant ce calcaire par un acide étendu d'eau. Du bitume, de la nature de celui qui est mélangé à la roche, forme des pellicules superficielles dans les fissures du calcaire, comme s'il était aussi un résidu de la dissolution de la roche. Ainsi l'amas paraît résulter d'une précipitation par voie humide faite à la surface du calcaire du muschelkalk; cette dernière roche a été à la fois corrodée et imbibée par la dissolution où se faisait le précipité.

Épigénies ferrugineuses. — Ce qui confirme encore dans cette supposition que le calcaire a été dissous par l'*eau-mère* dans laquelle se sont précipités le minerai de fer et la baryte sulfatée, ce sont les nombreuses empreintes d'*encrinites moniliformis* et de coquilles du muschelkalk qui sont disséminées dans le minerai; là même où l'oxyde de fer ne renferme plus de traces de chaux carbonatée, la substitution complète du minerai au calcaire s'est faite, sans que les empreintes aient aucunement perdu de la netteté de leurs formes. Ces *épigénies ferrugineuses* paraissent se prolonger sous le diluvium, au delà de Gœrsdorf, dans les communes de Mitschdorf et de Preuschdorf, où l'on a autrefois exploité du minerai.

Amas de Lampertsloch. — On exploite dans la commune de Lampertsloch, à 1500 mètres à l'ouest de la mine de bitume de Lobsann, et à la même distance des mines de pétrole de Bechelbronn, vers le nord, un gîte de fer qui, quoique faisant suite au précédent, en diffère beaucoup. Le minerai qui consiste en fer hydroxydé, mélangé de fer oxydé rouge compacte, forme des lits peu épais au milieu d'argiles jaunes, rouges, ou d'un brun noirâtre; trois couches de minerai alternent avec des argiles [1], et la plus profonde, qui est à 27 mètres de la sur-

---

[1] Un puits a traversé la succession suivante de couches dont les épaisseurs sont approximatives :

	Mètres.
Argile	12
Minerai	1
Argile	1
Minerai	3
Argile	10
Minerai	1
	28

face du sol, repose sur une brèche calcaire dont l'épaisseur dépasse 3 mètres. Cette brèche est formée de fragments de calcaire gris du muschelkalk cimenté par des veines de spath calcaire. Du bitume est très-fréquemment disséminé dans les interstices des fragments. Le minerai brun est en rognons quelquefois creux qui ont la plus grande ressemblance avec l'hématite brune des filons des Vosges. Du fer carbonaté spathique est associé au minerai de fer, ainsi que de la baryte sulfatée en tables rhomboïdales, tantôt colorée en rouge de sang, tantôt en cristaux d'une limpidité rare.

Dans le minerai de Lampertsloch, on a trouvé [1] :

Composition du minerai.

Soufre . . . 0,0017 à 0,0023
Phosphore . . 0,0023
Arsenic . . . 0,0060

Le minerai rouge dans lequel on a trouvé cette proportion d'arsenic donne une fonte très-dure. Le minerai rend à la fonte de 30 à 38 p. 100.

On rencontre dans le minerai des masses siliceuses grises contenant une multitude d'empreintes de bivalves de 3 à 4 centimètres de longueur, qui, selon toute apparence, appartiennent à des *avicula socialis* et à des *nucula*. Cette silicification du muschelkalk, sur lequel s'est épanché le minerai de fer à Lampertsloch, est toute différente de la modification que la même roche a éprouvée à Gœrsdorf; c'est d'ailleurs un accident fort analogue à l'imbibition siliceuse des arkoses du centre de la France.

Coquilles silicifiées au mur du gîte.

Le gîte de Lampertsloch s'étend au moins jusqu'à 400 mètres de la montagne; il est recouvert sur toute son étendue par les sables diluviens.

Sa situation.

Il y a symétrie dans la situation des dépôts de Lampertsloch et de Pfaffenbronn, par rapport à la crête du Liebfrauenberg, à laquelle ils sont tous deux adossés, comme l'indique la figure 91. A 1800 mètres au nord du gîte de Lampertsloch, le grès vosgien est traversé par un réseau de veines de baryte sulfatée.

En fouillant les amas et sables diluviens des communes de Drachenbronn, Birlenbach et Cléebourg, on trouve du minerai de fer qui très-probablement provient du prolonge-

Minerai de Drachenbronn, Birlenbach et Cléebourg.

---

[1] D'après les analyses de M. Robin pour le soufre et le phosphore, et de M. F. Engelhardt pour l'arsenic.

ment des dépôts dont nous venons de nous occuper. A Birlenbach, le minerai est en masses celluleuses et mélangé de quartz comme à Pfaffenbronn; sa cassure a souvent l'éclat résineux. Dans le voisinage, on rencontre beaucoup de jaspe gris ou brun et du silex noir. Dans plusieurs de ces masses siliceuses, j'ai trouvé, outre des débris de *chara*, des empreintes de coquilles marines voisines des genres *turritella* et *pectunculus*.

Age de tous ces dépôts. — Comme les argiles auxquelles sont subordonnés ces amas de minerai sont dépourvues de fossiles, on ne peut déterminer positivement leur âge. Il est certain qu'elles sont postérieures au muschelkalk qui les supporte. D'après la manière transgressive dont les lits d'argile à minerai sont superposés aux couches redressées et corrodées de cette formation à Gœrsdorf, on doit même croire que ce dernier terrain était disloqué quand le dépôt ferrugineux a eu lieu. Enfin le voisinage du gîte de Lampertsloch et des couches bitumineuses de Bechelbronn et de Lobsann fait supposer que ces deux accidents géognostiques de nature très-différente appartiennent aux terrains tertiaires; malheureusement le diluvium qui recouvre le tout empêche d'en constater la relation. Ce qui est certain, c'est que les poudingues grossiers qui sont superposés à la molasse, à Mitschdorf, Gunstett et Forstheim, renferment des fragments roulés de minerai de fer identique avec celui de Lampertsloch, et sont par conséquent postérieurs à la formation du minerai de fer.

Leur relation avec les failles. — La relation des dépôts ferrugineux avec les lignes de dislocation du sol se manifeste clairement par les faits qui viennent d'être décrits. Les failles droites et infléchies qui terminent le segment montagneux du Liebfrauenberg, ont servi de passage aux émanations métallifères. Cependant, il est à remarquer que la sortie du minerai de fer n'a eu lieu que longtemps après l'ouverture des failles; car, comme on vient de le voir, les gîtes sont sans aucun doute postérieurs au trias, et probablement de l'époque tertiaire, tandis que les failles dont les amas forment le couronnement, de même que celles qui limitent les Vosges, sont immédiatement antérieures au dépôt du grès bigarré, ainsi que M. Élie de Beaumont l'a prouvé depuis longtemps[1]. Cette accumulation

[1] *Annales des mines*, 2ᵉ série, t. I, p. 405. 1827.

de gîtes autour du promontoire du Liebfrauenberg rappelle la disposition des amas de Framont intercalés à la limite du porphyre et du terrain de transition, quoique ces derniers en diffèrent beaucoup, tant par la composition que par la nature des roches encaissantes.

Bien que la situation géologique des amas ferrugineux du Liebfrauenberg soit la même, et qu'ils forment une zone unique à peine interrompue, ils présentent dans leur composition minéralogique des différences notables. Les dépôts de la branche N. O. de la parabole, c'est-à-dire ceux de Pfaffenbronn, de Schmeltze et de Kuhbrucke, consistent essentiellement en hydroxyde de fer mélangé de beaucoup de quartz. Au sommet de la courbe, on trouve le fer pyriteux et le fer arsenical associés à une gangue argileuse. A Gœrsdorf et à Lampertsloch, le quartz est rare ou manque complétement, et on y trouve la baryte sulfatée, le fer spathique et le fer oxydé rouge qui ne se rencontre que dans cette localité. Les variations dont il s'agit sont du même ordre que celles que l'on observe fréquemment dans un même système de filons contemporains ou encore dans les amas de Framont. *Variétés qu'ils présentent.*

Les gîtes de minerai de fer pisolithique voisins des amas de contact dont il vient d'être question paraissent s'y lier ; tel est le minerai de Kutzenhausen qui forme comme un intermédiaire entre les deux catégories de dépôts ferrugineux. *Leur liaison avec le minerai pisolithique.*

Tous ces dépôts de minerai, malgré les variétés qu'ils présentent, appartiennent probablement à la même période, qui est antérieure à la fin de l'époque tertiaire, puisque plusieurs d'entre eux sont recouverts de terrains palustres. Remarquons que certains gîtes ont été remaniés par les alluvions anciennes auxquelles ils sont subordonnés, comme on l'observe sous le sable de la forêt de Haguenau. *Leur âge.*

Minerai de fer en couches.

Le terrain jurassique, où l'on exploite des couches de minerai de fer dans diverses contrées, renferme dans le Bas-Rhin des couches fortement ferrugineuses, à deux niveaux, dans les marnes du lias et à la base de l'oolithe inférieure, ainsi que nous l'avons vu plus haut (p. 143 et 145)) ; mais ces couches ne sont pas assez riches pour être exploitées. *Terrain jurassique.*

Minerai de fer subordonné aux alluvions anciennes.

Mine plate.

Sur beaucoup de points, les alluvions anciennes qui recouvrent les couches du lias renferment des débris de rognons ferrugineux qui proviennent de la désagrégation des marnes de ce terrain (p. 143). Ces débris, connus sous le nom de *mine plate*, de *mine en plaquettes*, et en allemand de *blœttelerz*, sont assez abondants pour servir à l'alimentation des hauts-fourneaux.

Localités principales.

Les principaux dépôts de mine plate du département sont situés dans les banlieues de Zinswiller (minière de Neuweyer), d'Offwiller (minière de Sainte-Anne), d'Uhrwiller (minières du Vierzelfeld, du Wachholderberg et du Molkenbronn), de Mulhausen et de Gumbrechtshoffen. On trouve en outre des dépôts semblables, mais moins riches en minerai et non exploités, près de Reichshoffen, de Frœschwiller (à Elsasshausen), de Wœrth, de Laubach, de Kindwiller et de Schillersdorf (à 2 kilomètres au N. O. de ce dernier village).

Disposition du minerai.

Le minerai en plaquettes est disséminé tantôt dans le sable quartzeux avec cailloux qui provient de la désagrégation du grès des Vosges, tantôt dans le limon; la couche exploitée a une épaisseur de 1 à 3 mètres qui va exceptionnellement jusqu'à 4 mètres, comme à Molkenbronn. Elle est recouverte par du limon avec du sable stérile sur une épaisseur de 2 à 5 mètres.

Le minerai de Neuweyer présente, à partir de la surface, la disposition suivante :

Mètres.

1° Limon jaune renfermant des pisolithes ferrugineux friables, de couleur noire 1,50
2° Sable rouge du grès des Vosges 1,50
3° Limon jaune semblable à celui du n° 1, entremêlé de quelques veines peu continues de sable de grès des Vosges 2,00
4° Minerai en plaquettes disséminé dans du sable argileux 3,00
_____
8,00

Du sable argileux sépare ce dépôt du lias.

Dans les minières du Vierzelfeld et du Wachholderberg, le minerai forme deux couches distinctes qui sont exploitées.

Sa nature.

La mine plate consiste en fer hydroxydé terreux mélangé

de fer carbonaté lithoïde, et paraît résulter de la décomposition de cette dernière substance. Elle contient en outre de l'argile, du carbonate de chaux et de l'oxyde de manganèse. Elle renferme toujours de l'acide phosphorique, dont la proportion varie, d'après des analyses de M. F. Engelhardt, entre 0,0055 et 0,0302, ce qui correspond, en phosphore, à 0,0024 et à 0,0135. Ce minerai est souvent aussi sulfureux ; on y a trouvé 0,0001 de son poids de soufre.

Sa richesse varie en général de 30 à 32 p. 100 ; elle atteint quelquefois 36 à 40.

Quoique la mine plate soit moyennement plus riche que le minerai pisolithique, le mètre cube de mine plate a un poids de 1250 à 1300 kilogrammes, tandis que le mètre cube de minerai pisolithique pèse moyennement 1500 kilogrammes.

La terre à minerai rend environ un tiers de minerai lavé, soit en volume, soit en poids.

Voici la composition de quelques variétés de mine plate[1] : *Analyses.*

	Vierzelfeld.	Wachholderberg.	Wachholderberg.	Neuweyer.
Peroxyde de fer et oxyde de manganèse.	49,8	53,9	67,2	58,2
Chaux	0,4	3,6	1,8	0,8
Silice et argile	38,0	24,8	15,6	28,0
Acide phosphorique.	2,2	1,1	0,9	0,6
Eau et perte par calcination	12,8	16,0	15,0	11,2
Totaux	103,2	99,4	100,5	98,8
Soufre	»	0,15	0,09	»

La mine plate est accompagnée de nombreux fossiles liasiques plus ou moins usés par le frottement (p. 159). On y trouve en outre des ossements fossiles, tels que des dents de chevaux, de bœufs, d'éléphants, d'ours et de carnivores. *Fossiles.*

D'après ces faits, les courants d'eau qui ont coulé à la surface du lias ont délayé une partie de ce terrain ; les rognons ferrugineux, à zones concentriques, qui étaient disséminés dans les marnes, ont été concassés dans ce mouvement ; puis, en raison de leur forte densité, ce lavage naturel les a séparés de beaucoup des matières pierreuses et friables auxquelles ils étaient associés, et ils sont devenus exploitables. *Origine des dépôts de mine plate.*

[1] Ces analyses sont de M. Engelhardt, à part la première du minerai du Wacchholderberg, qui est de M. Robin.

D'après la nature des ossements associés aux fossiles liasiques, ce remaniement paraît avoir eu lieu à l'époque diluvienne.

Minerai pisolithique ou tertiaire remanié. — Le minerai de fer pisolithique, par suite d'un remaniement ultérieur, se trouve aussi quelquefois subordonné aux alluvions anciennes sur les deux versants des Vosges, comme nous l'avons vu dans la section précédente. Il en est de même du minerai qui forme des amas autour du Liebfrauenberg.

Minière de Gœrsdorf. — Près de Gœrsdorf, le minerai est disséminé en fragments de grosseur très-variable dans de l'argile, à laquelle sont superposés des cailloux calcaires, sur 5 mètres d'épaisseur. Ces cailloux, qui appartiennent au muschelkalk, sont entremêlés de fossiles roulés provenant du lias qui affleure à peu de distance.

Autres accidents ferrugineux du diluvium. — Rappelons encore que les dépôts diluviens renferment souvent des nids et des grains ferrugineux dont il a été question, tant dans le chapitre relatif à ces dépôts qu'à l'occasion du minerai de fer de formation contemporaine, mais ils sont trop peu abondants pour être exploitables.

Minerai de fer des prairies et des marais.

Cette dernière sorte de dépôts de minerai de fer n'est à mentionner ici que pour mémoire, les détails qui s'y rapportent ayant été donnés dans le chapitre des dépôts actuels (p. 261).

GÎTES DE MANGANÈSE.

Filon de Dambach. — Les oxydes de manganèse ne se rencontrent pas seulement en nids dans les filons de fer. Dans la montagne granitique à laquelle est adossé Dambach, au canton dit *Kalberhugel*, il existe un filon de manganèse qui était exploité par les verriers à la fin du siècle dernier[1]. Parmi les masses amorphes d'oxyde anhydre qui s'y rencontrent ordinairement, j'ai trouvé de la braunite cristallisée en octaèdres et associée à une gangue quartzeuse. Ce gîte de manganèse appartient au groupe de filons de fer qui servaient à alimenter l'usine à acier naturel de Dambach.

GÎTES D'ANTIMOINE.

Filons de Lalaye. — La commune de Lalaye renferme des filons d'antimoine

---

[1] De Dietrich, ouvrage cité, p. 196.

qui traversent le schiste de transition, près du hameau de Charbe et de Honilgoutte, localités situées à 2 kilomètres environ au nord des anciennes mines de cuivre et de plomb d'Urbeis.

Dans ces filons, l'antimoine sulfuré se rencontre en blocs massifs pesant souvent plusieurs kilogrammes; çà et là il est en petits cristaux capillaires. Il est accompagné vers les affleurements d'oxysulfure rouge ou kermès minéral et d'acide antimonieux en croûtes amorphes d'un jaune serin. Le minerai forme des veines qui se ramifient les unes dans les autres en cimentant de nombreux fragments de schiste. Du quartz cristallisé, de la pyrite de fer, du fer spathique et de l'argile blanchâtre sont aussi mélangés au minerai d'antimoine. *Composition.*

Dans les filons de Honilgoutte, on trouve en outre un minéral gris d'acier qui n'est pas lamelleux comme l'antimoine sulfuré, et qui devient magnétique par calcination. D'après l'examen que j'en ai fait, ce minéral est formé de sesquisulfure d'antimoine et de protosulfure de fer combinés équivalent à équivalent, comme dans la berthiérite de Braunsdorf, en Saxe, et d'Anglar (Creuse). La berthiérite de Lalaye renferme en outre de l'arsenic et une faible quantité de zinc; sa surface exposée à l'air prend bientôt des teintes irisées. *Berthiérite.*

Le minerai d'antimoine de Charbes a été l'objet de recherches à une époque reculée; car on y connaît d'anciens travaux qui paraissent avoir été percés avant l'emploi de la poudre. D'après de Dietrich, on réitéra des fouilles en 1785; malheureusement les fonds furent absorbés avant qu'on arrivât aux parties productives. Plus tard, en 1794, M. Cuny fit au lieu dit *Wolfsloch* ou Trou-du-Loup et à Honilgoutte des recherches dont il retira de beaux morceaux d'antimoine sulfuré, mais en trop faible quantité pour qu'il ait cru devoir demander une concession. Dans la première localité, on rencontra un ancien puits creusé sans poudre dans une roche très-dure, qui est un chef-d'œuvre de l'art[1]. D'après des recherches plus récentes, faites de 1839 à 1845, il existe des portions de filon d'une épaisseur de 1 mètre à 1^m,50, qui, considérées isolément, fourniraient certainement assez de minerai pour couvrir les frais d'exploitation; mais ces *Anciennes recherches.*

---

[1] Graffenauer, *Essai d'une minéralogie économico-technique*, p. 262.

filons sont très-peu étendus dans le sens horizontal, soit qu'ils se perdent en ramifications, soit qu'ils s'arrêtent brusquement. Les trois principaux gîtes reconnus n'ont en effet été suivis par des galeries d'alongement que sur 13, 17 et 32 mètres; ils méritent donc à peine le nom de filons. Les directions de ces veines varient; l'une est dirigée N. 20°. E — S. 20°. O., et plonge de 75° vers O. 20°. N.; une autre se dirige O. 15°. N — E. 15°. S; la troisième va suivant E — O. On n'a fait aucun travail pour voir si ces veines offrent plus de continuité dans le sens vertical, ou si elles se retrouvent avec plus de régularité dans cet intervalle d'un kilomètre, aux deux extrémités duquel on a découvert des veines riches de minerai.

GÎTES DE PLOMB, CUIVRE, ARGENT, ZINC ET COBALT.

Filons d'Urbeis. En beaucoup de lieux, le plomb, le zinc, le cuivre et l'argent se trouvent associés dans les mêmes filons. C'est aussi le cas dans différentes régions de la chaîne des Vosges, entre autres près d'Urbeis, canton de Villé.

Les filons d'Urbeis renferment de la galène, du cuivre pyriteux, du cuivre gris argentifère, de la blende, associés à du quartz, du spath fluor, de la chaux carbonatée et de la baryte sulfatée; ils sont encaissés dans le schiste de transition. Autrefois l'objet d'exploitations assez importantes, ces mines sont abandonnées depuis longtemps. Elles sont situées sur le versant méridional du contrefort schisteux au sud duquel coule le ruisseau d'Urbeis. Les renseignements qui suivent sont en partie le résultat d'observations que j'ai faites en examinant ceux des travaux que l'on peut encore explorer, et en partie empruntés à un ancien rapport de MM. Duhamel et Mallet [1].

Goutte-du-Moulin. Les mines de la Goutte-du-Moulin sont situées à environ 1^k,5 au N. E. d'Urbeis, dans un vallon. Le filon se dirige N. 20°. O — S. 20°. E., comme l'indique encore l'alignement des haldes; il contient du cuivre gris, de la galène et du spath calcaire. Dans un pli du terrain situé à peu de distance à l'ouest de ces mines, il y a des haldes où l'on trouve du cuivre pyriteux.

---

[1] De Dietrich, ouvrage cité, p. 203.

Plus près d'Urbeis sont les mines du Château-de-Champ- *Champ-Brècheté.*
Brècheté. Les haldes considérables échelonnées sur une assez grande hauteur sont une preuve de l'importance qu'avaient acquise ces exploitations. La direction du filon, facile à mesurer dans les vastes entailles ouvertes sur la crête du gîte, est O. 40°. N — E. 40°. S. Il plonge vers N. 40°. E. ; son épaisseur n'est que d'environ $0^m,60$. Quelques haldes de la montagne de la Grande-Basse se trouvent dans la même direction et résultent sans doute de l'exploitation du même filon. On trouve encore dans les déblais, au milieu d'une gangue quartzeuse, du cuivre gris, du cuivre pyriteux, de la galène, de l'antimoine sulfuré, de la blende jaune. Sur l'affleurement, j'ai rencontré de l'hématite brune mélangée d'oxyde de manganèse terreux, avec des indices de rhomboèdre qui montrent que le tout provient de la décomposition du fer spathique.

L'ancienne mine de la Haute-Landzoll, située à la partie su- *Haute-Landzoll.*
périeure du filon, présente une excavation encore ouverte, de 50 mètres de longueur sur 35 mètres de hauteur, dans laquelle il ne reste que quelques piliers ; on y observe un puits très-profond. Ces travaux, qui peuvent être encore visités, mais non sans peine, ont été entaillés au pic seulement. De la galerie inférieure sort une forte source. A 25 mètres du filon principal en est un second, sur lequel il existe aussi de très-nombreuses excavations, et qui est exactement parallèle au premier. Près de ces mines, on rencontre beaucoup d'anciennes scories qui paraissent annoncer qu'outre la fonderie d'Urbeis, il en existait une au-dessus de Champ-Brècheté.

Au nord et près du village, sur les anciennes mines de *Montagne des*
cuivre et de plomb de la montagne des Cottes, le filon se di- *Cottes.*
rige N. 35°. O. et plonge vers E. 35°. N. La galerie dite du Château, d'une longueur de plus de 400 mètres, a son orifice à 500 mètres au nord du clocher d'Urbeis, au-dessous des ruines.

Vers la limite occidentale du village et à l'est de la mon- *Goutte-Henry.*
tagne des Cottes, à 250 mètres seulement au nord du chemin d'Urbeis à Lubine, dans une petite gorge fort étroite, est le filon de la Goutte-Henry. Ce filon, qui a été retrouvé en 1844, se dirige O. 15°. N — E. 15°. S.

C'est tout près de là qu'était la mine de la Porte-de-Fer, ainsi *Porte-de-Fer.*

nommée, parce que, d'après la tradition populaire, c'était une mine d'or dont les anciens avaient fermé l'entrée par une porte de fer.

Saint-Nicolas. A 600 mètres environ du clocher, et à 20 mètres seulement de la route qui traverse le village, on voit l'entrée de l'ancienne mine de Saint-Nicolas. Le filon qui renferme du cuivre pyriteux, de la galène argentifère, beaucoup de blende et du fer spathique, est vertical et se dirige N. 35°. O — S. 35°. E. Deux autres filons ont été rencontrés dans le voisinage. L'une des anciennes galeries de Saint-Nicolas a aussi reçu le nom de mine de Rouge-Eau, parce qu'il en découlait une eau fortement ferrugineuse.

Aptingoutte. Non loin de la mine de Saint-Nicolas est le filon de cuivre argentifère sur lequel était exploité la mine d'Aptingoutte.

La-Chapelle. La mine de La Chapelle, située à 100 mètres environ à l'ouest des maisons les plus occidentales du village, sur le chemin de Lubine, était exploitée sur un filon de cuivre pyriteux et de galène dont la direction est O. 30°. à 45°. N. — E. 30°. à 45°. S.

Recherches d'antimoine. A peu de distance de cette dernière mine, on a fait aussi, en 1845, des recherches sur un filon où l'antimoine sulfuré se trouvait en masses irrégulières dans du quartz avec de la pyrite de fer ; ce filon se dirige O. 10°. N — E. 10°. S.[1]

Historique de ces mines. Les filons des environs d'Urbeis, exploités à une époque immémoriale, qui est antérieure à l'emploi de la poudre pour le percement des galeries, ont été probablement abandonnés lors des guerres qui ravagèrent l'Alsace au dix-septième siècle. En 1781, on rouvrit la plupart des anciens travaux, mais on manqua de fonds pour en poursuivre l'exploration ; quelques recherches sans suite y ont été faites en 1844 et 1845.

Les filons dont il s'agit forment la contrepartie de ceux de Sainte-Marie-aux-Mines (Haut-Rhin); comme ceux-ci, ils traversent le terrain schisteux, non loin du massif de granite et de syénite. Ils se lient aussi aux filons de Lubine, de Lusse et de La Croix-aux-Mines (Vosges).

Mine de galène de Lalaye. Sur le versant méridional de la montagne dite Haut-

---

[1] Comme autres gîtes métalliques des environs d'Urbeis, on peut rappeler ici la présence du fer oligiste du Haut-Urbeis et de la couche pyriteuse du Faîte qui ont déjà été cités précédemment.

Champ (*Hochacker*), à laquelle est adossé Lalaye, on a exploité un filon de galène ayant pour gangue du quartz en partie amorphe, en partie cristallisé. Ce filon se dirige N. 20°. O — S. 20. E., comme plusieurs des filons d'Urbeis, dont il n'est distant que de 2^k,5. Les sept galeries, les deux puits[1] et les haldes dont on voit encore les vestiges montrent que l'exploitation de Lalaye a eu aussi de l'importance; une source sort d'une ancienne galerie. Il existe aussi d'anciens travaux non loin de Fouchy.

Sur le revers septentrional du Honil, dans la banlieue de Meissengott, à la partie supérieure du vallon de Wagenbach, j'ai rencontré des haldes avec des morceaux de pyrite de fer et des vestiges de puits et de galeries. Je ne connais pas de documents sur ces anciens travaux. *Meissengott.*

Au pied de l'Ungersberg, du côté méridional, dans la commune de Triembach et à 3 kilomètres du village, il existe un lieu nommé *mine d'argent*, où l'on trouve des fragments de grès feldspathique imprégné de carbonate de cuivre et d'un peu de cuivre gris. Le gîte qui, à une époque inconnue, a donné lieu à ces recherches, était donc renfermé dans le grès rouge. Depuis cinquante ans, les anciennes haldes sont cultivées en vignes. *Mine d'argent de Triembach.*

Schœpflin rapporte[2] que l'on tirait autrefois du val de Villé de l'argent natif en feuilles et du minerai de cobalt. La présence de ce dernier métal n'a rien de surprenant, puisqu'on l'a trouvé en quantité assez considérable dans les mines de Sainte-Marie qui ressemblent beaucoup à celles d'Urbeis. *Cobalt cité dans le val de Villé.*

Suivant un rapport daté de 1629[3], il existe à Belmont, non loin des filons de fer, un filon de plomb argentifère dit de Sainte-Elisabeth; déjà du temps de Dietrich, on en avait perdu la trace. *Mine d'argent de Belmont.*

De la galène argentifère a été trouvée à Orschwiller, dans un filon quartzeux dont il sera question plus loin, et qui s'étend jusqu'aux environs de Saint-Hippolyte. *Mine de plomb argentifère d'Orschwiller.*

Dans la forêt de Kleingrœneberg, près du Katzenthal (banlieue de Niedersteinbach), après avoir extrait du minerai de *Mine de plomb du Katzenthal près Lembach.*

---
[1] L'un renfermait des corps de pompe en fonte.
[2] *Alsatia illustrata*, t. 1, p. 11 et 12.
[3] De Dietrich, ouvrage cité, p. 214.

fer d'un des filons qui traversent le grès des Vosges, on y a rencontré, à une plus grande profondeur, du minerai de plomb. Ce minerai consistait principalement en plomb phosphaté et arséniaté et en plomb carbonaté; ce dernier, qui était le plus abondant, était riche en argent, ainsi que l'a reconnu M. Fournet [1]. En outre, on y trouvait un peu de galène, de blende, de zinc carbonaté et de baryte sulfatée. L'exploitation de ces minerais, qui a eu lieu de 1824 à 1827, a été abandonnée, non-seulement parce qu'ils étaient peu abondants, mais parce qu'ils fournissaient un plomb aigre et arsenical. Le gîte du Katzenthal est tout à fait semblable par sa situation et sa nature minéralogique à celui d'Erlenbach, dans la Bavière rhénane, que l'on a exploité dès 1786, et qui avait beaucoup plus d'importance. Il offre aussi de l'analogie avec les dépôts des environs de Saint-Avold (Moselle).

OR DISSÉMINÉ DANS LE GRAVIER DU RHIN [2].

L'extraction de l'or du lit du Rhin remonte à une époque très-ancienne, car on connaît une charte de 667 où le droit de faire ce lavage est accordé à un monastère à titre de donation par Ethicon, duc d'Alsace [3]. Il est même probable que le Rhin faisait partie des nombreuses rivières dont les Gaulois, d'après Diodore de Sicile, extrayaient l'or. Après avoir été active pendant le moyen âge, l'industrie de l'orpaillage diminua sur le Rhin, comme dans tout le reste de l'Europe, quand d'énormes importations d'or du Nouveau-Monde eurent déprécié la valeur de ce métal. Cependant, quelque peu importante que soit aujourd'hui la pro-

---

[1] De Dietrich, ouvrage cité, p. 321.

[2] Les principaux ouvrages où il est question de l'extraction de l'or du Rhin, sont:

Réaumur, *Essai de l'histoire des rivières et des ruisseaux du royaume qui roulent des paillettes d'or. Mémoires de l'Académie des sciences.* 1718.

Treutlinger, *De auri legio præcipue in Rheno. Argentorati.* 1776.

Kachel, *Die Goldwascherei am Rhein. Badensche landwirthschaftliches Wochenblatt.* 14 et 21 décembre 1838.

Daubrée, *Mémoire sur la distribution de l'or dans la plaine du Rhin et sur l'extraction de ce métal. Annales des mines,* 4ᵉ série, t. X, p. 3. 1846.

[3] Grandidier, *Histoire de l'Église de Strasbourg,* t. I, l. 4, p. 367.

duction de ce fleuve, comparativement à ce qu'elle a été ou à ce qu'elle pourrait être, le Rhin tient encore une des principales places parmi les rivières aurifères de l'Europe ; car, jusque dans ces dernières années, on en a extrait annuellement en moyenne, entre Bâle et Mannheim, pour environ 45,000 fr.

Région aurifère du cours du Rhin. L'or a été exploité dans quelques parties du cours supérieur du Rhin, au-dessus de Constance, entre autres, dans les Grisons, près de Coire et de Mayenfeld [1] ; aux environs de Waldshut, non loin du confluent de l'Aar, ce métal a été aussi extrait du lit du fleuve à plusieurs époques; mais c'est surtout de Bâle jusqu'à Mannheim, c'est-à-dire sur une longueur d'environ 250 kilomètres, que le Rhin est régulièrement aurifère. Un ancien auteur [2] cite Mayence comme une des villes aux environs desquelles on a exercé l'orpaillage.

Le fleuve n'est cependant pas également riche dans toute l'étendue de la plaine qui porte son nom. A partir de Waldshut, jusqu'à 15 kilomètres environ au-dessous de Bâle, il n'y a pas de lavage; le courant du fleuve y est trop rapide pour permettre aux paillettes d'or et au sable de moyenne grosseur de s'accumuler au milieu des cailloux. Dans les environs d'Istein, de Petit-Kembs et de Rheinwiller, sur la rive droite, et dans la banlieue de Nieffern, sur la rive gauche, on rencontre de temps à autre des orpailleurs. Près de Nambsheim, de Geisswasser et de Vieux-Brisach, le gravier est quelquefois très-riche, mais sa richesse est fort irrégulièrement disposée.

C'est principalement plus bas, à partir de Rhinau et de Wittenweyer, c'est-à-dire à environ 100 kilomètres de Bâle, que les exploitations ont toujours été nombreuses, et elles sont particulièrement concentrées depuis quelques kilomètres à l'amont de Kehl, jusqu'à Daxland, près Carlsruhe.

Partout où le fleuve ne roule plus de gros gravier, comme entre Spire et Mayence, l'or paraît être extrêmement rare. Le régime du cours du Rhin, considéré entre le lac de Constance et Bingen, qui est favorable à la fixation des paillettes d'or, est donc celui de la partie moyenne où les atterrissements se composent d'un mélange de sable et de gravier.

---

[1] Thurneissen, *Von kalten, warmen, minerischen und metallischen Wassern*, lib. 6, cap. I.
[2] Thurneissen, même ouvrage.

Des deux côtés du Rhin, le sable est également aurifère; ce qui a pu faire croire que la rive droite est plus riche, c'est qu'il y a plus de laveurs que sur la rive gauche, et que d'ailleurs un grand nombre de banlieues françaises sont affermées par des Badois.

Forme des paillettes d'or.

L'or ne se rencontre dans le lit du Rhin ni en petits grains, ni en pépites; il est sous forme de paillettes très-minces, à contours arrondis, dont le diamètre n'excède pas un millimètre et est souvent beaucoup moindre; elles sont ordinairement plus grandes entre Bâle et Brisach que dans le cours inférieur. La surface de ces paillettes, examinée au microscope, présente une multitude de petites aspérités assez régulières dont la disposition peut se comparer à celle d'une peau de chagrin.

Leur distribution dans les atterrissements du Rhin.

Quand, par suite des érosions journalières du fleuve, l'or est transporté par l'eau avec le gravier dans lequel il est disséminé, il va se concentrer particulièrement dans certaines situations qu'il importe de savoir reconnaître *à priori*. Voici à cet égard les règles principales dont j'ai reconnu la généralité au moyen d'essais directs :

1° Les bancs nommés *Goldgründe*, auxquels l'orpailleur doit particulièrement s'adresser, sont ceux formés à quelque distance à l'aval d'une rive ou d'une île de gravier corrodée par le courant; ces bancs résultent par conséquent d'un transport de gravier, tantôt sur quelques mètres seulement, tantôt sur 1000 ou 1500 mètres de distance. C'est dans une zone étroite qui termine les bancs vers l'amont, et que pour abréger on peut appeler leur *tête*, que se trouvent particulièrement accumulées les paillettes, presque toujours au milieu de gros cailloux; toutefois cette richesse exceptionnelle ne s'étend qu'à une faible profondeur qui ne dépasse guère 15 centimètres, comme le savent généralement les orpailleurs. La figure 93 montre un cas où le dépôt riche s'est opéré à l'aval de la rive corrodée; A, gravier pauvre; la partie A' de cette berge a été transportée vers l'aval, de manière à former le banc B, où la richesse s'est concentrée en *abc*. Les bancs de petite dimension peuvent être aurifères aussi bien que les plus étendus.

2° Les digues artificielles, entre lesquelles coule le Rhin sur une partie de son cours, au-dessous de Kehl, sont entaillées par des coupures ou passes, qui sont destinées à donner passage aux hautes eaux, afin qu'elles aillent déposer des ensablements au delà de ces digues. Les atterrissements, ainsi formés derrière les digues par un courant latéral, renferment aussi des parties riches au milieu du gros gravier.

3° Les bancs qui se forment au milieu du fleuve, loin de leur point de départ, sont en général peu riches.

4° Dans les bancs les plus pauvres, dont on essaie la teneur sur un grand nombre de points, on trouve cependant aussi, en dehors des positions qui viennent d'être signalées, des zones étroites et alongées de gravier riche. Ces accumulations restreintes de paillettes métalliques correspondent ordinairement à de petits remaniements faits pendant ou après la formation du banc; ainsi il n'est pas rare de rencontrer de ces zones riches au pied des talus terminaux qui limitent un banc à l'aval.

5° Jamais je n'ai trouvé la moindre trace d'or dans le sable fin privé de cailloux que le Rhin dépose encore journellement dans ses crues. On rencontre tout au plus dans ce sable fin des traces de fer titané et du quartz rose, qui accompagne toujours l'or.

Quelle que soit leur position dans le fleuve, les paillettes d'or sont associées à des cailloux dont la grosseur est en général en rapport avec la dimension des paillettes qu'ils accompagnent. Le résidu du lavage du gravier aurifère contient toujours du fer titané, dont la quantité est proportionnelle à la quantité d'or : du quartz rose accompagne aussi les paillettes, ainsi qu'on l'a fait observer plus haut. Mais ces deux substances sont en trop petite quantité pour que la couleur en décèle la présence dans le sable non lavé.

Il convient que l'orpailleur aille immédiatement après chaque crue exploiter les bancs aurifères, puisqu'un atterrissement riche peut disparaître dans la crue suivante. Lors même qu'un banc ne serait pas emporté par les hautes eaux, il paraît qu'il peut s'appauvrir quand il a été souvent submergé, parce qu'alors les cailloux étant déchaussés, les paillettes d'or sont emportées au loin. On admet que les îles sont d'autant plus riches que l'eau s'est retirée plus lentement.

Dans le but de déterminer la teneur en or des principales variétés de gravier, j'ai fait une série d'essais dont les résultats principaux sont consignés dans le tableau ci-joint :

Teneur en or de diverses variétés de gravier.

RÉSULTATS d'expériences faites sur la richesse de diverses variétés de gravier aurifère du Rhin.

INDICATION des DIVERSES VARIÉTÉS.	SURFACE du gravier enlevé pour l'expérience.	PROFONDEUR moyenne de la fouille.	VOLUME du gravier lavé dans une journée de neuf heures.	POIDS du même gravier.	QUANTITÉ DE SABLE aurifère propre à l'amalgamation, fourni par chaque expérience.	QUANTITÉ D'OR obtenu.	RICHESSE DU GRAVIER. (Rapport du poids de l'or au poids total.)	NOMBRE MOYEN de paillettes indiqué à l'essai, sur la pellétée de 4 à 4,50 kilogrammes.	QUANTITÉ D'OR contenu dans un mètre cube.	VALEUR de l'or obtenu en neuf heures de travail.	OBSERVATIONS.
	mèt. car.	mètres	m. cub.	kilogr.	kilogr.	gram.		gram.	gram.	francs.	Le poids du gravier moyen mélangé de sable, près de Strasbourg, doit être évalué à 1,800 kilogrammes le mètre cube, d'après différentes pesées.
Première qualité.	23,00	0,15	3,45	6210	10,1	3,49	0,000 000 562	70 à 80	1,011	11,129	
Deuxième qualité.	48,00	0,07	3,36	6048	9,5	1,47	0,000 000 243	25 à 30	0,438	4,087	
Troisième qualité. (Moyenne des sables exploités)	36,00	0,09	3,24	5830	6,9	0,76	0,000 000 132	10 à 12	0,234	2,423	
Quatrième qualité. (Minimum habituel).	11,14	0,28	3,09	5562	1,25	0,045	0,000 000 008	3/4 (1)	0,0146	0,143	(1) C'est-à-dire trois paillettes sur quatre pelletées ; ces paillettes du gravier pauvre sont les plus petites.

Le gravier de première et celui de seconde qualité ont été rencontrés à la tête de bancs littoraux formés à peu de distance à l'aval de rives corrodées dont ils proviennent

Il est rare que la richesse dépasse celle de 0,000 000 562 indiquée en tête du tableau précédent[1], et je crois que nulle part elle n'atteint celle de 0,000 000 7 ; ainsi la richesse maximum du gravier du Rhin est au-dessous de 7 dix-millionièmes. Les bancs de cette teneur ne s'étendent pas ordinairement sur plus de 200   300 mètres carrés, leur épaisseur est de 10 à 20 centimètres.

Le sable que l'on exploite habituellement a une richesse moyenne qui varie de 13 à 15 cent-millionièmes, c'est-à-dire qu'elle est le quart ou le cinquième de la richesse maximum.

Enfin, en lavant du gravier pris au hasard dans le lit du Rhin, et considéré par les orpailleurs comme stérile, j'ai reconnu que ce gravier a une teneur d'environ 0,000 000 008 ou 8 billionièmes. Tel est, d'après de nombreux essais, le chiffre qui me paraît devoir être admis pour la richesse moyenne du gravier du Rhin, entre Rhinau et Philippsbourg.

La neuvième colonne du tableau peut servir de tarif pour reconnaître la richesse réelle, en comptant le nombre des paillettes que l'on obtient par un lavage en petit. Il est évident que ce résultat n'est applicable que pour le Rhin où les paillettes ne diffèrent jamais que très-peu par leur épaisseur, et qu'il faut, en tous cas, avoir assez d'habitude pour tenir compte aussi de leur diamètre moyen.

Les laveurs savent que 12 à 15 paillettes trouvées sur la pelletée de $4^k,5$ correspondent à un bénéfice de 1 fr. 50 c. à 1 fr. 75 c. pour leur journée.

Nulle part l'or en paillettes minces ne peut donner lieu à une exploitation d'une grande importance comme l'or en grains et en pépites.

Proportion de sable et de cailloux. Il se trouve ordinairement dans le gravier aurifère beaucoup de gros cailloux de grosse dimension ; car 40 à 50 p. 100 du volume total de ce gravier restent sur la claie d'osier dont les bâtons sont espacés de 2 centimètres. La richesse du sable aurifère, débarrassé des gros cailloux par le premier triage, est donc environ double de celle donnée plus

---

[1] Près de Vieux-Brisach, on a trouvé une veine de gravier d'une richesse de 0,000 000 6.

haut (p. 312, 8ᵉ colonne); pour la moyenne des sables exploités, cette teneur serait de 0,000 000 264.

La plaine du Rhin est aurifère en dehors du lit du fleuve.

Ce n'est pas seulement dans le lit du Rhin que l'on rencontre l'or; j'ai trouvé ce métal dans le gravier de différents points qui sont distants de 10 ou 12 kilomètres du fleuve, de telle sorte que l'or paraît être généralement disséminé dans tout le gravier alpin qui constitue la plaine du Rhin, tant dans les anciennes alluvions de ce fleuve que dans celles de l'Ill qui sont de même nature. Il est facile de s'assurer du dernier fait, en lavant, par exemple, le gravier pris près de Geispolsheim, à la station même du chemin de fer. Sur ce parallèle, la largeur du gravier aurifère est d'environ 16 kilomètres.

La rivière d'Ill est aurifère.

Sa faible teneur en or.

Le métal précieux ne se trouve en général le long de l'Ill qu'en proportion très-faible; 10 kilogrammes ne laissent souvent au lavage que 0,9 milligrammes d'or, ce qui correspond à une teneur de 0,000 000 09. Il n'est donc pas étonnant que l'Ill n'ait pas été signalée parmi les rivières aurifères.

Impossibilité d'extraire l'or dans la plaine.

Dans ce gravier habituellement pauvre de la plaine, il se trouve sans doute aussi des zones riches, comme dans tous les atterrissements métallifères formés par les eaux. Mais il est évident qu'en raison de la difficulté de reconnaître ces accumulations formées à une époque reculée, en raison aussi de la valeur du terrain que l'on ne pourrait rendre stérile pour l'agriculture, enfin, par suite de l'éloignement d'un cours d'eau, il serait tout à fait impossible d'y exploiter l'or.

Entre Bâle et Bellingen, où le dépôt de transport a peu d'épaisseur, je n'ai d'ailleurs pas remarqué que la partie inférieure du gravier, qui repose immédiatement sur le terrain tertiaire, eût une richesse plus grande qu'ailleurs, ainsi que cela a été observé dans divers dépôts diluviens exploités pour or, pour étain ou pour fer.

Transport de l'or avant la période actuelle.

Le gravier du Rhin est également aurifère dans des localités où il est recouvert par le loess. Ainsi, près de Geispolsheim, la couche de sable mélangé de cailloux, sur laquelle s'étend un dépôt de loess de 3 mètres d'épaisseur, m'a fourni un résidu composé de quelques paillettes d'or, de fer titané et d'un sable rose identique avec celui que laisse le gravier exploité dans le fleuve; sa richesse est de 0,0000001. L'or a donc été apporté en grande partie au moins avant la période actuelle et même antérieurement à la formation du loess. C'est sur cet ancien gravier aurifère que le travail journalier du fleuve opère çà et là des enrichissements exploitables. Quelques paillettes doivent néanmoins descendre encore des montagnes qui en ont fourni à l'époque diluvienne.

Dans le loess, qui cependant est d'origine alpine comme le gravier aurifère, on n'a pas rencontré d'or. *Stérilité du loess.*

Le poids moyen des paillettes d'or peut être calculé de cette manière : un volume de gravier de 3,24 mètres cubes, renfermant 1,350 pelletées, a fourni au lavage $0^g,76$ d'or ; comme un dixième environ est perdu, ce gravier contenait en réalité une quantité d'or égale à $0^g,844$; sur chacune des pelletées, il y avait 10 à 12, soit en moyenne 11 paillettes d'or. Ainsi 14,850 paillettes pèsent 844 milligrammes, et le poids moyen d'une paillette est de 0,0562 milligrammes, c'est-à-dire qu'il y en a 17,6 au milligramme. En faisant le même calcul pour le gravier le plus pauvre, on trouve que chaque paillette pèse 0,045 milligrammes. L'œil reconnaît effectivement que dans ce dernier cas elles sont encore plus petites que dans les sables d'une richesse plus élevée. *Poids des paillettes.*

Les chiffres qui précèdent montrent aussi combien le nombre des paillettes contenues dans le gravier exploité est considérable, ou, en d'autres termes, combien est grande la ténuité de l'or dans le bassin du Rhin. Ce nombre varie de 4,500 à 36,000 paillettes par mètre cube, selon les variétés. *Nombre de paillettes dans un mètre cube de gravier exploité.*

L'or du Rhin renferme 0,934 d'or et 0,066 d'argent, et, d'après l'analyse de M. Dœbereiner, 0,00069 de platine. *Composition de l'or du Rhin; sa valeur.*

Le gouvernement badois l'achète à raison de 5 florins la *cron* qui pèse $3^g,37$, c'est-à-dire à raison de $3^f,13$ le gramme.

Le sable aurifère enrichi par des lavages a une teinte foncée ; il se compose principalement de grains noirâtres et de grains roses. Les premiers, qui forment de 10 à 14 p. 100 du poids total, consistent en fer titané ; la moitié environ de ce fer titané est attirable au barreau aimanté ; l'autre partie n'est pas attirable. La substance qui prédomine est du quartz rose et transparent, dont la densité est très-sensiblement supérieure à celle du quartz commun qui l'accompagne ; car, bien que les morceaux des deux variétés soient de même *Substances associées à l'or.* *Fer titané.*

grosseur et de même forme, le sable rose se concentre dans le lavage à l'augette avec les substances lourdes.

Il y a en outre du quartz hyalin, du carbonate de chaux et des grains d'apparence quartzeuse et de couleur variée, jaune citron, jaune orange ou verte. Les teintes de ces diverses substances sont si vives qu'elles ont frappé l'attention de Réaumur, qui les a désignées comme des pierres précieuses, sous les noms de topaze, de rubis, de saphir, d'éméraude ; comme elles sont en particules très-fines, il est difficile d'en réunir assez pour faire un essai concluant. La seule substance que j'ai pu reconnaître avec certitude, d'après sa forme cristalline, est le zircon, substance que M. Dufrénoy a retrouvée dans les sables aurifères de la Californie, de la Nouvelle-Grenade et de l'Oural [1].

Il n'est pas possible de connaître avec exactitude la production du littoral français, car une partie des banlieues de la rive gauche sont exploitées par des Badois ; d'ailleurs chaque laveur français va vendre le résultat de sa petite industrie à différents orfèvres de France ou du duché de Bade : ainsi les orpailleurs de Rhinau vendent leur or à Lahr ; ceux des environs de Seltz et de Munchhausen le portent à Rastadt et à Carlsruhe. La quantité d'or qui arrive à la monnaie de Carlsruhe représente probablement au moins les 4/5 de la production totale ; la quantité reçue pendant trente années, de 1804 à 1834, a été de 140^k,916 [2].

	Kilogr.
Dans le premier tiers de la période, le produit annuel a été moyennement de	1,483
Dans le second tiers, de	4,255
Dans le troisième tiers, de	8,354
L'année 1831, qui a été la plus productive, a fourni	12,523

Ainsi, pendant cette période, la production, d'abord très-faible, s'est considérablement accrue. Ce développement résulte de la réduction des droits que le gouvernement badois faisait autrefois peser sur cette petite industrie, en forçant

---

[1] Dufrénoy, *Étude comparative des sables aurifères de la Californie, de la Nouvelle-Grenade et de l'Oural.* Annales des mines, 2ᵉ série, t. XVI, p. 111.

[2] Kachel, mémoire cité.

les laveurs à lui vendre leur or bien au-dessous de sa valeur réelle.

On peut admettre que le résultat actuel de tous les lavages établis sur les deux rives du Rhin ne dépasse pas 40,000 à 45,000 fr. Cinq cents hommes environ s'occupent de ce travail, qui n'est pour eux qu'accessoire ; la plupart sont en même temps pêcheurs, bateliers ou cultivateurs. Le gain ordinaire d'une journée varie de 1 à 2 fr., quelquefois il n'est que de 1 fr., et il s'élève exceptionnellement à 10 et à 15 fr.[1].

Quant à l'origine de l'or disséminé dans la plaine du Rhin, il y a été amené pour la grande partie, ainsi qu'on l'a vu plus haut, avec tout le gravier dans lequel il est disséminé, à une époque antérieure au régime actuel du fleuve, et même avant que le puissant dépôt de lœss couvrît une partie du bassin du Rhin. Cet or provient donc originairement des mêmes contrées qu'une partie des détritus auquel il est associé, c'est-à-dire des Alpes, des Vosges, de la Forêt-Noire, du Jura et peut-être du Kaiserstuhl. Les deux dernières régions montagneuses sont complétement dépourvues d'or ; on n'en a trouvé dans les Vosges et dans la Forêt-Noire qu'en un très-petit nombre de localités et en quantité extrêmement faible ; c'est donc des Alpes que cet or a été charrié ; c'est ce que montre d'ailleurs aussi la répartition de ce métal, que l'on commence à rencontrer dans les divers affluents de la Suisse.

Origine de l'or du Rhin.

Il paraît, d'après les observations de M. Rengger[2], que l'or de l'Aar, ainsi que celui qui est transporté par d'autres

---

[1] A défaut de renseignements positifs sur la production réelle du siècle dernier de ce côté du Rhin, je rappellerai que la ville de Strasbourg affermait le droit de recueillir l'or sur un littoral de trois lieues, moyennant les prix suivants :

```
1727 . . . 100 fr.
1739 . . . 140 »
1755 . . . 110 »
1760 . . .  80 »
```

Maintenant la location de ce même terrain peut être évaluée au plus à 40 fr.

[2] *Verhandlungen der allgemeinen schweitzerischen Gesellschaft für die gesammten Naturwissenschaften.* 1827.

cours d'eau de la Suisse, tels que la Reuss, les deux Emmen, la Luttern, provient de la molasse tertiaire. Telle est peut-être aussi l'origine de l'or du Doubs, que Réaumur compte parmi les rivières aurifères de la France; mais, en tout cas, ce n'est pas sans doute cette dernière formation qui forme le gîte primitif de ce métal.

Les gisements principaux de l'or, à part celui des dépôts de transport, peuvent être rapportés à trois catégories : il est en filons comme dans le Salzbourg ; souvent il est engagé dans les roches amphiboliques, les serpentines, le granite et d'autres roches éruptives ; enfin il est disséminé dans différents schistes cristallisés ou cristallins comme au Brésil. L'or appartenant aux deux premiers gisements est souvent en grains de diverses grosseurs, mais la forme de lamelles très-minces, qu'affecte toujours l'or du Rhin, paraît annoncer qu'il s'est solidifié entre les feuillets de terrains schisteux.

Il était donc probable, d'après cette seule considération, que l'or du Rhin dérive originairement des quartzites si abondants dans les Alpes ou des schistes amphiboliques. La présence dans ces mêmes roches de cavités cubiques enduites d'ocre, qui résultent sans doute de la décomposition de cristaux de pyrite de fer, devait encore rendre cette sup-

Sa découverte dans les cailloux quartzeux du lit du Rhin.

position plus vraisemblable. C'est ce que j'ai essayé de vérifier directement, en recherchant l'or dans les roches du lit du Rhin. Ayant fait réduire en poudre 60 kilogrammes de galets quartzeux pris dans ce fleuve, j'ai lavé la poussière obtenue à l'augette ; et, après avoir enlevé du résidu, à l'aide du barreau aimanté, les parties magnétiques, j'ai trouvé quelques paillettes d'or. Ces paillettes sont fort petites, très-minces ; leur aspect est absolument le même que celles disséminées dans les sables.

La découverte fortuite d'un caillou de quartzite blanc, traversé par une veine d'or, qui a été rencontré dans l'Ill, à Strasbourg, en 1847, a confirmé le résultat que j'avais obtenu directement.

Gisement analogue de l'or dans les Alpes suisses et dans d'autres contrées.

Le gisement primitif de l'or, dans la partie rhénane des Alpes, paraît donc être le même que dans d'autres régions de la chaîne principale, entre autres dans le Zillerthal. Une dissémination analogue de l'or dans des roches métamorphiques se retrouve encore, à peu de variations près, en

Silésie, dans quelques régions de la Sibérie [1], dans le Massachusets, d'après M. Hithcock [2], et surtout au Brésil. Il paraît aussi que l'or autrefois exploité dans l'Eder [3] provenait du kieselschiefer subordonné au terrain de transition. Enfin les paillettes du même métal que roule le Rhône dérivent probablement de la même situation que l'or du Rhin.

Les galets du fleuve sont soumis à des mouvements de plusieurs sortes, d'où résultent des chocs et des frottements qui en détachent des particules sableuses; des paillettes métalliques doivent donc aussi être mises en liberté. Mais l'usure des cailloux de quartzite est si lente, que la quantité d'or, amenée ainsi chaque jour dans le lit du Rhin, ne doit former qu'une fraction fort petite de la quantité totale. *Petite quantité d'or mise journellement en liberté par l'usure des galets.*

Les cailloux de quartzite où j'ai rencontré de l'or appartiennent précisément à la variété de quartzite alpin qui est employé pour le pavage de Strasbourg, de Bâle, de Neuf-Brisach et de différentes autres villes des bords du Rhin. *Le pavé de Bâle, de Strasbourg, de Neuf-Brisach et d'autres villes des bords du Rhin est aurifère.*

Ces pavés sont donc aurifères, et l'on pourrait dire sans métaphore que les habitants de toutes ces villes *marchent sur de l'or;* mais ce métal n'y est qu'en proportion excessivement faible, beaucoup moindre encore que dans le gravier du lit du Rhin; de sorte qu'il n'est pas étonnant que jusqu'ici on n'en ait pas reconnu l'existence.

Quoique la teneur du gravier du Rhin soit comparativement assez faible, la quantité totale d'or enfoui dans le lit du fleuve est considérable. *Aperçu sur la quantité totale d'or contenu dans le lit du Rhin.*

D'après la richesse moyenne de 8 billionièmes signalée plus haut, un mètre cube de gravier pesant 1,800 kilogrammes renferme $0^g,0146$ d'or. Entre Rhinau et Philippsbourg, région où la richesse est la plus régulière, la bande aurifère a 123 kilomètres de longueur. En lui supposant seulement une largeur de 4 kilomètres, son contenu en or pour une tranche d'un mètre de profondeur est donc de 7183,2 kilogrammes. Si on admet que la même teneur en or se soutienne seulement sur 5 mètres de profondeur, on a pour la quantité

---

[1] *Russia and the Ourals mountains*, par MM. Murchison, de Verneuil et de Kayserling, t. I, p. 649.

[2] Dans le Massachusets, c'est le schiste talqueux qui est aurifère

[3] Nœggerath, *Ueber das Vorkommen des Goldes in der Eder; Karstens Archiv für Mineralogie*, t. VII, p. 149.

d'or comprise dans le lit du Rhin entre Rhinau et Philippsbourg 35,916 kilogrammes, qui, à raison de 3189 fr. le kilogramme, représentent une valeur de 114,536,124 fr.

Cet or est ainsi réparti :

Dans le Bas-Rhin, 13,870 kil. ayant une valeur de . . . . 44,233,430 fr.
Dans le pays de Bade, 17,958 kil. *id.* . 56,267,062
Dans la Bavière rhénane, 4,088 kil. *id.* 13,036,632

113,537,124

Cette quantité d'or est certainement au-dessous de la réalité ; car le gravier aurifère est sans doute au moins deux fois plus large et deux fois plus profond qu'il n'a été admis dans l'évaluation. On voit que la richesse moyenne des bancs de gravier formés journellement par le fleuve ne doit pas, pendant un laps de temps asez long, sensiblement diminuer par suite de l'exploitation annuelle.

L'industrie de l'orpaillage sur le Rhin tend à décroître chaque jour, par suite des travaux de rectification du fleuve qui restreignent beaucoup l'étendue des atterrissements, et aussi par la découverte dans diverses contrées de gîtes très-riches.

Moyen d'essayer si un gravier est exploitable.

Il suffit d'un lavage très-rapide pour que l'orpailleur du Rhin constate approximativement le degré de richesse d'un gravier donné.

Il a pour cela une pelle de fer, munie d'un long manche, qui ne diffère des pelles ordinairement employées pour enlever les matières meubles que par une courbure assez forte pour qu'elle puisse contenir une certaine quantité d'eau. Cette pelle a ordinairement $0^m,40$ de longueur sur $0^m,30$ de large. Après qu'il a chargé dessus 4 à 4,5 kilogrammes de gravier, il l'agite à fleur d'eau, et enlève immédiatement à la main les gros cailloux. Puis, l'instrument recevant un mouvement de rotation convenable, tout en restant faiblement incliné, la partie légère du sable est bientôt entraînée par l'eau en dehors de la pelle. Alors l'ouvrier enlève à la main les petits cailloux qui y sont restés, et, après avoir recommencé le mouvement rotatoire pendant quelques instants, il n'y a bientôt plus qu'un sable noir riche en fer titané ; en y regardant de très-près, un œil exercé reconnaît immédiatement le nombre des paillettes d'or disséminées dans ce résidu.

Cette expérience préliminaire, qui dure trois à quatre minutes, fait voir au laveur s'il doit exploiter le banc où il s'est arrêté, et, dans ce cas, quel sera le produit de sa journée. Quand le nombre de paillettes est supérieur à 10 ou 12, il peut compter au moins sur 1 fr. 50 c. pour sa journée; il installe alors son petit atelier qui le suit partout dans une nacelle. *Proportionnalité de la richesse en or à la quantité de fer titané.*

Avant même que les paillettes aient été comptées, on peut soupçonner la richesse du gravier par la quantité de sable ferrugineux que l'on a obtenu, car partout, dans le Rhin, on observe que la richesse en or est proportionnelle à la richesse en fer titané. Là où il ne reste que très-peu de grains noirs, il est superflu de chercher à constater la richesse en or.

Il est essentiel que le lavage d'essai soit rapide; car la répartition de l'or variant brusquement, ces essais doivent être réitérés assez fréquemment, lors même que l'on est déjà établi sur un banc de gravier en partie exploitable. *Procédé de lavage.*

Le procédé de lavage des orpailleurs du Rhin n'a guère subi de modification depuis une époque reculée; car aujourd'hui il est encore à peu près tel qu'il a été décrit en 1582 par Heberer, qui l'avait vu pratiquer à Seltz[1], et par Réaumur[2].

Voici en peu de mots en quoi il consiste : on se sert d'une table inclinée, ayant 2 mètres de longueur sur 1 mètre de large, laquelle est couverte d'un drap de laine à longs poils (fig. 94). Elle est inclinée à l'horizon de 10 à 12 degrés. A la tête de la table se place une claie d'osier ou de cornouiller, dont les baguettes sont espacées de 2 centimètres; après que l'orpailleur a chargé du gravier sur cette claie, il l'arrose avec de l'eau qu'il a puisée dans un baquet à manche; il fait ainsi passer à travers la claie et sur la table le sable et les cailloux de moins de 2 centimètres. Les gros cailloux qui s'y arrêtent sont immédiatement rejetés.

Le sable fin et les paillettes d'or restent, pour la plus grande partie, fixés dans la laine; quant aux cailloux moyens,

---
[1] Treitlinger, mémoire cité.
[2] Réaumur, mémoire cité.

la plupart roulent immédiatement au bas de la table; les autres sont chassés avec une baguette : après avoir plusieurs fois chargé du gravier et répété l'opération qui vient d'être indiquée, le laveur agite pendant quelques minutes la flanelle de la table dans un cuveau rempli d'eau, de manière à faire sortir les grains de sable et l'or qui sont engagés dans le tissu. Un lavage rapide par décantation, qu'il opère en imprimant au cuveau un mouvement de rotation alternatif, enrichit encore ce sable. C'est dans cet état qu'il est transporté au domicile de l'orpailleur où il est purifié dans un vase en bois de la forme d'un bateau, que l'on appelle effectivement *schiff*, près de Seltz, et *sass*, dans le pays de Bade.

Drap qui garnit la table; sa doublure. — Le drap dont on se sert ici est connu dans le pays sous le nom de *drap de Souabe* (Schwabentuch); c'est celui dont les Tyroliens et les rouliers allemands se servent pour manteaux. Celui qui garnit une table peut servir un an, si on le retourne quand un des côtés est usé.

Les paillettes d'or qui tombent de la claie sont entraînées avec assez de force, par la chute de l'eau, pour s'introduire profondément dans le drap; beaucoup d'entre elles traversent même complétement ce drap, et sont arrêtées par une toile de fil sur laquelle repose le tissu de laine; cette doublure n'est nécessaire qu'au-dessous même de la claie : la plus grande partie de l'or va se fixer à l'extrémité aval du grillage.

Densité des résidus du lavage. — La densité du sable du Rhin dépourvu de cailloux est en moyenne, avant le lavage, de 2,8 à 2,9; celle du sable que l'on obtient après le lavage sur la table est de 3,19; enfin le sable enrichi par le second lavage à la main sur l'augette, qui est destiné à l'amalgamation, a une densité de 4,46; la pesanteur spécifique du fer titané variant de 4 à 4,89, on voit que l'on ne pourrait guère, sans beaucoup de perte, arriver à un résidu de densité plus forte.

Quantité de gravier lavé dans une journée. — Pendant une journée de douze heures, l'ouvrier peut charger 400 à 500 fois sa table, chaque fois avec cinq pelletées de gravier : une pelletée contenant en moyenne 0,002 mètre cube, cela fait un total d'environ 4 mètres cubes pour la quantité de sable qu'il peut traiter par jour.

Perte au lavage. — Dans la première opération, un laveur exercé perd environ un dixième de l'or contenu dans du gravier de richesse moyenne. Cette perte pourrait être diminuée, si la table avait une inclinaison moindre ; mais aussi les cailloux descendraient plus difficilement, et le traitement serait moins rapide. Dans le lavage de concentration, il n'y a d'entraîné hors du *schiff* que quelques paillettes de métal.

Après avoir ajouté au sable une quantité de mercure égale en poids au quadruple de la quantité d'or qu'il présume être contenue dans le sable, l'orpailleur triture ce mercure à la main dans le bateau, afin de déterminer la formation de l'amalgame ; puis, pour rassembler les gouttelettes éparses en un globule unique, il ajoute de l'eau au sable amalgamé, et imprime au tout un mouvement d'oscillation ; cette seconde opération se fait dans un *schiff* en bois de saule ou de peuplier, plus grand que celui de lavage, qui est suspendu par son milieu à une ficelle fixée au plafond. Il presse l'amalgame dans une peau de chamois, puis il soumet à la distillation la gouttelette qu'il a obtenue. On opère sur environ 25 kilogrammes de sable. Tout le mercure emporté par la distillation est ordinairement perdu, malgré la facilité avec laquelle on pourrait le recueillir [1]. Amalgamation.

Si l'industrie de l'orpaillage du Rhin n'était pas destinée à s'amoindrir chaque jour, on pourrait y apporter plusieurs perfectionnements, à part ceux qui résultent immédiatement des observations faites plus haut. Perfectionnements dont l'extraction de l'or du Rhin paraît encore susceptible.

Il est fâcheux, dans l'état actuel des choses, d'être réduit à faire tout le lavage à force de bras, quand on a sous les yeux, à quelques pas de soi, un moteur de la puissance du Rhin. Il ne serait pas difficile d'imaginer une sorte de machine à draguer mue par le fleuve, qui enlèverait la couche superficielle de gravier à exploiter, et qui transporterait ce gravier, ainsi que de l'eau, sur la tête de la table à laver. Le reste du lavage s'achèverait rapidement et sans beaucoup de fatigue, à peu près suivant le procédé actuel. Mais deux conditions compliquent la question ; d'abord le courant étant très-faible sur les rives plates, ce n'est qu'à 6 ou 8 mètres du bord que l'on trouverait assez de profondeur et de vitesse pour faire mouvoir la roue dont on aurait besoin. En outre, comme ordinairement la couche superficielle seule est riche, il faudrait que l'appareil fût

---

[1] Le sable, résidu de l'amalgamation, est très-ordinairement employé en Alsace et dans le pays de Bade pour sécher l'écriture.

non-seulement simple et transportable dans une nacelle, mais encore qu'il pût opérer avec facilité à la surface du banc de gravier.

Le second lavage et en particulier l'amalgamation seraient probablement aussi susceptibles de quelques améliorations de détail, en ce qui concerne le temps employé et la perte en mercure, surtout si ces deux opérations se pratiquaient plus en grand.

Délimitation du gravier aurifère entre la France et le pays de Bade. — Aux observations qui précèdent, j'ajouterai, pour ne plus y revenir, quelques renseignements sur la législation qui concerne l'orpaillage. L'art. 5 de la convention conclue à Carlsruhe le 5 avril 1840 entre la France et le grand-duché de Bade porte que le droit de lavage de l'or sera exercé par le domaine, les communes, les établissements publics ou les particuliers de chaque État, jusqu'à la limite des banlieues et des communes, sans aucun égard à la position de la limite de souveraineté. Cette dernière, déterminée, comme on sait, par la ligne du thalweg, se déplace journellement; mais l'étendue des banlieues riveraines reste invariable, quelle que soit la manière dont coule le fleuve.

Usages de l'exploitation dans le territoire français et dans le duché de Bade. — Sur tout le littoral français, le droit d'orpailler est ordinairement loué avec la pêche au profit de la commune à laquelle appartient le terrain loué. Il est rare que celui qui afferme la pêche d'une commune se charge lui-même du lavage de l'or. Il sous-loue le droit d'exercer cette dernière industrie à d'autres individus qui pour la plupart sont Badois. La rétribution payée par les orpailleurs est très-modique; pour une commune, elle est annuellement de 2 à 3 fr., et va jusqu'à 10 fr. par laveur qui trouve à s'occuper.

Dans le pays de Bade, il est permis à chaque habitant de laver dans la banlieue de sa commune; mais celui qui est étranger à une commune ne peut y venir travailler qu'à défaut d'orpailleur domicilié dans celle-ci. Le laveur est assujetti, sous peine d'amende ou même d'emprisonnement, à la condition de vendre au gouvernement tout l'or qu'il obtient, à raison de 5 florins par *Krone* (la *Krone* pèse 3,37 grammes; le florin vaut 2 fr. 16 c.; cela fait donc 3 fr. 20 c. par gramme). Ce prix représente à peu près la valeur réelle du métal; mais autrefois ce prix était moins élevé: jusqu'en 1808, la *Krone* n'était payée que 3 florins. Comme le bénéfice n'était pas assez élevé, le nombre des ouvriers

GÎTES MÉTALLIFÈRES.   325

se réduisit presque à rien, et le gouvernement, pour ne pas laisser dépérir cette industrie, a augmenté son prix. En 1812, le même poids fut payé 4 florins, et depuis 1821, on l'a porté à sa valeur actuelle.

Les laveurs d'or sont en outre tenus de se conformer aux ordres que les ingénieurs des travaux du Rhin pourraient leur donner. Il est surtout essentiel d'empêcher que les orpailleurs ne dégradent les plantations faites sur les alluvions nouvelles; ils doivent aussi niveler les bancs de gravier qu'ils abandonnent.

DÉPÔTS DE QUARTZ, BARYTE SULFATÉE ET SPATH FLUOR.

La liaison qui existe entre les gîtes métallifères et certains dépôts de quartz, de baryte sulfatée et de chaux fluatée, engage à placer ici une description de ces derniers.

Le principal de ces dépôts est le filon d'Orschwiller que l'on peut parfaitement observer à 10 mètres de l'église du village. Il consiste en roche siliceuse grise ou silex corné, que traversent des veinules de baryte sulfatée cristalline et de quartz cristallisé. Dans les géodes, on rencontre quelquefois du bitume solide d'un brun chocolat, substance à laquelle le silex doit probablement sa teinte foncée. Des fissures verticales traversent le filon parallèlement à sa direction, de manière à rappeler une stratification. Son épaisseur, à Orschwiller, est au moins de 6 mètres; mais, au sud du village, elle n'est souvent que de 2 mètres. Le granite tout à fait friable qui forme la paroi occidentale du filon, en est séparé par de l'argile verdâtre ou brune.

Filon d'Orschwiller.

A 500 mètres au sud du village, la baryte sulfatée, au lieu de former seulement de petites veines, comme à Orschwiller, prédomine dans le filon, tandis que le silex y est peu abondant. La baryte sulfatée est en outre mélangée de spath fluor, de galène et d'une petite quantité de chaux carbonatée lamellaire. Le silex empâte des fragments d'une roche compacte gris clair, qui deviennent très-nombreux dans la partie orientale du filon en b (fig. 98), de sorte que ce dernier a la structure brèchiforme. La roche grise dont il s'agit présente une trace de schistosité due à la présence du mica; elle paraît provenir de la paroi orientale du filon et être d'origine sédimentaire. D'un autre côté, le granite porphyroïde ne

Sa structure au sud du village.

se prolonge pas jusqu'au filon avec ses caractères ordinaires ; en contact avec celui-ci, on observe une pegmatite *d* formée de noyaux de quartz blanc, de grands cristaux de feldspath, et contenant, au lieu de mica, des nids d'argile blanche. Quoique très-compacte, cette roche est imprégnée de spath fluor et de baryte sulfatée. Entre le filon proprement dit *a* et la pegmatite *d*, se trouve une argile jaune d'ocre *c* mélangée de grains de quartz.

Escarpement vertical formé par le filon. — Entre Orschwiller et Saint-Hippolyte, sur plus de 400 mètres de longueur, le filon forme un escarpement presque vertical qui atteint 4 mètres de hauteur, et qui domine le pays vers l'est (fig. 98). Cette disposition paraît résulter d'un glissement qui a fait descendre l'éponte orientale du filon ; le fait est d'autant plus probable que la salbande mise à nu offre de nombreuses stries de glissement. Le loess déposé au pied de l'escarpement empêche d'observer la roche encaissante de l'amas siliceux d'Orschwiller, si ce n'est dans ce dernier village, où l'on trouve une dolomie brune ferrifère avec quelques indices peu distincts de fossiles.

Sa prolongation vers Ribeauvillé. — Le filon d'Orschwiller se poursuit vers le sud au delà de Saint-Hippolyte, vers Bergheim et Ribeauvillé, sur une longueur de 7 kilomètres. On peut facilement l'observer entre Saint-Hippolyte et Oberbergheim, derrière le vieux château de Reichenberg, et au Schlusselstein près de Ribeauvillé. Sur toute cette étendue, le filon se compose, comme à Orschwiller, de roche siliceuse, de baryte sulfatée, de chaux fluatée, de chaux carbonatée, et contient accidentellement de la galène.

La direction moyenne de ce filon est N. 22°. E — S. 22°. O., et son inclinaison de 85 degrés vers E. 22°. S.

Empreinte d'encrinites. — Près de Bergheim, le quartz compacte renferme de nombreuses empreintes d'encrinites, ce qui montre que la roche voisine du filon a été silicifiée. Ces empreintes paraissent provenir de l'espèce qui caractérise le muschelkalk.

Filon de Truttenhausen. — Aux environs de Truttenhausen et de Saint-Nabor, c'est-à-dire à 22 kilomètres au nord d'Orschwiller, un puissant dépôt quartzeux affleure sur la limite du terrain de transition et du lias qui est juxtaposé à ce dernier. Les rochers de silex corné, gris de fumée, d'une hauteur de plus de 20 mètres, qui sont exploités à 800 mètres au nord-ouest de Truttenhausen, appartiennent à ce dépôt. La matière siliceuse y est mélangée de baryte sulfatée et de spath fluor, et renferme de petites géodes avec des cristaux de quartz.

Le silex a souvent la structure oolithique ; les grains qui ont 0,1 à 0^{mill},3 de diamètre ont leur surface couverte de cristaux microscopiques de quartz. On reconnaît dans la même substance de nombreux indices de coquilles bivalves et autres, dont la plupart ont disparu en laissant leurs moules, et dont quelques autres ont été silicifiées. Ces coquilles, parmi lesquelles on reconnaît des *avicula* et des *pecten*, n'ont pas été rencontrées jusqu'à présent avec des formes tout à fait distinctes; mais elles ont beaucoup de ressemblance avec les fossiles du lias et de l'oolithe inférieure. {Fossiles dans la masse siliceuse.}

Les dépôts siliceux d'Orschwiller et de Truttenhausen sont situés sur la faille limite de la chaîne, le premier, entre le granite et le trias, le second, entre le terrain de transition métamorphique et le lias. C'est donc par la faille qu'est sortie la silice, ainsi que la baryte sulfatée, le spath fluor et la galène qui l'accompagnent; les dépôts se rapprochent par conséquent à la fois des *filons métallifères* et des *amas de contact*. Leur formation est postérieure au lias. {Observation.}

Une grande analogie existe entre ces filons siliceux et celui de Badenweiler qui est situé sur la limite occidentale de la Forêt-Noire, et d'une manière tout à fait symétrique par rapport aux premiers; le filon de Badenweiler est aussi plus moderne que le lias. Ces filons ressemblent aux dépôts de même composition que l'on observe dans le centre de la France. {Analogie avec le filon de Badenweiler.}

A 9 kilomètres de Truttenhausen, vers le nord, j'ai observé un accident semblable à ceux qui viennent d'être signalés. La colline située à 4^k,5 au nord de Rosheim est composée à sa partie supérieure d'une roche siliceuse compacte, de couleur grise ou jaunâtre ; du quartz hyalin cristallisé s'y rencontre dans une multitude de fissures et de géodes. En quelques points, cette roche est traversée de très-nombreuses veines de baryte sulfatée cristallisée, de 2 à 10 centimètres d'épaisseur, qui s'y ramifient régulièrement. Cet accident occupe une superficie d'environ 2 kilomètres carrés. {Amas siliceux de Rosheim.}

Les dépôts siliceux des environs de Ribeauvillé, Bergheim, Saint-Hippolyte, Orschwiller, Truttenhausen, Saint-Nabor et Rosheim, occupent diverses parties d'une ligne faiblement {Alignement de ces dépôts sur une longueur de 40 kilomètres.}

infléchie, dont la longueur est de 40 kilomètres, et qui suit à peu près la direction de la chaîne.

Baryte sulfatée du Kronthal. — De la baryte sulfatée cristalline se rencontre dans quelques-unes des failles qui traversent le Kronthal et dans la roche qui avoisine ces veines. Elle est accompagnée de chaux carbonatée cristalline et d'hématite brune. Le grès du Kronthal, ordinairement de couleur rouge, a en général une teinte claire près des épanchements de baryte sulfatée.

Elle pénètre dans le muschelkalk. — Non loin de la faille qui avoisine la tuilerie, les veines de baryte sulfatée pénètrent jusque dans le grès bigarré et le muschelkalk, ce qui montre que l'arrivée de la baryte sulfatée, ainsi que la formation des failles du Kronthal, sont postérieures au trias. Le calcaire gris du muschelkalk, qui renferme des mouches de baryte sulfatée, à l'ouest de Marlenheim, ne présente pas d'altération.

Même substance au Wangenberg. — Le versant sud-ouest du Wangenberg, à 1800 mètres environ de Westhoffen, présente aussi de nombreuses veines de baryte sulfatée qui traversent le grès vosgien et le grès bigarré dans un gisement qui rappelle tout à fait celui du Kronthal.

Id. à Lampertsloch. — Dans le grès vosgien qui forme la chaîne montagneuse du Liebfrauenberg, à 200 mètres environ au nord-ouest de la carrière de Lampertsloch, la baryte sulfatée forme une multitude de veines qui s'étendent sur un espace de quelques centaines de mètres carrés; c'est un gisement semblable à celui du Kronthal.

CHAPITRE XIII.

SOURCES ET EAUX SOUTERRAINES.

La partie des eaux météoriques qui s'infiltre dans l'inté- *Relation des* rieur du sol va alimenter des réservoirs souterrains lesquels, *eaux souterraines* en se déversant au dehors du sol, produisent les *sources*. *avec la structure du sol.*

La disposition, la qualité et les principaux caractères des sources et, en général, des eaux souterraines sont dans une dépendance intime de la structure géologique et du relief de la contrée. L'hydrographie souterraine, dont l'intérêt n'est pas seulement théorique, mais qui fournit des données fort utiles pour la recherche de l'eau, forme par conséquent un appendice de la géologie.

Nous allons examiner successivement les principaux faits relatifs aux sources et en général à l'hydrographie souterraine.

Disposition des sources dans les différents terrains.

Dans le granite, le syénite, le porphyre et les diverses *Granite et autres* autres variétés de roches cristallines des Vosges, les sources *roches cristallines.* sont très-fréquentes, mais ordinairement peu volumineuses. Les nombreuses fissures qui traversent le terrain amènent de l'eau dans presque tous les vallons et autres dépressions du sol. Ainsi, au hameau du Hohwald, qui est situé au fond de la vallée d'Andlau, la plupart des maisons ont leur source. En ne tenant compte que des principales, ces sources sont au nombre de sept dans la commune de Bellefosse ; dans celle de Grendelbruch, elles sont nombreuses aussi. Le massif du Champ-du-Feu donne naissance à beaucoup d'autres sources, parmi lesquelles on peut citer celles de la Magel, de l'Andlau, de la Kirneck, du Schæfferlager près du signal du Hohwald, etc [1].

---

[1] Cependant le granite du massif montagneux de Dambach ne produit qu'un petit nombre de sources.

Quand ces sources, au lieu de jaillir hors du sol, se perdent près de la surface, elles donnent lieu à la formation de parties marécageuses, comme dans certaines régions boisées du Champ-du-Feu; sur d'autres parties des Vosges, elles favorisent le développement de tourbières qui, absorbant l'eau comme des éponges, contribuent à régulariser le volume des cours d'eau qui descendent de ces montagnes.

Terrain de transition. — Le terrain de transition des Vosges n'a généralement pas de stratification bien prononcée. Les eaux souterraines se meuvent à travers des fissures irrégulières qui se coupent; aussi les sources, de même que dans les terrains cristallins, y sont nombreuses et peu abondantes.

Presque tous les vallons du schiste de transition du val de Villé renferment des sources; il y en a plus de trente qui sortent, dans la seule banlieue d'Erlenbach, de diverses dépressions du sol. A proximité de beaucoup de sources du massif montagneux du Honil, dans les banlieues de Lalaye, Urbeis, Steige, Meissengott, il existe de petites exploitations rurales dans lesquelles on cultive principalement le seigle; l'eau qui n'est pas consommée pour les usages domestiques est employée à irriguer des prairies. Ces sources sont ici une véritable richesse, car c'est la rareté des prairies sur les montagnes qui arrête la culture de vastes étendues actuellement couvertes de genêts. Aussi est-on surpris de voir s'écouler un certain nombre de ces eaux, sans que les habitants aient pris jusqu'à présent la peine de les utiliser pour en faire un petit centre de culture. Loin des sources, ces aspérités escarpées ne paraissent propres qu'à être reboisées.

Terrain houiller. — Les petits lambeaux de terrain houiller du département renferment des grès aquifères. Un puits foncé, il y a vingt-cinq ans, à Villé, à l'hôtel de la Poste, a rencontré une nappe d'eau ascendante. D'une ancienne galerie d'exploitation de Lalaye, il sort une source qui alimente une partie des habitations situées sur le revers sud-est de la montagne. Une autre galerie, pratiquée autrefois au pied du Kœnigsbourg, a donné également issue à une source artificielle. La source de Nothalten sort aussi d'un lambeau de terrain houiller.

Grès rouge. — Dans le terrain du grès rouge, il existe des couches puissantes de grès qui, comme le grès houiller, sont traversées par des fissures dans lesquelles l'eau pénètre avec facilité, mais où elle est arrêtée par certaines couches imperméables d'argilolithe ; on observe très-bien ce mouvement, à la suite des pluies, dans les couches de grès qui bordent la route de Bassemberg à Lalaye. Quatre fortes sources sortent dans le village même de Neufbois de ce terrain, d'où jaillit également la belle source dite *Teufelsbrunne*, dans la forêt de Honcourt, près de Villé [1].

Les sources volumineuses sont fréquentes dans le grès des Vosges ; les plus fortes de la chaîne sortent de ce terrain. Le fait dont il s'agit résulte non-seulement de ce que le grès est traversé, comme le grès rouge, par des fissures nombreuses, mais aussi de ce qu'il forme un massif montagneux que découpent des vallées à pentes rapides, relief qui favorise l'écoulement des eaux souterraines. Les sources abondent surtout vers la base du terrain où le grès des Vosges repose, soit sur les argilolithes du grès rouge, soit sur les roches cristallines. Parmi les sources très-nombreuses des terrains dont il s'agit, je citerai ici : celles de Marienbronn près Lobsann, de Mitschdorf, du moulin des Sept-Fontaines, du chaînon du Liebfrauenberg, sur le chemin de Lampertsloch à Lembach; celles de Reichsacker, entre Niederbronn et le Jægerthal ; celles de Weiterswiller, de Neuwiller (dont l'une jaillit non loin du sommet du Herrenstein); celles des environs de Saverne, entre autres celles de Schlettenbach qui alimentent plusieurs fontaines de cette ville, et celles du pied de la montagne du Haut-Barr que l'on amène à Engwiller; les sources de Reinhardsmunster, de Hægen, de Saint-Gall, d'Eckartswiller, de la vallée de Dossenheim, de Wangenbourg, de la montagne de Guirbaden, de la base du Mennelstein, de la montagne de Sainte-Odile, du revers méridional de l'Ungersberg; celles du pied du Climont dont une donne naissance à l'un des bras du Giessen; celles de la base du Haut-Kœnigsbourg. Dans les vallées qui sont entaillées dans le même grès sur le versant occidental de la chaîne, il existe des sources abon-

Grès des Vosges.

---

[1] Il n'est pas hors de propos de rappeler ici que c'est aussi du grès rouge que sortent les principales sources froides des environs de Bade, dans le grand-duché, entre autres celles assez nombreuses du vallon qui monte à la Teufelskanzel, et celles de l'allée de Lichtenthal. Toute la colline sur laquelle repose le faubourg dit de Lichtenthal possède des puits creusés dans le terrain, dont l'eau est très-bonne.

dantes qui alimentent de nombreux ruisseaux, entre autres au pied du Mittelberg, aux environs de Puberg, de Volksbourg, du moulin de Ratzwiller.

Quelques sources sortent sur la faille-limite qui sépare le grès des Vosges des terrains plus modernes, comme près de Wissembourg, de Weinbourg et non loin de Rothbach, à 2 kilomètres au nord de Rauschenbourg. Trois sources sont situées à 400 mètres à l'ouest de Kintzheim, sur la jonction du muschelkalk et du granite.

Grès bigarré. — Le grès bigarré n'est pas, à beaucoup près, aussi riche en sources que le grès des Vosges; c'est une différence à ajouter à celles qui séparent les deux terrains. L'eau que l'on voit très-fréquemment sortir de la grande carrière de Soultz-les-Bains, à l'endroit où le grès bigarré fissuré repose sur les marnes imperméables, résume la disposition ordinaire des sources de ce grès. Comme sortant du grès bigarré, on peut citer la source qui alimente Wasselonne et que l'on va chercher entre Brechlingen et la papeterie, les quatre sources de Birkenwald, celles de Wingen et de Petit-Wingen. Dans le grès bigarré du versant occidental des Vosges où elles sont plus nombreuses, j'indiquerai celles de Strouth, de Butten, d'Adamswiller, de Petersbach, de Lohr, les sources douces de Diemeringen, celles de Hambach et de Ratzwiller qui sortent des couches supérieures de l'étage. Le plateau boisé qui s'étend du Klingenthal vers Gresswiller est à peu près dépourvu de sources.

Muschelkalk. — Les sources du muschelkalk découlent vers la limite des couches calcaires ou dolomitiques et des couches marneuses, principalement vers la base du terrain; elles sont plus nombreuses que celles du grès bigarré. C'est du muschelkalk que sortent les eaux qui alimentent une partie des puits de Niederbronn; les sources des environs de Lembach, qui sont au nombre de sept; celles qui forment les fontaines de Mutzig et de Marlenheim; les deux sources qui, jaillissant à Küttolsheim, à 10 mètres l'une de l'autre, donnent naissance à la Souffel; celles de Romanswiller, de Niederhaslach, du Bildhauerhof près Mollkirch, etc.; sur le versant occidental, celles de Thal, Froschmühle, Rimsdorf, Druhlingen, Siewiller, Ratzwiller, Durstel, Rexingen, Berg, Wolfskirchen, Bærendorf, Hirschland, Eschwiller, Diedendorf, Dahlingen, Wællerdingen et Mackwiller. La colline située entre Domfessel et Lorentzen est particulièrement riche en sources.

C'est dans le muschelkalk que se perd, près de Reinhardsmunster, la petite rivière dite Mosselbach. Elle reparait au jour après avoir franchi, dans son trajet souterrain, une distance de près de 600 mètres. Dans le département des Vosges, le muschelkalk offre un assez grand nombre de cavités semblables où s'engouffrent des eaux superficielles. La différence du relief du sol, entre la proéminence de Nordheim où il n'y a pas de sources et la surface concave des environs de Küttolsheim, met en évidence l'influence des vallons sur l'écoulement des eaux souterraines.

Dans le département, le keuper n'est pas riche en sources, *Marnes irisées.* contrairement à ce que l'on observe ailleurs, et notamment en Wurtemberg, où les couches arénacées sont beaucoup plus développées. Une des principales sources de ce terrain jaillit à 1200 mètres à l'ouest de Dangolsheim; le grès keupérien fournit aussi des sources près d'Ittenheim et de Neugartheim.

Du grès du lias et des couches de calcaire qui sont ordi- *Lias.* nairement fissurées, il sort des sources, par exemple, aux environs d'Ottrott, de Wœrth, de Frœschwiller, de Mulhausen, de Zutzendorf; les puits de la Reidt, près de Bouxwiller, de Bischoltz et d'autres localités, sont alimentés par le lias. Dans les carrières de cet étage, on voit, selon la manière dont est inclinée la stratification, tantôt l'eau suinter abondamment après les pluies des fissures du calcaire, tantôt y être absorbée.

En général, le terrain jurassique présente des niveaux de *Calcaire oolithique.* source très-réguliers vers la limite des couches calcaires et des couches marneuses. Dans le département du Bas-Rhin, l'oolithe inférieure, qui est le seul représentant du terrain jurassique, est presque partout recouverte par le lœss et n'affleure que sur de petites étendues; aussi il n'en sort que peu de sources. Cependant on en connaît à Wolxheim, Ergersheim, Scharachbergheim, Bischoffsheim, Dauendorf, Imbsheim, etc. Les puits d'une partie de la ville de Bouxwiller sont alimentés par une eau courante qui jaillit au bas de la ville sous forme d'une source très-volumineuse, connue sous le nom de Fischpfuhl.

En Alsace, de même qu'en beaucoup d'autres contrées, *Terrains tertiaires.*

les terrains tertiaires fournissent de nombreuses sources.

Sources du Bastberg.
Dans le petit bassin d'eau douce du Bastberg, près de Bouxwiller, le mécanisme des sources est facile à observer. Le calcaire d'eau douce est très-fissuré, de telle sorte que l'eau y pénètre avec facilité et s'y meut dans des cavités que renferme la roche; mais elle est arrêtée par les couches argileuses qui supportent le calcaire et recouvrent le lignite. Les sources auxquelles donne lieu cette nappe d'eau jaillissent de la base du calcaire d'eau douce, près de l'entrée de la galerie d'écoulement de la mine. Le fond du bassin, formé par le plongement des couches, s'incline vers le nord-est; c'est précisément à l'extrémité de la rigole qui forme le fond ou le *thalweg* de ce bassin aquifère et au point le plus bas du calcaire, en *s* (fig. 95), que s'opère le déversement de la nappe souterraine.

Source de la galerie de la mine.
La galerie principale *g*, ouverte pour l'exploitation du lignite, rencontre la couche calcaire à 60 mètres du jour, mais à un niveau supérieur de $0^m,90$ à celui qu'occupe ordinairement la nappe souterraine; aussi l'eau ne sort par cette galerie qu'à la suite des grandes pluies et des fontes de neige, lorsque les orifices des sources ne peuvent plus suffire à débiter toute l'eau qui arrive dans le réservoir. Lorsqu'au printemps, le dégorgeoir de la galerie fournit beaucoup d'eau, on regarde comme probable que les sources seront abondantes pendant l'été [1].

Eaux des parties inférieures de la mine.
C'est aussi du terrain tertiaire que dérivent les eaux qui, depuis 1844, ont fait invasion dans l'intérieur de la mine de Bouxwiller. Jusqu'au 6 février 1844, les travaux inférieurs à la galerie principale avaient toujours été secs, lorsqu'un petit suintement se manifesta, non loin du pied du plan incliné, au toit d'une galerie déboisée et déjà en partie affaissée. Bientôt l'abondance de l'eau s'accrut au point que quarante-huit heures après le commencement de l'irruption, il en était déjà arrivé 2500 mètres cubes. L'eau ne tarda pas à gagner la galerie d'écoulement et cessa par conséquent de s'élever; le 27 février, l'affluence n'était plus que d'environ 170 mètres cubes par vingt-quatre heures. Comme les pompes à bras ne pouvaient plus suffire à extraire les eaux, on éta-

---

[1] En avril 1844, cet écoulement était plus fort que la plupart des autres années et s'élevait à 300 litres par minute.

blit pour cet objet, dans l'intérieur de la mine, une machine à vapeur de la force de six chevaux ; ce n'est que le 7 novembre 1847, c'est-à-dire trois ans et demi après l'inondation, que l'on est parvenu à dessécher complétement et à restaurer les travaux inférieurs ; mais depuis lors on n'a pu les empêcher d'être noyés de nouveau qu'à la condition de faire mouvoir journellement les pompes.

Comme l'indique la figure 55, les orifices souterrains qui versent l'eau dans la mine sont verticalement placés au-dessous du cône de cailloux du Bastberg. Cette eau paraît donc principalement provenir des infiltrations qui se font, à partir de la surface, dans les cailloux et dans le calcaire d'eau douce. A la suite d'éboulements produits par l'exploitation, le toit argileux du lignite, qui était imperméable tant qu'il était massif, a probablement été rompu, et l'eau s'est frayé une voie à travers les fissures.

Le débit quotidien des pompes, qui est consigné dans un registre spécial, a varié, en 1851, entre 204 et 1410 mètres cubes ; c'est du 1er au 9 avril, à la suite de pluies continues, que se trouve le maximum. L'eau afflue presque en totalité sur un espace très-restreint. Pour en saisir d'un seul coup d'œil le régime, j'en ai représenté les variations depuis 1846 jusqu'à ce jour dans la figure 96 ; les longueurs représentant les temps, sont comptées sur la ligne ax comme abscisses, et celles qui sont proportionnelles aux volumes sont portées sur ay comme ordonnées. *Variations dans leur volume.*

A moins d'invasion d'eau par de nouveaux orifices, comme celles qui ont eu lieu en juillet et en novembre 1851, c'est en général à la fin de l'hiver que l'eau arrive avec la plus grande abondance. Le régime des eaux souterraines suit de près celui des eaux météoriques ; trente ou quarante-huit heures après une forte pluie torrentielle, on voit augmenter le volume d'eau dans la mine. Quand le terrain est déjà imprégné d'eau, il suffit même pour cela de quinze à dix-huit heures, ainsi qu'on l'a constaté en décembre 1849 pour une fonte subite de neige. Ces derniers chiffres expriment donc le temps nécessaire pour que les filets d'eau arrivent de la surface à une profondeur de 30 mètres. L'eau qui afflue d'abord est chargée de limon ; elle ne se clarifie que plus tard. Le volume annuel des eaux de la mine n'a pas été moindre dans ces dernières années que les précédentes ; rien *Leur relation avec les eaux météoriques.*

n'annonce donc que les canaux, par lesquels l'eau se déverse dans les travaux, commencent à s'obstruer [1]. A mesure que l'exploitation fera des progrès dans les parties inférieures de la mine, il est, au contraire, à craindre qu'il ne s'ouvre de nouvelles lézardes.

L'isolement du Bastberg permet de calculer une limite supérieure de la quantité d'eau météorique qui peut pénétrer dans les réservoirs souterrains auxquels la mine doit son eau; on arrive ainsi, en la répartissant uniformément sur tous les jours de l'année, à un volume journalier maximum de 753 mètres cubes. Or, la quantité d'eau réellement enlevée par les pompes est moyennement égale à peu près à la moitié de ce chiffre. Le reste de l'eau de pluie et de neige que reçoit le sol ruisselle à la surface du Bastberg, ou s'évapore, ou enfin alimente les sources extérieures dont il a déjà été question.

Volume des sources extérieures. Ces dernières sources ont ordinairement leur plus fort volume en novembre et en janvier; leur plus faible écoulement a lieu de juillet à septembre. Le minimum annuel est d'autant plus petit que l'hiver a été plus sec et surtout qu'il est tombé moins de neige, remarque qui est applicable à un grand nombre de sources de nos contrées.

Leur tarissement. Depuis le mois d'octobre 1850 jusqu'au 23 mars 1851, deux des trois sources de Bouxwiller ont complétement tari, fait qui n'avait plus été observé de mémoire d'homme. Il est probable que cet arrêt n'aurait pas eu lieu, si la mine n'avait pas soustrait une forte quantité d'eau au réservoir commun. Pour obvier autant que possible à une telle pénurie, on a foncé à côté des fontaines des puits qui s'alimentent dans la nappe du calcaire oolithique laquelle est inférieure de 25 mètres à celle du calcaire tertiaire.

Autres sources du terrain tertiaire. Le terrain de molasse qui s'étend le long des montagnes des Vosges, entre Gunstett et Wissembourg, donne lieu à des sources dans les vallons où il n'est pas recouvert par le loess; elles sortent des sables, du grès et des cailloux ou poudingues subordonnés en couches souvent irrégulières dans les argiles. Telles sont celles de Lampertsloch, de Be-

---

[1] La diminution observée pendant l'hiver et le printemps de 1852 paraît ne résulter que de la faible quantité d'eau qui est tombée de l'atmosphère à cette époque.

chelbronn, Kutzenhausen, Lobsann, Drachenbronn, Schœnenbourg, Hegeney, Morsbronn. A Lobsann, dans la mine de sable bitumineux, on a découvert en 1834 une source qui donnait 21 litres d'eau par minute.

Quelques sources, qui sortent du lœss superposé aux couches tertiaires sur une faible épaisseur, doivent néanmoins être attribuées à ce dernier terrain : c'est le cas à Mackwiller, Kutzenhausen, Hohwiller, Surbourg, et pour l'eau salée du Taubloch, près de Soultz-sous-Forêts.

Eaux jaillissantes à Birlenbach et à Schwabwiller. — Des forages pratiqués dans le même terrain pour la recherche du minerai de bitume ont rencontré dans deux localités, à Birlenbach et à Schwabwiller, des nappes d'eau jaillissantes, ce qui résulte de ce que le terrain se relève vers le nord-ouest, à partir de ces deux localités; la nappe de Birlenbach est à $30^m,30$ de profondeur.

Couches absorbantes à Lobsann. — Dans un sondage exécuté près de Lobsann aussi pour la recherche du bitume, on a rencontré des eaux dont le niveau est descendu de $2^m,33$ à 10 mètres en contre-bas du sol, et qui ont été absorbées presque totalement à la profondeur de 23 mètres. Comme le point dont il s'agit était placé sur l'un des affleurements les plus élevés du terrain, il est facile de comprendre que les couches perméables, au lieu de fournir de l'eau, comme à Birlenbach et Schwabwiller, aient été absorbantes.

Sondage de Haguenau. — Dans le forage pratiqué à Haguenau pour avoir de l'eau, on n'a rencontré qu'un faible suintement d'eau salée ; on s'est malheureusement arrêté en 1842, à la profondeur de 297 mètres, au moment où l'on allait atteindre la limite inférieure du terrain tertiaire sous lequel on aurait rencontré, soit le calcaire jurassique, soit le lias [1]. L'un et l'autre terrain formant à l'ouest de Haguenau des collines élevées de plus de 80 mètres au-dessus de la ville et contenant des couches aquifères, on avait la chance de trouver de l'eau jaillissante. Lors même que le résultat eût été négatif, il avait encore le mérite d'offrir la solution d'une question importante, tant pour Haguenau en particulier que pour les

---

[1] Le puits est tubé ; il a sur les 200 premiers mètres un diamètre de $0^m,18$, qui plus bas se réduit à $0^m,13$. On avançait journellement d'environ $0^m,75$ dans l'argile et moins vite dans le grès. Le puits a été abandonné après avoir coûté 96,750 fr.

villes de la plaine du Rhin, qui sont semblablement placées et privées d'eaux de sources. A Strasbourg, le puits fait en 1831 n'a rien appris à cet égard, parce qu'il n'a pas dépassé le gravier diluvien ; au-dessous il aurait atteint sans doute les couches tertiaires, comme celles qui affleurent à Kolbsheim, Hangenbieten et Blæsheim. Ajoutons que si le puits de Haguenau avait rencontré de l'eau au delà de 300 mètres, cette eau aurait eu une température d'au moins 20 degrés centigrades, et par conséquent n'aurait pas été immédiatement potable.

Autres sources du terrain tertiaire. — On peut encore citer dans le terrain tertiaire trois belles sources qui sortent du versant occidental du Scharachberg, côté vers lequel plongent les couches, à la base du dépôt de cailloux, et celles du village de Hangenbieten. A Kolbsheim, où les puits sont entaillés dans des argiles tertiaires, ils atteignent l'eau à des niveaux différents ; ce qui résulte soit de l'irrégularité des couches perméables, soit des contournements du terrain. Les puits de Schnersheim sont aussi dans le terrain tertiaire.

Source du Sundgau (Haut-Rhin). — Aucune région de la plaine d'Alsace n'est aussi riche en sources que le terrain tertiaire supérieur du Sundgau (Haut-Rhin), où les sources sont remarquables tant par leur nombre que par leur volume. Des amas de cailloux incohérents, enclavés dans des limons imperméables, réunissent en effet toutes les conditions favorables à la formation des sources [1].

Sources des alluvions anciennes. — Les terrains de gravier ou de sable diluvien qui s'élèvent au-dessus des cours d'eau fournissent de nombreuses sources, quand le dépôt arénacé repose sur des argiles ou sur un autre terrain imperméable, et surtout lorsque ce dernier présente un relief très-inégal.

Exemples divers. — Ainsi les sources qui alimentent la ville de Haguenau s'infiltrent dans les sables jusqu'à la surface de l'argile tertiaire. Il en est de même de celles situées près d'Ingwiller et à un kilomètre à l'est de Neuwiller, sur la route de Bouxwiller, avec cette différence que ces dernières coulent à la surface des marnes du keuper ; à Hochfelden, à Mülhausen, à Schil-

---

[1] Daubrée, *Notice sur le terrain tertiaire supérieur du Sundgau. Comptes-rendus de l'Académie des sciences*, t. XXVI, p. 251 ; et *Bulletin de la Société géologique de France*, 2ᵉ série. t. V, p. 165.

SOURCES ET EAUX SOUTERRAINES. 339

lersdorf, les marnes du lias forment le plancher de la nappe d'eau. Enfin des sources sortent du gravier diluvien de la Sarre, près de Schœpperten, de Herbitzheim et de Harskirchen, où le gravier est superposé au muschelkalk et aux marnes irisées; deux sources situées près de Saverne occupent une position semblable. L'état marécageux d'une partie de la forêt de Haguenau, quoique la partie superficielle soit formée de sable, résulte aussi de la présence de l'argile imperméable à une faible profondeur.

Il n'est pas étonnant que la nappe d'eau renfermée dans un dépôt de gravier dont le fond est très-irrégulier, présente elle-même des inégalités ou même des solutions de continuité. Ainsi, à Hochfelden, dans le voisinage des puits situés à la partie moyenne et supérieure du village et dont la profondeur est de 6 à 8 mètres, on a creusé, en 1845, jusqu'à 12 mètres sans rencontrer d'eau. Les ouvriers en furent très-étonnés; il est cependant facile de se rendre compte du fait; car, en dehors des nids de gravier, on ne doit plus trouver d'eau, si ce n'est beaucoup plus bas, dans certaines couches du lias. *Irrégularité de la nappe.*

De la longue terrasse diluvienne formée de sable et de marne qui s'étend le long de la plaine du Rhin, jaillissent de nombreuses sources, particulièrement entre Oberhoffen et Schirrhein; elles sont situées, soit au pied même du talus, soit à 2 ou 4 mètres au-dessus de la plaine, et donnent naissance à des ruisseaux qui arrosent les terrains tourbeux. Des sources semblables se rencontrent entre Kaltenhausen et Bischwiller et dans la banlieue de Soufflenheim. *Sources nombreuses entre Bischwiller et Seltz.*

C'est dans les deux anses de la terrasse comprises entre Oberhoffen et Schirrhein que sortent les principales sources; au contraire, les promontoires formés par les mêmes terrasses sont généralement secs. Cette observation, qui se lie au développement des terrains tourbeux dans les anses, est applicable en général à la recherche des eaux souterraines. *Leur position dans les anses de la terrasse.*

Toutes ces sources paraissent résulter d'infiltrations superficielles qui se font surtout dans la forêt de Haguenau; cependant, comme elles traversent le sable, les sources qui en résultent sont très-limpides.

On peut assimiler aux sources dont il vient d'être question celles de Riedseltz, des banlieues de Hundspach, d'Ingolsheim, d'Ober- et de Niederbetschdorf, enfin celles qui sortent *Autres sources semblablement situées.*

22.

des fossés de fortification de Wissembourg, dont quatre sont introduites en ville pour les usages des habitants. Les sources de Brumath, celles de Rottelsheim, de Batzendorf, de Kriegsheim et de Wingersheim, sortent aussi des alluvions anciennes ou des couches supérieures des terrains tertiaires.

Eaux courantes à une faible profondeur.

Dans une partie de la Basse-Alsace, le lœss repose sur du gravier diluvien. Ce gravier est non-seulement aquifère, mais la nappe d'eau qu'il contient est souvent animée d'un mouvement rapide que les ouvriers ont depuis longtemps remarqué en y fonçant des puits; son affluence est quelquefois si forte que l'on peut à peine y murailler les puits. On observe notamment ce fait à Stützheim, Olwisheim, Eckwersheim, Vendenheim, Wiwersheim, Mommenheim, Bernolsheim, Lampertheim, Kœnigshoffen, Oberhausbergen, Oberschæffolsheim et Wolfisheim. L'examen des deux coupes de la figure 97 fait comprendre la disposition habituelle des nappes dont il s'agit. Les argiles tertiaires, sur lesquelles repose le gravier diluvien, ont une surface inclinée d'une manière variable; le ruisseau r, qui se meut à un niveau supérieur, s'infiltre sans cesse dans le gravier a et va rejoindre le vallon voisin, de telle sorte que, dans tous les points intermédiaires, tels que p, où l'on creuse des puits, on rencontre de l'eau courante.

Quand deux cours d'eau coulent à proximité l'un de l'autre, et à des niveaux différents, il peut donc s'établir, à travers le promontoire qu'ils interceptent entre eux, une communication souterraine. Cette communication, plus directe que le chemin par lequel ils concourent à la surface, est généralement cachée à la vue par un dépôt de lœss; mais les puits que l'on creuse dans l'intervalle rencontrent une véritable rivière souterraine.

Les plateaux de lœss ou de limon diluvien, qui ne sont pas assez profondément échancrés pour laisser affleurer le terrain sous-jacent, sont en général dépourvus d'eau, ce qui résulte de l'imperméabilité du terrain.

Position des sources dans les concavités du terrain.

Quel que soit le terrain dont elles proviennent, les sources sortent en général des parties concaves du sol, ainsi que nous l'avons fait observer à plusieurs reprises dans le coup d'œil que nous venons de jeter sur leur disposition générale.

Nappes d'eau d'infiltration adjacentes aux rivières.

Les traînées de gravier, au milieu desquelles coulent un grand nombre de rivières et de fleuves, sont en général imbibées d'eau jusqu'à une certaine profondeur. C'est avec cette eau que s'alimentent presque exclusivement les populations qui vivent sur les plaines alluviennes; car les sources proprement dites y manquent ordinairement. Ainsi, dans les villes et villages du département du Bas-Rhin qui sont situés sur les alluvions modernes, l'eau potable s'obtient au moyen de puits. *[Nappes d'eau voisines des rivières.]*

Comme le gravier et le sable d'alluvion sont facilement perméables, les eaux météoriques qui tombent à la surface s'y infiltrent, surtout aux endroits où ces dépôts ne sont pas recouverts de limon argileux. En outre, la rivière qui a creusé son lit dans le gravier contribue aussi à alimenter la même nappe d'eau par des infiltrations latérales. La nappe souterraine que renferme le gravier le long d'une rivière est souvent désignée sous le nom d'*eau d'infiltration;* mais cette dénomination pouvant tout aussi exactement s'appliquer à des réservoirs de sources qui souvent aussi sont alimentés par des infiltrations de rivières, il paraît plus convenable de donner aux eaux dont il s'agit le nom de *nappes adjacentes aux rivières* ou celui de *nappes des alluvions modernes*. *[Leur mode d'alimentation.]*

La nappe d'eau souterraine dont il s'agit se prolonge dans toute l'étendue du dépôt de gravier, et elle s'arrête là où le gravier cesse, pour faire place à un terrain plus ancien qui est peu perméable. Quand le gravier est recouvert par le lœss, la nappe d'eau s'étend néanmoins au-dessous de cette couche imperméable; ainsi les puits des villages de Schiltigheim, Bischheim, Hœnheim, Reichstett, etc., qui sont creusés dans le lœss, fournissent de l'eau dès qu'ils atteignent le gravier. *[Limite latérale de ces nappes d'eau.]*

Dans le sens de la profondeur, la nappe d'eau s'arrête en général au terrain qui supporte le gravier, à moins que celui-ci ne soit lui-même perméable; l'épaisseur de la couche aquifère varie donc comme celle du dépôt d'alluvion. Lorsque l'on fonce un puits, on rencontre quelquefois au milieu du gravier des lits argileux peu perméables auxquels la nappe d'eau paraît s'arrêter; mais ces lits, de forme lenti- *[Leur limite dans la profondeur.]*

culaire, n'ont qu'une dimension très-restreinte, et, plus bas, on retrouve le gravier aquifère.

Section transversale de la nappe d'eau souterraine. — D'après ce qui précède, la nappe d'eau souterraine qui borde le Rhin, à la hauteur de Strasbourg, a une largeur de plus de 20 kilomètres ; sa profondeur est inconnue ; mais elle est certainement supérieure à 10 mètres. Ainsi la section transversale du gravier aquifère est de 200,000 mètres carrés. Cette section est 320 fois plus grande que celles réunies du Rhin et de l'Ill, lors des eaux moyennes ; car la somme de ces dernières est d'environ 625 mètres carrés.

Fraction du volume du gravier occupé par de l'eau. — Pour évaluer la quantité d'eau souterraine qui imbibe le gravier, il suffisait de mesurer les interstices que laissent entre eux les cailloux et les grains de sable dans leur état ordinaire ; voici l'expérience très-simple que j'ai faite, dans ce but, sur différentes espèces de gravier. Le gravier était tassé dans un vase imperméable en tôle d'un poids p, de manière à occuper le moindre volume possible. En déterminant les poids p' du gravier sec, et p'' celui du gravier imbibé d'eau, $\frac{p''-p'}{p'}$ exprimait la dimension relative des interstices. Ces pesées ont été faites sur des poids de 160 à 180 kilogrammes de gravier sec. Selon la variété de gravier, le volume des interstices a été trouvé de 0,18 à 0,28 ; pour le gros gravier passé sur un crible dont les mailles sont distantes de 2 centimètres, les interstices sont de 0,32 à 0,36, tandis que pour le mélange de menu gravier et de sable qui a passé à travers le crible, ils ne forment que les 0,15 à 0,16 du volume total[1].

Dans le gravier des alluvions modernes ou anciennes pris *en place*, les interstices ne peuvent pas être beaucoup moindres que dans le gravier tassé artificiellement, comme on vient de le voir. Il est même probable que les interstices y sont en général plus volumineux que dans ce dernier, à en juger par le déchet que l'on remarque ordinairement dans les remblais où l'on emploie le gravier na-

[1] M. Müntz, ingénieur en chef des ponts et chaussées, a trouvé par d'autres procédés 0,38 pour la valeur des interstices du gravier du Rhin et pour celui de la forêt de Haguenau ; mais ce gravier n'était pas alors fortement tassé.

turel[1]. D'après les chiffres trouvés plus haut, on reste au-dessous de la réalité en admettant, pour le volume d'eau qui imbibe le gravier, la fraction 0,20 ou un cinquième. La nappe adjacente au Rhin renferme donc, à la hauteur de Strasbourg et sur 1 kilomètre de longueur, une quantité d'eau égale à ce qui passe au pont de Kehl en 11 1/2 heures environ, lors du niveau moyen. Cette nappe est à assimiler à un vaste lac souterrain dont la capacité serait pour la plus grande partie comblée par du gravier.

La faible vitesse avec laquelle l'eau afflue dans les puits foncés dans le gravier donne une idée de la difficulté avec laquelle elle se meut dans les interstices qu'elle occupe. Je citerai à cet égard quelques chiffres. Dans une excavation pratiquée à la citadelle, en 1847, on a rencontré l'eau à $1^m,75$ de profondeur, et on a continué à creuser $0^m,70$ plus bas. L'excavation occupée par de l'eau était un prisme carré de $2^m,10$ de côté sur $0^m,70$ de hauteur, dont le volume était de 3087 mètres cubes. On épuisa au moyen d'une pompe; cela exigea 1 heure 45 minutes, temps pendant lequel on enleva 7840 litres d'eau. Il fallut ensuite 1 heure 40 minutes pour que le puits se remplît de nouveau[2]. La surface de suintement étant de $10^{m.q},29$, la quantité d'eau fournie en une minute est de $7^{lit},26$ dans le premier cas, et de 3 litres dans le second.

Vitesse d'infiltration.

Dans une fosse creusée pour fondations en novembre 1848, lorsque les eaux de l'Ill étaient à peu près à l'étiage, fosse qui avait 7 mètres de largeur sur 11 mètres de longueur à la surface de l'eau, et dont les talus latéraux étaient de 0,45; on a établi 8 pompes dont chacune débitait $8^{lit},40$ par seconde. Au bout de 40 minutes, le niveau, qui était à $1^m,24$ au-dessus du fond, est descendu à $0^m,91$, et s'est maintenu stationnaire. La surface de suintement était pour le fond de $36^{m.q},97$, et pour les parois réduites à des plans verticaux $38^{m.q},25$, total $75^{m.q},22$; la quantité d'eau fournie en une minute par mètre carré de surface était donc de $6^{lit},70$. Deux heures après qu'on eut ôté les pompes, le bassin avait repris son volume primitif; il y avait par conséquent afflué

---

[1] On a quelquefois observé un déchet de 0,25.
[2] M. de Morlet, colonel du génie, a bien voulu faire noter ces chiffres sur ma demande.

moyennement 4^{lit},9 par minute et par mètre carré de surface.

Je citerai un troisième cas dans lequel l'épuisement se faisait à l'aide d'une machine à vapeur, et qui a donné un produit beaucoup plus élevé que les deux précédents; il s'agit du puits de la station du chemin de fer de Strasbourg. Ce puits est muraillé en briques, de sorte que l'eau n'afflue que par son fond qui est circulaire et a un diamètre de 1^m,20. Le 30 janvier 1852, la surface supérieure de l'eau dans le puits était à 1^m,020 au-dessous du canal des Faux-Remparts, et à 0^m,045 au-dessus des fossés de fortifications; la colonne d'eau avait une hauteur d'environ 1^m,95. En pompant pendant 1 heure 28 minutes, on a obtenu moyennement 115 litres par mètre carré de surface de suintement; on a même observé pendant 39 minutes, quand le niveau était déjà fort abaissé, une affluence de 160 litres par minute. Le niveau, qui avait été abaissé de 1^m,34, s'est relevé de 0^m,630 en 7 minutes, puis de 0^m,20 en 4 minutes; ce qui équivaut d'abord à 90 et ensuite à 50 litres par minute.

Quelques parties du gravier dépourvues de sable sont d'une perméabilité beaucoup plus grande que d'autres; on a eu plusieurs fois occasion de le constater. Lors du creusement du canal du Rhône-au-Rhin, il s'opérait par ce gravier des fuites énormes avant qu'on y eût remédié par un corroi[1].

Niveau comparatif des puits et de la rivière.

A la suite des crues et des basses eaux de la rivière, le niveau des puits s'élève et s'abaisse. La correspondance n'est pas instantanée; la hauteur de la nappe souterraine présente un retard de plusieurs heures ou de plusieurs jours sur l'état maximum ou minimum de la rivière, en raison de la résistance que l'eau éprouve dans son mouvement souterrain. Aussi, le long des cours d'eau sujets à des variations fréquentes et rapides, l'eau des puits, au lieu d'être de niveau avec la rivière, est ordinairement en contre-haut ou en contre-bas par rapport au niveau de celle-ci. L'amplitude des oscillations souterraines est en général moindre que celle des cours d'eau.

Profondeur des puits de Strasbourg.

A Strasbourg, la profondeur des puits, à partir du pavé,

[1] Les ouvriers donnaient à ce gravier en allemand le nom de *grenier à noix* (*Nussbühne*).

varie en général de 5 à 12 mètres, selon la hauteur du sol et l'épaisseur de l'eau que l'on désire. Depuis les travaux de rectification opérés sur le Rhin, travaux qui ont forcé le fleuve à creuser davantage son lit, les puits de cette ville, comme ceux des autres régions riveraines, ont dû être approfondis.

Souvent le volume du Rhin augmente beaucoup, parce qu'il y a eu des fontes de neige ou de pluie dans le haut de son bassin, sans qu'il soit tombé d'eau dans la partie moyenne du fleuve. Dans cette partie moyenne, le niveau de la nappe d'eau souterraine s'élève néanmoins, d'abord près de la rivière, puis l'élévation de niveau gagne de proche en proche : ce qui ne peut résulter que de ce que le fleuve, en s'élevant, s'infiltre latéralement dans le gravier voisin. Le mouvement transversal dont il est question se fait avec lenteur; cependant, si la crue du fleuve dure quelque temps, toute la plaine voisine se trouve imbibée au-dessus du niveau moyen. La baisse du fleuve détermine un écoulement en sens inverse, c'est-à-dire de l'intérieur du sol vers le cours d'eau superficiel. Ces oscillations décroissent d'amplitude en s'éloignant de la rivière. *Mouvement du fleuve vers la nappe d'eau adjacente et inversement.*

Le long promontoire qui sépare le Rhin de l'Ill, à la hauteur de Strasbourg, présente quelquefois ce double mouvement; car, les bassins des deux cours d'eau étant dans des conditions différentes, leurs crues peuvent être indépendantes l'une de l'autre; ainsi le Rhin a sa crue d'été, lorsque l'Ill est ordinairement très-basse. Si les eaux de l'Ill viennent à croître subitement, celles du Rhin restant étales, les eaux d'infiltration s'élèvent de proche en proche, à partir de la première rivière, et bientôt une partie de la rivière d'Ill se déverse dans le Rhin par cette voie souterraine. Un mouvement en sens contraire se fait, quand c'est le Rhin qui est en crue. M. Legrom, ingénieur en chef des ponts et chaussées, a eu occasion de constater ce double fait en faisant creuser le canal de l'Ill-au-Rhin.

L'eau de la nappe souterraine de la plaine du Rhin paraît fonctionner à la manière d'un régulateur qui, lors des crues, soustrait au fleuve du liquide pour le lui restituer lors des sécheresses. Cette sorte de flux et de reflux, qui s'opère sur de très-grandes surfaces, amoindrit les oscillations extrêmes du volume de la rivière. Ce phénomène a quelque *Influence de la nappe souterraine sur les oscillations des rivières.*

analogie avec le mouvement ascendant et descendant de la chaleur solaire dans l'intérieur de la croûte terrestre, suivant les saisons.

Autre effet de ce double mouvement. — Par suite du va et vient dont il s'agit, la boue qui s'est infiltrée dans le sable avec les eaux troubles de la rivière, à proximité du lit, en est expulsée lors du mouvement rétrograde de l'eau. C'est peut-être par suite de ce mouvement que le gravier n'est pas depuis longtemps imprégné de vase, même à peu de distance de la rivière. Cet effet naturel, bien qu'il n'ait pas été encore signalé, au moins à ma connaissance, a le même principe qu'un système de filtration artificielle fort ingénieux, établi par l'ingénieur Thom à Grenock, en 1828, dans lequel le nettoiement du filtre se fait de lui-même, parce que l'eau peut y pénétrer, soit par le haut, soit par le bas [1].

Mouvement longitudinal parallèle au cours de la rivière. — Dans une même section perpendiculaire au cours du Rhin, la nappe souterraine est en général à un niveau voisin de celui des eaux moyennes du fleuve; considérée de l'amont vers l'aval, cette nappe d'eau a donc aussi à peu près la même pente générale que celui-ci. Il doit résulter de cette inclinaison un mouvement souterrain qui s'opère dans le même sens que celui de la rivière, mais avec beaucoup de lenteur.

Mouvement effectif. — En résumé, l'eau des nappes souterraines adjacentes aux rivières tend à se mouvoir dans deux sens principaux : d'abord de l'amont vers l'aval de la vallée, par suite de la pente générale du sol qui la renferme; puis dans le sens transversal, en raison des variations dans son niveau relativement à celui de la rivière voisine.

Nature du mouvement de la nappe d'eau à Strasbourg. — L'exemple suivant montre la nature du mouvement de translation de la nappe d'eau souterraine et apprend en même temps comment les impuretés y pénètrent: L'eau fournie par les puits de plusieurs maisons du faubourg de Pierre, à Strasbourg, devint impure à peu près simultanément en 1848. Au moment où cette eau sortait des pompes, elle répandait une odeur semblable à celle du bitume obtenu par la fabrication du gaz ; abandonnée à elle-même, elle se recouvrait bientôt d'une pellicule graisseuse due à la présence du goudron. Les puits infectés formaient une bande

---

[1] Arago, *Rapport sur des appareils de filtrage. Comptes-rendus de l'Académie des sciences.* 1837. t. V, p. 195.

étroite et alongée qui s'étendait à partir de l'usine à gaz jusqu'à 300 mètres environ de distance. Or, la direction de cette zone est placée, comme une diagonale *résultante*, entre les directions de deux courants qui tendent à s'opérer, l'un dans le sens du canal des Faux-Remparts, l'autre de ce dernier canal dans les fossés des fortifications [1].

<small>Mouvement à Haguenau.</small>

Une infiltration d'eau chaude, à partir d'un puits où il affluait de l'eau chaude provenant d'une machine à vapeur, a servi aussi à reconnaître un courant souterrain dans une direction déterminée, à Haguenau. Le puits dans lequel l'eau avait 29° appartient à la filature de cette ville. La température des eaux de certains puits du voisinage n'était pas sensiblement influencée ; mais celle d'un puits situé à 35 mètres de distance vers E. S. E. était de 18°,4, c'est-à-dire qu'elle était échauffée d'environ 6°. Un second puits, situé à 70 mètres de distance dans la même direction, était échauffé de 1°. Ce fait montre que l'eau se mouvait alors dans le gravier, du puits vers la Moder, suivant une ligne oblique dirigée vers E. S. E

<small>Sources abondantes jaillissant de la basse plaine du Rhin.</small>

Contrairement à ce que l'on observe en général, il jaillit de la plaine alluvienne du Rhin des sources nombreuses et abondantes. Plusieurs de ces sources sont assez volumineuses pour que les ruisseaux qui en naissent servent, dès leur origine, de moteurs à des usines, comme à Obenheim et à Gerstheim. D'autres forment immédiatement de véritables rivières ; telles sont la source située près d'Offendorf, celle de la Loutter près de Huttenheim, celle de la Blind près de Colmar (Haut-Rhin), et plusieurs des cours d'eau situés aux environs de Schlestadt, dont il a été question page 11. Tous ces ruisseaux et petites rivières qui jaillissent dans des rigoles peu profondes, à 0^m,50 ou 1 mètre en contre-bas de la surface du sol, doivent leur origine à des épanchements de la nappe d'eau d'infiltration ; on a donné le nom de *graben* à un certain nombre d'entre eux (Riethgraben, Dorfgraben,

---

[1] Ajoutons que la première eau aspirée des pompes était toujours moins chargée de bitume que celle extraite quelques minutes plus tard, ce qui résultait sans doute de ce que l'eau souterraine abandonnée au repos se dépouillait du bitume qu'elle avait entraînée. On a remédié à l'inconvénient dont il vient d'être question, en rendant imperméable le réservoir à bitume de l'usine à gaz.

Frieschgraben), bien que leur origine ne soit pas artificielle. L'alluvion est loin d'être homogène dans sa composition; sur certains points, elle consiste en un gravier extrêmement perméable; ailleurs elle est mélangée de limon, de manière à former des digues à peu près imperméables. Il paraît exister à peu de profondeur des espèces de galeries essentiellement perméables, dans lesquelles il s'opère des dérivations du Rhin et d'autres cours d'eau. Ces dérivations, après quelques kilomètres de trajet souterrain de l'amont vers l'aval, donnent naissance à de petites rivières qui jaillissent avec impétuosité du sol; c'est une variété du mécanisme ordinaire des sources. L'élévation de l'orifice des sources qui nous occupent, au-dessus du niveau moyen du fleuve considéré dans une même section transversale de la vallée, leur extrême limpidité, les faibles variations de température qu'elles présentent, sont autant de faits qui apprennent que les orifices de ces sources sont en général assez éloignés de la prise d'eau.

Substances en dissolution dans les eaux.

Nature des eaux dans divers terrains. La nature chimique des eaux n'est pas la même dans tous les terrains. Nous laisserons de côté, pour le moment, les sources minérales proprement dites, sur lesquelles nous reviendrons un peu plus loin.

On trouve des sources de très-bonne qualité dans les roches cristallines, ainsi que dans le grès rouge et dans le grès des Vosges.

Du terrain houiller il sort, près de Lalaye et au pied du Haut-Kœnigsbourg, des eaux qui ont la saveur astringente caractéristique du sulfate de fer, sel dont la présence est due à la décomposition de la pyrite disséminée dans le terrain. L'eau du puits artésien de l'ancienne maison de poste à Villé, qui suinte du même terrain, est chargée de sulfate de chaux.

Outre ce dernier sel, l'eau du muschelkalk renferme en général une quantité notable de carbonate de chaux. On en a un exemple dans la source de la Souffel, que les Romains avaient amenée de Küttolsheim à Strasbourg par un aqueduc de plus de 17 kilomètres de longueur, dont on a retrouvé les vestiges jusque dans cette dernière ville. L'une des sources qui sortent du muschelkalk, à un kilomètre au sud de Lorentzen, est avoisinée par une terre noire qui est ordinairement imbibée d'eau et de laquelle il se dégage, lorsqu'elle se dessèche pendant l'été, une odeur d'hydrogène sulfuré; ce gaz résulte probablement de la réduction des sulfates en sulfures par la matière organique, puis de la décomposition de ceux-ci.

Il est rare que les eaux du keuper ne contiennent pas de sels en assez forte proportion; telles sont les sources de Bonne-Fontaine, commune d'Altwiller, que l'on qualifie de minérales, celles situées à un kilomètre au nord de Bisert; enfin celle d'Avenheim, à laquelle les habitants des environs attribuent depuis longtemps de l'efficacité dans certaines maladies.

Le lias fournit également des eaux assez impures; elles sont quelquefois faiblement incrustantes, comme à Gundershoffen. Des sources, contenant du bicarbonate de fer et formant à l'air des dépôts ferrugineux, en jaillissent à Frœschwiller et à 800 mètres d'Imbsheim, au lieu dit Weyergarten Une source située à Dambach, à laquelle, dans cette localité, on suppose une action thérapeutique, sort aussi du lias.

L'eau de Bechelbronn, dont M. Boussingault a fait l'analyse, sort des couches tertiaires qui renferment des veines de pétrole[1]; elle renferme pour un litre :

	Grammes.
Carbonate de chaux	0,353
— de magnésie	0,037
Sulfate de magnésie	0,118
— de soude	0,202
Chlorure de sodium	0,069
Silice	0,020
Phosphates de chaux et de fer	traces
Matières organiques, carbonate d'ammoniaque, acide carbonique libre	Indéterminé.
	0,799

Il existait, il y a quelques années, à Bouxwiller une source

---

[1] *Annales de chimie et de physique*, 3ᵉ série, t. XVI, p. 490.

sortant du calcaire tertiaire d'eau douce qui renfermait de carbonate et du sulfate de chaux avec une faible quantité de sulfure ; cette eau, à laquelle on donnait le nom de *Sauerbrunnen*, était utile, prétendait-on, dans certaines maladies. Elle était analogue par son origine à la source sulfureuse de Lorentzen qui vient d'être signalée.

Les eaux qui s'échappent des alluvions anciennes participent à la nature du terrain plus ancien sur lequel elles coulent souterrainement ; ainsi les eaux de Haguenau sont calcaires. Elles sont en outre rendues impures, parce que le fumier que l'on répand en abondance aux environs de la ville est lavé par les eaux d'infiltration qui alimentent les sources. Comme nous l'avons vu, page 261, des suintements ferrugineux sortent en grand nombre du sable du grès des Vosges et du limon jaune.

Impureté de l'eau de la nappe d'infiltration. La nappe d'eau d'infiltration adjacente aux rivières, en raison de sa situation superficielle, est sujette à des causes particulières d'impureté, surtout à proximité des centres de population. Les causes qui contribuent à la vicier sont trop nombreuses et de nature trop variée pour qu'on puisse les détailler ici. Dans les villes où la couche superficielle est généralement pavée et fort compacte, l'infiltration est moins facile que dans les villages où l'on voit quelquefois les eaux des fosses à purin pénétrer graduellement dans la nappe d'eau qui alimente les puits. D'un autre côté, dans les villes, les agents d'infection sont proportionnellement bien plus nombreux. Les conduits d'égouts, les fosses d'aisance ou les puisards dont les parois ne sont pas complétement imperméables, sont des causes de corruption[1]. Il en est de même des cimetières dont les inhumations se font dans la couche aquifère, des écuries, de certaines fabriques, etc. Loin de s'étonner que les eaux des villes situées comme Strasbourg soient impures, il y a plutôt lieu d'être surpris que, dans un sol dont la superficie est habitée depuis tant de siècles, le gravier ne soit pas lui-même tellement chargé d'impuretés que son eau cesse d'être potable.

[1] Il existait, il y a peu d'années encore, à Strasbourg, des fosses d'aisance que les propriétaires n'avaient pas besoin de faire vider, parce que les matières fécales s'infiltraient d'elles-mêmes dans le terrain voisin.

SOURCES ET EAUX SOUTERRAINES.

A défaut d'analyses suffisamment circonstanciées, voici la proportion de sels renfermés dans les eaux de quelques puits de Strasbourg. Les chiffres expriment en grammes le résidu qu'un litre laisse après évaporation [1] :

Proportion de sels des eaux de puits.

Grammes.

1° Puits des fous (Narrenbrunnen), près de l'hôpital militaire. 0,282
2° Puits dans une maison de la place Saint-Thomas   0,304
3° Puits de la caserne des pontonniers (3 avril 1849). 0,327
4° Puits situé devant la même caserne et à proximité du précédent (3 avril 1849). 0,332
5° Le même (16 mai 1849). 0,316
6° Puits de la caserne des Ponts-Couverts (24 septembre 1848). 0,379
7° Autre puits de la même caserne (même date) . 0,402
8° Puits du Vieux-Marché-aux-Poissons (Fischbrunnen). 0,434
9° Puits situé près de l'hôpital militaire (4 octobre 1848). 0,584
10° Puits situé près de la porte de Saverne (3 février 1852) 0,573
11° Puits de la station du chemin de fer (14 novembre 1851) 0,772
12° Le même (30 janvier 1852) 0,678

Dans les puits d'autres localités du département, on a trouvé :

Grammes.

13° Puits situé à 500 mètres à l'extérieur des remparts de Strasbourg, près du chemin de fer . . . 0,300
14° Puits du réservoir de Kœnigshoffen, près de Strasbourg 0,240
15° Puits de la station de Schlestadt. 0,320
16° Puits de la station de Saverne 0,640
17° Le même (février 1852). 0,716

---

[1] Les résultats 3 à 7 sont dus à M. Roucher, pharmacien aide-major ; ceux des nos 1, 2 et 8 sont extraits de la *Topographie physique et médicale de Strasbourg*, par Graffenauer, 1806, p. 19 ; les autres sont de M. Le Bas, garde-mines.

Les sels renfermés dans ces eaux consistent en chlorures, carbonates, sulfates, phosphates, nitrates et en matières organiques; le carbonate de chaux forme fréquemment près de la moitié du poids total de ces sels.

Id. des eaux des rivières voisines. Comme terme de comparaison, il convient de rapprocher des eaux de puits celles des rivières voisines.

Un litre d'eau recueillie à Kehl, en mai 1846, renferme, d'après une analyse de M. H. Deville, les substances fixes suivantes [1] :

Carbonate de chaux. . . .	0,1356
— de magnésie. .	0,0051
Sulfate de chaux. . . .	0,0147
— de soude	0,0135
Chlorure de sodium. . .	0,0020
Nitrate de potasse . . .	0,0038
Acide silicique	0,0488
Alumine	0,0025
Peroxyde de fer	0,0058
	0,2318

Une autre analyse d'eau du Rhin prise à Bâle, qui a été faite en 1837 par M. Pagenstecher [2], a indiqué 0^{gr},1711 par litre de sels fixes, de même nature que ceux qui viennent d'être cités.

Voici des chiffres qui expriment le résidu obtenu par l'évaporation d'autres rivières du département, ce résidu étant rapporté à un litre.

Grammes.

18° Eau de l'Ill, à Strasbourg, canal des Faux-Remparts (24 septembre 1848)	0,183
19° Idem (14 novembre 1851, basses eaux) . .	0,151
20° Idem (13 octobre 1851, hautes eaux) . . .	0,104
21° Eau du fossé des fortifications, près de la station du chemin de fer (14 novembre 1851) . . .	0,203
22° Idem (2 octobre 1851).	0,270
23° Idem (époque indéterminée)	0,120

---

[1] *Annuaire des eaux de la France pour* 1851, p. 242.
[2] Studer, *Lehrbuch der Geognosie.*

	Grammes.
24° Eau de la Zorn à Saverne (janvier 1852, hautes eaux)	0,044
25° Idem (février 1852, hautes eaux)	0,042
26° Eau de la Zorn à Brumath	0,220
27° Eau de la Sarre à Sarrebourg (29 déc. 1851)	0,054

Comparaison de ces résultats.

La comparaison des résultats qui viennent d'être indiqués donne lieu aux observations suivantes : 1° Les rivières qui, comme la Zorn et la Sarre, sortent du terrain du grès des Vosges, ne renferment des matières salines qu'en très-faible proportion ; mais, bientôt après avoir quitté les montagnes, ces rivières deviennent plus impures ; ainsi, d'après les essais 24, 25 et 26, la Zorn, à Brumath, renferme environ 5 fois plus de matières salines qu'à Saverne. 2° Les eaux des puits sont notablement plus chargées de sels que celles des rivières voisines de la nappe d'eau d'infiltration. Les eaux des puits de Kœnigshoffen, d'Erstein et de Schlestadt qui ont été examinées, sont moins impures que celles des puits de Strasbourg. Celles-ci diffèrent quelquefois beaucoup d'un point à l'autre ; la meilleure eau de cette ville renferme au moins 1/3 de matières salines de plus que le Rhin et l'Ill pris dans le voisinage ; il est même des puits pour lesquels ce rapport est celui de 2, 3 ou 4 à 1. Le puits de la station de Saverne, qui reçoit sans doute des infiltrations calcaires provenant du muschelkalk, renferme 17 fois plus de matières que l'eau de la Zorn recueillie dans la même localité. Ajoutons que ces conclusions s'appuient sur un trop petit nombre de résultats pour que les chiffres qui y sont mentionnés puissent être considérés comme des moyennes.

Le puits qui alimente le réservoir de la station du chemin de fer occupe l'emplacement d'anciennes écuries de régiment. Il a été nettoyé et approfondi à la fin de juillet 1851 ; les premières eaux puisées le 18 octobre suivant renfermaient par litre $2^{gr},585$ de matières salines, ce qui est un chiffre remarquablement élevé ; mais, à mesure qu'on les renouvelait, elles devinrent peu à peu plus pures ; le 16 novembre, c'est-à-dire un mois plus tard, elles ne laissaient plus qu'un résidu de $1^{gr},020$.

Gaz en dissolution.

Relativement aux gaz renfermés en dissolution, soit dans les eaux de puits, soit dans les eaux de rivières, je rapporterai ici les résultats obtenus par M. Roucher.

PROVENANCE DES EAUX.	Date de l'expérience.	QUANTITÉ de gaz en volume.	Acide carbonique pour 100 du gaz total.
Pompe de la caserne des Ponts-Couverts	2 oct. 1848	0,038	0,40
Id. située près de l'hôpital militaire	4 oct. 1848	0,038	0,56
Id. dans la caserne des pontonniers	3 avril 1849	0,045	0,55
Id. située près de la précédente, extérieurement à la caserne .	Id.	0,039	0,48
Id. située à l'hôpital militaire, dans la première cour . . .	Id.	0,054	0,62
Id. située à l'hôpital militaire, au laboratoire	Id.	0,132	0,84
Eau de l'Ill prise près de la caserne des Ponts-Couverts. .	2 oct. 1848	0,025	0,26

Le volume de gaz dissous dans les eaux de puits examinés a varié de 0,038 à 0,054, sauf dans l'une d'elles pour lequel ce volume a été trouvé de 0,132; celle-ci, qui appartient au puits du laboratoire de l'hôpital militaire, est à certaines époques infectée par les produits de la décomposition de matières fécales. L'eau dont il s'agit se distingue, non-seulement par sa richesse en acide carbonique, mais par la faible proportion d'oxygène, qui y forme seulement 1/50 environ du volume de l'azote. L'acide carbonique est en proportion notablement moindre dans l'eau de la rivière que dans l'eau des puits.

Dégagement de gaz irrespirable à Bischwiller.

En approfondissant un puits creusé à Bischwiller dans les alluvions anciennes, on rencontra en 1824, à une profondeur de 12 mètres, une masse d'eau qui se précipita en bouillonnant au fond de ce puits, en faisant entendre un bruit très-violent. Le gaz dégagé éteignit une lumière. Malgré cet indice qui devait faire soupçonner le danger, un ouvrier voulut y descendre; mais il fut asphyxié et tomba dans l'eau; quand on le retira, il était mort. Le gaz qui se dégageait ainsi en abondance ne pouvait être que de l'acide carbonique ou de l'azote.

SOURCES ET EAUX SOUTERRAINES. 355

On prétend avoir reconnu, près d'une source peu abondante qui est à la ferme de Scheidhof, banlieue de Haguenau, l'existence de gaz inflammable ; ce gaz serait probablement de l'hydrogène protocarboné qui se dégagerait du sol tourbeux voisin. *Hydrogène carboné près de Haguenau.*

A quelques mètres de distance d'un puits dont l'eau est bonne, on en trouve quelquefois un autre dont l'eau est à peine potable[1]. Dans ce dernier cas, la cause de la mauvaise qualité doit être cherchée à proximité du puits ; on peut quelquefois y porter remède en arrêtant, par des murs imperméables ou autrement, les infiltrations corruptrices. *Moyens d'améliorer l'eau des puits.*

On est aussi parvenu depuis quelques années à améliorer la qualité de l'eau de nombreux puits de Strasbourg, en les approfondissant de 3 à 4 mètres et en y descendant un tubage continu en fonte, de manière à n'avoir que de l'eau de la nappe inférieure. Comme des lits horizontaux de limon peu perméable divisent le gravier aquifère, de distance en distance, au-dessous d'une eau infectée par quelque influence locale, on peut ainsi trouver des eaux plus pures. Certains puits habituellement de bonne qualité se corrompent à la suite des basses eaux qu'amènent les sécheresses de l'été. Quoique l'approfondissement soit un moyen assez fréquent d'améliorer l'eau des puits des villes, l'efficacité de ce procédé n'est pas tout à fait générale. A Mulhouse, quand on creuse au delà de 6 mètres de profondeur, on arrive dans un gravier de nature différente de celui qui occupe la surface, et dont l'eau est ordinairement impropre à tout autre usage qu'à la production de la vapeur.

Température des sources[2].

La plupart des sources de nos climats qui arrivent au jour sans se mélanger à des eaux superficielles ne subissent annuellement, dans leur température, que de faibles variations qui, en général, ne dépassent pas quelques dixièmes de de- *Faibles variations annuelles.*

---

[1] Ainsi, à l'hôpital militaire, la pompe du laboratoire dont il vient d'être question comme devenant quelquefois tout à fait infecte, est située à 25 mètres d'une autre pompe située dans la cour, dans laquelle on n'observe pas de variations. La direction des courants qui traversent la nappe (p. 346) sert à rendre compte de ces différences.

[2] Je rappellerai que dans tout cet ouvrage il n'est question que de degrés centigrades.

grés. Une seule observation peut donc déjà faire connaître approximativement la température moyenne d'une source placée dans ces conditions, surtout si son volume d'eau est considérable et ne varie pas beaucoup dans le courant de l'année. Il n'en est pas ainsi des sources dont les réservoirs sont peu profonds ; plusieurs d'entre elles dérivent en effet d'infiltrations d'une rivière ou d'un ruisseau peu éloigné. Tel est le cas pour des sources qui sortent des sables diluviens, entre Bischwiller et Soufflenheim ; quoi qu'elles soient très-abondantes, leur température varie, selon les saisons, de 8°,5 à 12°,5.

Le tableau ci-joint résume une partie des observations que j'ai faites sur les sources de la vallée du Rhin avec un thermomètre fort exact [1]. Les sources minérales, dont il sera question plus loin, n'y sont pas comprises.

Température de sources situées à différentes altitudes dans le département du Bas-Rhin.

Résumé.

DÉSIGNATION DE LA SOURCE.	ALTITUDE approximative.	Température.	TERRAIN dont sort la source.	OBSERVATIONS.
	Mètres.	Deg. C.		
Source du Rauschendwasser, près Niederbronn	180	10,6	Grès bigarré.	Ces puits ont de 12 à 20 mètres de profondeur.
Source de la forêt de Frohret, près de Niederbronn	185	10,5	Marnes irisées.	
Forte source dans la vallée de Dossenheim, près du Zellerhof	190	10,5	Grès des Vosges.	Ces deux sources sont situées au fond d'une vallée de la chaîne des Vosges.
Autre forte source, près de la précédente	195	10,5	Idem.	
Source de Niederbronn à l'extrémité orientale de la ville	195	10,3	Muschelkalk.	
Source de Wimenau	200	10,6	Grès des Vosges.	Cette source sort aussi au fond d'une vallée de la chaîne des Vosges.

[1] *Mémoire sur la température des sources dans la vallée du Rhin, dans la chaîne des Vosges et au Kaiserstuhl. Annales des mines,* 4ᵉ série, t. XV, p. 459.

On n'a fait figurer dans le tableau que les sources dont on a pu prendre la température, au point même où elles jaillissent du sol.

DÉSIGNATION DE LA SOURCE.	ALTITUDE approximative.	Température.	TERRAIN dont sort la source.	OBSERVATIONS.
	Mètres.	Deg. C.		
Sources de Kintzheim.	200	10,7	Jonction du granite et du muschelkalk.	
Sources des environs de Lembach.	210	10,2	Muschelkalk.	
Sources de Bonnefontaine, commune d'Altwiller.	215	10,3	Marnes irisées.	Ces sources sont vulgairement qualifiées d'eaux minérales.
Source du bas de la ville de Bouxwiller (Fischpfuhl).	220	10,5	Calcaire oolithique inférieur.	
Source de Weiterswiller.	224	10,5	Grès des Vosges.	
Sources d'Orschwiller.	225	10,7	Granite.	
Source d'Avenheim.	230	10,8	Keuper.	
Source salée de Diemeringen.	230	10,6	Muschelkalk inférieur.	
Source salée du même village.	230	10,1	Idem.	
Source du hameau de Grauffthal, près d'Eschbourg.	240	10,3	Grès des Vosges.	
Source du pied du Bastberg, près de Bouxwiller.	260	10,4	Calcaire d'eau douce.	
Forte source jaillissant dans l'intérieur de la mine de Bouxwiller, au pied du plan incliné.	»	10,3	Calcaire d'eau douce.	
Source de Wingen, près de Lembach.	260	10,2	Grès bigarré.	
Source de Niederhaslach.	270	10,3	Muschelkalk inférieur.	
Source de Durstel.	275	10,2	Muschelkalk.	
Source dite *Sandbrunnen*, à l'ouest du Klingenthal.	280	10,2	Grès des Vosges.	
Source de Siewiller.	280	10,1	Muschelkalk.	
Source de Hœgen.	280	9,6	Grès des Vosges.	
Source de Marienbronn, près Lobsann.	290	10,4	Idem.	Cette source sort sur la faille terminale du grès des Vosges.
Source d'Erlenhof, près de Thal.	290	9,0	Idem.	
Source de Honcourt, près de Villé.	300	9,5	Schiste de transition.	
Source de Neufbois.	300	9,1	Grès rouge.	

DÉSIGNATION DE LA SOURCE	ALTITUDE approximative.	Température.	TERRAIN dont sort la source.	OBSERVATIONS.
	Mètres.	Deg. C.		
Source dite *Teufelsbrunnen*, dans la forêt de Villé	320	9,7	Grès rouge.	
Source près de Petersbach.	330	9,4	Muschelkalk.	
Source de Meissengotte	360	8,6	Terrain de transition.	
Source de la Moder, à Moderfeld	375	8,6	Grès des Vosges.	
Source située au pied du Haut-Kœnigsbourg (revers septentrional)	390	8,6	Terrain houiller.	
Autre source de la base du Haut-Kœnigsbourg	550	7,6	Grès des Vosges.	
Source du Bacpré, commune de Solbach	560	8,0	Granite.	
Source du Hohwald, à la montée du Champ-du-Feu	600	7,5	Idem.	
Autre source située non loin de la précédente	620	7,2	Syénite.	
Source de la base du Climont	700	7,1	Grès des Vosges.	
Autre source de la base du Climont	750	6,4	Idem.	
Source du Schœfferlager au Hohwald	780	7,2	Granite.	
Source à un kilomètre au sud de la maison forestière de la Rothlach (Champ-du-Feu)	820	6,1	Syénite.	
Source de la Katzmatt (Champ-du-Feu)	850	6,5	Diorite.	
Source de la Magel (Champ-du-Feu)	880	6,6	Granite.	
Source de la maison forestière de la Rothlach (Champ-du-Feu)	920	5,8	Idem.	

Comme faits généraux ressortant de ce tableau, on peut signaler les suivants :

Uniformité de la température à égale altitude.
1° Les sources situées dans la plaine, les collines basses de l'Alsace ou les vallées des Vosges, ne diffèrent pas, en général, dans leur température moyenne, de plus de 0°,8,

lorsqu'elles sont à égale hauteur au-dessus de la mer. Il est remarquable de trouver autant d'uniformité dans la température d'eaux qui sortent de terrains variés dans leur nature, dans leur relief et dans leur exposition. Les sources minérales font exception à cette règle.

La nappe d'eau qui imbibe le gravier de la plaine du Rhin possède à Strasbourg une température moyenne d'environ 10,2 , qui est un peu inférieure à celle des sources proprement dites.

2° La température des eaux diminue à mesure que l'on s'élève. Si l'on construit une ligne dont les abscisses représentent la température des sources et dont les ordonnées soient proportionnelles aux altitudes de celles-ci au-dessus de la mer, on voit que la ligne, ainsi déterminée, s'éloigne notablement de la ligne droite, ce qui montre que le décroissement dans la température des sources n'est pas tout à fait uniforme à mesure que l'on s'élève. Dans la plaine et dans les collines de hauteur inférieure à 280 mètres, le décroissement n'est à peu près que de 1° par 200 mètres; de 280 à 360 mètres d'altitude, la diminution est beaucoup plus rapide : elle est de 1° par 120 mètres ; à partir de 360 mètres, et jusqu'à 920 mètres, le décroissement redevient le même que dans la plaine, c'est-à-dire approximativement 1° par 200 mètres. C'est quand on quitte le sol à ondulations douces pour passer aux pentes abruptes des montagnes que le décroissement devient plus prononcé. *Mode de décroissement suivant la hauteur.*

3° Dans la partie de la vallée du Rhin à laquelle, à ses diverses hauteurs, sont relatives ces observations, la température moyenne des sources est de quelques dixièmes de degré au-dessus de celle de l'air. Une différence de température dans le même sens a été observée dans les contrées centrales de l'Europe où il tombe plus d'eau en été qu'en hiver ; la différence est en sens inverse dans les contrées méridionales qui reçoivent à peu près toute leur pluie pendant la saison d'hiver, ainsi que M. de Humboldt l'a reconnu le premier. Dans les Vosges et dans la Forêt-Noire, l'élévation de la température des sources au-dessus de celle de l'air paraît être d'autant plus considérable qu'on s'élève davantage. *Excès de température des sources sur celles de l'air.*

M. Arago a montré depuis longtemps que la température des fontaines artésiennes est supérieure à la température de la surface, et que l'augmentation de température est en gé- *Faible valeur de cet excès.*

néral en raison d'un degré centigrade pour 20 ou 30 mètres de profondeur[1]. Si on laisse de côté certaines sources qui sortent de failles, on est surpris de ne pas rencontrer dans les terrains stratifiés de sources dont la température dépasse la température moyenne de l'air de plus de 1°,6 ; pour la plupart, la différence est même au-dessous de 1°. La faiblesse de cet excédant de température paraît résulter de ce que la température des eaux qui s'infiltrent se propage jusqu'à une assez grande distance de la surface, et que d'ailleurs les réservoirs des sources sont généralement peu profonds.

Accroissement de température rapide dans le terrain de Bechelbronn.

Les couches de Bechelbronn, dans lesquelles on exploite le bitume, présentent, dans leur température, une anomalie remarquable.

Une source[2] jaillit près du fond de l'un des puits d'exploitation, à une profondeur de 70 mètres ; elle conserve à peu près le même volume pendant toute l'année ; sa température, qui varie également très-peu, est moyennement égale à 13°,7. La température de la surface étant d'environ 10 degrés, cela indiquerait un accroissement de température d'un degré centigrade par 20 mètres, c'est-à-dire un accroissement beaucoup plus rapide que d'ordinaire. Une série d'autres observations que je continue à faire sur la température de la roche de ces mêmes mines, confirme la rapidité exceptionnelle de cet accroissement.

Sources minérales.

Nous avons à parler ici des sources minérales au point de vue de la géologie[3].

---

[1] *Annuaire du bureau des longitudes.* 1835, p. 235.

[2] Cette source jaillit, non loin du fond du puits Salomé, dans la galerie n° 9 ; son réservoir se trouve probablement dans les anciens travaux dits *André-Achille*, qui sont à 25 mètres plus haut.

[3] Parmi les ouvrages où il a été question des sources minérales de l'Alsace en général, je citerai les suivants :

Günther, *Commentarius de balneis et aquis medicatis.* Argent. 1565.

Tabernæmontanus, D' Jac. Theod., *New Wasserschatz.* Frankfurt 1593 et 1608.

Saltzmann, D', *Thurneysens zum Thurn, zehn Bücher von mineralischen Wassern.* Strasb. 1612.

Etschenreutter, D' Gallus, *Von den aller heilsamsten und nütz*

Sources de Niederbronn [1]. Deux sources de même composition jaillissent à 18 mètres l'une de l'autre; chacune d'elles est reçue dans un bassin en pierre. La source principale qui arrive au grand réservoir monte dans l'intérieur d'une pyramide creuse en pierre de taille jusqu'au niveau du sol, pour se déverser ensuite dans le bassin. Cette pyramide, qui a été construite à la fin du seizième siècle, a pour but de conserver toute sa pureté à la source qu'elle laisse échapper un peu au-dessus du niveau de l'eau contenue dans le bas-

Disposition.

lichsten Bädern, Saurbrunnen und anderer wasser, so in Teutchland bekannt und erfahren. Strasb. 1616. in-12.

Glaser, Ant. (Sebitz), *Dissertationum de acidulis lectiones duæ in quarum priore de acidulis in genere, in posteriore vero de Alsatiæ acidulis in specie.* Argent. 1627.

Guerin, Franç. Ant., *De fontibus medicatis Alsatiæ.* Argent. 1749.

Dictionnaire des eaux minérales, contenant leur histoire naturelle, etc. Paris 1775. 2 vol. (Cet ouvrage traite en particulier des eaux minérales de l'Alsace.)

Zückert, J. F., *Systematische Beschreibung aller Gesundbrunnen und Bäder Deutschlands.* Königsberg 1776. (Cette description comprend les eaux de l'Alsace.)

Kirschleger, Fréd., *Essai sur les eaux minérales des Vosges.* Strasbourg 1829.

Heyfelder, Dr, *Die Heilquellen des Grossherzogthums Baden, des Elsass und des Wasgau.* Stuttgart 1841.

[1] Ouvrages publiés sur les eaux minérales de Niederbronn :

Röszlin, Dr. Heliseus, *Des Elsäsz vnd gegen Lotringen grentzenden Waszgawischen Gebirgs gelegenheit, vnd Commoditeten inn Victualien vnd Mineralien: vnd dann der Mineralischen Wassern, sonderlich dessen zu Niederbronn generation vnd wirckung.* Straszburg 1593. (Cet ancien ouvrage contient une analyse des eaux de Niederbronn, de Lampertsloch et de Walsbronn.)

Reyhingii, Dr Bonaventura, *Desz Niederbronnischen Mineralischen Wassers Art, Natur, Krafft vnd Wirkung, Kurtze Beschreibung.* Straszburg 1622.

Reisel, Dr Salomon, *Niederbronner Bades Art, Eigenschaft, Wirckung vnd Gebrauch.* Straszburg 1664.

Leuchsenring, Jul., *De fonte medicato Niderbronnensi.* Argent. 1753 (avec plan de la source et carte des environs).

Coliny, *Traité des qualités, vertus et usages des eaux de Niederbronn.* Haguenau 1702. in-8º.

Petri, *Abhandlung vom Niederbronner Bad.* Strasb. 1779.

sin[1]. A côté de la source principale, il en est d'autres moins fortes qui pénètrent librement dans le même bassin; le petit réservoir reçoit aussi plusieurs sources qui surgissent de son fond. On n'emploie à l'usage interne que l'eau qui s'écoule par le sommet de la pyramide.

Volume. — La source principale fournit seule à peu près 224 litres d'eau par minute.

Dépôt qu'elles forment. — L'eau minérale jaillit avec une limpidité parfaite et avec accompagnement de bulles nombreuses. Dans le bassin, elle se trouble et devient jaunâtre, ce qui provient de ce que l'excès d'acide carbonique, nécessaire pour tenir en dissolution les carbonates de chaux, de fer et de magnésie, se dégage au contact de l'air [2]. On a cependant remarqué que de temps à autre l'eau des bassins perd momentanément sa teinte jaunâtre et devient plus ou moins transparente. Ce phénomène qui, dit-on, coïncide ordinairement avec les

---

Roth, J. H., *Analyse historique des eaux minérales de Niederbronn.* Strasb. 1783.

Gérard, *Traité analytique et médicinal des eaux minérales salines de Niederbronn en Basse-Alsace.* Strasb. 1787.

Pack, *Das Niederbronner Bad.* Strasb. 1804 (en vers).

Reiner, *Considérations générales sur les établissements des bains de Niederbronn.* Strasb. 1826.

Cunier, D. G H., *Niederbronn dans la Basse-Alsace.* Strasb. 1827.

Kuhn, *Notices sur Niederbronn et ses eaux.* Strasb. 1833.

Le même, *Description de Niederbronn et de ses eaux minérales.* 1835.

C'est de ces deux derniers ouvrages que sont extraits les renseignements consignés ici sur le régime des sources.

[1] La pyramide dont il s'agit est haute de près de 10 mètres; elle a 2 mètres de côté à sa base, et $0^m,55$ à son sommet. Le canal central dont la pyramide est traversée a $0^m,43$ de diamètre à la base, et $0^m,17$ à son sommet.

Les deux réservoirs communiquent par deux conduits souterrains, et leur trop plein s'écoule, par un petit canal couvert, à la rivière voisine.

[2] Lors d'un curage qui a été fait en 1592, ces deux réservoirs avaient une profondeur de $8^m,30$; en 1753, ils n'avaient plus que 6 mètres. Leur profondeur, qui était de $5^m,30$ en 1779, n'est plus maintenant que de 4 à 5 mètres. Cet exhaussement est produit principalement par le dépôt naturel de l'eau de la source et aussi par des débris de corps étrangers qui y sont tombés.

temps orageux, peut se présenter plusieurs fois dans une année, mais il est aussi beaucoup plus rare. L'eau alors devenait momentanément si claire que l'on pouvait distinguer tous les objets qui se trouvent au fond du bassin; immédiatement avant un tel changement, on dit avoir quelquefois observé un dégagement extraordinaire de bulles gazeuses. Le phénomène dont il s'agit a lieu trop rarement pour que l'expérience ait pu en préciser la cause; il paraît dû à un dégagement d'acide carbonique plus abondant que d'ordinaire.

Température. — La température de la source minérale est évaluée par M. Kuhn à 17°,5; j'ai trouvé, comme moyenne d'observations faites depuis 8 ans, 17°,8. En 1770, sa température a déjà été indiquée comme variant de 63 à 63 1/2 degrés Fahrenheit, c'est-à-dire de 17°,2 à 17°,7. Sa température est d'environ 7° plus élevée que celle des sources ordinaires des environs qui sont situées à la même altitude.

Composition. — D'après une analyse faite par M. Robin en 1833, l'eau de Niederbronn renferme par litre :

	Grammes.
Chlorure de sodium	3,158
— de calcium	0,785
— de magnesium	0,224
Sulfate de magnésie	0,113
Carbonate de protoxyde de fer	0,009
— de chaux	0,242
— de magnésie	0,006
— de manganèse	traces
	4,537

dont 4,280 de sels solubles dans l'eau, et 0,257 de carbonates dissous par l'acide carbonique.

Une autre analyse faite en 1851 par M. Kossmann, pharmacien, a indiqué les résultats suivants [1] :

	Grammes.
Chlorure de sodium	3,08837
— de potassium	0,13198
— de calcium	0,79445
A reporter	4,01500

[1] *Journal de pharmacie*, t. XXVII, p. 43.

	Grammes.
Report	4,01500
Chlorure de magnésium	0,31174
— de lithium	0,00433
— d'ammonium	traces
Brômure de sodium	0,01072
Iodure de sodium	traces
Sulfate de chaux	0,07407
Carbonate de chaux	0,17902
— de magnésie	0,00653
— de fer	0,01035
Silicate de fer avec trace d'oxyde de manganèse	0,01502
Silice pure	0,00100
Alumine	traces
	4,62795

Ce qui correspond à :

Sels solubles dans l'eau	4,41593
Sels dissous par l'acide carbonique	0,21202
	4,62795

De l'arsenic a été rencontré, en traces minimes, dans l'eau minérale elle-même, mais en quantité très-notable dans le dépôt ocreux qu'elle forme [1].

Ajoutons que, d'après une ancienne analyse faite en 1753 par le docteur Leuchsering, la proportion de matières salines a été trouvée de $4^{gr},76$ par litre. MM. Gerboin et Hecht y ont indiqué, en 1809, une proportion de $4^{gr},71$. La quantité de matières salines renfermées dans l'eau de Niederbronn ne paraît donc pas avoir sensiblement varié depuis un siècle.

Gaz en dissolution. — D'après M. Robin, l'eau qui s'écoule de la pyramide fournit par heure 1127 centimètres cubes de gaz libre qui se dégage sous forme de bulles, ce qui correspond à 0,86 par litre d'eau [2]. La quantité de gaz tenue en dissolution est plus forte; car 1 litre en retient 28,30 centimètres cubes.

[1] MM. Chevalier et Schaufele, *Comptes-rendus de l'Académie des sciences*, 3 avril 1848.

[2] Les gaz sont évalués à zéro et sous la pression barométrique de 76 centimètres.

100 parties de gaz en dissolution sont composées, d'après M. Robin, de :

   Azote 62,41
   Acide carbonique . 37,59
                     ──────
                     100,30

Ainsi un litre d'eau renferme :

                     Centimètres cubes.
   Azote 17,66
   Acide carbonique . 10,64
                     ──────
                     28,30

Connaissant le volume de la source principale de Niederbronn et la proportion de matière saline qu'elle contient, il est facile d'évaluer la quantité de sels qu'elle emporte hors du sol dans un temps donné. Cette quantité, qui est pour une minute de 1^{kil},021, s'élève pour une année à 53636 kilogrammes; ou à 233 mètres cubes, en admettant pour la densité moyenne des sels celle de 2,30. Depuis un siècle seulement, la source principale seule a par conséquent dissous dans la profondeur du sol un volume de sels qui est de 23300 mètres cubes, volume qui équivaut à celui d'une couche d'un mètre d'épaisseur, ayant pour base un carré de 152 mètres de côté.

Volume de matière saline emportée annuellement.

Dans la banlieue de Reichshoffen, et à peu de distance au-dessous de la forge de Rauschendwasser, il jaillit, vers la limite du muschelkalk et des marnes irisées, une source saline abondante qui, se mélangeant à des eaux douces, forme des flaques d'eau stagnante. Cette source paraît avoir de l'analogie avec celle de Niederbronn; mais, dans l'état actuel, on ne peut l'isoler des eaux superficielles.

Source saline de la banlieue de Reichshoffen.

Source de Soultz-les-Bains[1]. La source de Soultz-les-Bains

Caractères généraux.

---

[1] Les mémoires principaux relatifs à Soultz-les-Bains sont :

Gerboin, *Analyse chimique des eaux minérales de Sultzbad.* Strasbourg 1806.

Tinchant, *Notice minérale sur les eaux minérales de Soultz (Bas-Rhin).* 1828.

P. Berthier, *Analyse de l'eau minérale de Soultz-les Bains. Annales des mines*, 3e série, t. V, p. 531.

Voltz, *Notice sur la source minérale de Soultz-les-Bains.* Mé-

est claire, transparente, non gazeuse, d'une saveur salée, légèrement alcaline; elle ramène lentement au bleu le papier de tournesol rougi, et ne forme point de dépôt par son exposition à l'air. Concentrée, elle dépose peu à peu une poudre blanche, formée principalement de carbonates de chaux et de magnésie; évaporée davantage, elle abandonne du sulfate de chaux, et on obtient finalement une abondante cristallisation de chlorure de sodium, dans laquelle on distingue de petits cristaux de sulfate de soude.

Température. Sa densité à 10° est de 1,0034.

Sa température, d'après les observations que j'ai faites depuis dix ans, est constamment de 16°,2; cette température est par conséquent plus élevée d'environ 6 degrés centigrades que celle des sources de pareille altitude.

Composition. Dans une analyse de cette eau qui remonte à 1828, M. Berthier a trouvé par litre :

	Grammes.	
Carbonate de chaux	0,277	
— de magnésie	0,012	
Silice	0,005	0,300
Oxyde de fer et acide phosphorique	0,006	
Chlorure de sodium	2,499	
— de potassium	0,193	
Sulfate de chaux anhydre	0,432	
— de magnésie, id.	0,130	
— de soude, id.	0,345	
	3,899	

M. Berthier a trouvé que le dépôt ocreux qui se forme dans le bassin de la source est composé, sur 100 parties, de :

Carbonate de chaux	10,50
Silice gélatineuse	6,00
Peroxyde de fer	51,70
Oxyde de manganèse	1,00
A reporter	69,20

moires de la *Société du musée d'histoire naturelle de Strasbourg.* t. I, livraison 2.

Kirschleger, *Notice sur les eaux minérales de Soultz-les-Bains,* Gazette médicale de Strasbourg, mai 1844.

Report. . .	69,20
Acide phosphorique . .	9,00
Eau combinée. . . .	21,80
	100,00

Il ne contient pas de strontiane, mais on y observe une trace très-notable de protoxyde de fer.

Lorsqu'on fait chauffer l'eau de Soultz, elle laisse dégager de l'eau carbonique, et il s'y produit un léger précipité grenu d'un blond très-clair. Ce précipité recueilli pendant l'ébullition renferme, d'après M. Berthier :

Carbonate de chaux	92,5
— de magnésie	4,0
Silice gélatineuse.	1,5
Oxyde de fer, acide phosphorique	2,0
	100,0

Les sels solubles calcinés donnent à l'analyse :

Chlorure de sodium . .	78,9
— de potassium .	6,1
Sulfate de soude . . .	10,9
— de magnésie . .	4,1
	100,0

Plus récemment, en 1844, M. E. Kopp a trouvé dans l'eau de la même source, par litre [1] :

	Grammes.
Acide carbonique libre .	0,036
Bicarbonate de chaux . .	0,431
Chlorure de sodium . . .	3,189
Brômure de potassium .	0,009
Iodure	0,003
Sulfate de soude . . .	0,267
— de chaux . . .	0,278
— de magnésie . .	0,200
Silice	0,004
Acide phosphorique . . ⎫	
Oxyde de fer . . . . ⎬	traces
Matière organique . . . ⎭	
	4,417

[1] *Gazette médicale de Strasbourg*, mai 1844.

L'analyse des gaz recueillis à la source a donné à M. Kopp pour 100 parties en volume :

Acide carbonique. . . . 3
Azote 97
Hydrogène protocarboné . traces
─────
100

Suivant une ancienne analyse faite par MM. Gerboin et Hecht, l'eau de Soultz contient 0,05 d'acide carbonique par litre :

Variation dans la salure. Le chimiste Schurer, qui a fait une analyse de l'eau de Soultz-les-Bains en 1726, avait déjà remarqué que le degré de salure varie d'une époque à l'autre ; car le résidu de l'évaporation, qui était de 2^{gr},60 par litre au printemps de 1725, s'élevait à 4^{gr},25 à l'automne de la même année. M. le professeur Gerboin, dans une analyse qui date de 1806, y a trouvé 4^{gr},36, résultat très-voisin de celui trouvé plus tard par M. Kopp qui est de 4^{gr},32. Après une forte dessiccation, M. Berthier avait trouvé, en 1826, 3^{gr},899 par litre. D'après des essais qui se poursuivent encore, la salure continue à varier très-notablement.

Variations de volume. Le volume de la source est sujet lui-même à des variations, mais qui sont faibles. Elle est recueillie dans un bassin circulaire formé de gros madriers en chêne, au-dessus duquel est une margelle carrée en pierres de taille. Le déversoir est à 3^m,36 au-dessus du fond et à 1,40 au-dessus du niveau ordinaire de la Mossig qui coule à 60 mètres de distance. Le 28 mars 1843, on épuisa l'eau, autant que le permettaient les moyens d'extraction ; son niveau n'était plus qu'à un mètre au-dessus du fond ; puis, en calculant le temps nécessaire pour que la source atteignît son niveau ordinaire, on a trouvé qu'elle fournissait, dans ces conditions, 46,5 litres d'eau par minute. Le 5 juin de la même année, l'eau qui s'échappait au-dessus du bassin avait par minute un volume de 30 litres ; le 30 septembre 1844, le volume observé de la même manière n'était que de 18 litres par minute. Depuis l'an dernier, on fait chaque mois une évaluation du volume de la source, mais en opérant d'une autre manière ; en épuisant jusqu'à la partie inférieure de la margelle carrée, c'est-à-dire à 0^m,46 au-dessous du niveau du déversoir, on a trouvé de 35 à 38 litres par minute.

La source de Soultz-les-Bains jaillit des couches inférieures du grès bigarré qui se lient au grès des Vosges, dans un vallon dont la disposition transversale est représentée par la figure 99. Ainsi que l'a déjà fait observer M. Voltz[1], cette position est remarquable; en effet, Soultz-les-Bains est à 4 kilomètres au N. N. E. de Mutzig et à 6 kilomètres au S. S. E. du Kronthal, localités dans chacune desquelles le grès des Vosges a été soulevé au milieu des couches du trias. Le grès bigarré de Soultz-les-Bains est lui-même à un niveau bien supérieur au keuper qui est situé à moins de 2 kilomètres de la source vers l'ouest, ce qui décèle aussi un soulèvement dont Soultz-les-Bains occupe le centre, et qui présente de l'analogie avec ceux de Mutzig et du Kronthal. Ajoutons que des failles traversent les couches du trias, et que les couches jurassiques sont fortement inclinées dans le voisinage, comme il a été dit précédemment, p. 148.

Structure de la contrée voisine.

Les sources minérales de Soultz-les-Bains et de Niederbronn qui ont de l'analogie par leur salure sortent l'une et l'autre du grès bigarré; d'ailleurs elles ont des températures très-voisines qui excèdent de 6 à 7 degrés centigrades celle des sources ordinaires. Ces sources paraissent donc se ressembler aussi par leur origine. Il n'est pas improbable que les roches où elles prennent leur salure se trouvent vers la base du grès des Vosges. S'il en est ainsi, le terrain pénéen serait salifère en Alsace, comme il l'est dans diverses régions du nord de l'Allemagne[2].

Analogie avec les environs de Niederbronn.

Sources minérales de Châtenois[3]. Une source minérale est connue depuis longtemps au nord de Châtenois. En creusant

---

[1] Notice citée plus haut. *Mémoires de la Société d'histoire naturelle*, t. I, livraison 2.

[2] Parmi les sources salines qui sortent du grès bigarré, on peut citer celles de Kissingen dans la vallée de Munster, d'Orbe près Saalmunster, de Hombourg, de Budingen, de Nauheim près Hanau. Les sources salées de Frankenhausen, Artern, Durrenberg, Kötschau, sortent du Zechstein.

[3] Kürschner, J. M., *De fonte medicato Castenacensi vom Kestenholtzer Bad. Argentorati.* 1760.

Notice sur les eaux minérales de Châtenois, par le docteur Mistler. 1844.

Autres notices médicales sur les mêmes eaux. 1845.

à 20 mètres de cette source, en 1842, on en a découvert une seconde. Le bassin de la source la plus anciennement connue, dite Bininger, a 6^m,60 de profondeur; celui de la source Buckel est profond de 9^m,30.

L'eau de Châtenois est d'une saveur saumâtre et sensiblement ferrugineuse. Exposée à l'air, elle se trouble, se couvre d'une pellicule irisée et laisse précipiter un dépôt gris rosé. Soumise à l'action de la chaleur, elle fournit un peu de gaz carbonique et forme un dépôt plus abondant, principalement formé de carbonates terreux et de sesquioxyde de fer. Elle a ordinairement une faible odeur sulfureuse. D'après M. le docteur Mistler, chacune des deux sources fournit environ 400 mètres cubes par 24 heures, c'est-à-dire 277 litres par minute. Elles ont des températures différentes que j'ai trouvées être moyennement de 18° pour l'ancienne source, et de 14° pour la nouvelle.

D'après les analyses de M. O. Henry, faites en 1844, un kilogramme de chacune de ces eaux renferme :

	Source Bininger.	Source Buckel.
Acide carbonique libre.	traces indéterminées.	Idem.
Acide hydrosulfurique.	traces sensibles.	traces moins sensibles.
	Grammes.	Grammes.
Chlorure de sodium	3,200	3,263
— magnesium	0,078	0,066
— potassium	0,010	0,010
Sulfate de soude, ⎫	0,086	0,088
— magnésie, ⎬ anhydres	0,050	0,074
— chaux, ⎭	0,020	0,020
Silicate de soude ⎫		
Bicarbonate de soude ⎬	0,050	0,050
— chaux	0,410	0,320
— magnésie	0,270	0,198
— fer et de manganèse	0,020	0,021
Brômure ⎫ alcalins	traces fortes.	Idem.
Iodure ⎭	sensibles.	
Matière organique unie à un peu de fer ⎫		
Silice et alumine (silicate) ⎭	0,020	0,021
	4,130	4,214

On avait trouvé antérieurement pour le résidu de l'évaporation d'un kilogramme de chacune de ces sources 4^{gr},759 pour la première, et 4^{gr},717 pour la seconde [1]. D'après M. Persoz qui a fait aussi une analyse qualitative de ces eaux et qui y a le premier constaté la présence du brôme et de l'iode, leur propriété sulfureuse peut résulter de ce que l'eau filtre dans un sol pénétré de racines de roseaux et autres matières organiques en décomposition, par lesquelles les sulfates sont réduits en sulfures; ceux-ci, attaqués par l'acide carbonique, exhalent l'odeur d'acide hydrosulfurique, et il en résulte même quelquefois un faible dépôt de soufre que l'on observe sur les planches qui servent à recouvrir le puits; c'est la source Bininger qui présente particulièrement ce phénomène. Au fond du bassin, on trouve une boue gris-noirâtre qui devient jaune par son exposition à l'air, et qui renferme du sulfure de fer. De l'arsenic y a été rencontré [2].

Il résulte de ce qui précède que ces deux sources ont une grande ressemblance entre elles, et présentent beaucoup de rapports avec celle de Niederbronn.

Les sources de Châtenois sortent au pied de la montagne dite Hahnenberg, dont la base est formée de granite et la partie supérieure de couches très-compactes qui appartiennent au grès rouge. Elles jaillissent de la faille même qui limite le soulèvement granitique, mais à travers un sol formé de gravier et de sable.   *Position des sources.*

Les excavations faites pour recueillir l'eau n'atteignent pas la roche massive à laquelle l'alluvion est superposée [3]. Il en résulte deux inconvénients graves dans son régime. D'abord, une partie de l'eau minérale se perd dans le gravier superficiel, ainsi que l'a appris la découverte de la seconde source en 1842, et, plus tard, la nature saumâtre des eaux de puits foncés à plus de 30 mètres des deux réservoirs. Puis, les filets d'eau minérale recueillis dans les réservoirs reçoivent sans doute des infiltrations de l'eau   *Observations sur leur aménagement.*

---

[1] Le premier résultat est dû à M. Diny, pharmacien, et le second à M. Persoz.

[2] MM. Chevalier et Schœuffele, *Comptes rendus de l'Académie des sciences*. 3 avril 1848.

[3] L'eau de l'ancienne source arrive surtout, non par le fond du bassin, mais par les parois latérales, et à 3 ou 4 mètres de profondeur seulement.

douce qui se meut dans le même dépôt de transport, et que l'on peut observer à moins de 40 mètres de ces réservoirs. La différence de température que j'ai signalée plus haut entre les sources des deux établissements, résulte probablement d'un mélange de cette nature dans des proportions différentes. Ce qui montre plus clairement encore que l'eau minérale, telle qu'on la recueille, est mélangée d'infiltrations superficielles, c'est que la température de cette eau présente, d'une époque de l'année à l'autre, des différences notables [1].

Les circonstances dont nous venons de parler rendent extrêmement probable qu'un travail exécuté à travers le terrain de transport jusqu'à la roche massive d'où jaillit l'eau minérale de Châtenois, et destiné à isoler cette source des influences voisines, pourrait en améliorer beaucoup la nature.

Source minérale de Rosheim [2]. La source minérale de Rosheim sort du terrain d'alluvion, à 150 mètres environ d'un affleurement du keuper, et au nord de la colline du Bischenberg où les couches jurassiques sont fortement redressées. Sa température que j'ai trouvée de $14°c,2$ n'est que de très-peu supérieure à celle des sources ordinaires. Son volume a été évalué à 1158 litres par minute. D'autres sources sortent dans le voisinage.

L'analyse qui a été faite de cette eau par MM. Coze, Persoz et Fargeaud a donné les résultats suivants pour un litre :

	Grammes.
Carbonate de chaux.	0,1594
Carbonate de magnésie.	0,0736
Carbonate de lithine.	0,0114
Sulfate de lithine.	0,0028
Sulfate de magnésie.	0,0177
Nitrate de magnésie.	0,0090
Chlorure de sodium } Nitrate de potasse }	0,0085
A reporter.	0,2824

[1] La température de la première source, qui était de $18°,4$ le 15 octobre 1850, a été trouvée de $17°,7$ le 3 juin 1851 ; à ces deux mêmes dates, la seconde source indiquait au thermomètre $15°$ et $13°,1$.

[2] Dr Blum, *Notice sur les eaux minérales de Rosheim*. 1836.

	Grammes.
Report . .	0,2824
Silice	0,0090
Matière organique . . .	0,0012
Carbonate de soude. . .	traces
	0,2928
Acide carbonique libre . .	0,0310

Autres sources dites minérales. Parmi les autres sources minérales du département, nous pouvons encore en signaler quelques-unes :

Les sources salées de Diemeringen, au nombre de deux, sortent, à la base du muschelkalk, des couches qui renferment du sel gemme à Saltzbronn. Leur température est de 12 degrés centigrades; l'une d'elles renferme environ 3 p. 100 de sels, dont le principal est le chlorure de sodium; la seconde est moins salée [1]. Sources de Diemeringen.

Aux environs de Mackwiller, il y a aussi deux sources salées dans une position géologique tout à fait semblable à celle des sources de Diemeringen. Des prairies qui avoisinent ces deux villages sont humectées, sur plus d'un kilomètre de longueur, d'une eau saumâtre qui y attire les pigeons sauvages. Id. de Mackwiller.

Les eaux salées connues depuis longtemps dans la banlieue de Herbitzheim, sur la limite de celle de Sarralbe (Moselle), et qui ont donné lieu à des sondages, appartiennent au keuper. Les sondages faits dans cette localité y ont fait connaître un second étage salifère à la base du muschelkalk (p. 120). Id. de Herbitzheim.

Ainsi qu'on l'a déjà vu (p. 208), des sources salées sortent aussi du terrain tertiaire à Soultz-sous-Forêts, sans compter celle qu'a rencontrée le puits artésien de Haguenau. Sources salées.

Le département renferme en outre un certain nombre de sources réputées minérales, à plusieurs desquelles, à tort ou à raison, on a attribué une action thérapeutique et qu'il convient de citer. Sources réputées minérales.

A Neuweyer, commune de Harskirchen, il sort du keuper plusieurs sources dont la principale, connue sous le nom de Sources de Bonnefontaine.

---

[1] Ces deux sources ont cessé d'être exploitées au dix-septième siècle par suite d'un accord des princes propriétaires avec le gouvernement français.

Bonnefontaine, est utilisée depuis le siècle dernier. D'après une ancienne analyse, elle renferme des sulfates de magnésie et de chaux, des carbonates de chaux, de fer, de soude avec de l'acide carbonique [1].

Id. de Saint-Ulrich.

La source de Saint-Ulrich [2], près de Barr, sort par trois orifices, dont deux donnent ensemble 4 litres par minute. Cette source renferme, d'après M. Kirschleger, $0^{gr},344$ par litre de substances salines, dont $0^{gr},320$ de carbonate de chaux; le reste consiste en chlorure de calcium, carbonate de fer et silice. Ces sources qui sortent du calcaire se rapprochent des sources incrustantes qui ont été citées précédemment.

Eaux déposant de l'ocre.

Il existe à Frœschwiller et près d'Imbsheim des sources qui jaillissent du lias et qui déposent un abondant précipité ocreux.

Dans un grand nombre d'autres localités, on rencontre des suintements ferrugineux, d'origine toute superficielle, dont il a été question (p. 261 et suivantes) à l'occasion de la formation du dépôt des marais.

Source de Holzbad.

La source de Holzbad [3], dans la banlieue de Westhausen, a une température de 10°; elle renferme, d'après M. Fodéré, des chlorure, carbonate et sulfate de chaux, ainsi qu'une substance organique.

Id. de Brumath.

On a aussi indiqué à Brumath deux sources minérales, mais qui n'existent plus; elles renfermaient par litre l'une $0^{gr},56$, et l'autre $0^{gr},833$ de substances salines mélangées d'une substance organique [4]. Les sources de Brumath n'étaient sans doute, comme celles de Holzbad, que des eaux d'infiltration chargées de matières salines empruntées au sol superficiel.

Id. de Strasbourg.

Il en est de même des sources signalées autrefois à Stras-

---

[1] Fargès-Méricourt, *Description de Strasbourg*, p. 224.

[2] Vollmar, D^r, *Kurze doch aber gründliche Verfassung sowohl physikalische als auch chemische Versuche und durch Erfahrung bemerkte Wirkungen der neu erfundenen Quelle des Barrer Baades in dem St.-Ulrichs-Thal.* Strasb. 1773.

[3] Kratz, Job, *Historia fontis Holzensis in Alsatia, germanice Holzbad dicti.* Argent. 1757.

Buchoz, *Notice sur les eaux d'Holzbad. Dictionnaire minéralogique et hydrologique de la France.* Paris 1772, t. II, p. 428.

[4] Fargès-Méricourt, *Description de Strasbourg*, p. 217.

bourg. L'une fut découverte, en 1669, hors de la porte Blanche, non loin de la tour dite *Lug-ins-Land* et de l'ancienne scierie de la ville; elle acquit bientôt assez de vogue pour attirer de loin des malades. Elle fut en partie murée, en 1672, lors de la construction du bastion qui en occupe l'emplacement; elle avait une teinte jaune et formait un dépôt ocreux. Une autre source qualifiée de sulfureuse a été observée, en 1780, à 2 kilomètres au nord de la porte Blanche [1].

La source citée à Artolsheim afflue également dans un puits entaillé dans le gravier du Rhin et à un kilomètre du fleuve [2].

Sources diverses.

Nous rappellerons encore les sources de Gundershoffen [3], de Reichshoffen [4], d'Oberbronn [5], de Dambach, de La Petite-Pierre [6], de Cosswiller [7], de Wasselonne [8], de Holzheim [9] et d'Avenheim [10].

De l'eau sortant d'une prairie, dans le voisinage de Wœrth, et connue dans les environs sous le nom de *Bæderbrunne*, exhale l'odeur de l'hydrogène sulfuré, qualité qu'elle doit sans doute au voisinage d'une tourbière. En creusant, en 1850, un puits dans le couvent de Niederbronn, sur un emplacement où il avait existé autrefois une tannerie, on rencontra, à 7 mètres de profondeur, dans la nappe d'infiltration, une eau exhalant une forte odeur d'hydrogène sulfuré; mais bientôt elle reprit les caractères ordinaires. On a cité aussi une source sulfureuse sortant près d'une des carrières de gypse de Flexbourg [11]. Près de Rhinau, il y a

Eaux sulfureuses accidentelles.

---

[1] Silbermann, *Localgeschichte der Stadt Strassburg*, p. 125, note **.
Bottin, *Annuaire du Bas-Rhin pour l'an VII*, p. 130.
[2] Bottin, — *pour l'an VIII*, p. 314.
[3] Même ouvrage, p. 312. Elle est qualifiée d'acidule et bitumineuse.
[4] *Id.*, p. 312. Près de l'ancienne chapelle de Wolfershoffen.
[5] *Id.*, p. 312. Source dite *Heilbronn*, découverte en 1785.
[6] *Id.*, p. 311.
[7] *Id.*, p. 314.
[8] Cités par Schœpflin. La source de la papeterie est thermale.
[9] Aufschlager, *L'Alsace*, t. II, p. 202
[10] Fargès-Méricourt, *Description de Strasbourg*, p. 224. La source est dite *puits intarissable*.
[11] *Geognotische Umrisse der Rheinländer*; von OEnhausen; von Dechen und von La Roche.

une eau sulfureuse dans laquelle les poissons périssent[1]. Ces diverses sources doivent sans doute leur nature sulfureuse à la réduction accidentelle de sulfates par des matières organiques. Il en est de même des eaux de Lorentzen et de Bouxwiller, dont il a été question plus haut, p. 349 et 350. La source de Kuttolsheim citée comme incrustante est aussi légèrement sulfureuse.

Eaux sulfatées de Gœrsdorf. — Trois sources, dont deux sortent à peu de distance d'une ancienne galerie du gîte pyriteux de Gœrsdorf, ont une saveur vitriolique bien prononcée ; cependant les habitants de la fabrique en boivent sans y trouver d'inconvénient.

Observation sur le gisement des eaux thermales. — Les observations qui ont été faites plus haut apprennent que les sources thermales du département sortent de failles, comme la source de Châtenois, ou de points centraux de dislocation, comme les sources de Niederbronn et de Soultz-les-Bains; dans chacune de ces deux dernières localités, un lambeau de grès bigarré a été poussé au milieu du muschelkalk. Au Jægerthal, à 4 kilomètres de Niederbronn, le granite forme un pointement au milieu du grès des Vosges : quoique les sources chaudes de Plombières, dans le sud des Vosges, et celles de Wildbad, dans la Forêt-Noire, jaillissent dans un gisement tout à fait semblable à ce dernier, aucune source du Jægerthal ne dépasse sensiblement la température moyenne du lieu. Il faut toutefois observer que le grès vosgien de Plombières présente des modifications dues à l'action calorifique ou chimique du granite, fait qui n'a pas lieu au Jægerthal.

Recherche des sources.

Dans les localités qui sont dépourvues de sources naturelles, il y a souvent possibilité d'aller chercher artificiellement des eaux qui se trouvent à une certaine profondeur. L'observation de la structure géologique et du relief de la contrée fournit à cet égard les données les plus utiles.

Puits artésiens. — Le principe théorique sur lequel repose le jaillissement de l'eau par les *puits forés* ou *artésiens* est très-simple ; il s'agit de reconnaître, par une étude spéciale faite sur les localités dont il s'agit : 1° si le terrain doit renfermer une nappe d'eau

---

[1] Fodéré, *Mémoires des sciences et arts de Strasbourg*, t. III, p. 182.

à une profondeur facilement accessible ; 2° si cette nappe d'eau sera jaillissante au-dessus du sol, ou au moins jusqu'à proximité de la surface.

Relativement à la première question, les différents faits mentionnés dans la description géologique apprendront si, parmi les couches que le forage rencontrera probablement, il en est de perméables qui par conséquent puissent être aquifères. En examinant ensuite, par une exploration rigoureuse, la structure du pays, de manière à pouvoir en établir une coupe géologique dans différentes directions, on verra si le niveau d'alimentation des couches perméables, par rapport au point où l'on veut faire le forage, est tel que les eaux puissent jaillir par le puits. Pour cette seconde partie du problème, la carte géologique et les coupes qui y sont annexées fournissent aussi les principales données.

Dans le milieu de la plaine du Rhin, la disposition des couches situées dans la profondeur n'est pas facile à reconnaître, non-seulement parce que les alluvions s'étendent à la surface de tout le pays, mais surtout parce que les terrains triasiques et jurassiques y sont recouverts par des argiles tertiaires sur une épaisseur très-variable, épaisseur qui à Haguenau dépassait 290 mètres. Au-dessous de cette dépression profonde qu'a comblée le terrain tertiaire, l'allure des terrains stratifiés n'est pas connue. Si le puits artésien de Haguenau avait été foncé un peu plus bas, c'est-à-dire jusqu'au delà de la limite du terrain tertiaire, il aurait fourni une observation fort utile, tant pour cette ville que pour les lieux semblablement situés. Observons que la faille-limite paraît former comme un barrage imperméable qui empêche les eaux des montagnes de s'infiltrer dans les terrains qui y sont juxtaposés.

Ce n'est que dans les terrains stratifiés qu'il se trouve des nappes d'eau étendues, et dont la disposition puisse être approximativement appréciée à l'avance ; on ne peut donc avoir des chances de succès dans les terrains cristallins, ni même dans les schistes de transition.

Parmi les puits artésiens forés dans le département, on doit citer ceux qui ont été faits à Strasbourg (p. 237), à Haguenau (p. 190), à Schwabwiller (p. 173), à Lobsann ; ces deux derniers ont rencontré des eaux ascendantes. Un puits que M. le général Morin fait forer à Monswiller, dans les couches du muschelkalk, jusqu'au delà de 30 mètres de profondeur, n'a encore donné qu'une faible augmentation d'eau.

Sources rencontrées par des percements de galerie.

Néanmoins, dans les terrains non stratifiés et dans les schistes de transition, on peut aussi trouver artificiellement des sources. En effet, plusieurs des galeries que l'on a ouvertes dans le schiste de transition du val de Villé, notamment dans le massif du Honil, pour l'exploitation des mines, ont donné naissance à des sources volumineuses qui jaillissent encore de leur ouverture; telles sont celles de la mine d'antimoine de Honilgoutte, de la mine de cuivre de Champ-Brècheté et de la mine de plomb de Lalaye. Il est probable qu'en perçant des galeries dans le fond de plusieurs vallons entaillés dans ces terrains schisteux où il n'y a pas de sources, on en ferait jaillir d'autres semblables. Des galeries creusées à Lobsann et à Bechelbronn, dans le terrain tertiaire, ont aussi rencontré des sources.

Sources qu'il est possible d'atteindre par des travaux peu profonds.

Il n'est pas toujours nécessaire de faire des sondages profonds pour trouver des sources; on arrive souvent à ce résultat au moyen de recherches qui n'ont que quelques mètres de profondeur.

Immédiatement au-dessous de la terre végétale, on trouve en général, même dans les points où il n'existe pas de traces d'alluvions, soit anciennes, soit modernes, des débris anguleux et peu cohérents, dont la nature minéralogique est la même que celle des terrains inférieurs. Ce fait peut être observé dans la plupart des carrières, aussi bien dans les terrains stratifiés que dans les terrains non stratifiés. On y rencontre en effet, à partir de la surface: 1° la terre végétale; 2° les matériaux incohérents dont il s'agit, qui résultent de la désagrégation du terrain sous-jacent; 3° la roche vierge elle-même. Les matériaux meubles sont surtout accumulés dans les vallons et autres dépressions de terrain.

A une faible profondeur, dans cette couche meuble, il circule souvent des eaux invisibles à la surface du sol, dont l'existence se décèle çà et là au fond des vallons; alors il suffit souvent de travaux peu dispendieux, ne s'étendant qu'à 5 ou 6 mètres de profondeur, pour ramener ces *eaux latentes* à la surface du sol. Voici les notions à cet égard que j'ai puisées, tant dans mes propres observations que dans la manière dont M. l'abbé Paramelle paraît procéder dans ses explorations.

SOURCES ET EAUX SOUTERRAINES. 379

Pour les eaux dont il s'agit, l'examen du relief du sol est un guide très-essentiel. Dans un pays à formes ondulées, le relief du sol consiste le plus ordinairement en une série de surfaces convexes qui se raccordent à des surfaces concaves. Quand l'eau météorique tombe, les surfaces convexes font diverger les filets liquides qui se rassemblent dans les surfaces concaves, et ces dernières deviennent de véritables *bassins de réception*. Pour les recherches des eaux qui se perdent ainsi dans le terrain meuble, il n'y a donc pas lieu d'entailler les surfaces convexes; on doit aller dans la concavité du sol, au point où convergent les filets, c'est-à-dire vers le centre du bassin de réception ou *cône de rassemblement*.

Détermination du point sur lequel il convient de faire une recherche.

En outre, c'est précisément dans les parties concaves dont il s'agit, que jaillissent les sources proprement dites. Si ces sources, avant d'atteindre la surface du sol, rencontrent des terrains meubles, sur quelques mètres d'épaisseur, elles peuvent s'y perdre et aller se confondre avec les eaux qui s'y sont infiltrées directement de la surface, comme nous venons de le voir (fig. 111).

Les eaux qui affluent dans le terrain meuble, quelle que soit leur origine, descendent par une voie souterraine suivant la pente du vallon, sans s'épancher à la surface; dans leur trajet, elles finissent par rencontrer un ruisseau ou une rivière à laquelle elles se réunissent par voie d'infiltration.

C'est généralement vers le haut des plis concaves du terrain, c'est-à-dire à la naissance du thalweg, que l'on peut rencontrer l'*eau latente* des terrains meubles. Un court examen du modelé du sol suffit en général pour déterminer la position de l'entaille à faire. La nature de la végétation des prairies, la fraîcheur de l'herbe, la présence de saules vigoureux sur un sol où l'on n'aperçoit pas de sources se déversant régulièrement au dehors, sont des effets du voisinage des eaux souterraines et servent souvent à les reconnaître; il en est de même des éruptions d'eau à la suite des pluies. Rien n'empêche d'ailleurs d'avoir égard à d'autres caractères moins précis, en crédit parmi les fontainiers italiens pour la recherche des sources, tels que la formation de vapeurs sensibles le matin et le soir, la présence de moucherons voltigeant en colonnes pendant l'été et se tenant dans un même endroit, à peu de distance du sol, etc.

Manière de faire sortir les eaux de l'intérieur.

Le point sur lequel on doit opérer étant déterminé par les considérations que nous venons d'indiquer, on peut procéder de la manière suivante pour recueillir tous les filets et les faire couler d'eux-mêmes hors du sol.

Perpendiculairement à la ligne de thalweg du vallon, on pratique une rigole transversale que l'on approfondit jusqu'à ce que les eaux y découlent en formant chute, au moins sur quelques centimètres; la rigole doit avoir une double pente, afin de réunir les eaux qui y affluent. Au fond de cette rigole, on établit un conduit en pierres sèches, puis on remblaie, d'abord sur 2 mètres de hauteur, avec des pierres anguleuses, ensuite avec des terres quelconques; La rigole peut avoir $0^m,30$ de largeur et autant de hauteur. Si l'eau souterraine dépasse le volume présumé, elle se répand d'abord dans les remblais perméables qui servent encore, en cas d'éboulement du conduit, à maintenir la circulation des eaux.

La source étant ainsi réunie dans la profondeur, il faut l'en faire sortir. Pour cela, on creuse, à partir du point de rassemblement de l'eau et suivant la ligne de thalweg du vallon, une tranchée; on donne au fond de cette tranchée une faible pente qui est généralement beaucoup moindre que celle du vallon, de sorte qu'elle sert à déverser la source. L'eau est amenée dans cette rigole, à partir du bassin de réception, par des tuyaux en bois. La source est souvent plus volumineuse au bout de plusieurs mois que dans l'origine.

Bien que le relief du sol soit un caractère très-important à observer, il faut aussi, pour comprendre le mouvement des eaux superficielles, tenir compte de sa composition et voir s'il est facilement perméable ou imperméable.

Application des observations qui précèdent.

Les principes qui viennent d'être exposés servent simplement à recueillir des eaux qui coulent dans les matériaux meubles du fond des vallons et sont ainsi perdues pour la surface; sans être infaillibles, ils conduisent le plus souvent à un bon résultat. Par le même procédé, on pourra quelquefois rendre une source plus volumineuse en recueillant complétement les eaux dont une partie se perdait dans le sous-sol, comme on l'a fait pour les sources de Haguenau. Le nombre des propriétés contenant des sources est nécessairement restreint; c'est donc quand les recherches d'eau doivent se faire dans l'intérêt de toute une commune que les conditions sont favorables, parce que l'expropriation forcée rend disponible le terrain propice. Mais l'indifférence des populations à cet égard est quelquefois telle, que dans bien des villages, où il serait facile d'amener, sans beaucoup de frais, des sources du voisinage pour établir des fontaines, on n'en fait rien.

Il est des sources minérales qui se perdent avant d'arriver à la surface du sol, ou qui se mélangent d'eau douce dans le sol superficiel. Les considérations dans lesquelles nous venons d'entrer peuvent également servir pour l'aménagement de ces sources.

Aménagement des eaux minérales.

CHAPITRE XIV.

STRUCTURE DU SOL DU DÉPARTEMENT.

Après avoir décrit les terrains qui entrent dans la constitution du département, nous avons à ajouter diverses observations sur la structure de la contrée et sur les circonstances qui en ont façonné le relief.

Observation sur les pentes de divers terrains. Sans sortir du département, on peut voir comment des différences de structure du sol se lient à des différences de relief.

Pentes des alluvions anciennes. Les ondulations des alluvions anciennes contrastent avec l'uniformité de la plaine formée d'alluvions modernes, et dans laquelle coule le Rhin. Toutefois ces ondulations sont assez faibles, si l'on fait abstraction des talus, de quelques mètres de longueur seulement, qui résultent d'érosions et qui sont quelquefois très-escarpées. Comme l'inclinaison des pentes est un élément dont il faut tenir compte quand on cherche à apprécier les actions auxquelles ces dépôts doivent leur modelé, j'en signalerai ici quelques-unes qui correspondent à des inclinaisons à peu près uniformes, et à des distances horizontales d'au moins 200 mètres.

	ANGLES avec l'horizon.	
	Deg.	Min.
Lœss, près de Niedernai, sur une longueur de 1400 mètres.	0	46
Sable quartzeux, à 1300 mètres au nord de Brumath.	0	52
Lœss, près de Dambach, sur une longueur de 700 mètres.	1	12
Terrasse de lœss, près d'Oberhausbergen, sur une distance de 500 mètres	1	17
Lœss, de la paroi droite du Seltenbach (banlieue de Brumath), sur une longueur de 225 mètres	2	28
Paroi gauche du même vallon, sur 470 mètres de distance.	2	45
Terrasse supérieure du lœss, près de Niederhausbergen, sur une longueur de 600 mètres	3	16
Gravier de la rive droite de la Zorn, au sud de Saverne, sur une distance de 1000 mètres	3	26

	ANGLES avec l'horizon.	
	Deg.	Min.
Gravier diluvien de la Zorn, près de Riedseltz, sur une longueur de 450 mètres	3	29
Lœss, près de Griesheim, le long du ruisseau, sur une longueur de 300 mètres	3	29
Lœss, près d'Uhrwiller, au bord du ruisseau, sur 500 mètres de longueur	4	27
Lœss, près d'Ernolsheim, au bord de la Bruche, sur 500 mètres de longueur	5	35
Gravier de la Lauter, au sud de Wissembourg, sur 600 mètres de longueur ; il est ici superposé au terrain tertiaire.	6	09

Les alluvions anciennes qui s'étendent à partir du Mœnkalb vers l'est, vues des environs de Bernardswiller, c'est-à-dire à 6 kilomètres de distance, présentent une pente rectiligne et uniforme dont la valeur est de 3 degrés 10 minutes.

Ainsi les pentes les plus fortes que j'ai rencontrées dans les buttes et les collines diluviennes du département ne dépassent pas 6 degrés 30 minutes et sont habituellement beaucoup moindres.

Les formes des collines tertiaires et triasiques sont plus profondément découpées. Les inclinaisons les plus rapides se rencontrent dans les talus rectilignes qui terminent souvent les montagnes de grès des Vosges, et dont l'inclinaison atteint parfois 30 à 34 degrés, comme celle de nombreux talus d'éboulement signalés par M. Élie de Beaumont[1]. *Pentes du grès des Vosges.*

La juxtaposition de terrains de nature différente est souvent décelée à distance par des inflexions dans le relief du terrain. Ainsi, près de Wissembourg, au nord et au sud de la vallée de la Lauter, on remarque deux inflexions, bien prononcées pour l'observateur qui en est distant de 1 ou 2 kilomètres. Les pentes de 20 à 25 degrés correspondent au grès des Vosges ; celles de 12 à 15 degrés au muschelkalk ; celles de 4 à 7 degrés au terrain tertiaire et au lœss. Vues de Frœschwiller, les montagnes et collines des environs de Lobsann présentent aussi trois inclinaisons distinctes : celle du grès des Vosges qui est de 28 degrés ; celle du terrain *Changements brusques des pentes.*

---

[1] Élie de Beaumont, *Recherches sur la structure et l'origine du mont Etna*, p. 210 et 211.

tertiaire avec l'alluvion ancienne dont il est recouvert sur environ 3 kilomètres, et qui est inférieure à 3 degrés ; puis celle du plan tangent aux collines de lœss des environs de Soultz-sous-Forêts, qui se rapproche plus encore de l'horizontalité.

Failles. Des failles se rencontrent en très-grand nombre dans la chaîne des Vosges et dans les collines qui la bordent. Ces failles, qui ont découpé et tronçonné les terrains de la contrée, forment les linéaments principaux auxquels on peut rapporter la structure du pays.

<small>Faille de la limite orientale des Vosges.</small>

Du côté de la plaine d'Alsace, les failles qui limitent la chaîne des Vosges sont faciles à reconnaître au premier aspect sur beaucoup de points où elles séparent les montagnes des collines et où elles correspondent par conséquent à une ligne d'inflexion ; leur position ressort d'ailleurs presque partout de l'examen attentif de la carte géologique.

Cette ligne des failles-limites de la chaîne a été instinctivement choisie pour l'établissement de beaucoup de villages qui sont par conséquent adossés aux montagnes. Ainsi huit d'entre eux, qui sont situés aux environs de Saverne et répartis sur une distance de 15 kilomètres seulement, sont placés sur la faille qui sépare le grès des Vosges du trias ; ce sont : Reinhardsmunster, Hœgen, Ottersthal, Eckartswiller, Saint-Jean-des-Choux, Ernolsheim, Neuwiller et Weiterswiller. Telle est aussi la position de Mitschdorf, Gœrsdorf, Oberbronn, Jægerthal, Offwiller, Oberhaslach, Ottrottle-Haut, Saint-Nabor, Andlau, Nothalten, Blienschwiller, Dambach, Dieffenthal, Châtenois et Orschwiller.

Nous allons suivre ces failles-limites en indiquant les principales particularités qu'elles présentent, à part celles qui ont déjà été citées dans les chapitres précédents, notamment p. 132 et suivantes.

<small>Faille près de Wissembourg et de Weiler.</small>

Le muschelkalk qui borde le grès des Vosges, au nord de Wissembourg, est redressé à 45° le long des montagnes ; sa direction est N. N. E., comme celle de la partie adjacente de la chaîne. Les couches ainsi redressées sont quelquefois ondulées, comme si elles avaient été froissées.

<small>Muschelkalk juxtaposé au schiste de transition.</small>

Au sud de Weiler, sur la rive droite de la Lauter, le calcaire du muschelkalk est adossé au schiste de transition ; les couches calcaires se dirigent E. 30°. N — O. 30°. S., et plongent de 30° vers N. 30°. O. Dans deux grandes carrières ouvertes à 500 mètres au sud du même village, le muschelkalk plonge de 30 à 40° vers S. E., c'est-à-dire en sens inverse des couches voisines de Weiler. Ces couches sont donc contournées, comme l'indique la figure 100. Le keuper, le lias et le terrain tertiaire se montrent à peu de distance.

J'ai observé une juxtaposition semblable près de Niederhaslach et de Saint-Gorgon; dans la première localité (fig. 101), le muschelkalk est redressé le long de la faille qui se dirige N. O — S. E. et plonge de 15° vers N. E.

Dans les carrières de la commune de Rothbach, situées au canton dit Zugelhof, le muschelkalk se dirige O. 35°. N. et plonge de 15° vers la plaine. Plus près du village, et à 1500 mètres au nord du point précédent, les couches ont encore la même direction, mais plongent de 55°; enfin au nord-est du village, le calcaire est redressé à 70° contre le grès des Vosges et plonge vers S. 20°. E. Près de Rauschendbourg, l'inclinaison du muschelkalk est de 40° vers E. 20°. S.

Faille à Rothbach.

Ainsi la bande de muschelkalk, qui borde le grès des Vosges entre Rothbach et Rauschendbourg, se compose de couches brisées et redressées dans des directions et suivant des inclinaisons très-différentes.

A la limite orientale du muschelkalk, près de la maison forestière de Rauschendbourg, on trouve une masse jaune, très-friable, formée d'un mélange de carbonate de chaux et d'argile, qui paraît résulter de la trituration de la roche vers son contact avec le grès. Ainsi qu'on l'observe fréquemment, la faille correspond à une dépression, ce qui provient probablement de ce que les roches brisées sur la ligne de jonction ont été facilement entraînées.

A Offwiller, la largeur de la zone de muschelkalk ne dépasse pas 100 mètres; le lias inférieur est immédiatement adossé à ce dernier terrain. Le lias est fortement redressé à la minière de Sainte-Anne.

Muschelkalk soulevé au milieu du lias à Offwiller.

De même qu'à Offwiller, le muschelkalk qui se trouve à la limite septentrionale de Weiterswiller surgit, au milieu du lias, sous forme d'un mamelon de 300 mètres de largeur sur 800 mètres de longueur. Ce muschelkalk, qui est immédiatement en contact avec le grès des Vosges, se dirige suivant N. 22°. E — S. 22°. O. comme la faille, et plonge de 50° vers la plaine.

Même fait à Weiterswiller.

Juxtaposition du lias au grès des Vosges.

A un kilomètre au nord de Weiterswiller, le lias est immédiatement adossé au grès des Vosges.

Double faille près de Weinbourg.

Quand on se dirige de Weinbourg vers les montagnes, on voit une succession du grès infraliasique, des marnes irisées, du muschelkalk et du grès bigarré; deux failles existent le long de la chaîne.

Fort redressement du muschelkalk près de la faille.

Entre Neuwiller et Dossenheim, où le muschelkalk est adossé au grès vosgien, le premier terrain est redressé à 78° et se dirige N. 22°. E., tandis qu'à un kilomètre de ce point, non loin de Dossenheim, sa pente n'est plus que de 4° vers le nord. La coupe des environs de Saverne donnée par M. Élie de Beaumont montre le même fait [1]. A la Garenne, près de Saverne, le muschelkalk, à sa limite avec le grès des Vosges, plonge de 12° vers S. 15°. O.

Longueur de la faille de Saverne.

La faille dont il vient d'être question et qui passe à Weiterswiller, Neuwiller, Saverne, Reinhardsmunster, se prolonge, comme M. Élie de Beaumont l'a fait voir [2], au pied oriental des escarpements du vieux château de la Muraille et jusque dans l'intérieur des Vosges, à l'ouest de Saales; vers le nord, elle s'étend jusque vers Pirmasens : sa longueur dépasse donc 10 myriamètres; elle a pour direction moyenne N. 18°. E — S. 18°. O.

Grès vosgien soulevé au milieu du grès bigarré.

Les couches de grès bigarré exploitées à un kilomètre au S. E. de Niederhaslach sont brusquement interrompues par le grès des Vosges du Wissenberg. Il en est de même du grès bigarré des environs de Dinsheim, par rapport au grès vosgien du Heiligenberg. Les deux protubérances du Wissenberg et du Heiligenberg qui consistent en grès des Vosges sont donc séparées par des failles infléchies des terrains voisins; c'est une disposition qui rappelle celle des environs de Mutzig.

Failles des environs d'Ottrott-le-Bas.

Les vastes carrières d'Ottrott-le-Bas mettent à nu une faille bien nette qui, comme celle de Soultz-les-Bains, a amené les dolomies inférieures du muschelkalk contre le grès bigarré; cette faille se dirige E. 22°. S., c'est-à-dire à peu près parallèlement à la direction des couches, et plonge de 80° vers S. 25°. O. La même colline présente une autre faille non moins remarquable, par suite de laquelle le grès vos-

---

[1] *Explication de la carte géologique de France*, t. I, p. 428.
[2] Même ouvrage, t. I, p. 396.

gien se trouve vis-à-vis du grès bigarré. A 300 mètres au-dessus de la maison de M. Œsinger, le poudingue du grès vosgien est coupé brusquement et se trouve juxtaposé au grès bigarré que l'on exploite pour meules.

La figure 102 représente la juxtaposition du muschelkalk au porphyre dioritique à Ottrott-le-Haut ; dans cette dernière localité, le calcaire est altéré, comme nous l'avons vu p. 123. Juxtaposition du muschelkalk au porphyre.

A un kilomètre au nord de Kintzheim, les couches du muschelkalk se dirigent N. 15°. E — S. 15°. O., et sont redressés à 70° vers la chaîne, tandis que plus près du village les couches, tout en ayant la même direction, plongent en sens inverse. Ondulations du trias à Rintzheim.

Le long des failles, on observe fréquemment de belles surfaces polies et striées, par exemple au Mœnkalb, près de Barr ; dans le grès des Vosges de Saint-Florent, près de Niederhaslach ; à Urmatt ; au Kronthal ; dans la vallée de Lembach. Le long de ces surfaces et sur moins d'un millimètre d'épaisseur, le grès des Vosges présente la compacité d'un émail. Surfaces polies et striées.

A Urmatt, de l'hématite brune et de l'oxyde de manganèse forment des enduits ramifiés en forme de dendrites sur les surfaces émaillées dont il s'agit.

Les failles qui terminent la chaîne des Vosges vers l'est ne présentent quelquefois, sur une longueur de 10 kilomètres, que de très-faibles inflexions, comme on le voit entre Zinswiller et la ferme de Rauschendbourg ; mais ailleurs elles subissent des inflexions très-prononcées. Ainsi à 800 mètres de Weinbourg, la faille-limite change brusquement de direction, d'où résulte l'angle rentrant de la chaîne en ce point ; les deux branches font entre elles un angle obtus de 143°. L'angle saillant de 150° que présente la chaîne entre Zinswiller et Niederbronn correspond à une inflexion de la faille en sens inverse. Inflexion des failles.

Exemple à Weinbourg.

Des inflexions bien plus fortes existent dans les failles qui ont dessiné la vallée de Lembach. Le grès bigarré et le muschelkalk pénètrent dans cette vallée, de manière à faire supposer qu'elle formait un golfe entaillé dans le grès des Vosges à l'époque où le trias se déposait (fig. 52). Au point où le grès bigarré atteint son point culminant, près de Wingen, il est encore à plus de 60 mètres au-dessous de Exemple de la vallée de Lembach.

l'altitude générale du grès des Vosges des environs (fig. 46). A la limite des deux terrains, le relief du sol présente un point d'inflexion que l'on aperçoit très-nettement, même de loin et à travers les forêts qui les recouvrent. Vue des hauteurs qui dominent Uttenhoffen, la vallée de Lembach a l'aspect pittoresque d'une sorte de baie bordée de montagnes assez escarpées ; les collines triasiques, à cimes plates, qui en occupent le fond, présentent en effet à peu près l'uniformité d'une nappe d'eau.

La crête rectiligne du grès des Vosges, qui s'étend du Liebfrauenberg au Pigeonnier, a été découpée nettement par des failles comme à l'aide d'un emporte-pièce (fig. 52). D'un côté le trias, de l'autre le terrain tertiaire sont juxtaposés au grès des Vosges ; la stratification du premier terrain présente des dérangements dont il a été question, p. 134 et 135.

Ramification de la faille-limite près de Saint-Nabor en trois grandes branches. La faille qui forme la limite orientale de la chaîne, au sud de Saint-Nabor, se partage près de ce village en trois grandes ramifications, dont les deux extrêmes font un angle de 60°, et dont chacune se poursuit très-distinctement encore sur plus de 8 kilomètres de longueur. L'une des branches, partant de 300 mètres au nord du village, se dirige vers Mollkirch en passant à 300 mètres à l'ouest du clocher du Klingenthal ; sa direction est S. 40°. E — N. 40°. O. Elle sépare les montagnes pittoresques de grès vosgien, que couronnent les ruines du Lutzelbourg et de Guirbaden, du plateau de grès bigarré qui s'étend uniformément à leur pied. La seconde branche passe à 300 mètres à l'ouest de Bœrsch, à 400 mètres de Rosenwiller, à Gresswiller, à 400 mètres à l'est de Dinsheim, à Dangolsheim, et se prolonge jusqu'au delà de Soultz-les-Bains sur une longueur de 17 kilomètres. Enfin la faille qui passe à Rosheim et à Dorlisheim forme une troisième branche.

Les ramifications dont il s'agit servent à expliquer la déviation prononcée que subit la limite orientale de la chaîne des Vosges entre Saint-Nabor et Mutzig, et le report de cette limite vers l'ouest.

A l'embranchement des ramifications, il s'est formé un amas de silice et de baryte sulfatée, dont il a été question, p. 326.

Rejet produit par la faille de la limite orientale de la chaîne. Le rejet produit par les failles qui terminent la chaîne est considérable ; il a été évalué par M. Élie de Beaumont, comme étant, à la hauteur de Guirbaden, de la montagne

Sainte-Odile et de l'Ungersberg, à peu près de 500 mètres [1]. On peut obtenir approximativement ce rejet, en prenant la hauteur des points culminants du grès des Vosges de la chaîne au-dessus des collines triasiques, jurassiques ou tertiaires qui en bordent le pied, et en y ajoutant l'épaisseur approximative des couches qui sont superposées au grès des Vosges dans ces collines inférieures; car le chiffre ainsi obtenu indique à peu près la différence des deux niveaux occupés par ce dernier terrain dans la chaîne et dans la plaine voisine. Le second élément de l'addition ne peut être évalué avec précision, puisque l'on ne peut s'aider de sondages; mais on peut, dans diverses localités, en avoir une valeur assez approchée. Ainsi à Pfaffenbronn, le grès vosgien de la plaine est recouvert par le grès bigarré et le muschelkalk. Près de Neuwiller et de Weiterswiller, comme près de Saint-Nabor, un forage qui serait pratiqué à 500 mètres du pied de la chaîne n'arriverait sans doute au grès des Vosges qu'après avoir traversé le lias et les trois étages du trias. Près de Lobsann, le terrain tertiaire recouvre les terrains plus anciens sur une épaisseur de plus de 100 mètres. Tels sont les terrains dont il faut ajouter les épaisseurs à la différence de niveau de chacune des localités correspondantes. Il convient, afin d'obtenir une limite inférieure du rejet, d'admettre, pour les divers terrains, des épaisseurs au-dessous de la puissance moyenne qu'on leur a trouvée sur leur littoral; c'est ainsi que l'on arrive aux chiffres suivants [2]:

Mètres.

Le long de la crête du Liebfrauenberg, du côté de Pfaffenbronn 314
Le long de la même crête du côté de Lobsann . . 426
Ainsi l'affaissement est plus grand en dehors de la crête que dans l'intérieur de la vallée de Lembach.
Près de Niederbronn 361
A Weiterswiller, Weinbourg, Neuwiller, où la chaîne est très-basse, seulement 278

[1] *Explication de la carte géologique de France*, t. I, p. 399.
[2] Pour obtenir les chiffres qui suivent, j'ai en effet admis seulement les épaisseurs suivantes: grès bigarré, 25 mètres; muschelkalk, 50 mètres; keuper, 30 mètres; lias, 25 mètres.

	Mètres.
A Reinhardsmunster, à un mètre près comme à Niederbronn.	362
A Oberhaslach, au pied du Ringelsberg	386
A Saint-Nabor, au pied du Heimbourgerberg et de la montagne de Sainte-Odile	614
Près de Nothalten, le grès des Vosges doit être au-dessous de l'Ungersberg, au moins de	877

Le rejet paraît donc être plus grand aux environs de Barr que dans la région septentrionale de la chaîne.

Failles situées à l'ouest des Vosges. — Des failles terminent aussi la chaîne des Vosges vers l'ouest, comme M. Élie de Beaumont l'a montré[1]. Dans le département du Bas-Rhin, où le grès des Vosges ne dépasse que de très-peu le niveau du grès bigarré qui le recouvre vers l'ouest, ces failles sont plus difficiles à reconnaître que celles situées du côté de la vallée du Rhin.

Failles de l'intérieur de la chaîne. — L'intérieur de la chaîne renferme également des failles nombreuses. Dans la vallée de la Zorn, au second souterrain pratiqué pour le passage du chemin de fer de Strasbourg à Paris, le grès vosgien est découpé par une série de failles qui se dirigent moyennement N. 18° à 25°. E — S. 18° à 25°. O. Ces failles sont très-rapprochées l'une de l'autre, souvent à moins d'un mètre d'intervalle, de sorte que leur ensemble a l'aspect d'une stratification verticale ; le long de leurs parois, on trouve des surfaces frottées. J'ai aussi rencontré dans le grès vosgien, à 800 mètres au nord de Lembach, près de la faille qui le sépare du muschelkalk, de nombreuses failles à parois émaillées et fortement striées, ainsi qu'à Wingen. Dans la crête du Liebfrauenberg, près de Lobsann, il y a des failles dirigées E. 30°. N — O. 30°. S.

Age du soulèvement du grès des Vosges. — *Considérations théoriques sur les mouvements qui ont contribué à modeler le pays.* La position relative du grès des Vosges et du trias fait connaître l'âge de la dislocation qui a imprimé à la chaîne des Vosges son relief actuel, ainsi que M. Élie de Beaumont l'a signalé depuis longtemps[2]. Du côté

---

[1] *Explication de la carte géologique de France*, t. I, p. 394.

[2] *Observations géologiques sur les différentes formations qui, dans le système des Vosges, séparent la formation houillère de celle du lias. Annales des mines*, 2ᵉ série, t. I, p. 393, et t. IV, p. 3. — *Explication de la carte géologique de France*, p. 398.

de la plaine du Rhin, la chaîne des Vosges est terminée par une falaise presque continue qui s'étend de Guebwiller jusqu'au nord de Landau. Les couches de grès des Vosges dont cette longue falaise est composée ne s'y trouvent couronnées en aucun point, ni par le grès bigarré, ni par le muschelkalk que l'on observe généralement à leur base, à un niveau beaucoup moins élevé que les principales sommités de grès[1]. Au contraire, des couches régulières de grès bigarré recouvrent partout le grès vosgien qui affleure, à l'est de la chaîne des Vosges, au pied des montagnes, notamment au Klingenthal, près de Mutzig, et au Kronthal. Ce double fait amène à conclure que le grès des Vosges a été soulevé, aussitôt après son dépôt, du sein de la mer dans laquelle le trias a continué à se déposer. C'est aussi à cette même époque qu'ont été ouvertes les principales failles qui traversent la chaîne.

La relation du grès des Vosges soulevé avec celui qui est resté immergé pendant le dépôt du trias, se voit clairement près du Klingenthal, où le grès bigarré exploité repose sur le grès des Vosges (fig. 76 et 103). Cependant, à 200 mètres à l'ouest de ces carrières s'étendent des montagnes du même grès sans recouvrement de grès bigarré. Une disposition toute semblable existe aux environs de Mollkirch et de Guirbaden, sur le prolongement de la faille du Klingenthal (fig. 48). Dans le bois de Gresswiller, le grès des Vosges a une altitude de 320 à 350 mètres, tandis qu'à la montagne de Guirbaden, il atteint 620 mètres ; il est donc clair que les deux proéminences sont séparées par une faille dont le rejet est au moins de 290 mètres. On observe des relations semblables près de Bœrsch (fig. 108) et de Wangenbourg. *Relation du grès des Vosges des montagnes avec celui de la plaine.*

Bien qu'ayant été soulevées dans presque toute leur étendue et ordinairement sans perdre leur horizontalité, les couches de grès des Vosges sont loin d'avoir été conservées dans leur intégrité. Des vallées étroites et profondes ont été creusées dans le massif septentrional, ainsi que le montre la carte. C'est surtout dans les hautes montagnes que les dénudations sont considérables ; ainsi l'Ungersberg est formé par un lambeau de grès aujourd'hui tout à fait isolé, dont les couches ont fait continuité avec celles du Kiohnberg au nord, du Climont à *Dénudations que le grès a subies.*

---

[1] Voir plus haut, p. 117.

l'ouest, de l'Altenberg au sud ; or, ces derniers segments de grès des Vosges, qui aujourd'hui se rapprochent le plus de l'Ungersberg, en sont respectivement distants de 6,12 et 5,8 kilomètres. Les couches du grès des Vosges ont donc en grande partie disparu, et les tronçons qui subsistent encore ont souvent une étendue beaucoup moindre que les lambeaux qui ont été emportés dans le voisinage.

Panorama des Vosges vues de Petersbach. — La portion des Vosges située au sud de la vallée de la Zorn se distingue en général très-nettement de la région de collines qui bordent la chaîne vers l'ouest. Ce fait est très-frappant si, des environs de Dehlingen ou de Petersbach, l'on jette un coup d'œil vers les montagnes ; on distingue alors le massif des Hautes-Vosges qui, comme une île, s'élève majestueusement au-dessus de la ligne des collines triasiques. Le spectateur, placé aux environs de Petersbach, en promenant le regard de l'est vers l'ouest, aperçoit d'abord, à l'est du massif du Schneeberg, un groupe de montagnes terminé par un profil à peu près rectiligne dans son ensemble, dont la pente vers la plaine d'Alsace est d'environ 8 à 9°. A l'ouest du Schneeberg et jusqu'au delà du massif du Donon, la pente du contour des montagnes est en sens inverse et de 3 à 4° ; enfin, à l'ouest du Donon, dont les sommets ressortent du contour général, le plan tangent moyen change brusquement de position et s'étend jusqu'à perte de vue avec une inclinaison qui n'atteint pas 2°. Comme les talus rectilignes sont bien prononcés et très-alongés, cette faible variation de pente est cependant très-appréciable à l'œil ; elle paraît correspondre à une faille qui serait située non loin de la vallée de la Plaine.

Délimitation moins distincte dans la partie septentrionale. — La distinction entre la chaîne et les collines qui la bordent n'est pas à beaucoup près aussi nette dans la région située au nord de la vallée de la Zorn. Ce fait se lie à un autre qui, dans cette région de la chaîne, a la même origine ; c'est que le grès bigarré atteint des altitudes qui ne le cèdent que de très-peu à celles du grès des Vosges, comme entre Saverne et Phalsbourg, et aux environs de Rosteig.

Leurs causes probables. — Lorsque le grès des Vosges est sorti de la mer, les couches déchirées par ce soulèvement ont subi l'action destructrice des eaux qui se précipitaient dans leur nouveau bassin, et alors il a dû subir des destructions d'autant plus grandes que, peu de temps après sa formation, la roche n'avait sans doute pas autant de cohésion qu'aujourd'hui. Les échancrures découpées alors sous différentes formes ont probablement été ensuite élargies à l'époque diluvienne et par les agents météoriques qui encore aujourd'hui corrodent toutes les aspérités du globe ; mais c'est sans doute à l'époque initiale de leur émersion que remonte l'ébauche générale des vallées de la chaîne, telles que celles de la Moder, de la Zorn, de la Zintzel, et en outre la disparition du grès des Vosges sur de vastes étendues.

Ce qui vient d'être dit relativement au grès des Vosges paraît d'ailleurs s'appliquer à la plupart des *vallées d'érosion* qui sillonnent les terrains stratifiés ; ce sont des fissures qui ont été ouvertes lors des mouvements que le terrain a subis, et qui ont été élargies par des courants d'eau lors de l'émersion du terrain, ou plus tard, à l'époque diluvienne.

Antérieurement au dépôt du grès des Vosges, la contrée avait déjà subi, comme bien d'autres régions de l'Europe, des dislocations qui sont indiquées par des différences de stratification. *Dislocations antérieures au dépôt du grès des Vosges.*

Comme l'a montré M. Élie de Beaumont[1], il y a complète discontinuité entre le terrain houiller et le grès rouge. En outre, le grès rouge et le grès des Vosges, quoique parallèles et continus, se sont déposés dans des circonstances très-différentes. « Le grès rouge, dit ce savant, ne contient dans les « Vosges que des débris de roche du voisinage qui varient d'une « localité à l'autre, tandis que le grès des Vosges se compose « de matériaux d'une nature uniforme et charriés de très-« loin. Il s'est étendu sur une beaucoup plus grande surface « que le grès rouge, et a été produit par une cause agissant « beaucoup plus en grand. Il dépasse considérablement les « bords des bassins où se sont formés le terrain houiller et « le grès rouge, et lui-même il s'appuie sur des terrains « plus anciens. Le diagramme (fig. 26) représente cette dis-« position[2]. » *Le grès rouge et le grès des Vosges se sont déposés dans des circonstances très-différentes.*

Ainsi, dans les relations des trois terrains dont il vient d'être question, on trouve les traces de deux révolutions : l'une, qui a accidenté le terrain houiller avant le dépôt du grès rouge ;

---

[1] Dufrénoy et Élie de Beaumont, *Explication de la carte géologique*, p. 409 et suivantes.
[2] Même ouvrage, p. 412.

l'autre, qui, en abaissant le sol des Vosges de 300 à 400 mètres par rapport au niveau de la mer, a permis au grès des Vosges de recouvrir de grands espaces que le grès rouge n'avait pu atteindre.

Époques géologiques auxquelles elles correspondent. — D'après M. Élie de Beaumont, la première de ces révolutions a probablement coïncidé avec la formation des fractures N—S. qui ont donné naissance à la chaîne carbonifère du nord de l'Angleterre, et la deuxième avec le plissement du système des Pays-Bas et l'éruption des mélaphyres des environs de Kirn, d'Oberstein et de la partie méridionale des Vosges [1].

Affaissement du grès des Vosges pendant la période même de ce dépôt. — Comme nous l'avons d'ailleurs constaté plus haut, p. 96, l'abaissement du sol qui s'est manifesté après le dépôt du grès rouge s'est prolongé pendant la période du grès des Vosges; l'affaissement général du sol pendant le dépôt de ces deux terrains a été suivi d'un soulèvement. Ainsi, à cette époque, le sol de notre contrée a subi deux mouvements de grande amplitude et en sens inverse, l'un d'abaissement, l'autre de soulèvement. De tels phénomènes, dont la Scandinavie offre un exemple contemporain [2], ne paraissent pas être rares dans l'histoire du globe.

Dislocations antérieures au terrain houiller. — Dans le val de Villé, le terrain houiller, en couches peu inclinées, est supporté par le schiste de transition dont les feuillets sont redressés et plissés; la discordance de stratification entre ces deux terrains est donc ici bien frappante.

Mouvement plus ancien que les couches dévoniennes. — Nous avons d'ailleurs reconnu que les couches de transition du département appartiennent à deux systèmes distincts, dont l'un est antérieur, l'autre postérieur au soulèvement du Champ-du-Feu (p. 57 et 58). La direction moyenne des feuillets schisteux du terrain de transition ancien du val de Villé, qui paraît antérieur au terrain dévonien, est E. 35°. N — O. 35°. S.

Indices nombreux de dislocations postérieures au soulèvement de la chaîne des Vosges. — Des dérangements postérieurs au grès des Vosges ont laissé aussi leurs empreintes dans le sol du département. Les dis-

[1] Dufrénoy et Élie de Beaumont, *Explication de la carte géologique de France*, p. 413.

[2] Daubrée, *Du phénomène erratique dans le nord de l'Europe et des mouvements récents du sol scandinave. Comptes-rendus de l'Académie des sciences*, 1843, t. XV, p. 328, et *Bulletin de la Société géologique de France*, t. XIV, p. 573.

locations comparativement récentes dont il s'agit sont surtout remarquables en dehors des montagnes, et sont décelées tant par les contournements et redressements de stratification qui affectent les terrains triasique, jurassique et tertiaire, que par les failles qui coupent les mêmes terrains.

M. Élie de Beaumont a depuis longtemps signalé le fait que les dépôts du grès bigarré et du muschelkalk, qui sont également développés sur tout le pourtour des Vosges, n'atteignent pas un niveau aussi élevé à l'est et auprès de la falaise qui borde les Vosges, du côté de l'Alsace, que sur la pente opposée ; dans les points où on les voit au pied de l'escarpement du grès des Vosges, leurs couches sont souvent inclinées, quelquefois même contournées, comme nous l'avons vu plus haut [1]. Voici comment s'exprime ce savant [2] : « Pour « expliquer cette différence actuelle de niveau entre des « points qui ont dû probablement se trouver à la même hau- « teur, il n'est pas nécessaire d'imaginer qu'il se soit produit, « à une époque moderne, une faille ou une série de failles « entièrement nouvelles. Il suffit de concevoir qu'un nouveau « déplacement ait eu lieu entre les deux parois des failles « déjà préexistantes. Les mouvements dont il s'agit corres- « pondent aux *miroirs* qu'on observe dans les filons. *Elles peuvent résulter de mouvements récents dans des failles existant antérieurement.*

« Ces mouvements ont quelquefois eu lieu à des époques « très-récentes ; car on voit, en beaucoup de points, non- « seulement le muschelkalk, mais encore le calcaire juras- « sique et même certains dépôts tertiaires, participer plus « ou moins complétement à l'action du grès bigarré. » *Miroirs produits dans des filons déjà formés.*

L'ensemble des circonstances qui viennent d'être signalées est surtout bien visible à Saverne, où la chaîne des Vosges se réduit à une simple falaise de grès des Vosges, au pied de laquelle le muschelkalk se présente en couches inclinées et qui est couronnée par le grès bigarré, comme le montre la figure 104. *Coupe de la montagne de Saverne.*

Au sud de la crête du Liebfrauenberg, le muschelkalk est recouvert par le terrain tertiaire, comme on peut le voir *Relation semblable des deux côtés de la crête du Liebfrauenberg.*

---

[1] Cependant, comme nous l'avons vu (p. 136), les altitudes *maximas* des trois étages du trias sont à peu près les mêmes en Alsace et en Lorraine ; ces deux faits qui ne sont pas opposés l'un à l'autre sont l'effet de contournements récents.

[2] *Explication de la carte géologique de France*, t. I, p. 427 et 428.

près de Cléebourg ; dans cette région du département, le muschelkalk est inférieur au moins de 140 mètres au niveau des couches du même terrain qui sont situées dans l'intérieur de la vallée de Lembach (fig. 52).

Influence d'anciennes failles sur des mouvements ultérieurs du sol. — Les ramifications de la faille-limite qui s'étendent au nord de Saint-Nabor à travers le trias, et dont il a été précédemment question, p. 388, montrent d'une manière non moins manifeste la manière dont des mouvements du sol ont été influencés par des failles antérieures.

Aux environs de Niederbronn, du Liebfrauenberg, de Soultz-les-Bains, de Molsheim, dans la vallée de Lembach et ailleurs, la stratification du trias présente des accidents dont nous nous sommes déjà occupé (p. 133 à 136). Comme dislocations modernes, je citerai encore l'exemple du Kronthal.

Environs du Kronthal. — Au milieu des couches de grès bigarré, de muschelkalk et de keuper des environs de Wasselonne, s'élève, dans une position exceptionnelle, un mamelon de grès vosgien que traverse la vallée étroite connue sous le nom de Kronthal. Le muschelkalk, qui est séparé du grès des Vosges par des failles, a une stratification tourmentée ; du côté de Marlenheim, on observe en des points voisins la direction N. O — S. E. avec le plongement de 15° vers N. E., et celle E. 15°. N — O. 15°. S. avec l'inclinaison de 18° vers S. 15°. O.; près du moulin de Wangen, les couches se dirigent E. 10°. N. et plongent de 45° vers S. 10°. O. ; à Nordheim, on trouve E. 20°. N — O. 20°. S. et un plongement de 30° vers S. 20°. E. Ainsi la direction moyenne est E. 15°. N — O. 15°. S., et les couches plongent plus ou moins vers la plaine. Une autre ligne de failles limite le grès vosgien vers l'extrémité N. O. du vallon du Kronthal. Le muschelkalk qui est redressé est *Brèche de contact le long de la faille.* — séparé de cette dernière roche par une brèche de fragments anguleux des deux roches juxtaposées, dans lesquelles prédominent les débris du calcaire ; la brèche de contact dont il s'agit a 10 mètres de largeur ; un lambeau de grès bigarré est intercalé entre le grès vosgien et le muschelkalk.

Failles avec baryte sulfatée. — Le grès des Vosges du Kronthal est lui-même découpé par beaucoup de failles dont quelques-unes présentent de belles surfaces émaillées et striées ; elles sont remplies de baryte sulfatée, de chaux carbonatée cristalline et d'hématite brune. La baryte sulfatée a pénétré jusque dans le grès bigarré et le muschelkalk, ce qui montre que son arrivée dans les roches du

Kronthal est postérieure au trias ; le calcaire imprégné de baryte sulfatée n'est aucunement altéré. Les failles du Kronthal n'ont pas de constance dans leur direction ; il en est qui se dirigent N. 20°. E — S. 20°. O. et plongent de 80° vers O. 20°. N.; d'autres se dirigent N. E — S. O. et plongent de 80° vers S. E.[1]

Le grès des Vosges de la partie septentrionale du Kronthal plonge vers N. E. de 5 à 6°.

Vallées de soulèvement. Le vallon du Kronthal, bordé de collines à pentes abruptes qui s'élèvent brusquement à l'ouest de Marlenheim et autour duquel la stratification est redressée en tous sens (fig. 48), présente tous les caractères d'une *vallée de soulèvement* ou *de déchirement*. Il en est de même du vallon de Soultz-les-Bains, où jaillit la source minérale dont il a été précédemment question et dont la direction est aussi N. N. O — S. S. E., ainsi que de celui de Mutzig.

Source thermale de Wasselonne. Le vallon de la Papeterie, près de Wasselonne, où il coule une source tiède, dont la température est de 17°,5, paraît aussi être dans le même cas.

Prolongement de l'une des failles du Kronthal vers Wasselonne. La faille qui limite la dislocation du Kronthal vers l'est se prolonge jusqu'aux environs de Westhoffen ; car, à 2 kilomètres au S. O. de ce village, le muschelkalk est adossé au grès bigarré. La stratification du muschelkalk se dirige, dans trois carrières différentes, N. 10°. E — S. 10°. O., et plonge de 45° vers O. 10°. N. Cette faille se rattache probablement elle-même à celle qui sépare le grès vosgien du muschelkalk le long du Ringelsberg.

Dislocation du terrain jurassique. Outre les dislocations du terrain jurassique qui ont été citées p. 147, je signalerai encore celle de Heiligenstein près de Barr. A 300 mètres à l'ouest de ce village, le calcaire oolithique se dirige N. E — S. O. et plonge de 36° vers S. E. Une faille qui traverse la carrière dans la direction des couches présente de belles surfaces de glissement. Non loin de là, la stratification plonge de 25° vers E. 18°. S. Au-dessus de Mittelbergheim, sur la paroi droite de la vallée de Barr,

[1] Au mois de janvier 1833, les habitants de Marlenheim furent étonnés de voir de la fumée sortir de la colline située à l'ouest du village. Cet accident paraît simplement résulter de ce que des vides existant entre les failles qui séparent le grès vosgien du muschelkalk et un tirage s'opérant par les fentes, il se répandait dans l'atmosphère un air humide et beaucoup plus chaud que celle-ci, puisqu'il avait la température de l'intérieur du sol, la température extérieure étant alors au-dessous de zéro.

près du muschelkalk, le calcaire jurassique est redressé à 68° suivant E. 21°. N.

A un kilomètre au sud du Scharachberg, les couches supérieures du muschelkalk sont en contact avec le calcaire oolithique, ce qui y indique la présence d'une faille.

Dislocation du terrain tertiaire. — En décrivant les terrains tertiaires, nous avons fait remarquer que leur stratification est quelquefois inclinée ou contournée, notamment à Bouxwiller, à Lobsann, au Bischenberg, et qu'ils sont même traversés par des failles dans cette dernière localité (p. 168, 185, 198 et 203).

Ligne de jonction du Bastberg et du basalte de Gundershoffen. — La ligne qui réunit le basalte de Gundershoffen au sommet du cône de cailloux du Bastberg, près de Bouxwiller, sur un point récemment soulevé, se dirige E. 36°. N — O. 36°. S. Cette ligne prolongée vers le nord coïncide avec l'axe de la crête du Liebfrauenberg et du Pigeonnier, tandis que vers le sud elle rencontre l'épanchement basaltique de la côte d'Essey, dans le département de la Meurthe. Il est encore à remarquer que la zone des épanchements basaltiques de l'Alb du Wurtemberg est alongée parallèlement à la ligne dont il vient d'être question, ligne qui participe à la direction du système de la Côte-d'Or.

Soulèvement du Schœnberg en Brisgau. — Le Schœnberg, près de Fribourg en Brisgau, est couronné par un conglomérat tertiaire ayant tous les caractères de celui du Bas-Rhin ; ce conglomérat s'élève à 600 mètres au-dessus de la mer. Le soulèvement postérieur au terrain tertiaire dont il s'agit, se lie sans doute aussi à l'apparition des roches basaltiques qui affleurent sur le versant sud de la montagne, en deux autres localités des environs de Fribourg, ainsi qu'au Kaiserstuhl.

Accident dans le relief du terrain jurassique antérieur à l'époque tertiaire. — D'après les formes ondulées de la surface du terrain tertiaire aux environs de Soultz-sous-Forêts, sur des points que la superposition du lœss a préservés de toute dénudation ultérieure, on doit conclure que les couches tertiaires étaient déjà échancrées sous forme de vallons et de collines, avant que ce dépôt diluvien se déposât à leur surface. La présence de bassins tertiaires, tels que ceux de Bitschhoffen, Dauendorf, Mietesheim et surtout celui de Haguenau (fig. 49), avec ses 300 mètres d'épaisseur, dans des dépressions plus ou moins profondes du calcaire oolithique, montre même que de grandes modifications avaient déjà eu lieu dans ce dernier terrain avant le dépôt des couches tertiaires.

Malgré les inflexions brusques que présente la limite de la chaîne dans sa partie septentrionale, comme nous l'avons vu, on ne peut guère douter qu'elle n'ait été produite d'un seul jet. Ainsi la falaise dont la direction s'infléchit brusquement derrière Weinbourg conserve le même niveau et le même aspect de chaque côté de l'inflexion. Ces deux portions sont d'ailleurs bordées d'une manière toute semblable par le muschelkalk, le keuper et le lias. Peut-être sont-ce d'anciennes lignes de fracture qui ont contrarié dans quelques parties la régularité générale du soulèvement.

Inflexions des failles contemporaines.

Cependant les montagnes dont on découvre la vue des hauteurs de la Petite-Pierre, c'est-à-dire les montagnes situées entre la vallée de Muhlbach et la vallée de la Moder, ne sont pas régulièrement découpées par de longues vallées transversales, comme on l'observe en général dans les parties de la chaîne qui sont au nord ou au sud de la région dont il s'agit; dans ce beau et sauvage panorama, on peut seulement remarquer une dépression qui s'étend depuis Eckartswiller, Wimenau, jusqu'à Reipertswiller et au delà, et qui forme comme l'ébauche d'une vallée longitudinale. L'aspect brouillé des montagnes correspond précisément ici à une inflexion de la chaîne.

Aspect brouillé des proéminences de la chaîne vers son inflexion.

« Les phénomènes modernes, observe M. Élie de Beau-
« mont[1], tout en apportant quelques légères modifications
« au relief des Vosges et en interrompant l'uniformité des
« plaines environnantes, n'ont pas effacé les limites qui sé-
« parent les plaines des montagnes. Ils n'ont pas ôté le carac-
« tère général de la plaine au sol récent qu'ils ont accidenté;
« ils n'ont pas donné naissance dans la contrée qui nous
« occupe à de véritables montagnes. La distinction de la
« plaine et de la montagne remonte donc ici à une cause an-
« térieure, et les limites des deux régions restent toujours
« en relation avec les dislocations plus anciennes et plus con-
« sidérables que nous avons signalées ci-dessus. »

Les phénomènes modernes n'ont pas effacé les limites entre les plaines et les montagnes.

Toutes les coupes faites dans la vallée du Rhin montrent que les trois étages du trias ont subi encore plus de dénudations en Alsace qu'en Lorraine, ce qui s'explique non-seulement par les dislocations plus grandes que le terrain a éprouvées à l'est des Vosges, mais probablement aussi d'a-

Dénudation considérable subie par le trias dans la vallée du Rhin.

---

[1] *Explication de la carte géologique de France*, t. I, p. 432.

près les masses d'eau qui ont dû couler à leur surface, avant de déposer le diluvium qui les recouvre.

La lisière des couches triasiques et jurassiques a été détruite en Alsace.

Aux différents terrains qui constituent la chaîne des Vosges, sont juxtaposées des couches de terrains triasique et jurassique. Bien que ces derniers terrains soient postérieurs à la chaîne des Vosges, leurs couches sont *coupées au vif* par la faille terminale. Ce fait est particulièrement reconnaissable dans la vallée de Lembach (fig. 52). Il est d'ailleurs à observer que les couches des collines présentent, déjà à quelques mètres de la faille qui les sépare des terrains anciens, tous les caractères qu'on leur retrouve, soit en Alsace, soit en Lorraine, dans des régions plus éloignées des anciens rivages ; c'est la même composition minéralogique, la même disposition de fossiles, la même physionomie, quelquefois la même épaisseur. On devrait cependant s'attendre à trouver, vers le long de ces anciennes falaises, des dépôts à caractère éminemment littoral ; et, dans le cas qui nous occupe, les sédiments qui se sont opérés dans la mer qui baignait le massif arénacé des Vosges, sembleraient devoir être mélangés sur quelques points de sable et de gravier quartzeux provenant du grès des Vosges ; or, on n'en voit pas de traces dans le muschelkalk et le calcaire oolithique, non plus que dans les autres couches. De ces deux faits qui sont probablement corrélatifs l'un de l'autre, on doit conclure que, dans les dislocations qu'elles ont subies, ces couches ont perdu leur lisière primitive.

Résultats probables d'une contraction latérale.

Les terrains extérieurs aux chaînes rhénanes sont donc rognés et redressés ou contournés, de même que si, depuis leur dépôt, ils avaient été soumis à une contraction latérale, comme il serait arrivé, soit à la suite d'un rehaussement des Vosges et de la Forêt-Noire ; soit si, par suite d'une contraction de l'écorce terrestre dont on a des preuves dans beaucoup de plissements de terrains stratifiés, les deux chaînes rhénanes s'étaient faiblement rapprochées.

Je ne puis terminer ces notions géologiques, sans m'empêcher de faire une courte digression hors du cadre restreint du département, en citant textuellement des observations de M. Élie de Beaumont sur l'ensemble de la contrée [1].

---

[1] Dufrénoy et Élie de Beaumont, *Explication de la carte géologique de France*, t. I, p. 433 à 437.

« Les Vosges d'une part, la Forêt-Noire et l'Odenwald de *Les Vosges et* « l'autre, forment deux groupes en quelque sorte symétriques *la Forêt-Noire* « qui se terminent l'un vis-à-vis de l'autre par deux falaises *forment un grou-* « légèrement sinueuses, dont les directions générales sont *pe dont les deux* « parallèles l'une à l'autre et au cours du Rhin qui coule *parties sont sy-métriques.* « entre elles depuis Bâle jusqu'à Mayence. Ces deux falaises « sont principalement composées d'éléments rectilignes, « orientés presque exactement du N. N. E. au S. S. O., et les « montagnes dont elles sont pour ainsi dire les façades pré- « sentent, les unes comme les autres, dans beaucoup de « points de leur pourtour ou de leur intérieur, d'autres lignes « d'escarpement parallèles aux précédents.

« Ces lignes sont les traits caractéristiques du groupe na- *Système du Rhin,* « turel ou du système de montagnes dont nous parlons, sys- *Ses traits carac-téristiques.* « tème que M. Léopold de Buch a nommé *système du Rhin*. « Dans la Forêt-Noire et dans l'Odenwald, aussi bien que « dans les Vosges, les escarpements ci-dessus mentionnés « sont habituellement composés, en tout ou en partie, du « grès des Vosges. Ils forment en général la tranche des pla- « teaux plus ou moins étendus dont les couches de cette for- « mation constituent la surface. Dans la Forêt-Noire et dans « l'Odenwald, ils paraissent dus, comme dans les Vosges, « à de grandes fractures, à une série de failles parallèles qui « ont rompu et diversement élevé ou abaissé les différents « compartiments dans lesquels elles ont divisé la formation « du grès des Vosges à une époque où cette formation n'é- « tait encore recouverte par aucune autre. Le bouleverse- « ment dans lequel elles se sont produites est par conséquent « antérieur au dépôt du système du grès bigarré, du mu- « schelkalk et des marnes irisées, qui, tout autour des mon- « tagnes des deux bords du Rhin, s'étend jusqu'au pied des « falaises dirigées du N. N. E. au S. S. O., mais qui, malgré « les traces de dislocations très-nombreuses et souvent fort « étendues qu'on y observe, ne s'élève jamais, comme le « grès des Vosges, en véritables montagnes. Ce groupe de « couches s'arrête toujours au pied des montagnes que cons- « tituent les formations ses aînées, dans une sorte d'attitude « respectueuse, qui est un des caractères géologiques les « plus remarquables de la contrée. Cela seul donne aux mon- « tagnes du système du Rhin un cachet d'ancienneté qui les « distingue éminemment du Jura, des Pyrénées, des Alpes

« et, en général, de toutes les chaînes plus modernes et plus
« hautes sur les flancs desquelles des formations récentes se
« montrent à de grandes hauteurs.

Petits accidents des contrées rhénanes qui appartiennent à d'autres systèmes.

« Les accidents que présente la plaine secondaire et ter-
« tiaire qui environne la Forêt-Noire, les Vosges et l'Oden-
« wald, sont le prolongement des accidents du Jura et de la
« Côte-d'Or, qui ne se terminent pas subitement. La convul-
« sion à laquelle les Alpes occidentales doivent les princi-
« paux linéaments de leur relief, a aussi déterminé l'appari-
« tion, à la surface du globe, des collines phonolithiques du
« Hohentwiel et du groupe du Kaiserstuhl ; elle doit même
« s'être prolongée au delà dans l'intérieur de la plaine du
« Rhin, mais en n'y produisant que de très-faibles aspérités.
« Ces accidents, d'un ordre tout à fait secondaire pour la
« contrée qui nous occupe, ne forment aussi qu'un trait ac-
« cessoire de peu d'importance dans le tableau des grandes
« révolutions, dont les traits principaux sont ailleurs.

« La symétrie des montagnes des deux rives du Rhin ne se
« manifeste jamais si bien que lorsqu'on peut apercevoir à la
« fois l'un et l'autre groupe en totalité d'un point un peu
« éloigné vers le midi ; les hautes cimes du Jura placées dans
« le prolongement méridional de la plaine du Rhin, telles que
« le Rœthi-Fluhe, sont bien placées pour jouir de ce coup
« d'œil. » « Me trouvant, dit M. Élie de Beaumont[1], le 28 juil-
« let 1836, au lever du soleil, par un ciel sans nuages, vers
« la cime du Rœthi-Fluhe, au-dessus de Soleure, je détour-
« nais un instant mes regards du spectacle si attachant que
« m'offraient les Alpes et leurs magnifiques glaciers, pour
« considérer les lignes moins hardies de la partie septentrio-
« nale de l'horizon. Les Vosges présentaient alors les pentes
« abruptes de leur flanc S. E. par-dessus les crêtes succes-
« sives du Jura et la plaine de Belfort, et je remarquais en
« même temps la terminaison escarpée qu'elles offrent en se
« prolongeant vers le nord le long de la plaine du Rhin. Je
« suivais de l'œil leur bord oriental jusqu'à la montagne de
« Sainte-Odile. Je distinguais aussi très-nettement le profil de
« la Forêt-Noire. L'horizon de la Souabe s'élevait doucement
« vers ce large massif qui ne se découpait un tant soit peu
« que vers le Belchen, presque sur le bord de la plaine du

---

[1] Même ouvrage, p. 435.

« Rhin. Le Feldberg se détachait à peine de la ligne géné-
« rale. La chute rapide du Blauen vers la vallée du Rhin était
« très-sensible. Mes regards s'étendaient sur cette plaine
« unie, du milieu de laquelle je voyais surgir le petit groupe
« isolé du Kaiserstuhl, semblable à une taupinière dans le
« fond d'un large fossé.

« L'imagination se représentait aisément cette plaine, rem- Origine des deux
« placée par des masses aussi élevées que les Vosges et la groupes monta-
« Forêt-Noire entre lesquelles elle s'étend, formant de ces gneux et de la plaine qui les sé-
« deux groupes une seule proéminence légèrement bombée, pare.
« dont la voûte extrêmement surbaissée s'inclinait légèrement,
« d'un côté vers la Lorraine, et de l'autre vers le Wurtem-
« berg. Il semblait qu'il ne manquait que la clef de cette
« voûte, qui se serait un jour abîmée pour donner naissance
« à la plaine du Rhin, flanquée de part et d'autre par ses
« culées restées en place, de manière à former sur ses flancs
« deux escarpements ruineux en regard l'un de l'autre. C'est
« ce qu'exprime le diagramme (fig. 105), qui, en figurant un
« terrain bombé, fissuré, puis écroulé, me paraît indiquer
« l'origine la plus probable des failles qui forment le carac-
« tère essentiel des montagnes du système du Rhin. »

*Influence de la nature géologique du sol sur l'état des popu-
lations.* On a remarqué depuis longtemps la relation qui
existe entre la nature minérale des divers terrains et leurs
productions végétales[1]. Les observations qui ont été faites
plus haut sur le sol végétal (p. 270) fournissent des exemples
de cette connexité.

La composition des roches a aussi de l'influence sur les
coquilles qui vivent à leur surface. M. le professeur Alexandre
Braun a fait dans le grand-duché de Bade les observations
suivantes qu'il a eu l'obligeance de me communiquer, et qui
s'appliquent aussi au Bas-Rhin. Le granite, le gneiss et le
grès des Vosges sont extrêmement pauvres en coquilles terrestres, non-seulement en espèces, mais aussi en individus ;
les coquilles sont incomparablement plus nombreuses sur
les terrains calcaires, ainsi que sur le lœss et les alluvions
de la plaine. La faune coquillière du terrain granitique diffère

---

[1] Kirschleger, *Statistique végétale des environs de Strasbourg*.
Congrès scientifique de France, 10ᵉ section, t. II, p. 34.
Thurmann, *Essai de phytostatique*. 1849.

peu de celle du grès vosgien. Le muschelkalk est beaucoup moins riche en coquilles que le calcaire jurassique; les treize espèces trouvées à la surface du muschelkalk se trouvent aussi sur le terrain jurassique, mais avec seize autres espèces qui manquent au premier terrain. D'après M. Ernest Puton, qui a aussi fait de nombreuses remarques sur les stations des mollusques dans les Vosges[1], les coquilles qui se trouvent sur le calcaire ont le têt bien plus solide, plus blanc et plus opaque que celles du granite et des alluvions siliceuses; il en est de même de ceux qui se tiennent près des habitations ou dans les eaux qui reçoivent les égouts des villes[2]. Les *planorbes* affectionnent particulièrement le calcaire; M. Puton n'en a rencontré dans le terrain granitique qu'une seule espèce (le *p. hispida*). Les principales espèces des genres *lymnée, cyclade, anodonte, mulette*, vivent aussi principalement dans les régions calcaires; ce dernier genre, très-abondamment répandu dans tous les cours d'eau, étangs et marais de la région calcaire, l'est beaucoup moins dans la région arénacée, et il manque dans ceux qui coulent sur le granite; il ne se trouve pas dans la Moselle, au-dessus d'Épinal, ni dans la Meurthe, à quelques kilomètres au-dessus de Saint-Dié; les lacs et étangs de la partie haute des montagnes n'en renferment pas une seule espèce. Les variations brusques dans la nature des terrains du département permettent d'y constater à chaque pas des contrastes de cette nature.

Ce n'est pas seulement avec les végétaux et les mollusques qui vivent à sa surface, que la nature minérale du sol est en connexion. La constitution géologique d'un pays ou d'une localité restreinte, par sa relation intime avec le relief du sol, avec la distribution des sources qui en jaillissent, avec la composition de la terre végétale, a aussi une influence indirecte sur le groupement des populations, sur leur manière de vivre, leurs habitudes et leur histoire[3]. Nous nous borne-

---

[1] *Essai sur les mollusques terrestres et fluviatiles des Vosges*. 1847.

[2] Ouvrage cité, p. 20. M. Alexandre Braun a observé sur les tourbières des plateaux de la Forêt-Noire une variété de l'*helix arbustorum*, remarquable en ce que sa coquille est très-mince, transparente, et consiste presque entièrement en matière cornée.

[3] Dufrénoy et Élie de Beaumont. *Explication de la carte géologique de France*, t. 1, p. 24 à 35.

rons ici à une seule observation, relative à la *densité* de la population sur les divers terrains.

Le département du Bas-Rhin, le treizième de la France par sa population absolue, s'élève au cinquième rang par sa *population spécifique* qui est de 121, tandis que la population spécifique moyenne de la France est seulement de 63 [1]. En examinant la répartition de la population sur les diverses formations géologiques du département, on reconnaît qu'elle varie beaucoup de l'une à l'autre, comme l'exprime le tableau suivant que j'ai fait en me servant des résultats du recensement de 1846.

NOMS DES TERRAINS.	SUPERFICIE de chaque terrain.	POPULATION vivant sur chaque terrain.	POPULATION spécifique.
	Kilom. carrés.	Habitants.	
Alluvions modernes	1415	233997	166
Alluvions anciennes. { Lœss	756 }	136650 }	
Sable des Vosges	570 } 1488	60792 } 223562	150
Limon jaune	162 }	6120 }	
Terrains tertiaires	36	9386	260,72
Oolithe inférieure	29,34	12953	441,49
Lias	47,60	5450	112
Marnes irisées	85,45	12577	147
Muschelkalk	305	36100	118
Grès bigarré	194	18611	95
Grès des Vosges	617	10664	17
Grès rouge	43	3610	84
Terrain houiller	7	580	82
Terrains de transition [2]	97,80	9039	92
Gneiss	14	923	66
Granite, syénite et autres terrains cristallins	171,15	921	5,4
	4550,34	580373	121 Moyenne.

Remarquons avant tout que les terrains tertiaires et sur-

---

[1] *Annuaire du bureau des longitudes pour 1851.* M. de Prony a donné le nom de population spécifique au rapport du nombre d'habitants vivant sur une surface déterminée, celle-ci étant exprimée en kilomètres carrés : la population spécifique est le nombre moyen d'habitants par kilomètre carré.

[2] Y compris le terrain métamorphique qui y figure pour $21^{kil.q}$,80.

tout l'oolithe inférieure présentent ici, pour leur population spécifique, un chiffre exceptionnellement élevé. Cette anomalie résulte de ce que c'est ordinairement dans le fond des vallons qu'affleurent ces deux terrains, et qu'ils forment peu de proéminences; dans les parties où le sol n'a pas été profondément entaillé, ces terrains sont en effet restés recouverts d'alluvions anciennes, comme le montre la carte. L'anomalie résulte donc avant tout d'une condition de relief éminemment favorable à l'agglomération des populations rurales, et d'autant plus que les affleurements dont il s'agit fournissent fréquemment les seules sources de la contrée.

A part cette exception, qui d'ailleurs n'est relative qu'à des superficies d'assez faible étendue, les populations spécifiques les plus élevées sont fournies par les alluvions anciennes et modernes. Ces terrains aussi ne présentent pas de ces aspérités qui sont en général dégarnies de villages; le sol en est généralement fertile, et les puits que l'on y creuse fournissent presque partout de l'eau à une faible profondeur.

Quoique en dehors des montagnes, la population qui vit sur les trois étages du trias est bien moins dense que celle des dépôts alluviens.

Sur le grès des Vosges qui, après ces derniers dépôts, est le terrain occupant la plus grande étendue dans le Bas-Rhin, la population est très-clairsemée; son chiffre spécifique est dix fois moins fort que celui qui correspond aux alluvions. La nature sableuse de la terre végétale fournie par ce grès, nature qui ne convient guère qu'à la végétation forestière, plutôt encore que le relief montagneux du sol, est la cause de la faiblesse de sa population. Le granite qui présente le minimum ne se rencontre que dans la région montagneuse du département.

TROISIÈME PARTIE.

STATISTIQUE MINÉRALOGIQUE.

CHAPITRE XV.

MINÉRAUX DU DÉPARTEMENT.

En faisant la description géologique des différents terrains, nous avons signalé les substances minérales que renferme chacun d'eux. Il convient néanmoins de présenter ici, dans un ordre différent, l'énumération succincte des minéraux rencontrés dans le département, en nous référant à la partie géologique de ce travail pour tous les détails relatifs à leur gisement[1].

PREMIÈRE CLASSE. CORPS SIMPLES.

Graphite.

Ce corps existe en petite quantité dans le phtanite (*Kieselkiefer*) d'Urbeis.

Soufre.

Cette substance a été observée accidentellement et en très-petite quantité dans les produits de la décomposition de la pyrite de Bouxwiller et au-dessus du bassin de la source minérale de Châtenois.

Argent natif.

On en a tiré autrefois du val de Villé, d'après Schœpflin.

---

[1] L'ordre adopté pour cette énumération est celui suivant lequel est classée la collection minéralogique de la ville de Strasbourg.

Or natif.

Ce métal se trouve en paillettes innombrables, mais très-petites, dans le gravier de la plaine du Rhin; on l'exploite dans le lit de ce fleuve. Un caillou de quartzite traversé par une veine d'or natif a été trouvé dans l'Ill, au milieu de Strasbourg, en février 1849; de même que les paillettes d'or, ce caillou est probablement d'origine alpine [1]. La tradition indique en outre, près d'Urbeis, une prétendue mine d'or dite de la *Porte-de-Fer;* s'il en est ainsi, c'est de la pyrite aurifère qu'on aurait extrait autrefois ce métal.

DEUXIÈME CLASSE. SULFURIDES.

Fer sulfuré. Pyrite de fer.

La pyrite de fer se trouve dans les filons de plomb, cuivre et argent des environs d'Urbeis, dans ceux d'antimoine de Charbe et de Honilgoutte.

Elle est disséminée en petits grains dans les roches amphiboliques du massif du Champ-du-Feu et dans l'aphanite ou cornéenne des environs de Saint-Nabor. Des cristaux isolés, de forme cubique et de quelques millimètres de côté, abondent dans une argile subordonnée au schiste de transition non loin d'Urbeis, au lieu dit Faite.

La même substance se rencontre dans le schiste houiller du val de Villé, et accidentellement dans du gypse, à Weinbourg; elle est surtout fréquente dans les marnes et calcaires du lias, où tantôt elle forme de petits rognons cristallins, où tantôt elle remplit des coquilles, et où le plus souvent elle est disséminée en particules indiscernables, dont l'analyse chimique seule indique la présence [2]. On a tenté autrefois, dit-on, d'exploiter cette substance à Gundershoffen pour en fabriquer du sulfate de fer.

---

[1] Il n'est pas hors de propos de rappeler que de Dietrich a trouvé plusieurs paillettes d'or dans un galet de quartz appartenant au grès des Vosges et provenant du sommet du Donon (département des Vosges); l'échantillon faisait partie de la collection de ce savant qui a été envoyée à Paris à la fin du siècle dernier (Bottin, *Annuaire du Bas-Rhin pour l'an VIII).*

[2] Ebelmen, *Comptes-rendus de l'Académie des sciences*, XXVIII, p. 681.

A Lobsann, le lignite est très-pyriteux, de même que les couches d'argile grise qui lui sont superposées; ces dernières renferment des rognons de pyrite, à structure radiée; les cristaux qui hérissent la surface de ces sphéroïdes appartiennent, non à la forme cubique, mais au système du prisme rhomboïdal droit, et présentent le groupement habituel, formé de cinq individus dont les plans de réunion sont inclinés de 72 degrés. La pyrite se trouve aussi en rognons et en grains dans les marnes et le sable bitumineux de Bechelbronn.

La pyrite de fer abonde principalement dans le lignite de Bouxwiller, où elle est en concrétions de forme variée ; elle a quelquefois été substituée à des morceaux de bois dont la structure ligneuse est cependant encore reconnaissable. Dans les géodes tapissées de petits cristaux, on observe la forme de cubes tronqués sur les angles par les faces de l'octaèdre régulier. Ainsi, tandis que la pyrite rhomboïdale se rencontre dans les couches tertiaires de Lobsann, les couches du même âge de Bouxwiller renferment la pyrite cubique. Dans l'argile plastique d'Oberbetschdorf, la pyrite est également disséminée en grains, en rognons ou sous forme de bois. C'est dans des couches noirâtres et imprégnées de matière charbonneuse que la pyrite de fer s'est en général fixée de préférence, probablement par réduction du sulfate de fer, sous l'influence de la matière organique.

Le minerai de fer pisolithique, et surtout l'argile verte ou grise qui est superposée à ce minerai, contiennent de la pyrite en grains sphéroïdaux, à couches concentriques et de teinte noir-bleuâtre, à Mietesheim, à Neubourg, à Dauendorf, à Hochrein près d'Uhlwiller, à Wittersheim, au Hœlschloch près de Kutzenhausen, etc. Elle constitue à Gœrsdorf un amas que l'on a exploité, comme la couche de Bouxwiller, pour la fabrication du sulfate de fer et de l'alun ; la pyrite de Gœrsdorf est très-riche en arsenic. On retrouve ce minéral dans une position semblable à Morsbronn, non loin de Gœrsdorf; la pyrite qui provient de ce gisement s'effleurit au bout de peu de jours.

Fer arsenical (Mispickel).

J'ai reconnu le fer arsenical, en petits cristaux, dans le

calcaire houiller de Villé et dans le silex noir que renferme le même calcaire.

L'abondance de l'arsenic dans la pyrite de fer de Gœrsdorf résulte probablement de ce que cette dernière substance est mélangée intimement de fer arsenical.

Cobalt arsenical.

Du minerai de cobalt qui consistait en cobalt arsenical a été autrefois extrait à Lalaye, près des prairies dites *Noire-Goutte*; mais on n'y trouve plus cette substance.

Cuivre pyriteux.

Le cuivre pyriteux a été exploité dans les filons d'Urbeis; il est en outre disséminé en petite quantité dans le terrain houiller de Lalaye et dans l'aphanite de Saint-Nabor [1].

Cuivre gris.

Le cuivre gris argentifère était mélangé au cuivre pyriteux des filons d'Urbeis; il a été aussi trouvé à la mine d'argent de Triembach, qui était exploitée dans le terrain houiller, et, en très-petite quantité, dans le calcaire de Villé qui appartient au même terrain.

Plomb sulfuré (galène).

La galène argentifère a été exploitée ou rencontrée dans les filons d'Urbeis, de Lalaye, d'Orschwiller et du Katzenthal près de Lembach.

Quand on démolit les *étalages* du haut-fourneau de Zinswiller, on y trouve souvent des globules de plomb métallique, ce qui indique des traces de ce métal dans l'un des minerais du département,

Antimoine sulfuré.

Ce minéral a été rencontré près des hameaux de Charbe

---

[1] On l'a rencontré autrefois, près de la Petite-Pierre, dans la montagne d'Altenbourg, dans une mine que l'on prétend avoir été très-riche et qui n'est plus exploitée depuis la cession de la Petite-Pierre à la France. Un affleurement de cuivre pyriteux a aussi été cité près de Neuwiller. (*Liste des minéraux des deux départements du Rhin*, par M. F. Schweighæuser, p. 16.)

et de Honilgoutte, commune de Lalaye, et à Urbeis, en assez grande abondance pour qu'à plusieurs reprises on ait cherché à l'exploiter. De l'antimoine sulfuré aciculaire a aussi été trouvé avec de la pyrite de cuivre dans un filon au Kalberhugel près Dambach[1].

Argent sulfuré.

A en juger par la grande ressemblance des filons des environs d'Urbeis avec ceux de Sainte-Marie aux-Mines, il est probable que l'argent sulfuré se trouvait aussi dans les filons exploités pour argent dans la première localité.

Zinc sulfuré (blende).

Cette substance se rencontre dans les filons d'Urbeis et de Lalaye, et, en moindre quantité, dans ceux du Katzenthal près de Lembach. On l'a également trouvée en petits grains dans le grès houiller de Lalaye.

Je l'ai observée, sous forme de très-petits cristaux d'un rouge grenat, dans l'argile verte qui forme la gangue du minerai de fer pisolithique de Neubourg et sur les pisolithes eux-mêmes.

TROISIÈME CLASSE. OXYDES MÉTALLIQUES.

Fer oxydulé (fer magnétique). — Fer oxydulé titanifère.

Le fer oxydulé a été rencontré en filons à Belmont. Il est en outre disséminé en petits grains et quelquefois en cristaux octaédriques dans le granite, la syénite du Champ-du-Feu, et accidentellement dans le schiste argileux du val de Villé. C'est surtout du produit de la désagrégation de ces roches que l'on peut facilement extraire par le lavage le fer oxydulé; du sable granitique ou syénitique riche en fer oxydulé se trouve près du château d'Andlau, non loin de Mittelbergheim[2], au Hohwald, et à Belmont. Le fer oxydulé

---

[1] L'antimoine sulfuré a été cité aussi dans la banlieue de Fouchy (Bottin, *Annuaire de l'an VIII*, p. 305).

[2] Le sable de Mittelbergheim recueilli et lavé par des paysans est de couleur noirâtre; il est employé à Strasbourg pour sécher l'écriture, mais en quantité beaucoup moindre que le sable du Rhin et celui du Kaiserstuhl qui sont aussi colorés par le fer oxydulé.

disséminé dans les roches dont il s'agit est en général *titanifère*.

Le *fer oxydulé titanifère* accompagne également l'or dans le gravier du Rhin ; il appartient au moins à deux variétés, dont l'une est attirable, l'autre non attirable au barreau aimanté [1].

Fer oligiste (fer oxydé rouge).

Le fer oligiste compacte et cristallisé se trouve en filons à Belmont et à Solbach, ainsi que dans la banlieue de Grendelbruch et dans les forêts communales de Bœrsch et d'Obernai. Aux environs d'Urbeis, dans la montagne dite le Haut, le schiste de transition renferme abondamment du fer oxydé rouge mélangé de baryte sulfatée. Près de Lalaye, à la Rancenière, le fer oligiste est accompagné de quartz cristallisé.

Dans le porphyre quartzifère du Champ-du-Feu et dans celui de la Bruche, il y a de petites veines de fer oligiste qui appartient ordinairement à la variété dite *micacée (Eisenrahm)*. La même variété a été trouvée, accompagnant les oxydes de manganèse, dans le filon qui traverse le granite de Dambach.

Le fer oxydé rouge amorphe constitue une partie de l'amas exploité à Lampertsloch.

C'est encore une petite quantité de cette substance qui colore ordinairement, en rouge brique, le grès rouge, le grès des Vosges, le sable provenant de la désagrégation de cette dernière roche, ainsi qu'une partie du grès bigarré et des marnes irisées. Dans les failles de la vallée de la Zorn qui traversent le grès des Vosges, on rencontre du fer oligiste cristallisé.

Fer hydroxydé ou *oxydé hydraté (limonite).*

Cette substance abondante et surtout très-disséminée se présente principalement sous les variétés suivantes :

---

[1] Le titane métallique est ordinairement disséminé dans les parois du creuset du haut-fourneau de Zinswiller, ce qui indique la présence d'une combinaison de ce métal dans les minerais du département ; mais elle n'y est qu'en quantité extrêmement faible.

L'*hématite brune* se rencontre dans les filons des environs de Lembach, de Weiler, de la Petite-Pierre, au Mœnkalb près Barr, près du château d'Andlau, à Wangenbourg et dans d'autres localités.

Le *fer oxydé en rognons* ou *œtites* est abondant dans les marnes supérieures du lias en diverses localités, entre autres à Hohengœft. Ce sont les débris de ce minerai, remaniés par les agents diluviens, que l'on exploite sous le nom de *mine plate*.

Le *minerai oolithique* forme des couches minces à la base de l'étage de l'oolithe inférieure, qui affleurent près de Barr, de Mittelbergheim et de Heiligenstein.

Le *minerai pisolithique* ou *minerai de fer en grains* est connu dans plus de cinquante communes du département.

On trouve encore du fer hydroxydé sous des formes différentes des variétés qui viennent d'être décrites dans les *amas de contact* qui contournent le promontoire du Liebfrauenberg. Il constitue des veines brunes nombreuses et de forme variée, ou des bigarrures qui serpentent en tous sens dans le grès bigarré et ont valu à cette roche sa dénomination; il forme aussi des veines dans le grès supraliasique. Certaines couches du grès des Vosges, et, plus fréquemment, le sable diluvien formé des détritus de ce grès, sont colorés en jaune ou en brun par l'hydroxyde de fer; il en est de même de beaucoup d'autres roches.

L'hydroxyde de fer s'est substitué au ligneux dans les végétaux fossiles du grès bigarré et dans ceux des gîtes de minerai pisolithique.

Enfin il se forme journellement encore dans différentes localités du minerai de fer auquel on donne le nom de *minerai des marais* ou de *fer limoneux*. On peut aussi observer très-fréquemment le précipité gélatineux qui, par sa consolidation, forme le fer limoneux.

Oxydes de manganèse.

La *braunite* a été trouvée dans les filons de Dambach qui traversent le granite, quelquefois en petits cristaux octaédriques.

L'*acerdèse* ou *manganite* cristallisée se rencontre en veines dans le grès bigarré, particulièrement à Soultz-les-Bains et à la base du Dreyspitze, près de Gresswiller.

La *psilomélane* et les *oxydes de manganèse amorphes* sont incomparablement les espèces les plus communes. La première se trouve dans les filons d'hématite brune des environs de Lembach et de Wissembourg, où l'on observe aussi des enduits du *peroxyde métalloïde argentin*. Elle forme en outre des veines, des enduits et des dendrites dans les fissures du grès bigarré : on ne peut casser certaines variétés schisteuses du grès de Soultz-les-Bains ou de Gresswiller, sans y rencontrer de très-nombreuses dendrites. On en trouve aussi dans le muschelkalk de Saint-Nabor et dans le quartz corné de Truttenhausen.

A l'affleurement du filon de Champ-Brècheté, près d'Urbeis, on rencontre du manganèse oxydé amorphe en couches concentriques, et dont les échantillons présentent à la surface des indices de la forme rhomboédrique annonçant que cet oxyde provient ici de la décomposition du fer spathique.

Antimoine oxydé.

A Charbe et à Honilgoutte, banlieue de Lalaye, de l'antimoine sulfuré est quelquefois recouvert de croûtes terreuses, de couleur jaunâtre, qui paraissent être de l'acide antimonieux hydraté.

Antimoine oxydé sulfuré.

Ce minéral, connu sous le nom de *kermès minéral*, accompagne aussi l'antimoine sulfurée à Charbe et à Honilgoutte ; il s'est formé vers l'affleurement des filons.

QUATRIÈME CLASSE. SILICIDES.

a) Quartz.

Parmi les sous-espèces et variétés du quartz, nous trouvons les suivantes dans le département :

Le *cristal de roche*, tout à fait transparent et incolore, se trouve dans le gravier de la plaine du Rhin, quelquefois à l'état de cristaux dont les arêtes sont arrondies, le plus ordinairement en véritables galets qui depuis longtemps sont connus et recherchés sous le nom de *cailloux du Rhin*. De même que la plupart des matériaux qui les accompagnent, ils sont très-probablement d'origine alpine.

Le *quartz commun* forme l'une des gangues des filons métallifères d'Urbeis et de Lalaye; il y est souvent cristallisé.

Il est l'un des éléments constituants du granite, du gneiss, de la syénite et du porphyre feldspathique ; dans cette dernière roche, il est quelquefois en cristaux bipyramidaux fort nets. Le quartz du granite des environs de Barr et du Jægerthal est souvent d'un rouge grenat.

Des veines de quartz d'un blanc laiteux coupent le schiste de transition et renferment des géodes de cristaux. Des veines et rognons de quartz cristallin se rencontrent quelquefois à la partie supérieure des marnes irisées d'Altwiller. Le grès des Vosges est formé presque entièrement de quartz blanc et de quartzite en galets et en grains, dont la surface est très-fréquemment hérissée d'une multitude de petits cristaux très-nets, de la même substance. Le quartz en petits grains constitue aussi l'élément principal de plusieurs autres espèces de grès, telles que le grès bigarré, le grès du keuper, le grès du lias, le grès de la molasse, roches dans lesquelles il est mélangé d'argile, de mica ou de chaux carbonatée. Le lignite de Lobsann contient du quartz noirci par une matière charbonneuse qui présente des cristaux à sa surface.

Le *quartz ferrugineux* jaune et cristallisé se rencontre en filons près de Grendelbruch.

Du quartz mélangé de mica et connu sous le nom d'*aventurine* a été trouvé dans le gravier du Rhin.

Le *quartz néopètre*, en allemand *hornstein* ou pierre cornée, est une variété amorphe dont on rencontre des amas près d'Orschwiller, de Truttenhausen, de Saint-Nabor et de Rosheim, sur la limite des terrains cristallins et des terrains stratifiés ; ce quartz a quelquefois la structure oolithique. Des troncs de bois silicifié que l'on rencontre surtout dans le grès rouge près de Triembach et de Hohwarth sont formés de la même variété de quartz ; du bois silicifié a été aussi trouvé dans les sablonnières des environs de Haguenau.

Le *quartz lydien* ou *pierre de touche* (*Kieselschiefer*), qui est une variété de quartz compacte et noire, se rencontre aux environs d'Urbeis dans le terrain de transition et, en galets, dans le gravier du Rhin et celui de la Bruche.

La *calcédoine* forme des veines dans le porphyre feldspathique de la vallée de la Bruche, où accidentellement elle est colorée en rouge et en brun, de manière à mériter le nom d'*agate*. Une variété de *cornaline* se rencontre aussi dans le gravier du Rhin.

Le *quartz silex* ou *pierre à fusil* constitue de nombreux rognons gris dans le calcaire du muschelkalk (p. 122); il se trouve aussi en amas irréguliers dans le calcaire d'eau douce des environs de Lobsann, particulièrement dans le calcaire bitumineux; il renferme des empreintes de tiges et de graines de *chara*.

Le *jaspe* a été trouvé dans le gîte de minerai de fer de Gundershoffen.

Parmi les galets du Rhin, on rencontre du quartz de plusieurs des variétés qui viennent d'être citées; le plus souvent il y forme la roche connue sous le nom de *quartzite*, que l'on remarque dans beaucoup de pavés de la ville de Strasbourg.

b) Silicates anhydres. — Macle. Chiastolithe.

Des macles sont disséminées dans le schiste de transition, dans la région de ce terrain qui borde le granite, aux environs d'Andlau et dans le val de Villé.

Genre des feldspaths.

Le *feldspath orthose*, qui est le principal élément du gneiss, du granite, de la syénite et du porphyre feldspathique, forme, dans le granite des environs de Barr et de Kintzheim, des cristaux blancs ou rosés, dont la longueur atteint souvent 8 centimètres.

Les *feldspaths du sixième système cristallin*, notamment l'*albite*, l'*oligoclase* et l'*andésine*, se rencontrent dans le granite, la syénite et les roches porphyriques, associés au feldspath orthose; ils se distinguent de cette dernière espèce par l'hémitropie à angles rentrants. Ordinairement ils sont en cristaux moindres que le feldspath orthose; leur couleur est blanc de cire, verdâtre ou rouge.

Le *feldspath compacte* passant au *pétrosilex* se trouve dans les pâtes des porphyres du massif du Champ-du-Feu, quelquefois sous forme globulaire constituant un véritable *pyroméride*.

Différentes roches feldspathiques se rencontrent aussi dans le gravier de la plaine du Rhin.

Feldspath terreux ou *kaolin.* Le feldspath est souvent devenu friable sans que sa forme cristalline ait disparu ; c'est ce que l'on observe dans toute l'étendue du terrain porphyrique de la vallée de la Bruche. La substance qui a remplacé le feldspath se laisse écraser entre les doigts et se rapproche du kaolin. Il en est de même de cristaux disséminés dans une partie des argilolithes du val de Villé. Dans les roches qui, comme le granite et la syénite, renferment du feldspath orthose et des feldspaths du sixième système, on remarque que c'est ce dernier qui a le moins résisté aux agents de décomposition. Le granite de plusieurs localités est tout à fait désagrégé (p. 23).

Grenat.

On a rencontré du grenat dans la roche métamorphique de Saint-Nabor et dans le gneiss des environs d'Urbeis.

Épidote.

L'épidote est fréquemment disséminée en veinules ou en mouches dans le granite, la syénite et le porphyre syénitique du massif du Champ-du-Feu, par exemple à Solbach ; le même minéral se trouve aussi dans le porphyre brun et dans les roches métamorphiques de Grendelbruch et de Saint-Nabor, particulièrement dans leurs fissures.

Mica.

Le mica, l'un des trois éléments essentiels du granite et du gneiss, est en outre fréquemment disséminé dans la syénite ; il est plus abondant encore dans la minette ou eurite micacée dont il est aussi partie constituante. Dans ces roches, le mica est le plus ordinairement noir ou d'un brun foncé, et y affecte la forme de paillettes hexagonales ; cependant du mica argentin accompagne la tourmaline dans une roche granitique à Urbeis. Le schiste argileux qui avoisine le granite est souvent micacé.

On rencontre encore abondamment le mica dans les roches stratifiées, telles que le grès supérieur du lias et certains grès tertiaires. Le grès bigarré surtout contient abondamment des paillettes qui sont gris d'argent ou brunes. Le mica n'a pas été formé dans les roches sédimentaires, mais y a été apporté avec d'autres débris de roches cristallines.

Chlorite.

Un minéral en lamelles verdâtres, voisin de la chlorite, est mélangé au quartz des filons qui traversent le schiste de transition du val de Villé ; une substance semblable se rencontre dans la roche métamorphique de Saint-Nabor.

Tourmaline.

La tourmaline noire est assez fréquente dans le granite, aux environs de Thanvillé, dans la forêt de Dambach, au Landsperg ; elle est plus commune encore dans les veines de granite et de pegmatite qui traversent le gneiss, près d'Urbeis. Les cristaux sont souvent en fragments que le quartz a réagglutinés.

Amphibole.

L'amphibole étant l'élément constituant de la syénite, du porphyre syénitique et du diorite, abonde dans les montagnes du Champ-du-Feu et au Jægerthal. On la trouve en outre dans le granite, le porphyre brun et les schistes cristallisés métamorphiques du val de Villé et des environs de Barr et d'Andlau.

Pyroxène.

Le pyroxène augite est disséminé en cristaux dans le basalte de Gundershoffen. Dans le gneiss d'Urbeis, on trouve le pyroxène sahlite.

Péridot.

Le basalte de Gundershoffen contient aussi du péridot.

Zircon.

Le zircon, en petits cristaux microscopiques, est disséminé dans le granite d'Andlau et dans la syénite du Hohwald.

Sphène.

Le sphène existe en très-petits cristaux dans la syénite du Champ-du-Feu avec le fer titané ; il se rencontre en cristaux plus volumineux dans la syénite du Jægerthal et aux environs d'Urbeis, où je l'ai rencontré avec le pyroxène sahlite, comme près de Sainte-Marie-aux-Mines.

c) *Silicates d'alumine hydratés.*

Outre le kaolin, on trouve différentes variétés d'*argile* dans les dépôts stratifiés des divers âges, notamment dans le terrain houiller, les terrains tertiaires, les amas de minerai de fer pisolithique et les alluvions anciennes.

CINQUIÈME CLASSE. SELS AUTRES QUE LES PRÉCÉDENTS.

Potasse nitratée (salpêtre).

Cette substance forme des efflorescences dans beaucoup de lieux bas et humides, principalement en présence de matières organiques en décomposition; elle est accompagnée de nitrates de soude et de chaux. Pendant les guerres de la révolution, on exploitait le nitre dans des fosses disposées pour ce but; en l'an VIII, trente-neuf salpêtriers commissionnés dans le Bas-Rhin ont fourni 21,400 quintaux métriques de salpêtre [1].

Sel gemme.

Le chlorure de sodium est en dissolution dans beaucoup d'eaux potables, dans plusieurs sources minérales et quelques sources salées (p. 208 et 373). Le sel gemme que l'on a rencontré à Saltzbronn, sur la limite de la Moselle et du Bas-Rhin, à deux niveaux différents (p 120), s'étend sans doute en partie dans la banlieue d'Herbitzheim.

Des *brômures* et *iodures* ont été reconnues en faible quantité en dissolution dans les eaux de Soultz-les-Bains et de Niederbronn; l'eau-mère de la saline de Soultz-sous-Forêts renfermait 0,005 de son poids de brôme.

Soude sulfatée.

Elle forme des efflorescences à la surface du gypse dans les carrières de Flexbourg.

Soude carbonatée.

Elle se rencontre quelquefois aussi en faibles efflorescences sur les pierres et sur les murailles, notamment dans les fortifications de la ville [2].

---

[1] Bottin, *Annuaire du Bas-Rhin pour l'an VIII*, p. 321.
[2] Graffenauer, ouvrage cité, p. 34.

Baryte sulfatée.

La baryte sulfatée tapisse de nombreuses fissures qui traversent le grès des Vosges au Kronthal; elle y est en tables rhomboïdales qui portent un double biseau sur les angles obtus et un biseau simple sur les angles aigus. Cette substance pénètre, mais en moindre quantité, dans le grès bigarré et dans le muschelkalk de la même localité. Sur le revers méridional du Wangenbourg, du côté droit du Kronthal, la baryte sulfatée forme aussi de nombreuses veines dans le grès des Vosges et le grès bigarré. La première roche renferme des veines semblables au nord de Lampertsloch, et la seconde à Soultz-les-Bains. Les tiges fossiles de conifères de cette dernière localité contiennent de la baryte sulfatée en lames cristallines, mélangée de beaucoup de fer oxydé hydraté. Le même minéral a été trouvé, dans le grès rouge de Lalaye, en cristaux fort nets qui, par leur forme, se rapprochent beaucoup de ceux du Kronthal, avec cette différence que les arêtes des bases sont bordées de petites troncatures. On a rencontré de la baryte sulfatée fibreuse près de Frœschwiller.

Le minerai de fer de Lampertsloch est entremêlé de baryte sulfatée qui est ordinairement colorée en rouge de sang; cependant cette substance est, dans quelques géodes, en cristaux d'une limpidité rare, et affecte la forme *trapézienne* de Haüy, avec de petites troncatures sur tous les angles des bases.

La baryte sulfatée est mélangée au hornstein des dépôts d'Orschwiller, de Truttenhausen et de Rosheim; elle se trouve aussi dans les filons de plomb, cuivre et argent d'Urbeis, dans le fer oligiste de la même localité et dans les filons d'hématite brune de la vallée de Lembach.

Strontiane sulfatée.

La strontiane sulfatée se rencontre en petite quantité dans le lias, notamment à Wilgotheim et à Avenheim; elle occupe quelquefois l'intérieur de coquilles.

Chaux fluatée (spath fluor).

Le spath fluor accompagne la baryte sulfatée à Orschwiller et dans les filons métallifères d'Urbeis.

Chaux carbonatée.

La chaux carbonatée compacte ou calcaire forme des couches dans les terrains stratifiés de différents âges.

Des bancs d'un calcaire gris foncé et mélangé de silice sont subordonnés au terrain houiller du val de Villé et exploités pour faire de la chaux hydraulique. Le calcaire compacte du muschelkalk se rencontre en couches épaisses dans beaucoup de parties du département où on l'exploite, par exemple aux environs de Wissembourg, de Lembach, de Niederbronn, de Saverne, de Marlenheim, de Soultz-les-Bains, de Molsheim, de Rosenwiller, de Drulingen, de Saar-Union. Des cailloux arrondis du calcaire du muschelkalk, ainsi que des poudingues formés de ces mêmes cailloux, sont aussi exploités entre Wœrth et Wissembourg, aux environs de Morsbronn, de Gœrsdorf, de Spachbach, de Drachenbronn, etc.; ce muschelkalk, en galets roulés, appartient au terrain tertiaire.

Dans le lias, on trouve un calcaire gris, mélangé d'argile, connu par l'excellente chaux hydraulique qu'il fournit. Il est exploité dans beaucoup de lieux, notamment aux environs de Wœrth, de Reichshoffen, de Bouxwiller, de Hochfelden, d'Obernai, de Rosheim et d'Ottrott.

L'étage oolithique renferme des calcaires blancs, jaunâtres ou gris, que l'on exploite près de Pfaffenhoffen, de Dauendorf, de Bouxwiller, de Scharachbergheim, de Wolxheim, etc. Ce calcaire jurassique est aussi désigné, lorsque sa structure le comporte, sous le nom de *calcaire oolithique*. Au reste, cette structure n'est pas tout à fait exclusive au terrain jurassique; car le muschelkalk contient aussi du calcaire dont la structure est oolithique. Des galets de calcaire jurassique sont subordonnés au terrain tertiaire et forment les sommets du Bastberg, près de Bouxwiller, du Scharachberg et de la colline voisine.

Le *calcaire d'eau douce*, ainsi désigné à cause des coquilles d'eau douce qu'il renferme souvent, se rencontre dans le terrain tertiaire de Lobsann, de Bouxwiller, de Dauendorf. Le calcaire d'eau douce de Lobsann est ordinairement plus ou moins imprégné de bitume, et il exhale par le choc ou le frottement l'odeur caractéristique de cette substance.

Des concrétions de calcaire compacte, dont les formes tuberculeuses sont quelquefois assez bizarres, se trouvent disséminées dans le lœss; la dimension de ces rognons (*kupstein*) varie de la grosseur d'une noisette à celle d'une tête humaine.

Enfin, outre les variétés de calcaire qui viennent d'être désignées, le gravier du Rhin en renferme quelques-unes qui appartiennent pour la plupart au calcaire jurassique des Alpes.

Au milieu de ces masses de chaux carbonatée compacte, les cristaux ne se présentent que par accidents très-restreints. Le muschelkalk est souvent traversé par des fissures qui contiennent des géodes de chaux cristallisée, sous la forme du scalénoèdre métastatique, comme on le voit aux environs de Dahlenheim, de Dangolsheim, de Molsheim, de Saint-Nabor, de Saverne, de Rothbach, de Weiterswiller, de Climbach; quelquefois le scalénoèdre est tronqué par un rhomboèdre aigu ou obtus. On rencontre dans le même gisement la forme du prisme hexagonal tronqué par un rhomboèdre obtus, avec de petites troncatures sur les angles qui ne sont autres que les indications du scalénoèdre métastatique.

De la chaux carbonatée cristallisée se trouve encore dans les calcaires compactes des autres terrains, entre autres dans le calcaire tertiaire des environs de Lampertsloch et de Lobsann.

Des cristaux rhomboédriques de *chaux carbonatée magnésifère* sont renfermés dans les veines ou cavités du grès bigarré de Soultz-les-Bains, dans le grès vosgien du Kronthal avec la baryte sulfatée, et dans les filons métallifères d'Urbeis.

La chaux carbonatée pulvérulente, à laquelle on a autrefois donné, comme à la silice pulvérulente, le nom de *farine de montagne* ou de *lait de montagne*, *Bergmehl* ou *Bergmilch*, à cause de la finesse de son grain et de sa blancheur, se rencontre en petits rognons dans les marnes tertiaires des environs de Blienschwiller, ainsi que dans les carrières jurassiques du Scharachberg et de Barr. Les fissures de beaucoup de roches calcaires sont aussi revêtues, surtout à proximité de la surface du sol, d'un enduit mince de chaux carbonatée pulvérulente.

La chaux carbonatée est déposée journellement encore par quelques eaux calcarifères, comme aux environs de Schnersheim, de Küttolsheim et de Gundershoffen. On trouve quelquefois dans les terrains calcaires des stalactites formées par des infiltrations

Comme forme du calcaire, on peut citer enfin celle de coquilles fossiles qu'il présente si fréquemment. Le calcaire, de forme organique, est ordinairement compacte ou feuilleté; quelquefois aussi il est cristallin comme dans les encrines, ou il a la structure fibreuse comme dans les belemnites. Certains troncs d'arbres du lias, près de Mommenheim, sont remplacés par de la chaux carbonatée cristalline.

Dolomie.

La dolomie cristalline se rencontre en couches dans le terrain houiller aux environs de Blienschwiller, Nothalten, Triembach et Villé; la même substance forme de petits lits dans le grès rouge au Jægerthal. Des couches, beaucoup plus développées et surtout plus continues que les précédentes, se trouvent dans les parties supérieures du grès bigarré et dans le muschelkalk en beaucoup de lieux du département. Les marnes irisées renferment aussi presque partout des lits de dolomie cristalline et de dolomie compacte; cette dernière variété abonde aux environs de Griesbach et d'Imbsheim. Dans les diverses localités dont il s'agit, la dolomie lamellaire renferme de petites géodes où elle a cristallisé.

Anhydrite (chaux sulfatée anhydre).

L'anhydrite a été rencontrée dans un sondage fait à Balbronn à la profondeur de 50 mètres, et dans la banlieue d'Herbitzheim; près de Mackwiller, il y a aussi de petites veines d'anhydrite.

Gypse (chaux sulfatée).

Le gypse forme des amas plus ou moins puissants dans les marnes irisées (p. 128 et 138); il est compacte ou saccaroïde et traversé de veines fibreuses. La partie inférieure du muschelkalk renferme aussi du gypse, comme près d'Herbitzheim, de Diemeringen, de Mackwiller et d'Ottwiller [1].

---

[1] Dans cette dernière localité, on l'exploite par travaux souterrains, à 9 mètres de profondeur.

L'argile verte qui recouvre le minerai de fer pisolithique de Gundershoffen contient des rognons de gypse assez nombreux pour qu'on les ait exploités.

Il se trouve en cristaux nets dans les marnes de Lobsann qui sont riches en rognons de pyrite et dans les fissures du lignite de Bouxwiller. J'ai aussi observé à Flexbourg de beaux cristaux, ayant la forme *trapézienne* de Haüy.

On rencontre encore du gypse formant de petits enduits terreux ou des efflorescences superficielles dans les marnes qui contiennent des pyrites; il résulte alors de ce que le sulfate de fer, produit par l'altération de la pyrite, est décomposé par le carbonate de chaux; c'est ainsi qu'on l'aperçoit sur les haldes des mines de Bechelbronn, de Mietesheim et de Bouxwiller.

Nitrate de chaux.

Le nitrate de chaux se rencontre dans les mêmes conditions que le nitrate de potasse auquel il est habituellement mélangé en forte proportion.

Alumine sulfatée.

Ce composé se forme à la surface des argiles pyriteuses de Bouxwiller, après leur effleurissement à l'air; il forme la matière première de la fabrication de l'alun.

Fer carbonaté.

Le *fer spathique* est l'une des gangues des minerais de cuivre, plomb et argent d'Urbeis, et accompagne l'antimoine sulfuré à Honilgoutte. Il se trouve aussi en masses bien cristallines dans l'amas de Lampertsloch.

Le *fer carbonaté terreux (sphérosidérite)* se rencontre en petite quantité dans les bassins houillers du val de Villé. Il forme fréquemment des rognons dans le lias, comme près de Kirrwiller et de Reichshoffen. Il est fréquemment mélangé dans ce dernier gisement d'hydrate de peroxyde, par suite d'un commencement de décomposition. Le fer oxydé hydraté que l'on exploite aux environs de Zinswiller, provient également de la décomposition des rognons du fer carbonaté lithoïde du lias.

Phosphates et arséniates de fer.

L'acide phosphorique se rencontre dans les principales

espèces de minerai, notamment dans les rognons du lias, dans le minerai oolithique et dans le minerai des marais ; le minerai en grains en est rarement exempt. Cet acide paraît se trouver ordinairement dans ces substances à l'état de phosphate de fer, quelquefois aussi comme phosphate d'alumine ou de chaux.

Le dépôt ocreux de la source de Soultz-les-Bains renferme également du phosphate de fer.

Il est peu de minerais de fer qui ne renferment au moins des traces d'acide arsenique; quelques-uns en renferment des quantités très-notables, comme ceux de Schwabwiller, de Lampertsloch et celui de Kuhbrücke qui en est devenu inexploitable [1]. Les dépôts ocreux des sources minérales de Soultz-les-Bains, de Niederbronn et de Châtenois sont aussi arsenicaux.

Fer sulfaté.

Dans beaucoup de lieux où la pyrite de fer est disséminée dans le lignite, la houille ou l'argile, il se forme des efflorescences de sulfate de protoxyde de fer, lorsque la roche pyriteuse a été exposée pendant quelques semaines à l'air. Le sulfate de fer se rencontre particulièrement à Bouxwiller, à Lobsann, à Dauendorf et Gœrsdorf où on l'a exploité. Certains puits de Gundershoffen, qui sont creusés dans des marnes pyriteuses, fournissent aussi une eau contenant une faible quantité de sulfate de fer; il en est de même des eaux qui découlent des haldes des mines de houille de Lalaye.

Zinc carbonaté et zinc hydrosilicaté (calamine).

Ces deux substances se rencontrent en petite quantité dans le filon de plomb du Katzenthal.

Le zinc se trouve souvent dans les cadmies des hauts-fourneaux du département; ce qui paraît résulter de ce que la calamine ou la blende est mélangée en proportion extrêmement faible au minerai pisolithique.

Plomb carbonaté.

Le plomb carbonaté, cristallisé ou massif, se trouvait assez

---

[1] Les enduits d'un brun verdâtre que l'on rencontre dans les géodes à Kuhbrucke paraissent particulièrement riches en acide arsenique et en acide phosphorique.

abondamment en filon dans le grès des Vosges au Katzenthal, près Lembach, accompagné de plomb phosphaté, et près des châteaux de Windstein. Une variété de ce plomb carbonaté, qui est colorée en noir, est particulièrement riche en argent.

Plomb sulfaté.

Du plomb sulfaté a été trouvé en petite quantité avec le plomb carbonaté au Katzenthal.

Plomb phosphaté.

Le plomb phosphaté ou *plomb vert* formait le minerai principal du filon du Katzenthal ; il s'y trouvait souvent en jolis cristaux qui tapissaient les fentes du grès des Vosges, et était principalement accompagné de plomb carbonaté et de fer hydroxydé.

Plomb arséniaté.

Le plomb arséniaté est mélangé au Katzenthal en proportions indéterminées au plomb phosphaté avec lequel il est isomorphe.

Cuivre carbonaté bleu.

Le cuivre carbonaté bleu se trouve en mouches ou en petits rognons disséminés dans le grès bigarré ou les marnes du même terrain, particulièrement à Soultz-les-Bains et à Wasselonne. Lorsqu'il est dans les marnes, il a été confondu avec le fer phosphaté [1]. Il est aussi quelquefois associé au fer hydroxydé qui remplace les bois de conifères, et se rencontre aussi en petite quantité avec le cuivre pyriteux d'Urbeis et le cuivre gris de Triembach.

Cuivre carbonaté vert.

Cette substance accompagne le cuivre carbonaté bleu dans les localités qui viennent d'être citées.

SIXIÈME CLASSE. COMBUSTIBLES CHARBONNEUX.

Houille.

Elle forme des couches dans le terrain houiller à Lalaye,

---

[1] Graffenauer, ouvrage cité, p. 243.

Villé, Erlenbach et dans quelques autres localités du val de Villé.

Des parties noires, fibreuses et friables, que l'on désigne sous le nom de *charbon de bois minéral*, à cause de leur ressemblance avec le charbon de bois produit par voie ignée, se rencontrent dans la houille de Lalaye. Les fibres de ce charbon de bois présentent en général les pores circulaires qui caractérisent la famille des conifères.

Lignite.

Les marnes irisées contiennent des couches minces de lignite compacte, d'un aspect voisin de celui de la houille, particulièrement près de Balbronn, Bergbieten, Wasselonne, Hohengœft et Crastatt. Dans le lias, on rencontre quelquefois aussi des indices de lignite piciforme qui ont provoqué des recherches de combustible dans la forêt d'Urlesenholtz, près de Saint-Nabor. La même substance se trouve en faible quantité dans le même terrain, à Uttwiller et à Mutzenhausen, associée à des troncs de cycadées.

Dans le terrain tertiaire, le lignite est assez développé pour être exploité, comme il l'est à Bouxwiller et à Lobsann, et comme il l'a été à Dauendorf; c'est généralement la variété désignée sous le nom de *lignite terreux*. De petits lits de lignite sont interposés dans les couches tertiaires de Bechelbronn,

Le lignite de Lobsann renferme deux variétés de combustible qui méritent d'être signalées : 1° le *lignite bacillaire* (*Nadelkohle*), qui forme de longues aiguilles cylindriques et élastiques, d'une cassure piciforme, plus ou moins adhérentes entre elles et formant des faisceaux; les baguettes dont il s'agit ne sont autres que les vestiges des faisceaux fibreux de troncs de palmier ; 2° du *charbon de bois minéral* ayant beaucoup de ressemblance avec le combustible de même espèce que renferme la houille, et ayant comme celui-ci la structure du bois de conifères.

Succin.

Le succin se trouve dans le lignite de Lobsann, principalement dans les couches qui avoisinent le charbon de bois minéral, en nombreux grains d'un jaune de miel ou d'un beau brun, dont la grosseur ne dépasse guère celle d'un pois ; le succin paraît quelquefois avoir coulé entre les aiguilles du lignite bacillaire. Les pores du charbon de bois minéral, examinés au microscope, ont en général une couleur jaune de miel qui est probablement due à ce que ces fibres d'arbres résineux sont imprégnées de succin.

Bitume (*pétrole*, *malthe*).

Le bitume est ordinairement subdivisé en trois espèces qui diffèrent par leur degré de fluidité ou de solidité, mais qui passent de l'un à l'autre par degrés insensibles. Le *bitume liquide*, souvent désigné sous le nom de *pétrole*, imprègne des couches de grès ou de sable tertiaire à Bechelbronn, à Soultz-sous-Forêts, à Schwabwiller. Le bitume des deux premières localités a la consistance visqueuse ; celui de Schwabwiller est fluide comme de l'huile. Tous ces bitumes sont d'un brun très-foncé et exhalent une odeur aromatique qui rappelle tout à fait celle du naphte. Il y a en outre, à Bechelbronn, une source dont l'eau rapporte au jour du bitume qu'elle enlève par lavage au terrain qu'elle traverse.

Le *bitume glutineux* ou *malthe* se trouve dans le terrain tertiaire de Lobsann, où il imprègne des couches de sable et de calcaire. Sa consistance à la température ordinaire est pâteuse et approche de la solidité.

A Molsheim, le calcaire du muschelkalk qui avoisine des failles renferme aussi du malthe.

L'*asphalte*, qui est le bitume tout à fait solide à la température ordinaire, se rencontre sur beaucoup de points, mais en petite quantité, dans le muschelkalk, principalement à proximité des failles qui traversent ce terrain, quelquefois au milieu des géodes cristallines. On a aussi trouvé l'asphalte en petits globules à Lalaye, dans un filon de plomb argentifère qui avoisine le terrain houiller, à l'intérieur d'une géode de dolomie cristalline, ainsi que dans le gîte ferrugineux de Lampertsloch.

Beaucoup de roches stratifiées grises ou noirâtres, argileuses, marneuses ou calcaires, doivent leur teinte à la présence d'une matière bitumineuse, qui ordinairement exhale une odeur prononcée, par le frottement ou sous le choc du marteau. Le calcaire des environs de Lobsann, même celui qui est d'un blond clair, présente particulièrement ces caractères; celui de Lampertsloch exhale une odeur piquante qui ressemble beaucoup à celle du naphte. Certaines marnes du lias, jetées sur un foyer, brûlent avec flamme.

Hydrogène carboné (grisou).

Le gaz hydrogène protocarboné se dégage en abondance des couches de bitume liquide de Bechelbronn et de Schwabwiller; il paraît aussi avoir été la cause d'inflammations dans l'ancienne mine de fer de Gundershoffen (p. 291).

APPENDICE.

ROCHES.

Après les détails dont il a été question sur les roches stratifiées et non stratifiées dans la partie géologique de cet ouvrage, et sur les roches *simples* dans la première section de ce chapitre, il ne reste ici que peu de mots à dire sur quelques roches composées.

Les *marnes*, qui consistent en argile mélangée de carbonate de chaux, forment des couches dans les trois étages du trias, dans le lias, le groupe oolithique et le terrain tertiaire; le lœss n'est lui-même qu'une marne sableuse, mais assez pauvre en calcaire.

Les *roches arénacées*, c'est-à-dire les *grès* et les *poudingues* formés par la réunion de fragments arrondis des roches préexistantes, sont très-développées dans le département. Nous rappellerons celles du terrain de transition connues sous le nom de *grauwackes*, le grès houiller; le grès rouge, le grès des Vosges, le grès bigarré, les grès infra et supraliasique, le grès tertiaire ou *molasse* et le poudingue grossier ou *nagelfluhe* qui y est associé. Enfin du gravier et des sables appartenant aux alluvions anciennes et modernes couvrent une partie de la plaine.

Comme roche détritique à grains fins, on peut citer le schiste argileux de transition et les argilolithes du grès rouge.

QUATRIÈME PARTIE.

EXPLOITATION DES SUBSTANCES UTILES.

CHAPITRE XVI.

SECTION I.

MINES, MINIÈRES, TOURBIÈRES ET CARRIÈRES.

Aux notions sur les substances minérales utilisées dans les arts, qui ont déjà été données en faisant connaître la constitution géologique du département, il convient d'ajouter quelques détails sur leur exploitation. Nous allons donc revenir succinctement sur les mines de houille, de lignite, de bitume, les tourbières, les mines de fer, l'extraction des matières pierreuses, et nous terminerons par quelques documents sur l'élaboration de plusieurs de ces substances, c'est-à-dire sur les arts minéralurgiques principaux du département.

HOUILLE.

Historique de la concession. Il n'existe plus dans le département que deux concessions de mines de houille, celles de Lalaye et d'Erlenbach; quoique abandonnées depuis plusieurs années, elles ne sont pas encore retirées à leurs propriétaires.

Mines de Lalaye.

L'exploitation de la houille à Lalaye remonte à la fin du dix-septième siècle; elle est déjà citée par Schœpflin comme étant faite avec grand succès et fournissant du combustible à la Haute et Basse-Alsace [1].

---

[1] *Alsatia illustrata*, t. I, p. 12.

Par arrêté du 30 avril 1746, le baron de Mackau d'Hurtigheim obtint pour trente années le privilége exclusif de fouiller les mines de charbon de terre du val de Villé. MM. Eschenauer et Hey, fabricants à Strasbourg, et M. Commart, inspecteur général des forêts d'Alsace, exploitaient ces mines, en 1769, comme cessionnaires du privilége.

Mme de Choiseul-Meuse, devenue seigneur du val de Villé par lettres-patentes du 26 juin 1766, obtint le 12 mai de la même année, pour elle et ses enfants, le même privilége exclusif d'exploiter les mines de houille, et ce, à partir du 1er juillet 1776, époque à laquelle expirait le privilége accordé à M. de Mackau [1]. Mme de Choiseul fit cession et transport de son privilége à M. Commart par acte du 27 juillet 1774, acte qui fut approuvé par lettres-patentes du 1er avril 1775 accordées aux comtes de Choiseul, seuls héritiers de la cédante, lesquelles lettres réduisaient la durée du bénéfice à quinze années. M. Commart paya pour cette cession une somme annuelle de 2400 livres.

Il paraît que les événements qui suivirent la révolution de 1789 n'interrompirent pas les travaux de Lalaye. Un arrêté de préfecture du 17 fructidor an X accorda la concession de ces mines aux fils de M. Commart qui l'avait sollicitée, et qui était décédé dans l'intervalle. Mais en 1808, M. de Choiseul-Meuse réclama contre cette décision, se fondant sur ce que la concession avait été faite à ses auteurs. Le 8 novembre 1809, intervint une transaction entre la famille de Choiseul-Meuse et MM. Commart, à l'effet d'obtenir la concession en litige par moitié entre les deux parties contractantes, auxquelles elle fut effectivement accordée en commun par décret du 26 décembre 1813. Les concessionnaires ont affermé la mine à MM. Cuny jusqu'au 25 avril 1847, époque à laquelle la concession a été acquise par M. le comte de la Bélinaye. Les travaux sont tout à fait abandonnés depuis 1848.

La concession de Lalaye, qui s'étend dans les communes de Lalaye, Fouchy, Breitenau, Neuve-Église, Villé et Bassemberg, a une superficie de 1149 hectares.

Les principales couches du bassin de Lalaye sont exploitées depuis 1810; l'exploitation se borne à revenir dans les

Exploitation dans sa dernière période.

---

[1] De Dietrich, *Description des gîtes de minerai de l'Alsace*, p. 198.

anciens travaux pour enlever les veines de combustible qui ont été laissées par les anciens exploitants comme trop mélangées de schiste ; on a surtout travaillé depuis lors dans les couches dites *petites-veines* et *Schramm-Kohle*.

Une galerie d'écoulement, dont l'orifice est à 170 mètres à l'ouest de l'église de Lalaye, est dirigée suivant le pli du fond du bassin, avec une longueur de 517 mètres ; plusieurs galeries sont situées sur le revers méridional de la montagne, et portent les noms de *galerie de derrière*, *galerie du milieu*, *galerie de devant* ; la *galerie des châtaigniers*, qui part du revers septentrional de la montagne, a été utilisée jusqu'en 1848, ainsi que les *galeries de derrière*. En outre, on a ouvert vers l'ouest, en 1816, les travaux dits *des chênes* et ceux de *la fontaine*.

Les eaux étaient peu abondantes et se rendaient d'ailleurs à travers d'anciens travaux à la galerie d'écoulement. Le toit des couches de houille était en général solide ; cependant, sur quelques points, il était fissuré et devait être étançonné. La hauteur des galeries ne dépassant quelquefois pas 1 mètre ou même 0^m,80, le travail y était extrêmement pénible, d'autant plus que le sol était ondulé. Les mineurs employés au travail des tailles étaient ordinairement couchés sur le côté.

Prix de la houille. — Les ouvriers recevaient par quintal métrique de houille extraite 1 fr. à 1 fr. 60 c., selon sa qualité et la difficulté de l'exploitation ; on leur fournissait le bois, la poudre, le fer, l'acier et la main d'œuvre du maréchal. Les recherches de peu de durée étaient à leur charge ; la plupart étaient faites aux frais de l'exploitant.

La houille était vendue de 3 et 4 fr. selon sa qualité ; anciennement elle était employée par les maréchaux du pays. Pendant les dernières années, elle n'était plus utilisée que par les saliniers.

Production. — Pendant les dix années qui ont précédé l'abandon, le bassin de Lalaye occupait six à huit ouvriers et produisait 1800 quintaux métriques de houille. En 1769, les mêmes mines occupaient, d'après de Dietrich [1], vingt-huit ouvriers et produisaient 6500 quintaux métriques par an : vers 1785, la production devait même s'élever à 10,000 quintaux. Le

[1] Ouvrage cité, p. 200.

prix de vente du quintal métrique, qui était d'abord de 1 fr. 50 c., s'éleva, en 1785, à 2 fr. 40 c., de telle sorte qu'elle coûtait 2 fr. 70 c. à Schlestadt et 3 fr. 20 c. à Strasbourg ; c'est un prix élevé comparativement à celui du combustible végétal à la même époque.

Mines d'Erlenbach et de Villé.

La concession dite d'Erlenbach, qui a été instituée par une ordonnance en date du 28 juillet 1847, s'étend sur une partie des communes d'Erlenbach, de Triembach, de Villé, de Saint-Martin et de Bassemberg ; elle comprend une superficie de 773 hectares ; les mines d'Erlenbach et de Villé y sont renfermées. *Historique de la concession.*

A la suite de recherches qui remontent à 1808, MM. Cuny et Coulaux obtinrent, en 1819, une concession à laquelle ils renoncèrent bientôt, parce que la houille était de trop mauvaise qualité pour être utilisée. Ils avaient établi des galeries aux environs d'Erlenbach, en cinq points, notamment à 200 mètres au-dessus du village, au lieu dit la Haute-Pointe, au Truttenthal et à la recherche de la *barraque* où étaient les principaux travaux. On ouvrit aussi, de 1819 à 1820, près de Villé, à la Gœntzlach, des galeries qui subsistent encore aujourd'hui. Des explorations furent encore faites à la même époque près de Triembach, d'abord par puits et galeries, puis par deux sondages dont le dernier a été entrepris, de 1826 à 1827, par la Société du Haut-Rhin. On constata ainsi à Triembach l'existence d'une couche de houille qui paraît être le prolongement de celle d'Erlenbach et de la Gœntzlach, mais qui a une qualité moindre encore. Il a aussi été fait aux environs de Villé trois sondages dont les résultats ont été donnés précédemment (p. 63 et 64).

Les recherches, qui ont été poursuivies, de 1839 à 1845, dans l'étendue de l'ancienne concession et particulièrement dans la montagne d'Erlenbach, n'ont conduit à aucune nouvelle découverte. Cependant, dans l'espoir que l'on pourrait tirer parti de la couche de houille reconnue, et malgré son impureté, la Société civile du Ren, représentée par M. de Lara, demanda une concession qui lui fut accordée en 1847. Depuis lors, et contrairement aux prescriptions du cahier des charges, aucun travail n'a été fait par les concessionnaires.

Exploitation. Les travaux principaux existant encore en partie, malgré l'absence d'entretien, sont : 1° à la Gæntzlach, près de Villé, une galerie principale poussée vers l'est, dans la couche de houille, à 32 mètres au sud des anciens travaux et sur une longueur de 143 mètres ; de cette galerie, il en part plusieurs autres peu étendues ; 2° à Erlenbach, une galerie principale de 106 mètres de longueur, qui n'est autre qu'un des anciens travaux de 1818 restaurés.

L'extraction du quintal métrique de houille ne coûtait à la mine d'Erlenbach que 0^f,30, l'huile étant à la charge des mineurs ; il fallait ensuite trier cette houille, ce qui portait le prix de revient du combustible à 0^f,50 sur le carreau de la mine. La houille triée elle-même renferme encore, comme on l'a vu plus haut (p. 61), au moins 50 p. 100 de matières pierreuses ; aussi elle n'a guère servi qu'à la cuisson de la chaux.

LIGNITE ET PYRITE.

On exploite le lignite à Bouxwiller et à Lobsann. Il ne sert pas seulement de combustible dans la première localité, comme il est pyriteux, il est aussi employé comme minerai de vitriol et d'alun.

Mines de lignite, de vitriol et d'alun de Bouxwiller.

Concession. La concession de Bouxwiller s'étend dans les communes de Bouxwiller, Imsheim, Rietheim, Hattmatt, Dossenheim, Griesbach et Printzheim ; sa superficie est de 5054 hectares.

Historique de l'exploitation. Le gîte de combustible de Bouxwiller fut découvert, en 1743, par Chrétien Schrœder qui en devint aussi le premier concessionnaire [1]. On avait déjà tenté plusieurs fois l'exploitation du charbon très-pyriteux qui affleurait dans les fossés de la ville, lorsque, vers 1780, de Dietrich eut le projet d'en tirer parti pour alimenter une petite fabrique d'acier fondu ; mais il fut arrêté par la crainte de détourner les eaux qui alimentent la ville [2]. Depuis lors rien ne fut en-

---

[1] Louis Spach, *Rapport sur les archives départementales et communales* fait en 1849.
[2] De Dietrich, ouvrage cité, p. 289.

trepris jusqu'en 1808 ; le renchérissement du combustible ayant engagé à donner un trou de sonde à 289 mètres de l'affleurement, on traversa, en 1809, les couches de lignite en un point où elle a 1^m,65 de puissance ; peu après, on commença un travail par puits et galeries, travail qui, en 1811, fut noyé et en partie comblé. Le lignite que l'on n'avait pu encore utiliser convenablement comme combustible, à cause de la grande proportion de pyrite et de matière terreuse qu'il renferme, fut employé dès le mois de mai 1811 à fabriquer du sulfate de fer [1]. La fabrication de l'alun remonte au mois de septembre 1813. Les produits de l'usine de Bouxwiller s'élevèrent, en 1813, à 614 quintaux métriques de vitriol et 80 quintaux métriques d'alun. L'acte de concession de la mine et l'ordonnance autorisant l'usine de Bouxwiller sont en date du 21 mars 1816. Une nouvelle société réorganisa, en 1818, toute l'entreprise qui jusqu'alors avait laissé beaucoup à désirer ; elle créa, en 1820, à la Reidt, une fabrique de produits chimiques qui ne tarda pas à prendre de grands développements, et elle fut constituée en société anonyme par ordonnance du 16 mai 1821.

Travaux actuels. L'exploitation se fait au moyen de galeries. La galerie principale de roulage et d'écoulement qui, à partir de 205 mètres du jour, suit la couche de lignite, a une longueur totale de 2485 mètres. Une galerie principale, poussée à un niveau inférieur à la première, dans le but de reconnaître l'étendue et la configuration de la couche de lignite, est longue de 728 mètres ; ces deux galeries principales sont mises en communication au moyen de galeries menées suivant la ligne de plus grande pente, ligne dont l'inclinaison varie de 0^m,12 à 0^m,16 ; les mêmes galeries se raccordent en outre au moyen d'une troisième, qui est en rampe douce et a 925 mètres de longueur. A la tête de l'ancien plan incliné est la machine à vapeur ; elle est établie dans une chambre dont la section transversale est elliptique et qui, dans œuvre, a 4 mètres de hauteur, 3^m,50 suivant le diamètre horizontal, et 10 mètres de longueur. Une galerie voûtée en ellipse fait communiquer le foyer de la chaudière avec un puits qui,

---

[1] Calmelet, *Description de la mine de lignite du mont Bastberg.* Journal des mines, t XXXVII, p. 239.

conjointement avec deux autres, sert à l'aérage des travaux.

Abattage. On abattait le lignite, jusqu'en 1846, en poussant, à partir de la galerie principale, des galeries montantes, distantes de 30 mètres, qui découpaient la couche en massifs que l'on enlevait successivement, en réservant toutefois un pilier intact, de 20 mètres de largeur, le long de la galerie principale. Non-seulement le dépilage était une opération pénible, mais on y perdait beaucoup de bois, surtout dans les endroits où la couche était épaisse. La nature argileuse du toit du lignite a permis d'employer un autre procédé qui est plus avantageux que le précédent. A partir de la galerie principale, on pousse des galeries, soit montantes, soit descendantes. Lorsque ces galeries ont atteint leur limite, on bat en retraite en enlevant les bois; alors le tout s'éboule graduellement, et le remplissage de la galerie s'est fait au bout de quatre à cinq mois de lui-même aux dépens de l'argile supérieure, si solidement que ce remblai est tout aussi compacte que la roche à l'état vierge. On peut alors longer, par une seconde galerie, la galerie qui s'est remblayée naturellement et ainsi de suite. On ouvre à la fois autant d'ateliers d'exploitation qu'il est nécessaire pour satisfaire aux besoins.

Roulage. Tous les transports, depuis les tailles jusqu'au jour, se font sur chemins de fer. Le lignite abattu est amené à la galerie principale dans de petits wagons de la capacité de 2 1/2 à 3 hectolitres; là on le transvase dans des wagons contenant 7 hectolitres, et les ouvriers le transportent jusqu'au jour, lorsqu'ils quittent leur poste. Le transport dans les galeries montantes ou descendantes se fait en général au moyen de treuils.

Les mines de Bouxwiller occupent actuellement 100 ouvriers, non compris ceux, au nombre de 85, qui sont employés à l'élaboration du minerai ; 80 des premiers sont employés intérieurement.

Produit. On a extrait, en 1851, de la mine de Bouxwiller 182,724 quintaux métriques de lignite, dont 107,340 ont été traités comme minerai de vitriol et d'alun, 53,586 ont servi de combustible à la fabrique de Bouxwiller, et 21,798 ont été brûlés à la fabrique de produits chimiques de la Reidt.

Le prix de revient du quintal a varié dans ces dernières

années de 0ᶠ,35 à 0ᶠ,40, dont les deux tiers environ représentent les salaires des mineurs, et le reste les bois, l'huile, le fer, etc., et les frais généraux. Ce prix n'est pas très-élevé, eu égard au grand développement de travaux à entretenir ; la mine de Bouxwiller ne renferme en effet pas moins de 4300 mètres de galeries solidement boisées et munies de chemins de fer.

On estime qu'il faut 347 kilogrammes de lignite de Bouxwiller pour en remplacer 100 de houille de Sarrebruck dans les évaporations ; celle-ci valant 2 fr. 60 c. rendue à Bouxwiller, le lignite de cette localité, considéré comme combustible, peut être évalué à 0ᶠ,75 le quintal métrique.

Le volume de lignite reconnu par les travaux souterrains est de 1,500,000 mètres cubes ; c'est un volume suffisant pour suffire à l'extraction annuelle pendant environ cent vingt ans. *Ressources.*

Mine de lignite de Lobsann.

Elle n'est citée ici que pour mémoire ; il va en être question à l'article des mines de bitume.

BITUME.

Mines de lignite, de calcaire asphaltique et de bitume de Lobsann.

De Dietrich cite déjà[1] des fouilles faites, vers 1785, par M. Commart, sur des affleurements de la couche de lignite qui se montrent près du ruisseau de Lobsann. Une permission d'opérer des fouilles fut accordée le 18 janvier 1788 à M. le baron de Bodé, propriétaire seigneurial de la saline de Soultz-sous-Forêts ; ces travaux exécutés au moyen de puits et galeries au nord du Hohenberg, fournissaient des combustibles pour l'évaporation des eaux salées. M. Rosentritt, directeur de la saline de Soultz, qui conduisait les travaux, découvrit dès 1789, en commençant la galerie d'écoulement, du sable bitumineux, et, après l'avoir traité par l'eau bouillante, il reconnut que l'on pourrait sans doute utiliser le *Historique de l'exploitation.*

---

[1] Ouvrage cité, p. 314 et 315.

bitume comme à Bechelbronn ; néanmoins cette substance resta alors sans emploi. Par un ordre du 22 nivôse an III, émanant du représentant du peuple Besson, la mine de lignite de Lobsann fut exploitée pour le compte de l'État. Douze ans plus tard, le 15 avril 1806, un décret impérial accorda l'exploitation de la houillère de Lobsann à la Compagnie des salines de l'est pour le service de la saline de Soultz qui appartenait aussi à cette Société. Un autre décret, en date du 20 novembre 1809, accorda à M. Rosentritt, directeur des travaux, la concession des mines de houille, pétrole et malthe, situées non loin de Lobsann, concession qui reçut le nom de Cléebourg et qui laisse la houillère de Lobsann en dehors de ses limites. Quant à la mine de houille de Lobsann, elle ne fut régulièrement concédée que plus tard ; une ordonnance du 30 octobre 1815 la donna à MM. Rosentritt, Dandrez et compagnie, en même temps que les minerais de soufre, de vitriol et d'alun qui y sont associés au combustible [1]. Cette concession, qui s'étend sur les banlieues de Lobsann, Retschwiller, Soultz-sous-Forêts, Momelshoffen, Keffenach et Birlenbach, comprend une superficie de 11 kilomètres carrés et 76 hectares.

En octobre 1818, les concessions de Cléebourg et de Lob-

---

[1] On peut remarquer que dans cette ordonnance il n'est pas question de bitume, parce que cette substance faisait partie de la concession d'asphalte, dite de Lampertsloch, accordée aux héritiers Le Bel le 19 brumaire an IX, concession dans laquelle se trouve comprise la houillère de Lobsann. Mais on ajoute (art. 6) « qu'il n'est aucunement préjudicié, par le présent acte de concession, à l'effet des transactions antérieures passées par les concessionnaires, tant entre eux qu'avec des tiers, notamment avec les héritiers Le Bel, lesquelles transactions conservent leur force et valeur, sauf le recours aux tribunaux. » Or, parmi ces conventions antérieures se trouve le traité fait le 11 octobre 1810 entre M. Le Bel, titulaire de la concession, et M. Rosentritt qui s'était alors attribué, depuis le 15 mars 1810, la propriété de la houillère de Lobsann. En vertu de ce traité, chacune des deux parties contractantes s'engageait à laisser poursuivre dans sa concession l'exploitation du minerai spécial pour lequel l'autre était autorisée, c'est-à-dire que M. Le Bel avait la faculté de prendre le minerai de pétrole dans la concession Rosentritt, et que ce dernier pouvait extraire le lignite et le minerai d'asphalte dans la concession Le Bel.

sann furent vendues par expropriation forcée et achetées par M. F. Dournay [1].

Le sable bitumineux qui avait été découvert en 1789, et que l'on avait exploité en petite quantité en 1810, n'attira sérieusement l'attention qu'en 1817, époque à laquelle on commença à fabriquer du mastic. Depuis lors, le sable bitumineux et le calcaire asphaltique que l'on a rencontré plus tard, ont été le produit principal des mines, et le lignite n'y a plus été exploité que comme accessoire. Les mines et dépendances furent vendues, au commencement de 1838, par M. Dournay à une société en commandite par actions, sous la raison Dournay et compagnie, qui en est encore aujourd'hui propriétaire.

Travaux actuels. L'exploitation de Lobsann se fait maintenant par galeries; cependant les anciens puits, au nombre de cinq, sont entretenus, et on en a foncé un sixième en 1850 pour l'aérage. Une galerie de 205 mètres de longueur et munie d'une voie ferrée sert à l'extraction du calcaire asphaltique et du lignite; cette galerie plonge de $0^m,15$ par mètre jusqu'à 75 mètres de son orifice.

On n'extrait plus de sable bitumineux depuis 1847, parce que le bitume obtenu revenait trop cher. Le sable était exploité par des travaux distincts, mais voisins de ceux du lignite et du calcaire asphaltique.

Il n'afflue que très-peu d'eau dans les travaux.

Produits. Les mines de Lobsann ont produit, en 1851, 15,388 quintaux métriques de calcaire asphaltique et 6337 quintaux métriques de lignite; elles fournissaient déjà, au commencement de ce siècle, 5000 à 6000 quintaux métriques de cette dernière substance. Le calcaire revient à $0^f,97$, et le lignite à 1 fr. 40 c. le quintal, y compris les frais généraux.

Le nombre des ouvriers employés à Lobsann est de 47 pour les mines; il y en a en outre 24 occupés à la fabrication et à d'autres travaux.

Ressources continues. Calcaire asphaltique. Il existe encore un grand massif intact de calcaire asphaltique, dont les deux principales dimensions déjà reconnues sont 360 et 168 mètres; sa surface est égale à 60,480 mètres carrés. En supposant une épaisseur moyenne de 2 mètres,

---

[1] A raison de 30,000 fr.; M. Dournay y ava versé 60,000 fr. comme bailleur de fonds.

cela représenterait un volume de 120,960 mètres cubes ou un poids de 3,265,920 quintaux métriques, ce qui suffirait à une production égale à celle de 1851 pendant plus de deux cents ans.

Mines de bitume de Bechelbronn.

Historique de l'exploitation. — Ainsi qu'on l'a vu plus haut (p. 172), le bitume apporté par la source de Bechelbronn est utilisé depuis une époque fort reculée. Un médecin grec, Eryn d'Erymnis, qui demeurait chez le meunier de Merckwiller, découvrit, en 1735, un affleurement de sable bitumineux. Il le distillait dans un petit atelier établi à l'ouest de la forêt de Merckwiller ; il se servait d'une cornue de fonte et obtenait ainsi du pétrole, dont de Dietrich évalue la quantité à 2 kilogrammes par jour [1]. Le propriétaire de l'exploitation mourut sans fortune après avoir cédé, en 1740, ses droits à M. de la Sablonnière qui avait déjà exploité une mine de bitume à Neuchatel en Suisse. Après avoir, en 1742, pratiqué plusieurs coups de sonde près du puits de la prairie, M. de la Sablonnière rencontra, en 1742, à quatre-vingts pas de la source de pétrole, une veine de sable bitumineux, et il poussa ses travaux jusqu'à la profondeur de 32 mètres ; ce fut lui aussi qui établit l'usine pour l'extraction du bitume. L'exploitation resta languissante jusqu'en 1763, époque à laquelle elle fut poursuivie par Mme de la Sablonnière et M. Le Bel, réunis en société ; puis, en 1768, la première céda tous ses droits à son associé, dont la famille possède la mine depuis cette époque [2]. L'exploitation ne devint réellement régulière et productive qu'en 1785, après que M. Le Bel eut fait foncer un nouveau puits. Depuis lors jusqu'aujourd'hui, les travaux ont continué sans interruption et avec bénéfice.

---

[1] Ouvrage cité, p. 303. Outre les ouvrages déjà signalés sur Bechelbronn, p. 165 et 172, on peut encore citer : Volken, *Hanauischen Erdbalsams Beschreibung*. Strasb. 1625. T. Hœffel, *Historia balsami mineralis alsatici seu petrolei vallis S. Lamperti*. Argent. 1734.

[2] Cet établissement se trouvant dans les domaines du prince de Darmstadt, M. Le Bel obtint, en 1772, du roi de France l'autorisation de faire entrer en franchise dans le royaume les produits de sa fabrique. Les lettres-patentes ne faisaient du reste que confirmer des exemptions déjà accordées, en 1768, à cet établissement.

La concession de Bechelbronn, instituée par un arrêté des consuls du 19 brumaire an IX, comprend une superficie de 9200 hectares et s'étend dans trente-deux communes; mais cette surface est en grande partie formée par des terrains qui ne renferment évidemment pas de gîtes bitumineux.

Le système d'exploitation adopté à Bechelbronn est le suivant : Du fond du puits, on pousse, soit dans la veine bitumineuse, soit à proximité de cette veine, une galerie d'alongement, à partir de laquelle on pratique des traverses perpendiculaires qui s'étendent jusqu'aux limites du gîte ; puis chaque pilier est entamé, à partir des bords de la veine, au moyen de tailles perpendiculaires aux traverses; les vides sont remblayés, à mesure qu'on se retire, par l'argile que fournit l'exploitation. On part de l'extrémité de la veine en se rapprochant de plus en plus du puits. Les argiles de Bechelbronn exercent une assez forte pression contre le boisage des galeries, quand elles ont été ramollies par l'eau. Travaux actuels.

Les travaux actuels forment deux groupes distincts, les uns desservis par le puits Salomé, les autres par les puits Madeleine et Joseph ; le plus profond de ces puits atteint 70 mètres.

Le courant d'air se fait naturellement par la différence de niveau des orifices des puits ; le plus élevé est en outre surmonté d'une hotte en bois qui sert à en augmenter le tirage. Du gaz inflammable se dégage abondamment de certaines veines, comme nous l'avons vu p. 169 ; aussi est-on obligé d'employer la lampe de Davy et de suspendre l'exploitation pendant l'été.

Les eaux qui affluent dans les mines sont extraites au moyen de tonnes et de machines à molettes mues par des chevaux. Des trois puits actuellement ouverts et du puits Adèle qui vient d'être fermé, on a extrait moyennement, dans l'hiver de 1851, 83 mètres cubes d'eau en vingt-quatre heures.

Les mines de Bechelbronn occupent 40 ouvriers dont 20 sont employés, tantôt à l'intérieur comme rouleurs, tantôt au dehors pour le transport du minerai du puits à l'usine; il y a en outre 2 maîtres mineurs.

On extrait annuellement plus de 40,000 quintaux métriques de sable bitumineux qui, à raison d'un rendement de 1,60 p. 100, produisent environ 700 quintaux métriques de bitume ; il y a peu d'années, la production était de plus de 800 quintaux métriques.

Concession de Cléebourg.

Il existe une concession dite de Cléebourg pour le lignite, le pétrole et le malthe, qui s'étend dans les banlieues de Lobsann, Drachenbronn, Birlenbach, Cléebourg, Rott, Steinseltz, Climbach, Bremelbach et Mattstall; sa superficie est de 4710 hectares. Cette concession a été accordée le 20 novembre 1809, pour une durée de cinquante années, à M. Rosentritt; mais aucun travail d'exploitation n'y a été entrepris jusqu'à ce jour. Elle appartient à la société concessionnaire des mines de Lobsann.

Concession de bitume de Schwabwiller.

Des indices superficiels de bitume engagèrent, en 1830, à faire exécuter des sondages qui ne donnèrent pas de résultat. On reprit les recherches en novembre 1838, et, dans la nuit du 27 au 28 de ce mois, on pénétra, à $21^m,76$ de profondeur, dans une argile sableuse d'où l'eau mélangée de bitume jaillit en abondance jusqu'à la surface du sol. La découverte dont il s'agit a donné lieu, en date du 11 décembre 1841, à une concession qui s'étend dans les banlieues de Schwabwiller, Niederbetschdorf, Oberbetschdorf et Haguenau sur une étendue de 1130 hectares.

Aucun travail d'exploitation n'a jamais eu lieu dans cette concession. On s'est borné à aspirer, au moyen d'une pompe, l'eau chargée de bitume qui afflue dans l'ancien trou de sonde. Comme il n'arrivait plus que très-peu de bitume, le travail a été abandonné en 1847.

TOURBE.

Produits de l'exploitation de la tourbe.

Aux faits généraux relatifs aux tourbières du département qui ont été exposés plus haut, nous ajoutons un tableau (p. 443), faisant connaître pour chaque commune les principaux documents sur l'étendue et l'exploitation des terrains tourbeux.

MINES, MINIÈRES, TOURBIÈRES ET CARRIÈRES.

COMMUNES où il existe des tourbières.	ÉTENDUE approximative des terrains tourbeux non épuisés.	ÉPAISSEUR moyenne des bancs de tourbe.	SALAIRE des ouvriers.	PRODUITS EN 1850.		
				VOLUME.	Prix du stère ras.	VALEUR totale.
	Hectares.	Mètres.	Francs.	Stères.	Fr. c.	Francs.
Altenstadt	8,30	0,75	292	486	2,40	1166
Dambach	19,86	0,78	958	1120	2,25	2520
Mertzwiller	6,00	1,50	1944	2160	2,25	4860
Dauendorf	2,48	0,90	»	»	»	»
Schweighausen	6,94	0,59	135	150	2,60	390
Haguenau	12,97	1,05	1395	1550	2,33	3625
Kaltenhausen	8,47	1,60	1328	1660	2,40	3984
Bischwiller	0,91	1,00	»	»	»	»
Weitbruch	20,00	0,78	540	600	2,25	1350
Schirrhein	5,41	1,40	1650	1650	2,60	4290
Oberhoffen	13,18	1,30	1039	1484	2,22	3295
Gries	57,00	1,40	440	400	3,00	1200
Kurtzenhausen	64,00	1,40	5280	4400	3,10	13,640
Weyersheim	139,00	0,47	150	150	3,00	450
Neuwiller	2,98	0,70	»	»	»	»
Krautwiller	7,48	0,77	»	»	»	»
Hœrdt	20,63	0,60	»	»	»	»
Vendenheim	20,00	1,10	»	»	»	»
Reichstett	20,00	1,00	»	»	»	»
Wantzenau	10,62	1,20	270	300	4,00	1200
Belmont	15,43	2,75	300	300	3,00	900
Gresswiller	0,57	0,60	»	»	»	»
Ostwald	10,00	0,80	»	»	»	»
Blæsheim	21,00	0,80	»	»	»	»
Innenheim	16,12	1,30	1700	1700	3,40	5780
Krautergersheim	50,00	0,50	»	»	»	»
Meistratzheim	50,00	0,30	»	»	»	»
Limersheim	6,00	0,50	»	»	»	»
Rossfeld	8,00	1,00	»	»	»	»
Wittersheim	0,21	0,99	»	»	»	»
Hilsenheim	5,00	0,80	»	»	»	»
Muttersholtz	»	»	»	»	»	»
Mussig	12,00	0,80	»	»	»	»
Schlestadt	100,00	0,50	»	»	»	»
Heidolsheim	40,00	0,60	»	»	»	»
Ohnenheim	60,00	0,60	»	»	»	»
Elsenheim	50,00	0,60	»	»	»	»
Orschwiller	18,00	0,40	»	»	»	»
	908,56		17,421	18,110	2,686	48,650

L'épaisseur de la tourbe varie, dans une même commune,

d'un bassin à l'autre, et aussi dans l'étendue d'un même dépôt ; la troisième colonne donne seulement l'épaisseur moyenne. A Dambach, la puissance du combustible varie de 0^m,60 à 1^m,10 ; à Schweighausen, de 0^m,40 à 0^m,80 ; à Haguenau, de 0^m,60 à 1^m,50 ; à Weitbruch, de 0^m,50 à 1^m,00 ; à Gries et Kurtzenhausen, de 0^m,30 à 2^m,50 ; à Weyersheim, de 0^m,30 à 1^m,20.

Poids du stère de tourbe. — Le poids du stère de tourbe varie suivant les localités ; il est moyennement de 250 kilogrammes au Rothbaechel, près de Haguenau ; de 350, au Nonnenhof, même commune, et à Gries ; de 320, à Schirrhein et Oberhoffen ; de 380, à Kurtzenhausen ; de 400, à Belmont ; de 425, à Innenheim ; de 500, à la Wantzenau [1].

Prix de vente. — Le prix de vente de la tourbe peut être décomposé de la manière suivante à Kurtzenhausen, où elle a 1^m,40 d'épaisseur moyenne ; un are donne 70 stères de tourbe sèche.

	Pour 70 stères. Fr. c.	Pour 1 stère. Fr. c.
Achat du terrain	60,80	0,87
Extraction de la tourbe . .	77,00	1,10
Remise en valeur du terrain, approximativement. . .	30,00	0,43
Bénéfice	43,00	0,60
Prix de vente sur place . .	210,00	3,00

Reproduction de la tourbe. — Quoique la tourbe puisse se reproduire dans quelques-uns des bassins du département, après en avoir été extraite, cette mesure, utile sans doute dans certaines contrées montagneuses, n'est pas à adopter dans un pays peuplé comme la plaine d'Alsace, où le sol a une valeur trop élevée pour que le propriétaire n'ait pas de moyens plus avantageux de le mettre en rapport ; d'ailleurs, si l'on voulait laisser la tourbe se reformer, il faudrait s'abstenir de remblayer les excavations, d'où il résulterait pour la salubrité du voisinage des effets qui ne sont que trop connus.

Dessèchement peu convenable des terrains exploités. — Ce n'est que dans un petit nombre de localités que l'on peut se servir, pour exhausser le terrain, de remblais em-

---

[1] La motte de tourbe a ordinairement, au moment de l'extraction, 33 centimètres de longueur, 8 et 10 en largeur. Après dessiccation, elle se réduit à 23 centimètres sur 5, 6 et 7.

pruntés aux collines voisines; l'assainissement du sol s'obtient en général au moyen d'un réseau de rigoles qui servent à l'écoulement de l'eau. L'extrême morcellement des parcelles, l'absence d'union entre les divers propriétaires, et le peu d'aisance de la plupart d'entre eux sont les trois obstacles qui ont très-souvent empêché de dessécher convenablement les terrains tourbeux exploités.

FER.

A part l'or, sur l'extraction duquel nous avons précédemment donné des détails, le fer est le seul métal maintenant exploité dans le département; nous ajoutons ici quelques détails sur son exploitation.

Il existe trois concessions de minerai de fer qui ont pour objet l'exploitation des filons du nord du département (p. 79). Quoique l'exploitation en soit tout à fait abandonnée, les trois concessions dont il s'agit n'ont pas encore été retirées. Elles appartiennent, comme presque toutes les minières du département, à Mme veuve de Dietrich et fils, propriétaires des forges du Bas-Rhin. Ces concessions sont celles de Friensbourg, commune de Niedersteinbach; celle de Rœrenthal et Fleckenstein, commune de Lembach; celle de Dahlenberg, même commune. Toutes trois sont instituées par des ordonnances du 25 octobre 1831.

Concessions abandonnées de minerai en filons.

La plupart des minières de fer sont établies sur les gîtes de minerai pisolithique ou *mine en grains*; deux minières seulement ont pour objet les amas de contact; enfin la *mine plate* ou *Blœttelerz* est exploitée dans plusieurs minières assez productives.

Minerai de fer pisolithique ou en grains. Quand l'épaisseur du limon stérile qui recouvre le minerai est faible, l'exploitation de ces minières se fait à ciel ouvert. Ces terres sont alors coupées par banquettes successives dont la largeur est au moins de 2 mètres, et la hauteur telle que l'on puisse compter sur leur solidité.

Mode d'exploitation.

Quand l'épaisseur des terres stériles excède 7 ou 8 mètres, on travaille généralement par puits et galeries [1]; telles sont les exploitations de Neubourg, Mietesheim, Hochberg,

---

[1] Cependant, à Huttendorf où le limon a 11 mètres d'épaisseur, on trouve avantage à exploiter à ciel ouvert, à cause de l'épaisseur considérable de la couche qui varie de 3 à 5 mètres.

Ohlungen, Uhlwiller, Morschwiller et Schwindratzheim. La profondeur des travaux atteint 40 mètres dans les deux premières localités ; elle n'excède pas 15 mètres dans les autres mines. Les exploitations souterraines se font au moyen de deux puits, lorsque cela est possible ; quand le toit est très-peu solide, comme il arrive souvent, on ne pourrait avoir deux puits qu'à la condition de foncer ces deux puits l'un très-près de l'autre, d'où il résulterait un accroissement de dépenses sans beaucoup d'avantages ; dans ce cas, on se contente d'un puits unique et on obtient un courant d'air au moyen d'un trou de sonde.

La couche est découpée en massifs que l'on enlève successivement ; le toit s'affaisse peu à peu. Le roulage se fait au moyen de brouettes sur une voie en planches. L'eau afflue en abondance à Neubourg ; elle provient pour la plus grande partie de la couche de sable qui recouvre le gîte. La quantité que l'on extrait, par jour, des travaux est d'environ 90 mètres cubes en hiver, et de 30 en été.

Prix du minerai. Dans toutes les minières, sauf deux, l'exploitation a lieu à forfait par une société d'ouvriers qui livrent le minerai lavé à raison d'un prix convenu. Ils se fournissent à leurs frais tout ce dont ils ont besoin ; toutefois, quand il s'agit de foncer un puits ou de le boiser, les propriétaires des forges leur donnent le bois nécessaire.

Le minerai lavé, pris sur le lieu d'extraction, leur est payé ordinairement à raison de 12 à 16 fr. le mètre cube pesant de 12 à 16 quintaux métriques. Ce minerai coûte donc moyennement sur place, pour l'extraction et le lavage, de $0^f,90$ à $0^f,95$ le quintal métrique. A cette valeur des salaires, il faut encore ajouter l'indemnité revenant au propriétaire de la surface, le bois employé dans les mines souterraines, les frais généraux, dépenses qui réunies forment un total de $0^f,15$ à $0^f,20$ par quintal.

La distance des minières aux usines va jusqu'à 35 kilomètres ; le prix du transport qui se fait par terre va jusqu'à $0^f,60$ et est en moyenne de $0^f,36$ par quintal ; le prix de revient du minerai pisolithique rendu aux usines du Bas-Rhin varie donc de $1^f,35$ à $1^f,45$. Le minerai dont il s'agit rend de 25 à 40, et en moyenne seulement 27 p. 100[1].

[1] On évalue comme il suit le rendement moyen p. 100 de quelques-

Le gîte de Mietesheim, qui est exploité depuis plus de deux cent quarante ans, a été le plus productif de l'Alsace. La couche inférieure s'étend depuis le village où était la mine du Jardin jusque dans la banlieue de Bitschhoffen, sur plus de 1 kilomètre de longueur et avec une largeur de 200 mètres au moins. La portion qui s'étend dans les prairies voisines du village n'a pas encore été exploitée, à cause de l'affluence de l'eau. Le dépôt de Mietesheim ressemble à celui de Neubourg qui est actuellement le plus riche et qui n'en est distant que de 6 kilomètres.

Minerai de fer des amas de contact. Les deux exploitations sur les amas de contact qui ont été en activité dans ces dernières années à Lampertsloch et à Birlenbach, sont à peu près dans les mêmes conditions que les minières dont il vient d'être question.

Mine plate. Les minières qui servent à l'exploitation de la *mine plate* sont au nombre de six; toutes sont exploitées à ciel ouvert. La terre à minerai rend moyennement un tiers de son minerai lavé. Comparée au minerai pisolithique, la mine plate présente un triple avantage : son prix de revient est moins élevé, la distance des minières aux usines est notablement moindre et enfin sa richesse est plus grande; car le minerai ne revient moyennement qu'à 0^f,92 le quintal, et le rendement ordinaire au haut-fourneau est de 30 p. 100. D'un autre côté, le minerai dont il s'agit a l'inconvénient d'être phosphoreux et de ne pouvoir par conséquent être employé qu'en faible proportion dans la fabrication de la fonte pour le fer fort.

En tenant compte seulement des ressources reconnues actuellement, les couches de mine plate du département renferment encore au moins 170,000 mètres cubes de minerai brut, dont 100,000 à Sainte-Anne, 42,000 à Molkenbronn et 21,600 à Vierzelfeld; cela équivaut, en minerai lavé, à 55,000 mètres cubes ou à 687,500 quintaux métriques. L'extraction annuelle n'étant que de 18,000 quintaux métriques, on aurait là un approvisionnement pour environ trente-huit ans, en ne tenant pas compte de res-

Ressources.

unes des minières : Soultz-sous-Forêts, 20; Wittersheim, 23; Oberbetschdorf, 24; Hüttendorf, 26; Ohlungen, 29; Neubourg, 34, Mietesheim (mine du Jardin), de 36 à 40.

sources sans doute bien plus considérables qui ne sont pas encore reconnues.

Production du département en minerai. Les renseignements statistiques suivants sur l'exploitation des minières se rapportent à l'année 1851.

Le nombre des minières est de 24; 190 ouvriers employés à l'extraction ont reçu pour leurs salaires 38,388 fr. La quantité de minerai brut extrait a été de 144,627 quintaux métriques, dont la valeur est de 39,547 fr. Ce minerai brut a été lavé sur le lieu même d'extraction, dans autant de lavoirs à bras qu'il y a de minières, et a produit 57,098 quintaux métriques de minerai propre à la fonte. La préparation a occupé 150 ouvriers et a coûté 27,711 fr.; de sorte que le minerai lavé est revenu sur la minière à 67,258 fr., c'est-à-dire à 1^f,18 le quintal. En outre, le transport aux usines a coûté 18,639 fr.

La production du département en minerai de fer a été autrefois beaucoup plus considérable; elle s'est surtout réduite depuis que l'on a trouvé avantageux de remplacer ce minerai par celui de la principauté de Nassau, lequel revient beaucoup plus cher, mais qui, ayant une richesse bien supérieure, donne lieu à une économie de combustible.

Voici quelle a été la production annuelle du département depuis 1834; on voit que celle de 1851, la moindre de cette dernière période, ne forme pas le tiers de l'extraction de 1837 et de 1839.

1834	. .	121,950
1835	. .	118,400
1836	. .	172,900
1837	. .	181,012
1838	. .	162,220
1839	. .	199,439
1840	. .	140,997
1841	. .	158,791
1842	. .	129,308
1843	. .	72,404
1844	. .	61,929
1845	. .	69,082
1846	. .	106,570
1847	. .	117,811
1848	. .	81,524

MINES, MINIÈRES, TOURBIÈRES ET CARRIÈRES.

```
1849  . .  62,593
1850  . .  90,579
1851  . .  57,098
```

Déjà, en 1789, on extrayait plus de 130,000 quintaux métriques de minerai.

La production de chaque localité est représentée par le tableau suivant qui est relatif à l'année 1851.

DÉSIGNATION DE LA PROVENANCE.	SALAIRE des ouvriers employés à l'extraction.	SALAIRE des laveurs.	POIDS du minerai lavé.
	Francs.	Francs.	Quint. mét.
Vierzelfeld[1] (Uhrwiller) . . .	2580	1010	2820
Westerfel l (Uhrwiller)	1070	1605	2400
Tiefenthal (Uhrwiller)	625	980	1464
Waccholderberg (Uhrwiller) . .	1030	1490	1565
Molkenbronn (Uhrwiller) . . .	270	410	1020
Sainte-Anne (Offwiller) . . .	435	978	780
Schwabwiller	2400	1605	1980
Oberbetschdorf	235	410	900
Mullersberg (Oberbetschdorf) . .	1730	2025	3075
Morschwiller	1400	1210	2600
Huttendorf	5845	4500	10816
Eichberg (Huttendorf)	2275	1980	3350
Altdorf (Uhlwiller)	550	590	950
Lerchenberg (Uhlwiller) . . .	630	604	980
Hochrein (Uhlwiller)	808	498	1620
Hochberg (Ohlungen)	700	195	1040
Ohlungen	1135	401	715
Mine profonde (Mietesheim) . .	4400	1400	4406
Mine saxonne (Mietesheim) . .	1860	980	2665
Schwindratzheim	805	700	1350
Neubourg (Dauendorf)	6415	3050	7750
Bossendorf	1130	1200	1700
Lampertsloch	560	490	1152
	38888	27711	57098

PIERRES DIVERSES.

Pierre de taille. La pierre de taille employée dans le département est en général du grès bigarré et du grès des

---

[1] Le nom placé entre parenthèses indique la commune où se trouve la mine, quand celle-ci porte un nom particulier.

Vosges; dans la vallée de la Bruche, on emploie aussi pour cet usage du porphyre terreux. Le grès bigarré fournit une très-bonne pierre de taille; car il se travaille facilement, comme beaucoup de détails de la cathédrale de Strasbourg en fournissent des exemples [1], et de plus il conserve pendant des siècles les délicatesses de la sculpture, lors même qu'il est exposé à l'air libre. On peut en tirer des blocs de 6 mètres de longueur sur 1 mètre de largeur et $0^m,60$ d'épaisseur. Comme pierre de taille, le grès des Vosges est moins estimé que le grès bigarré, à cause de la grossièreté de son grain. Aucune de ces deux espèces de pierres ne peut être sciée comme celles employées dans les environs de Paris; mais si le travail est plus cher, la durée en est aussi plus grande.

Outre les localités citées p. 137, comme renfermant les principales carrières de grès bigarré, on peut citer encore Mackwiller, Neehwiller, Ottrott-le-Bas. Le grès des Vosges est exploité dans la commune d'Orschwiller, au pied du Haut-Kœnigsbourg, ainsi qu'à Mutzig, Zinswiller, Cléebourg, etc. [2]

Moellons. Les moellons sont pris dans tous les terrains de la contrée qui présentent des roches solides; ils sont principalement fournis par les carrières qui sont exploitées pour la pierre de taille. Ainsi on emploie: dans le val de Villé, le schiste de transition ou phyllade et le grès rouge; entre Orschwiller et Andlau, le phyllade, le granite, le grès

[1] Le grès qui a servi à bâtir la cathédrale provient principalement des carrières de Wasselonne, comme nous l'avons dit; il paraît qu'on en a aussi tiré d'Hermolsheim près Mutzig, ainsi que l'indique la tradition locale.

[2] On peut calculer comme il suit le prix de revient à Strasbourg de la pierre de taille des carrières de Niederhaslach et Dinsheim, par mètre cube.

	Fr. C.
Extraction de la pierre	20,00
Transport de la carrière au port du canal de la Bruche	10,00
Transport par eau et débarquement	3,00
Octroi	2,75
Transport à pied d'œuvre	1,25
	37,00

rouge et le grès des Vosges; entre Andlau et Mutzig, le granite, le grès des Vosges, le grès bigarré, le muschelkalk, l'oolithe et le grès de la molasse; dans la vallée de la Bruche, le granite, le diorite et le porphyre; dans la région de collines qui bordent les Vosges entre Soultz-les-Bains et Pfaffenhoffen, le grès bigarré, le muschelkalk, le lias et l'oolithe. Souvent aussi dans les vallées on utilise les blocs que renferme le lit des torrents. Les libages du Rhin sont ordinairement en muschelkalk.

Depuis que les voies de communication deviennent plus faciles, l'emploi des moellons s'étend dans des villages où depuis des siècles on construisait en *galandure*, c'est-à-dire en bois avec du limon entremêlé de paille hachée et recouvert de cloisons d'osier.

Meules. Parmi les formes sous lesquelles on taille le grès des Vosges et le grès bigarré, nous avons déjà signalé (p. 99 et 137) celles de meules à aiguiser et à moudre. Les meules à aiguiser de Wasselonne, de 2 mètres de diamètre et de $0^m,23$ d'épaisseur, coûtent 100 fr. prises sur la carrière; celles de même épaisseur et de $2^m,50$ de diamètre coûtent 135 fr. A Saint-Jean-des-Choux, où l'on en exploite depuis peu de temps, une meule de 3 mètres de diamètre, de $0^m,22$ d'épaisseur au bord et de $0^m,32$ au centre, coûte 100 fr. Avant de les arrondir, on leur donne d'abord la forme d'un hexagone régulier. Les *meules de moulin* de Cosswiller ont ordinairement $1^m,30$ de diamètre; elles se vendent à raison de $1^f,70$ par centimètre d'épaisseur. On n'exploite que tous les deux ans, et chaque fois on en taille 20 à 24 meules.

Pierres pour l'entretien des routes. Les matériaux principalement employés dans le département pour l'entretien des routes sont:

Le calcaire du muschelkalk, tant celui qui est en couches régulières, c'est-à-dire dans sa position primitive, que celui qui est en gros cailloux subordonnés au terrain tertiaire;

Le calcaire du lias;

Le calcaire oolithique ou jurassique massif, ainsi que le même calcaire qui se rencontre sous forme de galets dans les dépôts tertiaires;

Le gravier de composition variée, particulièrement le gravier du Rhin et de l'Ill, celui qui provient de la désagrégation du grès des Vosges et qui est riche en galets quartzeux, enfin celui de la Bruche, du Giessen et de l'Andlau, la cornéenne ou grauwacke durcie et le porphyre brun.

On se sert en outre, mais en faible quantité, de granite et de gneiss. Le basalte de Gundershoffen, qui a été fort employé pendant ces dernières années, ne l'est plus, parce qu'il est ordinairement trop friable; on a également abandonné, et pour le même motif, l'argilolithe du grès rouge dont on se servait dans le val de Villé.

Les nombres qui suivent expriment la quantité de ces roches qui ont servi à l'entretien des routes en 1851, et font voir que le gravier du Rhin et le muschelkalk sont les matériaux les plus employés. Les noms placés à la suite indiquent les localités d'où l'on extrait le plus abondamment chaque espèce.

	Mètres cubes.
Muschelkalk massif (Saar-Union, Herbitzheim, Rimsdorf, Durstel, Gungwiller, Reichshoffen, Wœrth, Ingwiller, Wilgothcim, Wasselonne, Singrist, Marmoutier, Saverne, Monswiller, Ottersthal, etc.)	56,630
Muschelkalk roulé (Hegeney, Morsbronn, Climbach, etc.)	8,380
Calcaire du lias (Mutzenhausen, Hochfelden) .	7,400
Calcaire oolithique massif (Morschwiller, Pfaffenhoffen, Ettendorf, etc.)	2,950
Calcaire oolithique roulé (Bastberg près Bouxwiller, Scharachbergheim, etc.)	5,500
Gravier du Rhin (Marckolsheim, Sundhausen, Wittisheim, Fegersheim, Plobsheim, Eschau, Illkirch, Ostwald, Strasbourg, Schiltigheim, Bischheim, la Wantzenau, Herrlisheim, Drusenheim, Soufflenheim, Kesseldorf, Niederrœdern, etc.) .	54,900
Gravier quartzeux provenant de la désagrégation du grès des Vosges (Brumath, Mommenheim, Keskastel, etc.)	10,200
Gravier de la Bruche (Holtzheim, Wolfisheim, Hangenbieten, Duppigheim, Duttlenheim, Mutzig, Urmatt, etc.)	14,530
Gravier du Giessen et de l'Andlau	2,760
A reporter . .	163,250

	Mètres cubes.
Report.	163,250
Cornéenne (Saint-Nabor, Grendelbruch)	3,500
Porphyre brun (Weiler)	1,800
Granite et gneiss (Urbeis, Dambach, Blienschwiller, Scherwiller, etc.)	1,850
Total	170,400

Ce total est environ cinq fois plus grand que le nombre correspondant qui figure dans une statistique faite, en 1835, par M. l'ingénieur en chef Voltz.

Pierres pour pavé. Pour le pavage, on emploie surtout de gros cailloux roulés que fournissent divers cours d'eau. On en extrait du Rhin (à Strasbourg et à Plobsheim), de l'Ill, de la Bruche (à Lutzelhausen), ainsi que du Giessen. Les cailloux qui servent depuis longtemps à Strasbourg et qui, pour la plupart, sont de nature quartzeuse ou granitique, forment un assez bon pavé, lorsqu'ils sont *étêtés*. Le muschelkalk et le calcaire jurassique, que l'on exploite pour pavés à Saar-Union, Saverne, Ingwiller, Ettendorf et ailleurs, n'ont pas une dureté suffisante pour des rues très-fatiguées par des voitures. Le porphyre brun de Weiler, la cornéenne de Saint-Nabor et la grauwacke de Netzenbach sont d'assez bonne qualité.

Pierre lithographique. Le calcaire lithographique, récemment découvert à Weyer près de Drulingen, ne donne pas encore lieu à une exploitation suivie.

Ardoises. On a cherché, à plusieurs reprises et sans résultat satisfaisant, à exploiter pour ardoises le schiste de transition des vallées de Villé et d'Andlau.

Sable pour moulage et pour verrerie. Comme sable employé pour le moulage en fonte de petits objets, on se sert de celui qui résulte de la désagrégation du lias (p. 150); le diluvium formé aux dépens du grès des Vosges en fournit également.

Dans les alluvions anciennes formées des débris du grès des Vosges, on extrait, près de Haguenau et de Wingen, du sable quartzeux pour la fabrication du verre.

Gypse ou *pierre à plâtre.* Toutes les carrières de gypse du département sont ouvertes dans la partie supérieure des marnes irisées (p. 128 et 138), sauf celle d'Ottwiller qui est à un niveau inférieur au keuper, et celle de Gundershoffen qui fait partie du terrain de minerai de fer pisolithique. Ces deux dernières carrières ne sont presque plus exploitées.

Le plâtre produit par le gypse keupérien, quoique estimé, n'a pas la ténacité de celui de Paris; il sert pour plafonds et murs intérieurs, quelquefois aussi pour le moulage. Le gypse est utilisé aussi pour l'amendement des terres, soit à l'état cru, soit après calcination. On en exporte pour cet usage dans le duché de Bade et dans la Bavière rhénane. L'exploitation du gypse de Waltenheim, qui sert surtout pour l'agriculture, s'accroîtra probablement lorsque le canal de la Marne au Rhin sera livré à la circulation.

Pierre à chaux. Les carrières de pierre à *chaux grasse* du département sont établies dans le muschelkalk et dans la grande oolithe, quelquefois aussi dans l'oolithe inférieure proprement dite.

La pierre à *chaux hydraulique* est fournie, pour la plus grande partie, par le lias ou calcaire à gryphites; une petite quantité est fournie par la dolomie du grès rouge, comme à Breitenau, par le calcaire et la dolomie du terrain houiller, comme à Erlenbach, Villé et Bernardswiller, enfin par la dolomie du muschelkalk, comme à Lembach et à Durstel.

Pour *castine* des hauts-fourneaux, on emploie le calcaire du muschelkalk.

Marne. La marne n'est guère exploitée dans le département pour les besoins de l'agriculture. Cependant, ainsi qu'on l'a vu précédemment, on trouve cette roche dans différents terrains, particulièrement dans le muschelkalk, le terrain jurassique et les terrains tertiaires.

Argile à potier. L'argile à potier est fournie : 1° par les marnes supérieures du lias, parmi lesquelles on choisit les lits les plus argileux (Hochfelden, Weiterswiller, Zutzendorf); 2° par celles du *bradfordclay*, comme à Mittelbergheim, lorsqu'elles ne renferment pas trop de débris de coquilles fossiles; 3° par le gravier diluvien, particulièrement celui du grès des Vosges, dans lequel elle forme des amas stratiformes. Ces amas sont souvent recouverts de gravier qu'il faut déblayer, ce qui contribue à élever le prix de l'argile. Le lœss n'est pas assez plastique pour fournir de la bonne terre à potier.

L'argile d'Oberbetschdorf qui sert pour la poterie de *grès* est exploitée dans vingt-cinq carrières, lesquelles sont réparties dans une circonférence de 300 mètres ; l'épaisseur de cette argile varie de 0ᵐ,60 à 3 mètres ; prise sur place, elle se vend de 0ᶠ,60 à 0ᶠ,80 le quintal.

Argile pour briques et tuiles. On extrait la terre à briques des terrains qui fournissent l'argile à potier. On exploite en outre, pour le même usage, des couches argileuses subordonnées au terrain tertiaire, près de Wissembourg. Le limon diluvien, connu sous le nom de *lehm*, est aussi utilisé ; mais les briques qu'il fournit sont ordinairement rouges et facilement altérables. L'argile de Soufflenheim, remarquable par sa propriété réfractaire, est exportée dans le grand-duché de Bade où on en consomme environ 30 mètres cubes par an.

Pierre réfractaire. Les creusets et ouvrages des hauts-fourneaux sont construits avec du grès des Vosges.

Terre à foulon. La terre à foulon est extraite du lias à Obernai, ou du terrain tertiaire à Wissembourg et à Kolbsheim.

Ocre. De l'argile ferrugineuse, propre à servir comme *ocre rouge*, se trouve à Gœrsdorf, Wilgotheim et Neugartheim.

Le tableau suivant résume approximativement la production des carrières du département en 1851 ; ces carrières sont au nombre de 762[1].

NATURE DES PIERRES EXPLOITÉES.	NOMBRE de carrières.	NOMBRE d'ouvriers employés.	Quantité exploitée.	VALEUR TOTALE sur le lieu d'extraction.
			Mètres cubes.	Francs.
Pierres de taille	75	345	11,840	167,500
Meules			480	35,300
Moellons	138	450	59,890	104,807
Gravier servant à l'entretien des routes	260	610	82,330	78,600
Autres pierres servant au même usage		680	88,070	82,910
Pierres pour pavés	8	32	3,430	9,200
Pierres à chaux	87	110	13,000	19,200
Castine	5	9	1,900	3,820
Pierres à plâtre	18	112	10,800	31,240
Terre à briques et à tuiles[1]	137	240	67,000	52,000
Terre à potier[2]	34	92	2,050	18,900
	762	2680	340,790	598,477

[1] Y compris l'argile réfractaire de Soufflenheim qui y figure pour 3000 mètres cubes.
[2] L'exploitation de la terre à foulon et du sable de moulage ne figure pas ici, mais elle n'a que peu d'importance.

[1] Je dois une partie des éléments qui s'y trouvent renfermés à l'obli-

Le salaire des ouvriers forme plus des trois quarts de la valeur totale qui est de 598,477 fr., non compris le prix des transports et du cassage. Les ouvriers occupés aux carrières ne travaillent pas pour la plupart pendant la mauvaise saison.

SECTION II. ÉLABORATION DE QUELQUES SUBSTANCES.

Traitement des roches bitumineuses.

Les roches bitumineuses sont élaborées de trois manières : on en extrait directement le bitume par l'intermédiaire de l'eau bouillante, comme à Bechelbronn ; ou bien on en fabrique du mastic bitumineux, comme on le fait avec le calcaire asphaltique de Lobsann ; ou bien encore, on distille cette dernière roche pour en obtenir des huiles pyrogénées.

Extraction du bitume. Pour extraire le bitume à Bechelbronn, on soumet le sable bitumineux à l'action de l'eau bouillante dans des chaudières en tôle. Le bitume se sépare bientôt et vient surnager ; on le recueille alors avec des écumoires. On agite et on triture le sable sous l'eau pour faciliter cette séparation. Ce bitume, et surtout celui qui a été obtenu vers la fin de l'opération, est impur, aussi est-il lavé dans de l'eau bouillante, dont on le sépare par décantation ; on expulse du bitume l'eau qui y est mélangée, en le chauffant graduellement dans des chaudières en fonte jusqu'au-dessus de 150 degrés. Outre le bitume épuré, on obtient, comme résidu de ce *raffinage*, un mélange d'argile et de bitume dont l'eau ne peut plus rien extraire, et qui a reçu le nom de *calphonium*.

On a extrait, en 1851, 700 quintaux métriques de bitume qui, à raison de 80 fr. le quintal, ont une valeur de 56,000 fr. ; il y a peu d'années encore, la production dépassait 800 quintaux métriques. On a obtenu en outre, pendant la même année, 210 quintaux métriques de calphonium qui se vend seulement 1f,50 le quintal. Le bitume est employé pour adoucir le frottement des machines ; il a sur les graisses ordinaires l'avantage de s'épaissir beaucoup moins vite[1]. Il

geance de M. l'ingénieur en chef Boulangé, qui a bien voulu les faire recueillir par l'intermédiaire des agents des chemins vicinaux.

[1] On vend aussi quelquefois le bitume mélangé à du savon gras, sous le nom de *graisse épaisse*.

peut aussi servir comme huile d'éclairage dans les lampes ordinaires, où il brûle sans donner d'odeur.

Le sable bitumineux que l'on extrayait autrefois à Lobsann était également traité par l'eau bouillante; son bitume, qui était moins fluide que celui de Bechelbronn, servait dans la fabrication du mastic. Cependant il devenait assez liquide, par la chaleur, pour pouvoir être appliqué au pinceau et en couches très-minces à la surface des corps, aussi a-t-il été employé pour le goudronnage des bois, cordages et autres objets. Le minerai rendait environ 3 p. 100 de bitume raffiné.

Fabrication du mastic bitumineux. Le calcaire asphaltique destiné à la fabrication du mastic doit être préalablement trituré. Le calcaire *maigre* est écrasé sous deux meules verticales qui roulent en tournant autour d'un axe. Comme on ne pourrait broyer ainsi convenablement le calcaire riche ou *gras*, on a recours pour celui-ci à un procédé particulier. Le minerai est chauffé dans un cylindre en forte tôle, semblable à ceux dont on se sert ordinairement pour griller le café; à chaud, le calcaire perd sa ténacité et il se désagrège de lui-même. La manœuvre du chargement et du déchargement se fait très-simplement à l'aide d'une grue; le cylindre contient 150 kilogrammes de roche. Il existe cependant une troisième variété de calcaire qui, en raison de sa richesse en bitume, se prend en pâte par la chaleur, au lieu de devenir friable. Le calcaire de cette dernière sorte, après avoir été chauffé comme on vient de le voir, est passé entre deux cylindres en fonte disposés comme ceux d'un laminoir, et est ainsi étiré en feuilles de 2 à 3 millimètres d'épaisseur; les blocs siliceux mélangés à la roche résistent à la trituration et sont rejetés.

Quand le calcaire est pulvérisé, on le projette par portions dans une chaudière où on a liquéfié du bitume minéral. Pour incorporer le calcaire dans le bitume, on mélange bien le tout, en maintenant une température assez élevée. Au bout de deux heures, le mastic a la consistance d'un mortier épais; on le retire alors de la chaudière et on le moule en pains rectangulaires. Après son refroidissement, ce mastic est entièrement solide, recevant à peine l'impression du marteau; au soleil, il se ramollit sans devenir coulant; le froid le rend cassant, sans le faire gercer; l'humidité n'a aucune influence sur lui ; appliqué sur le bois et la pierre bien desséchée, il y adhère fortement, surtout si leur surface est rude.

On a fabriqué à Lobsann, en 1851, 3693 quintaux métriques de mastic d'une valeur de 34,933f,75 ; le prix de vente du quintal varie de 9f,25 à 14 fr. On a employé pour cela 3313 quintaux métriques de poussière de calcaire bitumineux, 373 quintaux métriques de bitume de diverses origines et 103 quintaux métriques de vieux mastic ; on a brûlé pour l'élaboration 850 quintaux métriques de lignite.

Calcaire de Lobsann. — *Distillation des roches bitumineuses.* Depuis plusieurs années on utilise aussi le calcaire asphaltique de Lobsann en le distillant. Du mélange d'huiles pyrogénées que fournit la première distillation, on extrait, après quelques manipulations, des huiles volatiles dont plusieurs ont de grandes ressemblances avec l'huile de naphte, et que l'on emploie pour l'éclairage et comme dissolvants pour la fabrication de vernis. Le traitement des huiles brutes fournit en outre un bitume visqueux qui sert dans la fabrication du mastic.

522 quintaux d'huile brute ont été obtenus, en 1851, au moyen de 10,439 quintaux métriques de roche. Cette huile, se vendant à raison de 34 fr. le quintal, vaut 17,748 fr.

Bitume de Bechelbronn. — Dans des essais en petit qui avaient pour but de distiller le bitume liquide de Bechelbronn à l'effet d'obtenir du gaz, on a obtenu de 510 à 600 litres de gaz par kilogramme de bitume ; c'est à peu près le rendement de l'huile de navette. Le bitume revient trop cher pour être employé de cette manière.

Fabrication du sulfate de fer et de l'alun. Comme nous l'avons vu, le lignite de Bouxwiller est mélangé d'argile et de pyrite de fer ; quand on le fait effleurir dans des conditions convenables, le soufre de la pyrite passe pour la plus grande partie en combinaison à l'état de sulfates.

Grillage ou efflorescence. — La manière dont on conduit le grillage du lignite pyriteux a une très-grande influence sur son rendement ; voici les précautions auxquelles on a été amené par l'expérience.

Sur la place d'efflorescence on répand une couche de minerai en petits fragments ; dans ce minerai, on ménage un petit fossé (fig. 110) qu'on remplit de *menu bois*, et que l'on recouvre ensuite de lignite en gros morceaux ; ce dernier est disposé sous forme de voûte, de manière à ce que la combustion du bois s'opère avec facilité. A part le lignite en gros morceaux dont il est question, tout le lignite destiné à l'efflorescence doit être en menus fragments; aussi, au sortir même de la mine, est-il séparé par un criblage du lignite en morceaux qui est destiné à la combustion. Le bois étant allumé, le lignite en gros morceaux s'échauffe et exhale de l'acide sulfureux; c'est alors qu'on le recouvre graduellement avec du lignite criblé ou menu, et cela, sur une assez grande épaisseur pour que la flamme n'ait pas d'issue; on a soin, toutefois, de ne pas étouffer la combustion. La chaleur du lignite en gros morceaux suffit pour provoquer l'efflorescence dans toute l'épaisseur du tas. On continue chaque jour à ajouter du lignite criblé jusqu'à ce que le tas soit arrivé à la dimension voulue. A ce lignite, on mélange environ 1/6 de son volume de cendres provenant de la combustion du lignite, ce qui paraît produire un rendement plus considérable en sulfate d'alumine. Tout le tas est recouvert d'une couche de minerai lessivé, sur une épaisseur de 20 à 30 centimètres, afin d'empêcher la combustion de se porter au dehors et de consommer du lignite en pure perte, en faisant passer des vapeurs sulfureuses dans l'atmosphère. Quand le feu paraît en quelque point de la surface, ce qui arrive surtout par un vent sec, on y remédie en couvrant cette place de minerai lessivé.

Les tas ont la forme de prismes triangulaires couchés horizontalement; leurs talus ont une inclinaison telle que la pluie ne les dégrade pas et que d'ailleurs l'air puisse pénétrer avec facilité dans leur intérieur. Leur hauteur est d'environ 2 mètres, leur largeur de 3 à 4 mètres à la base. Quant à la longueur, elle varie suivant la place dont on peut disposer: le volume du minerai à griller empilé dans un tas est ordinairement de 250 à 300 mètres cubes. Des digues en terre de 2 à 3 mètres d'élévation entourent la place d'efflorescence et empêchent les vapeurs qui s'en exhalent de raser la terre et d'incommoder le voisinage. *Vapeurs qui s'exhalent des tas.*

La vapeur aqueuse qui s'exhale des tas au commencement de l'opération a une odeur à la fois bitumineuse et ammoniacale qui n'est pas désagréable; en général, elle n'est pas sensiblement sulfureuse, ce qui montre que la plus grande partie de l'acide formé par la combustion du soufre passe en sulfates [1].

Durée de l'opération. Le grillage dure de douze à dix-huit mois ; le rendement était plus faible autrefois quand on procédait avec moins de lenteur [2]. Le sulfate de fer se forme plus rapidement que le sulfate d'alumine. Au bout de quinze à dix-huit mois, l'intérieur des tas présente quelquefois des parties encore très-chaudes. Le minerai, après son grillage, consiste en une masse sombre, parsemée d'efflorescences de sulfate de fer et de sulfate d'alumine ; la teinte rouge, due à la présence du peroxyde de fer, ne se rencontre qu'assez rarement.

Lessivage. Quand l'efflorescence est achevée, on enlève le *vieux minerai* qui a servi à recouvrir les tas, et on soumet le lignite effleuri à un lessivage à froid. L'opération se fait dans des caisses en madriers de chêne, de forme carrée, ayant 6^m,50 de côté, d'une capacité de 26 mètres cubes, et qui sont munies de double fond. L'eau, arrivant dans le compartiment inférieur, s'élève graduellement jusqu'au minerai par des trous pratiqués dans le plancher. Après une submersion de douze heures, on fait écouler la lessive qui se clarifie en traversant un lit de paille de 10 centimètres d'épaisseur, placé à cet effet entre les deux fonds de la caisse.

Le même minerai est soumis à froid à huit lessivages successifs ; les deux premiers se font avec des lessives qui marquent déjà 17 degrés à l'aréomètre de Beaumé ; les trois suivantes avec des lessives de la force de 4 à 6 degrés ; pour les trois dernières, qui s'opèrent sur des minerais déjà très-appauvris, on emploie l'eau pure. L'eau, provenant du premier lessivage, marque 34 à 35 degrés à l'aréomètre, et celle du second a une force de 28 à 30 degrés. Les sels en dissolution sont des sulfates de protoxyde et de peroxyde de fer, d'alumine, avec un peu de sulfates de chaux, d'ammoniaque et une matière extractive brune. Le sulfate d'alumine, qui est le plus soluble, est en proportion plus forte dans les premières lessives que dans les suivantes.

---

[1] Le bois de chêne qui avoisine les tas d'efflorescence prend à la longue une teinte d'un bleu foncé, ce qui indique la présence d'un peu de sel de fer qui est en suspension dans l'air.

[2] On a cru observer que les tas formés en hiver rendent plus de sulfates que ceux de l'été.

Les dissolutions qui indiquent à l'aréomètre plus de 28 degrés sont concentrées par la chaleur. L'évaporation se fait dans des chaudières de 8 mètres de longueur, 4^m,30 de largeur et 1^m,20 de profondeur, dont la contenance est de 36 à 38 mètres cubes. Le fond de ces chaudières est formé de briques posées de champ et réunies par du ciment hydraulique ; les parois sont en plomb laminé, sauf la paroi antérieure qui est en fonte, prace qu'elle avoisine le foyer. De celui-ci, partent des tuyaux horizontaux en fonte qui plongent dans le liquide et y répandent la chaleur, avant d'aller aboutir à une grande cheminée qui sert pour les cinq chaudières de l'usine. Les tuyaux sont mastiqués avec le même ciment que le fond de la chaudière. On est souvent obligé de démonter une partie des tuyaux et de les cimenter de nouveau, parce que l'élévation de température cause des ruptures donnant lieu à des fuites de lessive.

Traitement des lessives pour sulfate de fer.

Quand la liqueur a été amenée par la chaleur à 42 degrés de l'aéromètre, ce qui correspond à une température de 108 degrés centigrades, elle commence à précipiter du sulfate de fer, sous forme solide, que l'on qualifie improprement de *sulfate anhydre*. On continue à concentrer jusqu'à ce que l'aréomètre indique 49 degrés ; la température est alors d'environ 120 degrés centigrades. Une grande partie du sulfate de fer est précipité, et le sulfate d'alumine qui reste dissous n'est plus mélangé de sulfate de fer qu'en très-faible proportion.

Le dépôt solide de sulfate de fer est alors traité par l'eau chaude ; la liqueur obtenue est amenée dans un bassin de clarification qui est situé à un niveau un peu moins élevé que la chaudière ; il se forme alors un dépôt ocreux composé principalement de sous-sulfate de peroxyde de fer insoluble ; puis, la dissolution passe dans des caisses en chêne où elle cristallise par le refroidissement. Le sulfate de fer est livré au commerce, soit après la première, soit après la seconde cristallisation ; ce dernier est connu sous le nom de *vitriol de refonte*.

Le dépôt ocreux de sous-sulfate obtenu dans le bassin de clarification donne par calcination du *rouge d'Angleterre* ; on n'emploie de cette manière qu'une bien faible quantité de ce produit dont la plus grande partie reste sans emploi.

On fabrique aussi à Bouxwiller du sulfate double de fer

et de cuivre connu sous le nom de *vitriol de Saltzbourg.*

Traitement de l'alun. Dans la liqueur alumineuse que l'on a décantée dans des caisses, après la précipitation du sulfate de fer, on verse du sulfate de potasse dissous à chaud, puis on agite pendant douze heures avec des ringards, afin de favoriser la combinaison et de précipiter la *farine d'alun.* Cette opération se fait dans des caisses rectangulaires en bois de chêne, d'une capacité de 2 mètres cubes.

Pour séparer les eaux-mères de l'alun en farine, on détrempe le sel sur des filtres en bois ; puis, la farine, préalablement égouttée, est dissoute à chaud dans une chaudière de plomb, d'où elle passe, pour la cristallisation, dans des cuves sans fond, reposant sur un sol garni de plomb et que l'on peut facilement démonter pour en extraire les croûtes cristallines d'alun.

Le raffinage se fait par deux cristallisations pour l'alun *ordinaire*, par trois et souvent par quatre cristallisations pour l'alun dit *épuré.*

Les eaux-mères et les sels impurs que l'on obtient dans le raffinage sont repris dans la fabrication, de sorte que l'on ne rejette jamais de liquide. Les eaux-mères des dernières cristallisations marquent de 27 à 28 degrés à l'aéromètre.

Production. On a fabriqué à Bouxwiller en 1851 :
6663 quintaux métr. d'alun à 28 fr. . . 186,564 fr.
6829 — de sulfate de fer à 8 fr. 54,632

Total . . . 241,196 fr.

Ces produits qui, dans certaines années antérieures, ont été en quantité plus considérable, se vendent dans un rayon de 20 à 30 myriamètres, tant en France qu'à l'étranger.

Ancienne fabrique de Gœrsdorf. Nous rappelerons ici pour mémoire l'ancienne fabrique de vitriol et d'alun du Hückrodt, située non loin de Gœrsdorf, dont il a déjà été question, p. 295. On aurait pu y utiliser l'arsenic.

Fabrique d'alun de Strasbourg. Au Contades, près de Strasbourg, on fabrique aussi de l'alun, mais en traitant par l'acide sulfurique de l'argile provenant du Klingenberg, dans l'Odenwald. Il n'y a pas lieu de s'occuper ici de cette industrie, comme élaboration des substances minérales du département.

Poteries.

Les produits céramiques du département peuvent être distingués en poëles dits de *fayence*, en grès et en poteries communes; il existe en outre à Haguenau une fabrique de fayence qui remonte à 1730.

Dans les fabriques de poëles de fayence qui sont situées à Strasbourg et à Haguenau, la pâte est formée avec des argiles de Dambach et de Soufflenheim.

Les fabriques du grès sont concentrées, à part deux, dans le village d'Oberbetschdorf, où elles trouvent la matière première de leur fabrication. L'argile de cette localité forme en effet les deux tiers de la pâte; pour *dégraisser*, on y ajoute de la terre de Soufflenheim et du sable de Riedseltz. Le grès est cuit au grand feu et possède une pâte très-compacte; aussi les vases de cette espèce servent-ils à contenir des huiles, graisses, drogues et divers produits chimiques; il a l'inconvénient de ne pas résister au feu. Au piétinement, qui jusqu'à présent servait à *travailler* la terre, on commence à substituer l'emploi d'une machine. La cuisson s'opère dans des fours de 2 mètres de largeur, de 4 mètres de longueur et de $1^m,80$ de hauteur, dans lesquels pénètre la flamme du foyer qui est placé au-dessous. Le chauffage dure soixante heures et consomme de 15 à 20 stères de bois par cuite qui produit environ 30 quintaux métriques de poterie. Le sel marin sert à donner le vernis. La fabrication du grès cérame est ancienne en Alsace; depuis longtemps, cette poterie est vendue non-seulement dans la contrée et en Lorraine, mais dans une partie de la France et dans la région voisine de l'Allemagne.

Quant à la fabrication de la poterie commune, elle est plus disséminée. Les localités du département où se trouvent les fabriques principales sont les suivantes: Altenstadt, 3; Wissembourg, 3; Gundershoffen, 1; Oberbronn, 1; Niedersteinbach, 1; Lembach, 1; Hegeney, 1; Frœschwiller, 1; Dieffenbach, 1; Wœrth, 1; Oberbetschdorf, 27; Soufflenheim, 38; Hatten, 6; Seltz, 1; Huttenheim, 1; Westhoffen, 1; Molsheim, 1; Wasselonne, 3; Rosheim, 1; Villé, 1; Markolsheim, 1; Schlestadt, 2; Hambach, 1; Diemeringen, 9; Bütten, 6; Saverne, 1; Hochfelden, 4; total du nombre des établissements, 118, répartis dans 27 communes.

Tuileries et briqueteries.

Il existe dans le département 144 fours à tuiles et à briques répartis dans 108 communes qui occupent environ 500 ouvriers, et produisent, tant en briques qu'en tuiles, environ 25,000,000 de pièces, ayant une valeur de 1,292,700 fr. Sur ce total, les briques réfractaires de Soufflenheim comptent pour 2,250,000 pièces. Le salaire des ouvriers s'élève à environ 110,000 fr.

On cuit ordinairement ensemble de 20,000 à 24,000 briques et tuiles et 170 hectolitres de chaux ; le four est chauffé pendant cinq jours, et consomme 30 stères de bois.

Fours à chaux.

La pierre à chaux est ordinairement calcinée dans les fours où l'on cuit en même temps des briques et des tuiles. Le combustible employé généralement est le bois ou la tourbe ; la houille n'a été employée à cet usage que dans le val de Villé.

On peut estimer la chaux produite annuellement dans le département à 12,200 mètres cubes et à une valeur de 226,000 fr.; la chaux hydraulique forme à peu près le tiers de cette quantité.

Fours à plâtre.

La production du département en plâtre est d'environ 6000 mètres cubes qui, à raison de 22 fr. le mètre cube, représentent une valeur de 132,000 fr. Une grande partie du gypse destiné à l'agriculture est employé à l'état cru.

Verreries.

Il n'existe plus dans le département qu'une seule verrerie, celle de Hochberg, banlieue de Wingen (canton de la Petite-Pierre). Cette verrerie, qui a été établie en 1615, produit environ 2000 quintaux métriques de verre d'une valeur de 80,000 fr., dont une partie consiste en verres à vitre, en tuiles plates et creuses, etc. Le sable est pris dans la banlieue de Wingen et quelquefois de Haguenau, où il est préférable, mais où il revient plus cher ; la chaux vient d'Ingwiller.

Il a existé en outre une verrerie pendant plus de deux siècles à Mattstall; une autre, qui était située à Reipertswiller, avait déjà disparu en 1760.

MINES, MINIÈRES, TOURBIÈRES ET CARRIÈRES.

Fabrication de la fonte et du fer.

Le département produit:

1° De la fonte brute qui, pour la grande partie, est moulée en première fusion sous des formes variées, pièces de machines, poteries, poêles, projectiles de guerre, tuyaux de conduite pour le gaz d'éclairage, pièces de ponts, coussinets de chemins de fer, etc.; une fraction assez faible est moulée en seconde fusion ou est affinée; 2° du gros fer au charbon de bois; 3° du petit fer au martinet et à la houille; 4° du fer de riblons. La fonte non moulée et le gros fer ne sont pas livrés au commerce; ils sont élaborés dans les usines qui appartiennent aux mêmes propriétaires que les hauts-fourneaux. On fabrique en outre dans le Bas-Rhin de l'acier de forge, mais en se servant de fonte étrangère au pays. — Nature de la fabrication.

Les usines du département consistent: 1° en 6 *hauts-fourneaux*, dont 2 à Niederbronn, 2 à Mertzwiller, 1 à Zinswiller, 1 au Jægerthal; ce dernier est inactif depuis plusieurs années; 2° en 11 *foyers pour l'affinage de la fonte*, dont 7 au Jægerthal et au Rauschendwasser, 2 à Zinswiller, 1 à la Stambach, 1 à Reinhardsmunster (celui de la Stambach sert maintenant à l'affinage de l'acier naturel, et, dans celui de Reinhardmunster, on ne traite que des vieilles fontes et de la ferraille); 3° en 5 *foyers de chaufferie pour l'élaboration du fer*, dont 1 à Niederbronn, 2 à Zinswiller et 2 au Jægerthal; ne sont pas compris ici les foyers situés au Zornhof près Saverne, au Fuchsloch et à la Dammühle près Romanswiller, ainsi qu'à Molsheim, qui servent au raffinage de l'acier de forge et quelquefois aussi à sa fabrication, ni ceux de Graffenstaden où l'on traite des riblons. — Consistance des usines.

L'usine de Zinswiller existait antérieurement à 1600; celle du Jægerthal remonte à 1602; les forges de Niederbronn et de Rauschendwasser ont été établies, en 1767, par de Dietrich, en même temps que le haut-fourneau de Reichshoffen qui est depuis longtemps supprimé. Dans la banlieue de Diemeringen, il existait en outre un haut-fourneau qui a été abandonné vers 1792[1]. Une ancienne forge située près de Dieffenbach ne laissait déjà plus de traces en 1770, non plus qu'une — Historique

---

[1] Bottin, *Almanach pour l'an VIII.*

autre située près de Lembach[1]. Dans la forêt de Soufflenheim, à 1^{kil},5 au nord-est de Schirrhoffen, on trouve sur le ruisseau beaucoup d'anciennes scories d'affinage qui remontent à une époque très-ancienne. Les hauts-fourneaux de Mertzwiller datent seulement de 1837.

Le tableau suivant résume la production des usines à fer en 1851.

NATURE DU PRODUIT.	OUVRIERS.		COMBUSTIBLES CONSOMMÉS.		PRODUITS.	
	Nombre.	Total des salaires.	Poids.	Valeur.	Poids.	Valeur.
		Francs.	Quint. mét.	Francs.	Quint. m.	Francs.
Fonte { 1° brute .	42	15,960			27,061	541,220
2° moulée en 1re fusion [2]	96	58,500	52,030[3]	219,586	17,341	515,895
Gros fer . . .	45	25,200	13,553[4]	61,018	9,073	374,993
Petit fer . . .	11	4,963	1,420[5]	3,782	3,175	150,812
Fer de riblons. .	6	2,800	590[6]	2,124	230	11,960

Au minerai de fer du département, on ajoute des minerais de Nassau qui sont beaucoup plus riches. Le minerai rouge de Wetzlar, qui est le plus employé, rend 50, et le minerai brun de Walendar 44 p. 100; rendus aux usines, ils coûtent respectivement 4^f,50 et 3^f,20 le quintal. Depuis trois ans on fait aussi venir de Délémont (canton de Berne) du minerai qui rend 40 p. 100 et qui, transporté à l'usine, revient à 2^f,60 le quintal. Malgré le prix élevé de ces minerais, leur emploi procure assez d'économie de charbon pour être avantageux. On a fondu, en 1851, dans les cinq hauts fours en activité:

---

[1] De Dietrich, ouvrage cité, p. 329.
[2] La fonte moulée en 2e fusion, provenant pour la grande partie de l'étranger, ne figure pas sur ce tableau des produits du département.
[3] Charbon de bois.
[4] Id.
[5] Houille.
[6] Id.

MINES, MINIÈRES, TOURBIÈRES ET CARRIÈRES.

	Poids. Quintaux métriques	Valeur. Fr.
Minerai du département . .	62,570	91,038
Id. rouge de Wetzlar. .	32,595	149,772
Id. brun de Walendar .	2,429	7,735
Id. de Délémont . . .	7,249	23,018
Total . . .	105,210	271,563

Le tiers environ de minerai fondu dans le Bas-Rhin vient de distances dépassant 22 myriamètres; une partie subit même un trajet de 32 myriamètres avant d'arriver au haut-fourneau.

On a en outre ajouté au minerai 3116 quintaux métriques de scories d'affinage, 1280 quintaux métriques de *bocage*, 1109 quintaux métriques de *racaille* et 26,678 quintaux métriques de castine.

Dans un quintal de fonte ainsi obtenu, il entre pour $7^f,45$ de minerai; heureusement les usines se trouvent à proximité de vastes forêts et peuvent avoir le combustible végétal à un prix qui n'est pas très-élevé. Le prix de revient du mètre cube de charbon rendu aux usines a subi depuis trente-six ans des fluctuations dont les nombres suivants donnent une idée : ce prix a été de $7^f,88$ en 1816, de $9^f,53$ en 1821, de $8^f,71$ en 1826, de $9^f,80$ en 1831, de $9^f,52$ en 1836, de $11^f,61$ en 1837, de $12^f,81$ en 1841, de 15 fr. en 1848, de $9^f,70$ en 1851. Il faut ordinairement $2^{st},75$ à 3 stères de bois pour produire un mètre cube de charbon dont le poids moyen est de 240 kilogrammes.

Fabrication des billes. Pour terminer ces documents sur l'élaboration des substances minérales, nous donnerons quelques notions sur la fabrication des billes, connues aussi sous le nom de chiques, qui servent aux jeux des enfants. Cette fabrication, qui, dans le Bas-Rhin, remonte à 1841, n'existe pas ailleurs en France. Le département possède deux établissements pour cet objet, l'un à Wasselonne, l'autre à Thal qui est à peu près double du premier.

A la carrière même, le calcaire du muschelkalk destiné à cette fabrication est cassé au marteau sous forme de petits cubes; chacun des enfants chargés de ce travail en taille 7000 à 8000 par semaine et reçoit $0^f,55$ par mille. [Cassage en cubes.]

Les cubes taillés à la main sont ensuite placés entre deux meules dont l'axe est verticale et qui sont convenablement espacées. La meule inférieure est en fonte; la meule supérieure est garnie en dessous d'une plaque en bois de chêne. C'est la meule inférieure qui tourne, tandis que celle de dessus est immobile. Chacune des deux meules, d'un diamètre de $0^m,80$, est munie de rainures circulaires et concentriques, destinées à retenir les billes pendant le mouvement. Selon leur grosseur, on place de 100 à 500 billes à la fois entre deux meules; le mouvement des meules en abat bientôt les angles, puis les arrondit tout à fait; il suffit pour cela de 3/4 d'heure à 1 heure si elles sont petites, et de 1 1/2 heures à 2 heures si elles sont de forte dimension.

Après avoir été arrondies, les billes subissent le polissage entre deux meules disposées comme les premières, mais qui sont en bois; on peut les colorer en même temps. Cette troisième opération dure 3/4 d'heure.

La production annuelle est de plus de neuf millions de billes qui sont expédiées dans l'est de la France et jusqu'à Lyon; elles ont remplacé les billes d'Allemagne qui autrefois servaient seules à la consommation de la France. Le mille de billes, pesant 5 kilogrammes, se vend $2^f,60$ si elles sont coloriées, et $1^f,90$ si elles ne le sont pas.

FIN.

TABLE DES MATIÈRES.

	Pages.
AVANT-PROPOS	I
INTRODUCTION	V
Aperçu sur la géologie et son utilité	id
Roches	VI
De la stratification et des roches stratifiées	id
Les roches stratifiées ont été déposées dans l'eau	VII
Régularité avec laquelle certains groupes de couches semblables se retrouvent sur de grandes distances	id
Terrains stratifiés sédimentaires ou neptuniens	id
Direction et inclinaison d'une couche	id
Terrains massifs ou terrains non stratifiés	VIII
Leur distinction en terrains plutoniques et en terrains volcaniques	id
Relation des terrains stratifiés et des terrains non stratifiés	id
Terrains d'alluvion ou de transport	IX
Roches métarmorphiques	id
Terrains primitifs ou terrains cristallisés	id
Phénomènes actuels de deux ordres	X
1° Résultats des actions superficielles	id
2° Résultats des actions volcaniques	id
Failles	XI
Filons métallifères	id
Discordance de stratification	id
Systèmes de soulèvement	XII
Divisions des terrains stratifiés	id
Classification des terrains stratifiés	id

PREMIÈRE PARTIE.

CONSTITUTION PHYSIQUE.

Situation	1
Étendue	id
§ 1er. CONFIGURATION DU SOL	2
Aspect général du sol	id
a) Région montagneuse	id

TABLE DES MATIÈRES.

	Pages.
Limite orientale de la chaîne	2
Ses inflexions principales	id
Limite occidentale des Vosges	3
Ressemblance avec la disposition de la Forêt-Noire	id
Largeur minima de la chaîne des Vosges	id
Élévations principales de la chaîne	4
Hauteurs décroissantes du sud vers le nord	5
Physionomie uniforme de la région septentrionale de la chaîne	id
b) Région des collines. Collines situées à l'est de la chaîne	id
Leur altitude moyenne	id
Principaux groupes de collines	6
Collines situées à l'ouest de la chaîne	id
c) Région de la plaine	id
§ 2. HYDROGRAPHIE	id
Rhin	7
Sa longueur et sa largeur dans le département	id
Pente	8
Oscillations de niveau	id
Volume	9
Rivières qui prennent leur source dans la plaine du Rhin	11
Rivières qui descendent de la chaîne des Vosges et se réunissent à l'Ill	id
Caractère topographique de Strasbourg	13
Rivières qui se rendent directement dans le Rhin	14
Cours d'eau du bassin de la Sarre	id
Nombre des usines mues par les cours d'eau du département	15
Pentes de quelques-unes des rivières du département	id

DEUXIÈME PARTIE.

CONSTITUTION GÉOLOGIQUE.

Aperçu sur la constitution géologique du département	18
Plan suivi dans la description	id
CHAPITRE PREMIER. — TERRAINS NON STRATIFIÉS	19
Gneiss	id
Étendue	id
Composition de cette roche	id
Pegmatite avec tourmaline dans le gneiss d'Urbeis. Phtanite avec graphite	id
Veines formées de pyroxène, d'oligoclase et de sphène	id
Gneiss de Kintzheim et d'Orschwiller avec nombreux filons de granite. Veines de quartz laiteux	20
Idées théoriques sur le gneiss	id
Substances utiles	21
Granite	id
Étendue du terrain granitique	id
Composition de cette roche	id

TABLE DES MATIÈRES.

	Pages.
Elle renferme ordinairement deux espèces de feldspath	21
Granite porphyroïde.	22
Localités où il se rencontre.	23
État désagrégé de ce granite dans quelques lieux	id
Granite syénitique où prédomine l'oligoclase	id
Granite à grains fins, ou granulite	24
Il forme des filons dans le granite porphyroïde	id
Fait semblable dans l'Odenwald.	id
Granite pegmatite	id
Substances disséminées dans le granite. Amphibole, tourmaline, épidote, fer titané.	25
Zircons.	id
Abondance du quartz vers le contour de la masse granitique	26
Filons de quartz.	id
Fissures qui divisent le granite en parallélipipèdes. Mers de rochers.	id
Ramifications du granite dans le terrain de transition	id
Exemples dans la vallée d'Andlau	27
Idem, à la descente du Hohwald sur Breitenbach... a	id
Idem, à la base du Ungersberg	id
Granite injecté dans le gneiss au château de Kintzheim	id
Modification du schiste dans le voisinage du granite..	id
Les granites de la chaîne des Vosges appartiennent au moins à trois époques	id
Fragments anguleux de roche micacée, fréquemment empâtés dans le granite; leur origine probable.	28
Fait semblable dans les granites de la Forêt-Noire et d'autres contrées	id
Syénite, porphyre syénitique et porphyre brun, diorite.	id
Syénite; sa composition	29
Minéraux disséminés. Fer titané, sphène, épidote, pyrite de fer.	id
Zircons.	id
Passage de la syénite au granite dans le Champ-du-Feu	id
Même transition au Jægerthal.	id
Porphyre syénitique	30
Le porphyre syénitique ne diffère de la syénite que par le degré de cristallisation	id
Porphyre brun	id
Ses caractères minéralogiques.	31
Son passage au porphyre syénitique	id
Porphyre brun de Weiler, roche micacée qui y est associée.	id
Roche semblable aux environs de Senones et de Schirmeck (Vosges).	32
Diorite	id
Accumulation de rochers	id
Filons de quartz.	id
Roches porphyriques à la séparation de la syénite et des terrains de transition	32

31.

TABLE DES MATIÈRES.

	Pages
Filons de syénite dans le terrain de transition.	33
Taches anguleuses de syénite à grains fins dans la syénite ordinaire	id
Métamorphisme profond opéré par les roches granitoïdes.	id
Age des roches syénitiques	id
Eurite micacée (minette de M. Voltz).	34
Caractères minéralogiques	id
Filons de la vallée de la Kirneck	id
Leur prolongement à la base du Mœnkalb	35
Filons dans le schiste de transition	id
Division de la roche en parallélipipèdes	id
Sa division en sphéroïdes à couches concentriques.	id
Décomposition du granite près de la minette	36
Lien de parenté probable entre la minette et les roches amphiboliques	id
Porphyre feldspathique	id
Deux groupes distincts formés par le porphyre feldspathique	id
Nature minéralogique de ce porphyre	37
Structure variolithique de cette roche	id
Son passage à l'eurite rose	id
Son passage au granite à grains fins	id
Fait analogue dans d'autres localités	id
Veines de quartz et de fer oligiste	id
Division prismatique du porphyre	id
Son âge	38
La roche est un argilophyre.	id
Conglomérat porphyrique	39
Brèche porphyrique du Niedeck	id
Cavités résultant de la disparition de cristaux	id
Argilolithes du même terrain	id
État boursoufflé de ces roches	id
Argilolithes de Lutzelhausen	40
Fragments de schiste empâtés dans le conglomérat	id
Origine des brèches et des conglomérats	id
Structure en prismes du terrain porphyrique	41
Galets coupés par la fissure de retrait	id
Veines et rognons d'agate	id
Calcédoine oolithique; pyroméride.	id
Quartz cristallisé dans les géodes et dans les fissures	id
Le porphyre s'est étendu sur des couches de grès rouge.	42
Recouvrement du porphyre par d'autres couches de grès.	id
Relation avec le grès des Vosges	id
Le porphyre de la Bruche a fait éruption pendant le dépôt du grès rouge	id
La sortie du porphyre sépare la période du grès rouge de celle du grès des Vosges	id
Relief du terrain porphyrique.	id
Épaisseur de la masse porphyrique au pied du Schneeberg.	44

TABLE DES MATIÈRES.

Pages.

Porphyre semblable aux environs de Bade et d'Oppenau . . *id*
Autre porphyre antérieur au terrain houiller . . . . *id*
Basalte. . . . . *id*
   Basalte de la banlieue de Gundershoffen . . . . *id*
   Caractères minéralogiques 45
   Roche boursoufflée associée au basalte . . . . *id*
Résumé sur l'ensemble des terrains non stratifiés. . . . . . *id*
   Age relatif des roches cristallines du département . . . . *id*
   Ressemblance entre la syénite du Champ-du-Feu et celle des Ballons 46
   Comparaison avec la Forêt-Noire et l'Odenwald. . . . . . *id*
   Étendue des roches non stratifiées . . . . *id*
   Substances utiles des terrains non stratifiés . . . . *id*
TERRAINS STRATIFIÉS 48
CHAPITRE II. — TERRAINS DE TRANSITION . . . . *id*
   Généralités . . . . *id*
   Étendue. . . . . *id*
   Composition. 49
   Schistes avec veines de quartz. . . . . *id*
   Feldspath accidentel . . . . *id*
   Structure pseudo-régulière . . . . *id*
   Quartz schisteux avec graphite . . . . *id*
   Argile graphitique . . . . *id*
   Pyrite disséminée 50
   Grès ou grauwackes . . . . *id*
   Poudingues . . . . *id*
   Calcaire . . . . *id*
Schistes de transition des vallées de Villé et d'Andlau. . . . *id*
   Contournements des feuillets . . . . *id*
   Direction. 51
   Modification du schiste au contact du granite 52
   Exemple à Andlau . . . . *id*
   Bordure de schiste micacé le long du granite du Champ-du-Feu . . . . *id*
   Macles dans le même terrain 53
   Roche amphibolique. . . . . *id*
   Dépression à la limite du schiste et du granite. . . . . . *id*
Roches métamorphiques situées au nord de la vallée d'Andlau *id*
   Haut de la vallée de Barr. . . . . *id*
   Liaison au schiste de transition ordinaire. 54
   Cause probable de l'altération profonde de ces roches . . *id*
   Lambeaux enclavés dans le porphyre . . . . *id*
   Schiste avec mica de la base du Mennelstein . . . . . . *id*
   Schiste modifié de Truttenhausen . . . . *id*
   Porphyre brun de Saint-Nabor . . . . *id*
   Roche semblable au Champ-du-Feu 55
   Roches analogues dans d'autres localités . . . . *id*
Terrain de transition de la vallée de la Bruche. 56

TABLE DES MATIÈRES.

	Pages.
Schiste	56
Grauwacke de Mühlbach	id
Poudingue	id
Fossiles	id
Direction des feuillets schisteux	id
Terrain de transition de Weiler	id
Age relatif des terrains de transition du département	57
Substances utiles	58
Fer oligiste	id
Filons d'antimoine et d'autres métaux	id
CHAPITRE III. — TERRAIN HOUILLER	59
Étendue occupée par les divers bassins	id
Sa composition	id
Poudingues	id
Grès	id
Schiste	id
Calcaire et dolomie	60
Bassin de Villé	id
Sa composition	id
Couche de houille	id
Nature du combustible	61
Calcaire et dolomie	id
Carrière d'Erlenbach	id
Carrière de Villé. Silex noir	id
Carrière du Scheibenberg	62
Composition de la dolomie	id
Lits de rognons calcaires	id
Analogie avec d'autres contrées	id
Absence de fossiles dans les couches calcaires	id
Houille et calcaire à Triembach	63
Aspect des argilolithes dans les parties supérieures	id
Sondages faits à Villé	id
Terrain houiller à Hohwarth	64
Stratification du bassin de Villé	65
Granite intercalé dans le terrain houiller	id
Exploitation à Villé et à Erlenbach	id
Discordance du terrain houiller et du terrain de transition	id
Bassin de Lalaye	id
Sa composition	66
Cinq couches de houille	id
Nature de la houille	67
Disposition du terrain	id
Failles	id
Recherches	id
Puits de Lalaye	68
Sondage de Fouchy	id
Exploitation de Lalaye	id
Lambeaux des environs de Lalaye	id

TABLE DES MATIÈRES.   475

Pages.

Bassemberg 69
 Forêt communale de Honcourt . . . . id
 Forêt nationale de Honcourt . . . . id
Bassin houiller d'Urbeis . . . . id
Bassin près de Blienschwiller et de Nothalten 70
 Neumatt . . . . id
 Bruderhausmatt . . . . id
 Bimstein . . . . id
 Scheibenberg 71
 Blienschwiller . . . . id
 Nothalten . . . . id
 Itterswiller et Zell . . . . id
 Recherches dans la forêt de Dambach . . . . id
 Continuité du calcaire et de la dolomie 72
Lambeaux d'Orschwiller et de Kintzheim . . . . id
 Recherches entreprises . . . . id
 Bassins voisins situés dans le Haut-Rhin 73
 Indices de houille cités au Jægerthal . . . . id
Observations diverses sur le terrain houiller . . . . id
 Minéraux métalliques dans le terrain houiller . . . . . id
 Pyrite arsenicale disséminée dans le calcaire houiller . . . 74
 Sulfure dans la dolomie . . . . id
 Matière charbonneuse . . . . id
 Arsenic contenu dans la houille de Villé . . . . id
 Antimoine et cuivre . . . . id
 Quantité d'arsenic renfermée dans le bassin houiller . . . 75
 Fossiles . . . . id
 Considérations théoriques sur la formation de la houille . . id
 Substances utiles. Houille 76
 Pierre à chaux 77
 Distillation de la houille 78
CHAPITRE IV. TERRAIN DU GRÈS ROUGE 79
 Étendue dans le département . . . . id
 Composition . . . . id
 Grès . . . . id
 Poudingues . . . . id
 Argilolithes . . . . id
 Dolomies 80
 Versant méridional du Ungersberg . . . . id
 Base de la montagne de Frankenbourg et du Haut-Kœnigsbourg . . . . id
 Base du Climont 81
 Compacité du grès près du granite à Châtenois . . . . . id
 Stratification . . . . id
 Vallée de la Bruche. Liaison du grès rouge au terrain porphyrique . . . . id
 Bariolures blanches dans le grès . . . . id
 Stratification 82

	Pages.
Relation du porphyre au grès rouge	82
Jægerthal	id
Épaisseur du terrain du grès rouge	id
Bois silicifiés	83
Discordance de stratification avec le terrain houiller	id
Substances utiles	id
CHAPITRE V. — TERRAIN DU GRÈS DES VOSGES	84
Situation du grès des Vosges	id
Son étendue	id
Composition de cette roche	85
Fréquence de cailloux roulés	id
Poudingue	86
Origine probable de ces cailloux roulés	id
Surface cristalline de ces cailloux	id
Strates micacées	id
Veines ferrugineuses	id
Concrétions sphéroïdales	id
Stratification du grès des Vosges	87
Feuillets obliques à la stratification	id
Épaisseur du grès des Vosges	id
Extrême rareté des débris organiques	88
Stratification habituellement horizontale	id
Son inclinaison au Climont	id
Idem au Ungersberg	id
Idem au Haut-Kœnigsbourg	id
Idem à la montagne de Frankenbourg	89
Redressement autour du Champ-du-Feu	id
Inflexion à la montagne de Neuwiller	id
Fait semblable près de Rothbach et dans d'autres localités	id
Observation sur l'état cristallisé du quartz dans le grès des Vosges	id
Le quartz est le produit d'un dépôt cristallin	91
Vallées qui découpent le grès des Vosges	92
Escarpements qu'elles présentent	id
Blocs épars sur les sommets	93
Formes de quelques rochers de grès	id
Vieux châteaux qui les couronnent	id
Exemples de plusieurs de ces rochers	94
Caractères du grès dans le nord du département	id
Failles nombreuses près de Lembach	id
Friabilité du grès à Lobsann	id
Même fait dans la vallée de la Moder	id
Fissilité de certaines couches	95
Surfaces ridées	id
Bourrelets polygonaux	id
Anciennes plages de la mer vosgienne	id
Affaissement du grès des Vosges pendant la période même du dépôt	96

TABLE DES MATIÈRES. 477

	Pages.
Inégalités comme celles modelées par la pluie sur un sol arénacé.	96
Nodules d'argilolithe empâtés par le grès	97
Cailloux brisés le long de fissures au Schneeberg.	id
Liaison du grès des Vosges au grès rouge	id
Ces deux dépôts se sont formés dans des conditions différentes	id
Altération du grès près du granite	98
Absence d'altération près du porphyre	id
Emploi du grès des Vosges. Pierre de construction	id
Meules de moulin	99
Meules à aiguiser.	id
Construction des hauts-fourneaux	100
Sable de moulage.	id
Baryte sulfatée.	id
Filons de fer et de plomb	id
CHAPITRE VI. — TERRAIN DU TRIAS.	101
Grès bigarré	id
Généralités.	id
Le trias ne se rencontre qu'en dehors de la chaîne	id
Étendue de ce terrain.	id
Caractères généraux de l'étage du grès bigarré.	id
Carrière de Soultz-les-Bains.	102
Liaison du grès bigarré au grès des Vosges	id
Grès bigarré inférieur.	id
Grès bigarré supérieur	103
Liaison du grès bigarré au muschelkalk.	id
Grès sous forme de grands ellipsoïdes.	id
Grès partagé en plaques polygonales	id
Veines avec oxyde de fer, oxyde de manganèse et chaux carbonatée.	104
Dendrites	id
Argiles associées au grès	id
Gypse.	id
Faille de la carrière de Soultz-les-Bains.	id
Uniformité des caractères du grès bigarré dans le département	id
Exemples près de Wasselonne	id
Colline à l'est de Diemeringen	105
Carrières de Mackwiller.	id
Coloration particulière du grès.	106
Argiles bariolées de la partie supérieure.	id
Gypse et sel gemme vers le même niveau	id
Forme lenticulaire des couches du grès bigarré.	id
Différences minéralogiques entre le grès bigarré, le grès des Vosges et le grès rouge	107
Passage dans les localités où le grès des Vosges est recouvert par le grès bigarré	id
Exemples en Alsace.	108

TABLE DES MATIÈRES.

	Pages.
Exemples sur le versant occidental des Vosges.	108
Lits de rognons de dolomie à la base du grès bigarré	id
Absence de transition au Klingenthal.	109
Observation sur la relation du grès bigarré au grès des Vosges	id
Caractères particuliers du grès bigarré près de la falaise de grès des Vosges.	id
Coloration du grès bigarré plus intense vers le bas que vers le haut	id
Débris fossiles du grès bigarré	id
Impressions de végétaux. Calamites.	110
Fougères.	id
Conifères	id
État d'altération des végétaux	id
Substances remplaçant le bois	111
Localités particulièrement riches en végétaux	112
Classes, genres et espèces auxquels ils se rapportent	id
Animaux fossiles de grès bigarré	113
Leur état de conservation	114
Genres et espèces.	id
Répartition des débris végétaux et animaux	116
Épaisseur du grès bigarré	id
Disposition topographique du grès bigarré dans le Bas-Rhin	id
Grès bigarré reposant à la partie culminante de la chaîne au Mittelberg	117
Substances accidentelles.	id
Caractère littoral du grès bigarré	id
Mode de dépôt de ce terrain	id
Muschelkalk (calcaire conchylien)	118
Généralités.	id
Composition en Alsace. Dolomies inférieures	id
Couches calcaires.	id
Dolomies supérieures	119
Marnes	id
Caractères de la dolomie inférieure	id
Exemple de quelques localités.	120
Composition sur le revers occidental des Vosges	id
Gypse, anhydrite et sel gemme à la partie inférieure	id
Sources salées dans la même position à Diemeringen	121
Idem à Mackwiller.	id
Gypse, anhydrite et argiles bigarrées dans le voisinage	id
Dolomies schisteuses et ondulées	id
Liaison du muschelkalk au keuper	id
Rognons de silex.	122
Structure oolithique de certaines couches	id
Calcaire celluleux	id
Géodes avec chaux carbonatée cristallisée	id

TABLE DES MATIÈRES.

	Pages.
Ces accidents sont surtout fréquents le long des failles	123
Arragonite	id
Bitume	id
Minerai de fer superposé au muschelkalk	id
Quartz et baryte sulfatée	id
Altération du muschelkalk près du porphyre à Saint-Nabor	id
Fossiles	124
Formes serpentantes problématiques	126
Stylolithes	id
Épaisseur du muschelkalk	id
Marnes irisées ou keuper	id
Caractères généraux	id
Roches qui appartiennent à cet étage	127
Environs d'Oberbronn	id
Disposition du gypse au Kochersberg	128
Alignement des dépôts gypseux	id
Gypse à Avenheim et Kienheim	id
Gypse de Flexbourg	id
Gypse de Waltenheim	129
Ploiement des couches gypseuses à Waltenheim	id
Ressemblance des différents dépôts gypseux	id
Gîte de combustible de Balbronn	id
Couches inférieures avec gypse et anhydrite	130
Couches semblables dans d'autres localités	id
Double niveau du gypse	id
Keuper à l'ouest des Vosges	id
Couches avec empreintes charbonneuses à la base du terrain	id
Couches charbonneuses aussi à niveau supérieur	131
Composition des marnes irisées	id
Quartz	id
Pyrite de fer dans le gypse	id
Cavités circulaires	id
Fossiles	132
Épaisseur	id
Observations sur l'ensemble du trias	id
Stratification du trias. Plongement du trias à l'ouest des Vosges	id
Sa stratification est peu régulière en Alsace	id
Redressement le long de la chaîne	id
Ploiements et autres accidents observables à quelque distance de la chaîne	133
Soulèvement cunéiforme près d'Oberbronn	134
Contournements au pied du Liebfrauenberg	id
Flexibilité du grès bigarré moindre que celle du muschelkalk	id
Vallée de Lembach	135
Environs de Soultz-les-Bains	id

TABLE DES MATIÈRES.

	Pages.
Molsheim	135
Mutzig et vallée de la Bruche	id
Wasselonne	id
Autres localités	136
Altitude du trias des deux côtés des Vosges	id
Substances utiles. Pierre de taille	137
Moellons de grès	id
Dalles	id
Pavage	id
Meules à aiguiser et à polir	id
Entretien des routes	id
Moellons de calcaire	id
Pierre à chaux grasse	id
Pierre à chaux hydraulique	138
Ciment	id
Castine	id
Fabrication de billes	id
Pierre lithographique	id
Silex	id
Argile pour poterie	id
Gypse	id
Sel gemme	139
Combustible	id
Minerai de fer	id
CHAPITRE VII. — TERRAIN JURASSIQUE	140
Généralités	id
Étendue	id
Lias	id
a) Grès infraliasique	id
Grand nombre de dents	141
Argiles bariolées au-dessus de ce grès	id
Faible épaisseur	id
b) Calcaire à gryphées arquées	id
Son emploi pour chaux hydraulique	142
Matière bitumineuse	id
Alternance du calcaire et de la marne	id
Divisions perpendiculaires à la stratification	143
Fossiles	id
c) Couches avec *gryphæa cymbium*	id
Marnes feuilletées	id
d) Marnes à ovoïdes	id
Rognons ferrugineux	id
e) Marnes supérieures	144
Épaisseur du lias	id
Pyrite de fer	145
Gypse. Strontiane sulfatée. Baryte sulfatée	id
Bitume	id
Lignite et débris de végétaux	id

TABLE DES MATIÈRES.

	Pages.
Groupe de l'oolithe inférieure	145
f) Grès supraliasique	id
Minerai oolithique	146
g) Oolithe inférieure proprement dite	id
h) Grande oolithe	id
Argile de Bradford	id
Altération du calcaire oolithique près du granite	147
Observations sur le terrain jurassique	id
Région entre Niederbronn et Pfaffenhoffen	id
Environs de Bouxwiller	id
Environs de Hochfelden	148
Environs de Soultz-les-Bains	id
Bischenberg près Rosheim	id
Barr	id
Altitude du terrain jurassique	id
Substances utiles. Pierre à chaux hydraulique	149
Ciment	id
Pierre à chaux grasse	id
Moellons	150
Entretien des routes	id
Marbre	id
Sable de moulage	id
Rognons ferrugineux du lias	id
Minerai de fer supraliasique	151
Lignite	id
Terre à foulon	id
Argile à potier	id
Argiles à briques	152
Marnes pour l'agriculture	id
Fossiles du terrain jurassique	id
Calcaire à gryphées arquées	id
Couches supérieures avec gryphæa cymbium	154
Marnes à ovoïdes	155
Marnes supérieures	156
Marnes et grès supraliasiques	159
Oolithe inférieure	160
Grande oolithe y compris le Bradfort clay	161
CHAPITRE VIII. — TERRAINS TERTIAIRES	164
Couches de Bechelbronn, leur prolongement à Soultz-sous-Forêts et à Schwabwiller	165
Composition de l'ensemble des couches de Bechelbronn	id
Détail des couches traversées par le puits Madeleine	id
Le sable et le grès bitumineux sont en amas stratiformes	167
Formes et dimensions de ces amas bitumineux	id
Direction de la stratification et des veines bitumineuses	id
Nature du minerai bitumineux	168
Argile qui y est mélangée	id
Pyrite de fer	169

TABLE DES MATIÈRES.

	Pages.
A part la présence du bitume, le grès bitumineux ne diffère en rien du grès stérile.	169
Épaisseur du terrain exploré	id
Du gaz inflammable s'exhale du sable bitumineux	id
Violence de ce dégagement dans quelques cas.	170
Analogie avec d'autres contrées	id
Empreintes de végétaux et lits minces de lignite	171
Débris de coquilles terrestres et d'eau douce.	id
Historique de l'exploitation du bitume	172
Gîte bitumineux de Soultz-sous-Forêts	id
Autres lieux où l'on trouve des couches semblables à celles de Bechelbronn	173
Gîte bitumineux de Schwabwiller	id
Coupe du terrain	id
Exploitation du bitume par l'eau	id
Autres recherches sans résultats	174
Composition du bitume de Schwabwiller	id
Gaz inflammable	id
Emploi	id
Couches des environs de Lobsann ; leur relation avec celles de Bechelbronn	id
Trois groupes de couches	id
a) Marnes et sable ou grès bitumineux.	175
Richesse du sable bitumineux	id
Débris organiques	id
b) Calcaire d'eau douce avec lignite	id
Poudingue.	176
Pyrite de fer et gypse	id
Le bitume est plus abondamment et plus fortement fixé dans le calcaire que dans le sable	id
Expérience qui peut servir à expliquer ce fait	177
Bitume découlant du calcaire	id
Le calcaire bitumineux a souvent la structure lamellaire.	id
Lits de lignite	178
Composition du lignite	id
Abondance des matières siliceuses	id
Débris de végétaux renfermés dans ces couches. Chara	id
Feuilles de palmier.	179
Lignite en aiguilles. Une partie du lignite se compose d'anciens troncs de palmiers.	id
Age du lignite de Lobsann.	id
Bois de conifères à tissu bien conservé	id
Succin ; sa fréquence dans certaines couches	180
Nombreux vestiges de coquilles d'eau douce	id
Mammifères.	181
Les couches de lignite de Lobsann se sont déposées avec lenteur	id
Sable bitumineux accidentel dans le calcaire.	id

TABLE DES MATIÈRES.

	Pages.
Le bitume a pénétré dans certaines roches de Lobsann postérieurement à leur consolidation	182
Prolongement du calcaire deau douce à Lampertsloch	id
c) *Poudingues et marnes supérieures avec fossiles marins*	183
Pyrite de fer et gypse dans les marnes	id
Détail des couches traversées par un puits	id
Détail des couches traversées par un sondage	184
Épaisseur du terrain tertiaire de Bechelbronn et de Lobsann	185
Plongement des couches de Bechelbronn et de Lobsann	id
Autres affleurements des couches bitumineuses de Lobsann	186
Débris siliceux épars à la surface du sol	id
Fossiles des marnes supérieures au calcaire	187
Superposition de dépôts marins aux dépôts d'eau douce	id
Traces de coquilles litophages dans le muschelkalk	id
Ressemblance du terrain de Lobsann avec celui de Hæring	id
Grès bitumineux des Basses-Alpes	188
Historique de l'exploitation à Lobsann	id
Lignite	id
Emploi du calcaire bitumineux pour mastic	id
Sa distillation	id
Ressources en calcaire bitumineux	189
Sable bitumineux	id
Anciennes mines de Cléebourg, de Drachenbronn et de Birlenbach	id
Couches tertiaires d'autres localités du département offrant de l'analogie avec les précédentes	id
Nature des couches à Wissembourg	id
Id. à Gunstett	190
Id. à Haguenau	id
Sa puissance considérable	id
Eau salée	191
Couches de Kolbsheim	id
Fossiles marins de cette localité	192
Indices de végétaux	id
Affleurement à Hangenbieten	id
Id. à Truchtersheim	id
Id. à Blæsheim	193
Id. à Eichhoffen et environs	id
Id. à Dambach	id
Argile de Niederbetschdorf	id
Son emploi pour la fabrication de poterie de grès	194
Argile de Hatten et de Surbourg	id
Autres argiles à poterie	id
Terre à foulon	id
Pierre à bâtir	id
Terrain tertiaire palustre de Bouxwiller et de quelques autres localités	id

TABLE DES MATIÈRES.

	Pages
Composition du terrain de Bouxwiller	194
Aspect du lignite	195
Son épaisseur	id
Pyrite de fer disséminée dans le lignite	id
Elle appartient au système cubique	196
Gypse cristallisé	id
Proportion d'argile mélangée	id
Composition du lignite pyriteux	id
Pouvoir calorifique du lignite le moins pyriteux	197
Efflorescence spontanée	id
Calcaire d'eau douce	id
Nombreux débris de coquilles palustres et terrestres	id
Énumération des coquilles	id
Mammifères	198
Reptiles	id
Disposition du terrain en forme de bassin	id
Exemple de deux sondages	199
Couches palustres de Dauendorf avec lignite	200
Calcaire palustre recouvrant le minerai de fer pisolithique à Neubourg	201
Argile charbonneuse	id
Calcaire recouvrant le minerai de Bitschhoffen	id
Argile avec indices de lignite à Mietesheim	202
Terrain d'eau douce du Bischenberg	id
Grès et cailloux qui le recouvrent	id
Considération théorique sur le lignite de Bouxwiller	203
Emplois du lignite comme minerai d'alun et de vitriol et comme combustible	id
Id. comme amendement agricole	id
Dépôt de galets calcaires	204
Dépôt de galets jurassiques du Grand-Bastberg	id
Cailloux polis	id
Cailloux roulés du Horn, près de Wolxheim	205
Id. au Scharachberg	id
Id. à la colline d'Odratzheim	id
Cailloux de la colline de Barr	id
Surface polie	id
Dépôt semblable au Bischenberg	id
Id. à Bernardswiller	206
Id. sur les collines de Blienschwiller et d'Itterswiller	id
Surfaces d'arrachement des cailloux	id
Cavités taraudées par d'autres cailloux	id
Cavités probablement dues à l'action de *teredo*	id
Cavités irrégulières différant des précédentes	id
Dépôt de cailloux du muschelkalk	id
Couches tertiaires qui les supportent	207
Fragments de grès tertiaire disséminés	id
Ces cailloux sont distincts des couches tertiaires inférieures	id

TABLE EES MATIÈRES.

	Pages.
Ils se distinguent aussi du diluvium.	208
Épaisseur du dépôt	id
Exploitation pour l'entretien des routes	id
Observations sur les terrains tertiaires du département	id
Source salée de Soultz-sous-Forêts	id
Historique	id
Travaux d'exploitation	209
Salure de l'eau	id
Composition du sel obtenu	210
Production	id
Composition de l'eau-mère de la saline	id
Sa richesse en brôme	211
Composition de l'eau salée qui afflue actuellement	id
L'iode accompagne le brôme	212
Autre source salée près de Soultz-sous-Forêts	id
Les couches auxquelles ces eaux empruntent leur salure paraissent être tertiaires	id
Couches appartenant à l'étage moyen	215
Dépôts de l'étage supérieur	id
Trous percés par les coquilles lithophages	id
Dislocation des couches tertiaires	216
Altitudes	id
CHAPITRE IX. — ALLUVIONS ANCIENNES OU DILUVIUM ; DÉPÔTS ERRATIQUES	217
Généralités	id
Alluvions modernes	id
Alluvions anciennes	id
Elles diffèrent des terrains stratifiés	id
Leur étendue dans le département	218
Lœss	id
Sa disposition générale	id
Composition	id
Rognons calcaires ou *kupstein*	219
Absence de stratification dans le lœss	id
Coquilles	id
Observation sur la nature de ces coquilles	220
Ossements de mammifères	221
Indices de végétaux	id
Canaux capillaires formés par les racines de plantes	id
Modification du lœss le long des montagnes	id
Relief du lœss	id
Altitude	222
Épaisseur	id
Sable et gravier provenant de la destruction du grès des Vosges. Limon jaune	id
Sable et gravier du grès des Vosges	id
Limon jaune	223
a) *Diluvium de la Sarre*	id

TABLE DES MATIÈRES.

	Pages.
Limon jaune	225
Cailloux épars	id
Leur liaison au limon	294
Gravier et sable	id
Leur passage au limon	id
Nature du gravier	id
Absence de recouvrement dans les anses	id
Diluvium au-dessous de Keskatel	id
Relation entre le régime du diluvium et les formes de la vallée	225
Autres localités où il se trouve du limon	id
Diluvium des rivières du côté de l'Alsace	id
b) Diluvium de la Moder	id
Forme de collines surbaissées	id
Atterrissements en forme de terrasses	id
Affluents de la Moder	226
Élargissement du diluvium de l'amont vers l'aval	id
Promontoires sablonneux	id
c) Diluvium de la Zorn aux environs de Saverne	id
Id. à Hochfelden	227
Id. à Brumath	id
d) Terrasses de la Lauter	id
Bords du Sauerbach près du Liebfrauenberg	id
Débris de terrains autres que le grès des Vosges	228
Veines d'hydroxyde de fer dans le gravier diluvien	id
Minerai de fer en plaquettes	id
Pisolithes ferrugineux particuliers au limon jaune	id
Leur analogie avec le minerai des marais	id
Débris de quartz cristallin	229
Étendue du limon jaune	id
Sa faible épaisseur	id
Il est quelquefois superposé au sable des Vosges	230
Altitude du diluvium des Vosges	id
Dépôt sableux inférieur au lœss et au sable rouge des Vosges	id
Dépôts inférieurs au lœss avec coquilles palustres	id
Coupe à Kaltenhausen	id
Même disposition entre Oberhoffen et Schirrhoffen	251
Fer hydroxydé en rognons	id
Coquilles palustres et terrestres	id
Argile réfractaire de Soufflenheim	id
Argile et sable de Riedseltz	id
Terrasse entre Lauterbourg et Seltz	232
Superposition du lœss au sable rouge des Vosges	id
Coupe entre Lauterbourg et Munchhausen	id
Id. à Seltz	237
Calcaire en rognons et en plaquettes	id
Rognons de minerai de fer	235

TABLE DES MATIÈRES.

	Pages.
Bigarrures ferrugineuses des marnes	234
Coquilles dans ces rognons	id
Coupe à Kurtzenhausen	id
Argile et sables d'Epfig	id
Observation sur l'étage sableux inférieur	id
Gravier ancien de la Bruche, de l'Ill et du Rhin	235
Superposition du lœss au gravier de la Bruche	id
Id. au gravier du grès des Vosges	236
Même fait pour les graviers de l'Ill et du Rhin	id
Nature du gravier du Rhin	id
Dimension du gravier	237
Terrasses du gravier du Rhin de la partie haute de la vallée	id
Superposition du gravier des Vosges au gravier alpin	id
Coupe des alluvions anciennes à Strasbourg	id
Fer phosphaté bleu	238
Fer titané	239
Dépôts erratiques	id
Blocs erratiques de la colline d'Obernai	id
Blocs erratiques d'Ottrott-le-Bas	id
Collines de blocs erratiques près de Saint-Nabor	240
Id. près de Heiligenstein	id
Id. dans la vallée de Barr	id
Blocs erratiques de la colline d'Epfig	id
Colline analogue située au nord-est de Dambach	241
Id. près d'Itterswiller	id
Observations sur ces trois derniers dépôts	id
Dépôt erratique de Lutzelhausen	242
Dépôt près d'Oberhaslach	243
Blocs erratiques de Neufbois	id
Dissolution de l'oxyde de fer dans le limon	id
Blocs erratiques entre Lembach et Matstall	id
Id. près Weiler	244
Id. près de Dossenheim	id
Résumé	id
Dépôts diluviens considérés d'après leur nature	id
Considérations théoriques sur la formation des dépôts diluviens	id
Modelé actuel de la plaine	247
Argiles pour briques, tuiles, poterie, terre à foulon	248
Sable pour verrerie et pour divers usages	249
Gravier	250
Minerai de fer et or	id
CHAPITRE X. — DÉPÔTS DE LA PÉRIODE ACTUELLE	251
Alluvions modernes	id
Généralités	id
Relief	id
Superficie	id

TABLE DES MATIÈRES.

Pages

Nature des alluvions des diverses rivières 251
Largeur des alluvions modernes 252
Relief de la plaine du Rhin . . . . id
Exhaussement du sol qui borde le fleuve 253
Nature du sous-sol dans la plaine du Rhin 254
Anciennes divagations du fleuve . . . . id
Limon de l'Ill et de la Bruche 256
Quantité de limon charriée par le Rhin 257
Rapport de ce volume à la superficie du bassin du fleuve . id
Atterrissements du fleuve 258
Substances utiles des alluvions modernes . . . . id
Éboulements 259
Généralités . . . . id
Exemples près de Lauterbourg . . . . id
Dépôts de chaux carbonatée 260
Tuf . . . . id
Stalactites et stalagmites . . . . id
Enduits pulvérulents près de la surface du sol . . . . . . id
Pseudomorphoses de plantes dans le lœss 261
Dépôts ferrugineux : minerai de fer des prairies et des marais . . . . id
Nature des dépôts ferrugineux . . . . id
Localités où l'on en observe . . . . id
Les eaux doivent leur fer à une réaction superficielle . . . 262
Rôle de la matière végétale dans la dissolution 263
Origine semblable de veines et de nids ferrugineux . . . 264
Minerai de fer des prairies et des marais . . . . id
Produits divers 265
Efflorescence de la pyrite de fer . . . . id
Sulfates divers . . . . id
Gypse . . . . id
Tourbe . . . . id
Généralités . . . . id
Situation des terrains tourbeux du Bas-Rhin 266
Position de la tourbe 267
Débris d'animaux . . . . id
Proportion de cendres 268
Emploi de la tourbe . . . . id
Quantité à extraire 269
Terre végétale . . . . id
Généralités . . . . id
Nature de la terre végétale sur différents terrains 270
Utilité d'une carte géologique pour l'agriculture 273
Tremblements de terre (appendice) 274
Généralités . . . . id
Tremblements de terre ressentis dans le département . . . id
Observation sur les zones vibrantes 278
CHAPITRE XII. — GÎTES MÉTALLIFÈRES 279

TABLE DES MATIÈRES.

	Pages.
GÎTES EXPLOITÉS POUR FER	279
Filons de fer	id
Généralités	id
Filons des environs de Wissembourg. Leur composition	280
Minerais de plomb et de zinc	id
Présence du vanadium	id
Puissance et structure	id
Richesse du minerai	id
Alignement de ces gîtes	281
Ils paraissent appartenir à un filon unique	id
Sa longueur est au moins de 12 kilomètres	id
Inflexion du filon principal	id
Sa relation avec les failles voisines	282
Idem avec des intercalations de roches éruptives	id
Filon de Kleinlaugenberg près Weiler	id
Filon de La Petite-Pierre	id
Veines ferrugineuses près de Barr	283
Idem près du château d'Andlau	id
Relation de ces filons avec des roches éruptives	id
Mines de Solbach et de Belmont	id
Autres filons dans le massif du Champ-du-Feu	284
Fer oligiste d'Urbeis et de Lalaye	id
Filon de fer des environs de Dambach	id
Manganèse dans les mêmes filons	285
Fer oligiste de la vallée de la Zorn	id
Amas de minerai de fer pisolithique	id
Forme du minerai	id
Roches sur lesquelles il repose	id
Deux groupes principaux à l'est des Vosges	id
Épaisseur de l'argile à minerai	286
Terrain qui la recouvre	id
Couches palustres	id
Gîte de Neubourg	id
Gîte de Mietesheim	287
Substances associées au minerai	288
Pyrite de fer	id
Gypse	id
Soufre	id
Phosphore	id
Arsenic	289
Autres corps	id
Jaspe	id
Richesse	id
Rendement de l'argile à minerai	id
Analyse	id
Bois ferrugineux	290
Dégagement de gaz inflammable	291
Localités où le minerai est exploité	id

	Pages.
Minerai du revers occidental des Vosges	292
Localités.	293
Nature du minerai	id
Amas de contact qui contournent le promontoire au Liebfrauenberg	id
Situation de ces amas	id
Amas de Pfaffenbronn et de Kuhbrucke	294
Phosphore et arsenic	id
Amas pyriteux de Gœrsdorf	295
Ocre jaune.	id
Amas d'hydroxyde de fer de Gœrsdorf	id
Preuve de la corrosion du calcaire par des eaux ferrugineuses.	id
Épigénies ferrugineuses	296
Amas de Lampertsloch	id
Composition du minerai.	297
Coquilles silicifiées au mur du gîte	id
Sa situation	id
Minerai de Drachenbronn, Birlenbach et Cléebourg	id
Age de tous ces dépôts	298
Leur relation avec les failles	id
Variétés qu'ils présentent	299
Leur liaison avec le minerai pisolithique	id
Leur âge.	id
Minerai de fer en couches	id
Terrain jurassique	id
Minerai de fer subordonné aux alluvions anciennes	300
Mine plate.	id
Localités principales	id
Disposition du minerai	id
Sa nature	id
Analyses.	301
Fossiles	id
Origine des dépôts de mine plate	id
Minerai pisolithique ou tertiaire remanié	302
Minière de Gœrsdorf	id
Autres accidents ferrugineux du diluvium.	id
Minerai de fer des prairies et des marais	id
GÎTES DE MANGANÈSE	id
Filon de Dambach	id
GÎTES D'ANTIMOINE	id
Filons de Lalay.	id
Composition	303
Berthiérite.	id
Anciennes recherches.	id
GÎTES DE PLOMB, CUIVRE, ARGENT, ZINC ET COBALT	304
Filons d'Urbeis	id
Goutte-du-Moulin	id

TABLE DES MATIÈRES.

	Pages.
Champ-Brôcheté	305
Haute-Landzoll	id
Montagne des Cottes	id
Goutte-Henry	id
Porte-de-Fer	id
Saint-Nicolas	306
Aptingoutte	id
La-Chapelle	id
Recherches d'antimoine	id
Historique de ces mines	id
Mines de galène de Lalaye	id
Meissengott	307
Mine d'argent de Triembach	id
Cobalt cité dans le val de Villé	id
Mine d'argent de Belmont	id
Mine de plomb argentifère d'Orschwiller	id
Mine de plomb du Katzenthal près Lembach	id
OR DISSÉMINÉ DANS LE GRAVIER DU RHIN	308
Région aurifère du cours du Rhin	309
Forme des paillettes d'or	310
Leur distribution dans les atterrissements du Rhin	id
Teneur en or de diverses variétés de gravier	311
Proportion de sable et de cailloux	313
La plaine du Rhin est aurifère en dehors du lit du fleuve	314
La rivière d'Ill est aurifère	id
Sa faible teneur en or	id
Impossibilité d'extraire l'or dans la plaine	id
Transport de l'or avant la période actuelle	id
Stérilité du lœss	315
Poids des paillettes	id
Nombre de paillettes dans un mètre cube de gravier exploité	id
Composition de l'or du Rhin ; sa valeur	id
Substances associées à l'or	id
Fer titané	id
Zircon	316
Production du Rhin en or	id
Origine de l'or du Rhin	317
Sa découverte dans les cailloux quartzeux du lit du Rhin	318
Gisement analogue de l'or dans les Alpes suisses et dans d'autres contrées	id
Petite quantité d'or mise journellement en liberté par l'usure des galets	319
Le pavé de Bâle, de Strasbourg, de Neuf-Brisach et d'autres villes des bords du Rhin est aurifère	id
Aperçu sur la quantité totale d'or contenu dans le lit du Rhin	id
Moyen d'essayer si un gravier est exploitable	320

TABLE DES MATIÈRES.

Pages.

Proportionnalité de la richesse en or à la quantité de fer titané 321
Procédé de lavage .... id
Drap qui garnit la table ; sa doublure. 322
Densité des résidus du lavage .... id
Quantité de gravier lavé dans une journée .... id
Perte au lavage .... id
Amalgamation. 323
Perfectionnements dont l'extraction de l'or du Rhin paraît encore susceptible .... id
Délimitation du gravier aurifère entre la France et le pays de Bade. 324
Usages de l'exploitation dans le territoire français et dans le duché de Bade. .... id
DÉPÔTS DE QUARTZ, BARYTE SULFATÉE ET SPATH FLUOR ... 325
Filon d'Orschwiller. .... id
Sa structure au sud du village .... id
Escarpement vertical formé par le filon. 326
Sa prolongation vers Ribeauvillé. .... id
Empreinte d'encrinites .... id
Filon de Truttenhausen. .... id
Fossiles dans la masse siliceuse 327
Observation .... id
Analogie avec le filon de Badenweiler .... id
Amas siliceux de Rosheim. .... id
Alignement de ces dépôts sur une longueur de 40 kilomètres .... id
Baryte sulfatée du Kronthal. 328
Elle pénètre dans le muschelkalk. .... id
Même substance au Wangenberg. .... id
Id. à Lampertsloch. .... id
CHAPITRE XIII. — SOURCES ET EAUX SOUTERRAINES 329
Relation des eaux souterraines avec la structure du sol .. id
Disposition des sources dans les différents terrains .... id
Granite et autres roches cristallines. .... id
Terrain de transition. 330
Leur utilité pour la culture au Honil .... id
Terrain houiller .... id
Grès rouge. .... id
Grès des Vosges. 331
Grès bigarré. 332
Muschelkalk. .... id
Marnes irisées .... id
Lias. .... id
Calcaire oolithique .... id
Terrains tertiaires .... id
Sources du Bastberg 334
Source de la galerie de la mine. .... id

TABLE DES MATIÈRES.

	Pages.
Eaux des parties inférieures de la mine.	334
Variations dans leur volume.	335
Leur relation avec les eaux météoriques	id
Volume des sources extérieures; tarissement	336
Autres sources du terrain tertiaire.	id
Eaux jaillissantes à Birlenbach et à Schwabwiller	337
Couches absorbantes à Lobsann.	id
Sondage de Haguenau.	id
Autres sources du terrain tertiaire	338
Sources du Sundgau (Haut-Rhin).	id
Sources des alluvions anciennes	id
Exemples divers	id
Irrégularité de la nappe.	339
Sources nombreuses entre Bischwiller et Seltz.	id
Leur position dans les anses de la terrasse.	id
Autres sources semblablement situées	id
Eaux courantes à une faible profondeur.	340
Position des sources dans les concavités du terrain	id
Nappes d'eau d'infiltration adjacentes aux rivières	341
Nappes d'eau voisines des rivières	id
Leur mode d'alimentation	id
Limite latérale de ces nappes d'eau.	id
Leur limite dans la profondeur.	id
Section transversale de la nappe d'eau souterraine.	342
Fraction du volume du gravier occupé par de l'eau.	id
Vitesse d'infiltration	343
Niveaux comparatifs des puits et de la rivière	344
Profondeur des puits de Strasbourg.	id
Mouvement du fleuve vers la nappe d'eau adjacente et inversement.	345
Influence de la nappe souterraine sur les oscillations des rivières	id
Autre effet de ce double mouvement	446
Mouvement longitudinal parallèle au cours de la rivière	id
Mouvement effectif.	id
Nature du mouvement de la nappe d'eau à Strasbourg	id
Mouvement à Haguenau	347
Sources abondantes jaillissant de la basse plaine du Rhin	id
Substances en dissolution dans les eaux	348
Nature des eaux dans divers terrains	id
Impureté de l'eau de la nappe d'infiltration	250
Proportion de sels des eaux de puits	351
Id. des eaux des rivières voisines.	352
Comparaison de ces résultats.	353
Gaz en dissolution	id
Dégagement de gaz irrespirable à Bischwiller	354
Hydrogène carboné près de Haguenau	355

494 TABLE DES MATIÈRES.

	Pages
Moyens d'améliorer l'eau des puits	355
Température des sources	id
Faibles variations annuelles	id
Températures de sources situées à différentes altitudes dans le département du Bas-Rhin	356
Résumé	id
Uniformité de la température à égale altitude	358
Mode de décroissement suivant la hauteur	359
Excès de température des sources sur celle de l'air	id
Faible valeur de cet excès	id
Accroissement de température rapide dans le terrain de Bechelbronn	360
Sources minérales	id
Disposition	361
Volume	362
Dépôt qu'elles forment	id
Température	363
Composition	id
Gaz en dissolution	364
Volume de matière saline emportée annuellement	365
Source saline de la banlieue de Reichshoffen	id
Caractères généraux	id
Température	366
Composition	id
Variations dans la salure	368
Variations de volume	id
Structure de la contrée voisine	369
Analogie avec les environs de Niederbronn	id
Position des sources	371
Observations sur leur aménagement	id
Sources de Diemeringen	373
Idem de Mackwiller	id
Idem de Herbitzheim	id
Sources salées	id
Sources réputées minérales	id
Sources de Bonnefontaine	id
Idem de Saint-Ulrich	374
Eaux déposant de l'ocre	id
Source de Holzbad	id
Idem de Brumath	id
Idem de Strasbourg	id
Sources diverses	375
Eaux sulfureuses accidentelles	id
Eaux sulfatées de Gœrsdorf	376
Observation sur le gisement des eaux thermales	id
Recherches des sources	id
Puits artésiens	id
Sources rencontrées par des percements de galerie	378

TABLE DES MATIÈRES.

Pages.

Sources qu'il est possible d'atteindre par des travaux peu profonds.	378
Détermination du point sur lequel il convient de faire une recherche	379
Manière de faire sortir les eaux de l'intérieur du sol.	380
Application des observations qui précèdent	id
Aménagement des eaux minérales	381
CHAPITRE XIV. — STRUCTURE DU SOL DU DÉPARTEMENT.	382
Pentes des alluvions anciennes	id
Pentes du grès des Vosges	383
Changements brusques des pentes.	id
Faille de la limite orientale des Vosges	384
Faille près de Wissembourg et de Weiler	id
Muschelkalk juxtaposé au schiste de transition	id
Faille à Rothbach	385
Muschelkalk soulevé au milieu du lias à Offwiller	id
Même fait à Weiterswiller	id
Juxtaposition du lias au grès des Vosges	386
Double faille près de Weinbourg	id
Fort redressement du muschelkalk près de la faille.	id
Longueur de la faille de Saverne	id
Grès vosgien soulevé au milieu du grès bigarré	id
Faille des environs d'Ottrot-le-Bas.	id
Juxtaposition du muschelkalk au porphyre	389
Ondulations du trias à Kintzheim.	id
Surfaces polies et striées.	id
Inflexion des failles.	id
Exemple à Weinbourg.	id
Exemple de la vallée de Lembach.	id
Ramification de la faille-limite près de Saint Nabor en trois grandes branches.	388
Rejet produit par la faille de la limite orientale de la chaîne.	id
Failles situées à l'ouest des Vosges	390
Failles de l'intérieur de la chaîne	id
Age du soulèvement du grès des Vosges.	id
Relation du grès des Vosges des montagnes avec celui de la plaine.	391
Dénudations que le grès a subies	id
Panorama des Vosges vues de Petersbach	392
Délimitation moins distincte dans la partie septentrionale	id
Leurs causes probables	id
Dislocations antérieures au dépôt du grès des Vosges	393
Le grès rouge et le grès des Vosges se sont déposés dans des circonstances très-différentes,	id
Époques géologiques auxquelles elles correspondent	394
Affaissement du grès des Vosges pendant la période même de ce dépôt.	id
Dislocations antérieures au terrain houiller	id

	Pages.
Mouvement plus ancien que les couches dévoniennes. . . .	394
Indices nombreux de dislocations postérieures au soulèvement de la chaîne des Vosges.	id
Elles peuvent résulter de mouvements récents dans des failles existant antérieurement	395
Miroirs produits dans des filons déjà formés	id
Coupe de la montagne de Saverne	id
Relation semblable des deux côtés de la crête de Liebfrauenberg.	id
Influence d'anciennes failles sur des mouvements ultérieurs du sol.	396
Environs du Kronthal.	id
Brèche de contact le long de la faille	id
Failles avec baryte sulfatée	id
Vallées de soulèvement	397
Source thermale de Wasselonne	id
Prolongement de l'une des failles du Kronthal vers Wasselonne	id
Dislocation du terrain jurassique	id
Dislocation du terrain tertiaire.	398
Ligne de jonction du Bastberg et du basalte de Gundershoffen	id
Soulèvement du Schönberg en Brisgau	id
Accident dans le relief du terrain jurassique antérieur à l'époque tertiaire	id
Inflexions des failles contemporaines	399
Aspect brouillé des proéminences de la chaîne vers son inflexion.	id
Les phénomènes modernes n'ont pas effacé les limites entre les plaines et les montagnes	id
Dénudation considérable subie par le trias dans la vallée du Rhin	id
La lisière des couches triasiques et jurassiques a été détruite en Alsace	400
Indices probables d'une contraction latérale	id
Les Vosges et la Forêt-Noire forment un groupe dont les deux parties sont symétriques.	401
Système du Rhin. Ses traits caractéristiques.	id
Petits accidents des contrées rhénanes qui appartiennent à d'autres systèmes.	402
Origine des deux groupes montagneux et de la plaine qui les sépare.	403

TROISIÈME PARTIE.

STATISTIQUE MINÉRALOGIQUE.

CHAPITRE XV. — MINÉRAUX DU DÉPARTEMENT	407
Première classe. Corps simples.	id

TABLE DES MATIÈRES.

	Pages.
Graphite.	id
Soufre.	id
Argent natif.	id
Or natif.	408
Deuxième classe. Sulfurides	id
Fer sulfuré. Pyrite de fer	id
Fer arsenical (Mispickel)	409
Cobalt arsenical	410
Cuivre pyriteux	id
Cuivre gris.	id
Plomb sulfuré (galène)	id
Antimoine sulfuré	id
Argent sulfuré.	411
Zinc sulfuré (blende)	id
Troisième classe. Oxydes métalliques	id
Fer oxydulé (fer magnétique). — Fer oxydulé titanifère.	id
Fer oligiste (fer oxydé rouge).	412
Fer hydroxydé ou oxydé hydraté (limonite)	id
Oxyde de manganèse (braunite, acerdèse ou manganite, psilomélane	413
Antimoine oxydé. — Antimoine oxydé sulfuré	414
Quatrième classe. Silicides.	id
a) Quartz	id
b) Silicates anhydres. — Macle. Chiastolithe.	416
Genre des feldspaths	id
Grenat.	417
Épidote	id
Mica	id
Chlorite.	418
Tourmaline	id
Amphibole.	id
Pyroxène	id
Péridot	id
Zircon.	id
Sphène	id
c) Silicates d'alumine hydratés	419
Cinquième classe. Sels autres que les précédents	id
Potasse nitratée (salpêtre	id
Sel gemme.	id
Soude sulfatée.	id
Soude carbonatée.	id
Baryte sulfatée.	420
Strontiane sulfatée.	id
Chaux fluatée (spath fluor).	id
Chaux carbonatée	421
Dolomie.	423
Anhydrite (chaux sulfatée anhydre).	id
Gypse (chaux sulfatée).	id

Nitrate de chaux	424
Alumine sulfatée	id
Fer carbonaté	id
Phosphates et arséniates de fer	id
Fer sulfaté	425
Zinc carbonaté et zinc hydrosilicaté (calamine)	id
Plomb carbonaté	id
Plomb sulfaté	426
Plomb phosphaté	id
Plomb arséniaté	id
Cuivre carbonaté bleu	id
Cuivre carbonaté vert	id
Sixième classe. Combustibles charbonneux	id
Houille	id
Lignite	427
Succin	id
Bitume (pétrole, malthe)	428
Hydrogène carboné (grisou)	429
APPENDICE. — *Roches*	id

QUATRIÈME PARTIE.

EXPLOITATION DES SUBSTANCES UTILES.

CHAPITRE XVI. — SECTION I. — MINES, MINIÈRES, TOURBIÈRES ET CARRIÈRES	403
HOUILLE	id
Mines de Lalaye	id
Historique de la concession	id
Exploitation dans sa dernière période	431
Prix de la houille	432
Production	id
Mines d'Erlenbach et de Villé	433
Historique de la concession	id
Exploitation	434
LIGNITE ET PYRITE	id
Mines de lignite, de vitriol et d'alun de Bouxwiller	id
Concession	id
Historique de l'exploitation	id
Travaux actuels	435
Abattage	436
Roulage	id
Produit	id
Ressources	437
Mines de lignite de Lobsann	id
BITUME	id
Mines de lignite, de calcaire asphaltique et de bitume de Lobsann	id

TABLE DES MATIÈRES.

	Pages.
Historique de l'exploitation	437
Travaux actuels	439
Produits	id
Ressources connues. Calcaire asphaltique	id
Mines de bitume de Bechelbronn	440
Historique de l'exploitation	id
Travaux actuels	441
Concession de Cléebourg	442
Concession de bitume de Schwabwiller	id
TOURBE	id
Produits de l'exploitation de la tourbe	id
Poids du stère de tourbe	444
Prix de vente	id
Reproduction de la tourbe	id
Dessèchement peu convenable des terrains exploités	id
FER	445
Concessions abandonnées de minerai en filons	id
Mode d'exploitation	id
Prix du minerai	446
Ressources	447
PIERRES DIVERSES	449
SECTION II. ÉLABORATION DE QUELQUES SUBSTANCES	456
Traitement des roches bitumineuses	id
Calcaire de Lobsann	458
Bitume de Bechelbronn	id
Grillage ou efflorescence	id
Vapeurs qui s'exhalent des tas	459
Durée de l'opération	460
Lessivage	id
Traitement des lessives pour sulfate de fer	461
Traitement de l'alun	462
Production	id
Ancienne fabrique de Gœrsdorf	id
Fabrique d'alun de Strasbourg	id
Poteries	463
Tuileries et briqueteries	464
Fours à chaux	id
Fours à plâtre	id
Verreries	id
Fabrication de la fonte et du fer	466
Nature de la fabrication	id
Consistance des usines	id
Historique	id
Fabrication des billes ou chiques	468

FIN DE LA TABLE.

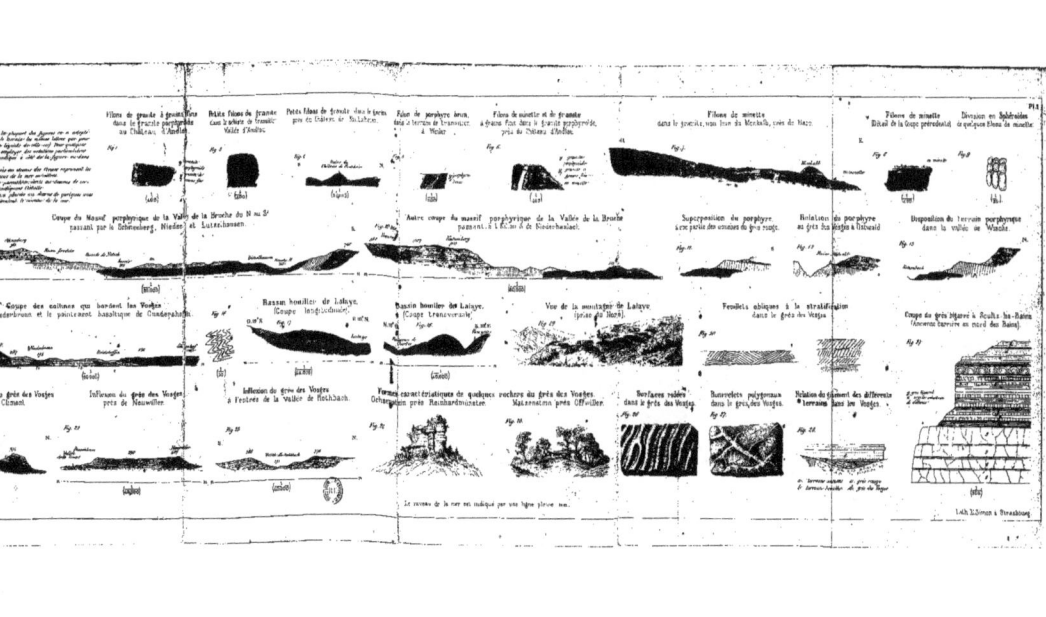

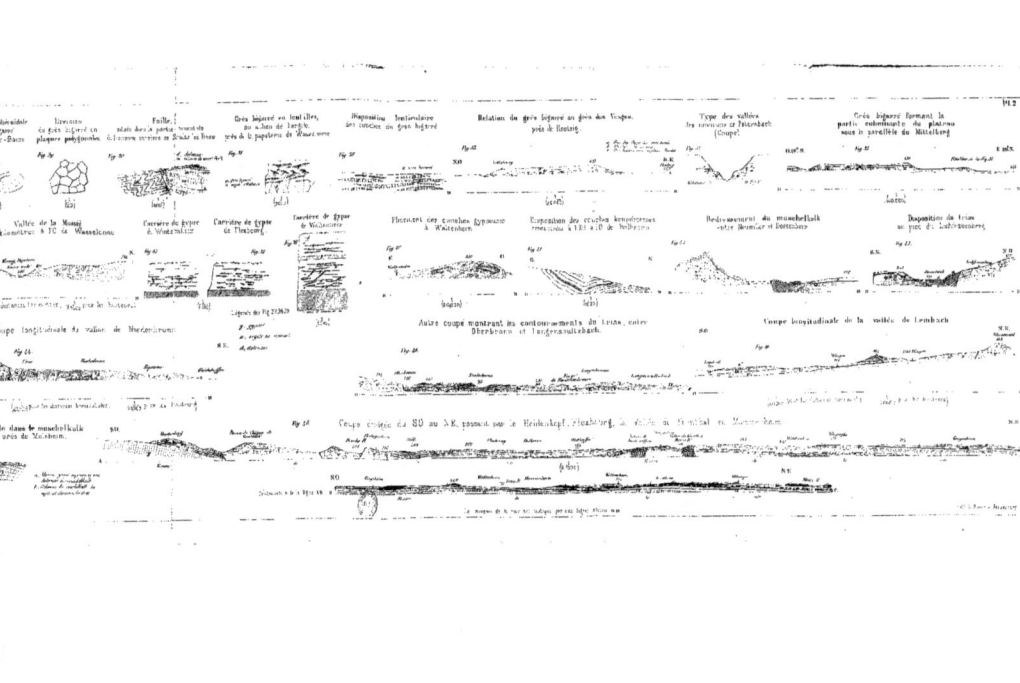

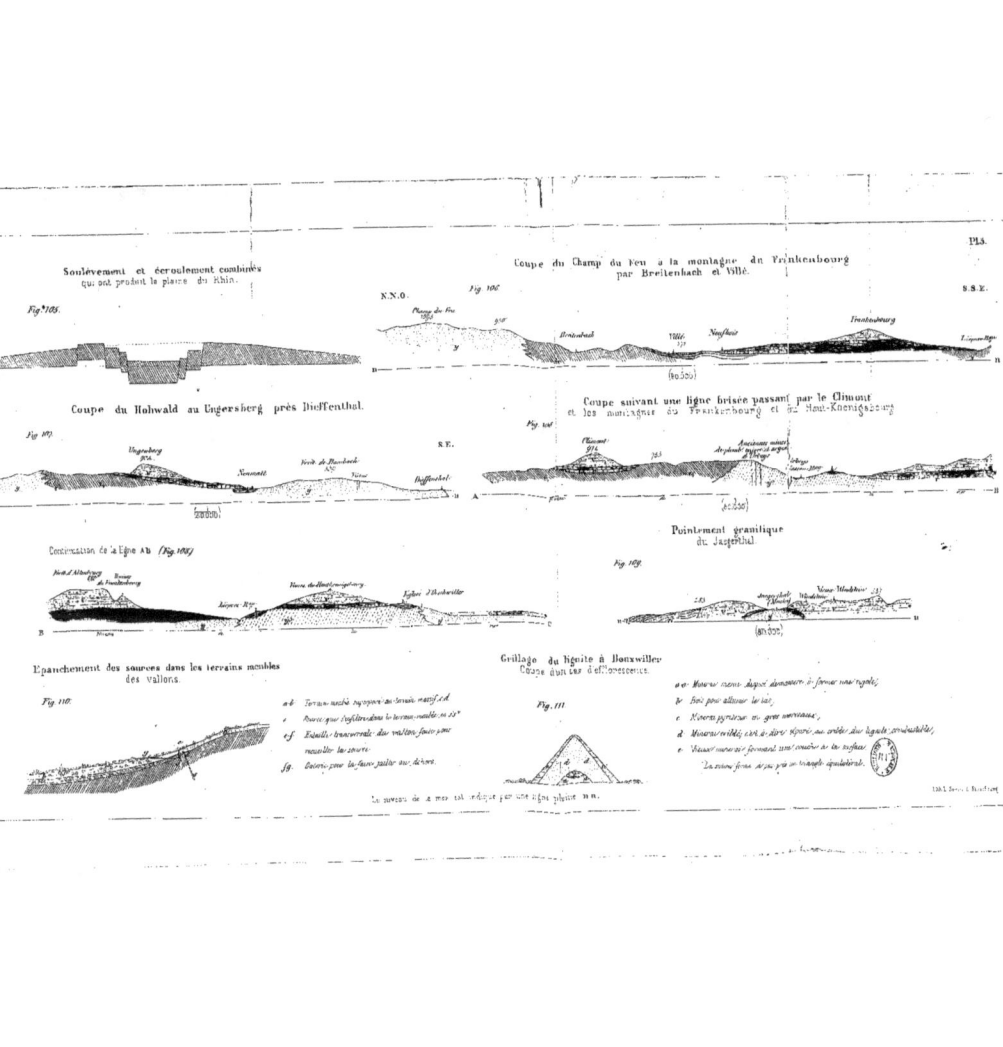

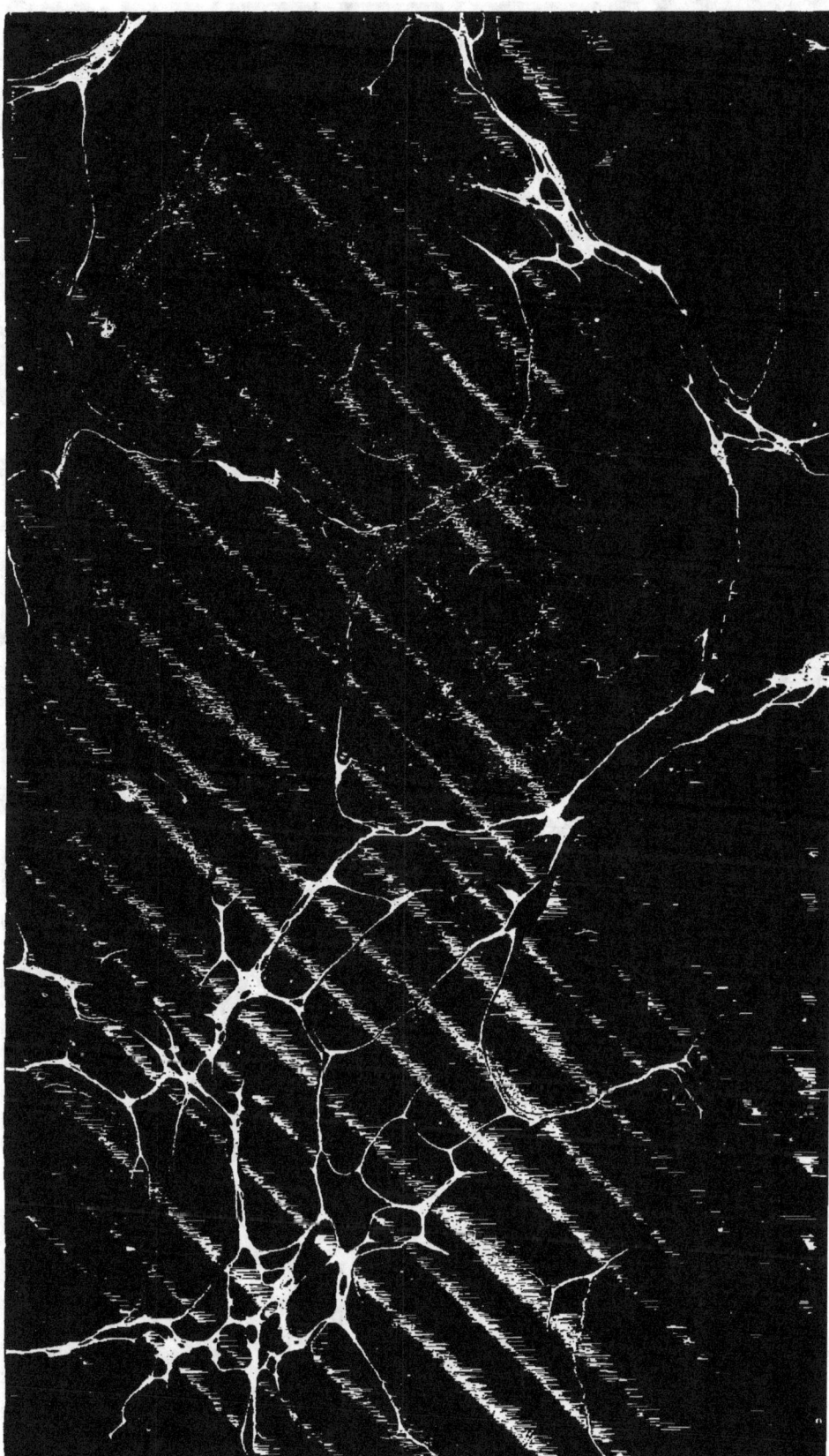

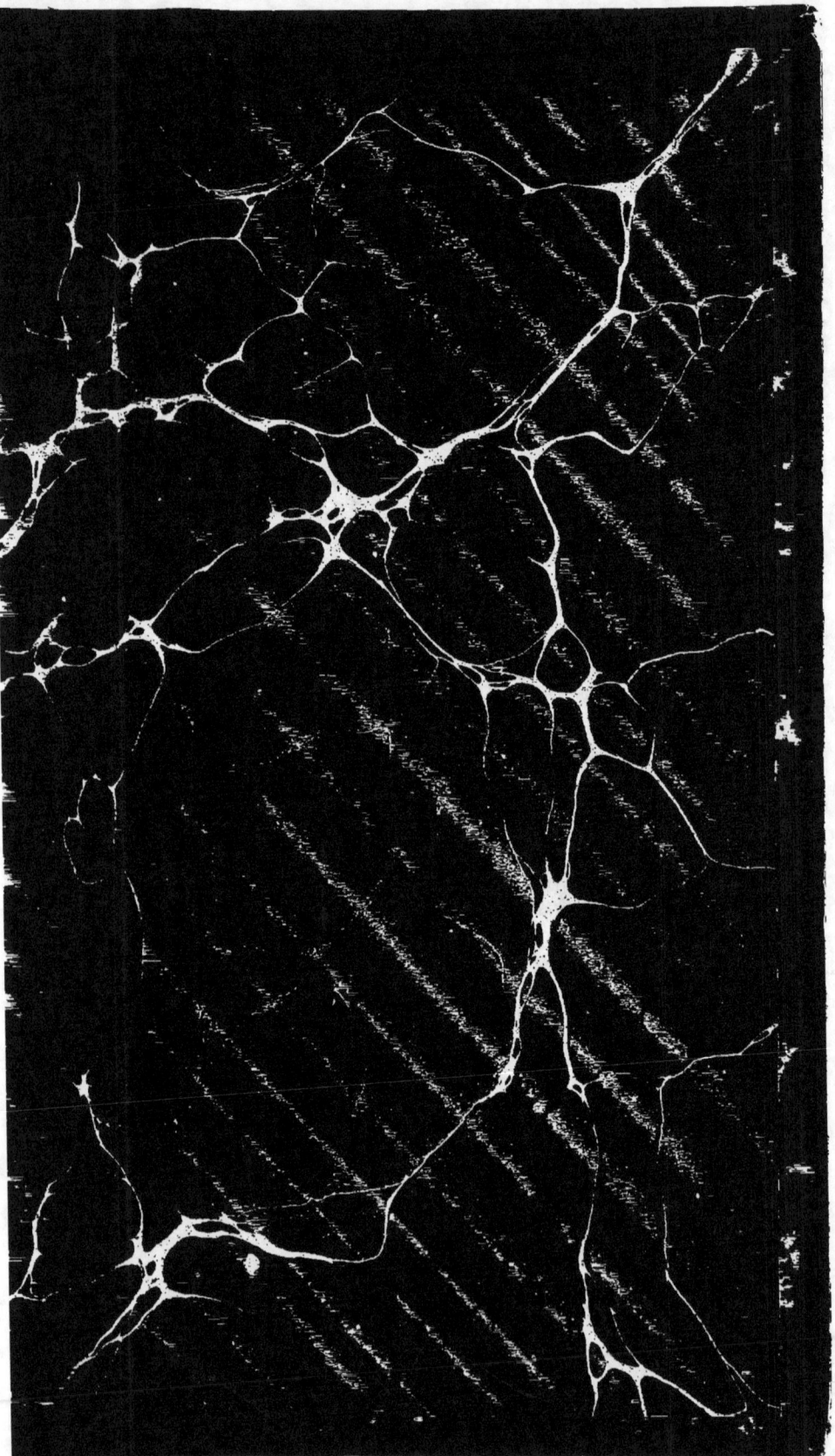

www.ingramcontent.com/pod-product-compliance
Lightning Source LLC
Chambersburg PA
CBHW071411230426
43669CB00010B/1515